Stein · Automatisierungstechnik in der Maschinentechnik

Lernbücher der Technik

herausgegeben von Dipl.-Gewerbelehrer Manfred Mettke,
Oberstudiendirektor an der Schule für Elektrotechnik in Essen

Bisher liegen vor:

Bauer/Wagener, Bauelemente und Grundschaltungen der Elektronik
Bände 1 und 2

Bauckholt, Grundlagen und Bauelemente der Elektrotechnik

Felderhoff, Elektrische und elektronische Meßtechnik

Felderhoff, Leistungselektronik

Fischer, Werkstoffe in der Elektrotechnik

Freyer, Meßtechnik in der Nachrichtenelektronik

Freyer, Nachrichten-Übertragungstechnik

Freyer/Bauckholt, Mathematik für Elektrotechniker
Band 1: Grundstufe
Band 2: Aufbaustufe

Knies/Schierack, Elektrische Anlagentechnik

Lämmerhirdt, Elektrische Maschinen und Antriebe

Richard, Mikroprozessortechnik

Schaaf, Digital- und Mikrocomputer-Technik

Schaaf, Automatisierungstechnik

Seidel, Werkstofftechnik

Stein, Automatisierungstechnik in der Maschinentechnik

Weinert/Baumgart, Fachzeichnen für Starkstromanlagen und Elektronik

Weinert/Baumgart, Technisches Zeichnen im Berufsfeld Elektrotechnik

Weinert, Schaltungszeichen in der elektrischen Energietechnik*

Weinert/Baumgart, Aufgaben zum Schaltungszeichnen in der elektrischen Energietechnik*

* Reihe Fachwissen der Technik

Carl Hanser Verlag München Wien

Automatisierungstechnik in der Maschinentechnik

Messen – Steuern – Regeln – Stellen

von Günter Stein, Werner Bettenhäuser,
Heike Schulze, Manfred Strüver, Gerhard Vogler

Mit 343 Bildern, zahlreichen Beispielen,
Übungen und Testaufgaben

Carl Hanser Verlag München Wien

Dr.-Ing. habil. Günter Stein, VDI/GMA
Professor an der Hochschule für Technik, Wirtschaft und Kultur Leipzig (FH)
(Kapitel 1, 2 und 4)

Dr.-Ing. Werner Bettenhäuser, KDT
Professor an der Hochschule für Technik, Wirtschaft und Kultur Leipzig (FH)
(Kapitel 6)

Dipl.-Ing. Heike Schulze
Wissenschaftlicher Mitarbeiter an der Technischen Hochschule Leipzig
(Kapitel 7)

Dr.-Ing. Manfred Strüver
Wissenschaftlicher Oberassistent an der Technischen Hochschule Leipzig
(Kapitel 5)

Dipl.-Ing. Gerhard Vogler
Wissenschaftlicher Mitarbeiter an der Technischen Hochschule Leipzig
(Kapitel 3)

Die Deutsche Bibliothek – CIP-Einheitsaufnahme

Automatisierungstechnik in der Maschinentechnik : Messen,
Steuern, Regeln, Stellen / die Autoren: Günter Stein ... –
München ; Wien : Hanser, 1993
  (Lernbücher der Technik)
  ISBN 3-446-15579-1
NE: Stein, Günter

Dieses Werk ist urheberrechtlich geschützt.
Alle Rechte, auch die der Übersetzung, des Nachdrucks und der Vervielfältigung des Buches oder Teilen daraus, vorbehalten. Kein Teil des Werkes darf ohne schriftliche Genehmigung des Verlages in irgendeiner Form (Fotokopie, Mikrofilm oder einem anderen Verfahren), auch nicht für Zwecke der Unterrichtsgestaltung – mit Ausnahme der in den §§ 53, 54 URG ausdrücklich genannten Sonderfälle –, reproduziert oder unter Verwendung elektronischer Systeme verarbeitet, vervielfältigt oder verbreitet werden.
© Carl Hanser Verlag München Wien 1994
Satz: Fotosatz-Service Köhler OHG, Würzburg
Druck und Bindung: Georg Wagner, Nördlingen
Printed in Germany

Vorwort des Herausgebers

Was können Sie mit diesem Buch lernen?

Wenn Sie dieses Lernbuch durcharbeiten, dann erhalten Sie umfassende Qualifikationen, die Sie zur Handlungsfähigkeit in der Automatisierungstechnik führen.
Der Umfang dessen, was wir Ihnen anbieten, orientiert sich an
- der „Rahmenvereinbarung über Fachschulen" der Kultusministerkonferenz auf Bundesebene,
- den Lernplänen der Fachschulen für Technik in den Bundesländern,
- den Anforderungen der beruflichen Praxis,
- dem Stand der Technik.

Sie analysieren an praxisnahen Beispielen die Grundprobleme der
- Meßtechnik
- Regelungstechnik
- Steuerungstechnik
- Stelltechnik
- Robotertechnik.

Sie lernen die Erkenntnisse anwenden und werden damit in die Lage versetzt, Systeme der Automatisierungstechnik zu projektieren, zu konstruieren und zu dokumentieren.
Dabei gehen Sie stets folgenden Fragen nach:
- Welche maschinentechnische Problemlösung liegt vor?
- Welche Gesetzmäßigkeiten gilt es zu hinterfragen?
- Welche Arbeitsmethoden und Arbeitsmittel müssen eingesetzt werden?
- Welche Systeme und Schaltungen sind auszuwählen, bzw. zu konstruieren?
- Welche technikübergreifenden Kriterien sind bei der Lösung der technischen Aufgabe zu beachten?

Wer kann mit diesem Buch lernen?

Jeder, der
- logisch denken kann

Kenntnisse über:
- die elementare Mathematik
- Grundlagen der Physik
- Maschinenelemente

besitzt.

Das können sein:
- Studenten an Fachhochschulen, Fachrichtung Maschinentechnik
- Schüler an Fachschulen für Technik, Fachrichtung Maschinentechnik
- Technische Assistenten der Maschinentechnik
- Facharbeiter, Gesellen und Meister, während und nach der Ausbildung
- Umschüler
- Teilnehmer an Fort- und Weiterbildungskursen
- Autodidakten

Wie können Sie mit diesem Buch lernen?

Ganz gleich, ob Sie mit diesem Buch in Schule, Betrieb, Lehrgang oder zu Hause im „Stillen Kämmerlein" lernen, es wird Ihnen letztlich Freude machen. Warum?

Ganz einfach, weil Ihnen hier ein Buch vorgelegt wird, das in seiner Gestaltung die Gesetze des menschlichen Lernens beachtet. Deshalb werden Sie in jedem Kapitel zuerst mit dem bekannt gemacht, was Sie am Ende können sollen, nämlich mit den Lernzielen.

– Ein Lernbuch also! –

Danach beginnen Sie sich mit dem Lerninhalt, dem Lehrstoff, auseinanderzusetzen. Schrittweise dargestellt, ausführlich beschrieben in der linken Spalte jeder Seite und umgesetzt in die technisch-wissenschaftliche Darstellung in den rechten Spalten der Buchseiten. Die eindeutige Zuordnung des behandelten Stoffes in beiden Spalten macht das Lernen viel leichter, Umblättern ist nicht mehr nötig. Zur Vertiefung stellen Ihnen die Autoren Beispiele vor.

– Ein unterrichtsbegleitendes Lehrbuch. –

Jetzt können und sollten Sie sofort die Übungsaufgaben durcharbeiten, um das Gelernte zu festigen. Den wesentlichen Lösungsgang und das Ergebnis der Übungen haben die Autoren am Ende des Buches für Sie aufgeschrieben.

– Also auch ein Arbeitsbuch mit Lösungen. –

Sie wollen sicher sein, daß Sie richtig und vollständig gelernt haben. Deshalb bieten Ihnen die Autoren zur Lernerfolgskontrolle lernzielorientierte Tests an. Ob Sie richtig geantwortet haben, können Sie aus den Lösungen am Ende des Buches ersehen.

– Lernzielorientierte Tests mit Lösungen. –

Trotz intensiven Lernens durch Beispiele, Übungen und Bestätigung des Gelernten im Test, als erste Wiederholung, verliert sich ein Teil des Wissens und Könnens wieder. Wenn Sie nicht bereit sind, regelmäßig und bei Bedarf zu wiederholen!

– Das wollen Ihnen die Autoren erleichtern. –

Sie haben die jeweils rechten Spalten der Buchseiten so geschrieben, daß hier die Kerninhalte als stichwortartiger Satz, als Formel, als Schaltung, als Diagramm oder als Norm nach DIN/VDE zusammengefaßt sind. Sie brauchen deshalb beim Wiederholen und auch Nachschlagen meistens nur die rechten Spalten lesen.

– Schließlich noch ein Repetitorium? – Sogar ein technisches Handbuch!

Für das Aufsuchen entsprechender Kapitel verwenden Sie bitte das Inhaltsverzeichnis am Anfang des Buches, für die Suche bestimmter Begriffe steht das Sachwortregister am Ende des Buches zur Verfügung.

– Selbstverständlich mit Inhaltsverzeichnis und Sachwortregister. –

Sicherlich werden Sie durch die intensive Arbeit mit dem Buch auch Ihre „Bemerkungen zur Sache" in diesem Buch unterbringen wollen, um es so zum individuellen Arbeitsmittel zu machen, das Sie auch später gerne benutzen. Deshalb haben wir für Ihre Notizen auf den Seiten Platz gelassen.

– Am Ende ist „Ihr" Buch entstanden. –

Möglich wurde dieses Lernbuch für Sie durch die Bereitschaft der Autoren und die intensive Unterstützung des Verlages mit seinen Mitarbeitern. Ihnen sollten wir herzlich danken.

Beim Lernen wünsche ich Ihnen viel Freude und Erfolg.

Ihr Herausgeber
Manfred Mettke

Vorwort der Autoren

Unsere Zeit ist dadurch gekennzeichnet, daß Computer, Roboter und andere selbsttätige Einrichtungen in alle Bereiche des Lebens eindringen – von der Werkhalle bis hin zum Freizeit- und Hobbybereich. Grundlage dieser Entwicklung ist die Automatisierung, d. h. die Verlagerung von Kontroll-, Steuer- und Überwachungsfunktionen auf Maschinen! Bei näherem Hinsehen zeigt sich, daß bei aller Vielfalt in diesen Einrichtungen zwei Grundstrukturen dominieren, nämlich der Regelkreis und die Steuerkette. In den einzelnen Kapiteln des Lernbuches werden Sie deshalb die Betrachtungsweise der Automatisierungstechnik kennenlernen und sich mit den Eigenschaften dieser beiden Grundstrukturen vertraut machen. Sie werden also die Wirkprinzipien von einschleifigen Regelungen und von binären Steuerungen kennenlernen.

Voraussetzung jeder Automatisierung ist die meßtechnische Erfassung der Werte physikalischer oder technischer Größen am Prozeß. Deshalb beginnt das Lehrbuch mit einem Kapitel über meßtechnische Probleme.

Die Gliederung ist an den Lehrplänen der Fachschulen für Technik der Bundesländer orientiert, besitzt demgegenüber aber zwei Abweichungen: Die erste betrifft die Meßtechnik. Da es dazu eine ganze Reihe anderer Bücher gibt, wurde dieses Kapitel sehr kurz gehalten. Demgegenüber wurde als zweite Abweichung eine relativ ausführliche Darstellung der Stelltechnik (Aktorik), insbes. bezogen auf Objekte der chemischen Verfahrenstechnik, aufgenommen, weil Eigenschaften und Kennlinien der Stellglieder einen wesentlichen Einfluß auf das Ergebnis (z. B. einer Regelung) besitzen und dies häufig bei der Gestaltung der Anlagen nicht genügend berücksichtigt wird.

Ein kurzes abschließendes Kapitel über Industrieroboter gibt Ihnen einen Überblick über diesen wichtigen und stark expandierenden Zweig.

Bei der Beschreibung der Vorgänge konnte auf Differenzieren und Integrieren nicht ganz verzichtet werden, da nun einmal der weit verbreitete PID-Regler diesen Operationen seinen Namen verdankt. Differentialgleichungen wurden vermieden. Dafür erfolgte neben der Angabe von Zeitverläufen stets eine anschauliche Erklärung der dynamischen Eigenschaften (z. B. der Verzögerung durch Massenträgheit).

Damit wendet sich das Buch vorrangig an Studenten der Fachschulen der Technik, der Fachrichtungen Maschinentechnik und Verfahrenstechnik, ist aber auch als plausibler Einstieg für Hochschulstudenten geeignet, auf dem dann die präzisierenden mathematischen Verfahren aufsetzen können.

Die Autoren danken Herrn Horn (Leipzig) für die vielfältige Unterstützung bei der Ausarbeitung des Manuskriptes und dem Hanser-Verlag, insbes. den Herren Niclas und Weberbeck sowie Herrn Mettke als Herausgeber der Reihe „Lernbücher der Technik" für viele Hinweise und die gute Zusammenarbeit bei der Herausgabe des Buches.

Möge das Buch helfen, vielen Studierenden die Grundlagen der Automatisierungstechnik – von Steuern und Regeln – nahezubringen, um Sie zu einer aktiven Mitarbeit bei der Gestaltung der Anlagen ihres Arbeitsbereiches anzuregen.

Prof. Dr.-Ing. habil. Günter Stein
Im Auftrag aller Autoren

Inhalt

1 Aufgabenstellung 13
   1.1 Begriff Automatisierung 13
   1.2 Der Fliehkraftregler von James Watt – die Begriffe „Strecke"
       und „Steuereinrichtung" 14
   1.3 Struktur eines Systems – Darstellung der Wirkungszusammenhänge –
       Statisches und dynamisches Verhalten 16
   1.4 Vorgehensweise beim Entwurf einer Automatisierungsanlage 18
   1.5 Zielstellung des Lernbuches 21

2 Grundlagen und Begriffe 23
   2.1 Steuerziele 23
   2.2 Grundbegriffe und Grundstrukturen 25
       2.2.1 Normen für die Grundbegriffe 25
       2.2.2 Signal, Signalarten 25
       2.2.3 Elemente der Signalflußplandarstellung 27
       2.2.4 Steuerkette und Regelkreis – die Grundstrukturen zur Lösung einer
            Automatisierungsaufgabe 29
       2.2.5 Zusammenfassung wichtiger Begriffe 35
   2.3 Hilfsenergiearten 36
   2.4 Abriß der Historie der Automatisierungstechnik 40
   Lernzielorientierter Test zu Kapitel 2 45

3 Messen in der Automatisierungstechnik 46
   3.1 Überblick 46
   3.2 Grundbegriffe 48
       3.2.1 Überblick 48
       3.2.2 Meßgröße, Maßeinheit, Meßwert 48
       3.2.3 Meßgrößenaufnehmer und Meßwandler 50
   3.3 Kennfunktionen und Kennwerte von Meßwandlern 55
       3.3.1 Überblick 55
       3.3.2 Statische Kennfunktionen und Kennwerte 56
       3.3.3 Dynamische Kennfunktionen und Kennwerte 60
       3.3.4 Fehlerkennfunktionen und Kennwerte 64
   Lernzielorientierter Test zu Kapitel 3 72

4 Regelungstechnik 73
   4.1 Grundbegriffe – Signalflußplan 73
       4.1.1 Analyse einer regelungstechnischen Aufgabenstellung 73
       4.1.2 Signalflußplan einer Regelung 75
            4.1.2.1 Vereinbarungen bei der Darstellung des Signalflußplanes ... 75
            4.1.2.2 Linearisierung – Betrachtung der Änderungen gegenüber
                  dem Arbeitspunkt 76
            4.1.2.3 Invertierung im Regelkreis 79
            4.1.2.4 Erarbeiten des Signalflußplanes einer Regelung 80
            4.1.2.5 Störangriffspunkt 83

4.1.2.6 Allgemeiner Signalflußplan einer Regelung 84
Lernzielorientierter Test zu Kapitel 4.1 85
4.2 Beschreibung des Verhaltens von Regelstrecken 86
    4.2.1 Dynamisches Verhalten: Sprungantwort und Übergangsfunktion 86
        4.2.1.1 Statisches und dynamisches Verhalten 86
        4.2.1.2 Sprungantwort 87
        4.2.1.3 Übergangsfunktion – Zeitprozentwerte 88
    4.2.2 P- und I-Strecken 90
    Lernzielorientierter Test zu den Abschnitten 4.2.1 und 4.2.2 94
    4.2.3 Verzögerungs- und Totzeitsysteme 95
        4.2.3.1 Verzögerungsverhalten 1. Ordnung (T_1 und P-T_1-Verhalten) 95
        4.2.3.2 Verzögerungssysteme zweiter und höherer Ordnung ohne
               Überschwingen (P-T_2- und P-T_n-Verhalten) 97
        4.2.3.3 Totzeitsysteme (T_t-Verhalten) 99
        4.2.3.4 Kennwerte wichtiger Regelstrecken 102
    Lernzielorientierter Test zu Abschnitt 4.2.3 103
4.3 Einschleifige Regelkreise mit stetigen Reglern 104
    4.3.1 Aufgaben des Reglers im Regelkreis – Sprungantworten typischer Regelkreise 104
    4.3.2 Regelkreise mit P-Reglern 108
        4.3.2.1 Statische Kennlinie des P-Reglers 108
        4.3.2.2 Entstehung der bleibenden Regelabweichung bei Benutzung
               eines P-Reglers 109
        4.3.2.3 Ermittlung der bleibenden Regelabweichung mit Hilfe
               der statischen Kennlinien von Regelstrecke und Regler 112
        4.3.2.4 PD-Regler zur Verbesserung des dynamischen Verhaltens 114
    4.3.3 Vermeiden der bleibenden Regelabweichung durch Regler mit I-Anteil . . . 116
        4.3.3.1 Grundformen von I-Reglern 116
        4.3.3.2 Wirkung des I-Reglers im Regelkreis 118
        4.3.3.3 Verwendung von PI- und PID-Reglern 118
        4.3.3.4 Realisierung von Reglern 121
    4.3.4 Stabilität 123
    4.3.5 Berechnung optimaler Reglereinstellwerte 126
    4.3.6 Berechnung optimaler Reglereinstellungen bei Regelkreisen mit Abtastung . . . 135
    Lernzielorientierter Test zu Kapitel 4.3 138
4.4 Mehrpunktregelungen 139
    4.4.1 Mehrpunktschalter 139
    4.4.2 Zweipunktregler an Strecken mit Ausgleich 140
    4.4.3 Zweipunktregler an Strecken ohne Ausgleich 144
    4.4.4 Zweilaufregelungen 145
    4.4.5 Verwendung von Rückführungen 146
    Lernzielorientierter Test zu Kapitel 4.4 147
4.5 Aufbau zusätzlicher Signalwege zur Verbesserung des dynamischen Verhaltens . . . 148
    Lernzielorientierter Test zu Kapitel 4.5 152
4.6 Mehrgrößenregelungen 153
    Lernzielorientierter Test zu Kapitel 4.6 153
4.7 Nichtkonventionelle Regelalgorithmen – Rechnereinsatz 154

5 Steuerungstechnik 157
  5.1 Einführung 157
    5.1.1 Einordnung von Steuerungen in Automatisierungseinrichtungen 157
    5.1.2 Einteilung von Steuerungen 158

	5.1.3 Kombinatorisches und sequentielles Verhalten	161
	Lernzielorientierter Test zu Kapitel 5.1	162
5.2	Grundlagen der Booleschen Algebra	162
	5.2.1 Grundverknüpfungen binärer Variabler	162
	5.2.2 Wahrheitstabellen	164
	5.2.3 Schaltfunktionen	166
	5.2.4 Umformung und Minimierung von Schaltfunktionen, Karnaugh-Tafel	168
	Lernzielorientierter Test zu Kapitel 5.2	173
5.3	Darstellung logischer Strukturen	173
	5.3.1 Einführung	173
	5.3.2 Logische Verknüpfungsglieder	175
	5.3.3 Speicherglieder	179
	5.3.4 Zeit- und Zählglieder	183
	Lernzielorientierter Test zu Kapitel 5.3	185
5.4	Beschreibungsmittel der Aufgabenstellung als Basis für den Entwurf von Steuerungen	186
	5.4.1 Schaltbelegungstabellen	186
	5.4.2 Schaltfolgetabellen und Ablaufdiagramme	188
	5.4.3 Graphen und Netze	191
	5.4.3.1 Allgemeine Bemerkungen	191
	5.4.3.2 Automatengraph	192
	5.4.3.3 Programmablaufgraph	194
	5.4.3.4 Petri-Netz	195
	5.4.3.5 Prozeßablaufplan	197
	5.4.3.6 Funktionsplan	201
	Lernzielorientierter Test zu Kapitel 5.4	204
5.5	Analyse und Synthese von Kombinationsschaltungen	204
	5.5.1 Einführung	204
	5.5.2 Formale Beschreibung der Aufgabenstellung	205
	5.5.3 Schaltfunktionen	210
	5.5.4 Minimierungsverfahren	213
	5.5.5 Signalflußpläne	216
	Lernzielorientierter Test zu Kapitel 5.5	219
5.6	Analyse und Synthese von sequentiellen Schaltsystemen	220
	5.6.1 Einführung	220
	5.6.2 Formale Beschreibung der Aufgabenstellung	220
	5.6.3 Zustandsfestlegung, Speicherzuordnung und Kodierung	228
	5.6.4 Speicheransteuerungsfunktionen	229
	5.6.5 Bestimmung der Ausgangssignale	231
	5.6.6 Signalflußplan	232
	Lernzielorientierter Test zu Kapitel 5.6	233
5.7	Pneumatische industrielle Steuerungen	234
	5.7.1 Einführung	234
	5.7.2 Druckluftantrieb	235
	5.7.3 Ventile	237
	5.7.3.1 Aufgaben und Einteilung	237
	5.7.3.2 Richtungsventile	238
	5.7.4 Zeitglieder	241
	5.7.5 Anwendungsbeispiele	241
	Lernzielorientierter Test zu Kapitel 5.7	244

6 Stelltechnik ... 245

6.1 Grundbegriffe und Aufgaben der Stelltechnik ... 245
6.2 Übersicht zur Stelltechnik ... 249
6.2.1 Stelltechnik für verschiedene Anwendungen ... 249
6.2.2 Stelltechnik zum Eingriff in Stoffströme ... 251
6.3 Stellglieder ... 256
6.3.1 Drosselstellglieder zum Eingriff in Stoffströme ... 256
6.3.1.1 Aufgaben der Drosselstellglieder im Prozeß ... 256
6.3.1.2 Strömungstechnische Eigenschaften ... 261
6.3.1.3 Kenngrößen von Drosselstellgliedern ... 267
6.3.1.4 Kennlinien von Drosselstellgliedern ... 272
6.3.1.5 Statische Stellkennlinien von Drosselstellgliedern in Anlagen ... 276
6.3.1.6 Bauformen und Eigenschaften ... 282
6.3.2 Stellglieder für andere Stelleingriffe ... 289
6.3.2.1 Arbeitsmaschinen als Stellglieder ... 289
6.3.2.2 Stellglieder zum Eingriff in Energieströme ... 291
6.3.2.3 Mechanische Stellglieder ... 293
Lernzielorientierter Test zu den Kapitel 6.0 bis 6.3 ... 297
6.4 Stellantriebe ... 298
6.4.1 Aufgaben der Stellantriebe ... 298
6.4.2 Bauformen und Eigenschaften ... 300
6.4.2.1 Pneumatische Stellantriebe ... 300
6.4.2.2 Hydraulische Stellantriebe ... 309
6.4.2.3 Elektrische Stellantriebe ... 311
6.4.2.4 Zusatzeinrichtungen ... 314
Lernzielorientierter Test zu Kapitel 6.4 ... 317

7 Industrierobotertechnik ... 318

7.1 Grundlagen und Begriffe ... 318
7.1.1 Definitionen und Einordnung ... 318
7.1.2 Aufbau von Industrierobotern ... 321
7.1.3 Klassifizierung von Industrierobotern ... 326
Lernzielorientierter Test zu Kapitel 7.1 ... 330
7.2 Industrieroboter als Steuerungsobjekt ... 332
7.2.1 Einführung ... 332
7.2.2 Kinematik ... 333
7.2.3 Dynamik ... 336
Lernzielorientierter Test zu Kapitel 7.2 ... 338
7.3 Steuerung von Industrierobotern ... 339
7.3.1 Allgemeine Grundlagen ... 339
7.3.2 Bewegungssteuerung ... 340
Lernzielorientierter Test zu Kapitel 7.3 ... 342

Lösungen ... 343

Zusammenstellung wichtiger Normen ... 384

Sachwortverzeichnis ... 386

1 Aufgabenstellung

1.1 Begriff Automatisierung

Lernziele

Nach Durcharbeiten dieses Kapitels können Sie
- den Begriff Mechanisierung erläutern,
- den Begriff Automatisierung erläutern,
- die für den Beginn der Entwicklung der Automatisierung wesentliche Erfindung nennen.

Automatisierung ist eines der „Zauberwörter" der modernen Industrie. Ohne Einsatz immer komplizierterer Geräte, Computer und Roboter ist heute keine effiziente Produktion mehr durchführbar. Was aber bedeutet der Begriff Automatisierung? Es sind nur wenige Grundstrukturen, die in prinzipiell gleicher Weise in allen modernen Anlagen verwirklicht werden.

Starten wir mit einem Ausflug in die Historie: Die industrielle Entwicklung begann, als es gelang, in weit größerem Umfang als es Wind- und Wassermühlen vermochten, die Energie für die technologischen Prozesse, insbesondere die Antriebsenergie für Maschinen, zur Verfügung zu stellen, d. h., die Prozesse zu **mechanisieren**. Bahnbrechende Erfindungen dazu waren die Dampfmaschine von *James Watt* (1769) und das dynamoelektrische Prinzip von *Werner von Siemens* (1867), das es gestattet, elektrische Energie leicht zu erzeugen und mittels Elektromotor wieder in Antriebsenergie für Arbeitsmaschinen umzuwandeln.

Mechanisierung bedeutet, daß die für die Durchführung eines technologischen Prozesses benötigte Energie maschinell erzeugt wird.

Der zweite wesentliche Schritt bestand in der Möglichkeit zur Übernahme von Überwachungs- und Steuerungsaufgaben durch selbsttätige Einrichtungen; eben dies nennt man **Automatisierung**. Sie begann 1769 mit dem Fliehkraftregler für die Dampfmaschine von *James Watt*, erfuhr in den 20er und 30er Jahren unseres Jahrhunderts mit dem Bau von elektronischen Verstärkern eine rasche Entwicklung und besitzt heute mit Mikrorechnern, Einchiprechnern und unterschiedlichen „intelligenten" Geräten und Programmen ein gewaltiges Entwicklungstempo.

Automatisierung ist die Übernahme von Kontroll-, Steuer- und Überwachungsfunktionen durch selbsttätige Einrichtungen.

Im vorliegenden Lernbuch wollen wir diesen Begriff nur unter dem Gesichtspunkt der Beeinflussung technologischer Prozesse, also z. B. von Fertigungsabläufen in der metallverarbeitenden Industrie oder der chemischen Verfahrenstechnik, betrachten. Andere Zweige, wie z. B. Automatisierung der Verwaltungsarbeit, Computertechnik oder Sprachein- und -ausgabe mit Computern, Expertensysteme und weitere Elemente der sog. „künstlichen Intelligenz", sind nicht Gegenstand dieses Buches.

Gegenstand des Lernbuches ist die Automatisierung technologischer Prozesse.

1.2 Der Fliehkraftregler von James Watt – die Begriffe „Strecke" und „Steuereinrichtung"

Lernziele

Nach Durcharbeiten dieses Kapitels können Sie
- erläutern, daß Steuern und Regeln zielgerichtete Prozesse sind und die Formulierung dieser Zielstellungen Grundlage des Entwurfs einer Automatisierungsanlage sind,
- das Funktionsprinzip der Drehzahlmessung mittels Fliehkraftpendel erläutern,
- das Funktionsprinzip der Drehzahlregelung mittels Fliehkraftpendel erläutern,
- den Unterschied zwischen Steuergröße (steuernder Größe) und gesteuerter Größe (insbesondere Regelgröße) erläutern,
- die Begriffe „Strecke" und „Steuereinrichtung" erläutern.

Die Entwicklung der **Automatisierung** begann gemeinsam mit der der Mechanisierung: *James Watt* selbst erkannte, daß bei seiner Dampfmaschine die Drehzahl stark von der Belastung abhing und es für einen Bediener sehr mühsam war, die Dampfzufuhr ständig an die unterschiedlichen Belastungen anzupassen, um die Drehzahl konstant zu halten. *James Watt* benutzte dazu den Fliehkraftregler, von dem alte Exemplare heute der Stolz vieler technischer Museen sind. Das Funktionsprinzip ist aus Bild 1.2–1 leicht ersichtlich: Sinkt die Drehzahl durch eine höhere Belastung mit einer

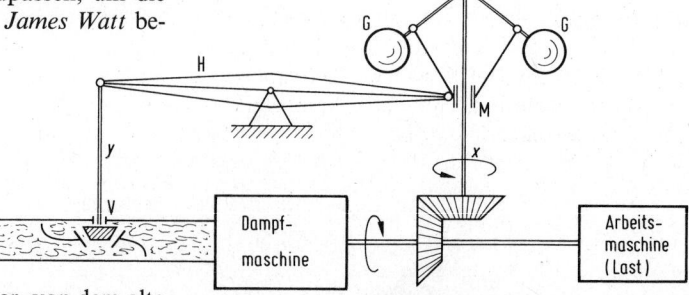

Bild 1.2–1   Regelung der Drehzahl einer Dampfmaschine mittels Fliehkraftregler (*James Watt 1769*)
G Gewichte, H Hebel, M Muffe, V Ventil
x Regelgröße Drehzahl, y Stellgröße Ventilstellung oder Dampfstrom

Arbeitsmaschine, so wird die Fliehkraft, die die Gewichte G auseinandertreibt, geringer. Durch die Schwerkraft bewegt sich die Muffe M nach unten, was über den Hebel H zum Öffnen des Ventils V, d.h. zu einem größeren Dampfstrom und damit zur Erhöhung der Drehzahl führt. **Der Abweichung wird also entgegengewirkt.** Da dies alles ohne Zutun einer Bedienungsperson vor sich geht, nennt man es eine selbsttätige, oder eben eine automatische Anordnung. Im speziellen Fall handelt es sich um eine **Regelung**, bei der der Arbeitsablauf in einem geschlossenen Wirkungskreis, dem sog. Regelkreis, erfolgt.

An diesem einfachen Beispiel erkennen Sie bereits für die Gestaltung jedes Automatisierungssystems wesentliche Gedankengänge:

Nun sollen Sie einige allgemeine Begriffe kennenlernen: Bei einem automatisierten Prozeß unterscheidet man zwischen der **Strecke**, dem Objekt für die Regelung oder Steuerung, und der **Regel- oder Steuereinrichtung:**

Bei der Drehzahlregelung ist also die Dampfmaschine die Regelstrecke und das Fliehkraftpendel mit dem Hebel die Regeleinrichtung. Das Ventil nennt man Stellglied. Man zählt es meist zur Strecke. Stellgröße ist die Ventilstellung.

Das Ziel der Drehzahlregelung besteht darin, trotz wechselnder Belastung die Drehzahl konstant zu halten.

Automatisierung, d.h. Steuern und Regeln, besteht in einer **zielgerichteten Beeinflussung** technologischer Prozesse. Ausgangspunkt für den Entwurf eines Automatisierungssystems ist deshalb stets die **Formulierung dieser Ziele.**

Strecke (Regelstrecke, Steuerstrecke) ist die zu beeinflussende Anlage. Eingangsgröße der Strecke ist stets die Steuergröße (Stellgröße) y, Ausgangsgröße ist die gesteuerte Größe x. Die **Steuereinrichtung** umfaßt alle Geräte, die zur Erfüllung der Aufgabe an die Strecke angebaut werden; ihre Ausgangsgröße ist also die Stellgröße y (die Eingangsgröße der Strecke!).

1.3 Struktur eines Systems – Darstellung der Wirkungszusammenhänge – Statisches und dynamisches Verhalten

Lernziele

Nach Durcharbeiten dieses Kapitels können Sie
- die Denkweise der Automatisierungstechnik, d.h. die Abstraktion von der speziellen geräte- und anlagentechnischen Realisierung, erläutern und benutzen,
- den Begriff Struktur eines Systems erläutern,
- den Unterschied zwischen statischem und dynamischem Verhalten erklären.

Bei der Darstellung der Drehzahlregelung für die Dampfmaschine (Bild 1.2–1) sind einige Elemente stark vereinfacht gezeichnet worden, z.B. ist die Dampfmaschine überhaupt nur als „Kästchen" dargestellt, weil für die Erfüllung der Zielstellung „Konstanthalten der Drehzahl" nur der **Wirkungsablauf** interessierte: Es ist zunächst nur von Bedeutung, daß mittels der Ventilstellung der Dampfstrom und damit die Drehzahl gesteuert werden. Die Konstruktion der Dampfmaschine, z.B. die Frage, ob es sich um eine Kolbendampfmaschine oder eine Turbine handelt, ist zweitrangig für diese Überlegungen. Damit haben Sie eines der grundlegenden Denkschemata der Automatisierungstechnik kennengelernt:

Die Denkweise der Automatisierungstechnik beruht auf der **Betrachtung von Wirkungszusammenhängen**, auf der Betrachtung der Umwandlung und Verarbeitung von Informationen.

Nicht von Bedeutung für diese Betrachtungen ist also die Konstruktion der Dampfmaschine; aber es ist natürlich wichtig, daß man weiß, wie weit das Ventil verstellt werden muß, um eine bestimmte Drehzahl einzustellen. Diesen Zusammenhang nennt man das **statische Verhalten** eines Systems.

Das **statische Verhalten** eines Systems beschreibt den Zusammenhang zwischen Eingangs- und Ausgangsgröße eines Systems für konstante Eingangsgröße nach dem Abklingen von Übergangsvorgängen. Es wird z.B. in Form der **statischen Kennlinie** dargestellt.

Die statische Kennlinie besagt, daß zum Ventilhub Y_1 (30%) die Drehzahl X_1 (1000 U/min) gehört. Ändert man Y auf den Wert Y_2 (50%), so nimmt X den Wert X_2 (2000 U/min) an. Aus

1.3 Struktur eines System – Darstellung der Wirkungszusammenhänge

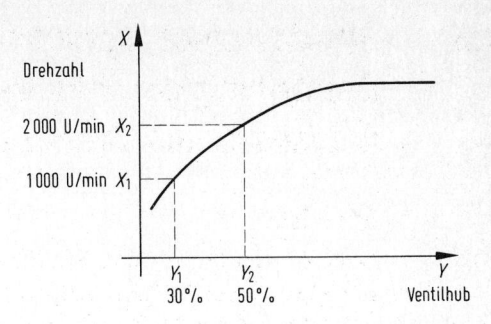

Bild 1.3-1 Statische Kennlinie mit Stellgröße Y als Eingangsgröße und Regelgröße X als Ausgangsgröße

der statischen Kennlinie geht aber nicht hervor, wie schnell X diesen neuen Wert erreicht, wenn man Y schnell verstellt; infolge der Massenträgheit kann nämlich die Drehzahl einer Änderung des Ventilhubs nur langsam (verzögert) folgen (Bild 1.3-2): Dies nennt man das **dynamische Verhalten** eines Systems:

Das dynamische Verhalten eines Systems beschreibt den zeitlichen Verlauf der Ausgangsgröße nach einer Veränderung der Eingangsgröße.

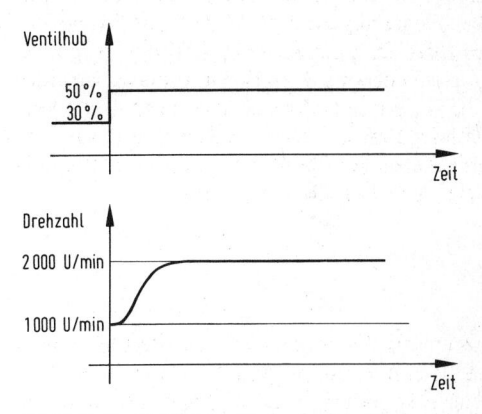

Bild 1.3-2 Zeitlicher Verlauf der Drehzahl der Dampfmaschine nach einer sprungförmigen Verstellung des Ventils in der Dampfzuleitung

Trägheit bemerken Sie auch, wenn Sie mit Ihrem Auto eine bestimmte Geschwindigkeit fahren wollen: Einem plötzlichen „Durchtreten" des Fahrpedals folgt das Auto nur verzögert.

Daraus folgt aber sofort ein weiterer Gesichtspunkt: Sie haben in der Fahrschule und durch tägliche Erfahrung gelernt, wie Sie vernünftig mit dem Gaspedal umgehen müssen, z. B. auch, wie Sie die Trägheit berücksichtigen. Eine technische Einrichtung wie die einfache Drehzahlregelung ist jedoch nicht in der Lage zu lernen (komplizierte, moderne Einrichtungen können dies in gewissem Umfang), sondern sie muß so entworfen werden, daß sie ihre Aufgabe möglichst gut erfüllt.

Die **Gestaltung einer Automatisierungseinrichtung** muß so erfolgen, daß die formulierten **Ziele** möglichst **gut erfüllt** werden, wobei das statische und dynamische Verhalten der Strecke zu berücksichtigen ist. Dies geschieht durch die Wahl der **Struktur** des Systems, die Festlegung des **dynamischen Verhaltens der Steuereinrichtung** und die geeignete **Bemessung ihrer Parameter**.

Maßgebend für die **Struktur** ist die Art und Weise, wie die Elemente des Systems miteinander verkoppelt sind.

Bei der einfachen Drehzahlregelung (Bild 1.2–1) ist die **Struktur** mit der mechanischen Verbindung zwischen Regelgröße und Stellgröße gegeben: Es liegt ein **einschleifiger Regelkreis vor**, wie er stark schematisiert in Bild 1.3–3 dargestellt ist. Diesen Begriff sowie andere mögliche Strukturen zur Erfüllung eines Automatisierungszieles werden Sie in den folgenden Kapiteln noch näher kennenlernen.

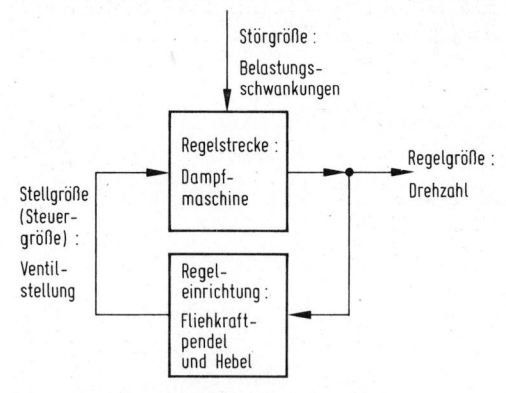

Bild 1.3–3 Regelkreis zum Konstanthalten der Drehzahl der Dampfmaschine

1.4 Vorgehensweise beim Entwurf einer Automatisierungsanlage

Lernziele

Nach Durcharbeiten dieses Kapitels können Sie
- einen Ablauf für den Entwurf einer Automatisierungsanlage angeben,
- erläutern, wieso die Formulierung der Ziele stets der erste Schritt beim Entwurf sein muß,
- einschätzen, warum auch der Benutzer einer Automatisierungsanlage die Entwurfsstrategie kennen muß, um seine Arbeit zur Wartung und Reparatur und ggf. zur Verbesserung der Anlage richtig einordnen zu können.

1.4 Vorgehensweise beim Entwurf einer Automatisierungsanlage

In den vorangegangenen Kapiteln haben Sie erkannt, daß bei der Gestaltung einer Automatisierungsanlage – wie übrigens bei der jedes technischen Gerätes oder jeder Anlage – die Formulierung der Ziele an erster Stelle stehen muß, d. h., es ist die Frage zu beantworten, welche Verbesserungen mit einer neuen Lösung erreicht werden sollen. Technische und ökonomische Forderungen gehen dabei Hand in Hand, wobei die ökonomischen im allgemeinen die wichtigeren sind. Noch wichtiger bei bestimmten Entscheidungen sind Forderungen, die sich aus politischen oder ethisch-moralischen Gesichtspunkten ergeben. Dies sind z. B. Sicherheitsvorschriften (Schutzvorrichtungen bei Kernkraftwerken, Grenzwerte für Umweltbelastungen usw.), die häufig in Gesetzesform festgeschrieben sind.

Sind die Zielstellungen für die Gestaltung einer Anlage fixiert, beginnt die eigentliche Entwurfsarbeit, bei der es darum geht, eine an die Eigenschaften der technologischen Anlage (der Strecke) angepaßte Automatisierungsanlage so zu gestalten, daß die formulierten Ziele so gut wie möglich, man sagt „optimal", erfüllt werden.

Diese Vorgehensweise zum Entwurf einer Automatisierungsanlage läßt sich als 4-Stufen-Algorithmus aufschreiben:

Allgemeiner Ablauf des Entwurfs einer Automatisierungslösung:

1. **Formulierung der Aufgabenstellung und der zu erfüllenden Ziele**; dies geschieht in Zusammenarbeit zwischen Automatisierungstechnikern, Fachleuten der zu automatisierenden Anlage, Mitarbeitern des Managements und evtl. Vertretern politischer Entscheidungsgremien.

    Zu beachten sind
    – technische Gesichtspunkte,
    – ökonomische Gesichtspunkte,
    – ökologische, politische, ethisch-moralische Gesichtspunkte.

2. **Analyse der Wirkungszusammenhänge und des statischen und dynamischen Verhaltens der zu automatisierenden Anlage** und ihre Beschreibung mit formalen, mathematischen Methoden (Systemanalyse).

3. **Wahl der Struktur der Automatisierungsanlage** einschließlich der Instrumentierung mit handelsüblichen Geräten oder (z. T.) Eigenbau.

4. **Optimierung und Parametrierung**, d. h. Wahl der Einstellwerte bzw. der konstruktiven Freiheitsgrade der Automatisierungseinrichtung, so daß sich im Sinne des formulierten Gütekriteriums bestmögliches Arbeiten ergibt.

Wichtiger Gesichtspunkt ist, daß dieser Ablauf nicht einfach geradlinig durchlaufen wird, sondern daß es bei seiner Bearbeitung eine Vielzahl von Entscheidungen mit erneutem Weg „nach oben", also von Rückführungen zu den bereits bearbeiteten Schritten gibt.

So kann sich z. B. herausstellen, daß eine bestimmte Struktur oder eine gewählte Instrumentierungsvariante den Anforderungen nicht genügt, daß die Analyse des technologischen Prozesses verbessert werden muß oder sogar – wer kennt so etwas nicht aus dem täglichen Leben – eine Änderung bestimmter Zielvorstellungen erfolgen muß, mit denen dann der Ablauf neu beginnt.

Dieser Entwurfsablauf wird nicht einfach geradlinig von oben nach unten durchlaufen, sondern es gibt bei seiner Abarbeitung viele Entscheidungen, die eine Rückführung nach oben, d. h. eine wiederholte (verbesserte oder geänderte) Bearbeitung bereits behandelter Stufen auslösen.

Warum behandeln wir diese Methodik zum **Entwurf einer neuen Anlage** in diesem Lernbuch, obwohl wir wissen, daß dies nur für einen kleinen Teil unserer Leser die tägliche Arbeitsaufgabe ist? Wir meinen, daß auch die Nutzer und Betreiber von Automatisierungsanlagen über diese Gedankengänge Bescheid wissen müssen, um die Eigenschaften „ihrer" Anlagen richtig einschätzen zu können: Sowohl bei der Wartung und Reparatur und erst recht bei Überlegungen zur Verbesserung der Funktionsweise einer Anlage ist es nützlich, die Gedanken des Projektanten nachzuvollziehen, um – wie man es oft nennt – die „Philosophie" der vorhandenen Lösung zu verstehen. Z. B. ergibt sich aus dem ersten Schritt, daß niemals der Automatisierungstechniker allein gute Ergebnisse erzielen kann, sondern daß dies nur im Team, gemeinsam mit den Fachleuten für die Strecke (also z. B. Maschinenbauern, Verfahrenstechnikern) möglich ist. Die Beschreibung der Entwurfsmethodik soll also allen unseren Lesern, die an den unterschiedlichsten Plätzen arbeiten, den Weg zeigen, wie sie ihre Arbeit einordnen und bei Bedarf die richtigen Kontakte herstellen können.

Der Überblick über diese Methodik ist wichtig, damit Sie Ihre eigene Arbeit sowohl bei der Gestaltung einer neuen Automatisierungseinrichtung als auch bei Reparatur, Wartung, Umbau oder Modernisierung einer vorhandenen Anlage richtig einordnen und die notwendigen Kontakte zu den anderen für die Anlage zuständigen Fachleuten knüpfen können.

1.5 Zielstellung des Lernbuches

In den vorangegangenen Abschnitten haben Sie anhand des einfachen, historischen Beispiels der Drehzahlregelung einer Dampfmaschine einige grundlegende Begriffe der Automatisierungstechnik (Automatisieren, Stellen, Strecke, Einrichtung, statisches und dynamisches Verhalten) sowie eine recht allgemeine Vorgehensweise zum Entwurf einer Automatisierungsanlage kennengelernt, einiges davon allerdings zunächst noch oberflächlich. Das Ziel des vorliegenden Lernbuches besteht darin, all dies zu vertiefen und damit Wissen über die Wirkungsweise und die Berechnung der Eigenschaften von Automatisierungssystemen zu vermitteln. Die Anwendung dieser Kenntnisse ist erforderlich und nützlich sowohl beim Entwurf einer neuen Anlage als auch bei Wartung, Reparatur, Justage und Einstellung vorhandener Anlagen.

Ziel des Lernbuches ist die Vermittlung von Wissen über die Wirkungsweise und die Berechnung der Eigenschaften von Automatisierungssystemen.

Bezüglich des mathematischen Niveaus ist die Darstellung an die Richtlinien für Fachschulen für Technik angepaßt.

Das Buch berücksichtigt die drei Hauptaufgaben jeder Automatisierungsanlage:
- Informationsgewinnung
  (Meßtechnik/Sensorik)
- Informationsverarbeitung
  (Steuerungs- und Regelungstechnik)
- Informationsnutzung
  (Stelltechnik/Aktorik).

Außerdem wurde wegen der wachsenden Bedeutung dieser Technik ein kleines Kapitel über Industrierobotersteuerungen aufgenommen.

Gegenstand des Lernbuches sind
- die Informationsgewinnung
  (Meßtechnik/Sensorik),
- die Informationsverarbeitung in der Steuer- bzw. Regeleinrichtung und
- die Informationsnutzung
  (Stelltechnik/Aktorik)
- sowie Industrierobotersteuerungen.

Die Autoren wünschen sich, daß die Leser nach dem Studium des Buches folgende Kenntnisse besitzen:

Allgemeine Lernziele:

- Beherrschen der Grundstrukturen zur Lösung einer Automatisierungsaufgabe und Kennen weiterer Strukturvarianten, so daß Aufgaben aus dem eigenen Arbeitsgebiet eingeordnet bzw. zur Lösung neuer Aufgaben geeignete Strukturen vorgeschlagen werden können;
- Beherrschen der Grundbegriffe zur Beschreibung des Wirkungsablaufes in einer Automatisierungseinrichtung, in einer Steuerung oder Regelung;
- Beherrschen einiger einfacher Methoden zur formalen (mathematischen) Beschreibung des Wirkungsablaufes in Steuerungen und Regelungen und zur Berechnung wichtiger Eigenschaften des automatisierten Systems;
- Beherrschen wichtiger Methoden der Meßtechnik;
- Beherrschen der wichtigsten Stellprinzipien beim Eingriff in Energie- oder Massenströme zur Steuerung technologischer Anlagen;
- Kennen von Grundprinzipien der Steuerung und Anwendung von Industrierobotern.

2 Grundlagen und Begriffe

2.1 Steuerziele

Lernziele

Nach Durcharbeiten dieses Kapitels können Sie
- wichtige Phasen des Betriebes technologischer Prozesse nennen,
- wesentliche Steuerziele für verschiedene Betriebsarten technologischer Prozesse angeben,
- Regelungen und Steuerungen nach dem Zeitverlauf der Führungsgröße charakterisieren.

Jeder technologische Prozeß wird über eine bestimmte Zeit gefahren, danach erfolgt Außerbetriebsetzen, z.B. bei Reparatur oder Wartung, und erneutes Anfahren. Bild 2.1–1 zeigt schematisch die wesentlichen Betriebsarten.

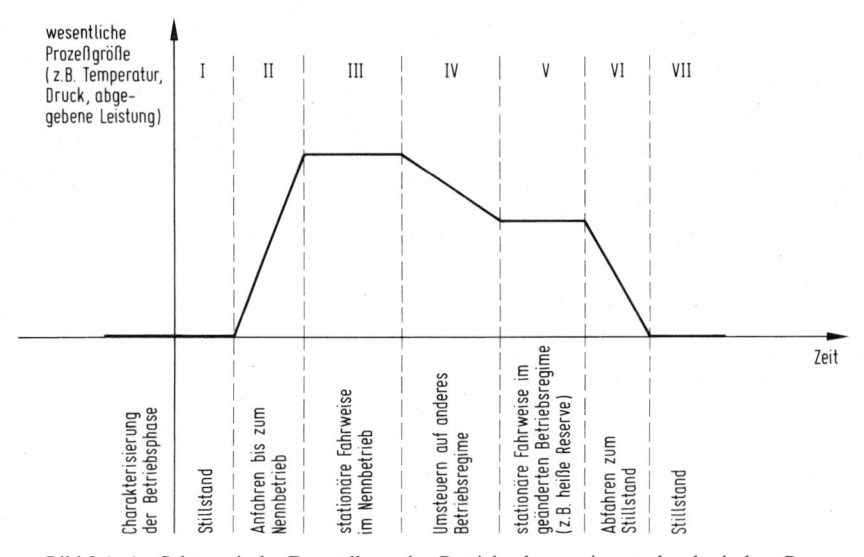

Bild 2.1–1 Schematische Darstellung der Betriebsphasen eines technologischen Prozesses

Natürlich unterscheidet sich der Anteil der einzelnen Phasen an der Gesamtlebenszeit einer Anlage bei verschiedenen Technologien erheblich. So geht z.B. bei Destillationskolonnen der stationäre Betrieb fast über die gesamte Zeit, während bei einer Werkzeugmaschine oder einem Roboter der Anteil der Phasen mit Veränderung der wesentlichen Prozeßgrößen ungleich größer ist. Selbstverständlich sind sogar die Stufen und ihre Reihenfolge stark abhängig von der Technologie. So ist die Betriebsart „technisch bedingte Mindestlast" oder „heiße Reserve" für Kraftwerke oder Dampferzeuger eine wichtige Betriebsart. Sie ermöglicht schnelles Hochfahren auf Nennbetrieb. Bei Werkzeugmaschinen dagegen hat sie keine Bedeutung.

Im vorangegangenen Kapitel haben Sie eine sehr häufige Aufgabenstellung für eine automatische Einrichtung kennengelernt, nämlich das **Konstanthalten einer Größe**, z. B. der Drehzahl der Dampfmaschine. Dazu diente eine Regelung, wie sie schematisch in Bild 1.2–1 dargestellt ist. Da die Ausgangsgröße auf einem konstanten, festen Wert gehalten werden soll, nennt man sie eine **Festwertregelung**.

Bild 2.1–1 zeigt, daß es bei vielen Prozessen nicht genügt, Größen konstant zu halten, sondern es gibt vier grundlegende Aufgaben:

1. **Konstanthalten von Größen:** Dieses Problem hatten wir schon behandelt.
2. Technische Größen müssen nach einem vorgegebenen **Zeitplan** geändert werden.
   Beispiele dafür sind Nachtabsenkung der Temperatur in beheizten Räumen, Abschalten von Beleuchtungseinrichtungen zu bestimmten Zeiten oder das Einhalten eines bestimmten Temperatur-Zeitplanes bei der Warmbehandlung von Werkstücken. Zur Realisierung dienen **Zeitplanregelungen** oder **-steuerungen**.
3. Eine dritte Zielstellung besteht darin, daß der gewünschte Wert einer technischen Größe – eben dies nennt man den Sollwert oder die Führungsgröße – durch den vorher nicht bekannten zeitlichen Verlauf einer anderen Größe vorgegeben ist, d. h., die **gesteuerte Größe muß einer anderen Größe folgen**. So wird z. B. der Zündzeitpunkt von Verbrennungsmotoren u. a. in Abhängigkeit von der Drehzahl verstellt. Suchen Sie selbst nach anderen Anordnungen mit zeitlich veränderlichen Führungsgrößen, bei denen der Zeitverlauf aber nicht vorher bekannt ist!

Jeder technologische Prozeß besteht aus einer Folge unterschiedlicher Phasen, unterschiedlicher Arbeitsregimes. Die Art dieser Phasen, ihr Anteil an der Gesamtprozeßdauer sowie ihre Reihenfolge sind bei unterschiedlichen technologischen Prozessen sehr verschieden.

Bei sehr vielen Anlagen besteht das **Steuerziel** darin, eine **Größe konstant** zu halten. Gelöst wird diese Aufgabe meist mit einer Regelung, die man dann **Festwertregelung** nennt.

Bei **Zeitplansteuerungen** oder **Zeitplanregelungen** werden die Sollwerte oder Führungsgrößen nach einer vorgegebenen Zeitfunktion verändert.

Bei **Folgesteuerungen** oder **Folgeregelungen** ändern sich Sollwert oder Führungsgröße im Laufe der Zeit, wobei der zeitliche Verlauf vorher nicht bekannt ist.

4. Schließlich erfolgt bei vielen Prozessen ein bestimmter **Ablauf von Einzeloperationen**. Aus Ihrem Waschautomaten kennen Sie solche Vorgänge: Zunächst nimmt die Maschine Wasser. Ist ein bestimmter Stand erreicht, wird die Wasserzufuhr abgesperrt und die Heizung eingeschaltet usw. Analysieren Sie selbst den weiteren Verlauf!

Eine **Ablaufsteuerung** realisiert die Aufeinanderfolge von Operationen, wobei das Starten weiterer Operationen erst erfolgt, wenn durch den Ablauf vorangegangener Operationen die Bedingungen dafür geschaffen wurden.

2.2 Grundbegriffe und Grundstrukturen

2.2.1 Normen für die Grundbegriffe

In den folgenden Abschnitten werden Sie eine Reihe von Begriffen mit ihren Erläuterungen oder Definitionen kennenlernen. Dazu halten wir uns eng an DIN 19226 (Regelungstechnik und Steuerungstechnik – Begriffe und Benennungen), an DIN 19229 (Übertragungsverhalten dynamischer Systeme) und an die VDI/VDE-Richtlinie 3526 (Benennungen für Steuer- und Regelschaltungen). Wir können diese Normen nicht komplett abdrucken, empfehlen Ihnen aber, parallel zum Studium des Lernbuches die Erläuterungen der Begriffe dort nachzulesen.

Zur Definition von Begriffen gibt es eine Reihe von Normen, u. a.:

DIN 19226: Regelungstechnik und Steuerungstechnik – Begriffe und Benennungen,

DIN 19229: Übertragungsverhalten dynamischer Systeme,

VDI/VDE-Richtlinie 3526: Benennungen für Steuer- und Regelschaltungen.

2.2.2 Signal, Signalarten

Lernziele

Nach Durcharbeiten dieses Kapitels können Sie
- den Begriff Signal erläutern,
- die Bedeutung des Signalparameters angeben,
- erläutern, was analoge Signale sind,
- erläutern, was Mehrpunktsignale sind,
- erläutern, was binäre Signale sind.

Sie haben schon kennengelernt, daß bei der Untersuchung der Eigenschaften von Regelungen und Steuerungen die geräte- oder anlagentechnische Realisierung nicht im Vordergrund steht, sondern es wird der Wirkungsablauf dargestellt. Man spricht davon, daß **Signale** übertragen und verarbeitet werden. Dies sind die Darstellungen von Informationen durch den Werteverlauf von physikalischen Größen.

Bei der Betrachtung von Steuerungen und Regelungen steht der Wirkungsablauf im Vordergrund: Es werden **Signale** übertragen und verarbeitet. Dies sind die Darstellungen von Informationen mittels des Werteverlaufes von physikalischen Größen.

Beispielsweise wird mit einem Tachogenerator die Drehzahl eines Antriebes gemessen. Dann stellt die Ausgangsspannung des Tachogenerators das Signal dar, das den Wert der Drehzahl abbildet. In diesem Fall nennt man den Wert (die Größe) der Spannung den **Signalparameter** oder **Informationsparameter**. Bei anderen Anwendungen werden andere Signalparameter benutzt. Denken Sie z. B. an den UKW-Teil Ihres Radios: Im Begriff Frequenzmodulation steckt die Aussage, daß die Frequenz als Signalparameter benutzt wird.

In Steuerungen und Regelungen haben analoge und Mehrpunktsignale Bedeutung:
Bei **analogen Signalen** kann der Informationsparameter innerhalb bestimmter Grenzen, z. B. mechanischer Anschläge, jeden Wert annehmen.
Bei der Drehzahlregelung mit Fliehkraftpendel sind sowohl die Stellung der Gewichte als auch die des Ventils analoge Signale. Regelungen mit analogen Signalen ist fast das gesamte Kapitel 4 gewidmet.

Signalparameter oder **Informationsparameter** ist diejenige Kenngröße des Signals, welche die Information trägt.

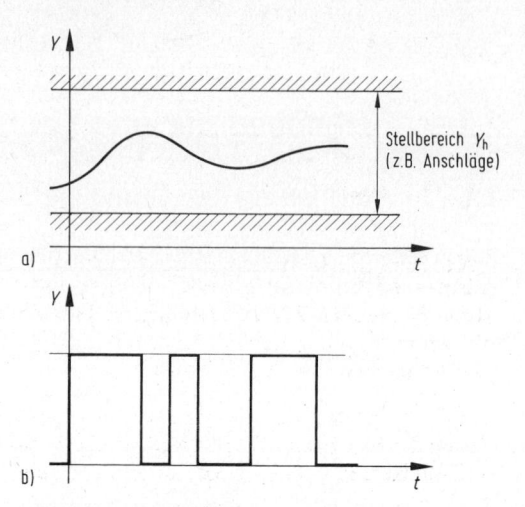

Bild 2.2.2–1 Zeitverläufe von Signalen
a) analoges Signal,
b) Zweipunktsignal/binäres Signal

Bei **Mehrpunktsignalen** besitzt der Signalparameter nur eine endliche Anzahl von Werten. Für Regelungen wichtig sind **Zweipunkt-** und **Dreipunktsignale** (siehe Kapitel 4.4). Z. B. wird beim Kühlschrank das Aggregat ein- und ausgeschaltet. Die Spannung des Antriebsmotors ist ein Zweipunktsignal: Es gibt nur die Stellungen „Ein" und „Aus" (z. B. also 0 V~ und 220 V~).

Zweipunktsignale nennt man auch **binäre Signale**. Indem man den beiden möglichen Werten die logischen Variablen TRUE (wahr) oder FALSE (falsch) zuordnet, bilden sie die Basis für binäre Steuerungen, denen das Kapitel 5 gewidmet ist.

Bei **analogen Signalen** kann der Signalparameter innerhalb gewisser Grenzen jeden Wert annehmen. Bei **Mehrpunktsignalen** besitzt er nur eine endliche Anzahl von Werten. Für Regelungen wichtig sind **Zweipunkt-** und **Dreipunktsignale**.

Zweipunktsignale, auch **binäre Signale** genannt, bilden die Basis für binäre Steuerungen, indem man den beiden möglichen Werten des Signalparameters die logischen Werte TRUE (wahr) und FALSE (falsch) zuordnet.

Übung 2.2.2–1

Analysieren Sie Signale in Anlagen und Maschinen Ihres Arbeitsbereiches. Welche Kenngröße ist Signalparameter? Handelt es sich um analoge oder um Mehrpunktsignale?

2.2.3 Elemente der Signalflußplandarstellung

Lernziele
Nach Durcharbeiten dieses Kapitels können Sie
- die Grundsymbole der Signalflußplandarstellung (Wirkungslinie, Übertragungsglied usw.) nennen,
- diese Symbole zur Darstellung des Wirkungsablaufes einer Regelung oder Steuerung anwenden,
- die Grundformen der Zusammenschaltung von Übertragungsgliedern (Reihenschaltung, Parallelschaltung, Rückführschaltung) nennen und beschreiben.

Zur Darstellung der Informationsverarbeitung in Regelungen oder Steuerungen dient der **Signalflußplan**.

Die wichtigsten Elemente der Signalflußplandarstellung sind in Tabelle 2.2.3–1 zusammengestellt. Mit diesen Elementen lassen sich Zusammenschaltungen von Übertragungsgliedern darstellen:

Bei der **Reihenschaltung** ist die Ausgangsgröße des ersten Blockes die Eingangsgröße des zweiten Blockes, d.h. die Koppelbeziehung lautet $x_{a1} = x_{e2}$.

Bei der **Parallelschaltung** geht das gleiche Signal auf beide Übertragungsglieder, das Ausgangssignal ergibt sich aus der Summe der Ausgangssignale beider Glieder. Soll eines der beiden Ausgangssignale subtrahiert werden, muß dies durch das Minuszeichen am Pfeil dargestellt werden.
Beachten Sie: Das Minuszeichen steht rechts vom Pfeil, gesehen in Pfeilrichtung.

Bei der **Rückführschaltung** (Kreisschaltung) wird der Ausgang des Vorwärtszweiges auf den Eingang zurückgeführt. Speziell spricht man von **Gegenkopplung**, wenn dies mit negativem Vorzeichen erfolgt.
Beachten Sie: Das Minuszeichen steht rechts vom Pfeil, gesehen in Pfeilrichtung.

Der **Signalflußplan** dient der Darstellung des Wirkungsablaufes in Regelungen und Steuerungen. Dabei wird von der geräte- oder anlagentechnischen Realisierung abstrahiert.

Möglichkeiten zur Zusammenschaltung von Übertragungsgliedern:

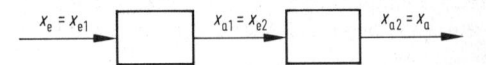

Bild 2.2.3–1 Reihenschaltung oder Kettenschaltung von Übertragungsgliedern (Koppelbeziehung: $x_{a1} = x_{e2}$)

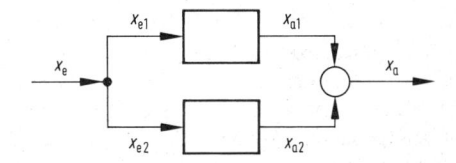

Bild 2.2.3–2
Parallelschaltung von Übertragungsgliedern (Koppelbeziehungen: $x_e = x_{e1} = x_{e2}$, $x_a = x_{a1} + x_{a2}$)

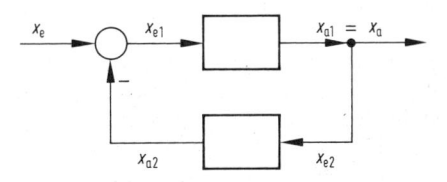

Bild 2.2.3–3 Gegenkopplungsschaltung (Rückführung mit negativem Vorzeichen; Koppelbeziehungen: $x_{e1} = x_e - x_{a2}$, $x_a = x_{a1} = x_{e2}$)

Die Schaltungen wurden immer für zwei Übertragungsglieder dargestellt. Selbstverständlich ist bei Reihen- und Parallelschaltung die Erweiterung auf beliebig viele Blöcke möglich.

Ferner kann an Stelle eines Blockes selbst wiederum eine komplizierte Zusammenschaltung stehen. Z. B. kann der Rückführzweig der Gegenschaltung nach Bild 2.2.3-3 aus einer Reihenschaltung mehrerer Übertragungsglieder bestehen.

Tabelle 2.2.3-1   Elemente der Signalflußplandarstellung

Symbol	Bezeichnung	Bedeutung/Bemerkungen
→	Wirkungslinie mit Wirkungsrichtung	• Übertragung einer Information, eines Signals ohne Veränderung (elektr. Realisierung: verlustfreie Leitung) • Der Pfeil gibt die Wirkungsrichtung an.
$x_e(t)$ → [dynamisches Verhalten] → $x_a(t)$	lineares Übertragungsglied mit einem Eingang und einem Ausgang	• Informationsverarbeitung, d. h. aus dem Eingangssignal mit der Zeitfunktion $x_e(t)$ wird das Ausgangssignal mit der Zeitfunktion $x_a(t)$ gebildet. • Wesentlicher Gegenstand der Betrachtung ist das dynamische Verhalten.
$x_{e1} \ldots x_{en}$ → [ ] → $x_{a1} \ldots x_{am}$	Übertragungsglied mit mehreren Eingängen und mehreren Ausgängen	• Informationsverarbeitung • Wesentlicher Gesichtspunkt ist die Kopplung zwischen verschiedenen Aus- und Eingängen. • Für binäre Steuerungen existieren noch eine Reihe spezieller Symbole, die im Kapitel 5 ausführlich beschrieben werden.
x_e → [⌐] → x_a	nichtlineares Übertragungsglied	• Informationsverarbeitung • Gegenstand der Betrachtung ist meist allein das statische Verhalten, dargestellt durch die statische Kennlinie.
x_e →•→ x_{a1}, ↓ x_{a2}	Verzweigungsstelle, Signalverzweigung $x_{a1} = x_{a2} = x_e$ (ein Eingang, mehrere Ausgänge)	• Verzweigung des Signals ohne Veränderung auf mehrere Zweige • elektrische Schaltungsbeispiele x_e ist Spannung: x_e ist Strom: • Die Verzweigung kann auf beliebig viele Ausgänge erfolgen. • Die Wirkungslinien werden vorzugsweise rechtwinklig aufeinander gezeichnet.
x_{e1} ↓, x_{e2} →○→ x_a, x_{e3} ↑	Mischstelle, Additionsstelle $x_a = x_{e1} - x_{e2} + x_{e3}$ (mehrere Eingänge, ein Ausgang)	• Addition mehrerer Signale • Positive Vorzeichen werden nicht dargestellt. • Für Subtraktion wird das Rechenzeichen Minus an der Wirkungslinie angegeben, und zwar in der Nähe der Mischstelle und zur Vermeidung von Verwechslungen stets rechts vom Pfeil (gesehen in Pfeilrichtung). • Die Wirkungslinien werden vorzugsweise rechtwinklig aufeinanderstehend gezeichnet.

Übung 2.2.3-1

Geben Sie den Signalflußplan einer Reihenschaltung aus 3 Übertragungsgliedern an, wobei das mittlere selbst wiederum eine Parallelschaltung zweier Übertragungsglieder ist.

Übung 2.2.3-2

Geben Sie eine Rückführschaltung an, bei der der Vorwärtszweig aus einer Reihenschaltung von zwei Übertragungsgliedern und der Rückführzweig selbst aus einer Gegenschaltung besteht.

Hinweis: Vergessen Sie nicht die Angabe der Pfeile an den Wirkungslinien, mit denen die Richtung des Signalflusses dargestellt wird.

Zur Übung sollen Sie selbst zwei Beispiele für kompliziertere Strukturen erarbeiten:

2.2.4 Steuerkette und Regelkreis – die Grundstrukturen zur Lösung einer Automatisierungsaufgabe

Lernziele

Nach Durcharbeiten dieses Kapitels können Sie
- die Begriffe Steuern und Regeln (Gemeinsamkeiten und Unterschiede) erläutern,
- das Prinzip der Signalverarbeitung in einer offenen Steuerung (in einer Steuerkette) anhand des Signalflußplanes erklären,
- das Prinzip der Signalverarbeitung in einer Regelung (in einem Regelkreis) anhand des Signalflußplanes erklären,
- die Bedeutung des grundlegenden Ablaufes einer Regelung – Messen, Vergleichen, Stellen – erläutern,
- den Signalflußplan einer Regelung angeben.

Nach der etwas abstrakten Darstellung der Elemente zum Aufbau des Signalflußplanes, mit dem man die Wirkungszusammenhänge, die Informationsverarbeitung, beschreiben kann, wollen wir uns nun den Begriffen Regeln und Steuern zuwenden und dazu auch wieder etwas konkreter werden.

Regeln und **Steuern** sind die Grundoperationen, mit denen die im Kapitel 2.1 erläuterten Automatisierungsaufgaben gelöst werden können. Sie haben bereits kennengelernt, daß es zielgerichtete Vorgänge sind, um physikalische oder technische Größen wie Druck, Temperatur, Drehzahl in technologischen Anlagen oder Maschinen in gewünschter Weise zu beeinflussen.

Dies ist das Gemeinsame. Worin nun besteht der Unterschied zwischen diesen beiden Vorgängen, zwischen Regeln und Steuern? Die Be-

Regeln und **Steuern** sind Vorgänge zur zielgerichteten Beeinflussung physikalischer oder technischer Größen in technologischen Anlagen. Sie sind die Grundoperationen zur Lösung aller Automatisierungsaufgaben.

antwortung dieser Frage ist der Kernpunkt des zweiten Kapitels.

Als Ausgangspunkt dient folgende Aufgabenstellung: Wenn die Außentemperatur absinkt, soll die Heizung eines Gebäudes oder Zimmers eingeschaltet werden, damit es im Innern angenehm warm bleibt. Damit ist die Zielstellung gegeben, allerdings ist die Formulierung noch ziemlich unscharf, so daß mehrere Lösungen möglich sind, die sich bezüglich ihrer Eigenschaften beträchtlich unterscheiden.

Eine erste Lösungsidee zeigt Bild 2.2.4–1: Mit einem Kontaktthermometer wird die Außentemperatur gemessen und beim Unterschreiten eines bestimmten Wertes, beim Abreißen des Quecksilbers vom oberen Kontakt, über ein Relais und ein Magnetventil die Heizung eingeschaltet.

Zunächst ist das **Stellen** deutlich zu erkennen: Es erfolgt mit dem Magnetventil ein Eingriff in den Energiestrom zur Beheizung. Das Zimmer (mit dem Heizkörper) ist also die Strecke.

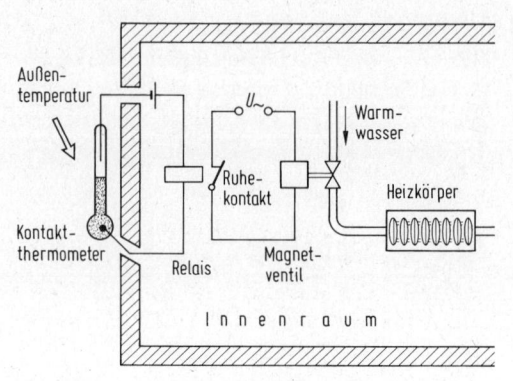

Bild 2.2.4–1 Automatische Einschaltung der Raumheizung (1. Variante) – Steuerung

Der Wirkungsablauf bei diesem Beispiel ist aus dem Signalflußplan Bild 2.2.4–2 deutlich zu erkennen: Es handelt sich um eine **Reihenschaltung** von Übertragungsgliedern. Dies ist das Merkmal für eine **Steuerung**.

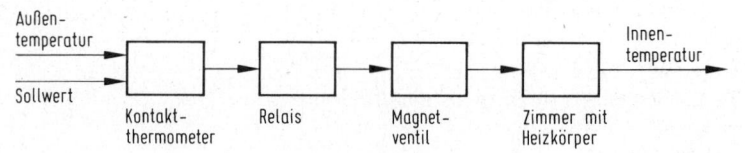

Bild 2.2.4–2 Signalflußplan der automatischen Einschaltung der Raumheizung (1. Variante) – Steuerkette

Das **Steuern** – die Steuerung – ist ein Vorgang, bei dem eine oder mehrere Eingangsgrößen die Ausgangsgröße beeinflussen. Kennzeichen des Steuerns ist der **offene Wirkungsablauf** über ein Übertragungsglied oder die Reihenschaltung mehrerer Übertragungsglieder (**Steuerkette**).

Besondere Bedeutung haben Steuerungen mit binären Signalen; ihnen ist Kapitel 5 des Lernbuches gewidmet.

Diese erste Lösungsvariante stellt zwar eine Automatisierung der Heizung dar, besitzt aber einen entscheidenden Nachteil: Es wird die Temperatur im Innenraum – die Ausgangsgröße der Steuerkette – nicht gemessen. Unterschreitet also die Außentemperatur den am Kontaktthermometer eingestellten Wert, wird mit voller Leistung geheizt. Das ist unzweckmäßig, nicht nur wegen der Energieverschwendung, sondern vor allem, weil die Innentemperatur noch von einer ganzen Reihe anderer Größen wie Sonneneinstrahlung, Windeinfluß, Wärmedämmung der Wände, Wärmeerzeugung durch im Raum arbeitende Maschinen usw. abhängt. Solche Größen nennt man **Störgrößen**, weil sie – im Gegensatz zur Stellgröße – die Ausgangsgröße in unerwünschter Weise beeinflussen. Natürlich ist auch die Außentemperatur eine Störgröße!

Wir stellen also fest, daß die bisherige Variante der Automatisierung vielleicht ausreicht, um im Winter das Einfrieren bestimmter Aggregate zu vermeiden. Eine „angenehme" Temperatur ist jedoch wegen des Einflusses der Störgrößen nicht erreichbar. Um eine Verbesserung zustande zu bringen, muß zunächst die **Aufgabenstellung** in folgender Weise **präziser** formuliert werden: Es soll die Temperatur im Zimmer **konstant** bleiben, und zwar auch dann, wenn sich Störgrößen, z. B. die Außentemperatur, ändern.

Die Lösung dieser Aufgabe durch einen Umbau liegt auf der Hand: Es wird gemäß Bild 2.2.4–3 das Kontaktthermometer im Innenraum angebracht. Mit dieser scheinbar geringfügigen Änderung erhalten Sie jedoch einen völlig neuen Wirkungsablauf, nämlich eine **Regelung**.

Aus dem in Bild 2.2.4–4 dargestellten Signalflußplan erkennen Sie, daß der **Wirkungsablauf in einem geschlossenen Kreis** erfolgt. Diesen nennt man **Regelkreis**. Dabei ist eine Abweichung der Ausgangsgröße (die man nun **Regelgröße** x nennt) vom eingestellten Sollwert der Anlaß dafür, daß über die Regeleinrichtung, das Stellglied und die Strecke eine erneute Änderung der Regelgröße entsteht, und zwar so – das ist ein entscheidender Gesichtspunkt, daß der ursprünglich vorhandenen **Abweichung entgegengewirkt** wird. Auf diese Weise können die Auswirkungen aller Störgrößen auf die Regelgröße beseitigt werden. Dieses Entgegenwirken kennzeichnet man durch das Minuszeichen am Eingang der Strecke.

Störgrößen (Formelzeichen z) sind solche Größen, die die Ausgangsgröße(n) in unerwünschter Weise beeinflussen.

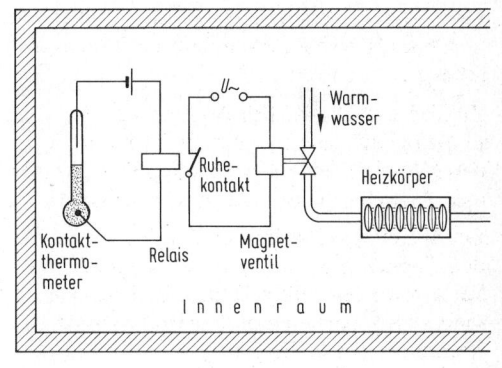

Bild 2.2.4–3 Automatische Schaltung der Raumheizung (2. Variante) – Regelung

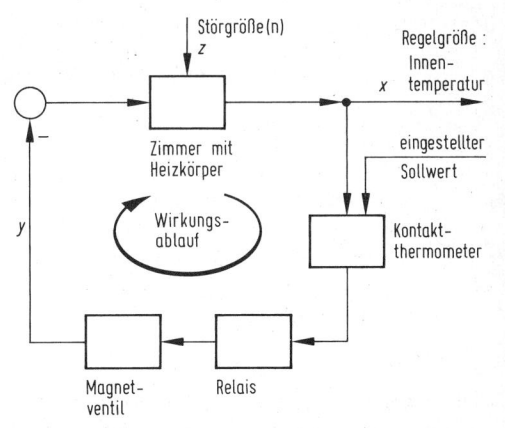

Bild 2.2.4–4 Signalflußplan der automatischen Schaltung der Raumheizung (2. Variante) – Regelkreis

Diese Definition klingt zunächst etwas umständlich. Machen Sie sich den Sachverhalt durch mehrmaliges Lesen und Durchdenken des Wirkungsablaufes bei der Regelung der Zimmertemperatur klar.

Auch die im Kapitel 1.2 behandelte Drehzahlstabilisierung der Dampfmaschine ist eine Regelung. Durchdenken Sie auch anhand dieses Beispiels nochmals den Wirkungsablauf: Es ist tatsächlich ein Regelkreis vorhanden!

Aus der Definition für das Regeln gehen die wesentlichen Aktionen im Regelkreis hervor: Im Regelkreis wird stets **gemessen, verglichen und gestellt.** Daraus ergibt sich die große Bedeutung der Meßtechnik für die Automatisierung: Nur meßbare Größen können geregelt werden. Ferner gilt, daß die Regelung niemals genauer als die Messung sein kann.

Bei dem Beispiel der Regelung der Zimmertemperatur ist die Ausgangsgröße des Kontaktthermometers ein Zweipunktsignal: Es fließt Strom durch das Relais oder nicht, d.h., die Heizung ist eingeschaltet oder ausgeschaltet. Deshalb nennt man eine solche Regelung eine **Zweipunktregelung.** Bei ihr wird zwischen den zwei Werten der Stellgröße ständig hin- und hergeschaltet. Solche Regelungen erfüllen nur einfache Ansprüche, zeichnen sich aber durch geringen gerätetechnischen Aufwand aus.

Ferner ist diese Regelung der Zimmertemperatur eine **Festwertregelung:** Die Führungsgröße ändert sich im Lauf der Zeit nicht; man nennt sie Sollwert.

Das **Regeln** – die Regelung – ist ein Vorgang, bei dem die zu regelnde Größe, die man **Regelgröße** x nennt, fortlaufend gemessen und mit einer anderen Größe, die man **Führungsgröße** w nennt, verglichen wird. Stimmen beide nicht überein, erfolgt mittels **Stellen** ein Eingriff in einen Energie- oder Massenstrom, und zwar so, daß der aufgetretenen **Abweichung entgegengewirkt** wird. Der sich dabei ergebende Wirkungsablauf findet in einem **geschlossenen Kreis**, dem **Regelkreis**, statt.

Die Abweichung zwischen Regelgröße x und Führungsgröße w nennt man **Regelabweichung** $x_w = x - w$. Die negative Regelabweichung heißt **Regeldifferenz** $x_d = w - x$.

Im Regelkreis wird stets gemessen, verglichen und gestellt.

Eine Regelung kann niemals genauer als die Messung der Regelgröße sein.

Sollwert ist der Wert, den eine Größe – z. B. die Regelgröße – im betrachteten Zeitpunkt haben soll; insbesondere nennt man den Wert einer konstanten Führungsgröße Sollwert.

Übung 2.2.4–1

Als Übungen 2.2.3–1 und 2.2.3–2 haben Sie Signalflußpläne zusammengesetzter Systeme erarbeitet. Welcher stellt eine Steuerung dar? Begründen Sie Ihre Entscheidung!

Übung 2.2.4–2

Analysieren Sie Automatisierungslösungen Ihres Arbeits- oder Lebensbereiches. Stellen Sie fest, ob es sich um Steuerungen oder Regelungen handelt. Welches Ziel wird mit der Anordnung erreicht? Welche Größen sind gesteuerte Größen (bzw. Regelgrößen) und Stellgrößen? Welche Signale werden übertragen?

Aus den Beispielen und Begriffserklärungen ergibt sich, daß **Steuerkette und Regelkreis** die **Grundstrukturen zur Lösung von Automatisierungsaufgaben** sind. Bei aller Unterschiedlichkeit der automatisierten Anlagen und Geräte – von einem Reaktor in der chemischen Industrie bis zur NC-Werkzeugmaschine, vom Industrieroboter über die häusliche Waschmaschine bis zur Belichtungsautomatik des Fotoapparates – und bei aller Verschiedenheit der eingesetzten Gerätetechnik – vom einfachen Schwimmerregler oder einem Kontaktthermometer zur Temperaturregelung im Aquarium bis zum Prozeßleitsystem mit Mikrorechnerreglern und Bildschirmgeräten im Leitstand – sind dies die beiden Grundstrukturen zur Lösung der Automatisierungsaufgaben.

Steuerkette und Regelkreis sind die Grundstrukturen zur Lösung von Automatisierungsaufgaben.

Übungsbeispiel Temperaturregelung

Die in Bild 2.2.4–3 beschriebene Variante der Regelung der Zimmertemperatur hat Ihnen den Unterschied zwischen Steuerung und Regelung verdeutlicht, sie entspricht aber nicht der gerätetechnischen Ausführung moderner Heizsysteme. Eine etwas gründlichere Darstellung wenigstens eines Teiles einer solchen Anlage sollen Sie nun kennenlernen, nämlich die Regelung der Temperatur im Sekundärkreis. Auf dieses Übungsbeispiel wollen wir an verschiedenen Stellen des Lernbuches, z. B. bei der Einstellung des Reglers und bei der Auswahl des Stellventils im Primärkreis zurückkommen.

Bild 2.2.4–5 zeigt vereinfacht die Anlagenskizze. Aufgabe der Regelung ist das Konstanthalten der Vorlauftemperatur für alle Heizkörper (nur einer ist dargestellt) auf 70 °C. Das Stellglied ist ein Motorventil in der Rückleitung des Primärkreislaufes (Antriebsmotor

230 V~, 50 Hz, Asynchronmotor mit Kondensator, Stellkraft etwa 600 N). Als Sicherung gegen unzulässige Erwärmung schließt dieses Ventil bei Stromausfall. Der Motor wird über einen Dreipunktschalter jeweils mit voller Nennspannung betrieben (Linkslauf – Aus – Rechtslauf). Zur Beeinflussung der Stellgeschwindigkeit erfolgt Pulsbreitenmodulation. Die Stellzeit, d. h. die Zeit für das Durchfahren des gesamten Stellbereiches von 20 mm (0 bis 100%) bei maximal möglicher Stellgeschwindigkeit beträgt 1 Minute.

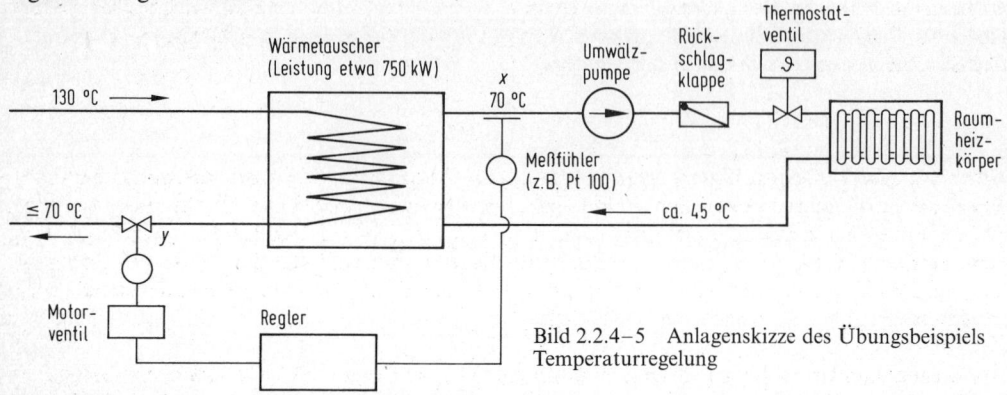

Bild 2.2.4–5 Anlagenskizze des Übungsbeispiels Temperaturregelung

Weitere technische Einzelheiten werden in den folgenden Kapiteln an den Stellen beschrieben, wo sie benötigt werden (z. B. bei der Auswahl des Stellventils).

Die eigentliche Temperaturregelung der Räume erfolgt mit Hilfe von Thermostatventilen, die direkt an den Heizkörpern angebracht sind. Dies, sowie auch einige zusätzliche Einrichtungen zum Erfüllen spezieller Forderungen (Nachtabsenkung, Aufschalten der Außentemperatur, Einhalten des Behaglichkeitsbereiches, Notabschaltungen usw.) wollen wir nicht betrachten; moderne haustechnische Einrichtungen besitzen hier viele Möglichkeiten.

2.2.5 Zusammenfassung wichtiger Begriffe

In diesem Abschnitt sind die Erläuterungen wichtiger Begriffe und Signalbezeichnungen in Anlehnung an **DIN 19226** – Regelungs- und Steuerungstechnik, Begriffe und Benennungen – noch einmal zusammengefaßt.

Das **Steuern** – die Steuerung – ist ein Vorgang, bei dem Ausgangsgrößen von Eingangsgrößen beeinflußt werden. Der Wirkungsablauf erfolgt in einem offenen Wirkungsweg, der **Steuerkette**.

Das **Regeln** – die Regelung – ist ein Vorgang, bei dem die Ausgangsgröße, die Regelgröße, fortlaufend gemessen und mit der Führungsgröße verglichen wird, woraus ein Stelleingriff abgeleitet wird, mit dem die Abweichung zwischen dem Istwert der Regelgröße und der Führungsgröße beseitigt wird. Der Wirkungsablauf erfolgt in einem geschlossenen Kreis, dem **Regelkreis**. Im Regelkreis wird stets **gemessen, verglichen** und **gestellt**.

Längs des Wirkungsablaufes werden **Signale** übertragen.

Mit dem **Signalflußplan** erfolgt die Darstellung des Wirkungsablaufes. Dabei wird von der speziellen anlagen- oder gerätetechnischen Realisierung abgesehen; es werden nur Übertragung und Verarbeitung der Informationen dargestellt. Signalübertragung erfolgt gemäß den Wirkungslinien; Pfeile geben die Wirkungsrichtung an. Eine Verarbeitung bzw. Veränderung der Signale erfolgt in den durch Kästchen dargestellten Übertragungsgliedern; speziell interessiert dabei das dynamische Verhalten.

Eine Regelung oder Steuerung besteht stets aus der **Strecke** (Regelstrecke bzw. Steuerstrecke) und der **Einrichtung** (Regeleinrichtung bzw. Steuereinrichtung). Der **Regler** ist ein Gerät in der Regeleinrichtung, das die wesentliche Informationsverarbeitung (insbesondere hinsichtlich des dynamischen Verhaltens) ausführt.

Die Ausgangsgröße ist die **gesteuerte Größe**. Bei einer Regelung ist dies die geregelte Größe oder **Regelgröße**, die man mit dem Formelzeichen x bezeichnet.

Eingangsgröße der Strecke ist die **Stellgröße** y (manchmal auch Steuergröße u genannt). Sie ist die Ausgangsgröße der Regel- oder Steuereinrichtung und dient der **Beeinflussung** der gesteuerten Größe bzw. der Regelgröße **in gewünschter Weise**. Stellen ist stets mit einem Eingriff in einen Energie- oder Massenstrom verbunden.

Störgrößen z beeinflussen die Arbeit einer Anlage **in unerwünschter Weise**.

Die **Führungsgröße** w ist die Größe, der die gesteuerte oder geregelte Größe folgen soll.

Istwert ist der Wert, den eine Größe (insbesondere die Regelgröße) im betrachteten Zeitpunkt tatsächlich hat. **Sollwert** ist der Wert, den eine Größe (z. B. die Regelgröße) im betrachteten Zeitpunkt haben soll; insbesondere nennt man den Wert einer konstanten Führungsgröße Sollwert.

Aufgabengröße x_A einer Steuerung oder Regelung ist die Größe, die aufgabengemäß zu beeinflussen ist. Im Gegensatz zur Regelgröße kann dies auch eine nicht unmittelbar meßbare Größe, z. B. das Mischungsverhältnis, sein.

Das **Ziel einer Regelung** besteht darin, daß die **Regelabweichung** x_w ($x_w = x - w$) bzw. die **Regeldifferenz** x_d ($x_d = w - x$) **zu Null wird**.

2.3 Hilfsenergiearten

Lernziele

Nach Durcharbeiten dieses Kapitels
- kennen Sie die Begriffe Regelungen und Steuerungen mit und ohne zusätzliche Hilfsenergie,
- verstehen Sie die Wirkungsweise von Systemen ohne zusätzliche Hilfsenergie,
- kennen Sie die verschiedenen Hilfsenergiearten und ihre Vor- und Nachteile für die Lösung von Automatisierungsaufgaben,
- besitzen Sie die Fähigkeit zur Einschätzung, welche Hilfsenergieart für welchen Anwendungsfall, insbesondere aus dem eigenen Arbeitsbereich, besser oder weniger gut geeignet ist.

Als wesentliches Merkmal von Steuerungen und Regelungen haben Sie erkannt, daß zur Beeinflussung der gesteuerten Größe ein Eingriff in einen Energie- oder Massenstrom erfolgen muß. Bei unseren bisherigen Beispielen war dies der Dampfstrom für die Dampfmaschine bzw. den Heizkörper. Wir bezeichnen diesen Vorgang als **Stellen** und wiederholen:

Stellen ist das Einwirken auf einen Energie- oder Massenstrom, der die gesteuerte Größe oder die Regelgröße beeinflußt. Damit ist die Stellgröße bezüglich des Wirkungszusammenhanges die Eingangsgröße der Strecke.

Dieser Vorgang des Stellens, z. B. die Betätigung eines Ventils, kostet zusätzliche Energie, die man als **Stellenergie** bezeichnet. Sie kann aus verschiedenen Quellen stammen, nach denen man Steuerungen und Regelungen unterscheiden kann.

Nach der Quelle für die **Stellenergie**, d. h. für die Energie zum Betätigen des Stellgliedes, unterscheidet man Regelungen und Steuerungen
- ohne Hilfsenergie
- mit elektrischer Hilfsenergie (einschließlich Elektronik),
- mit pneumatischer Hilfsenergie und
- mit hydraulischer Hilfsenergie.

Die Regelung der Drehzahl der Dampfmaschine gemäß Bild 1.2–1 ist eine Regelung ohne zusätzliche Hilfsenergie; bei ihr wird die zur Betätigung des Stellgliedes benötigte Energie direkt von der Meßeinrichtung zur Verfügung gestellt. Unterscheiden Sie dabei sehr deutlich zwischen der Stellenergie, d. h. der Energie zum Betätigen des Stellgliedes und dem durch das Stellen beeinflußten Energie- oder Massenstrom. Untersuchen Sie diesen Sachverhalt an Anlagen Ihres Arbeitsbereiches!

Bei Steuerungen und Regelungen **ohne zusätzliche Hilfsenergie** wird die zur Betätigung des Stellgliedes erforderliche Energie direkt von der Meßeinrichtung oder vom Eingabeglied geliefert. Bei Anordnungen **mit Hilfsenergie** steht eine zusätzliche Energiequelle zur Verfügung.

2.3 Hilfsenergiearten

An Regelungen ohne Hilfsenergie können keine besonders hohen Anforderungen gestellt werden. Trotzdem sind wegen ihres einfachen Aufbaues auch heute noch viele derartigen Anordnungen in Gebrauch, z. B. die bereits 1765 von *Iwan Iwanowitsch Polsunow* erfundene Füllstandsregelung (Bild 2.3–1) sowie Drehzahlregelungen mit Fliehmassen in Dieselmotoren.

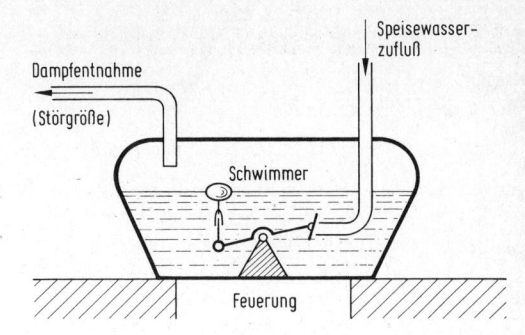

Bild 2.3–1 Füllstandsregelung ohne Hilfsenergie (konstruiert 1765 von *Iwan Iwanowitsch Polsunow*)

Übung 2.3–1

Suchen Sie nach Anwendungsbeispielen für die Füllstandsregelung mit Schwimmer gemäß Bild 2.3–1 und machen Sie sich den Wirkungsablauf klar. Was ist Regelgröße? Was ist Stellgröße? Wie ist der Hebel konstruktiv verwirklicht? Wie erfolgt die Einstellung des Sollwertes?

Die Bedeutung der verschiedenen Hilfsenergiearten hat sich im Laufe der Entwicklung der Automatisierungstechnik gewandelt. Z. B. waren in den 40er und 50er Jahren pneumatische Geräte häufig billiger als elektronische. Außerdem sind sie wegen der Explosionssicherheit für bestimmte Anlagen der chemischen Industrie besser geeignet als elektronische. Mit dem Wunsch nach Zentralisierung der Informationsverarbeitung und damit der Notwendigkeit der Informationsübertragung über große Entfernungen und natürlich mit der Preisdegression elektronischer Bauelemente seit Anfang der 70er Jahre traten diese Vorteile stark in den Hintergrund.

Die Häufigkeit der Anwendung der verschiedenen Hilfsenergiearten hat sich in den letzten Jahrzehnten stark gewandelt; gegenwärtig stehen Elektrik und Elektronik bezüglich der Informationsverarbeitung an der Spitze. Zur unmittelbaren Betätigung der Stellglieder werden oft pneumatische und hydraulische Elemente benutzt.

Tabelle 2.3–1 gibt einen Überblick über die wichtigsten Vor- und Nachteile der verschiedenen Hilfsenergiearten:

Tabelle 2.3–1   Gesichtspunkte zum Vergleich der Hilfsenergiearten

	Art der Hilfsenergie		
	elektrisch (einschließl. Elektronik für die Informationsverarbeitung)	pneumatisch	hydraulisch
Möglichkeit zur zentralen Informationsverarbeitung	ideal geeignet	wenig geeignet	ungeeignet
Möglichkeit zur dezentralen Informationsverarbeitung	gut geeignet; zukünftige Automatisierungssysteme werden sog. „intelligente" Meß- und Stelleinrichtungen besitzen	geeignet	nicht geeignet
maximale Länge der Übertragungsleitungen	beliebig	einige Meter; mit Zusatzmaßnahmen einige 100 m; Rückleitung bei Arbeitsmedium Luft nicht erforderlich	wenige Meter; Rückleitung erforderlich
Verfügbarkeit der Hilfsenergie	unproblematisch	weitgehend unproblematisch; jedoch je nach Anwendungsfall besondere Maßnahmen zur Reinigung und Trocknung der Luft erforderlich	muß an Ort und Stelle mit Pumpen (meist elektrisch angetrieben) erzeugt werden
mögliche Komplexität der Informationsverarbeitung	beliebig komplex	umfangreiche Funktionen realisierbar	sehr gering
Beeinflußbarkeit des dynamischen Verhaltens	beliebig	für einfache Funktionen gut möglich	schwierig
Erzeugung großer Stellkräfte	über Elektromotoren möglich; jedoch Getriebe nötig, deshalb mit großen Trägheitsmomenten	geeignet	sehr gut geeignet, Trägheitsmomente i. a. sehr gering
Beachtung von Dichtungsproblemen	entfällt	müssen beachtet werden	sehr wichtiger Gesichtspunkt
Explosionssicherheit	durch Zusatzmaßnahmen mit u. U. hohem Aufwand i. a. erreichbar	von Natur aus gegeben	bei geeigneten Hydraulikflüssigkeiten gegeben
leicht erreichbare Stellgliedbewegung bei Hilfsenergieausfall	• Verblockung, d. h. Beibehaltung des alten Wertes, bei elektromotorischen Antrieben • Einnahme einer gewünschten Endstellung bei elektromagnetischen Systemen (z. B. Magnetventilen)	Einnahme einer gewünschten Endstellung	je nach konstruktiver Ausführung unterschiedlich aufwendige Zusatzmaßnahmen erforderlich, jedenfalls problematischer als mit anderer Hilfsenergie

Faßt man aus heutiger Sicht die Vor- und Nachteile der verschiedenen Hilfsenergiearten zusammen, ergeben sich folgende Anwendungsbereiche:

Überblick über die Anwendungsbereiche der Hilfsenergiearten:

– **ohne Hilfsenergie:**
  robuste Einzweckgeräte für einfache Anwendungsfälle (z. B. Füllstandsregelungen, einfache Temperatur- und Drehzahlregelungen);

– **elektrische Hilfsenergie:**
  • ideal für beliebig komplexe Informationsverarbeitung sowie für Informationsübertragung über weite Entfernungen;
  • Erzeugung großer Stellkräfte ist mit elektromotorischen Antrieben möglich, jedoch meist mit erheblichen Massenträgheitsmomenten verbunden;

– **pneumatische Hilfsenergie:**
  • für einfache Informationsverarbeitung vor Ort geeignet, insbesondere in explosionsgefährdeten Anlagen;
  • geeignet zur Betätigung von Stellgliedern; dabei gewünschte Endanschläge (auf oder zu) bei Hilfsenergieausfall leicht realisierbar;

– **hydraulische Hilfsenergie:**
  sehr gut geeignet zur trägheitsarmen Erzeugung großer Stellkräfte.

Übung 2.3–2
Welche Arten von Hilfsenergie für Regelungen und Steuerungen gibt es?

Übung 2.3–3
Welche Vor- und Nachteile besitzen die verschiedenen Hilfsenergiearten?

Übung 2.3–4
Wodurch sind Regelungen und Steuerungen ohne Hilfsenergie charakterisiert?

Übung 2.3–5
Suchen Sie in Ihrem Arbeits- oder Lebensbereich Beispiele für Regelungen oder Steuerungen ohne Hilfsenergie. Untersuchen Sie die Wirkungsweise. Welche Größen sind Regelgröße und Stellgröße?

Übung 2.3–6
Untersuchen Sie, welche Hilfsenergiearten bei den Regelungen und Steuerungen Ihres Arbeitsbereiches eingesetzt wurden. Unterscheiden Sie dabei Informationsverarbeitung und Betätigung der Stellorgane. Welche Gesichtspunkte waren für die Wahl gerade der vorliegenden Hilfsenergie maßgebend? Würde auch heute die Entscheidung noch für die gleiche Hilfsenergie ausfallen oder wären Änderungen zweckmäßig?

2.4 Abriß der Historie der Automatisierungstechnik

Mit seinem 1948 erschienenen Buch "Cybernetics or control and communication in the animal and the machine" begründete *Norbert Wiener* die neue Wissenschaftsdisziplin Kybernetik. Einer ihrer Grundgedanken besteht – wie es im Titel des Buches zum Ausdruck kommt – darin, daß Steuerungs- und Regelungsvorgänge sowie die dazu benötigte Signalübertragung in Lebewesen und in technischen Einrichtungen in vieler Hinsicht vergleichbar sind und mit gleichen oder ähnlichen Methoden beschrieben werden können. Eine zentrale Rolle spielt dabei das Rückkopplungsprinzip, wie Sie es in Form des Regelkreises kennengelernt haben. In der Tat sind Regelvorgänge in der belebten Natur weit verbreitet, denken Sie nur an solche Prozesse wie die Konstanthaltung der Körpertemperatur oder des Blutdruckes.

Der Begriff Kybernetik stammt aus dem Griechischen: κυβερνητης bedeutet Steuermann (eines Schiffes). Ins Lateinische wurde der Wortstamm in der Form gubernare übernommen, im Engli-

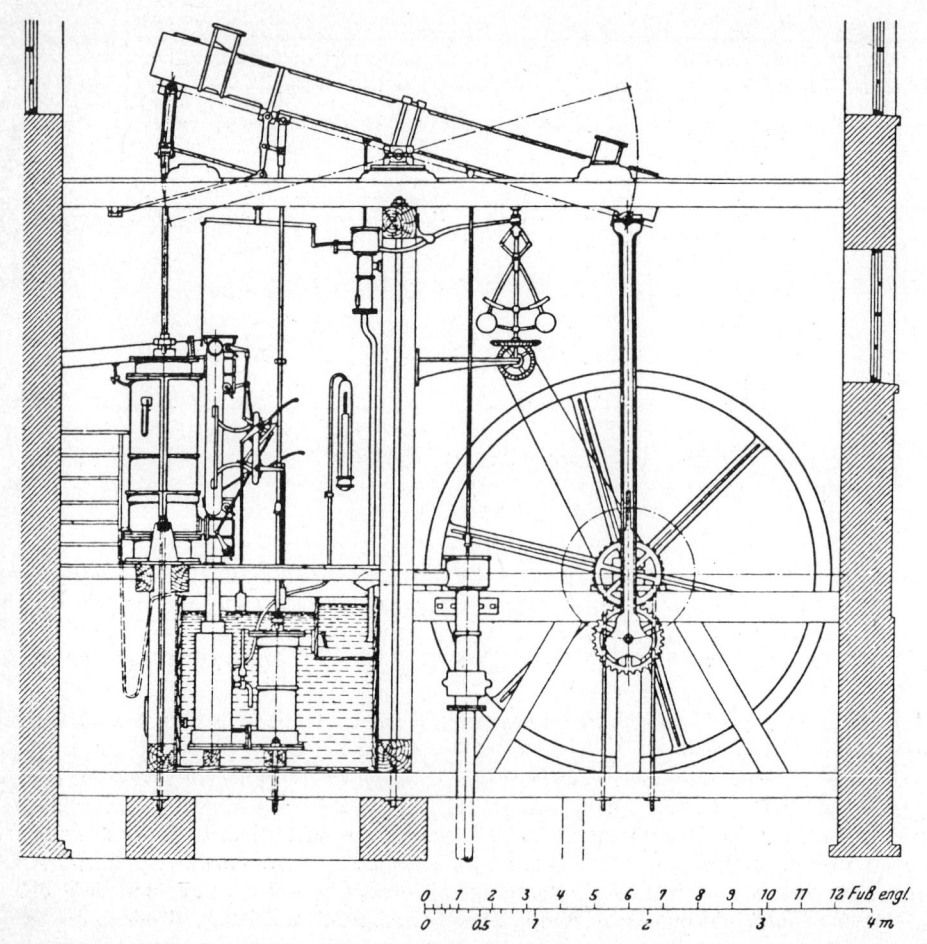

Bild 2.4–1 *Watt*'sche Dampfmaschine (um 1790) mit Fliehkraftregler (Quelle: *Otto Mayr:* Zur Frühgeschichte der technischen Regelungen. R. Oldenbourg Verlag München, Wien 1969)

schen in das Verb to govern. Deshalb wohl nannte *James Watt* den von ihm 1769 konstruierten Fliehkraftregler für die Dampfmaschine governor.

Der Fliehkraftregler der Dampfmaschine trat mit deren Verbreitung über ganz Europa seinen Siegeszug an. Eine nicht unwichtige Rolle dürfte dabei gespielt haben, daß die in zentraler Stellung an der Maschine sich drehenden Fliehgewichte einen Blickfang darstellten (Bild 2.4–1). Dadurch war die Arbeitsweise der Regelung direkt zu sehen, gewissermaßen „Regelungstechnik zum Anfassen". Ebenfalls mit der Dampfmaschine verbreitete sich die Füllstandsregelung mit Schwimmer.

Beide Erfindungen, die meist als die Quellen der modernen technischen Regelungen angesehen werden, hatten Vorläufer. Fliehkraftregler gab es bereits im Mühlenbau. *James Watt* selbst betrachtete sich nicht als Erfinder dieses Reglers. Er sah seinen Beitrag nur in der Anwendung und konstruktiven Weiterentwicklung eines schon bekannten Prinzips, und er beantragte für den Regulator kein Patent.

Betrachten wir ein wenig die Historie der frühen Regelungen: Bereits aus dem Altertum sind die Beschreibungen einer Vielzahl mechanischer, hydraulischer und pneumatischer „Automaten" überliefert. Eine besondere Rolle spielten Zeitmesser, häufig in Form von Wasseruhren. Bild 2.4–2 zeigt die des *Ktesibios*, eines Mechanikers, der in der ersten Hälfte des 3. Jahrhunderts v. Chr. in Alexandria lebte.

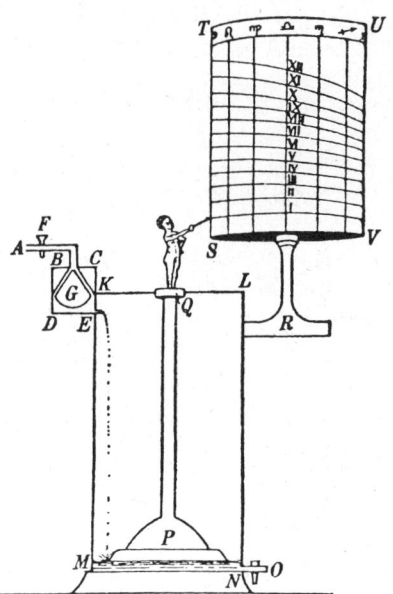

Bild 2.4–2 Wasseruhr des *Ktesibios* (Quelle wie Bild 2.4–1)

Die Zeitmessung erfolgte, indem ein Gefäß langsam mit Wasser gefüllt wurde. Eine auf einem Schwimmer stehende Figur zeigte die Zeit an. Dabei traten zwei Probleme auf: Zum ersten ergab sich eine von der Jahreszeit abhängige Länge der Stunde, weil diese jeweils ein Zwölftel der Zeit zwischen Sonnenauf- und -untergang war. Durch Benutzen mehrerer Skalen konnte dies berücksichtigt werden.

Das andere Problem bestand darin, daß eine genaue Zeitmessung natürlich nur dann gewährleistet ist, wenn die in das Gefäß mit dem Anzeigeschwimmer pro Zeiteinheit fließende Wassermenge konstant ist. Erfolgt dieser Zulauf aus einem Behälter, so hängt seine Größe vom Füllstand ab; es war also ein Konstanthalten des Füllstandes notwendig. Die antike Beschreibung der Wasseruhr ist an diesem Punkt unklar. Die Darstellung in Bild 2.4–2 ist eine wahrscheinliche Rekonstruktion: Mit Hilfe des Schwimmers G wird der Füllstand im Gefäß BCDE gemessen und entsprechend der Zulauf vergrößert oder verkleinert. Die Einrichtung hält den Füllstand konstant und sorgt damit für konstanten Wasserstrom in den Hauptbehälter. Meßglied und Stellglied bilden hierbei konstruktiv eine Einheit; der Aufbau ist nahezu identisch mit der Füllstandsregelung in Kfz-Vergasern.

In überlieferten Werken mehrerer anderer antiker Autoren, z. B. *Vitruv* (1. Jh. v. Chr.), *Philon* aus Byzanz (zweite Hälfte des 3. Jh. v. Chr.) und *Heron* aus Alexandria (wahrscheinlich 1. Jh. n. Chr.) sind weitere Konstruktionen beschrieben; Interessenten verweisen wir z. B. auf die zu Bild 2.4–1 angegebene Quelle.

Alle diese „Automaten" waren mehr oder weniger Spielereien. Sie waren nicht verbreitet, es bestand keine umfassende Notwendigkeit zu ihrer Anwendung. Dadurch gerieten sie im Laufe der Zeit in Vergessenheit. Einfache Füllstandsregelungen mit Schwimmer tauchten erst im 18. Jh. in Verbindung mit der Ausbreitung von Hauswasserversorgung und WC in England wieder auf.

Offenbar unabhängig von diesen und von den antiken Quellen wurde 1765 in Rußland eine andere Version der Schwimmerregelung von *I. I. Polsunow* (1728–1766) konstruiert. Er war Schichtmeister in einem Bergwerk in Barnaul, Altai (Sibirien), und baute zum Antrieb von Gebläsen bei Schmelzöfen 1763–1766 eine Dampfmaschine, deren Kessel er mit dem Füllstandsregler gemäß Bild 2.3–1 versah. Im Gegensatz zu den bis dahin bekannten Anordnungen trennte er Meßglied (Schwimmer) und Stellglied (Ventil im Wasserzufluß).

Eine weitere interessante Anordnung ist der thermostatische Ofen von *Cornelius Drebbel* (1572–1633) aus Alkmaarin in Holland, eines vielseitigen Mechanikers, Chemikers und Erfinders, der u. a. sogar ein Unterseeboot gebaut haben soll. Bild 2.4–3 zeigt die Anordnung nach einer Skizze aus dem 17. Jh. Das Funktionsprinzip der um 1620 konstruierten Anordnung besteht darin, daß die Intensität des Feuers bei A–A durch die Öffnung der Rauchgasklappe F–E beeinflußt wird. Die

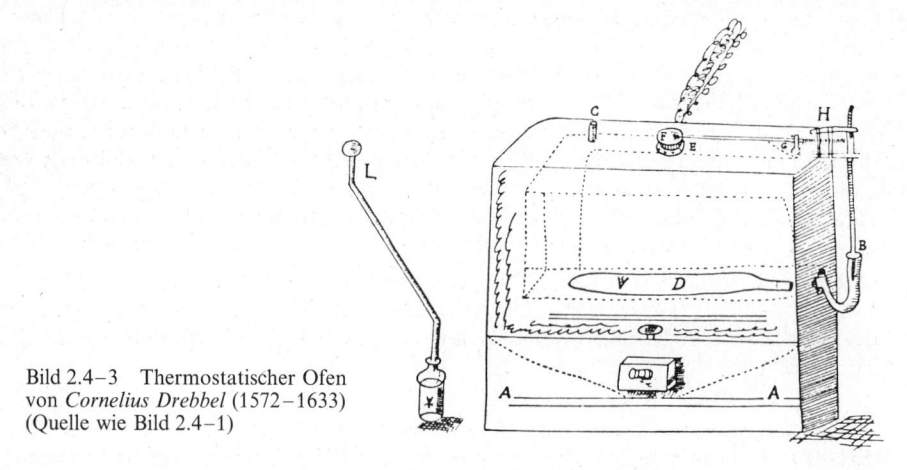

Bild 2.4–3   Thermostatischer Ofen von *Cornelius Drebbel* (1572–1633) (Quelle wie Bild 2.4–1)

Temperaturmessung erfolgt durch Ausdehnung des im zylindrischen Röhrchen D befindlichen Alkohols. Als beweglicher Kolben zum Abschluß gegen die Umgebung dient Quecksilber in einem U-Rohr, auf dem bei B ein Schwimmer sitzt. Über eine Stange und den Hebel H wird bei Temperaturerhöhung (also Ausdehnung des Alkohols) die Rauchgasklappe F–E geschlossen, wodurch das Feuer weniger intensiv brennt. Von diesem thermostatischen Ofen wurden offenbar einige Exemplare gebaut, und zwar als Brutofen zur Hühnerzucht und als Ofen zur Erhitzung von Retorten für chemische Experimente. Interessant ist, daß für den zweiten Fall die Meßeinrichtung angepaßt wurde: Um einen anderen Temperaturbereich zu erhalten, diente Luft statt des Alkohols als Ausdehnungsmedium. Konstruktive Schwierigkeiten (offenes mit Alkohol und Quecksilber gefülltes Glasrohr) verhinderten eine breite Anwendung. Diese begann erst mit dem Temperaturregler des Franzosen *Bonnemain* (ca. 1743–1828), bei dem ebenfalls Luftklappen zur Steuerung der Intensität des Feuers benutzt wurden, als Meßeinrichtung jedoch eine Kombination eines Eisenstabes mit einem Kupferrohr (also von zwei Metallen mit sehr unterschiedlichem Temperatur-Ausdehnungskoeffizienten) diente. Diese war robust und deshalb für den industriellen Betrieb gut geeignet.

Wesentliche technische Entwicklungen seit dem Ende des Mittelalters bis in das 18. Jahrhundert erfolgten im Bergbau sowie bei Wasser- und Windmühlen. Im ersten Fall kam es vor allem auf die Energiegewinnung zum Antrieb von Fördereinrichtungen (Aufzüge, Schleppen u. a.) sowie von Pumpen und Gebläsen für die Bewetterung und das Absaugen von Wasser an. Neben menschlicher und tierischer Antriebsleistung wurde vor allem Wasserkraft eingesetzt. Die dazu notwendigen Kunstbauten (Wehre, Gräben, Kanäle) nötigen uns noch heute größten Respekt ab. Die vielfältigen, z. T. raffiniert und erfindungsreich gestalteten Schieber, Ventile und Rückschlagklappen stellen die Vorformen heutiger Stellventile dar. Wesentliche konstruktive Verbesserungen u. a. im Konstruktionsbüro der *Watt*'schen Fabrik machten ihren Einsatz zur Drehzahlveränderung der Dampfmaschine möglich.

Aus dem anderen Zweig, dem Mühlenbau, stammten die Vorläufer des Drehzahlreglers von *James Watt*. Sie dienten dort sowohl zur Regelung des Mahlspaltes, d. h. des Abstandes zwischen den Mühlsteinen, als auch zur Drehzahlregelung, wobei als Stellglieder verstellbare Mühlenflügel dienten (allerdings sind nicht alle verwendeten verstellbaren Flügel tatsächlich Regelungen). Die Fliehgewichte erwiesen sich als robuste und ausreichend genaue Möglichkeit zur Drehzahlmessung. Sie erzeugten zudem genügend Kraft für die Betätigung der Stellglieder (Regelungen ohne Hilfsenergie!). Mit der Verwendung des Fliehkraftreglers an der Dampfmaschine tat die Regelungstechnik zu Beginn des 19. Jahrhunderts den Schritt in das industrielle Zeitalter, in das Zeitalter großtechnischen Einsatzes.

Da Dampfmaschinen sehr unterschiedlicher Größe und Leistungsfähigkeit gebaut wurden, zeigte sich bald die Notwendigkeit zur theoretischen Untermauerung der Konstruktion der Fliehkraftregler. Insbesondere galt es, nicht abklingende Schwingungen (Instabilität) zu vermeiden. So finden sich bereits in den 20er Jahren des 19. Jahrhunderts in Lehrbüchern für Maschinenbauingenieure ausführliche Beschreibungen des Fliehkraftreglers sowie Ansätze zu quantitativer Berechnung des statischen Verhaltens, insbesondere zur Berechnung der Masse der Fliehpendel bei vorgegebener Geometrie und Drehzahl der Maschine. Erste Arbeiten zur Untersuchung des dynamischen Verhaltens stammen von *J. C. Maxwell* (1868), *I. A. Wischnegradski* (1876) sowie *A. M. Ljapunow* (1892). Insbesondere die sog. zweite oder direkte Methode des letztgenannten hat in neuester Zeit zur Stabilitätsanalyse komplizierterer Regelsysteme erneut erhebliche Bedeutung gewonnen.

Der Frage der Ermittlung der Stabilität der Regelung widmeten sich die Arbeiten von *E. J. Routh* (1877), *A. Stodola* (1893/94), *A. Hurwitz* (1895) und *S. M. Tolle* (1895). Die von *Routh* und *Hurwitz* anhand der Koeffizienten der Differentialgleichung abgeleiteten Stabilitätskriterien werden auch heute noch benutzt.

Um die Wende zum 20. Jahrhundert wurden mit der Ausbreitung der elektrischen Energie die mechanischen Dampfmaschinenregler nach und nach durch elektrische Anordnungen ersetzt; dies führte gleichzeitig zu einer Ausweitung der Anwendung von Regelungen auf andere Gebiete als die Drehzahlregelung von Kraftmaschinen. Insbesondere mit dem Aufkommen von elektronischen Verstärkern, der Anwendung des Rückkoppelprinzips in der Radiotechnik und der elektrischen Übertragungstechnik entstanden neue Forderungen nach besseren theoretisch begründeten Berechnungsmethoden. Laplacetransformation und Operatorenrechnung entsprachen dem. Mit den Arbeiten von *K. Küpfmüller* (1928), dem Stabilitätskriterium von *H. Nyquist* auf der Basis des Frequenzganges (1932) sowie den Veröffentlichungen von *H. S. Black* (1934) und *H. W. Bode* über die Auswertung des Frequenzganges zur Reglerdimensionierung begann die „moderne" Regelungstheorie ihr Dasein. Sie stützt sich auf theoretisch begründete Verfahren, bereitet diese aber für den ingenieurmäßigen Gebrauch so auf, daß möglichst einfach handhabbare und numerisch unkomplizierte Algorithmen entstehen. Im Grunde liegt hier eine der Quellen von CAD (computer aided design), d. h. dem Entwurf mit Computerunterstützung, obwohl es diesen Begriff damals noch gar nicht gab. Eine erste umfassende Darstellung dieser „modernen Regelungstheorie" stellt das 1944 erschienene Buch „Dynamik selbsttätiger Regelungen" von *R. C. Oldenbourg* und *H. Sartorius* dar.

Vorschriften zur Berechnung von Reglereinstellwerten, die nicht nur Stabilität gewährleisten, sondern durch einen vernünftigen Abstand zur Stabilitätsgrenze für gut gedämpfte Übergangsvorgänge nach Störeinwirkung sorgen, wurden erstmals 1942 von *J. G. Ziegler* und *N. B. Nichols* ausgearbeitet.

Die Zeit nach etwa 1950 ist einerseits gekennzeichnet durch einen gewaltigen Aufschwung der Theorie der Regelung und Steuerung, die immer bessere Berechnungsverfahren auch für nichtlineare und schwierig zu handhabende Systeme bereitstellte. Andererseits entwickelten sich die gerätetechnischen Möglichkeiten zur Realisierung komplizierter Algorithmen, z. B. auch von Algorithmen, die Steuerungen und Regelungen miteinander verknüpfen. Eine große Rolle spielen dabei Mikrorechner. Moderne Prozeßleitsysteme mit ihrer eleganten und komfortablen Bedienung z. B. über Lichtgriffel und Farbbildschirme, aber auch der gewachsene Leistungsumfang bei Einzelgeräten zeigen dies eindrucksvoll.

Außer der Automatisierung der bisher betrachteten Fließgutprozesse, die im wesentlichen durch gestaltlose strömende Medien wie Flüssigkeiten, Gase oder Energieströme gekennzeichnet sind, gibt es noch ein weites Feld von Operationen, die des menschlichen Eingriffes bedürfen. Dies sind vor allem Handhabungen von Werkstücken mit fester Form, z. B. Zu- und Abführen von Teilen an automatisch gesteuerten Werkzeugmaschinen, Tätigkeiten wie Farbspritzen, Schweißen, Polieren von Oberflächen, Schleifen u. ä. sowie Montagearbeiten. Alle diese Tätigkeiten beruhen auf den Fähigkeiten der menschlichen Hand (Greifen) sowie der von Auge und Gehirn abhängigen Anpassung an unterschiedliche Bedingungen wie Finden der Werkstücke richtiger Form und ggf. Farbe sowie Zuordnung ihrer Lage. Der zur Automatisierung solcher Handhabeaufgaben notwendige Ersatz menschlicher Hände, Arme und Sinnesorgane durch technische Geräte ist der Inhalt des alten Menschheitstraumes von der Schaffung „künstlicher Menschen", „maschineller Sklaven". Er wird heute durch Industrieroboter verwirklicht. Den Begriff „Roboter" hat 1920 der tschechische Schriftsteller *Karel Čapek* (1890–1938) aus dem slawischen Wortstamm für arbeiten (russisch: работать = rabotat') mit seinem Schauspiel R. U. R. (Rossum's Universal Robots) geschaffen.

Im Gegensatz zu der durch die science-fiction-Literatur geprägten Vorstellung von mechanischen, dem Menschen in äußerer Gestalt, Sprache, Bewegungen usw. ähnlichen Robotern sind die heutigen Industrieroboter auf die Funktionen beschränkt, die sie entsprechend ihren Aufgaben benötigen. Sie haben im allgemeinen keine Ähnlichkeit mit den Geschöpfen der Romane.

Die Entwicklung der ersten Industrieroboter begann in den 60er Jahren in den USA: 1961 wurde von der Firma Unimation Inc. der erste Industrieroboter an einer Druckgießmaschine installiert. Es dauerte jedoch noch etliche Jahre, bis sich Industrieroboter auch international durchzusetzen begannen. Wesentliche Marksteine dieser Entwicklung waren die Gründung

- der Japan Industrial Robot Association (JIRA, 1971),
- des Robot Institute of America (1975) und
- der British Robot Association (BRA, 1977).

Die heutigen in allen Industrieländern produzierten und eingesetzten Industrieroboter unterscheiden sich gemäß ihrem Einsatzzweck sowohl in Größe und Form als auch hinsichtlich der benutzten Antriebe und der Freiheitsgrade der Bewegungen. Vor allem unterscheiden sie sich aber in der Leistungsfähigkeit der Steuerung: Die Palette reicht von Handhabegeräten mit einfachen Ablaufsteuerungen bis zu „intelligenten" Robotern, die über verschiedene Sensoren verfügen, sich z. B. selbsttätig im Raum bewegen oder Hindernissen ausweichen können.

Mit der Steuerung und Regelung von Fließgutprozessen, der Automatisierung der Fertigung mechanischer Teile mittels numerisch gesteuerter Werkzeugmaschinen (NC- und CNC-Maschinen, NC = numerical control, CNC = computer numerical control) und dem Einsatz von Industrierobotern für Handhabeaufgaben (Transport, Beschickung, Montage usw.) sind die Grundlagen für eine vollautomatische, bedienerlose bzw. bedienerarme Produktion geschaffen. Bei aller Kompliziertheit moderner Regelungs- und Steuerungssysteme bleibt aber doch die im Abschnitt 2.2.4

getroffene Feststellung richtig: Steuerkette und Regelkreis sind die Grundstrukturen zur Lösung aller Automatisierungsaufgaben. Ohne das tiefe Verständnis ihrer Arbeitsweise ist auch Entwurf, Wartung, Inbetriebnahme und Betreiben umfangreicher automatisierter Anlagen nicht möglich.

Lernzielorientierter Test zum Kapitel 2

1. Nennen Sie wesentliche Betriebsphasen technologischer Prozesse und die dabei existierenden Steuerziele.
2. Unterscheiden Sie Regelungen und Steuerungen nach dem Zeitverlauf der Führungsgröße.
3. Welche Normen enthalten Definitionen wichtiger Begriffe der Regelungs- und Steuerungstechnik?
4. Nennen Sie die wesentliche Abstraktion, die der Betrachtung der Regelungs- und Steuerungstechnik zugrunde liegt.
5. Was ist ein Signal?
6. Nennen Sie Begriffe zur Unterscheidung von Signalen und geben Sie ihre Bedeutung an.
7. Welche Grundsymbole sind zur Darstellung von Signalflußplänen erforderlich?
8. Was versteht man unter Reihenschaltung, Parallelschaltung und Rückführschaltung von Übertragungsgliedern?
9. Wie sieht der Wirkungsablauf in einer Steuerung aus?
10. Durch welchen Wirkungsablauf ist eine Regelung charakterisiert? Welche Teilvorgänge sind dabei wesentlich?
11. Analysieren Sie folgende einfache Anordnungen: Handelt es sich um Steuerungen oder Regelungen? Welche Größen sind gesteuerte Größe bzw. Regelgröße, Stellgröße und Führungsgröße bzw. Sollwert? Handelt es sich bei den Regelungen um Festwert-, Zeitplan- oder Folgeregelungen?
    a) Im Kühlschrank ist eine Einrichtung eingebaut, mit der die Temperatur konstant gehalten wird.
    b) Wählvorgang beim Telefonieren.
    c) Mit einem Dämmerungsschalter wird abends die Straßenbeleuchtung eingeschaltet.
    d) Beim menschlichen Auge ändert sich der Pupillendurchmesser bei Änderungen der Raumhelligkeit.
    e) Ein Schiff wird auf dem richtigen Kurs „gesteuert".
12. Analysieren Sie Anlagen aus Ihrem Tätigkeitsgebiet: Handelt es sich um Regelungen oder Steuerungen? Welche physikalischen Größen sind Träger der Signale? Um welche Signaltypen handelt es sich? Welche Größen sind Regelgröße (bzw. gesteuerte Größe), Stellgröße, Führungsgröße und Störgröße? Zeichnen Sie den Signalflußplan des automatisierten Systems.
13. Was versteht man unter Regelungen bzw. Steuerungen mit oder ohne Hilfsenergie?
14. Welche Hilfsenergiearten werden in Regelungen und Steuerungen verwendet?
15. Nennen Sie wesentliche Vor- und Nachteile der verschiedenen Hilfsenergiearten!
16. Analysieren Sie Anlagen aus Ihrem Tätigkeitsgebiet bezüglich der verwendeten Hilfsenergie. Welche Gesichtspunkte waren für die Wahl dieser Hilfsenergieform wesentlich? Treffen diese Kriterien heute noch zu oder wären Änderungen zweckmäßig?

3 Messen in der Automatisierungstechnik

3.1 Überblick

Im Abschnitt 2.2.4 haben Sie erfahren, daß Steuern und Regeln zielgerichtete „Handlungen" sind. Die Aufgabe besteht dabei darin, einen Istzustand mit einem gewünschten Sollzustand möglichst schnell, möglichst genau (also möglichst zweckmäßig!) in Übereinstimmung zu bringen. Aus einer eventuellen Nichtübereinstimmung entsteht das „Motiv", den aktuellen Zustand näher an die Zielstellung heranzuführen. Ist das erreicht, dann besteht kein Handlungsbedarf mehr, bis die Übereinstimmung etwa infolge einer Änderung der Zielstellung oder durch störende Einwirkungen aus der Umgebung wieder verlorengegangen ist.

Sie können diesen Vorgang in etwa mit Ihrem Verhalten beim Benutzen eines Lernbuches vergleichen:

Die zielgerichtete Handlung besteht offenbar darin, Ihre aktuellen Kenntnisse mit den Lernzielen in Übereinstimmung zu bringen. Nichtübereinstimmung motiviert Sie, durch Lernen und Üben das Ziel zu erreichen. Sollten Sie nach dem ersten Durcharbeiten des Stoffes beim Lösen der Übungsaufgaben feststellen, daß Ihre Kenntnisse noch nicht ausreichen, werden Sie bestimmte Kapitel wiederholen und sich danach erneut prüfen. Jedenfalls haben Sie Ihre Kenntnisse an einem bestimmten Punkt zu bewerten, sie gewissermaßen an der Zielstellung zu messen. Das geschieht durch Vergleichen Ihrer Kenntnisse mit der Zielstellung. Dieser Vergleich wird möglich, wenn Sie ihre Kenntnisse in gewisser Weise quantifizieren, etwa durch das Lösen von Kontrollaufgaben. Erst, wenn Sie Ihre Kenntnisse „gemessen" haben, können Sie prüfen, ob das Lernziel erreicht ist.

In einem technischen System verhält es sich recht ähnlich. Die quantitative Bewertung eines Zustandes wird hier durch das Messen der aktuellen Größe und deren Vergleich mit der Zielgröße erreicht.

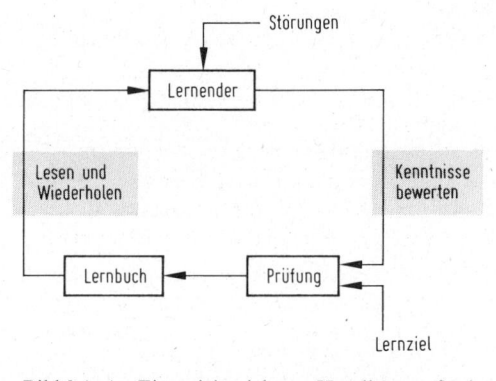

Bild 3.1–1 Eine zielgerichtete Handlung erfordert die ständige Bewertung der Abweichung vom Ziel

3.1 Überblick

Im Bild 3.1–2 ist ein Regelkreis dargestellt. Die Temperatur in einem Raum soll einen gewünschten Wert haben. Wenn die Temperatur zielgerichtet beeinflußt werden soll, muß sie zunächst gemessen werden. Der Vergleich der gemessenen Raumtemperatur mit der gewünschten Raumtemperatur führt zu einer Entscheidung: Das Heizventil ist weiter zu öffnen, wenn die Raumtemperatur zu niedrig ist, es ist zu schließen, wenn sie zu hoch ist. Haben beide Temperaturen ziemlich genau den gleichen Wert, dann ist die Aufgabe erfüllt.

Die Entscheidungsgrundlage ist also eigentlich die Abweichung des Wertes der Regelgröße vom Wert der Sollgröße. Wird die Raumtemperatur falsch bestimmt – und damit auch ihre Differenz zur gewünschten Temperatur –, dann wird eine falsche Entscheidung getroffen und das Ziel der Handlung verfehlt.

Im Regelkreis besteht demnach außer der Aufgabe, die Regelgröße überhaupt meßbar zu machen, auch die Notwendigkeit, die Regelgröße richtig zu messen. Richtig messen heißt aber nicht, fehlerfrei zu messen. Fehlerfreies Messen ist praktisch nicht realisierbar, denn mit der Genauigkeit des Messens steigen die Kosten an.

Richtig messen heißt, so genau zu messen, daß die Regelaufgabe insgesamt erfüllt werden kann. Für das angeführte Beispiel bedeutet das: Der Fehler der Temperaturmessung darf einen bestimmten Wert nicht überschreiten, damit die Abweichung der Raumtemperatur von der gewünschten Temperatur kleiner bleibt als vorgegeben. Praktisch ergeben sich daraus folgende Schlußfolgerungen:

- Die Genauigkeit der Messung der Regelgröße ist an die geforderte Genauigkeit (Güte) der Regelaufgabe anzupassen. Zu genaues Messen ist teurer als notwendig. Durch zu ungenaues Messen wird das Ziel der Regelaufgabe verfehlt, und das führt ebenfalls zu ökonomischen Verlusten.
- Die Genauigkeit wird im Laufe der Zeit geringer. Anfangs optimal ausgewählte Meßmittel müssen deshalb von Zeit zu Zeit daraufhin überprüft werden, ob sie noch mit ausreichender Genauigkeit messen, da sich ihre Eigenschaften durch Alterung, Verschleiß und andere Ursachen verändern können.

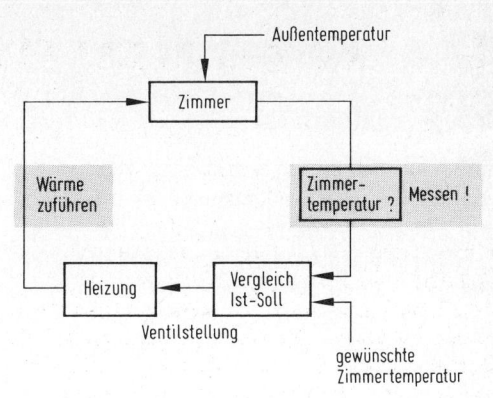

Bild 3.1–2
In einem Regelkreis ist die Regelgröße zu messen, um sie mit der Sollgröße vergleichen zu können

Die Genauigkeit, mit der die Regelgröße gemessen wird (Meßgenauigkeit), ist entscheidend für die Funktion des Regelkreises!

Richtig messen heißt nicht, fehlerfrei messen!
Richtig messen heißt: Einen vorgegebenen Fehler nicht überschreiten!

Die Genauigkeit der Messung der Regelgröße ist an die Zielstellung der Regelaufgabe anzupassen.

Die Einhaltung der Genauigkeit ist durch ständige Überprüfung der Meßmittel zu sichern.

3.2 Grundbegriffe

3.2.1 Überblick

In diesem Kapitel werden einige wichtige Begriffe erläutert, die allgemeiner Natur sind.

Begriffen und Zusammenhängen, die die besonderen Eigenschaften von Meßmitteln beschreiben (Kennfunktionen und Kennwerte) oder die Beurteilung des Meßergebnisses erlauben (Meßfehler), bleiben die nachfolgenden Kapitel vorbehalten.

Die Meßtechnik hat – wie jede andere Fachdisziplin – ihre eigenen Fachbegriffe. Sie dienen

- der Beschreibung des Gegenstandes einer Messung,
- der Beschreibung der technischen Meßmittel,
- der Beschreibung und der Bewertung des Ergebnisses einer Messung.

3.2.2 Meßgröße, Maßeinheit, Meßwert

Lernziele

Nach Durcharbeiten dieses Kapitels können Sie:
- erklären, was eine Meßgröße ist,
- den Meßvorgang und sein Ergebnis beschreiben,
- Basiseinheiten und abgeleitete Einheiten des internationalen SI-Systems angeben,
- die Vorsätze für die Einheiten anwenden,
- die Aufgabe der Maßverkörperung angeben.

Aus der Umgangssprache ist Ihnen der Begriff des Messens schon vertraut: Messen ist das Ermitteln eines Zahlenwertes. Wenn Sie wissen wollen, in welchem Abstand die Mittelpunkte zweier Kreise sich zueinander befinden, benutzen Sie ein Lineal und stellen fest: Der Abstand beträgt fünf Zentimeter. Die Länge der Strecke von einem Mittelpunkt zum anderen ist die Meßgröße. Allgemein wird die Eigenschaft eines physikalischen Zustandes oder Vorganges, die gemessen werden soll, als **Meßgröße** verstanden.

Der Meßvorgang besteht immer darin, die vor der Messung unbekannte Quantität der Meßgröße (Welche Länge hat die Strecke?) dadurch zu bestimmen, daß sie zu einer festgelegten bekannten Quantität (Strecke der Länge 1 cm) ins Verhältnis gesetzt wird. Die bekannte Quantität wird als **Maßeinheit** bezeichnet.

Das Ergebnis eines solchen Meßvorganges ist eine Zahl. Diese Zahl, multipliziert mit der Maßeinheit, ergibt den **Meßwert**.

Um eine Größe messen zu können, muß also stets eine Maßeinheit für diese Größe festgelegt werden. Weltweit ist ein einheitliches System von Maßeinheiten verbindlich vereinbart worden, das für sieben Basisgrößen die zugehörigen Basiseinheiten definiert; alle anderen Größen sind durch Multiplikation oder Division verschiedener Basiseinheiten darstellbar. Sie werden deshalb als abgeleitete Größen bezeichnet.

Tabelle 3.2.2-1 Basisgrößen und Basiseinheiten des internationalen SI-Systems

Basisgröße	Kurzzeichen	Basiseinheit	Kurzzeichen
Masse	m	Kilogramm	kg
Länge	l	Meter	m
Zeit	t	Sekunde	s
Stromstärke	I	Ampere	A
Lichtstärke	I_T	Candela	cd
Stoffmenge	–	Mol	mol
Temperatur	T	Kelvin	

Tabelle 3.2.2-2 Abgeleitete Größen und Einheiten des SI-Systems (Auswahl)

Größe	Kurzzeichen	Maßeinheit	Kurzzeichen	Ableitung aus Basisgrößen oder abgeleiteten Größen	Ableitung aus Basiseinheiten
Geschwindigkeit	v	–	–	$v = l \cdot t^{-1}$	$m \cdot s^{-1}$
Beschleunigung	a	–	–	$a = l \cdot t^{-2}$	$m \cdot s^{-2}$
Kraft	F	Newton	N	$F = m \cdot a$	$N = kg \cdot m \cdot s^{-2}$
Arbeit	W	Joule	J	$W = F \cdot l$	$J = kg \cdot m^2 \cdot s^{-2}$
Leistung	P	Watt	W	$P = W \cdot t^{-1}$	$W = kg \cdot m^2 \cdot s^{-3}$
Druck	p	Pascal	Pa	$p = F \cdot l^{-2}$	$Pa = kg \cdot m^{-1} \cdot s^{-2}$
el. Spannung	U	Volt	V	$U = W \cdot I^{-1}$	$V = kg \cdot m^2 \cdot s^{-3} \cdot A^{-1}$
el. Ladung	Q	Coulomb	C	$Q = I \cdot t$	$C = A \cdot s$
el. Kapazität	C	Farad	F	$C = Q \cdot U^{-1}$	$F = A^2 \cdot kg^{-1} \cdot m^{-2} \cdot s^4$
el. Widerstand	R	Ohm	Ω	$R = U \cdot I^{-1}$	$\Omega = kg \cdot m^2 \cdot s^{-3} \cdot A^{-2}$

Um sehr kleine und sehr große Maßzahlen besser handhaben zu können, sind Vielfache und Teile der Maßeinheiten zugelassen, die sich jeweils um den Faktor 10^n unterscheiden. Sie werden durch den Namen der Maßeinheit, versehen mit einem Vorsatznamen, bezeichnet.

Tabelle 3.2.2-3 Vorsatznamen für Vielfache und Teile von Maßeinheiten

Faktor	Vorsatz	Zeichen	Faktor	Vorsatz	Zeichen
10^{18}	Exa	E	10^{-1}	Dezi	d
10^{15}	Peta	P	10^{-2}	Zenti	c
10^{12}	Tera	T	10^{-3}	Milli	m
10^9	Giga	G	10^{-6}	Mikro	μ
10^6	Mega	M	10^{-9}	Nano	n
10^3	Kilo	k	10^{-12}	Pico	p
10^2	Hekto	h	10^{-15}	Femto	f
10^1	Deka	da	10^{-18}	Atto	a

Beispiel 3.2.2-1

Die Meßwerte 1 000 000 Ω und 0,000 001 g sollen mit einer günstigeren Maßzahl dargestellt werden.

Lösung:

$1\,000\,000 \; \Omega = 10^6 \, \Omega = 1 \; M\Omega$

$0{,}000\,001 \; g = 10^{-6} \, g = 1 \; \mu g$

Übung 3.2.2-1

Rechnen Sie den Meßwert 0,00034 V um in einen Meßwert, dessen Maßzahl ganzzahlig ist.

Für die Meßpraxis reicht allein die Definition einer Maßeinheit für die zu messende Größe nicht aus. Es wird eine Verkörperung der Maßeinheit, ihre technische Realisierung also, benötigt. Diese **Maßverkörperung** wird als Normal bezeichnet. Das für die Messung der Streckenlänge verwendete Lineal ist eine Maßverkörperung der Maßeinheiten Zentimeter und Millimeter. Man kann es jedoch nicht als Normal bezeichnen, weil ein Normal extrem hohe Forderungen an seine Genauigkeit erfüllen muß. Normale sind notwendig, um die Einheitlichkeit des Messens zu gewährleisten.

Die technische Realisierung der Maßeinheit ist die Maßverkörperung.

Eine **Maßverkörperung** hoher Genauigkeit ist ein Normal. Meßnormale sind für die Überprüfung von Meßmitteln unerläßlich.

3.2.3 Meßgrößenaufnehmer und Meßwandler

Lernziele

Nach Durcharbeiten dieses Kapitels können Sie
- erklären, was ein Meßsignal ist,
- das Signalflußbild einer Kette von Meßgliedern interpretieren,
- die Aufgabe des Meßgrößenaufnehmers beschreiben,
- die Aufgaben der Signalwandlung in einer Meßkette angeben

Durch Messen einer Größe wollen wir eine Information über den Wert der Meßgröße gewinnen. Meist erfolgt diese Meßwertgewinnung in mehreren Schritten. Bei jedem Schritt wird die ursprüngliche Größe zwar umgewandelt. Die Meßinformation bleibt dabei immer an einen bestimmten Parameter, den Informationsparameter der neuen Größe gebunden. Diese informationstragende Größe wird als **Meßsignal** bezeichnet.

Auch in der Meßtechnik spielt also der Signalbegriff eine wichtige Rolle. Er gestattet, das Messen mit Hilfe des Signalflußbildes darzustellen. Das Signalflußbild ist ein abstraktes Modell einer realen Meßeinrichtung und erleichtert die Beschreibung von Funktion, Struktur und Übertragungseigenschaften der Meßkette.

Im Signalflußbild werden am Eingang und Ausgang jeder Stufe nicht die Meßsignale selbst, sondern nur deren informationstragende Parameter (Informationsparameter) dargestellt. Nicht nur der Signalfluß der Meßsignale, sondern auch der Einfluß von störenden Ein-

Die Gewinnung eines Meßwertes in einem technischen Meßsystem erfolgt stufenweise.

Im Prozeß der Meßwertgewinnung dienen Signale zur Übertragung der Meßinformation von Stufe zu Stufe. Ein Signal ist eine informationstragende physikalische Größe.

Eine reale Meßeinrichtung ist durch ein abstraktes Modell darstellbar, das die Übertragung der informationstragenden Größen veranschaulicht. Die grafische Darstellung dieses Modells ist das Signalflußbild.

3.2 Grundbegriffe

wirkungen (Störsignale) kann im Signalflußbild dargestellt werden.

Die Meßgröße selbst ist das primäre Meßsignal. In der Regel ist dieses Primärsignal jedoch nicht direkt auswertbar. Der Vergleich mit der Maßverkörperung unmittelbar am Meßort ist praktisch zu aufwendig; außerdem wäre es bei der großen Vielfalt der Meßgrößen unzweckmäßig, für jede von ihnen eine Maßverkörperung zu realisieren. Das ist auch nicht erforderlich. Man nutzt eindeutige und zeitlich konstante Zusammenhänge zwischen jeweils zwei physikalischen Größen.

Ist eine der Größen die Meßgröße, dann wird die von ihr abhängige Größe als Abbildgröße und der physikalische Zusammenhang als **Meßprinzip** bezeichnet.

Beispiel 3.2.3-1

Welches Meßprinzip kommt bei der Messung der Temperatur eines Gases mit einem herkömmlichen Quecksilberthermometer zur Anwendung?

Benennen Sie
- Meßprinzip,
- Meßgröße,
- Abbildgröße,
- Signalart des Abbildsignals und
- Informationsparameter des Abbildsignals.

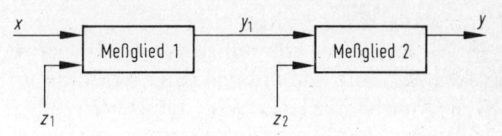

Bild 3.2.3-1 Signalflußplan einer Meßanordnung.
x Eingangssignal, z. B. Meßgröße
y_1 Zwischensignal, z. B. elektrisches Signal
z_1, z_2 Störsignale, z. B. Umgebungstemperatur
y Ausgangssignal, z. B. analoges Stromsignal

Meßprinzip – Umwandlung der Meßgröße in ein zweckmäßiges Abbildungssignal.

Lösung:

Das in das Gas eingebrachte Quecksilberthermometer nimmt durch Wärmeübergang die Temperatur des Gases an. Das Volumen der Flüssigkeit (Quecksilber) ist temperaturabhängig. Die einer Temperaturänderung entsprechende Volumenänderung wird auf eine Längenänderung des Flüssigkeitsfadens in der Kapillare abgebildet.

Meßprinzip:	Abhängigkeit des Volumens von der Temperatur, Abhängigkeit der Fadenlänge vom Volumen
Meßgröße:	Temperatur
Abbildgröße:	Länge
Signalart:	analog
Informationsparameter:	Augenblickswert

Genaugenommen wird die Temperatur auf das Volumen abgebildet und dieses danach in die einfacher auswertbare Fadenlänge weitergewandelt. Diese Art fortlaufender Wandlung von Größen und Signalen ist für die Meßtechnik typisch. Ihr Zweck ist die Umwandlung der zu messenden Größe in eine günstig meßbare Größe. Die einzelnen Glieder einer solchen Kette sind die **Meßwandler**, und und das erste Glied der Wandlerkette wird als **Meßgrößenaufnehmer** bezeichnet.

Meßwandler wandeln Meßsignale zum Zweck der
- Signalübertragung oder der
- günstigeren Auswertung.

Der **Meßgrößenaufnehmer** (auch: Meßfühler, Sensor) ist das erste Glied einer Meßkette.

Das im Beispiel 3.2.3-1 betrachtete Quecksilberthermometer hat einen entscheidenden Nachteil: Das Abbildungssignal Fadenlänge muß am Meßobjekt ausgewertet werden; es ist für eine Fernübertragung ungeeignet. Zur Fernmessung der Temperatur werden daher andere Meßprinzipien verwendet.

Beispiel 3.2.3-2

Die Abhängigkeit des elektrischen Widerstandes eines Platindrahtes von dessen Temperatur soll für die Fernmessung der Temperatur genutzt werden.

Beschreiben Sie die Stufen der Umwandlung der Temperatur in ein übertragbares elektrisches Signal bei einem solchen Widerstandsthermometer.

Geben Sie das Signalflußbild und das elektrische Schaltbild an.

Lösung:

In der ersten Stufe wird die Temperatur auf den elektrischen Widerstand des Platindrahtes abgebildet:

$R = R_0 (1 + \alpha \cdot T)$

R_0 – Widerstand bei 0 °C
α – Änderung des Widerstandes je °C Temperaturänderung (Widerstandstemperaturkoeffizient)
T – Temperatur des Drahtes in °C

In der zweiten Stufe wird der Widerstand in eine elektrische Spannung dadurch umgewandelt, daß er mit einem konstanten Strom gespeist wird: $U = R \cdot I$.

Die Spannung U dient als übertragbares elektrisches Signal der Fernmessung der Temperatur.

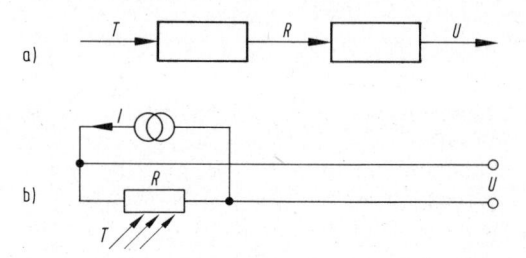

Bild 3.2.3-2 Signalflußbild (a) und elektrisches Schaltbild (b) für ein Widerstandsthermometer mit Stromspeisung

In der Anlagentechnik ist es nur selten möglich, die vom Meßfühler umgeformte Meßgröße unmittelbar als Signalparameter weiter zu nutzen.

Oft ist die am Meßort anfallende Energie zu groß oder zu klein. So fallen bei Temperaturmessungen mit Thermoelementen nur wenige Millivolt an, während bei Flüssigkeitsausdehnungsthermometern am Ausgang hohe Drücke zu verzeichnen sind.

Außerdem müssen die Meßsignale auf den Eingang der nachfolgenden Auswertegeräte abgestimmt sein.

Die Umwandlung der Meßgröße in ein günstig übertragbares und auswertbares Meßsignal ist eine generelle Aufgabe einer Meßkette. Dabei haben einzelne Wandlerarten spezifische Aufgaben zu erfüllen:

3.2 Grundbegriffe

Wandlung der Größenart,
Wandlung der Signalart,
Wandlung der Signalparameter,
Wandlung der Signalleistung,
Wandlung des Wertebereiches.

Typische Aufgaben für Meßwandler:

Wandlung	Beispiel
der Größenart	Meßgrößenaufnehmer wandelt thermische in elektrische Größe.
der Signalart	Analog-Digital-Wandler wandelt ein analoges Signal in ein digitales Signal.
des Signalparameters	Modulator wandelt die Änderung der Signalamplitude in die Änderung der Schwingfrequenz oder der Pulsfrequenz.
des Wertebereiches	Meßverstärker wandelt die Thermospannung eines elektr. Temperaturfühlers von einigen Millivolt in den Eingangswertebereich eines A/D-Wandlers von 0 bis 10 Volt.

Da nahezu alle Regelsysteme im Interesse einer hohen Wirtschaftlichkeit (Fertigung, Ersatzteilhaltung und Wartung der einzelnen Bauglieder) in vereinheitlichten Signalbereichen arbeiten, übernehmen Meßumformer und Meßumsetzer die Umwandlung des Abbildsignals am Ausgang des Meßwertaufnehmers in den entspechenden Einheitsbereich.

Wichtigster Vorteil der Umformung von Meßgrößen in Einheitssignalbereiche sind die Kombinationsmöglichkeiten der Glieder in der Meßkette ohne gesonderte Zwischenglieder bei gleichbleibender Hilfsenergieart.

Es gibt verschiedene Arten von Meßumformern, die alle üblichen physikalischen Größen in pneumatische, vorzugsweise aber elektrische Einheitsgrößen umformen können.

Übliche Einheitssignalbereiche von Regelsystemen sind:

Pneumatische	0,2 bis 1,0 bar
(Signalart Druckluft)	0 bis 100 mmWS
Elektrische	
(Signalart Gleichstrom)	0 bis 5 mA
	0 bis 20 mA
	4 bis 20 mA
(Signalart Gleichspannung)	0 bis 10 V

Beispiel 3.2.3−3

Messung der Regelgröße Temperatur in einem Regelkreis nach Bild 2.2.4−5 (Temperaturregelung eines Raumes).

Die Temperaturmeßkette besteht aus zwei Meßgliedern:
1. Widerstandsthermometer PT 100 als Temperaturmeßfühler mittlerer Übertragungsfaktor im Temperaturbereich 0 °C bis 100 °C $K_T = 0{,}385\ \Omega/K$.
2. Meßumformer mit Einheitssignal Gleichstrom zum Einbau in den Anschlußkopf des Thermometers.

Angaben zum Meßwandler:
Zweileitertechnik,
Hilfsenergie 12 bis 36 V Gleichspannung
Kennlinie temperaturlinear
Ausgangssignal 4 bis 20 mA eingeprägter Gleichstrom (max. Bürde 600 Ω)
Meßbereich 0 bis 100 °C
Fehlergrenzen ±5% vom Ausgangssignal
Übertragungsfaktor
$K_M = (20-4)\,\text{mA}/38{,}5\,\Omega = 0{,}416\,\text{mA}/\Omega$
Der Übertragungsfaktor der Meßkette ist damit
$K = K_T \cdot K_M = 0{,}160\,\text{mA/K}$.

Lösung:

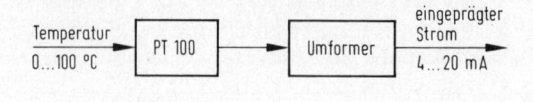

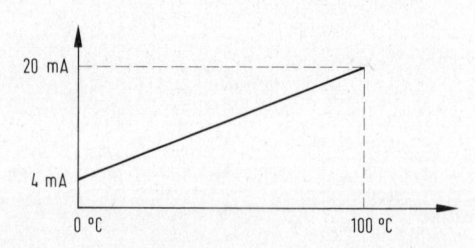

Bild 3.2.3–3 Signalflußbild einer Meßkette, bestehend aus Widerstandsthermometer und Signalwandler

Die Gesamtheit der Meßmittel, die der Gewinnung des Meßwertes dienen, bilden die **Meßeinrichtung**. Diese wird als Meßgerät bezeichnet, wenn am Ende der Meßkette ein Glied steht, das den Meßwert in analoger oder digitaler Form anzeigt.

In herkömmlicher Weise erfolgen Auswertung und Nutzung der Meßwerte durch den Menschen mit Hilfe solcher Meßgeräte. Häufig werden parallel zur Anzeige auch registrierende Baugruppen eingesetzt (Schreiber, Drucker).

Die Automatisierung des Meßvorgangs und die automatische Weiterverarbeitung der Meßwerte erübrigen eine optische Meßwertausgabe. Aufgabe der Meßeinrichtung im automatisierten System ist die Darstellung der Meßwerte als analoges Einheitssignal oder als digitales Signal in einer Form, die unmittelbar die Meßwertverarbeitung in einem nachfolgenden Digitalrechner ermöglicht.

In automatischen Regeleinrichtungen kann der Vergleich der Regelgröße entweder auf der digitalen Ebene (arithmetischer Vergleich des digitalen Meßwertes der Regelgröße mit einem digitalen Sollwert durch ein Rechenprogramm) oder auf analoger Ebene erfolgen (physischer Vergleich eines analogen Meßsignals der Regelgröße mit einem Analogsignal des Sollwertes, z. B. in einem Komparator). Im zweiten Fall kann sich die Aufgabe der Meßeinrichtung auf die Wandlung der Regelgröße in ein (meist elektrisches) Analogsignal beschränken.

Meßeinrichtung
Meßgerät

3.3 Kennfunktionen und Kennwerte von Meßwandlern

3.3.1 Überblick

Die technische Lösung einer Meßaufgabe ist ein recht komplexer Vorgang. Es sind die einzelnen Glieder der Meßkette auszuwählen und aneinander anzupassen. Dabei müssen einige Gegebenheiten berücksichtigt werden:
- in welchem Wertebereich ändert sich die Meßgröße?
- wie schnell erfolgt die Änderung der Meßgröße?
- welchen Fehler darf die Meßkette nicht überschreiten?

Kenngrößen helfen dem Anwender bei der richtigen Auswahl der Meßmittel, sowohl in technischer Hinsicht als auch im Hinblick auf ein günstiges Preis/Leistungs-Verhältnis. Sie haben den Vorteil, daß sie vom physikalischen Wirkprinzip und der konstruktiv-technologischen Realisierung abstrahieren. Dadurch werden die meßtechnischen Eigenschaften unterschiedlicher Lösungsvarianten vergleichbar. Schließlich ist es möglich, die Kenngrößen einer Meßkette, die je nach Aufgabe sehr unterschiedlich aussehen kann, aus den Kenngrößen ihrer einzelnen Glieder zu ermitteln. Es ist zweckmäßig, drei Arten von Kenngrößen zu unterscheiden:

- Statische Kenngrößen beschreiben die Übertragungseigenschaften für zeitlich konstante Eingangsgrößen. Die sind eigentlich ein Sonderfall, denn Prozeßgrößen im allgemeinen und die Regelgöße im besonderen sind zeitlich veränderliche Größen. Sie werden jedoch erkennen, daß auch die statischen Kenngrößen wichtig und informativ für die Auswahl der Meßmittel sind.

- Dynamische Kenngrößen beschreiben die Übertragungseigenschaften für zeitlich veränderliche (dynamische) Eingangsgrößen.

- Fehlerkenngrößen beschreiben das nicht ideale Übertragungsverhalten, das bei einer Meßeinrichtung in einer mehr oder weniger großen Abweichung des Meßwertes vom tatsächlichen, wahren Wert der Meßgröße zum Ausdruck kommt.

Die meßtechnischen Eigenschaften von Meßmitteln werden im Datenblatt durch Kenngrößen (Kennfunktionen oder Kennwert) ausgewiesen.

Das Übertragungsverhalten von Meßgliedern wird ausgewiesen durch
- statische Kenngrößen,
- dynamische Kenngrößen,
- Fehlerkenngrößen.

Kenngrößen können als Funktionen oder als Werte angegeben werden. Kennfunktionen sind aussagekräftiger, aber schwieriger zu handhaben. Kennwerte sind aus Kennfunktionen zu gewinnen. Sie liefern nur punktuelle oder verallgemeinerte Aussagen, sind dafür aber praktikabler und werden in den Datenblättern vorzugsweise angegeben.

Kennfunktionen werden als Gleichung oder als Diagramm angegeben.

Kennwerte sind aus Kennfunktionen ablesbar oder werden nach einer bestimmten vereinbarten Vorschrift berechnet.

3.3.2 Statische Kennfunktionen und Kennwerte

Lernziele

Nach Durcharbeiten dieses Kapitels können Sie
- erkären, was die statische Kennlinie eines Meßgliedes ist,
- die Empfindlichkeit und den Übertragungsfaktor eines Meßgliedes definieren,
- die für die Kalibrierung eines Meßgliedes notwendigen Verfahrensschritte angeben.

Für ein analoges Meßglied gilt: Je einem Wert der Eingangsgröße entspricht genau ein Wert der Ausgangsgröße. Diese Abhängigkeit kann durch eine Gleichung $y = f(x)$ oder grafisch im x-y-Koordinatensystem dargestellt werden. Die entsprechende Kurve wird als **statische Kennlinie** des Meßgliedes bezeichnet.

Die **statische Kennlinie** eines Meßgliedes gibt die Abhängigkeit der Ausgangsgröße von der Eingangsgröße an:

$$y = f(x)$$

Ausgangsgröße ist Funktion der Eingangsgröße

Beispiel 3.3.2−1

Für einen Temperaturaufnehmer PT 100 gilt im Temperaturbereich 0 °C bis 630 °C die Gleichung $R = f(T) = R_0 (1 + \alpha T + \beta T^2)$ für die Abhängigkeit des Widerstandes von der Temperatur.

T — Eingangsgröße Temperatur in °C

$\alpha = +3{,}9082 \cdot 10^{-3}/°C$ — linearer Temperaturkoeffizient

$\beta = -5{,}802 \cdot 10^{-7}/(°C)^2$ — quadratischer Temperaturkoeffizient

$R_0 = 100\ \Omega$ — Widerstand bei $T = 0\ °C$

Stellen Sie die Kennlinie des Temperaturaufnehmers grafisch dar.

Lösung:

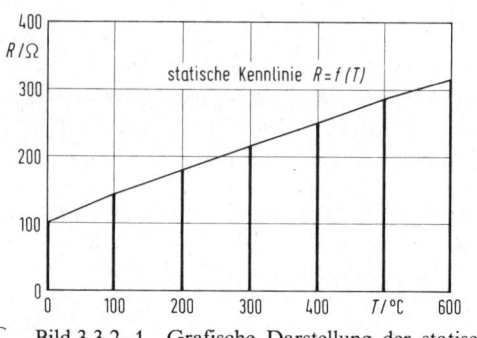

Bild 3.3.2−1 Grafische Darstellung der statischen Kennlinie

Übung 3.3.2−1

a) Welcher Widerstandswert R müßte am Ausgang des Meßwertaufnehmers PT 100 meßbar sein, wenn die Temperatur am Eingang $T = 100\ °C$ beträgt?

b) Wie groß ist die Temperatur T, wenn am Ausgang des Meßwertaufnehmers der Widerstand $R = 119{,}47\ \Omega$ ermittelt wurde?

Beispiel 3.3.2–2

Im Datenblatt eines Meßumformers für Absolutdruck wird angegeben, daß die statische Kennlinie einstellbar ist. Der Meßanfang x_{min} kann dabei zwischen 0% und +100% und das Meßende x_{max} zwischen +100% und 0% des Nennmeßbereiches gelegt werden. Zusätzlich kann zwischen steigender und fallender Kennlinie gewählt werden.

Lösung:

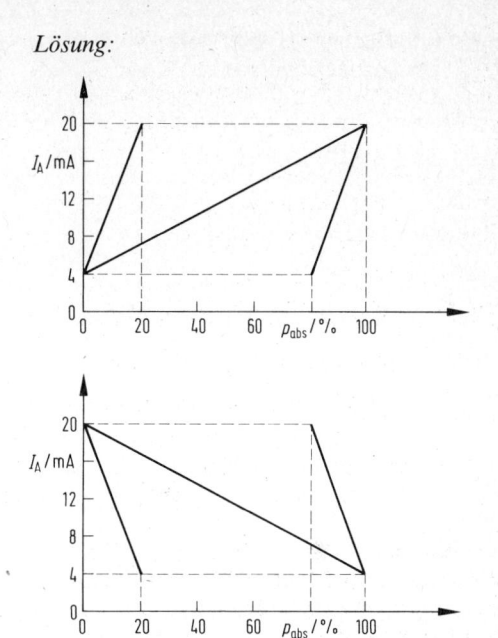

Bild 3.3.2–2 Mögliche einstellbare Kennlinien eines Druckmeßumformers bei gleichbleibendem Ausgangssignalbereich 4 bis 20 mA

Aus der statischen Kennlinie sind eine Reihe von Kennwerten ablesbar. Der zulässige Änderungsbereich der Eingangsgröße ist der **Meßbereich** des Meßgliedes. Der Wert der Ausgangsgröße y_0, der dem Wert der Eingangsgröße $x = 0$ entspricht, wird als Anfangswert oder **Nullpunktoffset** bezeichnet. Eine Änderung des Wertes der Eingangsgröße (zum Beispiel von x_1 um Δx auf x_2) führt zu einer entsprechenden Änderung der Ausgangsgröße von y_1 um Δy auf y_2). Das Verhältnis Ausgangsgrößenänderung zu Eingangsgrößenänderung wird als **Empfindlichkeit** des Meßgliedes bezeichnet. (Das Meßglied ist unempfindlich, wenn sich an seinem Ausgang nichts ändert). Bei gekrümmten statischen Kennlinien ist die Empfindlichkeit von Punkt zu Punkt verschieden; sie hängt vom Wert der Eingangsgröße x_1 ab. Die statische Kennlinie realer Meßglieder ist, genaugenommen, nicht linear. Meist wird bei geringer Nichtlinearität vereinfachend eine lineare **Nennkennlinie** für den Meßbereich angegeben. Die für die genäherte Kennlinie im gesamten Meßbereich konstante Empfindlichkeit wird dann als statischer **Übertragungsfaktor** K bezeichnet. Die

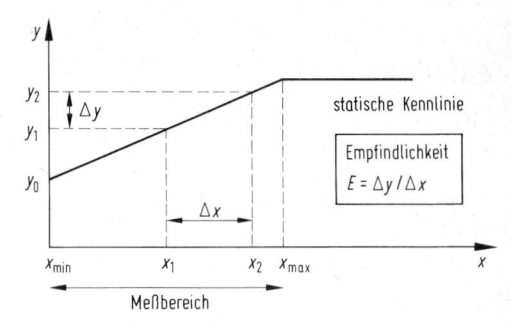

Bild 3.3.2–3 Statische Kennlinie $y = f(x)$ und Empfindlichkeit E eines Meßgliedes

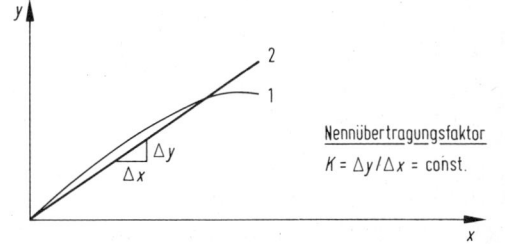

Bild 3.3.2–4 Statische Nennkennlinie und Übertragungsfaktor K eines Meßgliedes.
1 reale statische Kennlinie
2 angenäherte statische Kennlinie

durch eine solche Näherung verursachten Fehler werden durch eine entsprechende Fehlerkenngröße (Linearitätsfehler) ausgewiesen.

Beispiel 3.3.2-3

Für die nichtlineare statische Kennlinie des Temperaturaufnehmers aus Beispiel 3.3.2-1 sind
– eine lineare Nennkennlinie anzugeben und
– der Nennübertragungsfaktor zu bestimmen.

Lösung:

Verantwortlich für die Krümmung der statischen Kennlinie ist das quadratische Glied βT^2 in der Gleichung $R = f(T)$. Läßt man dieses Glied wegfallen, so ergibt sich eine lineare Abhängigkeit des Widerstandes von der Temperatur:

$R = R_0 (1 + \alpha T)$ lineare Nennkennlinie

Der Übertragungsfaktor K ist zu bestimmen mit

$K = \Delta R / \Delta T = (R_2 - R_1)/(T_2 - T_1)$

$R_2 = R_0 + R_0 \alpha T_2$

$R_1 = R_0 + R_0 \alpha T_1$

$R_2 - R_1 = R_0 \alpha (T_2 - T_1)$

$K = R_0 \alpha = 0{,}39082\ \Omega/°C$

Anfangswert und Übertragungsfaktor müssen unbedingt über längere Zeit konstant bleiben, damit ein definierter Zusammenhang zwischen Ausgang und Eingang besteht. Störende Einflußgrößen, die diese Kennwerte verändern, sind zum Beispiel Temperaturschwankungen, Alterung von Werkstoffen oder die Schwankung der Betriebsspannung bei elektrischen und elektronischen Meßgliedern. Die durch Beeinflussung dieser Kennwerte hervorgerufenen Fehler werden durch entsprechende Fehlerkenngrößen (Fehler des Nullpunktes, Fehler des Übertragungsfaktors) ausgewiesen.

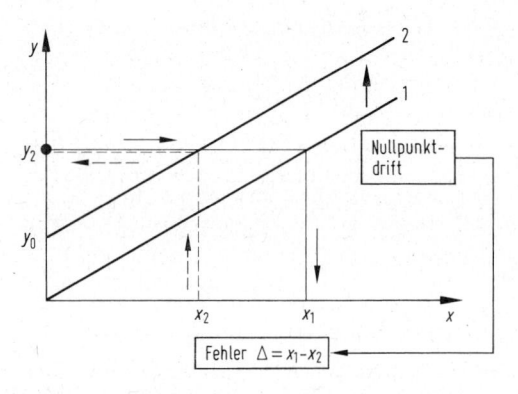

Bild 3.3.2-5 Störgrößen beeinflussen die Nennkennlinie und verursachen dadurch Übertragungsfehler.
1   Nennkennlinie ohne Anfangswert y_0
x_2 Eingangsgröße
x_1 scheinbare Eingangsgröße

Als **Kalibrierung** eines Meßgliedes bezeichnet man die Ermittlung der statischen Kennlinie nach folgendem Verfahren: Man gibt an den Eingang bekannte Werte der Eingangsgröße und mißt die zugehörigen Werte der Ausgangsgröße. Die grafische Darstellung der Wertepaare ergibt die statische Kennlinie, aus der

3.3 Kennfunktionen und Kennwerte von Meßwandlern

Anfangswert und Übertragungsfaktor bestimmbar sind. Zur Kalibrierung eines Meßgliedes mit linearer Kennlinie genügen zwei bekannte Werte der Eingangsgröße, von denen einer der Einfachheit halber gleich Null ist.

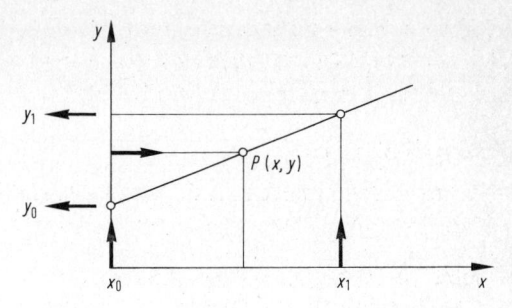

Bild 3.3.2-6 Kalibrierung eines Meßgliedes mit typisch linearer statischer Kennlinie.
1. Schritt: Messen der Ausgangsgrößen y_0 und y_1 bei Anliegen genau bekannter Eingangsgrößen $x_0 = 0$ und x_1.
2. Schritt: Aufstellen der allgemeinen Gleichung der Geraden:

$$\frac{y - y_0}{x - x_0} = \frac{y_1 - y_0}{x_1 - x_0}$$

3. Schritt: Umstellen der allgemeinen Geradengleichung zur Gleichung der statischen Kennlinie:

$$y = y_0 + \frac{y_1 - y_0}{x_1} \cdot x = y_0 + K \cdot x$$

Übung 3.3.2-2

Wie ist ein Meßglied mit nichtlinearer statischer Kennlinie zu kalibrieren?

Die statischen Kennwerte einer Meßkette sind aus den Kennwerten der einzelnen Meßglieder einfach zu bestimmen, wenn man davon ausgeht, daß die Ausgangsgröße des vorhergehenden Gliedes die Eingangsgröße des jeweils nachfolgenden ist.

Übung 3.3.2-3

Bestimmen Sie die statischen Kennwerte einer Meßkette, die aus zwei Meßgliedern mit den statischen Kennlinien $y_1 = y_{01} + K_1 \cdot x_1$ und $y_2 = y_{02} + K_2 \cdot x_2$ besteht.

3.3.3 Dynamische Kennfunktionen und Kennwerte

Lernziele

Nach Durcharbeiten dieses Kapitels können Sie
- die Ursachen für eine fehlerhafte Übertragung dynamischer Größen angeben,
- Einstellzeit und Grenzfrequenz als dynamische Kennwerte eines Meßgliedes definieren und interpretieren,
- die Verfahrensweise bei der experimentellen Ermittlung von Einstellzeit und Grenzfrequenz angeben.

Die meisten Meßgrößen, insbesondere die zu messenden Regelgrößen, sind zeitlich veränderliche Größen. Von einer Meßkette im Regelkreis muß gefordert werden, den zeitlichen Verlauf der Regelgröße möglichst fehlerfrei auf den zeitlichen Verlauf der Ausgangsgröße abzubilden. Reale Meßglieder können dieser Forderung nur mit Einschränkungen gerecht werden. Sie verfälschen den zeitlichen Verlauf der Ausgangsgröße. Ursachen hierfür sind energiespeichernde Elemente (elektrische: Kapazitäten und Induktivitäten; mechanische: Massen und elastische Elemente; thermische: Wärmekapazität und andere). Diese Ursachen sind grundsätzlich nie ganz vermeidbar. Sie bewirken, daß der Zeitverlauf der Ausgangsgröße verzögert ist oder Schwingungen der Ausgangsgröße entstehen können. In der Regel ist der Übertragungsfehler um so größer, je schneller eine Änderung der Eingangsgröße erfolgt.

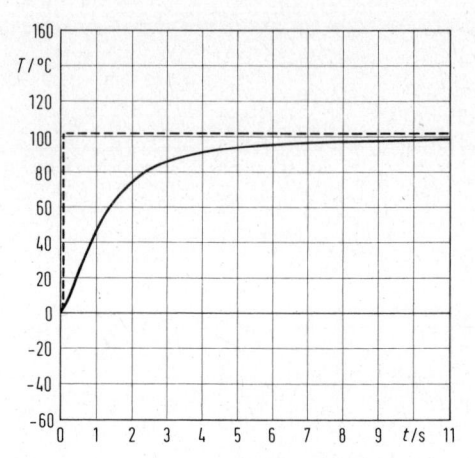

Bild 3.3.3–1 Zeitlicher Verlauf der Meßgröße Temperatur (1) und der Ausgangsgröße (2) eines Thermometers bei einem plötzlichen Temperatursprung von 0 °C (Thermometer im Eiswasser) auf 100 °C (Thermometer im siedenden Wasser) zum Zeitpunkt t_0

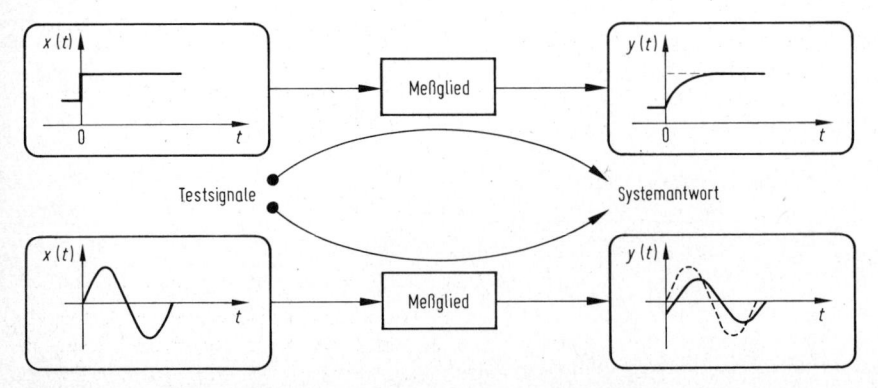

Bild 3.3.3–2 Zeitverlauf der Eingangsgröße $x(t)$ und Ausgangsgröße $y(t)$ bei einem realen Meßglied
oben: Die Reaktion auf eine sprungförmige Änderung erfolgt verzögert
unten: Die Reaktion auf eine sinusförmige Änderung erfolgt verzögert und mit verringerter Amplitude

Zur Kennzeichnung des dynamischen Übertragungsverhaltens benutzt man Zeitfunktionen der Ausgangsgröße, die als Reaktion auf einen bestimmten bekannten Verlauf der Eingangsgröße ermittelt und ausgewertet werden. Als Eingangszeitfunktionen werden vorzugsweise verwendet:
- die sprungförmige Änderung der Eingangsgröße,
- die sinusförmige Änderung der Eingangsgröße.

Die Reaktion eines Meßgliedes auf einen Sprung der Eingangsgröße ist die **Sprungantwort**. Aus dieser Antwortzeitfunktion wird der Kennwert **Einstellzeit** ermittelt. Die Einstellzeit t_E ist die Zeitdifferenz zwischen dem Zeitpunkt des Sprungs am Eingang und dem Zeitpunkt, bei dem die Ausgangsgröße vom stationären Wert der Sprunghöhe dauerhaft weniger als $\pm 5\%$ abweicht. Für die Abweichung werden manchmal auch $\pm 1\%$ oder $\pm 0,1\%$ angegeben.

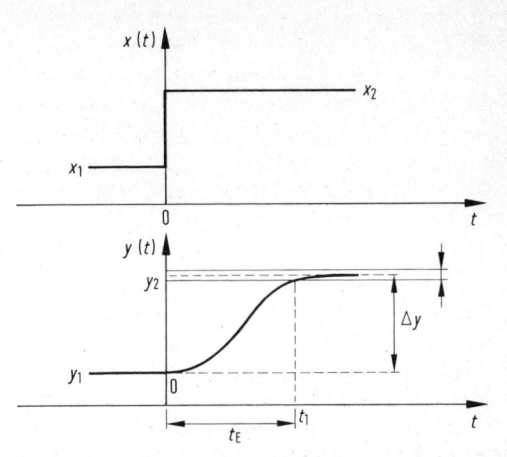

Bild 3.3.3–3 Zur Definition der 5%-Einstellzeit t_E.
oben: Sprung der Eingangsgröße zum Zeitpunkt $t=0$
unten: Die Ausgangsgröße erreicht zum Zeitpunkt t_1 das Toleranzband $(y_2 - 5\% \cdot \Delta y) \ldots (y_2 + 5\% \cdot \Delta y)$

Beispiel 3.3.3–1

Am Eingang eines Temperaturaufnehmers ändert sich die Temperatur zum Zeitpunkt t_1 sprungförmig von T_1 auf den Wert T_2. Die Reaktion am Ausgang (Sprungantwort) ist eine Änderung des Widerstandes von R_1 auf den Wert R_2. Der Zeitverlauf der Ausgangsgröße für $t > t_1$ ist näherungsweise durch die Funktion

$$R(t) = R_1 + \Delta R(t) = R_1 + \Delta R \left(1 - e^{-\frac{t-t_1}{\tau}}\right)$$

gegeben. Hierin ist $\Delta R = R_2 - R_1$ der stationäre Wert der Änderung der Ausgangsgröße. Die Zeitkonstante τ hängt von konstruktiven und Werkstoffparametern des Widerstandsthermometers ab.
Bestimmen Sie die 5%-Einstellzeit.

Lösung:

Zu bestimmen ist der Zeitpunkt t_2, zu dem die Ausgangsgröße den Wert $R_1 + \Delta R \pm 5\% \Delta R$ erreicht:

$$R(t_2) = R_1 + \Delta R \left(1 - e^{-\frac{t_2-t_1}{\tau}}\right)$$
$$= R_1 + \Delta R \pm 5\% \Delta R$$

Die Gleichung kann nun vereinfacht werden:

$$1 - e^{-\frac{t_2-t_1}{\tau}} = 1 \pm 5\%$$

Die Zeitdifferenz $t_2 - t_1$ ist nach der Definition die Einstellzeit t_E.

Nach Logarithmieren beider Seiten wird die Gleichung nach t_E aufgelöst:

$$\ln e^{\frac{-t_E}{\tau}} = \ln 5\%$$
$$-t_E = \tau \cdot \ln 5\%$$
$$t_E = -\tau \cdot \ln 0,05 \approx 3\tau$$

Es ist erkennbar, daß die Einstellzeit von konstruktiv-technologischen Werten (Zeitkonstante τ) und von der vorgegebenen Toleranz abhängt.

Die Sprungantwort kann mit einer registrierenden Meßeinrichtung (Schreiber) oder einem Oszilloskop aufgenommen werden. Bei der experimentellen Ermittlung der Antwortzeitfunktion ist zu beachten, daß der Sprung am Eingang um so steiler sein muß, je kleiner die Einstellzeit des untersuchten Meßgliedes ist.

Die Einstellzeit der Meßeinrichtung, mit der die Sprungantwort aufgenommen wird, muß wesentlich kleiner sein als die Einstellzeit des untersuchten Meßgliedes.

Die Reaktion eines Meßgliedes auf eine sinusförmige Änderung der Eingangsgröße ist eine ebenfalls sinusförmige Änderung mit der gleichen Frequenz, in der Regel jedoch mit einer anderen Amplitude und mit einer Phasenverschiebung. Das Verhältnis von Ausgangsamplitude zu Eingangsamplitude für alle Schwingfrequenzen dient als Kennfunktion für das dynamische Übertragungsverhalten eines Meßgliedes. Das Amplitudenverhältnis realer Meßglieder ist frequenzabhängig. Bei Meßgliedern, die im Zeitbereich verzögernd reagieren (Sprungantwort), nimmt das Amplitudenverhältnis ab, wenn die Frequenz größer wird. Das heißt, schnellere Änderungen der Eingangsgröße werden zunehmend schlechter übertragen. Trägt man das Amplitudenverhältnis als Funktion der Frequenz auf, so erhält man die grafische Darstellung des frequenzabhängigen Übertragungsfaktors $K(\omega)$.

Frequenz einer periodischen Zeitfunktion:

$$f = \frac{1}{T} \quad (3.3.3-1)$$

mit T – Periodendauer

Kreisfrequenz einer sinusförmigen Zeitfunktion:

$$\omega = \frac{2\pi}{T} = 2\pi \cdot f \quad (3.3.3-2)$$

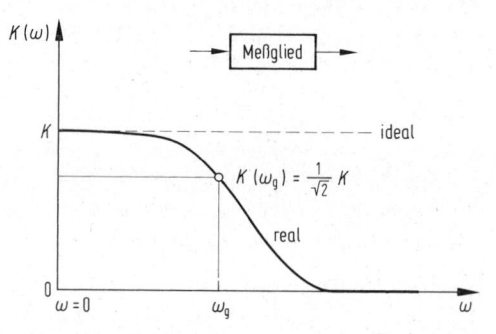

Bild 3.3.3–4 Zur Definition der $1/\sqrt{2}$-Grenzfrequenz ω_g. Bei der Frequenz ω_g hat das Amplitudenverhältnis $K(\omega)$ nur noch den $1/\sqrt{2}$-fachen Wert im Vergleich zum Amplitudenverhältnis bei der Frequenz $\omega = 0$

Bei der Frequenz $\omega = 0$ hat das Amplitudenverhältnis den Wert des statischen Übertragungsfaktors K. Die Frequenz, bei der das Amplitudenverhältnis nur noch dem $1/\sqrt{2}$-fachen Wert des statischen Übertragungsfaktors entspricht, wird als **Grenzfrequenz** bezeichnet. Dieser Kennwert kann aus der Kennfunktion $K(\omega)$ ermittelt werden.

Beispiel 3.3.3–2

Die Kennfunktion $K(\omega)$ sei näherungsweise für ein Meßglied mit Verzögerung erster Ordnung durch die Gleichung

$$K(\omega) = \frac{K}{\sqrt{(1 + \omega^2 \cdot \tau^2)}}$$

gegeben.
Die Zeitkonstante τ ist von der Konstruktion und den verwendeten Werkstoffen abhängig.
a) Weisen Sie nach, daß K der statische Übertragungsfaktor des Meßgliedes ist.
b) Bestimmen Sie die $1/\sqrt{2}$-Grenzfrequenz.

Lösung:

a) Der statische Übertragungsfaktor ist der Übertragungsfaktor für zeitlich konstante Größen, d. h. der Wert der Funktion bei der Frequenz $\omega = 0$:

$$K(\omega = 0) = \frac{K}{\sqrt{1 + 0 \cdot \tau^2}} = K$$

b) Die Grenzfrequenz ω_g ist die Frequenz, bei der die Funktion auf den Wert $\frac{1}{\sqrt{2}} \cdot K$ abgefallen ist:

$$K(\omega = \omega_g) = \frac{K}{\sqrt{1 + \omega_g^2 \tau^2}} = \frac{1}{\sqrt{2}} \cdot K.$$

Diese Gleichung kann nun nach ω_g aufgelöst werden:

$$1 + \omega_g^2 \tau^2 = 2 \quad \text{und} \quad \omega_g = \frac{1}{\tau}.$$

Wenn die Kennfunktion $K(\omega)$ nicht gegeben ist, kann sie experimentell ermittelt werden.
Dazu sind erforderlich:

- eine sinusförmige Erregung des Meßgliedes. Für Meßglieder mit elektrischem Eingangssignal werden Sinusgeneratoren mit durchstimmbarer Frequenz eingesetzt.
- die Messung der Amplitude von Erregungs- und Antwortzeitfunktion. Für Meßglieder mit elektrischem Ausgangssignal werden dazu Schreiber und Oszilloskope verwendet.

Wichtig ist, daß die Meßgeräte eine wesentlich größere Grenzfrequenz aufweisen, als das untersuchte Meßglied, damit sie die Amplitudenwerte mit möglichst geringem Fehler erfassen.

Die sinusförmige Erregung ist bei nichtelektrischen Größen oft nur mit unvertretbar hohem Aufwand zu ermöglichen. Man erregt dann besser sprungförmig und wertet die Sprungantwort aus.

Die resultierenden Kennwerte Einstellzeit und Grenzfrequenz können gleichwertig verwendet werden. Sie verhalten sich umgekehrt proportional zueinander.

Der Wert des Proportionalitätsfaktors a hängt von der inneren Struktur des Meßgliedes und von den festgelegten Toleranzgrenzen für t_E bzw. ω_g ab. Zum Beispiel gilt für ein Meßglied mit Verzögerung erster Ordnung näherungs-

$$t_E \sim \frac{1}{\omega_g} \quad \text{bzw.} \quad t_E = \frac{a}{\omega_g}$$

weise $t_E = \dfrac{1}{3 \cdot \omega_g}$, wenn t_E die 5%-Einstellzeit und ω_g die $1/\sqrt{2}$-Grenzfrequenz ist.

Will man wissen, welches von zwei Meßgliedern die besseren dynamischen Eigenschaften hat, so vergleicht man Grenzfrequenz oder Einstellzeit:

Je größer die Grenzfrequenz bzw. je kleiner die Einstellzeit, um so genauer werden zeitlich veränderliche Meßsignale übertragen.

3.3.4 Fehlerkennfunktionen und Kennwerte

Lernziele

Nach Durcharbeiten dieses Kapitels können Sie
- die wichtigsten Ursachen von Meßfehlern angeben,
- den absoluten und relativen Fehler definieren,
- die zwei Verfahren zur Aufnahme der Fehlerkurve eines Meßgliedes anwenden,
- die Garantiefehlergrenze eines Meßgerätes aus seiner Fehlerklasse ermitteln,
- systematische Fehler von zufälligen Fehlern unterscheiden,
- die statistischen Kennwerte zufälliger Fehler nennen und berechnen,
- den Gesamtfehler einer Meßkette aus den Fehlern der einzelnen Glieder bestimmen.

Der genauen, möglichst fehlerfreien Übertragung von Meßsignalen oder der genauen, möglichst zweifelsfreien Ermittlung des Meßwertes sind Grenzen gesetzt, weil weder die Meßmittel noch die Meßbedingungen als ideal angesehen werden können. Eine Vielzahl von Ursachen führt dazu, daß der Meßwert x nicht mit dem tatsächlichen Wert der Meßgröße, dem wahren Wert x_w übereinstimmt. Durch äußere Bedingungen wie Temperatur, Feuchtigkeit, elektromagnetische Felder, Schwankungen der Hilfsenergie und andere werden die Meßglieder beeinflußt, es treten vorübergehende oder sogar bleibende Veränderungen der statischen und dynamischen Kenngrößen ein.

Eine beständige definierte Abhängigkeit der Ausgangsgröße von der Eingangsgröße ist also unter realen Bedingungen nicht gegeben. Hinzu kommt, daß bei serienmäßiger Herstellung der Meßmittel die Kennwerte von Exemplar zu Exemplar wegen der unvermeidlichen Fertigungstoleranzen nicht völlig gleich sein können, wenn nicht unvertretbar hohe Fertigungskosten entstehen sollen. Schließlich ist ein befriedigendes Meßergebnis auch noch von der richtigen Auswahl und Anwendung der Meßmittel abhängig. Hierbei kommt es beson-

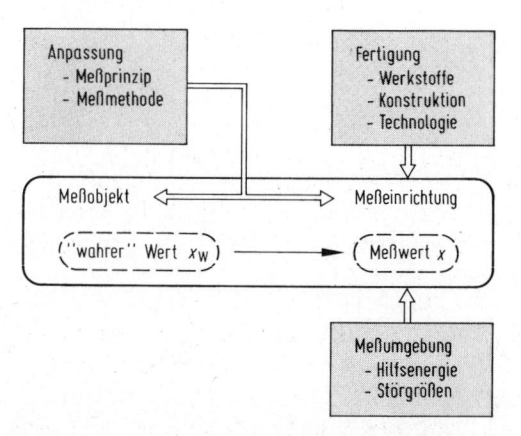

Bild 3.3.4-1 Ursachen für die Abweichung des Meßwertes vom „wahren" Wert der Meßgröße

ders darauf an, daß die Meßgröße von der Meßeinrichtung nicht zu stark beeinflußt wird. Die Verkopplung mit dem Meßobjekt sollte deshalb möglichst gering sein („berührungslose" Meßverfahren). Die Analyse der Fehler, die infolge einer schlecht angepaßten Meßeinrichtung entstehen, ist recht schwierig, weshalb sie oft vernachlässigt wird.

Unabhängig von den verschiedenen, oft gleichzeitig wirkenden Ursachen wird eine allgemeingültige Kenngröße für Fehler verwendet:

Der absolute Meßfehler ist als Differenz zwischen dem gemessenen Wert der Meßgröße x und ihrem wahren Wert x_w definiert.

Absoluter Fehler: $\Delta = x - x_w$ (3.3.4–1)

x – gemessener Wert (realer Wert)

x_w – „wahrer" Wert (idealer Wert)

Praktisch wird der Fehler eines Meßgliedes durch eines von den folgenden zwei Verfahren ermittelt

1. Ein Normal liefert einen genau bekannten Wert an den Eingang; der Wert dient als der wahre Wert. Die Ausgangsgröße wird mit einer möglichst genauen Meßeinrichtung gemessen und der erhaltene Wert mit Hilfe des Übertragungsfaktors auf den Eingang „zurückgerechnet".

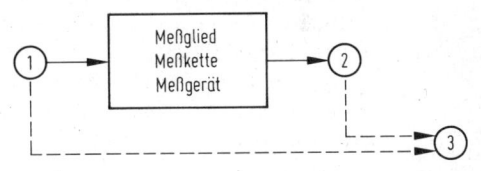

Bild 3.3.4–2 Praktische Ermittlung des Fehlers Δ einer Meßeinrichtung mit Hilfe einer bekannten Eingangsgröße.
1 Eingangsgröße mit genau bekanntem Wert (Normal) liegt am Eingang der zu untersuchenden Meßeinrichtung.
2 Wert der Ausgangsgröße wird durch genaue Messung ermittelt. Ist der Prüfling ein Meßgerät, dann wird einfach der Meßwert abgelesen.
3 Differenz zwischen dem Wert der Ausgangsgröße (Meßwert) und dem Wert der bekannten Eingangsgröße („wahrer Wert") ergibt den Fehler $\Delta = x - x_w$

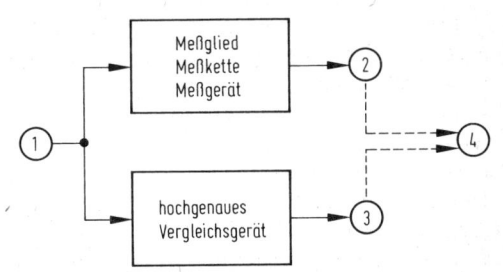

2. An den Eingang des Prüflings und parallel dazu an den Eingang einer möglichst genauen Meßeinrichtung wird ein beliebiger Wert der Eingangsgröße gegeben. Die Vergleichsmeßeinrichtung ermittelt den wahren Wert. Die Ausgangsgröße des Prüflings wird möglichst genau gemessen. Beide Ausgangswerte werden auf den Eingang „zurückgerechnet".

Bild 3.3.4–3 Praktische Ermittlung des Fehlers Δ einer Meßeinrichtung mit Hilfe eines genaueren Vergleichsmeßgerätes.

1 Eingangsgröße liegt am Eingang der zu untersuchenden Meßeinrichtung und am Eingang des Vergleichsgerätes.
2 Wert der Ausgangsgröße wird durch genaue Messung ermittelt. Ist der Prüfling ein Meßgerät, dann wird einfach der Meßwert abgelesen.
3 Meßwert am Vergleichsgerät wird abgelesen.
4 Differenz zwischen dem Wert der Ausgangsgröße des Prüflings (Meßwert) und dem Vergleichswert („wahrer Wert") ergibt den Fehler $\Delta = x - x_w$

Es ist klar, daß der auf diese Weise ermittelte Fehler des Prüflings im ersten Fall den Fehler des Normals enthält und im zweiten Fall den Fehler der Vergleichsmeßeinrichtung. Die experimentelle Ermittlung von Meßfehlern stellt also hohe Anforderungen an die Genauigkeit der Prüfmittel.

Der Fehler eines Meßgliedes ist im allgemeinen nicht an jeder Stelle des Meßbereiches gleich groß. Wenn man für mehrere Werte im Meßbereich die zugehörigen Fehler ermittelt und grafisch darstellt, erhält man durch diese **Fehlerkurve** einen Überblick über den Fehlerverlauf im Meßbereich.

Fehler werden selten als absolute Werte angegeben. Die Angabe als Verhältnis zu einem Bezugswert ist für eine vergleichende Bewertung günstiger. Als Bezugswert dient der gemessene Wert x. Das Verhältnis wird als relativer Fehler bezeichnet und in Prozent angegeben.

Häufig dient auch der Meßbereich $x_{MB} = x_{max} - x_{min}$ als Bezugswert. Das Verhältnis wird dann als reduzierter Fehler bezeichnet.

Hersteller von Meßfühlern und anderen Meßwandlern leiten aus der Fehlerkurve einen für den Anwender wichtigen Kennwert, die **Fehlerklasse**, ab. Sie wird im Datenblatt angegeben. Die Fehlerklasse ist eine auf dem Meßbereich bezogene Fehlergrenze. Bei Einhaltung vorgeschriebener Meßbedingungen ist garantiert, daß die Fehler des Meßgerätes diese Garantiefehlergrenze nicht überschreiten. Die Fehlerklasse wird als prozentualer Wert vom Meßbereich angegeben.

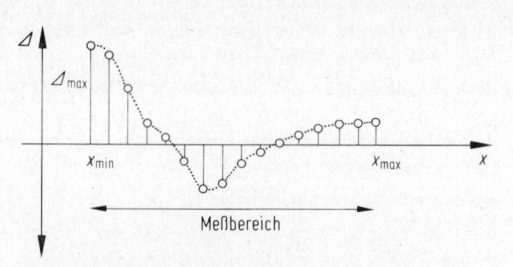

Bild 3.3.4–4 Fehlerkurve einer Meßeinrichtung
Δ_{max} betragsmäßig größter ermittelter Fehler im Meßbereich
x Meßgröße
Δ absoluter Fehler

Relativer Fehler: $\delta = \Delta/x$ (3.3.4–2)

Reduzierter Fehler: $\delta^* = \Delta/x_{MB}$ (3.3.4–3)

Beispiel 3.3.4–1

Fehlerklasse 1 bedeutet:
Im Meßbereich sind alle Werte der Fehlerkurve betragsmäßig kleiner als 1 % vom Meßbereich.

Fehlerklasse
– gibt die Fehlergrenze, bezogen auf den Meßbereich, an;
– gilt nur, wenn die angegebenen Einsatzbedingungen eingehalten werden.

Nennbedingungen für die Einhaltung der Fehlerklasse sind zum Beispiel:
– klimatische (Temperatur, Luftfeuchte, Druck)
– elektrische (Versorgungsspannung, Frequenz, elektrische und magnetische Feldstärke)

Beispiel 3.3.4–2

Die Herstellerangabe für eine Druckmeßeinrichtung lautet:
Fehlerklasse 0,6
Meßbereich: 0 bis 20 kPa
Nenntemperaturbereich: 10 °C bis 30 °C
Zusatzfehler im Bereich $-10\,°C$ bis $+80\,°C$: $2 \cdot 10^{-4}\,K^{-1}$
Wie groß ist die Fehlergrenze bei einer Einsatztemperatur von 50 °C?

Bei Überschreitung der Nennbedingungen entstehen Zusatzfehler.

Lösung:

Der Grundfehler ergibt sich aus Fehlerklasse und Meßbereich:

$\Delta_g = 0{,}6\,\% \cdot 20\,kPa = 0{,}12\,kPa$

Der Zusatzfehler entsteht, weil die Nennbedingung (10 °C bis 30 °C) um 20 °C überschritten wird.

Der Zusatzfehler ist

$\Delta_z = 2 \cdot 10^{-4}\,K^{-1} \cdot 20\,K \cdot 20\,kPa = 0{,}08\,kPa$

Die Fehlergrenze bei einer Einsatztemperatur von 50 °C ist damit

$\Delta = \Delta_g + \Delta_z = 0{,}2\,kPa$

Die vom Hersteller angegebene Fehlerklasse eines Meßgerätes ermöglicht es dem Anwender, den Fehler eines Meßwertes abzuschätzen, ohne dazu die Fehlerkurve selbst ermitteln zu müssen.

Beispiel 3.3.4–3

Mit einer Meßeinrichtung der Fehlerklasse 0,1 ist bei Einhaltung der angegebenen Nennbedingungen im Meßbereich 0 bis 20 mA ein Gleichstrom $I = 8\,mA$ gemessen worden. Bestimmen Sie den relativen Größtfehler der Messung und bewerten Sie das Meßergebnis.

Lösung:

Die Garantiefehlergrenze des Meßgerätes ist

$\Delta_{max} = 0{,}1\,\% \cdot 20\,mA = 20\,\mu A$.

Der relative Größtfehler ist

$\pm \delta_{max} = \pm \Delta_{max}/I = \pm 20\,\mu A/8\,mA$
$= \pm 2{,}5 \cdot 10^{-3} = \pm 0{,}25\,\%$.

Bewertung: Der Betrag des relativen Fehlers des Meßwertes ist kleiner oder höchstens gleich 0,25 % vom gemessenen Wert 8 mA. Über den tatsächlichen Fehlerbetrag und das Vorzeichen des Fehlers kann keine Aussage gewonnen werden.

Bisher wurde davon ausgegangen, daß eine bestimmte Fehlerursache zu einem Fehler mit einem bestimmten Vorzeichen und einem bestimmten Fehlerbetrag führt. Bleibt die Fehlerursache konstant, dann behält der Fehler auch bei Wiederholung der Messung einen konstanten vorzeichenbehafteten Wert. Diese Art von Fehlern heißt systematischer Fehler.

Systematischer Meßfehler:
– Betrag und Vorzeichen konstant
– deshalb: korrigierbar

Systematische Fehler haben einen großen Vorteil. Da Betrag und Vorzeichen konstant bleiben, kann das im Meßergebnis berücksichtigt werden. Die Korrektur erfolgt durch die Subtraktion des systematischen Fehlers vom fehlerhaften Meßwert. Voraussetzung für eine Korrektur ist natürlich, daß der systematische Fehler durch eine Vergleichsmessung ermittelt worden ist. Dabei müssen die gleichen Verfahren wie bei der Ermittlung der Fehlerkurve angewandt werden.

Meßwertkorrektur: $x_{korr} = x - \Delta_{sys}$ (3.3.4–4)
x_{korr} – korrigierter Meßwert
x – fehlerhafter Meßwert
Δ_{sys} – systematischer Fehler

Viel auffälliger als systematische Fehler sind jedoch die zufälligen Fehler. Sie enstehen durch die Einwirkung einer Vielzahl regellos veränderlicher störender Einflußgrößen. Der Zufallscharakter dieser Meßfehler kommt dadurch zum Ausdruck, daß bei mehrfach wiederholter Messung einer konstanten Meßgröße Betrag und Vorzeichen der Fehler von Messung zu Messung verschieden sind.

Zufällige Meßfehler:
– Betrag und Vorzeichen veränderlich
– deshalb: nicht korrigierbar

Der Zufallscharakter dieser Fehler wird genau genommen nur durch eine unendlich große Zahl von Einzelfehlern vollständig beschrieben. Diese zu ermitteln, ist für die Meßpraxis natürlich undiskutabel. Um praktikable Kenngrößen für zufällige Fehler zu ermitteln, geht man in zwei Schritten vor:

Statistische Kenngrößen zufälliger Fehler können aus einer Meßreihe (Stichprobe) ermittelt werden

Stichprobenkennwerte für zufällige Fehler:
– arithmetischer Mittelwert:

1. Man wiederholt die Messung nur endlich oft, zum Beispiel 100mal. Man erhält damit einen Wertesatz von 100 Meßfehlern (eine Stichprobe vom Umfang 100).
2. Man berechnet aus diesen 100 Stichprobenwerten einige wenige Kennwerte.

$$\bar{\Delta} = \frac{\sum_{i=1}^{n} \Delta_i}{n} = \frac{\Delta_1 + \Delta_2 + \Delta_3 + \ldots + \Delta_n}{n}$$

(3.3.4–5)

Die wichtigsten statistischen Kennwerte einer Stichprobe vom Umfang n sind:
$\bar{\Delta}$ der arithmetische Mittelwert aller Einzelwerte,
S der quadratische Mittelwert aller Abweichungen der Einzelwerte vom arithmetischen Mittelwert.

– Standardabweichung:

$$S = \sqrt{\frac{\sum_{i=1}^{n} (\Delta_i - \bar{\Delta})^2}{n-1}}$$

(3.3.4–6)

Der Mittelwert $\bar{\Delta}$ ist der Repräsentant aller Einzelfehler. Er wird als mittlerer Fehler bezeichnet.

Der Mittelwert S ist Repräsentant aller Abweichungen vom Mittelwert $\bar{\Delta}$. Er wird als Standardabweichung der Fehler bezeichnet.

Die Güte dieser Kennwerte ist stark von der verfügbaren Anzahl der Einzelwerte abhängig.

Eine kleine Stichprobe ist nur ein kleiner zufälliger Ausschnitt, eine größere Stichprobe ergibt eine größere Sicherheit der Kennwerte. Der Stichprobenmittelwert ist deshalb immer nur ein Schätzwert für den tatsächlichen Mittelwert, den man erhalten würde, wenn der Stichprobenumfang unendlich wäre. Aber selbst ein sehr großer Stichprobenumfang ist praktisch nicht realisierbar, weil

- der Zeitaufwand zu groß wäre und
- nicht gesichert werden kann, daß die Meßbedingungen über einen langen Zeitraum konstant bleiben.

Die Güte des arithmetischen Mittelwertes kann jedoch durch einen weiteren statistischen Kennwert, den **Vertrauensbereich**, abgeschätzt werden. Er wird aus drei Werten berechnet:

- aus der Standardabweichung der Stichprobe S,
- aus dem Stichprobenumfang n und
- aus einem tabellierten Wert t.

Der Vertrauensbereich bildet ein Intervall um den mittleren Fehler, also $\bar{\Delta} \pm v$, und sagt aus, daß der tatsächliche Fehler mit einer bestimmten Wahrscheinlichkeit innerhalb des Intervalls liegt. Die Wahrscheinlichkeit hierfür kann willkürlich festgelegt werden, übliche Werte sind 90%, 95% und 99%.

Der Stichprobenmittelwert ist ein Schätzwert. Er ist unsicher.
Wie groß die Unsicherheit ist, gibt der Vertrauensbereich an.

Vertrauensbereich v des Stichprobenmittelwertes

$$v = \frac{t \cdot S}{\sqrt{n}} \qquad (3.3.4-7)$$

Tabelle 3.3.4–2 Der t-Faktor als Funktion des Stichprobenumfangs n und der Wahrscheinlichkeit P

n	$P = 90\%$	$P = 95\%$	$P = 99\%$
3	2,920	4,303	9,925
10	1,833	2,262	3,250
30	1,699	2,045	2,756
120	1,658	1,980	2,617

Übung 3.3.4–1

Mit einer Meßreihe wurden die Fehlerwerte $\Delta_1, \Delta_2, \ldots, \Delta_{10}$ ermittelt.
Aus dieser Stichprobe wurden der mittlere Fehler und die Standardabweichung der Fehler berechnet:

$\bar{\Delta} = 10,4$ mV
$S = 15,4$ µV

In welchem Bereich liegt mit 99-prozentiger Wahrscheinlichkeit der tatsächliche mittlere Fehler?
Überlegen Sie, wie sich eine Vergrößerung der Stichprobe auf die Intervallbreite auswirken würde.

Mit den Kennwerten $\bar{\Delta}$, S und v können zufällige Fehler analysiert und bewertet werden.
Bei der Abschätzung des Vertrauensbereiches v ist eine wichtige Bedingung zu prüfen: Die Häufigkeit der Einzelfehler muß annähernd normalverteilt sein. Bei einer Normalverteilung sind Fehler sehr häufig, die nur wenig vom mittleren Fehler abweichen; sie entsteht, wenn eine Vielzahl voneinander unabhängiger Fehlerursachen wirksam ist.

Rund 70% aller Fehlerwerte liegen dann innerhalb eines Intervalls $\pm S$ um den mittleren Fehler. Die grafische Darstellung der Fehlerhäufigkeit ergibt bei einer Normalverteilung eine charakteristische „Glockenkurve".

In der Analyse zufälliger Fehler ist die Analyse systematischer Fehler mit eingeschlossen. Die systematischen Fehler sind gewissermaßen ein Sonderfall der zufälligen Fehler: Wenn die Standardabweichung der Fehler einer Stichprobe gleich Null ist, dann ist der mittlere Fehler offenbar als systematischer Fehler interpretierbar, denn die Unsicherheit dieses mittleren Fehlers verschwindet, weil der Vertrauensbereich ebenfalls Null ist.

Bei Überlagerung zufälliger und systematischer Fehler ist somit der arithmetische Mittelwert der Fehlerwerte einer Stichprobe als Korrekturgröße verwendbar. Die Korrektur erfolgt durch die Subtraktion des mittleren Fehlers vom fehlerhaften Meßwert.

Der korrigierte Wert bleibt natürlich unsicher. Der wahre Wert liegt mit einer gewissen Wahrscheinlichkeit in einem Intervall $\pm v$ um den korrigierten Meßwert. Die vorgegebene Wahrscheinlichkeit bestimmt den Wert des t-Faktors und damit die Intervallbreite.

In der Praxis muß die Meßanordnung oft aus mehreren Gliedern zusammengestellt werden. Dann ist wichtig zu wissen, wie die anteiligen Fehler jedes einzelnen Meßgliedes zum Gesamtfehler der Meßkette zusammenzufassen sind. Die Regeln der **Fehlerfortpflanzung** beantworten diese Frage:
- bei multiplikativer Verknüpfung fehlerbehafteter Größen entsteht durch Addition der relativen Einzelfehler der relative Gesamtfehler.
- bei additiver Verknüpfung fehlerbehafteter Größen entsteht durch Addition der absoluten Einzelfehler der absolute Gesamtfehler.

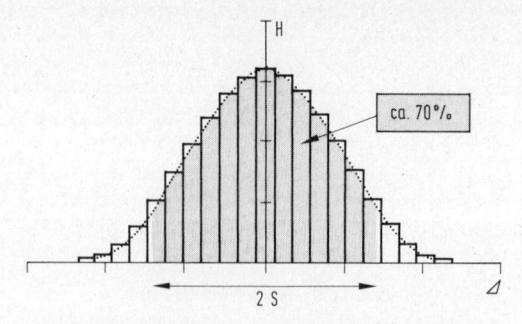

Bild 3.3.4–5 Häufigkeitsdiagramm normalverteilter zufälliger Fehler. H – absolute Häufigkeit der ermittelten Einzelfehler einer Stichprobe

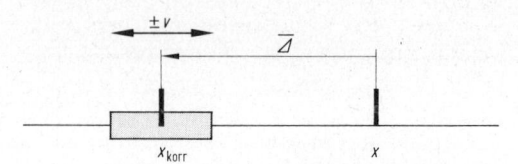

Bild 3.3.4–6 Schema der Korrektur eines fehlerbehafteten Meßwertes x bei Überlagerung systematischer und zufälliger Fehler. Der „wahre" Meßwert ist mit einer Wahrscheinlichkeit P im grauen Bereich zu erwarten

Fehlerfortpflanzung in der Meßkette

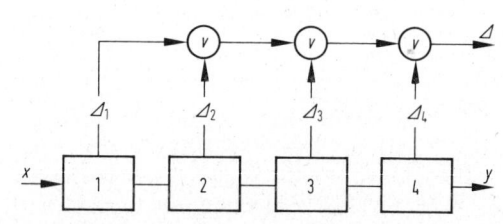

Bild 3.3.4–7 Schema der Fehlerfortpflanzung in einer Meßkette.
1, 2, 3, 4   Meßglieder (Meßwertaufnehmer, Meßwandler ...)
$\Delta_1, \Delta_2, \Delta_3, \Delta_4$ Fehler der Meßglieder
Δ Gesamtfehler der Meßkette
v Verknüpfung der Fehleranteile

Beispiel 3.3.4-4

Eine Meßkette besteht aus zwei Gliedern mit den Kennlinien

$y_1 = y_{10} + K_1 x_1$ bzw.

$y_1 = y_{20} + K_2 x_1$.

Bei Reihenschaltung ist die Kennlinie der Meßkette

$y = y_{20} + K_2 \cdot y_{10} + K_2 \cdot K_1 \cdot x$.

Wir wollen annehmen, daß nur der Anfangswert des ersten Gliedes und der Übertragungsfaktor des zweiten Gliedes von Störgrößen beeinflußt werden und dies eine absolute Änderung ihrer Nennwerte um Δy_{10} bzw. ΔK_2 bewirkt. Bestimmen Sie den Gesamtfehler Δy am Ausgang der Meßkette.

Lösung:

– Die statische Kennlinie besteht aus drei additiven Bestandteilen

$a = y_{20} \quad b = K_2 \cdot y_{20} \quad c = K_1 \cdot K_2 \cdot x$

Damit ergibt sich der Fehler nach der Regel der additiven Verknüpfung

$\Delta y = \Delta a + \Delta b + \Delta c$.

Für die Bestandteile b und c gilt nach der Regel bei multiplikativer Verknüpfung

$\Delta b/b = \Delta K_2/K_2 + \Delta y_{10}/y_{10}$ bzw.

$\Delta c/c = \Delta K_2/K_2 + \Delta K_1/K_1 + \Delta x/x$.

– Diese Gleichungen werden vereinfacht, da laut Aufgabenstellung $\Delta y_{20} = 0$, $\Delta K_1 = 0$ und $\Delta x = 0$ sind:

$\Delta b/b \quad \Delta K_2/K_2 + \Delta y_{10}/y_{10}$

$\Delta c/c = \Delta K_2/K_2$

$\Delta a = 0$

– Durch Einsetzen von Δb und Δc in die Gleichung für Δ erhält man den resultierenden Fehler

$\Delta y = \Delta K_2 \cdot y_{10} + \Delta y_{10} \cdot K_2 + \Delta K_2 \cdot K_1 \cdot x$

Bei der Ermittlung des Fehlers einer Aufgabengröße gelten die Regeln der Fehlerfortpflanzung sinngemäß.

Es ist nicht immer möglich oder zweckmäßig, eine Größe direkt zu messen. Wenn die nicht direkt meßbare Größe, die in diesem Falle als Aufgabengröße bezeichnet wird, mit einer oder mehreren direkt meßbaren Größen in einem funktionalen Zusammenhang steht, dann ist die Aufgabensgröße indirekt bestimmbar. Es ist dann die Frage zu beantworten, wie die Fehler der meßbaren Einzelgrößen zum Fehler der Aufgabengröße zusammenzufassen sind. Auch hier sind die Regeln der Fehlerfortpflanzung anzuwenden.

Beispiel 3.3.4-5

Die elektrische Leistung P soll nicht direkt gemessen, sondern aus den Meßwerten für die Spannung U bzw. für den Strom I bestimmt werden:

$$P = U \cdot I.$$

Wie groß ist der Fehler der Aufgabengröße ΔP, wenn Spannung und Strom mit den Fehlern ΔU bzw. ΔI gemessen wurden?

Lösung:

Es liegt eine multiplikative Verknüpfung der gemessenen Größen U und I vor.

$\Delta P/P = \Delta U/U + \Delta I/I$

$\Delta P = (\Delta U/U + \Delta I/I) \cdot P =$
$= (\Delta U/U + \Delta I/I) \cdot U \cdot I =$
$= \Delta U \cdot I + \Delta I \cdot U$

Die Regeln der Fehlerfortpflanzung sind in dieser einfachen Form nur für systematische Fehler anwendbar. Der Vertrauensbereich für den Fehler einer Meßkette oder für eine Aufgabengröße ist mit den Mitteln der elementaren Mathematik nicht zu berechnen.

Lernzielorientierter Test zu Kapitel 3

1. Welche Kennwerte geben Auskunft über das statische, das dynamische und das Fehlerverhalten eines Meßgliedes?
2. Welche Kenngrößen bestimmen die lineare statische Kennlinie eines Meßwandlers?
3. Wie erfolgt die Kalibrierung eines Meßwandlers?
4. Welche Gemeinsamkeiten und Unterschiede haben Meßgrößenaufnehmer und Meßwandler?
5. Was unterscheidet Meßwandler einer Regeleinrichtung von anderen Meßeinrichtungen?
6. In welchem Verhältnis stehen die Kenngrößen Einstellzeit und Grenzfrequenz zueinander?
7. Was unterscheidet systematische Fehler grundsätzlich von zufälligen Fehlern?

4 Regelungstechnik

4.1 Grundbegriffe – Signalflußplan

4.1.1 Analyse einer regelungstechnischen Aufgabenstellung

Lernziele

Nach Durcharbeiten dieses Kapitels
- kennen Sie die vier Grundfragen, die bei der Analyse einer Regelung beantwortet werden müssen,
- können Sie den Ablauf der Informationsverarbeitung in einem einfachen Regelkreis beschreiben,
- kennen Sie die Möglichkeit der Benennung von Regelungen nach der Regelgröße.

Wir betrachten ein Beispiel:

Der Extruder einer Kunststoffspritzmaschine ist mit einer elektrischen Heizung ausgerüstet. Zur Beeinflussung der Temperatur der Spritzmasse dient die an den Heizkörper angelegte Spannung; bei 100 V beträgt die Übertemperatur gegenüber der Raumtemperatur 30 K, und bei 250 V beträgt sie 120 K. Die Temperatur soll auf 70 °C konstant gehalten werden. Sie wird mit einem Widerstandsthermometer mit einem Widerstand von 100 Ohm bei 0 °C und einem Temperaturkoeffizienten von etwa 4‰ pro Kelvin gemessen. Dieses Widerstandsthermometer ist mit einem elektronischen Regler mit nachgeschaltetem Leistungsverstärker verbunden, dessen Ausgangsgröße die Betriebsspannung für den Heizer darstellt. Eine Änderung des Widerstandes des Widerstandsthermometers von 120 Ohm auf 140 Ohm ergibt eine Änderung der Ausgangsspannung des Verstärkers von 50 V auf 300 V. Die statischen Kennlinien aller Übertragungsglieder seien linear. Als wesentliche Störgröße tritt eine Änderung der Umgebungstemperatur im Bereich zwischen 10 °C und 30 °C auf.

Diese Beschreibung der Anlage ist bereits stark schematisiert. Bei der Analyse der Regelung sind vier Fragen zu beantworten:

Die **erste Grundfrage** lautet stets: „Welche Größe ist die **Regelgröße?**" Im Beispiel ist es die Temperatur der Spritzmasse.

Die **zweite Grundfrage** ist die nach der **Stellgröße**. Bei vorhandenen Anlagen lautet sie: „Welche Größe dient als Stellgröße?" Im Beispiel ist es die Betriebsspannung für den Heizer. Ganz anders muß die Frage lauten, wenn für eine technologische Anlage eine Regelung neu entworfen werden soll. Dann ist die Frage „Welche Größe kann (oder soll) als Stellgröße benutzt werden?" zu beantworten. Bei komplizierten Anlagen ist im allgemeinen eine Auswahl aus mehreren Größen, die unterschiedliches Verhalten der Regelung ergeben, zu treffen.

Mit der Beantwortung dieser beiden Grundfragen ist klar, welche Teile des Regelkreises Regelstrecke und Regeleinrichtung sind:

Die **Regelstrecke** ist die Anlage zwischen Stellgröße (Eingangsgröße) und Regelgröße (Ausgangsgröße). Der andere Teil mit der Regelgröße als Eingangsgröße und der Stellgröße als Ausgangsgröße ist die **Regeleinrichtung**.

Weil die Regeleinrichtung aus mehreren in Reihe geschalteten Elementen (z. B. Meßeinrichtung, Regler, Verstärker) besteht, lautet die **3. Grundfrage:** „Wie erfolgt die Informationsverarbeitung zwischen Regelgröße und Stellgröße? Welche Übertragungsglieder sind beteiligt, wie sind sie zusammengeschaltet?"

Die **vierte** bei der Analyse einer Regelung zu beantwortende **Grundfrage** ist die Frage nach den **Störgrößen:** „Welches sind die Störgrößen, die die Regelgröße in unerwünschter Weise beeinflussen? In welchen Bereichen und wie schnell ändern sich ihre Werte? Gibt es eine Hauptstörgröße, die sich schneller und über größere Bereiche ändert als die anderen Störgrößen?" Beim Beispiel ist die Änderung der Umgebungstemperatur eine Störgröße.

Aus der Beantwortung der ersten Frage ergibt sich eine Möglichkeit zur Unterscheidung und **Benennung von Regelungen,** nämlich die nach der **Regelgröße:** Man spricht von Temperaturregelungen, Drehzahlregelungen, Druckregelungen usw. Es ist offensichtlich, daß diese Bezeichnung keinerlei Hinweis auf den Aufbau und den Wirkungsablauf ergibt.

Bei der Analyse einer Regelung sind 4 Grundfragen zu beantworten:

1. Grundfrage: Welche Größe ist die **Regelgröße?**

2. Grundfrage: Welche Größe ist die **Stellgröße?**

Daraus ergibt sich:
- die **Regelstrecke** ist die Anlage zwischen Stellgröße und Regelgröße, und
- die **Regeleinrichtung** ist der Teil des Wirkungsweges zwischen Regelgröße und Stellgröße.

3. Grundfrage: Wie erfolgt die Informationsverarbeitung in der Regeleinrichtung (i. a. Reihenschaltung mehrerer Übertragungsglieder)?

4. Grundfrage: Welche Größen sind **Störgrößen** für die Regelung? Wie schnell und über welche Wertebereiche ändern sich diese Größen? Ist eine von Ihnen von besonderer Bedeutung?

Regelungen werden nach der **Regelgröße** benannt. Man spricht von Temperaturregelungen, Drehzahlregelungen, Druckregelungen usw.

Übung 4.1.1–1

Analysieren Sie nach dem beschriebenen Schema die Drehzahlregelung für die Dampfmaschine gemäß Bild 1.2–1!

1. Grundfrage: Regelgröße?
2. Grundfrage: Stellgröße? daraus Regelstrecke, Regeleinrichtung,
3. Grundfrage: Informationsverarbeitung in der Regeleinrichtung?
4. Grundfrage: Störgröße(n)?

Übung 4.1.1–2

Analysieren Sie nach dem beschriebenen Schema die Temperaturregelung gemäß Bild 2.2.4–3!

4.1 Grundbegriffe – Signalflußplan

Übungsbeispiel Temperaturregelung

Analysieren Sie nach dem beschriebenen Schema die Temperaturregelung gemäß Bild 2.2.4–5.

Lösung:

1. Regelgröße: Vorlauftemperatur des Warmwassers für alle Heizkörper (Sekundärkreis)
2. Stellgröße: Stellung des Ventils im Primärkreis
   Daraus folgt:
   Regelstrecke: Wärmetauscher
   Regeleinrichtung: Temperaturmeßfühler, Regler, elektromotorischer Stellantrieb
3. Reihenschaltung von Temperaturmeßfühler, Regler und Stellantrieb
4. Störgröße: Warmwasserstrom im Sekundärkreis

   Bei Verringerung der Außentemperatur (als der eigentlichen Störgröße des Prozesses) öffnen die Thermostatventile, um die Temperatur im Zimmer konstant zu halten. Das bewirkt einen größeren Wasserdurchfluß im Sekundärkreis und damit eine Verringerung der Vorlauftemperatur als Störgröße für die betrachtete Regelung. Durch Öffnen des Stellventils wird der Wirkung dieser Störung entgegengewirkt. Das gleiche geschieht, wenn Heizkörper zu- oder abgeschaltet oder die Sollwerte der Thermostatventile verändert werden.

Sie sehen: Insgesamt wird im Wärmetauscher stets gerade soviel Leistung umgesetzt, wie gemäß der Öffnung der Thermostatventile benötigt wird.

Übung 4.1.1–3

Analysieren Sie nach dem beschriebenen Schema Regelungen aus Ihrem Arbeitsbereich!

4.1.2 Signalflußplan einer Regelung

Lernziele

Nach Durcharbeiten dieses Kapitels können Sie
- den Signalfluß einer Regelung ausarbeiten,
- eine nichtlineare Kennlinie linearisieren,
- das Prinzip der Darstellung mit Signalen, die die Abweichung vom Arbeitspunkt beschreiben, erläutern,
- die Notwendigkeit der Invertierung im Regelkreis erläutern,
- den allgemeinen Signalflußplan einer Regelung angeben.

4.1.2.1 Vereinbarungen bei der Darstellung des Signalflußplanes

Zur formalisierten Darstellung des Wirkungsablaufes einer Regelung benutzt man den **Signalflußplan**. Er wird durch Beantwortung der vier im Abschnitt 4.1.1 erläuterten Grundfragen erarbeitet.

Der Wirkungsablauf in einer Regelung wird mit dem **Signalflußplan** dargestellt. Die Grundsymbole enthält Tabelle 2.2.3–1.

Die Elemente der Signalflußplandarstellung haben Sie im Abschnitt 2.2.3 bereits kennengelernt. Zur formalen Beschreibung von Regelungen sind darüber hinaus noch weitere 4 Vereinbarungen üblich; ihre konsequente Befolgung sichert die Verständigung der Fachleute untereinander.

1. Vereinbarung: Jedes Übertragungsglied besitzt genau einen Eingang (Eingangssignal x_e) und genau einen Ausgang (Ausgangssignal x_a); Signalverzweigungen und -verknüpfungen werden außerhalb der Glieder dargestellt (Verzweigungsstelle, Mischstelle).

2. Vereinbarung: Es werden nur lineare Übertragungsglieder betrachtet.

3. Vereinbarung: Die Größen im Signalflußplan stellen stets die Abweichungen der physikalischen oder technischen Größen gegenüber dem Arbeitspunkt, dem normalen Betriebszustand, dar.

4. Vereinbarung: Alle Übertragungsglieder (Kästchen im Signalflußplan) sind direktwirkend; Invertierungen werden außerhalb der Glieder dargestellt.

Die erste Vereinbarung ist formal, jedoch wichtig für die Übersichtlichkeit. Von erheblicher Bedeutung für die Denkweise der Regelungstechniker sind die anderen drei Vereinbarungen, die nur in enger Verbindung miteinander betrachtet werden können. Welches Denkschema sich dahinter verbirgt, lernen Sie nun kennen.

Bei der Darstellung des Signalflußplanes von Regelungen sind 4 Vereinbarungen üblich:

1. Elemente (Glieder) haben genau einen Eingang (Eingangssignal x_e) und genau einen Ausgang (Ausgangssignal x_a).
2. Alle Glieder sind linear.
3. Die Größen im Signalflußplan stellen Abweichungen gegenüber dem Arbeitspunkt dar.
4. Alle Glieder sind direktwirkend.

4.1.2.2 Linearisierung – Betrachtung der Änderungen gegenüber dem Arbeitspunkt

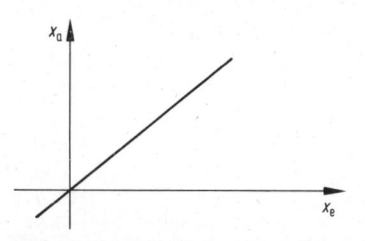

Bild 4.1.2–1 Statische Kennlinie eines linearen Übertragungsgliedes

Die Vereinbarung von **Linearität** entspringt dem Wunsch nach möglichst einfacher Rechnung. Es wird vorausgesetzt, daß die statische Kennlinie eine Gerade ist, die durch den Ursprung des Koordinatensystems geht.

Die statische Kennlinie eines linearen Übertragungsgliedes ist eine Ursprungsgerade. Es gilt die Gleichung

$$x_a = K\, x_e, \qquad (4.1.2-1)$$

d. h.

$$K = \frac{x_a}{x_e}. \qquad (4.1.2-2)$$

Man nennt K **Übertragungskonstante** oder **Übertragungsfaktor**. Dieser Wert beschreibt den Anstieg der Kennlinie.

Das Problem besteht nun aber darin, daß reale Systeme meist gekrümmte Kennlinien besitzen, die nicht durch den Ursprung gehen. Bild 1.3–1 zeigt qualitativ den Zusammenhang zwischen Ventilhub und Drehzahl der Dampfmaschine. Es ist deutlich eine Begrenzung zu erkennen. Die Ursache liegt darin, daß z. B. durch die Maximalleistung des Dampferzeugers ein maximaler Wert des Dampfstromes vorgegeben ist; daraus folgt, daß auch die Drehzahl einen bestimmten Wert nicht überschreiten kann. Ähnliche Effekte treten nahezu bei allen technischen Aggregaten auf. So besitzt z. B. auch jedes Auto eine durch die Motorleistung und die Fahrwiderstände (z. B. Luftwiderstand) bedingte Höchstgeschwindigkeit.

Bild 4.1.2–3 zeigt die statischen Kennlinien eines Gleichstromgenerators mit einem einstellbaren Widerstand im Feldkreis (Bild 4.1.2–2). Dieses System besitzt zwei Eingangsgrößen, nämlich die Stellung des Potentiometers s (geeignet als Stellgröße) und die Belastung des Generators mit dem Strom i (bei Normalbetrieb ist das die Störgröße). Ausgangsgröße ist die Klemmenspannung u. Die Kennlinien sind deutlich gekrümmt.

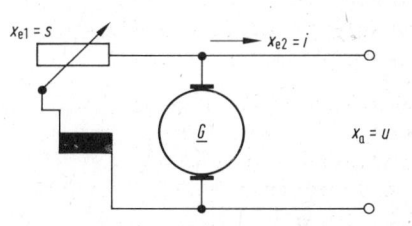

Bild 4.1.2–2 Nebenschlußgenerator mit einstellbarem Widerstand im Feldkreis
1. Eingangsgröße: Stellung des Feldwiderstandes s
2. Eingangsgröße: Laststrom i
Ausgangsgröße: Klemmenspannung u

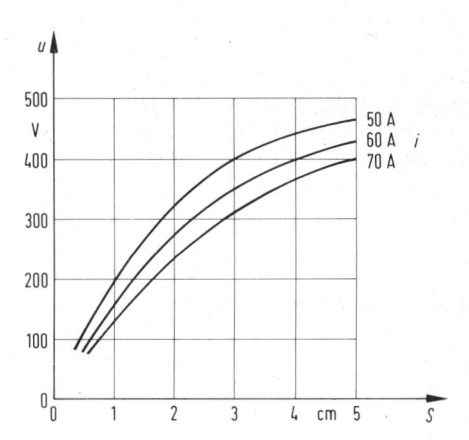

Bild 4.1.2–3 Statische Kennlinien eines Generators mit Widerstand im Feldkreis bei konstanter Drehzahl (nach DIN 19226)

Wie kann man nun aus diesen Kennlinien zu einer Kennlinie gemäß Bild 4.1.2–1, also zu einer Ursprungsgeraden kommen? Der „Trick" besteht in der oben angeführten 3. Vereinbarung: Man setzt voraus, daß eine Regelung aufgabengemäß funktioniert, so daß es genügt, **kleine Abweichungen** der Größen **gegenüber dem Arbeitspunkt**, gegenüber dem

Nennbetrieb, zu betrachten. Dann ist es möglich, die (gekrümmte) Kennlinie durch die Tangente im Arbeitspunkt zu ersetzen, wie es in Bild 4.1.2–4 dargestellt ist. Man nennt dies **Linearisierung** einer Kennlinie und damit auch Linearisierung eines Übertragungsgliedes. Diese Größen, die die Abweichungen gegenüber dem Arbeitspunkt darstellen, bezeichnet man üblicherweise mit Kleinbuchstaben. Die Übertragungskonstante des Systems stellt also die Steigung der Tangente an die gekrümmte statische Kennlinie im Arbeitspunkt dar.

Linearisierung bedeutet Ersetzen der gekrümmten statischen Kennlinie durch eine Gerade. Meist benutzt man dazu die Tangente im Arbeitspunkt.
Die Übertragungskonstante des Systems stellt den Anstieg der auf diese Weise erhaltenen Ursprungsgeraden bezüglich der Abweichungen gegenüber dem Arbeitspunkt dar.
Die Abweichungssignale bezeichnet man mit Kleinbuchstaben (x, y, w, z, x_e, x_a).

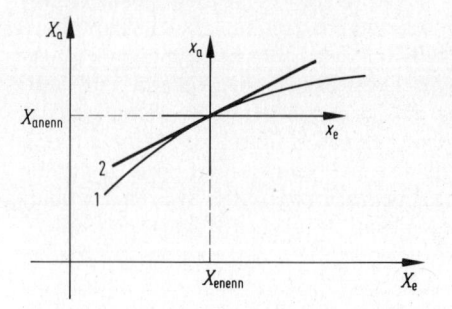

Bild 4.1.2–4 Linearisierung durch Näherung der gekrümmten statischen Kennlinie mittels der Tangente im Arbeitspunkt (Nennbetrieb)
1 gekrümmte statische Kennlinie
2 Tangente als lineare Ersatzkennlinie

Beispiel 4.1.2–1

Ermitteln Sie aus Bild 4.1.2–3 die Übertragungskonstante für den Arbeitspunkt
– Stellung des Feldwiderstandes $s = 3$ cm
– Belastung $i = 60$ A

Lösung:

Bild 4.1.2–5 zeigt nochmals die statische Kennlinie. Das Koordinatensystem für die Abweichungssignale x und y und die Tangente im Arbeitspunkt als lineare Ersatzkennlinie sind eingetragen.

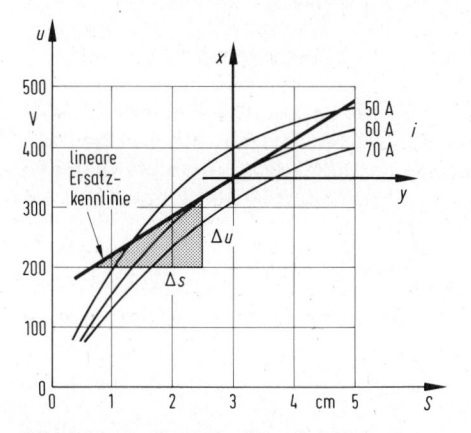

Bild 4.1.2–5 Statische Kennlinie des selbsterregten Generators mit Linearisierung im Arbeitspunkt

Die Übertragungskonstante beträgt

$$K = \frac{\Delta x_a}{\Delta x_e} = \frac{\Delta u}{\Delta s} = \frac{320\,\text{V} - 200\,\text{V}}{2{,}5\,\text{cm} - 0{,}65\,\text{cm}} = \frac{120\,\text{V}}{1{,}85\,\text{cm}}$$

$$= 64{,}9\,\frac{\text{V}}{\text{cm}}.$$

4.1 Grundbegriffe – Signalflußplan

Sie bemerken, daß **die Übertragungskonstante eine Maßeinheit besitzt,** und zwar die der Ausgangsgröße geteilt durch die der Eingangsgröße.

Die Übertragungskonstante K hat eine Maßeinheit, und zwar gilt

Maßeinheit von K

$$= \frac{\text{Maßeinheit der Ausgangsgröße}}{\text{Maßeinheit der Eingangsgröße}} \qquad (4.1.2-3)$$

oder, formal geschrieben,

$$[K] = \frac{[x_a]}{[x_e]} . \qquad (4.1.2-4)$$

Übung 4.1.2–1

Ermitteln Sie die Klemmenspannung und die Übertragungskonstante für den selbsterregten Generator gemäß Bild 4.1.2–5 für die Arbeitspunkte

a) $s = 2$ cm, $i = 50$ A
b) $s = 2$ cm, $i = 60$ A
c) $s = 2$ cm, $i = 70$ A

Bei gekrümmten Kennlinien hängt die Übertragungskonstante vom Arbeitspunkt ab; das ist ein ganz wesentliches Problem beim Entwurf von Regelungssystemen.

Bei Systemen mit gekrümmten statischen Kennlinien hängt der Wert der Übertragungskonstanten vom Arbeitspunkt ab.

4.1.2.3 Invertierung im Regelkreis

Beim Regeln wird einer aufgetretenen Abweichung entgegengewirkt. Aus einer positiven Abweichung der Regelgröße x muß eine negative Änderung der Stellgröße folgen, man nennt das eine **Invertierung.**

Betrachtet man nur die Abweichungssignale, so ergibt sich die Invertierung einfach durch eine Vorzeichenumkehr der Ausgangsgröße (Bild 4.1.2–6).

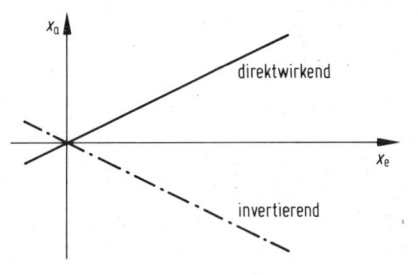

Bild 4.1.2–6 Direktwirkende (———) und invertierende (—·—·—) Kennlinie eines Übertragungsgliedes

Invertierung bedeutet bezüglich der Änderungen gegenüber dem Arbeitspunkt eine Vorzeichenumkehr der Ausgangsgröße. Im Signalflußplan wird das durch eine Mischstelle mit Vorzeichenumkehr dargestellt.

Damit ist die 4. Vereinbarung erklärt: Zur übersichtlichen Darstellung des Signalflußplanes stellt man die Kästchen direktwirkend dar und markiert die Invertierung durch eine Mischstelle mit einem Minuszeichen und zwar stets rechts vom Pfeil (gesehen in Pfeilrichtung).

Da in jedem Regelkreis eine Invertierung – genauer gesagt: eine ungerade Anzahl von Invertierungen – erforderlich ist, gibt man die dazu notwendige Mischstelle mit Minuszeichen üblicherweise nicht am invertierenden Übertragungsglied, sondern am Streckeneingang an. In Bild 2.2.4-4 wurde diese Darstellung bereits benutzt.

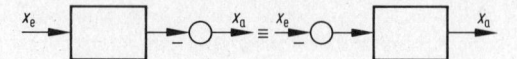

Bild 4.1.2-7 Darstellung eines invertierenden Übertragungsgliedes im Signalflußplan

Im Signalflußplan eines Regelkreises gibt man die Invertierung üblicherweise am Streckeneingang, also bei der Stellgröße, an (siehe Bild 2.2.4-4).

Übung 4.1.2-2

Untersuchen Sie die Regelung gemäß Bild 2.2.4-3 (Signalflußplan Bild 2.2.4-4). In welchem Übertragungsglied kann die Invertierung gerätetechnisch realisiert werden?

4.1.2.4 Erarbeiten des Signalflußplanes einer Regelung

Mit den bisher erworbenen Kenntnissen sind Sie in der Lage, den Signalflußplan der im Abschnitt 4.1.1 beschriebenen Temperaturregelung für die Plastspritzmaschine auszuarbeiten: Die Beantwortung der vier Grundfragen zur Analyse einer Aufgabenstellung ergibt folgende Aussagen:

– Regelgröße x: Änderung der Temperatur der Spritzmasse
– Stellgröße y: Änderung der Betriebsspannung für den Heizer
– Die Signalverarbeitung in der Regeleinrichtung von der Messung der Regelgröße bis zur Stellgröße erfolgt in der Reihenschaltung Meßglied Widerstandsthermometer – elektronischer Regler mit Leistungsverstärker.
– Die notwendige Invertierung – bei y dargestellt – erfolgt natürlich gerätetechnisch im elektronischen Regler dadurch, daß bei einer Temperaturerhöhung die Spannung für den Heizer vermindert wird.
– Da es sich um eine Festwertregelung handelt, sich also die Führungsgröße nicht ändert (symbolisch dargestellt durch $w = 0$), wurde w im Signalflußplan nicht eingezeichnet.
– Störgröße z ist eine Änderung der Umgebungstemperatur; sie wirkt über die Strecke auf die Regelgröße.

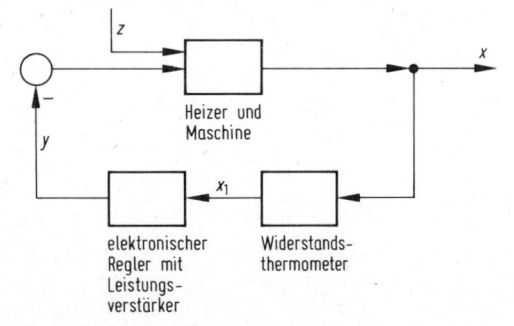

Bild 4.1.2-8 Signalflußplan der Temperaturregelung der Plastspritzmaschine
x Änderung der Temperatur in K
x_1 Änderung des Widerstandes in Ohm
y Änderung der Betriebsspannung für den Heizer in V
z Änderung der Umgebungstemperatur in K

Im Signalflußplan gibt man die geräte- oder anlagentechnische Bedeutung der Blöcke neben, unter oder über den Kästchen an. In den Kästchen markiert man das dynamische Verhalten (siehe Kapitel 4.2). Man verwendet zur Bezeichnung der Größen nur die Formelzeichen für die Regelgröße x, die Regelabweichung x_w (bzw. Regeldifferenz x_d), Stellgröße y und Störgröße z. Unterschiedliche physikalische Größen des gleichen Charakters im Regelkreis unterscheidet man durch Indizierung (z. B. x und x_1).

Zur Sicherung des Überblickes gibt man eine Liste mit der technischen Bedeutung der einzelnen Größen und ihren Maßeinheiten an.

Die Angabe einer solchen Liste erscheint für eine einfache Anlage wie die betrachtete Kunststoffspritzmaschine überflüssig. Für kompliziertere Systeme erhöht sie jedoch die Übersichtlichkeit.

Aus den in der Anlagenbeschreibung geschilderten Arbeitsbereichen können nun noch die statischen Kennlinien angegeben und die Übertragungskonstanten der Glieder berechnet werden.

Auch hier bemerken Sie wieder, daß die Übertragungskonstanten Maßeinheiten besitzen.

Aus der Anlagenbeschreibung folgen die statischen Kennlinien und die Übertragungskonstanten:

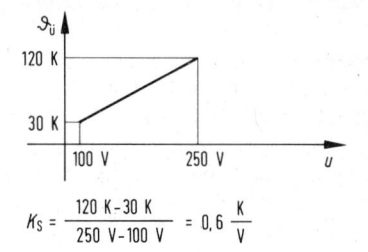

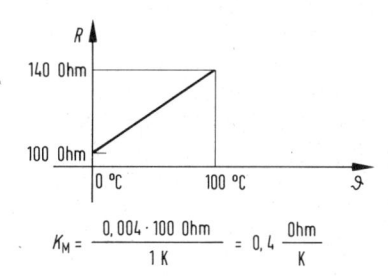

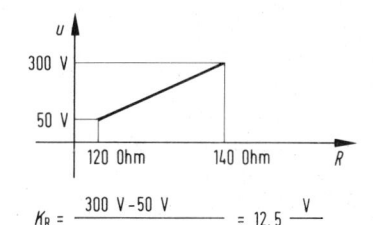

$$K_S = \frac{120\,K - 30\,K}{250\,V - 100\,V} = 0,6\,\frac{K}{V}$$

$$K_M = \frac{0,004 \cdot 100\,\text{Ohm}}{1\,K} = 0,4\,\frac{\text{Ohm}}{K}$$

$$K_R = \frac{300\,V - 50\,V}{140\,\text{Ohm} - 120\,\text{Ohm}} = 12,5\,\frac{V}{\text{Ohm}}$$

Bild 4.1.2−9 Statische Kennlinien der Elemente der Temperaturregelung der Kunststoffspritzmaschine und Berechnung der Übertragungskonstanten

Zur Unterscheidung der Elemente benutzt man die **Indizes**

S – **für die Strecke,**
R – **für den Regler** (oder auch für die gesamte **Regeleinrichtung**)

sowie häufig

M – für die Meßeinrichtung und
St – für das Stellglied (mit Stellantrieb).

Die Ableitung des Signalflußplanes aus der Beschreibung der Anlage war nicht schwer, weil der Text schon formalisiert war. Bei der Analyse einer industriellen Regelung ist es natürlich komplizierter, dies alles herauszufinden. Insbesondere macht es oft große Mühe, die statischen Kennlinien der Glieder zu ermitteln. Wenn Sie sich jedoch konsequent an die Grundfragen halten, die im Abschnitt 4.1.1 behandelt wurden, finden Sie die Struktur und den Wirkungsablauf stets heraus.

Übung 4.1.2–3

Erarbeiten Sie den Signalflußplan für die nachfolgend beschriebene Regelung. Überlegen Sie, in welcher Weise die benötigte Invertierung gerätetechnisch realisiert ist.

Berechnen Sie die Übertragungskonstanten aller Glieder (außer der des Reglers). Welche Größen könnten als Störgrößen wirken?

Nach verschiedenen Naßbearbeitungsstufen läuft eine Textilbahn durch einen dampfbeheizten Trockenraum. Die Restfeuchte wird mit einem Widerstandsgeber gemessen; ein nachgeschalteter Signalwandler erzeugt daraus ein elektrisches Einheitssignal im Bereich von 4 mA bis 20 mA. Die Meßeinrichtung wurde so eingestellt, daß dieser Bereich von einer Restfeuchte von 1 % bis 4 % voll ausgesteuert wird. Das Ausgangssignal der Meßeinrichtung geht auf einen elektronischen Regler, der seinerseits ein Ausgangssignal im Bereich von 4 mA bis 20 mA erzeugt.

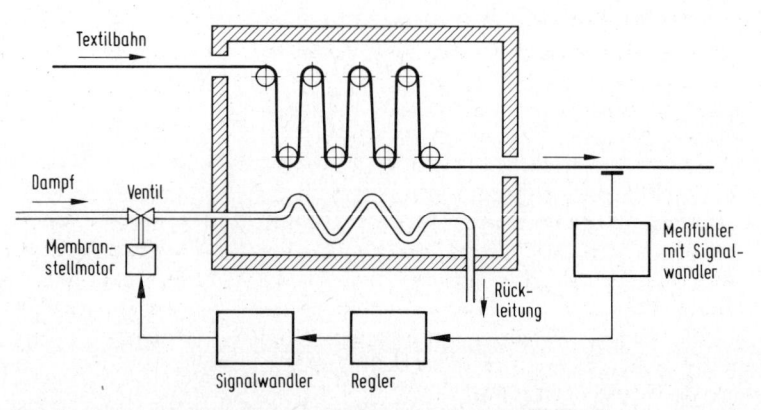

Bild 4.1.2–10 Regelung der Restfeuchte an einer Textilmaschine

Wesentlicher Gesichtspunkt der Dimensionierung einer Regelung ist die Wahl des statischen und dynamischen Verhaltens des Reglers; dies wird jedoch erst in den nächsten Kapiteln betrachtet, jetzt also außer acht gelassen.

Aus dem Ausgangssignal des Reglers im Bereich von 4 mA bis 20 mA erzeugt ein Signalwandler ein pneumatisches Signal im Bereich von 20 kPa bis 100 kPa (0,2 bar bis 1 bar), mit dem der Membranstellantrieb des Regelventils in der Dampfleitung beaufschlagt wird. Eine Messung der statischen Kennlinie ergab, daß sich bei einer Druckänderung um 20 kPa (0,2 bar) die Restfeuchte am Ausgang des Trockenraumes um 0,5 % ändert.

Der Sollwert für die Restfeuchte beträgt 1,5 %.

Alle statischen Kennlinien seien linear.

Übung 4.1.2–4

Analysieren Sie eine Regelung aus Ihrem Arbeitsgebiet. Erarbeiten Sie den Signalflußplan. In welcher Weise wird die benötigte Invertierung gerätetechnisch realisiert? Welche Signalarten werden verwendet und welche Arbeitsbereiche sind einstellbar? Versuchen Sie, die statischen Kennlinien der Übertragungsglieder anzugeben und daraus die Übertragungskonstanten zu berechnen.

4.1.2.5 Störangriffspunkt

Die **4. Grundfrage** bei der Analyse einer Regelung ist die Frage nach den **Störgrößen** und ihrer Wirkung auf die Regelgröße.

Im Kapitel 2.2 haben Sie gelernt, daß Störgrößen die Arbeit einer Regelung, also die Regelgröße, in unerwünschter Weise beeinflussen. Störgrößen sind also, neben der Stellgröße, ebenfalls Eingangsgrößen der Regelstrecke. Zunächst wird nur eine Störgröße betrachtet; es ergibt sich Bild 4.1.2–11 als formale Darstellung der Strecke. Dies jedoch widerspricht der Vereinbarung, daß jeder Block genau eine Eingangsgröße besitzen soll.

Wie ist das Problem zu lösen?

Wir beschränken uns auf zwei typische Fälle: Sie haben gelernt, daß Stellen stets Eingriff in einen Energie- oder Massenstrom darstellt. Häufig ist dieser Strom selbst Träger einer Störgröße. Damit ergibt sich der in Bild 4.1.2–12a) gezeichnete Signalflußplan. Man nennt das **Eingangsstörung**. Bei der Regelung der Raumtemperatur, die im 2. Kapitel zur Erläuterung der Begriffe Steuern und Regeln diente (Bild 2.2.4–3), wäre eine Änderung der Temperatur des Dampfes eine solche Störgröße – sie wirkt auf die Zimmertemperatur genau wie eine Verstellung des Ventils. Dieser Fall ist häufig bei Regelungen in Chemiean-

Störgrößen beeinflussen die Regelgröße in unerwünschter Weise; die Analyse der Störwirkungen ist ein wichtiger Gesichtspunkt bei der Erarbeitung des Signalflußplanes einer Regelung.

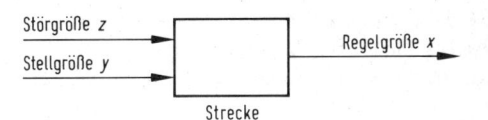

Bild 4.1.2–11 Regelstrecke mit zwei Eingangsgrößen: Stellgröße y und Störgröße z

Eingangsstörung: Die Störgröße ist mit dem für das Stellen benutzten Stoffstrom verbunden (z. B. Schwankung von Temperatur oder Konzentration von Einsatzstoffen bei chemischen Verfahren).

lagen anzutreffen, weil bei ihnen die zum Stellen benutzten Stoffströme oft Träger wesentlicher Störgrößen sind (Schwankungen von Temperatur oder Konzentration der Einsatzprodukte).

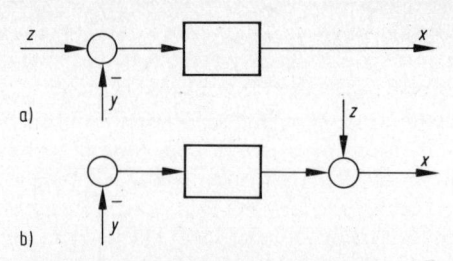

Bild 4.1.2-12 Signalflußplandarstellung verschiedener Störangriffspunkte
a) Eingangsstörung, b) Ausgangsstörung

Den anderen Fall (Bild 4.1.2-12b) nennt man **Ausgangsstörung:** Hier wirkt die Störgröße unmittelbar auf die Regelgröße ein.

Ausgangsstörung: Die Störgröße wirkt unmittelbar, unverzögert auf die Regelgröße ein.

Wesentlich bei dieser Entscheidung ist das dynamische Verhalten: Bereits im ersten Kapitel haben Sie gelernt, daß jede Regelstrecke Trägheit besitzt (Bild 1.3-2). Diesem Gesichtspunkt widmet sich das nächste Kapitel ausführlich. Bereits jetzt sei vermerkt, daß Ausgangsstörungen unverzögert auf die Regelgröße wirken. Ein typisches Beispiel dafür sind Belastungsänderungen bei elektrischen Antrieben, die sehr schnell eine Änderung der Drehzahl herbeiführen.

4.1.2.6 Allgemeiner Signalflußplan einer Regelung

Sie haben gelernt, daß im Regelkreis stets gemessen, verglichen und gestellt wird; als Form der Darstellung der Wirkungszusammenhänge, der Informationsverarbeitung dient der Signalflußplan, wie Sie ihn z.B. in Bild 2.2.4-4 oder Bild 4.1.2-8 gesehen haben

Üblicherweise faßt man für formale Betrachtungen einige Elemente zusammen und unterteilt nur noch in **Regelstrecke** und **Regeleinrichtung.** Das ist in Bild 4.1.2-13 dargestellt.

Sie sehen:
– Ausgangsgröße ist die Regelgröße x,
– Eingangsgrößen der Regelung sind die Führungsgröße und die Störgröße(n),
– im Regelkreis erfolgt Invertierung, d.h., der Abweichung wird entgegengewirkt.
– Die Stellgröße y ist die Ausgangsgröße der Regeleinrichtung und die Eingangsgröße der Regelstrecke.
– Es werden Eingangsstörung (z_1) und Ausgangsstörung (z_2) unterschieden.

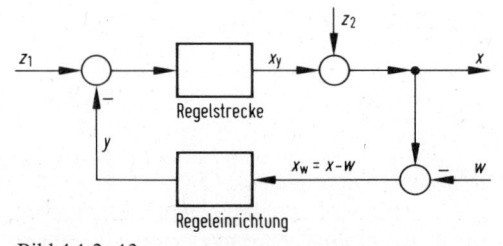

Bild 4.1.2-13
Allgemeiner Signalflußplan einer Regelung (Regeleinrichtung, bestehend aus Meßeinrichtung, Regler und Stelleinrichtung)

Beim allgemeinen Signalflußplan einer Regelung stellt man nur noch Regelstrecke und Regeleinrichtung als jeweils ein Übertragungsglied dar.

Lernzielorientierter Test zum Kapitel 4.1

1. Nennen Sie die vier Grundfragen, die bei der Analyse einer Regelung beantwortet werden müssen!

2. Die Frage nach der Stellgröße muß unterschiedlich gestellt werden
   – bei der Analyse einer vorhandenen Regelung
   – und beim Entwurf einer neuen Regelung.
   Worin besteht der Unterschied der Fragestellungen?

3. Regelungen werden nach unterschiedlichen Gesichtspunkten bezeichnet. Nennen Sie eine Möglichkeit und geben Sie Beispiele an!

4. Nennen Sie 4 Vereinbarungen für die Darstellung des Signalflußplanes!

5. Wie sieht die statische Kennlinie von linearen Gliedern aus?

6. Wie erfolgt die Linearisierung von nichtlinearen statischen Kennlinien?

7. Was ist die Übertragungskonstante? Welche Maßeinheit besitzt sie?

8. Warum ist im Regelkreis Invertierung notwendig?

9. Wie sieht die statische Kennlinie eines invertierenden Gliedes für die Abweichungssignale gegenüber dem Arbeitspunkt aus?

10. Wie wird die Invertierung im Signalflußplan eines Regelkreises dargestellt?

11. Geben Sie die üblicherweise benutzten Indizes zur Kennzeichnung wichtiger Regelkreiselemente an!

12. Was ist eine Eingangsstörung?

13. Was ist eine Ausgangsstörung?

14. Geben Sie den allgemeinen Signalflußplan einer Regelung an!

4.2 Beschreibung des Verhaltens von Regelstrecken

4.2.1 Dynamisches Verhalten: Sprungantwort und Übergangsfunktion

Lernziele

Nach Durcharbeiten dieses Kapitels
- wissen Sie, was statisches und dynamisches Verhalten von Übertragungsgliedern ist,
- kennen Sie Sprungantwort und Übergangsfunktion als Möglichkeiten zur Beschreibung des dynamischen Verhaltens,
- können Sie die Übergangsfunktion aus der Messung der Sprungantwort ermitteln,
- wissen Sie, was Zeitprozentwerte sind und wie man sie aus der Übergangsfunktion ermittelt.

4.2.1.1 Statisches und dynamisches Verhalten

Wir wiederholen die in den vorangegangenen Kapiteln erläuterten Begriffe:

Das **statische Verhalten** eines Systems beschreibt die Abhängigkeit der Ausgangsgröße von einer konstanten Eingangsgröße nach dem Abklingen aller Übergangsvorgänge. Es wird mit Hilfe der statischen Kennlinie dargestellt.

Das **dynamische Verhalten** eines Systems beschreibt den Übergangsvorgang der Ausgangsgröße nach einer zeitlichen Veränderung der Eingangsgröße.

Die allgemeine Methode zur Beschreibung des dynamischen Verhaltens ist die **Differentialgleichung** (bzw. die Zustandsraumbeschreibung als System von Differentialgleichungen erster Ordnung).

Als daraus abgeleitete Verfahren lernen Sie in den nächsten Abschnitten die **Sprungantwort** und die **Übergangsfunktion** kennen. Diese Beschreibungsarten geben einen guten Überblick über das Systemverhalten. Vor allem sind sie sehr anschaulich, weil die ihnen zugrunde liegenden Zeitverläufe unmittelbar gemessen werden können.

Im Kapitel 3 haben Sie den **Frequenzgang** als weitere Beschreibungsmethode für das dynamische Verhalten kennengelernt (Bild 3.3.3–2). Seine Verwendung ist in der Regelungstechnik ebenfalls üblich. Da jedoch die Zeitkonstanten realer Strecken im Bereich von vielen Sekunden oder sogar von Minuten liegen und sich dadurch sehr niedrige Frequenzen und damit sehr

Die allgemeine Methode zur Beschreibung des dynamischen Verhaltens ist die **Differentialgleichung**. Als daraus abgeleitete Verfahren lernen Sie in den nächsten Kapiteln die **Sprungantwort** und die **Übergangsfunktion** kennen.

Diese Beschreibungsarten sind sehr anschaulich, weil ihnen Zeitverläufe zugrunde liegen, die an Übertragungsgliedern unmittelbar gemessen werden können.

lange Meßzeiten ergeben, ist die praktische Nutzbarkeit dieser Methode sehr stark eingeschränkt.

Für Sonderfälle wird auch noch die **Anstiegsantwort** benutzt (Antwort auf einen zeitlinearen Anstieg des Eingangssignals). **Wegen der leichten meßtechnischen Realisierbarkeit und der großen Anschaulichkeit beschränken wir uns – wie schon gesagt – auf die Sprungantwort und die daraus abgeleitete Übergangsfunktion.**

4.2.1.2 Sprungantwort

Die Sprungantwort ist die Zeitfunktion der Ausgangsgröße nach einer sprungförmigen Veränderung der Eingangsgröße. Der Zeitpunkt des Sprunges ist beliebig; der Übersichtlichkeit halber und zum bequemen Vergleichen der Antworten verschiedener Systeme legt man meist den Sprung in den Zeitpunkt $t = 0$. Diese Darstellung wird im folgenden stets benutzt.

Ferner gibt man sowohl bei der Eingangsgröße als auch bei der Sprungantwort nur die Änderung der Größen gegenüber dem Arbeitspunkt an, d. h., sowohl die Eingangsgröße $x_e(t)$ als auch die Ausgangsgröße haben für $t < 0$ den Wert Null.

Von dieser Darstellung wurde im Prinzip bereits im Kapitel 1.3 Gebrauch gemacht (siehe Bild 1.3–2). Jedoch erst nach der Erläuterung wichtiger Grundbegriffe in den vorangegangenen Kapiteln ist jetzt die Darstellung der Änderungen gegenüber dem Arbeitspunkt verständlich.

Die Sprungantwort ist eine sehr anschauliche Methode zur Beschreibung des dynamischen Verhaltens, denn sie kann unmittelbar gemessen werden, indem man die Eingangsgröße sprungförmig verstellt. Bild 4.2.1–2 zeigt das Prinzip der Meßanordnung.

Die Sprungantwort eines Systems ist der zeitliche Verlauf der Ausgangsgröße nach einer sprungförmigen Veränderung der Eingangsgröße. Dabei legt man im allgemeinen den Sprung in den Zeitpunkt $t = 0$ und stellt bezüglich Eingangs- und Ausgangsgröße die Änderungen der Größen gegenüber dem Arbeitspunkt dar, so daß $x_e(t)$ und $x_a(t)$ für $t < 0$ den Wert Null besitzen:

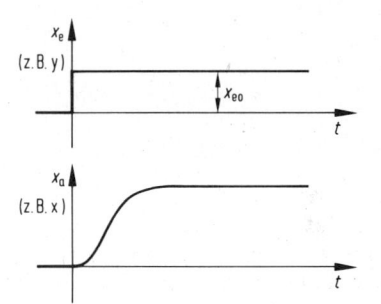

Bild 4.2.1–1 Beispiel einer Sprungantwort (z. B. Zeitverlauf der Regelgröße x), d. h. der Reaktion auf eine sprungförmige Änderung der Eingangsgröße (z. B. der Stellgröße y)

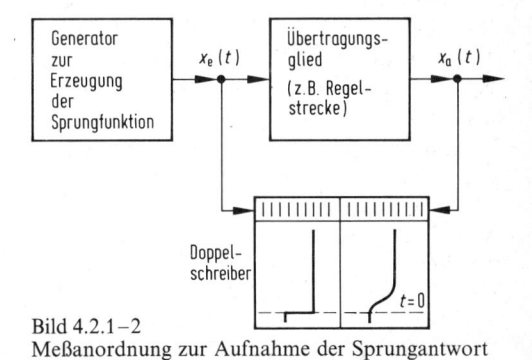

Bild 4.2.1–2
Meßanordnung zur Aufnahme der Sprungantwort

4.2.1.3 Übergangsfunktion – Zeitprozentwerte

Die Sprungantwort hat einen Nachteil: Es gibt für jede Sprunghöhe x_{e0} eine andere Sprungantwort. Der Unterschied allerdings ist gering: Ändert man die Sprunghöhe um einen bestimmten Faktor, so ändert sich auch die Sprungantwort um den gleichen Faktor. Das gilt zu allen Zeitpunkten, d. h., der prinzipielle Verlauf aller Sprungantworten eines Übertragungsgliedes ist der gleiche. Es liegt deshalb nahe, eine normierte Größe einzuführen, indem man die Sprungantwort durch die Höhe des Sprunges dividiert: Das Ergebnis nennt man **Übergangsfunktion** mit dem Formelzeichen $h(t)$.

Da es also für jedes System genau eine Übergangsfunktion gibt, nennt man sie eine **Systemcharakteristik**.

Beachten Sie: Gleichung (4.2.1–1) gilt nur für die Änderungen der Werte der Größen gegenüber dem Arbeitspunkt. Das folgende Beispiel erläutert die Vorgehensweise:

Die **Übergangsfunktion $h(t)$** erhält man, indem man die Sprungantwort durch die Höhe des Eingangssprunges dividiert:

$$h(t) = \frac{\text{Sprungantwort}}{x_{e0}} \qquad (4.2.1-1)$$

Die Übergangsfunktion ist eine sogenannte **Systemcharakteristik**, denn es gibt für jedes Übertragungsglied genau eine Übergangsfunktion.

Beispiel 4.2.1–1

Von einem elektrischen Antrieb wird die Sprungantwort gemessen. Dazu ändert man die Ankerspannung von 150 V auf 200 V.

Bild 4.2.1–3b zeigt das Meßergebnis: Die Drehzahl als Ausgangsgröße ändert sich dabei von 2000 min^{-1} auf 3000 min^{-1}. Geben Sie die Übergangsfunktion an. Wie ist daraus die Übertragungskonstante ablesbar?

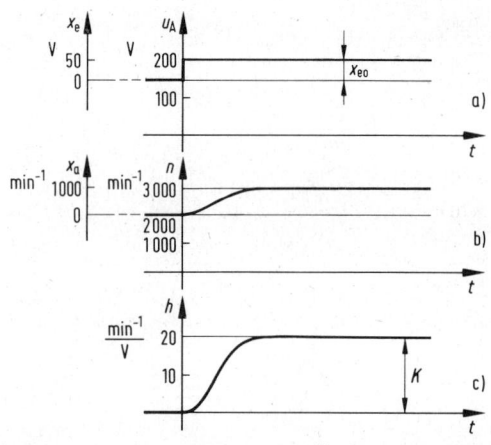

Bild 4.2.1–3 Ermittlung der Übergangsfunktion aus der Sprungantwort

Lösung:

Vereinbarungsgemäß werden sowohl beim Eingangssignal x_e als auch beim Ausgangssignal x_a nur die Änderungen gegenüber dem Arbeitspunkt, also den Werten für $t < 0$, dargestellt. Dies geschieht einfach durch Angabe neuer Koordinatenachsen in Bild 4.2.1–3a) und b). Sie lesen $x_{e0} = 50$ V ab. $h(t)$ ergibt sich nun gemäß Gleichung (4.2.1–1). Bild 4.2.1–3c) zeigt das Ergebnis (Nochmals: Beachten Sie, daß nur die Änderungen gegenüber dem Arbeitspunkt betrachtet werden!). Sie erkennen:

– Der qualitative Verlauf der Kurve stimmt natürlich mit dem der Sprungantwort überein.

- Die Übergangsfunktion $h(t)$ hat eine Maßeinheit; sie ergibt sich als Quotient von Maßeinheit des Ausgangssignals und Maßeinheit des Eingangssignals.
- Die Sprungantwort beschreibt den Übergangsvorgang zwischen zwei Punkten der statischen Kennlinie (konstante Werte für x_e und die entsprechenden ebenfalls konstanten Werte für x_a bei $t < 0$ und bei $t \to \infty$).
  Gemäß Gleichung (4.1.2-2) ist K der Anstieg der statischen Kennlinie. Dies aber ist offenbar nichts anderes als der Wert der Übergangsfunktion für $t \to \infty$.

Erreicht wie beim soeben behandelten Beispiel $h(t)$ für $t \to \infty$ einen konstanten Wert, bezeichnet man diesen häufig als 100% und gibt zur Charakterisierung des Übergangsvorganges die **Zeitprozentwerte** an. Bild 4.2.1-4 zeigt dies für die häufig benutzten Zeitprozentwerte t_{10}, t_{30}, t_{50}, t_{70}, t_{90}.

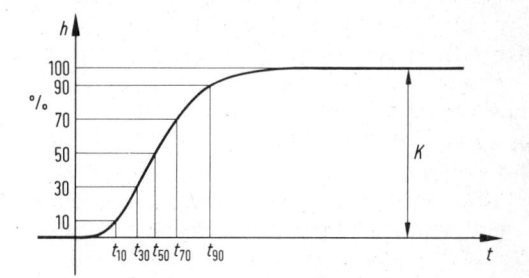

Bild 4.2.1-4 Zeitprozentwerte

Erreicht $h(t)$ für $t \to \infty$ einen konstanten Wert, so bezeichnet man diesen häufig als 100% und charakterisiert den Übergangsvorgang durch Angabe der **Zeitprozentwerte** t_i; das sind die Zeitabschnitte, die vom Sprungzeitpunkt an vergehen, bis die Übergangsfunktion i % des stationären Endwertes erreicht hat.

Weiter vorn war darauf hingewiesen worden, daß in die Kästchen im Signalflußplan eine Beschreibung des dynamischen Verhaltens eingetragen wird: Dazu benutzt man die Übergangsfunktion. Die Bezeichnungen an den Koordinatenachsen läßt man dabei weg; es ist fest vereinbart, daß t die Abszisse und h die Ordinate ist.

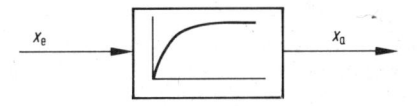

Bild 4.2.1-5 Signalflußplandarstellung eines Übertragungsgliedes mit eingetragener Übergangsfunktion zur Kennzeichnung des dynamischen Verhaltens

Übung 4.2.1-1

Zur Aufnahme der Sprungantwort wird auf ein Widerstandsthermometer durch Eintauchen in kochendes Wasser ein Sprung der Temperatur (Eingangsgröße) von 20 °C (Raumtemperatur) auf 100 °C angelegt. Es werden folgende Widerstandswerte gemessen:

t in s	≤0	0,5	1,0	1,5	2,0	2,5	3,0	4	5	7	10	15
R in Ohm	108	116,59	122,87	127,47	130,83	133,29	135,06	137,37	138,59	139,60	139,94	140,00

Skizzieren Sie Sprungantwort und Übergangsfunktion. Welche Maßeinheiten haben diese Funktionen? Wie groß ist der Zeitprozentwert t_{63}?

4.2.2 P- und I-Strecken

Lernziele

Nach Durcharbeiten dieses Kapitels
- kennen Sie die Grundtypen des Verhaltens von Regelstrecken: P-Verhalten und I-Verhalten,
- wissen Sie, wie man vorgehen muß, um herauszufinden, welches Verhalten ein Übertragungsglied, insbesondere eine Regelstrecke, besitzt,
- kennen Sie typische Vertreter für P-Strecken und I-Strecken,
- kennen Sie die Bedeutung der Kennwerte K_P und K_I und wissen, wie man sie aus der statischen Kennlinie und aus der Übergangsfunktion ermittelt.

In Kapitel 1.3 und Abschnitt 4.1.2.2 haben Sie als statische Kennlinie den Zusammenhang zwischen x_a und x_e kennengelernt, wie er nochmals in Bild 4.2.2–1 – vereinbarungsgemäß für die Änderungen gegenüber dem Arbeitspunkt – dargestellt ist. Eine Ursprungsgerade beschreibt den Sachverhalt. Es gilt Gleichung (4.2.2–1). Da also x_a proportional zu x_e ist, nennt man ein solches Verhalten **P- oder Proportionalverhalten**. Der Kennwert heißt **proportionale Übertragungskonstante** oder proportionaler Übertragungsfaktor K_P.

Bild 4.2.2–1 Statische Kennlinie eines P-Systems (Proportionalsystem)

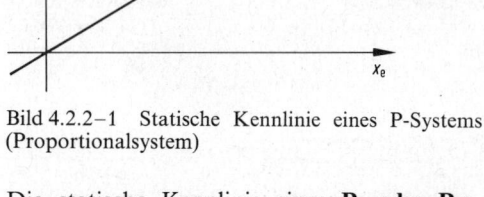

Die statische Kennlinie eines **P- oder Proportional-Systems** wird bezüglich der Änderungen der Größen gegenüber dem Arbeitspunkt durch die Gleichung

$$x_a = K_P\, x_e \qquad (4.2.2-1)$$

beschrieben.

$$K_P = \frac{x_a}{x_e} \qquad (4.2.2-2)$$

nennt man die **proportionale Übertragungskonstante.**

Sehr viele Regelstrecken besitzen P-Verhalten, z. B. die Dampfmaschine (Bild 1.2–1) oder die Kunststoffspritzmaschine in Abschnitt 4.1.1. Aber auch die einfachen Regler ohne Hilfsenergie für die Drehzahlregelung der Dampfmaschine oder die Füllstandsregelung besitzen proportionales Verhalten.

Typisch für P-Verhalten ist, daß zu jedem Wert der Eingangsgröße ein entsprechender Wert der Ausgangsgröße gehört. Daraus folgt, daß die Übergangsfunktion nach dem Übergangsvorgang einen konstanten Wert annimmt. Deshalb wird P-Verhalten als **Verhalten mit Ausgleich** bezeichnet.

Beim P-Verhalten gehört zu jedem Wert der Eingangsgröße ein bestimmter Wert der Ausgangsgröße. Die Übergangsfunktion geht für $t \to \infty$ stets auf einen konstanten Wert. Deshalb nennt man P-Systeme **Systeme mit Ausgleich.**

4.2 Beschreibung des Verhaltens von Regelstrecken

P-Verhalten ohne Verzögerung nennt man P_0-Verhalten; seine Übergangsfunktion ist ein Sprung. Durch Energiespeicherung (z. B. Massenträgheit) entstehen im allgemeinen Verzögerungen; Bild 4.2.2–2 zeigt einige Beispiele. Der Endwert aller Kurven ($t \to \infty$) ist identisch, zu allen gehört die gleiche statische Kennlinie, die gleiche proportionale Übertragungskonstante K_P.

P-Verhalten ohne Verzögerung nennt man P_0-Verhalten; seine Übergangsfunktion ist ein Sprung.

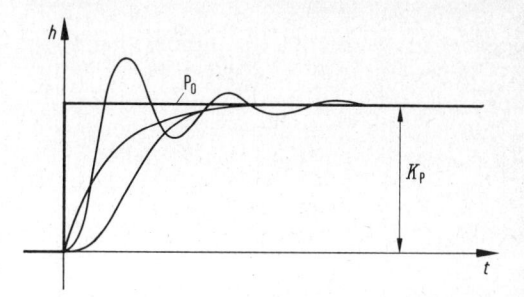

Bild 4.2.2–2 Übergangsfunktionen von P-(Proportional-) Gliedern mit unterschiedlichem dynamischen Verhalten (P_0-Verhalten: ohne Verzögerung)

Auch ein Gleichstrommotor mit der Ankerspannung als Eingangsgröße und der Drehzahl als Ausgangsgröße besitzt P-Verhalten. Völlig andere Eigenschaften hat dieser Motor, wenn man ihn zur Verstellung eines Ventils oder zur Positionierung des Schlittens einer Werkzeugmaschine benutzt (Bild 4.2.2–3). In diesem Fall ist nämlich der Drehwinkel der Achse, also die Stellung des Schlittens, die Ausgangsgröße. Bild 4.2.2–4 zeigt die Sprungantwort: Es ergibt sich im Laufe der Zeit ein gleichmäßiger (linearer) Anstieg. Weil die Ausgangsgröße keinen konstanten Wert erreicht, spricht man von **Verhalten ohne Ausgleich**.

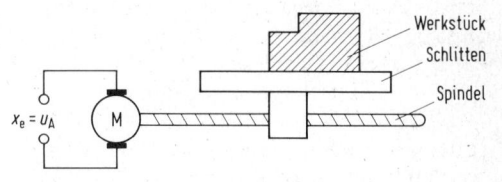

Bild 4.2.2–3 Elektromotor zur Positionierung des Schlittens einer Werkzeugmaschine

Formal gesehen entspricht der Zeitverlauf von x_a der Fläche zwischen der Kurve für x_e und der t-Achse. Dies ist in Bild 4.2.2–4 für den Zeitpunkt t_1 dargestellt. In der Sprache der Mathematik heißt diese Flächenberechnung Integration (Operationssymbol $\int$). Deshalb nennt man ein solches Verhalten **Integralverhalten** (abgekürzt **I-Verhalten**) und schreibt:

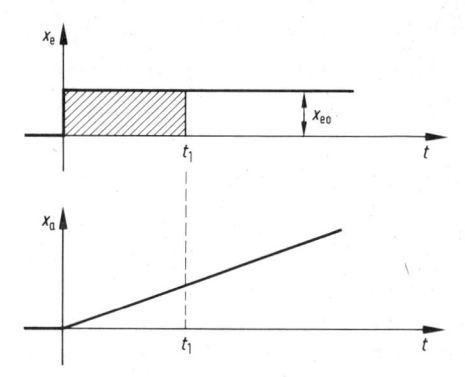

Bild 4.2.2–4 Sprungantwort des Elektromotors mit Eingangsgröße x_e: Ankerspannung, Ausgangsgröße x_a: Drehwinkel der Achse (Verhalten ohne Ausgleich)

I-Verhalten gehorcht der Gleichung

$$x_a(t) = K_I \int x_e(t)\, dt \qquad (4.2.2-3)$$

Lies: x_a von t ist gleich K_I, multipliziert mit dem Integral der Funktion x_e von t über der Zeit.

Die integrale Übertragungskonstante K_I beinhaltet die konstruktiven Daten, beim Antrieb des Schlittens der Werkzeugmaschine z. B. die Steigung der Spindel.

Bild 4.2.2–5 zeigt die Sprungantworten eines I-Systems für zwei verschiedene Werte der Eingangsgröße: Halbiert man x_e, so wird auch die Steigung der Sprungantwort, also die Änderungsgeschwindigkeit von x_a, nur halb so groß.

K_I nennt man **integrale Übertragungskonstante**.

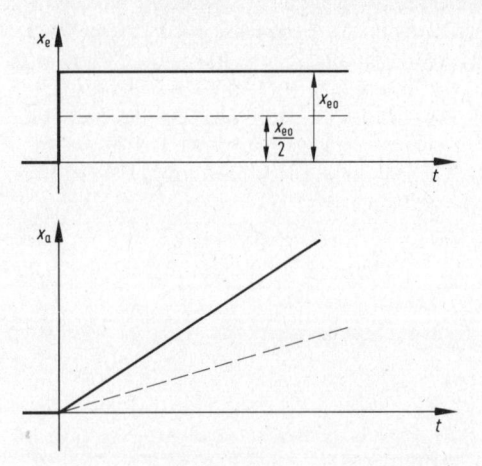

Bild 4.2.2–5 Sprungantworten eines I-Systems für verschiedene Sprunghöhen

Typisch für das I-Verhalten ist also, daß zu jedem konstanten Wert der Eingangsgröße eine bestimmte Änderungsgeschwindigkeit der Ausgangsgröße gehört. Daraus läßt sich K_I ermitteln: Für konstanten Wert der Eingangsgröße x_{eo} gelten Gleichungen (4.2.2–4) und (4.2.2–5). Diesen Sachverhalt stellt die statische Kennlinie in Bild 4.2.2–6 dar. K_I ist die Steigung dieser Kennlinie, also der Quotient aus Änderungsgeschwindigkeit der Ausgangsgröße $\frac{\Delta x_a}{\Delta t}$ und zugehöriger Eingangsgröße x_{eo}.

Wird also x_e zu Null, so wird die Änderungsgeschwindigkeit der Ausgangsgröße Null; die Ausgangsgröße bleibt auf dem Wert stehen, den sie bis zu diesem Zeitpunkt erreicht hat. Bei der Besprechung der Eigenschaften von Regelkreisen wird dieser Sachverhalt nochmals von Interesse sein.

Beim I-Verhalten gehört zu jedem konstanten Wert der Eingangsgröße (x_{eo}) eine bestimmte Änderungsgeschwindigkeit der Ausgangsgröße, d. h.

$$K_I = \frac{\text{Änderungsgeschwindigkeit der Ausgangsgröße}}{x_{eo}} \quad (4.2.2-4)$$

$$K_I = \frac{\Delta x_a}{\Delta t} \cdot \frac{1}{x_{eo}} = \frac{\Delta x_a}{x_{eo} \cdot \Delta t} \quad (4.2.2-5)$$

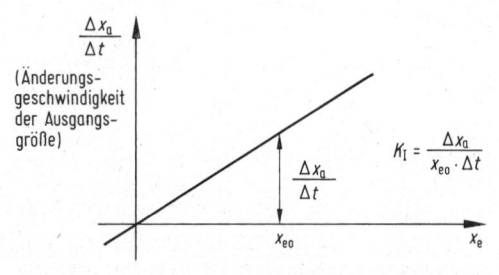

Bild 4.2.2–6 Statische Kennlinie eines I-Systems

Bei der bisher betrachteten Form von I-Systemen handelt es sich um Verhalten ohne Verzögerung. Man nennt es I_0-Verhalten. Dabei muß sich nach einer sprungförmigen Änderung die Geschwindigkeit der Ausgangsgröße sofort auf ihren neuen Wert einstellen. Wegen

4.2 Beschreibung des Verhaltens von Regelstrecken

der in jedem realen System vorhandenen Energiespeicherung (z. B. Massenträgheit) ist das jedoch nicht möglich, sondern es ergibt sich eine Sprungantwort, wie sie in Bild 4.2.2–7 dargestellt ist. Nach dem Abklingen der Ausgleichsvorgänge entsteht ein zeitlinearer Anstieg mit der gleichen Steigung wie beim I_0-System. Also hat auch die integrale Übertragungskonstante K_I den gleichen Wert.

Die Übergangsfunktion von I-Systemen besitzt für $t \to \infty$ einen konstanten Anstieg, deshalb nennt man sie Systeme ohne Ausgleich.

I-Verhalten ohne Verzögerung nennt man I_0-Verhalten.

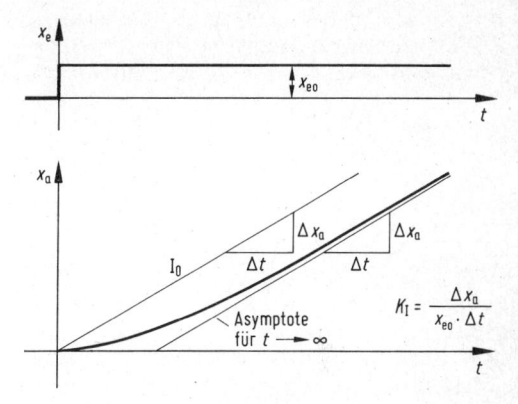

Bild 4.2.2–7 Sprungantworten von I-(integralen) Gliedern mit unterschiedlichem dynamischen Verhalten
(I_0-Verhalten: ohne Verzögerung)

Die verschiedenen Arten von Verzögerung lernen Sie im nächsten Kapitel kennen. Vorher aber sollen Sie sich anhand von Übungen noch etwas mit den Grundverhaltensweisen P und I beschäftigen:

Übung 4.2.2–1

Verschaffen Sie sich einen Überblick über den Unterschied in der Arbeitsweise von P_0- und I_0-Systemen, indem Sie die Antwort auf die angegebene Eingangsfunktion, eine Folge von Sprüngen, bestimmen.

Was ist über die Ausgangsgröße in den Abschnitten zu sagen, in denen $x_e = 0$ ist?

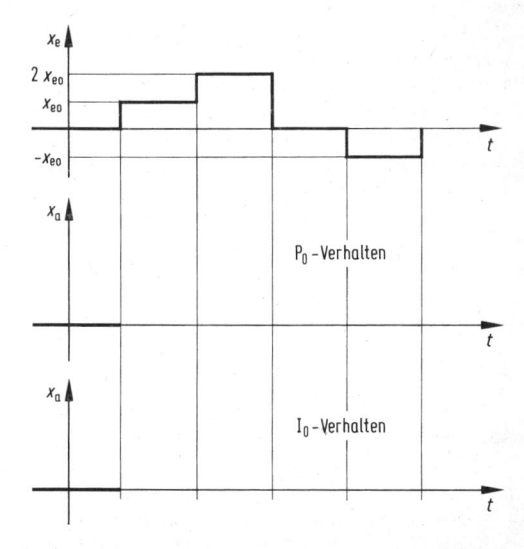

Übung 4.2.2-2

Untersuchen Sie, ob folgende Strecken P- oder I-Verhalten besitzen:

System	x_e (y)	x_a (x)
a) PKW	Fahrpedalstellung	Geschwindigkeit
b) PKW	Lenkradeinschlag	Fahrtrichtung
c) Dampfmaschine	Stellung des Ventils in der Dampfleitung	Drehzahl
d) Behälter	Zuflußstrom (unabhängig vom Stand)	Füllstand
e) Zimmer, Gebäude	Heizenergie-Strom (z. B. Dampfstrom kg/h, elektr. Leistung)	Temperatur
f) Dampferzeuger z. B. in einem Kraftwerk	Heizölstrom oder Kohlestrom (d. h. kg/h)	Dampfdruck auf der Sammelschiene
g) Trockenraum einer Textilmaschine (Bild 4.1.2-10)	Ventilstellung in der Dampfleitung (d. h. Dampfstrom)	Restfeuchte des Gewebes
h) Drahtwalzgerüst	Stellung der Walzen	Durchmesser des Drahtes
i) Schiff oder Flugzeug	Einschlag des (Längs)ruders	Kurs

Übung 4.2.2-3

Analysieren Sie Strecken und Stellsysteme Ihres Arbeitsgebietes. Stellen Sie fest, ob es sich um P- oder I-Systeme handelt.

Lernzielorientierter Test zu den Abschnitten 4.2.1 und 4.2.2

1. Was ist statisches und was ist dynamisches Verhalten von Übertragungsgliedern?
2. Was ist die Sprungantwort? Welche Maßeinheit hat sie?
3. Was ist die Übergangsfunktion? Welche Maßeinheit hat sie?
4. Beschreiben Sie, wie man aus einer geeigneten Messung die Übergangsfunktion ermitteln kann!
5. Was sind Zeitprozentwerte?
6. Welche Grundtypen der Verhaltensweise gibt es?

7. Geben Sie die Grundgleichungen zur Beschreibung von P- und I-Verhalten bezüglich der Änderung der Größen gegenüber dem Arbeitspunkt an!
8. Was sind K_P und K_I?
9. Was versteht man unter P_0- und I_0-Verhalten?
10. Skizzieren Sie die Sprungantworten und die Übergangsfunktionen von P_0- und I_0-Systemen. Wie kann man daraus die Kennwerte K_P und K_I ermitteln?
11. Geben Sie die typischen Verhaltensweisen von P- und I-Systemen bei sprungförmiger Änderung der Eingangsgröße an.
12. Was läßt sich über die Ausgangsgröße von P- und I-Systemen sagen, wenn $x_e = 0$ wird (Betrachtung der Änderungen gegenüber dem Arbeitspunkt)?

4.2.3 Verzögerungs- und Totzeitsysteme

Lernziele

Nach Durcharbeiten dieses Kapitels
- wissen Sie, welche Verhaltensweisen mit den Begriffen Verzögerung und Totzeit beschrieben werden,
- können Sie die Übergangsfunktionen dieser Verhaltensweisen angeben,
- wissen Sie, wie man aus der Übergangsfunktion erkennt, ob ein Verzögerungssystem eines erster Ordnung oder höherer Ordnung ist,
- kennen sie einfache Beispiele für die verschiedenen Verhaltensweisen,
- kennen Sie die Möglichkeit, Verzögerungsverhalten höherer Ordnung durch Totzeitverhalten mit Verzögerung 1. Ordnung anzunähern,
- wissen Sie, was der Regelbarkeitsindex $\dfrac{T_g}{T_u}$ ist.

4.2.3.1 Verzögerungsverhalten 1. Ordnung (T_1- und P-T_1-Verhalten)

Im vorigen Kapitel haben Sie die Grundverhaltensweisen P und I sowie die Tatsache kennengelernt, daß sie in der idealen Form kaum technische Bedeutung haben, sondern stets in Verbindung mit Verzögerungen existieren. Die einfachste Form von Verzögerung sind **T_1- und P-T_1-Verhalten (Verzögerungsverhalten erster Ordnung)**.

Bild 4.2.3-1 zeigt die Übergangsfunktion, die mit Gleichung (4.2.3-1) beschrieben wird. K_P ist die Übertragungskonstante - diesen Begriff kennen Sie schon. T nennt man die **Zeitkonstante**. Sie bestimmt, wie schnell der Übergangsvorgang abläuft.

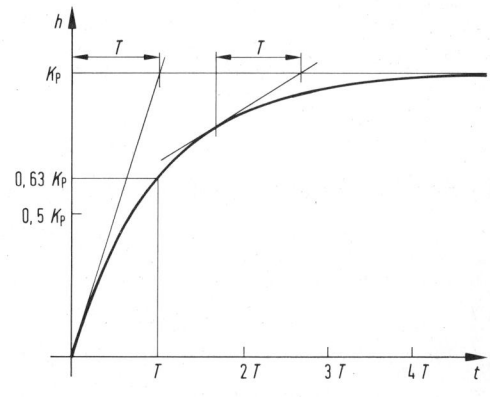

Bild 4.2.3-1 Übergangsfunktion eines P-T_1-Systems

P-T$_1$-Verhalten tritt überall dort auf, wo im System genau ein Energiespeicher vorhanden ist. Beispiele dafür sind die beiden in Bild 4.2.3-2 dargestellten elektrischen Netzwerke.

$$h(t) = K_P(1 - e^{-\frac{t}{T}}) \qquad (4.2.3-1)$$

K_P Übertragungskonstante
T Zeitkonstante
e Basis der natürlichen Logarithmen
e = 2,718 ...

P-T$_1$-Systeme besitzen genau einen Energiespeicher; deshalb nennt man sie Einspeichersysteme.

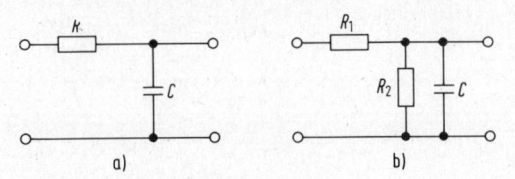

Bild 4.2.3-2 Elektrische Netzwerke als Beispiele für P-T$_1$-Systeme

a) $K_P = 1 \qquad T = RC$

b) $K_P = \dfrac{R_2}{R_1 + R_2} \qquad T = \dfrac{R_1 R_2}{R_1 + R_2} \cdot C$

Übung 4.2.3-1

Zeigen Sie, daß für das RC-Netzwerk nach Bild 4.2.3-2a die Zeitkonstante $T = CR$ tatsächlich die Maßeinheit der Zeit besitzt.

Auch mechanische Systeme, bei denen eine Masse bewegt wird, besitzen P-T$_1$-Verhalten. Sie bemerken das z. B. beim Beschleunigen Ihres Autos: Wenn Sie das Gaspedal durchtreten (sprungförmige Verstellung!), entsteht ein Zeitverlauf der Geschwindigkeit entsprechend Bild 4.2.3-1. Die Zeitkonstante liegt bei Mittelklassewagen in der Größenordnung von 10 bis 20 Sekunden.

Gleichung (4.2.3-1) und Bild 4.2.3-1 zeigen, daß der Endwert erst nach unendlich langer Zeit erreicht wird. Praktisch ist dies jedoch nach Ablauf vom 3- bis 5fachen Wert der Zeitkonstanten der Fall, denn es gibt einen Zusammenhang zwischen der Zeitkonstanten und den Zeitprozentwerten. **Von besonderer Bedeutung ist der Zeitprozentwert t_{63}: Er ist gleich der Zeitkonstanten.**

Beim P-T$_1$-Verhalten gibt es einen Zusammenhang zwischen Zeitkonstante T und den Zeitprozentwerten:

$t_{50} = 0,7\,T$
$\mathbf{t_{63} = T}$
$t_{70} = 1,2\,T$
$t_{95} = 3\,T$
$t_{99} = 5\,T$

Der Übergangsvorgang ist also nach Ablauf von 3 bis 5mal der Zeitkonstanten praktisch beendet.

Weil bei Gleichung (4.2.3–1) K_P als Faktor vor der Klammer steht, wird das prinzipielle Verhalten durch den Sonderfall $K_P = 1$ (z. B. elektrisches Netzwerk gemäß Bild 4.2.3–2a) beschrieben. Man nennt dies T_1-Verhalten und beschreibt das P-T_1-Verhalten als Reihenschaltung eines P_0-Systems mit einem T_1-System (Bild 4.2.3–3).

P-T_1-Systeme mit $K_P = 1$ nennt man T_1-Systeme. Damit ist das P-T_1-System als Reihenschaltung von P_0- mit T_1-Verhalten darstellbar.

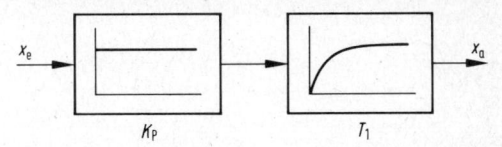

Bild 4.2.3–3 Signalflußplandarstellung eines P-T_1-Systems als Reihenschaltung von P_0- und T_1-System

4.2.3.2 Verzögerungssysteme zweiter und höherer Ordnung ohne Überschwingen (P-T_2- und P-T_n-Verhalten)

Zur Beschreibung des dynamischen Verhaltens von Regelstrecken reicht in den meisten Fällen Verzögerung erster Ordnung nicht aus, sondern es sind mehrere Energiespeicher oder räumlich verteilte Energiespeicher zu berücksichtigen. Z. B. besitzt ein Elektromotor die Möglichkeit zur Speicherung kinetischer Energie in der sich drehenden Masse und zur Speicherung von magnetischer Energie im magnetischen Feld. Daraus ergibt sich sofort die Notwendigkeit zur Betrachtung als **Zweispeichersystem**, eben als **Verzögerungssystem 2. Ordnung (P-T_2-Verhalten)**.

Verzögerungssysteme 2. Ordnung entstehen durch Reihenschaltung von zwei Verzögerungssystemen 1. Ordnung, wobei man die Übertragungskonstanten zusammenfassen kann.

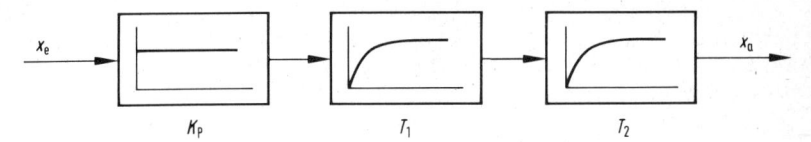

Bild 4.2.3–4 Darstellung eines P-T_2-Systems als Reihenschaltung eines P_0-Gliedes mit zwei T_1-Systemen

Die Übertragungskonstante K_P und die beiden Zeitkonstanten T_1 und T_2 sind die Kennwerte des Systems. Die Reihenfolge der Zeitkonstanten ist beliebig; normalerweise numeriert man so, daß $T_1 \geq T_2$ ist.

Ganz analog zum Verzögerungsglied 1. Ordnung nennt man P-T_2-Verhalten mit $K_P = 1$ einfach T_2-Verhalten.

P-T_2-Verhalten mit $K_P = 1$ nennt man T_2-Verhalten.

Bild 4.2.3–5 zeigt die Übergangsfunktionen von P-T_2-Systemen mit verschiedenen Zeitkonstanten. Dabei wurde als Zeitmaßstab $\frac{t}{T_1}$ benutzt, um einheitliche Darstellung zu erreichen. Als wesentlichen Unterschied zum T_1-Verhalten erkennen Sie, daß alle Kurven für das System zweiter Ordnung **Wendepunkte** besitzen.

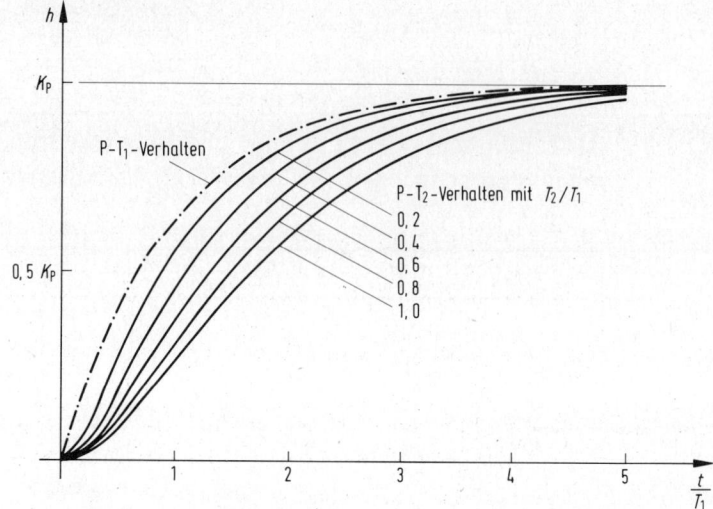

Bild 4.2.3–5 Übergangsfunktionen von P-T_2-Systemen für verschiedene Zeitkonstantenverhältnisse $\frac{T_2}{T_1}$ (zum Vergleich P-T_1-Verhalten)

Aus Bild 4.2.3–5 erkennen Sie beim **P-T_2-Verhalten** gegenüber dem P-T_1-Verhalten folgenden wesentlichen Unterschied: **Die Übergangsfunktion besitzt einen Wendepunkt.**

Schaltet man weitere Verzögerungssysteme in Reihe, erhält man Verzögerungsverhalten 3., 4., allgemein n-ter Ordnung (P-T_3-, P-T_4-, allgemein P-T_n-Verhalten). Logischerweise nennt man auch hier die Systeme mit $K_P = 1$ T_2-, T_3-, allgemein T_n-System.

Durch Reihenschaltung von 2, 3, 4, allgemein n Verzögerungssystemen erhält man Verzögerung 2., 3., 4., allgemein n-ter Ordnung (im Unterschied zu 1. Ordnung allgemein als höherer Ordnung bezeichnet), die man P-T_2-, P-T_3-, P-T_4-, allgemein P-T_n-, und für den Fall $K_P = 1$ T_2-, T_3-, T_4- bis T_n-Systeme nennt.

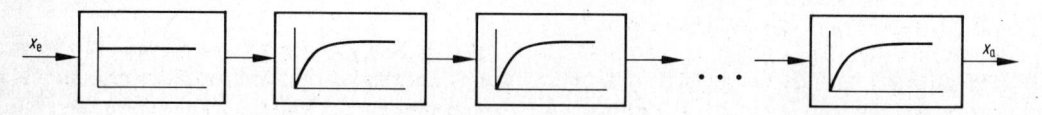

Bild 4.2.3–6 Darstellung eines P-T_n-Systems als Reihenschaltung eines P_0-Gliedes mit n T_1-Systemen

In Bild 4.2.3-7 sind die Übergangsfunktionen für verschiedene Ordnungen dargestellt.

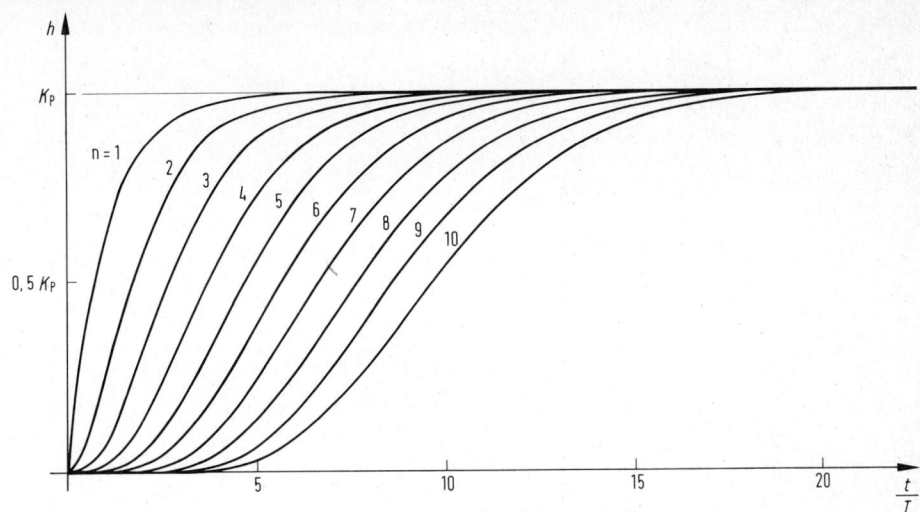

Bild 4.2.3-7 Übergangsfunktionen von P-T_n-Systemen mit gleichen Zeitkonstanten für $n = 1, 2, 3 \ldots 10$

Aus den Übergangsfunktionen lassen sich einige wesentliche Eigenschaften ablesen.

Die Übergangsfunktionen lassen folgende Eigenschaften erkennen:
- Das statische Verhalten aller P-T_n-Systeme ist das gleiche: Es liegt P-Verhalten vor.
- Ab $n = 2$ besitzen alle Kurven Wendepunkte.
- Je größer n ist, je mehr Speicher also hintereinander geschaltet werden, desto träger ist das System. Es dauert mit wachsender Ordnung immer länger, bevor sich die Übergangsfunktion sichtbar zu ändern beginnt.

4.2.3.3 Totzeitsysteme (T_t-Verhalten)

Auch auf einem Förderband (Bild 4.2.3-8) findet eine Speicherung statt. Diese ist jedoch ganz anderer Natur als bei den Verzögerungssystemen. Der Zeitverlauf des Ausgangssignals stimmt nämlich mit dem des Eingangssignals überein, es ergibt sich lediglich eine zeitliche Verschiebung um die Laufzeit des Förderbandes. Man nennt solche Systeme Totzeitsysteme und ihren Kennwert, die zeitliche Verschiebung der Ausgangsgröße gegenüber der Eingangsgröße, **Totzeit** T_t. Gleichung (4.2.3-2) und die Übergangsfunktion Bild 4.2.3-9 bringen diesen Sachverhalt zum Ausdruck.

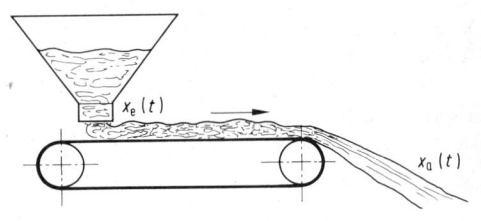

Bild 4.2.3-8
Förderband als Beispiel eines Totzeitsystems

Bei Totzeitsystemen ist der Verlauf der Ausgangszeitfunktion gleich dem der Eingangszeitfunktion, es tritt lediglich eine Verschiebung um die Totzeit T_t auf.

Das Verhalten von **T_t-Systemen** wird durch

$$x_a(t) = x_e(t - T_t) \qquad (4.2.3-2)$$

beschrieben.

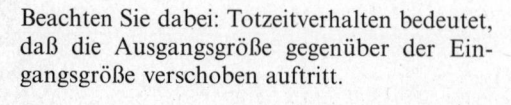

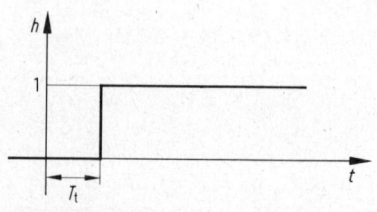

Beachten Sie dabei: Totzeitverhalten bedeutet, daß die Ausgangsgröße gegenüber der Eingangsgröße verschoben auftritt.

Bild 4.2.3–9
Übergangsfunktion des Totzeitsystems

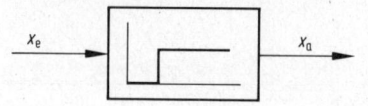

Bild 4.2.3–10   Signalflußplandarstellung eines Totzeitsystems (T_t-Verhalten)

Übung 4.2.3–2

Machen Sie sich die Eigenschaften von Totzeitsystemen (Verschiebung des Signals) deutlich, indem Sie zu dem angegebenen Eingangssignal das Ausgangssignal skizzieren (Bild 4.2.3–11).

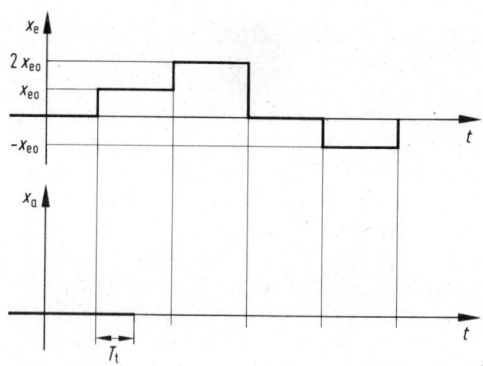

Bild 4.2.3–11   Demonstration des Verhaltens eines Totzeit-Systems

Auch elektrische Nachrichtenübertragungseinrichtungen stellen Totzeitsysteme dar, da die Übertragungsgeschwindigkeit endlich ist. Weil sie aber sehr groß ist, nämlich etwa gleich der Lichtgeschwindigkeit (300 000 km/s), sind die sich dabei ergebenden Laufzeiten für irdische Systeme in der Regel belanglos (für eine im europäischen Maßstab schon beachtliche Entfernung von 2000 km sind dies etwa 7 ms). Für die Steuerung kosmischer Apparate ergeben sich aber durchaus beachtliche Werte, z. B. beträgt die Laufzeit für die Strecke Mond –

Auch bei der Übertragung elektrischer Signale entsteht eine Totzeit. Diese spielt bei Steuerungsaufgaben auf der Erde im allgemeinen keine Rolle, hat aber z. B. in der Raumfahrt erhebliche Bedeutung.

Erde – Mond schon etwa 2,6 s. Mindestens diese Zeit würde vergehen, um bei der Steuerung einer Mondlandefähre von der Erde aus auf eine neu aufgetretene Situation zu reagieren. Es leuchtet ein, daß dies viel zu lange dauert, eine autonome Steuerung im Landeapparat also unumgänglich ist.

Was passiert nun, wenn man ein Totzeitsystem mit Verzögerungsverhalten in Reihe schaltet? Ein wichtiger Fall ist die Reihenschaltung mit einem P-T_1-System gemäß Bild 4.2.3–12. Die Übergangsfunktion des P-T_1-Systems kennen Sie (Bild 4.2.3–1). Durch die Totzeit wird das Signal verschoben, es entsteht Bild 4.2.3–13.

Da das Signal nur um T_t verschoben wird, lassen sich aus der Übergangsfunktion die drei Kennwerte K_P, T_t und T_1 direkt ablesen. Vergleichen Sie dazu Bild 4.2.3–13 nochmals mit Bild 4.2.3–1.

Vergleichen Sie nun Bild 4.2.3–13 mit den in Bild 4.2.3–5 und 4.2.3–7 dargestellten Übergangsfunktionen von Verzögerungssystemen höherer Ordnung. Die Kurve für das P-T_1-T_t-System ähnelt diesen Verläufen und zwar umso mehr, je höher die Systemordnung ist. Deshalb benutzt man es häufig als Näherung für Verzögerungsverhalten höherer Ordnung, indem man aus der Wendetangente Verzugszeit T_u **und Ausgleichszeit** T_g ermittelt und diese als Totzeit und Zeitkonstante interpretiert. Die Verzugszeit nennt man aus diesem Grunde häufig **Ersatztotzeit** T_{ters}. Aus Bild 4.2.3–14 wird deutlich, daß diese Näherung nicht sehr genau ist. Sie wird vor allem zur Berechnung der Eigenschaften von Zweipunktregelungen benutzt.

Die Reihenschaltung eines P-T_1-Systems mit einem T_t-System nennt man **P-T_1-T_t-System.**

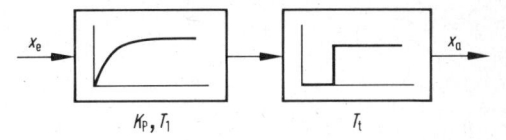

Bild 4.2.3–12 Signalflußplandarstellung eines P-T_1-T_t-Systems als Reihenschaltung eines P-T_1-Systems und eines T_t-Systems

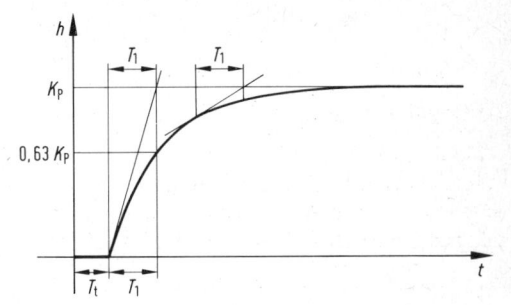

Bild 4.2.3–13 Übergangsfunktion eines P-T_1-T_t-Systems

Das P-T_1-T_t-Verhalten wird häufig als Näherung für proportionales Verzögerungsverhalten höherer Ordnung benutzt. Dazu gibt man die mit Hilfe der Wendetangente ermittelten Kennwerte T_u (Verzugszeit) und T_g (Ausgleichszeit) an.

Ferner werden Sie im Abschnitt 4.3.4 lernen, daß sich eine Vergrößerung der Streckentotzeit (oder der Ersatztotzeit) sehr unangenehm für die Regelung auswirkt: Je größer nämlich T_u wird, desto stärker neigt die Regelung zum Schwingen. Man nennt deshalb den Quotienten T_g/T_u Regelbarkeitsindex. Je größer er ist, desto besser läßt sich eine Strecke regeln. Dar-

Regelbarkeitsindex:

$$\frac{T_g}{T_u} \begin{cases} >10 & \text{gut regelbar} \\ > 6 & \text{einigermaßen gut regelbar} \\ < 3 & \text{schlecht regelbar} \end{cases} \quad (4.2.3-3)$$

aus ergibt sich, daß Strecken höherer Ordnung schlechter regelbar sind als solche niederer Ordnung. Ganz besonders unangenehm macht sich natürlich eine reine Totzeit bemerkbar, wie sie bei Transportvorgängen, z. B. einem Förderband (Bild 4.2.3-8) oder auch bei langen Rohrleitungen, vorhanden ist.

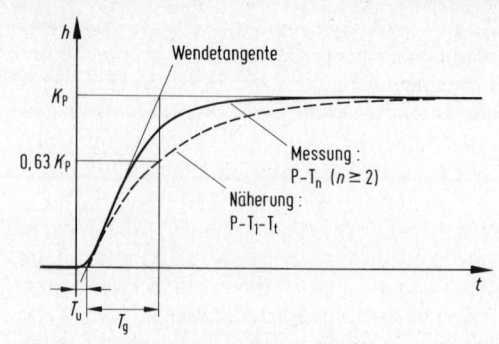

Bild 4.2.3-14 Näherung eines P-T_n-Systems ($n \geqslant 2$) als P-T_1-T_t-System mit $T_t = T_u$ und $T_1 = T_g$

Übung 4.2.3-3

Zur Ermittlung des dynamischen Verhaltens eines gasbeheizten Ofens wurde die Sprungantwort aufgenommen. Dazu wurde die Ventilstellung in der Gaszuleitung um 20 mm verändert (Eingangsgröße) und der Zeitverlauf der Temperatur (Ausgangsgröße) aufgezeichnet. Die statische Kennlinie der Strecke ist im untersuchten Bereich linear; während der Messung traten keine zusätzlichen Störungen auf.

t/Min	0	1,25	2,5	3,75	5	7,5	10	15	20	25	40	50
ϑ/°C	150	152	159	166	176	194	209	230	241	245	248	250

a) Zeichnen Sie die Übergangsfunktion. Welches Verhalten liegt vor?
b) Wie groß ist K_P?
c) Ermitteln Sie Kennwerte für eine Näherung als P-T_1-T_t-Verhalten!
d) Schätzen Sie die Regelbarkeit dieser Strecke ein.

4.2.3.4 Kennwerte wichtiger Regelstrecken

Aufgrund von Energie- und/oder Massespeicherungen besitzen alle physikalisch realen Systeme überwiegend Verzögerungsverhalten. Die Ordnung, d. h. die Anzahl der in Reihe geschalteten Verzögerungen 1. Ordnung, und vor allem die Größe der Zeitkonstanten hängen stark von der räumlichen Ausdehnung der Objekte und von der Art der Speicherung ab. Zwei Beispiele sollen das demonstrieren. Es leuchtet sicher ein, daß ein normales Zimmer (oder sogar ein ganzes Gebäude) eine wesentlich größere Wärmespeicherkapazität und damit eine wesentlich größere Zeitkonstante als ein Bügeleisen besitzt. Ferner sehen Sie sicher ebenso ein, daß der Strom einer inkompressiblen Flüssigkeit auf eine Ventilverstellung sehr schnell (also mit

Aufgrund von Energie- und/oder Massespeicherungen besitzen alle physikalisch realen Systeme überwiegend Verzögerungsverhalten.

kleinerer Zeitkonstanten) reagiert, während der Druck in einem Gasbehälter (d. h. mit kompressiblem Medium) sich nur wesentlich langsamer ändern kann; bei letzterem spielt offensichtlich die Größe des Speichervolumens eine ausschlaggebende Rolle.

Die Kennwerte einiger wichtiger industrieller Regelstrecken sind in Tabelle 4.2.3–1 zusammengestellt. Dabei wird von einer Näherung des Verhaltens als T_1-T_t-System ausgegangen. Selbstverständlich können dies nur Richtwerte sein, wie der Bereich der Zeitkonstanten bei Elektromotoren deutlich macht: Zwischen Kleinstmotoren z. B. zur Positionierung der Köpfe eines Diskettenlaufwerkes und Großmotoren z. B. zum Antrieb leistungsstarker Gebläse bestehen natürlich wegen der unterschiedlichen Größe der bewegten Massen erhebliche Unterschiede.

Tabelle 4.2.3–1 Richtwerte für Totzeit und Zeitkonstante wichtiger Regelstrecken

Strecke bzw. wesentliche Regelgröße	Totzeit (Ersatztotzeit)	Zeitkonstante (Ausgleichszeit)
Durchfluß	0 (u. U. abhängig von der Leitungslänge zwischen Stellort und Meßort)	wenige Sekunden (und darunter)
Druck	0 bis 2 Min.	einige Sekunden bis wenige Minuten
Temperatur	0,5 bis 5 Min.	5 bis 60 Min.
Positionierung von Industrierobotern	0	50 ms bis 1 Sek. (u. U. mehr, z.B. bei Manipulatoren für große Massen)
Elektromotoren (Drehzahl)	0	wenige Millisekunden bis fast 1 Min.
pneumatische Stellantriebe	0 (u. U. erheblich, wenn lange Leitungen zwischen Regler u. Stellantrieb vorhanden sind)	1 Sek.
PKW (Geschwindigkeit)	0	einige Sekunden

Lernzielorientierter Test zum Abschnitt 4.2.3

1. Was verstehen Sie unter Verzögerung?
2. Geben Sie die Übergangsfunktion eines P-T_1-Systems an. Wie sind die Kennwerte aus dem Zeitverlauf abzulesen?
3. Geben Sie die Übergangsfunktionen von P-T_n-Systemen mit $n \geq 2$ an. Worin besteht der wesentliche Unterschied zum Zeitverlauf beim Verzögerungssystem 1. Ordnung?
4. Nennen Sie Beispiele für Verzögerungssysteme; berücksichtigen Sie dabei insbesondere Ihren eigenen Arbeitsbereich!
5. Was ist ein Totzeitsystem? Geben Sie die Übergangsfunktion an! Nennen Sie einfache Beispiele! Wie unterscheidet sich die dabei vorhandene Speicherung von der bei Verzögerungsverhalten?
6. Durch welche Verhaltensweise werden P-T_n-Systeme häufig angenähert?
7. Was ist der Regelbarkeitsindex?
8. In welcher Größe liegen die Zeitkonstanten wichtiger technologischer Objekte? Welches Verhalten haben die Regelstrecken Ihres Arbeitsbereiches?

4.3 Einschleifige Regelkreise mit stetigen Reglern

4.3.1 Aufgaben des Reglers im Regelkreis – Sprungantworten typischer Regelkreise

Lernziele

Nach Durcharbeiten dieses Kapitels
- wissen sie, welche Aufgaben ein Regler im Regelkreis hat,
- kennen Sie die Begriffe Führungsverhalten und Störverhalten,
- können Sie den Zeitverlauf der Regelgröße nach sprungförmiger Änderung einer Störgröße oder der Führungsgröße qualitativ angeben,
- können Sie erklären, was die bleibende Regelabweichung ist.

Im Abschnitt 2.2.4 haben sie gelernt, daß im Regelkreis stets gemessen, verglichen und gestellt wird. Zusätzlich zu diesen Grundfunktionen, die unmittelbar aus der Definition des Begriffes Regeln folgen (siehe Abschn. 2.2.4 und 2.2.5), ist jedoch noch eine weitere Aufgabe zu lösen, nämlich die **Verarbeitung des Signals der Regelabweichung** mit einem solchen Zeitverhalten, daß die gesamte Regelung gemäß der Aufgabenstellung (siehe Kapitel 2.1) ein **gewünschtes dynamisches Verhalten** besitzt.

Ist diese Aufgabe gemeinsam mit der Berechnung der Regelabweichung und der zur Aussteuerung des Stellgliedes notwendigen Leistungsverstärkung in einer Funktionseinheit zusammengefaßt, so nennt man diese **Regler**.

Neben den Grundfunktionen Messen, Vergleichen und Stellen ist im Regelkreis die **Verarbeitung der Regelabweichung** mit einem bestimmten Zeitverhalten erforderlich, **um das gewünschte Verhalten der Regelung zu gewährleisten**. Ist dieses Zeitverhalten mit den Schaltungen zur Bildung der Regelabweichung und der Leistungsverstärkung in einer Funktionseinheit vereinigt, so nennt man diese **Regler**.

Aufgaben des Reglers im Regelkreis sind also
1. Bilden der Regelabweichung,
2. Realisieren eines gewünschten Zeitverhaltens bei der Verarbeitung der Regelabweichung,
3. Leistungsverstärkung.

Damit ist es möglich, den allgemeinen Signalflußplan einer Regelung, den Sie im Abschnitt 4.1.2.6 kennengelernt haben, etwas anders zu interpretieren: Was wir bisher als Regeleinrichtung bezeichnet haben, nennen wir nun **Regler**. Damit dabei die anderen Elemente der Regeleinrichtung (Meßeinrichtung, Stelleinrichtung) nicht verloren gehen, rechnen wir sie zur Regelstrecke hinzu und nennen das Ergebnis „Ersatzregelstrecke" (Bild 4.3.1–1). Verwirrenderweise benutzt man häufig diesen komplizierten Ausdruck nicht, sondern sagt einfach „Regelstrecke" (oder noch kürzer „Strecke"). Wichtig ist allein, daß bei der Ermittlung der Eigenschaften des Regelkreises und bei der Berechnung der optimalen Reglereinstellwerte (siehe Abschnitte 4.3.2.3, 4.3.4 und 4.3.5) tatsächlich alle Elemente des Regelkreises berücksichtigt werden – entweder als Bestandteil der Regelstrecke (= Ersatzregelstrecke) oder als Bestandteil der Regeleinrichtung.

Wie erfüllt nun ein Regler diese Aufgaben im Regelkreis? Bild 4.3.1–2 zeigt einige Zeitverläufe der Regelgröße nach jeweils sprungförmiger Änderung einer Eingangsgröße. Je nachdem, welche Eingangsgröße betrachtet wird, unterscheidet man zwischen Führungs- und Störverhalten:

Man nennt **Führungsverhalten** die Abhängigkeit der Regelgröße von der Führungsgröße beim Fehlen von Störgrößen ($z = 0$) und **Störverhalten** die Abhängigkeit der Regelgröße von der Störgröße ohne Änderung der Führungsgröße ($w = 0$).

Der erste Fall (Führungsverhalten) hat Bedeutung für instationäre Prozeßfahrweisen (An- und Abfahren, Umsteuern), bei denen der Übergangsvorgang der Regelgröße von einem Wert zu einem anderen betrachtet wird. Das Störverhalten interessiert besonders bei stationären Prozeßphasen. Vergleichen Sie dies nochmals mit den im Kapitel 2.1 beschriebenen allgemeinen Aufgaben von Steuerungen und Regelungen bei verschiedenen Betriebsweisen technologischer Prozesse.

Ziel jeder Regelung ist, wie Sie wissen, **die Einhaltung von $x = w$, d.h. von $x_w = 0$**. Nach einem Sprung der Führungsgröße soll also die Regelgröße den neuen gewünschten Wert annehmen, nach einem Sprung der Störgröße auf den alten Wert zurückkehren. Aus Bild 4.3.1–2 sehen Sie, daß dies nicht in jedem Fall gelingt. Sie erkennen zwei wichtige Eigenschaften: Der erste Effekt betrifft das dynamische Verhalten. Während des Übergangsvorganges ist die Regelabweichung nicht Null. Ursache dafür ist die Trägheit der Regelstrecke (Energiespeicher ergeben P-T_n-Verhalten). Es entsteht ein Übergangsvorgang mit mehreren Schwingungen.

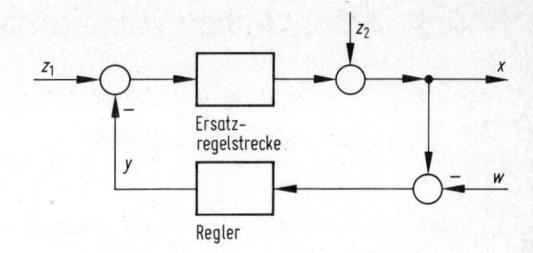

Bild 4.3.1–1
Allgemeiner Signalflußplan einer Regelung
(Regler und Ersatzregelstrecke; letztere meist einfach als „Regelstrecke" bezeichnet)

Führungsverhalten ist die Abhängigkeit der Regelgröße von der Führungsgröße beim Fehlen von Störgrößen ($z = 0$) und **Störverhalten** die Abhängigkeit der Regelgröße von der Störgröße, wobei sich die Führungsgröße nicht ändert ($w = 0$).

Ziel jeder Regelung ist die Einhaltung der Forderung

$$x = w, \quad \text{d.h.,} \quad x_w = 0. \qquad (4.3.1-1)$$

Tatsächlich gelingt die Einhaltung dieser Bedingung nur mit folgenden Einschränkungen:
– Es existiert stets ein **Übergangsvorgang**. In dieser Zeit ist die Regelabweichung nicht Null. Dieser Vorgang ist im allgemeinen eine Schwingung. Für technische Anlagen muß dabei unter allen Umständen durch Wahl

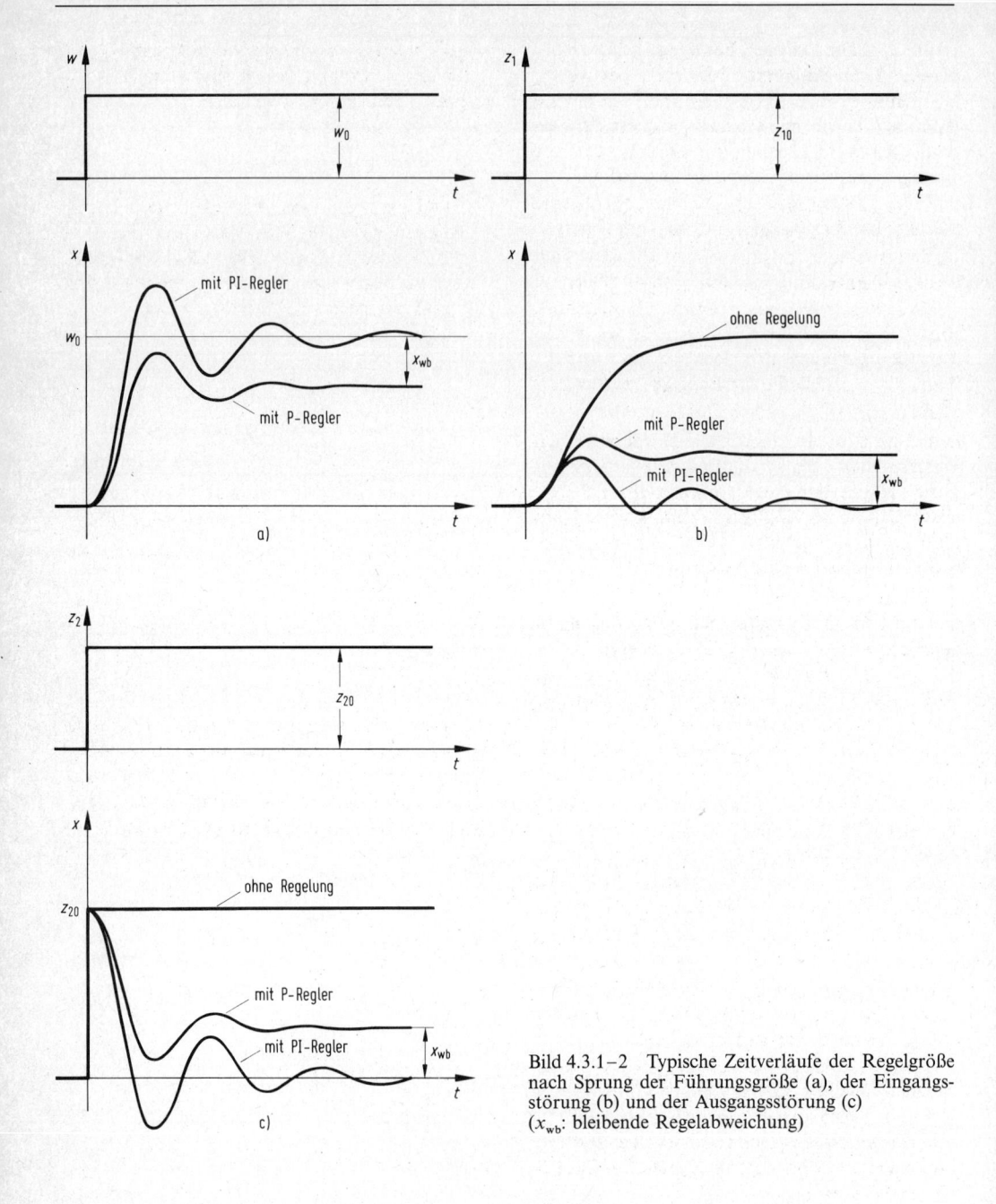

Bild 4.3.1–2 Typische Zeitverläufe der Regelgröße nach Sprung der Führungsgröße (a), der Eingangsstörung (b) und der Ausgangsstörung (c) (x_{wb}: bleibende Regelabweichung)

Für technische Anlagen besteht dabei die Forderung nach **Stabilität**, d. h. nach Abklingen der Schwingungen. Dies wird durch geeignete Wahl der Reglereinstellung gesichert; in den Abschnitten 4.3.4 und 4.3.5 werden Sie sich mit diesem Problem ausführlicher beschäftigen.

Der zweite Effekt betrifft das statische Verhalten. Es gibt Regelungen, bei denen die Regelgröße auch nach langer (theoretisch unendlich langer) Zeit nicht den gewünschten Wert erreicht. Es entsteht eine **bleibende Regelabweichung** (Formelzeichen x_{wb}). Ursache dafür sind die Eigenschaften des Reglers: Es sind P-Regler, die eine bleibende Regelabweichung ergeben.

Beachten Sie dabei die Unterschiede zwischen Führungs- und Störverhalten. Gemäß der allgemeinen Forderung $x_w = 0$ bezieht sich x_{wb} beim Führungsverhalten auf den durch w_0 vorgegebenen neuen Wert der Führungsgröße, beim Störverhalten aber auf den alten Wert der Regelgröße (also auf $x = 0$).

In Bild 4.3.1–2 erkennen Sie außerdem noch den Unterschied zwischen den zwei verschiedenen Störangriffspunkten, die im Signalflußplan Bild 4.3.1–1 eingezeichnet sind. Bei Eingangsstörung (z_1) tritt eine Verzögerung auf; der Verlauf ohne Regelung zeigt dies sehr deutlich. Die Ausgangsstörung (z_2) dagegen wirkt sofort, unverzögert auf die Regelgröße; der Zeitverlauf mit Regelung ist dem nach Führungssprung sehr ähnlich.

Die nächsten Abschnitte sind deshalb den Eigenschaften von Regelkreisen gewidmet. Sie werden sich mit folgenden Fragen beschäftigen:

– Welche Reglertypen müssen eingesetzt werden, um das Entstehen einer bleibenden Regelabweichung zu vermeiden?
– Mit welchem Regler entsteht gutes dynamisches Verhalten des Regelkreises?
– Wie ist Stabilität zu gewährleisten?
– Wie müssen die Reglereinstellwerte gewählt werden, um optimales Arbeiten des Regelkreises zu erreichen?

geeigneter Reglereinstellwerte **Stabilität** gesichert werden, d. h., es muß eine abklingende Schwingung entstehen.

– Es gibt Regelungen, nämlich solche mit P-Reglern, bei denen auch nach unendlich langer Zeit der gewünschte Wert der Regelgröße nicht erreicht wird, bei denen eine **bleibende Regelabweichung** x_{wb} vorhanden ist.

Ausgangsstörungen (z_2) wirken sich sofort, unverzögert auf x aus. Die Antwort des geschlossenen Kreises ähnelt sehr der nach Änderung der Führungsgröße. Bei Eingangsstörungen (z_1) macht sich die Trägheit der Strecke deutlich bemerkbar.

4.3.2 Regelkreise mit P-Reglern

Lernziele

Nach Durcharbeiten dieses Kapitels
- wissen Sie, was ein P-Regler ist,
- können Sie die Gleichung eines P-Reglers angeben,
- wissen Sie, was der Proportionalbereich X_P ist,
- kennen Sie den Zusammenhang zwischen den Größen Übertragungskonstante K_R, Proportionalbereich X_P und Stellbereich Y_h,
- wissen Sie, wieso ein P-Regler stets eine bleibende Regelabweichung hervorruft,
- kennen Sie die Bedeutung des Begriffes Regelfaktor R, und Sie können seine Größe aus den Übertragungskonstanten von Regelstrecke und Regeleinrichtung berechnen,
- können Sie die Größe der bleibenden Regelabweichung mit Hilfe der statischen Kennlinien von Regelstrecke und Regler ermitteln,
- wissen Sie, was ein PD-Regler (Regler mit Vorhalt) ist,
- kennen Sie die Bedeutung der Vorhaltzeit T_v.

4.3.2.1 Statische Kennlinie des P-Reglers

P-Regler haben Sie in den Kapiteln 1.2 und 2.3 als mechanische Regler für die Drehzahl der Dampfmaschine und für den Füllstand kennengelernt. Durch die starre Verbindung zwischen Regelgröße und Stellgröße entsteht die statische Kennlinie in Bild 4.3.2-1. Der Regler invertiert, d.h., bei Vergrößerung der Regelgröße (z. B. des Füllstandes) wird die Stellgröße (z. B. der Ventilhub) geringer. Den linearen Bereich der Kennlinie (Arbeitsbereich) beschreibt Gleichung (4.3.2-1). Der Begriff **Proportionalregler (P-Regler)** drückt aus, daß die Änderung der Stellgröße y proportional der Regelabweichung ist. Die Übertragungskonstante K_R beschreibt die Steigung der Kennlinie. Beachten Sie, daß die Invertierung stets getrennt dargestellt wird (Bilder 4.1.2-4 und 4.1.2-7).

Da jede technische Einrichtung Anschläge oder Begrenzungen hat, gilt dieser lineare Zusammenhang nur über einen begrenzten Bereich der Stellgröße, über den **Stellbereich Y_h**. Zur Kennzeichnung der Eigenschaften des Reglers benutzt man den Begriff **Proportionalbereich X_P**:

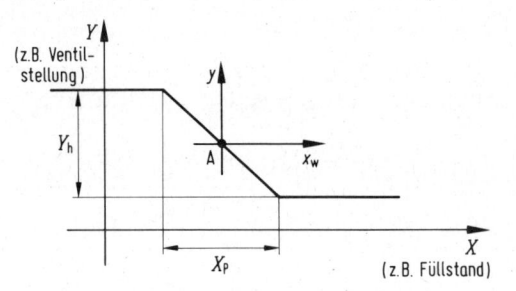

Bild 4.3.2–1 Statische Kennlinie eines P-Reglers (Beispiel: Füllstandsregler)
Y_h Stellbereich
X_P Proportionalbereich
A Normaler Arbeitspunkt in der Mitte des linearen Bereiches

Der P-Regler wird im linearen Bereich durch die Gleichung

$$y = K_R\, x_w \qquad (4.3.2-1)$$

beschrieben.

Der **Proportionalbereich X_P** eines P-Reglers ist der Bereich, um den sich die Regelgröße ändern muß, damit die Stellgröße den gesamten Stellbereich durchläuft.

Aus der statischen Kennlinie läßt sich der Zusammenhang der drei Größen Stellbereich, Proportionalbereich und Übertragungskonstante sofort ablesen:

Es gilt:

$$K_R = \frac{Y_h}{X_P}.\qquad(4.3.2-2)$$

Übung 4.3.2-1

Bild 4.3.2-2 zeigt die Kennlinie eines industriellen Reglers (Eingang Widerstandsthermometer zur Temperaturmessung). Geben Sie Stellbereich Y_h, Proportionalbereich X_P und Reglerübertragungskonstante K_R an.

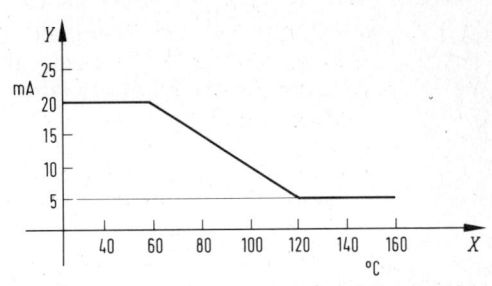

Bild 4.3.2-2   Kennlinie eines industriellen Reglers

Übung 4.3.2-2

Das Stellsignal eines elektronischen Reglers nimmt Werte im Bereich von 0 bis 5 mA an. Der Proportionalbereich wird auf 20 mV eingestellt. Wie groß ist die Reglerübertragungskonstante?

4.3.2.2 Entstehung der bleibenden Regelabweichung bei Benutzung eines P-Reglers

Zur Klärung der Wirkungsweise benutzen wir die 1765 von *Iwan Iwanowitsch Polsunow* erfundene Füllstandsregelung, die auch heute noch sowohl in industriellen Anlagen, im Schwimmergehäuse von Kfz-Vergasern und bei der Toilettenspülung verwendet wird. Bild 4.3.2-3 zeigt die Anordnung. Der Stand im Behälter (Regelgröße x) ist nur dann konstant, wenn Zuflußstrom und Abflußstrom gleichgroß sind, z. B. 100 l/min. Störgröße ist eine Änderung des Abflußstromes, z. B. größerer Verbrauch einer angeschlossenen Anlage. Nehmen wir an, daß sich diese Störgröße um 10 % auf 110 l/min vergrößert. Was passiert? Ohne Regelung – also bei konstantem Zuflußstrom – würde der Behälter leerlaufen. Dem wirkt die Regelung entgegen. Mit dem Absinken des Füllstandes bewegt sich der Schwimmer mit nach unten, und über den Hebel wird das Ventil weiter geöffnet, bis der Zuflußstrom wieder gleich dem Abflußstrom ist. Wie groß ist nun der Füllstand? Zum Ausgleich der Wirkung der Störung muß das Ventil weiter geöffnet werden. Da Ventilstellung und Schwimmerstellung über den Hebel starr miteinander verbunden sind, ist das nur möglich, indem der

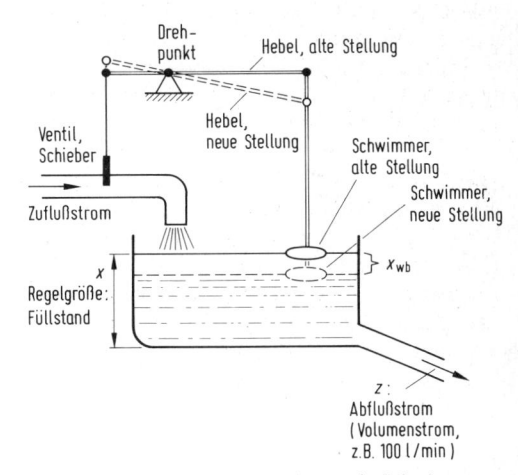

Bild 4.3.2-3   Füllstandsregelung mit Schwimmer – Entstehung der bleibenden Regelabweichung

Schwimmer auch eine andere Stellung einnimmt. Also besitzt auch der Füllstand einen neuen Wert – es ist eine Regelabweichung entstanden. Da sie auch nach dem Ende des Übergangsvorganges (also theoretisch nach unendlich langer Zeit) noch vorhanden ist, nennt man sie **bleibende Regelabweichung** (Formelzeichen x_{wb}).

Der gleiche Effekt entsteht auch bei der Drehzahlregelung der Dampfmaschine (Bild 1.2–1): Zum Ausgleich der Wirkung von Belastungsänderungen (Störgröße) muß das Ventil in der Dampfleitung weiter geöffnet werden. Dies geschieht, indem sich eine etwas geänderte Drehzahl einstellt. Durchdenken Sie selbst den Ablauf genau.

Aus Bild 4.3.2–3 erkennen Sie sofort, wie die bleibende Regelabweichung verkleinert werden kann: Eine Verschiebung des Drehpunktes des Hebels nach rechts ergibt den gleichen Ventilweg bei kleinerem Schwimmerweg, also bei einem kleineren Wert für x_{wb}. Diese Verschiebung des Drehpunktes ist aber nichts anderes als eine Vergrößerung der Reglerübertragungskonstanten K_R, also – da der Stellbereich Y_h unverändert geblieben ist – eine Verkleinerung des Proportionalbereiches.

Bild 4.3.2–4 zeigt, daß bei Vergrößerung von K_R das Überschwingen beim Übergangsvorgang größer wird. Es kann sogar passieren, daß die Schwingungen nicht abklingen, der Regelkreis also instabil wird. Es gilt also „Genauigkeit kontra Stabilität". Im Abschnitt 4.3.4 werden Sie dazu Einzelheiten kennenlernen.

Zur Beschreibung der **statischen Güte** einer Regelung benutzt man den **Regelfaktor R** als Quotienten von bleibender Regelabweichung mit Regelung und Abweichung ohne Regelung. Für P-Strecken ergibt sich der Regelfaktor aus den Übertragungskonstanten von Regelstrecke und Regeleinrichtung gemäß Gleichung (4.3.2–4).

Beachten Sie, daß die Ursache für die bleibende Regelabweichung nicht in der mechanischen Verbindung zwischen x und y, sondern in der starren Kopplung dieser Größen gemäß Gleichung (4.3.2–1) liegt. Also ergeben auch pneumatische und elektronische Regler mit dieser Gleichung eine bleibende Regelabweichung!

Beim P-Regler sind Stellgröße und Regelgröße starr verbunden. Dadurch entsteht die **bleibende Regelabweichung** (Formelzeichen x_{wb}).

Durch Vergrößerung der Reglerübertragungskonstanten K_R wird die bleibende Regelabweichung kleiner.

Allerdings gilt „**Genauigkeit kontra Stabilität**": **Beim Vergrößern von K_R können aufklingende Schwingungen (Instabilität) entstehen.**

Der Regelfaktor R

$$R = \frac{\text{bleibende Regelabweichung mit Regelung}}{\text{Abweichung ohne Regelung}}$$

(4.3.2–3)

beschreibt die statische Güte einer Regelung. Es gilt

$$R = \frac{1}{1 + K_0} \qquad (4.3.2\text{–}4)$$

K_0 ist die Kreisverstärkung, das Produkt aus den Übertragungskonstanten aller im Regelkreis vorhandenen Übertragungsglieder (gilt nur für P-Strecke mit P-Regler).

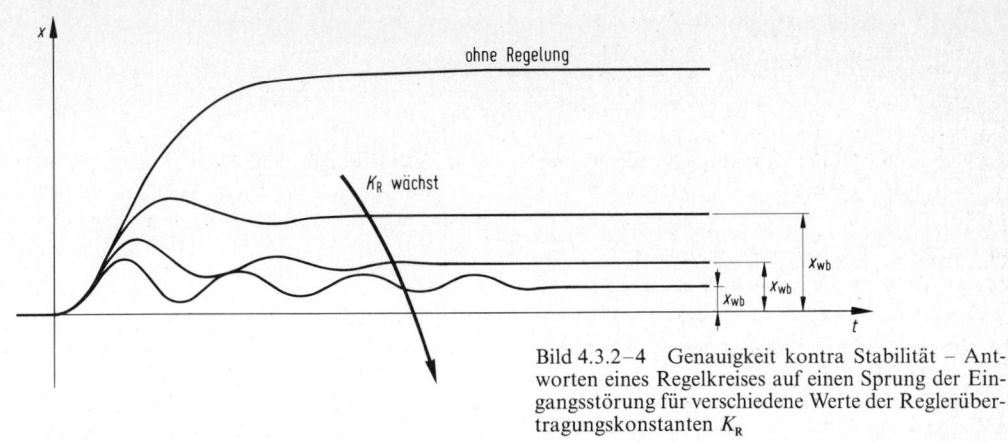

4.3 Einschleifige Regelkreise mit stetigen Reglern

Bild 4.3.2−4 Genauigkeit kontra Stabilität − Antworten eines Regelkreises auf einen Sprung der Eingangsstörung für verschiedene Werte der Reglerübertragungskonstanten K_R

Beispiel 4.3.2−1

In den Abschnitten 4.1.1 und 4.1.2.4 haben Sie die Temperaturregelung einer Kunststoffspritzmaschine betrachtet.

Berechnen Sie die bleibende Regelabweichung für die im Abschnitt 4.1.1 angegebene Störung. Nehmen Sie dazu vereinfachend an, daß eine Änderung der Raumtemperatur zu einer gleichgroßen Änderung der Temperatur des Spritzgutes führt.

Lösung:

Aus dem Signalflußplan der Regelung, den Sie als Bild 4.1.2−8 kennengelernt haben, ergibt sich zunächst der aufgeschnittene Regelkreis (Bild 4.3.2−5b). Dabei ist die Schnittstelle eigentlich gleichgültig, wichtig ist nur die Vereinbarung, daß die Invertierung weggelassen wird. Also schneiden wir gleich bei y auf:

Aus der Größe der Übertragungskonstanten der einzelnen Elemente, die Sie im Kapitel 4.1.2.4 berechnet haben,

$$K_S = 0{,}6 \, \frac{\text{K}}{\text{V}}, \quad K_M = 0{,}4 \, \frac{\text{Ohm}}{\text{K}}, \quad K_R = 12{,}5 \, \frac{\text{V}}{\text{Ohm}}$$

können Sie nun die Kreisverstärkung

$$K_0 = K_S \cdot K_M \cdot K_R = 3$$

und damit den Regelfaktor

$$R = \frac{1}{1 + K_0} = 0{,}25$$

berechnen (oft angegeben als 25%).

Bei der beschriebenen Störung beträgt die Änderung der Regelgröße ohne Regelung

x_{wb} ohne Regelung = 20 K,

die bleibende Regelabweichung also 25% davon:

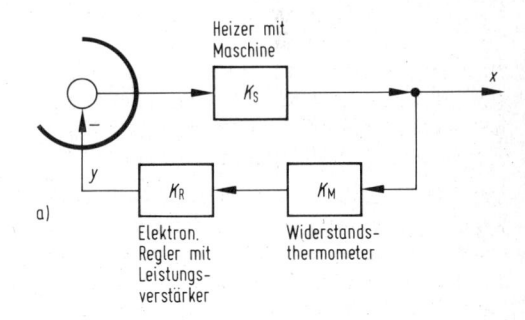

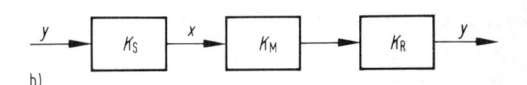

$x_{wb} = 5$ K.

Bild 4.3.2−5 Signalflußplan einer Regelung (Beispiel aus den Kapiteln 4.1.1 und 4.1.2.4)
a) Regelkreis, b) aufgeschnittener Regelkreis

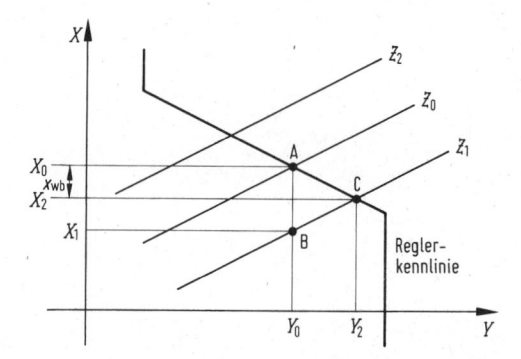

4.3.2.3 Ermittlung der bleibenden Regelabweichung mit Hilfe der statischen Kennlinien von Regelstrecke und Regler

In diesem Kapitel lernen Sie, wie mit Hilfe der statischen Kennlinien von Regelstrecke und Regler die Größe der bleibenden Regelabweichung ermittelt werden kann.

In Bild 4.1.2−3 ist das Kennlinienfeld eines fremderregten Gleichstromgenerators dargestellt. Die Ausgangsgröße (Regelgröße) ist die Klemmenspannung. Eingangsgrößen sind die Stellung des Feldwiderstandes − das ist die Stellgröße − und die Belastung − das ist die Störgröße. Bild 4.3.2−6 zeigt diese Kennlinien, und zwar linearisiert. A ist der Arbeitspunkt im Nennbetrieb: Bei der Stellgröße Y_0 und der Nennbelastung Z_0 entsteht der Wert der Regelgröße X_0. Ändert sich nun die Störung auf den Wert Z_1, gilt die untere Kennlinie. Da Y nicht geändert wird, ergibt sich der neue Arbeitspunkt B mit der Ausgangsgröße X_1; es entsteht ohne Regelung eine Abweichung der Regelgröße vom Arbeitspunkt der Größe $(X_0 - X_1)$.

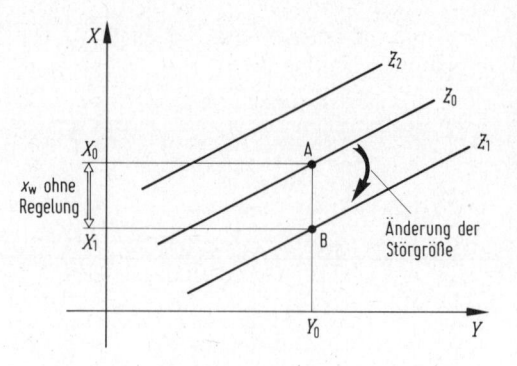

Bild 4.3.2−6 Statische Kennlinien einer Regelstrecke für verschiedene Werte der Störgröße − Entstehung einer Abweichung der Regelgröße bei Änderung der Störgröße

Nun schalten wir an diese Strecke einen P-Regler. Wir zeichnen seine statische Kennlinie (Bild 4.3.2−1) im richtigen Maßstab mit in das Streckenkennlinienfeld ein, indem wir die Arbeitspunkte A aufeinanderlegen und erhalten Bild 4.3.2−7. (Beachten Sie: X ist Ausgangsgröße der Strecke und Eingangsgröße des Reglers, und Y ist die Ausgangsgröße des Reglers und Eingangsgröße der Strecke!) Nun ändert sich Y bei einer Veränderung von X mit: Beim Übergang von der Störung mit dem Wert Z_0 auf den Wert Z_1 entsteht nicht mehr wie bei kontantem Y der Arbeitspunkt B (siehe Bild 4.3.2−6), sondern nun gilt der Arbeitspunkt C, bei dem sich Y auf den Wert Y_2 geändert hat. $(X_0 - X_2)$ ist die bleibende Regelabweichung. Aus Bild 4.3.2−7 sehen Sie, daß diese kleiner ist als die Abweichung ohne Regelung, d. h., der Regelfaktor ist kleiner als Eins.

Mit dieser Methode ist natürlich auch die Aufgabe des Entwurfs eines geeigneten Reglers, genauer gesagt, die Ermittlung der benötigten Reglerübertragungskonstanten, möglich: Die bleibende Regelabweichung bei einer bestimmten Störung sei vorgegeben. Daraus ergibt sich

Bild 4.3.2−7 Ermittlung der bleibenden Regelabweichung mit Hilfe der statischen Kennlinien von Regelstrecke und Regler

Die beschriebene Methode ist ebenfalls anwendbar, um die Reglerübertragungskonstante zu ermitteln, mit der bei einer bestimmten Störung ein vorgegebener Wert der bleibenden Regelabweichung eingehalten wird.

die Lage des Arbeitspunktes C und damit die Steigung der durch die Arbeitspunkte A und C gehenden Reglerkennlinie.

Es ist offensichtlich, daß eine Vergrößerung von K_R (also eine Verkleinerung des Proportionalbereiches X_P) zur Verkleinerung von x_{wb} führt.

Vergrößerung der Reglerübertragungskonstanten K_R (also Verkleinerung des Proportionalbereiches X_P) führt zur Verkleinerung der bleibenden Regelabweichung.

Aus diesen Überlegungen folgt: Die Angabe der Genauigkeit einer Regelung, also z. B. der bleibenden Regelabweichung, hat nur Sinn, wenn auch die Größe der auslösenden Störung bekannt ist.

Übung 4.3.2-2

Bild 4.3.2-8 zeigt die statischen Kennlinien eines fremderregten Gleichstromgenerators. Regelgröße ist die Klemmenspannung u_A, als Stellgröße dient der Strom durch die Feldwicklung i_F, und als Störung wirkt eine Erhöhung der Belastung.
Nennbetrieb ist der Arbeitspunkt A ($i_F = 0{,}355$ A, $u_A = 200$ V, Belastung 2 kW).

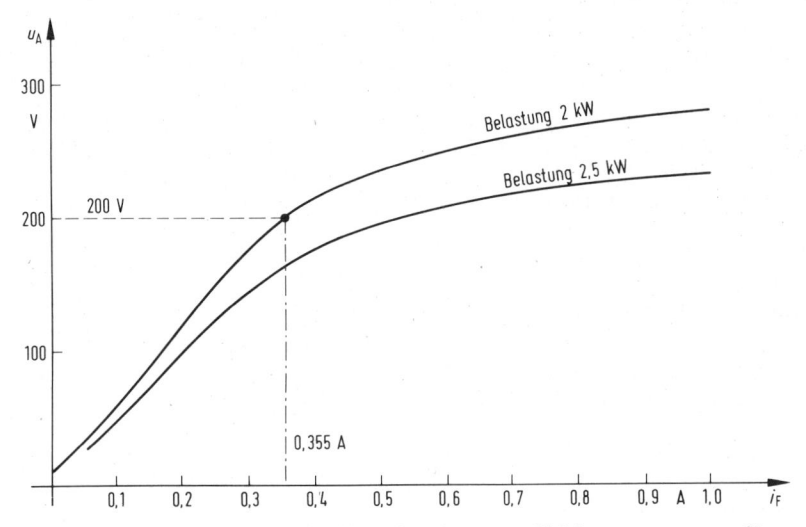

Bild 4.3.2-8 Statische Kennlinien eines fremderregten Gleichstromgenerators für zwei verschiedene Werte der Belastung

a) Bestimmen Sie die Übertragungskonstante der Strecke für diesen Arbeitspunkt.
b) Wie groß ist die Abweichung ohne Regelung für eine Änderung der Belastung von 2 kW auf 2,5 kW?
c) Es wird ein P-Regler mit $K_R = 0{,}005\ \dfrac{\text{A}}{\text{V}}$ benutzt. Wie groß ist die bleibende Regelabweichung bei der gleichen Störung? Wie groß ist der Regelfaktor?
d) Welchen Wert muß K_R besitzen, um für die gleiche Störung eine bleibende Regelabweichung von 6 V zu gewährleisten?

Diese Methode zur Ermittlung des statischen Verhaltens des Regelkreises anhand der Kennlinien von Strecke und Regeleinrichtung ist sehr übersichtlich und anschaulich. Darüber hinaus bietet sie den Vorteil, daß Nichtlinearitäten der statischen Kennlinien keine Schwierigkeiten bereiten. Sie haben das bei der gerade betrachteten Übungsaufgabe ausgenutzt: Die Streckenkennlinien sind merklich gekrümmt. Bei der Ermittlung der bleibenden Regelabweichung wird das ohne zusätzlichen Aufwand berücksichtigt, weil die wirklichen (nichtlinearen) Kennlinien verwendet werden.

4.3.2.4 PD-Regler zur Verbesserung des dynamischen Verhaltens

Zur Verbesserung des dynamischen Verhaltens, zur Verminderung der Neigung zum Überschwingen, wird der P-Regler oft mit einem sog. **Vorhalt** ausgestattet. Der Begriff rührt her vom Schießen auf bewegte Ziele. Bild 4.3.2–9 deutet das an. Um das Ziel, z. B. einen Vogel, zu treffen, darf der Jäger nicht auf das Ziel A halten, sondern er muß Vorhalt geben, damit Geschoß und Ziel im Punkt B aufeinandertreffen. Der Vorhaltwinkel muß offenbar umso größer werden, je schneller sich das Ziel bewegt. Es wird also zur Zielrichtung, die aus dem Ort des Objektes zum Zeitpunkt des Schusses resultiert, ein Anteil addiert, der proportional der Geschwindigkeit des Zieles ist.

Gleiches Verhalten kann ein Regler besitzen. Die Stellgröße setzt sich aus dem P-Anteil (proportional zu x) und aus dem Vorhalt, der proportional der Änderungsgeschwindigkeit der Regelgröße v_x ist, zusammen (Gleichung (4.3.2–5)). Die mathematische Operation dafür heißt Differenzieren. Deshalb nennt man den Regler mit Vorhalt auch **PD-Regler** (Verbindung von Proportionalanteil und differenzierendem Anteil).

Das zeigt auch die Übergangsfunktion des PD-Reglers (Bild 4.3.2–10): Sprungförmige Änderung der Eingangsgröße zum Zeitpunkt $t = 0$ bedeutet unendlich große Änderungsgeschwindigkeit, d.h. einen sehr großen Ausschlag der Stellgröße. Das ist gerade der entscheidende Effekt bei der Verbesserung des dy-

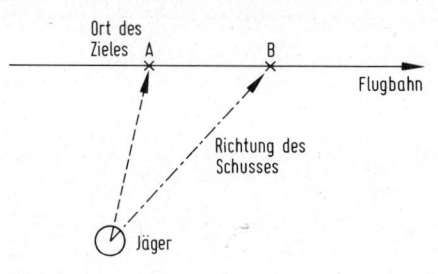

Bild 4.3.2–9
Vorhalt beim Schießen auf ein bewegtes Ziel

Die Gleichung des P-Reglers mit Vorhalt lautet

$$y_R(t) = K_R\,[x(t) + T_v\,v_x(t)]\,. \qquad (4.3.2-5)$$

$v_x(t)$ ist die Geschwindigkeit, mit der sich die Regelgröße ändert. T_v heißt **Vorhaltzeit**.

P-Regler mit Vorhalt nennt man **PD-Regler** (Verbindung von Proportionalanteil und differenzierendem Anteil).

4.3 Einschleifige Regelkreise mit stetigen Reglern

namischen Verhaltens: Einer beginnenden Abweichung wird schneller entgegengehalten als beim P-Regler. Dadurch verringert sich die Überschwingweite. Nach dem Übergangsvorgang, also bei konstanter Regelgröße, verhält sich ein PD-Regler genau wie ein P-Regler. Es entsteht eine bleibende Regelabweichung. Bild 4.3.2–11 zeigt das deutlich.

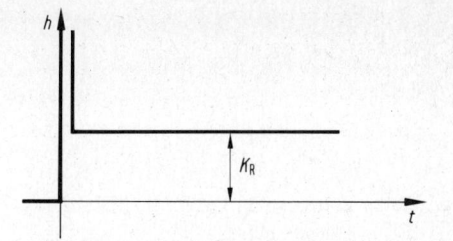

Bild 4.3.2–10 Übergangsfunktion eines PD-Reglers

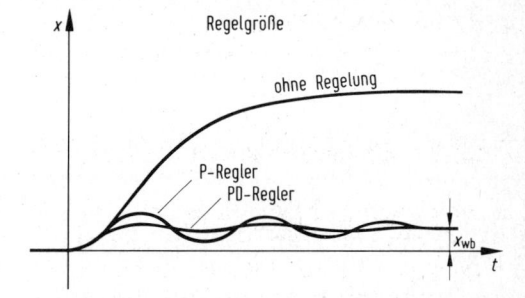

Bild 4.3.2–11 Zeitverlauf der Regelgröße x eines Regelkreises nach sprungförmiger Eingangsstörung mit P- und PD-Regler

Das statische Verhalten des PD-Reglers stimmt mit dem des P-Reglers überein. Deshalb entsteht auch mit dem PD-Regler eine bleibende Regelabweichung.

In zwei Fällen ist die Benutzung des D-Anteils nicht zu empfehlen:
- Bei Strecken mit großer Totzeit bringt er keinen Vorteil.
- Bei häufig und mit hoher Frequenz schwankenden Störgrößen entstehen intensive Stellbewegungen, die zu hohem Verschleiß mechanisch bewegter Teile (z. B. Ventile) führen.

Nicht zu empfehlen ist die Anwendung des D-Anteils bei Strecken mit großer Totzeit und beim Auftreten häufig und mit hoher Frequenz schwankender Störgrößen.

4.3.3 Vermeiden der bleibenden Regelabweichung durch Regler mit I-Anteil

Lernziele

Nach Durcharbeiten dieses Kapitels
- kennen Sie den hydraulischen Regler als Grundform der I-Regler,
- kennen Sie die Bedeutung des Begriffes Stellzeit,
- wissen Sie, warum bei Verwendung von Reglern mit I-Anteil keine bleibende Regelabweichung auftritt,
- kennen Sie die Wirkungsweise von PI- und PID-Reglern,
- kennen Sie die Bedeutung der Begriffe Nachstellzeit T_n und Vorhaltzeit T_v,
- wissen Sie, wie Regler als Verstärker mit Rückführung realisiert werden.

4.3.3.1 Grundformen von I-Reglern

Bild 4.3.3–1 zeigt den prinzipiellen Aufbau eines Reglers mit hydraulischer Hilfsenergie. In der gezeichneten Stellung des Steuerkolbens sind beide Ölkanäle versperrt, der Arbeitskolben ändert seine Stellung nicht. Verschiebt sich mit dem Auftreten einer Regelabweichung der Steuerkolben in eine neue Stellung, so bewegt sich der Arbeitskolben mit konstanter Geschwindigkeit; ihr Wert hängt von der Größe der Auslenkung des Steuerkolbens ab.

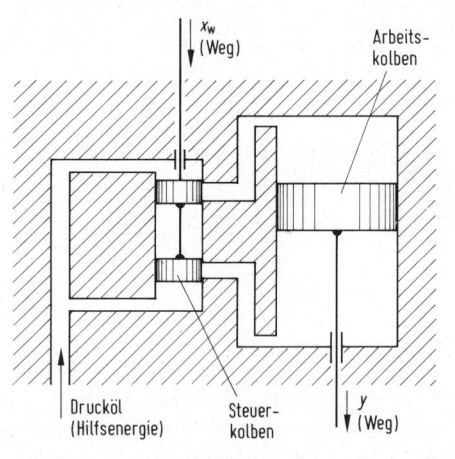

Bild 4.3.3–1 Prinzipskizze eines hydraulischen Reglers – Grundform der I-Regler

Die Geschwindigkeit des Arbeitskolbens v_y ist der Auslenkung des Steuerkolbens proportional, es gilt

$$v_y = K_{IR} \cdot x_w. \tag{4.3.3-1}$$

Ändert man die Regelabweichung sprungförmig, so entsteht bei y ein zeitlinearer Anstieg (Bild 4.3.3–2). Dieses Verhalten haben Sie bereits im Abschnitt 4.2.2 kennengelernt (Bild 4.2.2–4). Also handelt es sich genau wie dort um **Integralverhalten**, das durch die Gleichungen (4.3.3–1) oder (4.3.3–2) beschrieben wird. K_{IR} ist die integrale Übertragungskonstante, die aus dem Anstieg der Sprungantwort oder aus der statischen Kennlinie ermittelt wird. Wiederholen Sie dazu Abschnitt 4.2.2.

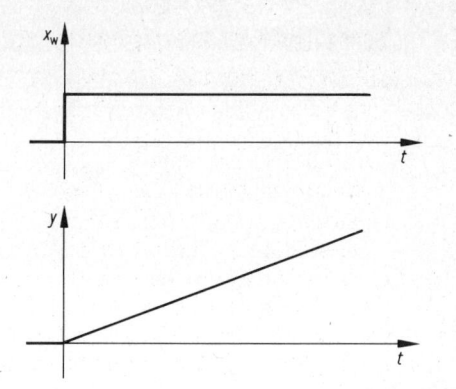

Bild 4.3.3-2 Sprungantwort des hydraulischen Reglers

Die Gleichung des I-Reglers lautet

$$y(t) = K_{IR} \int x_w(t)\,dt, \qquad (4.3.3-2)$$

K_{IR}: integrale Übertragungskonstante des Reglers.

Zur Beschreibung der Eigenschaften des I-Reglers wird häufig der Kennwert **Stellzeit T_y** verwendet:

Die **Stellzeit T_y** ist die Zeit, die die Stellgröße benötigt, um bei maximal möglicher Stellgeschwindigkeit den Stellbereich zu durchlaufen. Es gilt

$$T_y = \frac{Y_h}{v_{y\,max}}. \qquad (4.3.3-3)$$

Übung 4.3.3-1

Die Ölpumpe eines hydraulischen Reglers erlaubt einen maximalen Ölstrom von 10 l/min. Der Arbeitskolben hat einen Durchmesser von 100 mm und kann einen Weg von 300 mm zurücklegen. Wie groß ist die Stellzeit?

I-Verhalten der Regeleinrichtung gibt es nicht nur als hydraulischen Regler, sondern außerdem überall dort, wo Ventile oder andere **Stellglieder mit Elektromotoren betätigt werden**. Da hierbei die Stellung des Ventils dem Drehwinkel der Motorachse entspricht, liegt I-Verhalten vor. Man kann den integralen Stellantrieb sowohl zur Strecke als auch zum Regler rechnen.

Bei unserem Beispiel der Temperaturregelung (Bild 2.2.4-5) handelt es sich ebenfalls um eine solche Anordnung. Wir wollen dabei für die folgenden Rechnungen den integralen Stellantrieb zum Regler hinzurechnen.

Bei modernen Anlagen entsteht **I-Verhalten der Regeleinrichtung** meist dadurch, daß **integrale Stellantriebe** verwendet werden (z. B. **elektromotorisch angetriebene Ventile**), wobei man diesen Stellantrieb im allgemeinen als zum Regler gehörend betrachtet.

4.3.3.2 Wirkung des I-Reglers im Regelkreis

Im Abschnitt 4.3.2.2 haben Sie gelernt, daß durch die starre Kopplung zwischen Regelgröße und Stellgröße beim Regelkreis mit P-Regler eine bleibende Regelabweichung entsteht. Wie verhält sich nun der Regelkreis, wenn ein I-Regler verwendet wird? Es liegt keine starre Kopplung zwischen x und y vor. Wenn Sie Übung 4.2.2-1 richtig gelöst haben, stellten Sie fest, daß bei I-Verhalten für $x_e = 0$ (also im Regelkreis $x_w = 0$) die Ausgangsgröße verschiedene Werte annehmen kann, lediglich ist in Übereinstimmung mit Gleichung (4.3.3-1) jeweils die Änderungsgeschwindigkeit der Stellgröße v_y Null; y ändert sich nicht. Die Folge davon ist, daß die bleibende Regelabweichung zu Null wird, denn y kann einen neuen Wert (zum Ausgleich der Wirkung der Störung) annehmen, ohne daß x eine Abweichung haben muß. Natürlich bedarf es eines Übergangsvorganges, damit y diese neue Stellung annehmen kann – aber es tritt keine bleibende Abweichung auf. Bild 4.3.1-2 zeigt bereits diesen Sachverhalt, allerdings für einen etwas komplizierteren Regler (PI-Regler, den Sie im nächsten Kapitel kennenlernen werden) – entscheidend dabei ist der I-Anteil.

Ein **Sonderfall** ist nun noch zu betrachten: An I-Strecken (z. B. der Füllstandsstrecke in Bild 4.3.2-3) dürfen I-Regler nicht verwendet werden, weil sich Dauerschwingungen der Regelgröße ergeben. Man nennt das **Strukturinstabilität**, weil die Schwingungen durch Änderung der Parameter von Strecke und Regler nicht vermieden werden können.

I-Regler (oder, allgemein gesagt, Regler mit I-Anteil) ergeben eine bleibende Regelabweichung von Null, da die Stellgröße nach einem Übergangsvorgang den zur Beseitigung der Wirkung der Störung nötigen anderen Wert annehmen kann, obwohl x_w wieder zu Null geworden ist. Es liegt also keine starre Kopplung zwischen x (bzw. x_w) und y vor.

Ein Sonderfall ist wichtig: I-Regler dürfen nicht an I-Strecken verwendet werden, da dabei Dauerschwingungen entstehen würden (sog. Strukturinstabilität).

4.3.3.3 Verwendung von PI- und PID-Reglern

Bild 4.3.3-3 zeigt Zeitverläufe der Regelgröße nach sprungförmiger Störung am Streckeneingang (z_1) mit verschiedenen Reglern, die alle I-Anteil besitzen.

Sie sehen, daß keine bleibende Regelabweichung vorhanden ist ($x_{wb} = 0$).

Das dynamische Verhalten ist sehr unterschiedlich. Am ungünstigsten ist der reine I-Regler (sehr große maximale Regelabweichung). Das ist der Grund, warum man diesen Reglertyp nur sehr selten einsetzt. Wesentlich besseres

Ein Regelkreis mit PI-Regler zeigt wesentlich besseres dynamisches Verhalten als bei Verwendung eines I-Reglers.

Bild 4.3.3-3 Regelverläufe nach Sprung der Störung am Streckeneingang (z_1) mit verschiedenen Reglern mit I-Anteil

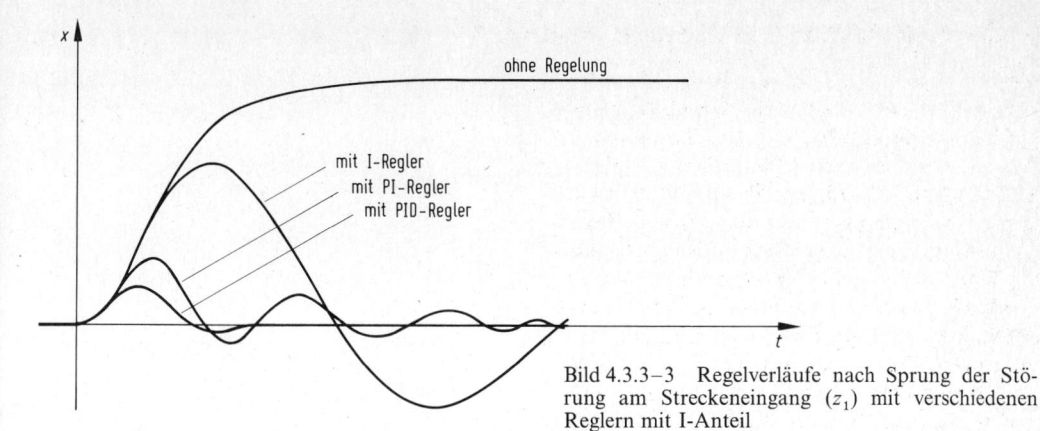

Verhalten ergibt sich mit einem **PI-Regler**. Er ist eine **Kombination von P- und I-Regler**. Sein Verhalten wird von Gleichung (4.3.3-4) beschrieben. Den Kennwert T_n nennt man **Nachstellzeit**. Die Übergangsfunktion (Bild 4.3.3-4) zeigt deutlich die Addition von P-Anteil (Sprung) und I-Anteil (zeitlinearer Anstieg). Die Nachstellzeit T_n ist genau die Zeit, die der I-Anteil benötigt, um die gleiche Änderung hervorzurufen wie der P-Anteil sofort nach dem Sprung.

Da die schraffierten Dreiecke gleich groß sind, kann man T_n auch aus der Verlängerung des zeitlinearen Anstieges ablesen: T_n ist der Abstand des Schnittpunktes dieser Geraden mit der t-Achse vom Ursprung. Die Übergangsfunktion läßt erkennen, warum mit PI-Regler ein geringeres Überschwingen der Regelgröße erfolgt als mit dem I-Regler: Der P-Anteil greift sofort ein und vermindert die Regelabweichung sehr viel schneller, als dies der (langsame) I-Anteil allein vermag.

Ein PI-Regler gehorcht der Gleichung

$$y(t) = K_R \left[x_w(t) + \frac{1}{T_n} \int x_w(t)\,dt \right], \quad (4.3.3-4)$$

stellt also eine Kombination von P- und I-Anteil dar.

T_n heißt die **Nachstellzeit**.

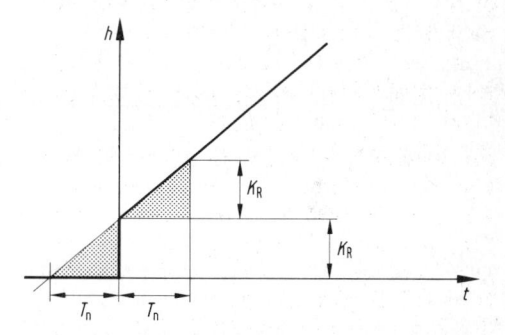

Bild 4.3.3-4 Übergangsfunktion des PI-Reglers – Ermittlung der Nachstellzeit T_n

Übung 4.3.3-2

Zur Ermittlung der Kennwerte wurde die Sprungantwort eines industriellen PI-Reglers gemessen, indem die Eingangsgröße vom Sollwert 30 mV auf 50 mV verändert wurde. Es ergab sich folgender Zeitverlauf:

t in s	<0	0	5	10	15	20
y in mA	10	13	12	15	16	17

Zeichnen Sie Sprungantwort und Übergangsfunktion. Ermitteln Sie die eingestellten Werte K_R und T_n.

Eine weitere Verbesserung des dynamischen Verhaltens des Regelkreises ergibt sich (siehe Bild 4.3.3–3), **wenn ein Vorhalt hinzugenommen wird, d.h. ein PID-Regler zum Einsatz kommt.** Die Übergangsfunktion entsteht durch Addition der Verläufe des PI- und des PD-Reglers (Bild 4.3.3–5). Sie sehen den großen Stellausschlag zum Zeitpunkt des Sprunges der Eingangsgröße ($t = 0$). Dadurch entsteht – genau wie beim PD-Regler – die rasche Gegenwirkung bei einer beginnenden Abweichung der Regelgröße; das geschieht – ebenfalls genau wie beim PD-Regler – durch intensive Stellbewegungen. Der I-Anteil sorgt dann für die Vermeidung der bleibenden Regelabweichung genau in der gleichen Weise, wie Sie es sich bei der Verwendung eines I-Reglers klargemacht haben.

Der PID-Regler wird durch die Gleichung

$$y(t) = K_R \left[x_w(t) + \frac{1}{T_n} \int x_w(t)\,dt + T_v \cdot v_x(t) \right]$$

(4.3.3–5)

beschrieben.

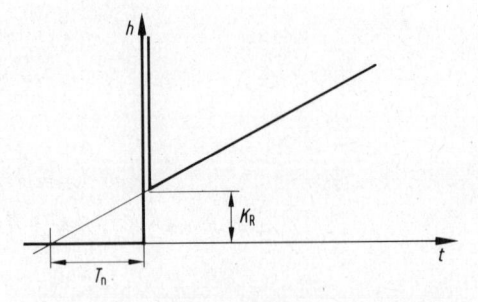

Bild 4.3.3–5   Übergangsfunktion des PID-Reglers

PI- und PID-Regler nennt man Regler mit I-Anteil. Sie ergeben $x_{wb} = 0$. PI- und PID-Regler erzeugen wesentlich bessere Übergangsvorgänge der Regelgröße als ein reiner I-Regler.

Aus den im Bild 4.3.3–3 angegebenen Störsprungantworten des Regelkreises ist noch eine weitere wichtige Eigenschaft erkennbar: **Der Zeitverlauf mit Regelung kann niemals schneller sein als der ohne Regelung.** Ursache dafür ist die Rückkopplungsstruktur: Eine Störung ruft eine Änderung der Regelgröße, eine Regelabweichung, hervor. Sie bewirkt einen Stelleingriff, der sich wegen der Verzögerung der Strecke erst nach und nach an der Regelgröße bemerkbar macht. Deshalb beginnen alle Kurven mit dem gleichen Verlauf.

Aus den angegebenen Zeitverläufen lassen sich einige Empfehlungen für die Wahl des Reglerzeitverhaltens ableiten:

Wegen der jeder Regelung zugrunde liegenden Rückkopplungsstruktur kann die Antwort des Regelkreises niemals schneller verlaufen als die der Strecke allein. Es entsteht stets eine vorübergehende Regelabweichung (siehe Bild 4.3.3–3).

Empfehlungen für die Wahl des Reglerzeitverhaltens:

1. P-Regler ergeben eine bleibende Regelabweichung, bei Verwendung von Reglern mit I-Anteil wird sie vermieden.
2. I-Regler werden nur aus gerätetechnischen Gründen verwendet: Neben hydraulischen Anordnungen zur Erzielung großer Stellkräfte sind das vor allem elektromotorische Antriebe für die Stellglieder. Den Stellantrieb rechnet man meist zum Regler hinzu, so daß insgesamt ein I-Regler entsteht.

3. Ein **Sonderfall** muß unbedingt beachtet werden: **An einer I-Strecke darf kein I-Regler eingesetzt werden**, weil diese Kombination **strukturinstabil** ist: Dabei entstehen unabhängig von der Wahl der Reglereinstellung **Dauerschwingungen**.
4. An I-Strecken ergeben PI- und PID-Regler schlechtes dynamisches Verhalten. An I-Strecken sollten deshalb vorzugsweise P- oder PD-Regler verwendet werden.
5. Die Hinzunahme eines D-Anteils (PD- statt P-Regler bzw. PID- statt PI-Regler) verbessert das dynamische Verhalten. Dieser Effekt tritt jedoch nur merklich in Erscheinung, wenn keine zu große Totzeit in der Strecke vorhanden ist, und er wird durch intensive Stellgrößenänderungen erzeugt, was u. U. zu erheblich höherem Verschleiß mechanisch bewegter Stellglieder führt.

4.3.3.4 Realisierung von Reglern

Die mechanischen Regler ohne Hilfsenergie für Füllstand und Drehzahl sind P-Regler. Hydraulische Regler besitzen I-Verhalten. Die kombinierten Funktionen werden durch **Verstärker mit Rückführung** realisiert.

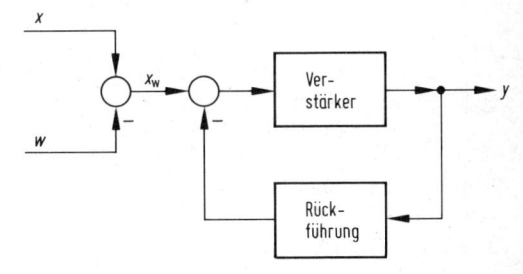

Bild 4.3.3–6 Struktur eines Reglers – Verstärker mit Rückführung

Im **Vorwärtszweig wird ein Verstärker** (aktives Element) und im **Rückführzweig ein passives Netzwerk**, im allgemeinen aus Widerständen und Kondensatoren bestehend, eingesetzt.

Eine derartige Schaltung hat den Vorteil, daß das Zeitverhalten nahezu allein von der Rückführung bestimmt wird. Geringe Nichtlinearitäten, Alterungen, Verschmutzungen (Pneumatik) u. a. unangenehme Effekte, die bei aktiven Elementen viel häufiger auftreten als bei passiven, beeinflussen also das Gesamtverhalten des Reglers (nahezu) nicht.

Als Verstärker werden benutzt:
– elektronische Verstärker
 (Verstärkung einige tausend bis einige zehntausend, in Sonderfällen 10^{15} und mehr),
– pneumatische Verstärker auf der Basis Düse – Prallplatte,
 (Verstärkung einige hundert bis etwa tausend)
– hydraulische Strahlrohrregler als Integratoren (in modernen Anlagen selten).

Benutzt man Verstärker mit unendlich großer Verstärkung, so entstehen die idealen Reglerfunktionen gemäß Gleichung (4.3.3–5). Tabelle 4.3.3–1 gibt einen Überblick, welche Rückführungen für die Grundtypen von Reglern erforderlich sind, sowie als Beispiel die RC-Netzwerke für elektronische Realisierung. Benutzt man davon abweichende Eigenschaften des Vorwärtszweiges, so ergeben sich mit den jeweiligen Rückführungen die gleichen Reglergrundtypen, jedoch mit mehr oder weniger großen Abweichungen gegenüber den dargestellten Verläufen. Je größer die Vorwärtsverstärkung ist, desto geringer sind die Abweichungen vom idealen Verlauf.

Die idealen Reglerfunktionen entstehen nur mit Verstärker mit unendlich großer Verstärkung im Vorwärtszweig. Werden andere Verstärker benutzt, ergeben sich Abweichungen vom idealen Verhalten, die mit wachsender Verstärkung kleiner werden.

Tabelle 4.3.3–1 Rückführungen und Reglerfunktionen bei Verstärker mit unendlich großer Verstärkung im Vorwärtszweig

Typ	Rückführung $h(t)$	RC-Netzwerk	Regler Typ	$h(t)$
P_0 - starr -	(Sprung konstant)	Widerstand	P	(Sprung)
$P-T_1$ - verzögert -	(exponentieller Anstieg)	Widerstand, Kondensator	PD	(Impuls + Sprung)
$D-T_1$ - nachgebend -	(Abklingen)	Kondensator, Widerstand	PI	(Sprung + Rampe)
$D-T_2$ - nachgebend verzögert -	(Anstieg und Abklingen)	Widerstand, Kondensator, Widerstand	PID	(Impuls + Sprung + Rampe)

Der Verstärker kehrt gewissermaßen den Zeitverlauf der Rückführung um: Bei einer nachgebend verzögerten Rückführung ist im ersten Moment diese unwirksam, so daß ein großer Stellausschlag – der D-Impuls – entsteht. Dann wirkt die Rückführung. Langfristig wird sie wieder unwirksam – es entsteht der langsame Anstieg des I-Anteils.

4.3 Einschleifige Regelkreise mit stetigen Reglern

Moderne Geräte und Prozeßleitsysteme besitzen als zentrale Verarbeitungseinheit Mikrorechner. Die Reglerfunktionen sind dabei als Programm realisiert. Dadurch können zusätzliche Funktionen verwirklicht werden, z. B. Alarmmeldungen, Sollwertferneinstellungen, Korrektur nichtlinearer Kennlinien und Anschluß komfortabler Anzeigeeinrichtungen, z. B. von Farbbildschirmen. Der Benutzer muß diese Regler **konfigurieren**, d. h., er wählt aus den vom Hersteller implementierten Programmodulen die für seinen Anwendungszweck gewünschten aus. Dies geschieht im Dialog mit dem Rechnerregler.

Eine Besonderheit von Mikrorechnerreglern besteht darin, daß sie getastet arbeiten. Im Abschnitt 4.3.6 werden Sie lernen, welche Konsequenzen sich daraus für die Reglereinstellung ergeben.

Moderne Regler und Prozeßleitsysteme benutzen Mikrorechner als zentrale Verarbeitungseinheit. Dies erlaubt die Realisierung vielfältiger Zusatzfunktionen. Der Anwender **konfiguriert** das Gerät, indem er im Dialog mit dem Rechner aus dem vom Hersteller implementierten Vorrat von Programmodulen die für seinen Anwendungszweck geeigneten auswählt.

4.3.4 Stabilität

Lernziele

Nach Durcharbeiten dieses Kapitels
- wissen Sie, was unter stabilen und instabilen Regelkreisen zu verstehen ist,
- kennen Sie die Bedeutung der Begriffe $K_{R\,krit}$ und T_{krit}, und Sie können diese Werte für Regelkreise mit verschiedenen Strecken ermitteln,
- kennen Sie den Begriff „Strukturinstabilität" und wissen, daß wegen dieser Eigenschaft die Verwendung von I-Reglern an I-Strecken unmöglich ist.

Im vorigen Abschnitt haben Sie gesehen, daß bei einer Vergrößerung der Reglerübertragungskonstanten die Dämpfung der sich ergebenden Schwingungen kleiner wird. Vergrößert man K_R noch weiter, können sogar aufklingende Schwingungen entstehen. Bild 4.3.4–1 zeigt Sprungantworten nach Eingangsstörung, die dies verdeutlichen: Regelkreise, bei denen die **Übergangsvorgänge abklingen**, die Sprungantwort also auf einen konstanten Wert geht, nennt man **stabil**.

An der Stabilitätsgrenze entstehen Dauerschwingungen mit konstanter Amplitude. Man nennt $K_{R\,krit}$ (oder $K_{R\,kritisch}$) die kritische Reglerübertragungskonstante, die Reglerübertragungskonstante an der Stabilitätsgrenze, und T_{krit} (oder $T_{kritisch}$) die Schwingungsdauer dieser Schwingungen an der Stabilitätsgrenze.

Beim Vergrößern der Reglerübertragungskonstanten können Regelkreise instabil werden.

Eine Regelung ist stabil, wenn die Übergangsvorgänge abklingen, d. h. die Sprungantwort des Regelkreises für $t \to \infty$ einen konstanten Wert erreicht.

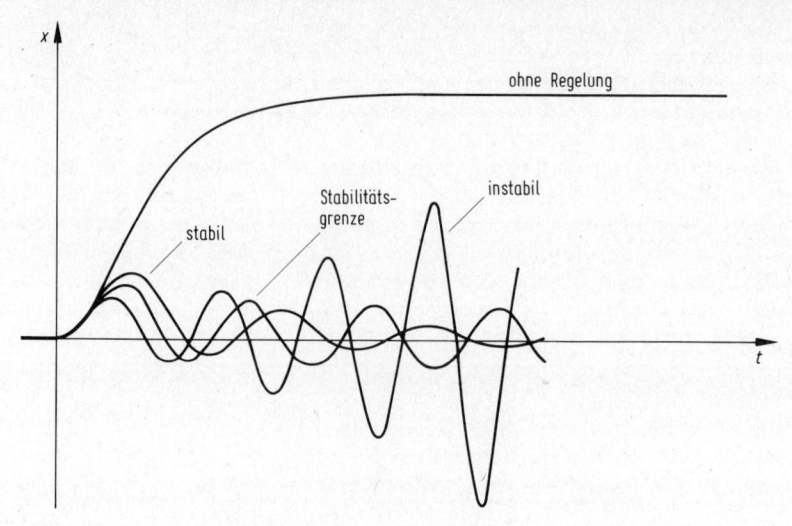

Bild 4.3.4–1 Störsprungantworten eines Regelkreises

Bei instabilen Regelkreisen klingen die Übergangsvorgänge nicht ab, es entstehen Schwingungen mit wachsender Amplitude.

Es ist offensichtlich, daß für technische Anlagen nur stabile Regelungen in Frage kommen. **Stabilität muß durch entsprechende Wahl des Reglerverhaltens und geeignete Bemessung der Reglereinstellwerte gesichert werden.**

In Bild 4.3.4–2 ist für P-T_1-T_t-Strecken dargestellt, wie groß die kritische Verstärkung in Abhängigkeit vom Verhältnis $\frac{T_t}{T_1}$ ist. Sie sehen, daß für wachsende Größe der Totzeit $K_{0\,krit}$ schnell kleiner wird. Deshalb sind Strecken mit großem Totzeitanteil schlecht regelbar.

An der Stabilitätsgrenze entstehen Dauerschwingungen. Die Reglerübertragungskonstante, bei der dies auftritt, nennt man die „kritische", d. h. $K_{R\,krit}$ (oder $K_{R\,kritisch}$). Die Dauerschwingungen besitzen die Schwingungsdauer T_{krit} (oder $T_{kritisch}$).

Bei instabilen Regelkreisen (jenseits der Stabilitätsgrenze) entstehen Schwingungen mit wachsender Amplitude.

Für technische Anlagen muß durch entsprechende Wahl des Reglerverhaltens und geeignete Bemessung der Reglereinstellwerte Stabilität gewährleistet werden.

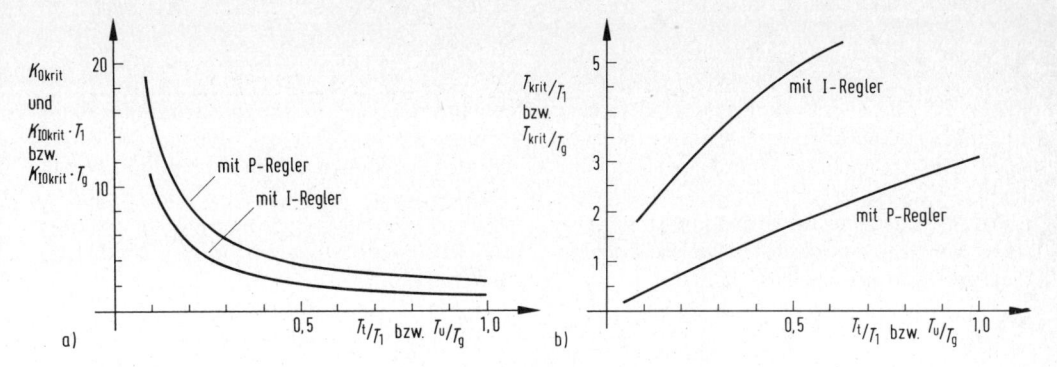

Bild 4.3.4–2   Stabilitätsgrenze für P-T_1-T_t-Strecke (P-T_g-T_u-Strecke) mit P- und I-Regler
a) $K_{0\,krit} = K_S \cdot K_{R\,krit}$ bei P-Regler; $K_{10\,krit} \cdot T_1 = K_S \cdot K_{IR\,krit} \cdot T_1$ bei I-Regler; b) T_{krit}/T_1 bzw. T_{krit}/T_g

Das Vorhandensein von Totzeitanteilen vermindert erheblich den Wert für $K_{R\,krit}$. Bei Verwendung von P-Reglern an P-Strecken entsteht dadurch eine größere bleibende Regelabweichung. Dies beschreibt man mit dem Begriff **Regelbarkeit (Regelbarkeitsindex)**:

Eine P-Strecke ist

gut regelbar für $\dfrac{T_1}{T_t} > 10$

einigermaßen gut regelbar für $\dfrac{T_1}{T_t} > 6$

(4.3.4–1)

schlecht regelbar für $\dfrac{T_1}{T_t} < 3$.

Sie erkennen ferner, daß ein **I-Regler schlechteres dynamisches Verhalten des Regelkreises ergibt als ein P-Regler**: Der Zahlenwert von $K_{10\,krit}$ ist kleiner als der von $K_{0\,krit}$, und T_{krit} ist größer. Also entstehen langsamere Regelvorgänge mit größerem Überschwingen. In Bild 4.3.3–3 war der Sachverhalt auch schon deutlich erkennbar; PI- oder PID-Regler ergeben weitaus bessere Übergangsvorgänge. Deshalb benutzt man reine I-Regler nur, wenn man es aus gerätetechnischen Gründen nicht vermeiden kann (hydraulische Regler oder elektromotorisch angetriebene Stellglieder).

Ein I-Regler ergibt schlechteres dynamisches Verhalten des Regelkreises als ein P-Regler: Der Zahlenwert für $K_{10\,krit}$ ist kleiner als der für $K_{0\,krit}$, und T_{krit} ist größer.

Dies bedeutet: Die Übergangsvorgänge in einem Regelkreis mit I-Regler verlaufen relativ langsam (mit größerer Periodendauer) und besitzen große Überschwingweite.

Auch für Regelkreise mit I-Regler gilt: Je größer T_t im Vergleich zu T_1 wird, desto schlechter ist die Strecke regelbar. Ob ein Regelkreis stabil oder instabil ist, hängt einzig und allein vom dynamischen Verhalten der Elemente des Kreises ab: Die Art und Größe der Einwirkung auf den Regelkreis, also die Frage, ob sich die Führungs- oder eine Störgröße ändert, hat keinerlei Bedeutung. **Stabilität ist also bei linearen Systemen eine Systemeigenschaft.**

Stabilität ist eine Systemeigenschaft des Regelkreises. Sie wird durch das dynamische Verhalten der Elemente des Kreises bestimmt. Die Art und Größe der Einwirkung auf den Regelkreis (z. B. Führungs- oder Störgrößenänderung) hat bei linearen Systemen keinen Einfluß auf die Stabilität.

Schließlich nochmals der Hinweis auf einen wichtigen **Sonderfall**: Verwendet man einen I-Regler an einer I-Strecke, so entstehen bei beliebigen Reglereinstellungen Dauerschwingungen. Ein solcher Regelkreis ist überhaupt nicht stabilisierbar, für praktische Anwendungen also ungeeignet.

Da Instabilität bei dieser Kombination bereits durch die Struktur (unabhängig von der Wahl der Parameter, z. B. der Reglereinstellwerte) gegeben ist, nennt man dies **Strukturinstabilität**.

I-Strecke mit I-Regler ist das wichtigste Beispiel für strukturinstabile Regelkreise. Auch die Hinzunahme von Verzögerungen ändert nichts an diesem Verhalten, alle derartigen Regelkreise sind strukturinstabil.

Verwendet man an einer I-Strecke einen I-Regler, so entstehen Dauerschwingungen; der Regelkreis ist – unabhängig von der Wahl der Parameter – stets instabil. Man nennt das Strukturinstabilität.

4.3.5 Berechnung optimaler Reglereinstellwerte

Lernziele

Nach Durcharbeiten dieses Kapitels
- kennen Sie die Zielstellung zur optimalen Einstellung von Regelkreisen,
- können Sie verschiedene Vorgehensweisen zur Ermittlung optimaler Einstellwerte angeben und mittels Tabellen die Reglerparameter berechnen,
- kennen Sie Vorzüge und Nachteile verschiedener Verfahren zur Berechnung optimaler Einstellwerte.

Im vorigen Abschnitt haben Sie gelernt, daß ein Regelkreis instabil werden, also nach einer Änderung von Führungs- oder Störgrößen aufklingende Schwingungen ausführen kann (Bild 4.3.4–1). Das muß für technische Anlagen selbstverständlich vermieden werden; es ist durch geeignete Wahl der Reglereinstellwerte dafür zu sorgen, daß der Regelkreis stabil ar-

4.3 Einschleifige Regelkreise mit stetigen Reglern

beitet. Kommt man aber mit der Einstellung nahe an die Stabilitätsgrenze, so sind die entstehenden Schwingungen so wenig gedämpft, daß die Übergangsvorgänge sehr unruhig verlaufen, sehr lange Beruhigungszeiten besitzen. Die Forderung nach Stabilität der Regelung muß also modifiziert werden:

Für Regelungen der industriellen Praxis genügt die Gewährleistung von Stabilität nicht, sondern es wird gefordert, daß die Übergangsvorgänge schnell abklingen und keine zu großen Überschwingweiten auftreten. Solche Übergangsvorgänge, z. B. mit Beruhigung nach 3 bis 5 Schwingungen, nennt man optimal.

In den Tabellen 4.3.5–1, 4.3.5–2 und 4.3.5–3 sind drei einfach zu handhabende Vorgehensweisen zur Berechnung von Reglereinstellwerten, die optimale Übergangsvorgänge ergeben, zusammengefaßt. Das älteste Verfahren ist das von *Ziegler/Nichols*, es wurde 1942 ausgearbeitet[1]. Man geht davon aus, daß die gesamte Anlage mit der Regelung betriebsfähig vorliegt, schaltet den vorhandenen Regler als P-Regler und erhöht K_R von kleinen Werten aus bis an die Stabilitätsgrenze. Mit diesem Wert für $K_R = K_{R\,krit}$ entstehen stationäre Dauerschwingungen mit der Schwingungsdauer T_{krit}. Aus diesen beiden Werten ergeben sich die Reglerparameter K_R, T_n und T_v (Tab. 4.3.5–1). Sie erkennen z. B. bei einem P-Regler sehr deutlich die Tendenz, daß K_R um ein „vernünftiges Maß" gegenüber $K_{R\,krit}$ verkleinert werden muß, um genügend schnell abklingende Vorgänge zu erreichen. Der Nachteil des Verfahrens ist offensichtlich: Um $K_{R\,krit}$ und T_{krit} tatsächlich an der Anlage zu messen, muß der Regelkreis über die Dauer von mehreren Schwingungen an der Stabilitätsgrenze betrieben werden; das ist eine beträchtliche, für viele Anlagen unzulässige Belastung.

Bei Messungen an einer Anlage muß außerdem gesichert werden, daß keines der Signale im Regelkreis (meist ist das zuerst beim Stellsignal der Fall) Begrenzungen oder Anschläge erreicht.

In den Tabellen 4.3.5–1, 4.3.5–2 und 4.3.5–3 sind drei einfach zu handhabende Vorgehensweisen zur Berechnung optimaler Einstellwerte zusammengefaßt.

Sie unterscheiden sich dadurch, daß

– unterschiedliche Kenntnisse über die Strecke vorliegen müssen, die durch Messungen am Regelkreis bzw. der Ersatzregelstrecke zu beschaffen sind und

– Forderungen des speziellen technologischen Prozesses unterschiedlich gut Berücksichtigung finden können.

Das Verfahren von *Ziegler/Nichols* ist das älteste (veröffentlicht 1942). Es geht davon aus, den Regelkreis mit P-Regler an die Stabilitätsgrenze zu bringen und aus den Werten von $K_{R\,krit}$ (K_R an der Stabilitätsgrenze) und T_{krit} (Schwingungsdauer der Schwingungen an der Stabilitätsgrenze) die Reglereinstellwerte zu berechnen (Tab. 4.3.5–1). Der Nachteil des Verfahrens ist, daß man den Regelkreis mit Dauerschwingungen betreiben muß.

---

[1] Originalliteratur: *Ziegler, J.G.; Nichols, H.B.*: Optimum settings for automatic controllers. Trans. ASME 64 (1942), S. 759—767.

Tabelle 4.3.5-1   Reglereinstellung nach *Ziegler/Nichols*

Gleichung des PID-Reglers:

$$y(t) = K_R \left[x_w(t) + \frac{1}{T_n} \int x_w(t) \, dt + T_v \cdot v_x(t) \right]$$

Vorgehensweise:
- Regler als P-Regler schalten ($T_n \to \infty$, $T_v = 0$)
- $K_{R\,krit}$ und T_{krit} ermitteln (durch direkte Messung am Regelkreis oder mittels Abb. 4.3.4-2)

Reglereinstellung:
P-Regler: $K_R = 0{,}5 \, K_{R\,krit}$
PI-Regler: $K_R = 0{,}45 \, K_{R\,krit}$, $T_n = 0{,}85 \, T_{krit}$
PID-Regler: $K_R = 0{,}6 \, K_{R\,krit}$, $T_n = 0{,}5 \, T_{krit}$, $T_v = 0{,}12 \, T_{krit}$

Anwendungsbereich:
- langsame Änderungen der Störgröße
- Eingangsstörungen
- ungeeignet bei Änderungen der Führungsgröße

Eigenschaften der Zeitverläufe:
- Beruhigung nach etwa 3 bis 5 Schwingungen
- Überschwingweite etwa 20 %

Bemerkung:
Die Einstellempfehlung $K_R = 0{,}5 \cdot K_{R\,krit}$ gilt nicht nur für die Verwendung von P-Reglern an P-Strecken, sondern auch für sogenannte I-Ketten, d. h. für die Verwendung von P-Reglern an I-Strecken und für den Einsatz von I-Reglern an P-Strecken.

Tabelle 4.3.5-2   Reglereinstellung nach *Oppelt*

Gleichung des PID-Reglers:

$$y(t) = K_R \left[x_w(t) + \frac{1}{T_n} \int x_w(t) \, dt + T_v \cdot v_x(t) \right]$$

Vorgehensweise:
Aus der Übergangsfunktion der Ersatzregelstrecke werden Übertragungskonstante K_S, Verzugszeit T_u und Ausgleichszeit T_g ermittelt.

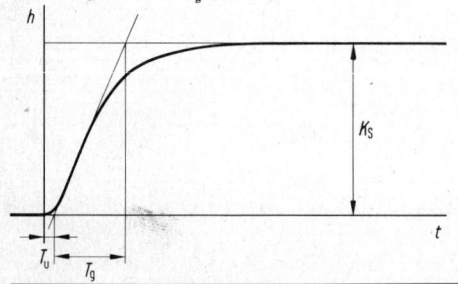

Reglereinstellung:
P-Regler: $K_R = \dfrac{1}{K_S} \cdot \dfrac{T_g}{T_u}$
PI-Regler: $K_R = \dfrac{0{,}8}{K_S} \cdot \dfrac{T_g}{T_u}$, $T_n = 3 \, T_u$
PD-Regler: $K_R = \dfrac{1{,}2}{K_S} \cdot \dfrac{T_g}{T_u}$, $T_v = 0{,}25 \, T_u$
PID-Regler: $K_R = \dfrac{1{,}2}{K_S} \cdot \dfrac{T_g}{T_u}$, $T_n = 2 \, T_u$, $T_v = 0{,}42 \, T_u$

Anwendungsbereich:
- wie bei *Ziegler/Nichols*
- nur für P-Strecken

Eigenschaften der Zeitverläufe:
wie bei *Ziegler/Nichols*

4.3 Einschleifige Regelkreise mit stetigen Reglern

Tabelle 4.3.5-3   Reglereinstellung nach *Chien/Hrones/Reswick*

Gleichung des PID-Reglers:

$$y(t) = K_R \left[x_w(t) + \frac{1}{T_n} \int x_w(t)\,dt + T_v \cdot v_x(t) \right]$$

Vorgehensweise:

Aus der Übergangsfunktion der Ersatzregelstrecke werden Übertragungskonstante K_S, Verzugszeit T_u und Ausgleichszeit T_g ermittelt.

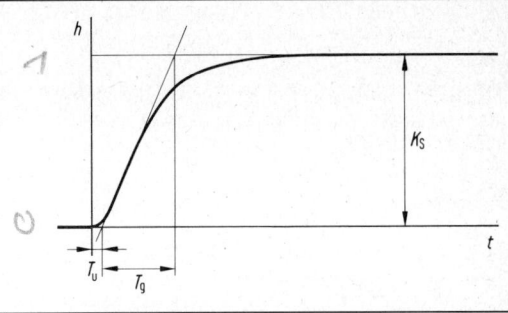

Reglereinstellung für Störung am Streckeneingang:

	gewünscht ist Vorgang ohne Überschwingen	gewünscht ist Vorgang mit etwa 20% Überschwingen
P-Regler	$K_R = \dfrac{0{,}3}{K_S} \cdot \dfrac{T_g}{T_u}$	$K_R = \dfrac{0{,}7}{K_S} \cdot \dfrac{T_g}{T_u}$
PI-Regler	$K_R = \dfrac{0{,}6}{K_S} \cdot \dfrac{T_g}{T_u}$, $T_n = 4\,T_u$	$K_R = \dfrac{0{,}7}{K_S} \cdot \dfrac{T_g}{T_u}$, $T_n = 2{,}3\,T_u$
PID-Regler	$K_R = \dfrac{0{,}95}{K_S} \cdot \dfrac{T_g}{T_u}$ $T_n = 2{,}4\,T_u$, $T_v = 0{,}42\,T_u$	$K_R = \dfrac{1{,}2}{K_S} \cdot \dfrac{T_g}{T_u}$ $T_n = 2\,T_u$, $T_v = 0{,}42\,T_u$

Reglereinstellung für Störung am Streckenausgang:
(ggf. für Führung geeignet)

	gewünscht ist Vorgang ohne Überschwingen	gewünscht ist Vorgang mit etwa 20% Überschwingen
P-Regler	$K_R = \dfrac{0{,}3}{K_S} \cdot \dfrac{T_g}{T_u}$	$K_R = \dfrac{0{,}7}{K_S} \cdot \dfrac{T_g}{T_u}$
PI-Regler	$K_R = \dfrac{0{,}35}{K_S} \cdot \dfrac{T_g}{T_u}$, $T_n = 1{,}2\,T_g$	$K_R = \dfrac{0{,}6}{T_u}$, $T_n = T_g$
PID-Regler	$K_R = \dfrac{0{,}6}{K_S} \cdot \dfrac{T_g}{T_u}$ $T_n = T_g$, $T_v = 0{,}5\,T_u$	$K_R = \dfrac{0{,}95}{K_S} \cdot \dfrac{T_g}{T_u}$ $T_n = 1{,}35\,T_g$, $T_v = 0{,}47\,T_u$

Anwendungsbereich:

- P-Strecken

Eigenschaften der Zeitverläufe:

- etwa gemäß gewählter Variante
- Einstellung für Ausgangsstörung ohne Überschwingen ist auch für Änderung der Führungsgröße geeignet.

Die Verfahren von *Oppelt* [1]) und *Chien/Hrones/Reswick* [2]) vermeiden den Nachteil der Vorgehensweise von *Ziegler/Nichols*: Es wird ausgegangen von der Übergangsfunktion der Ersatzregelstrecke. Aus der Streckenübertragungskonstanten K_S, der Verzugszeit T_u und der Ausgleichszeit T_g werden die Reglereinstellwerte berechnet. Beide Verfahren sind nur für P-Strecken anwendbar, bei denen die Übergangsfunktion die in Tabellen 4.3.5–2 und 4.3.5–3 angegebene Form besitzt.

Sie erkennen, daß der Quotient $\frac{T_g}{T_u}$, den Sie als Maß für die Regelbarkeit einer Strecke kennengelernt haben (Gleichung (4.3.4–1), ausschlaggebend für die Größe des einzustellenden K_R ist: Je besser die Regelbarkeit ist, desto größeres K_R kann eingestellt werden.

Das Verfahren von *Chien/Hrones/Reswick* hat gegenüber dem von *Oppelt* noch einen wichtigen Vorteil. Tabelle 4.3.5–3 enthält Einstellregeln für 4 unterschiedliche Bedingungen. Es wird unterschieden, ob die Störung am Streckeneingang oder -ausgang angreift, und es ist wählbar, welche Eigenschaften der Zeitverlauf nach sprungförmiger Störung haben soll (ohne Überschwingen oder etwa 20% Überschwingen). Damit ist die Berücksichtigung der konkreten Situation in einer Anlage möglich.

Vergleichen Sie die in Tabelle 4.3.5–3 angegebenen Einstellwerte miteinander: Sie stellen fest, daß außer beim P-Regler für den Fall „Störung am Streckenausgang" stets kleinere Reglerübertragungskonstanten als beim Fall „Störung am Streckeneingang" eingestellt werden müssen. Im Gegensatz zur Stabilitätsgrenze ist also eine günstige Reglereinstellung durchaus abhängig von den konkreten Einsatzbedingungen einer Regelung. Die Ursache dieses Verhaltens ist die Verzögerung der Strecke: Eine Eingangsstörung macht sich nur langsam bei x bemerkbar, eine Ausgangsstörung wirkt sofort in voller Größe (siehe Abschnitt 4.1.2.5).

Die Verfahren von *Oppelt* und *Chien/Hrones/Reswick* vermeiden den Nachteil der Vorgehensweise von *Ziegler/Nichols:* Sie benutzen die Übergangsfunktion der Ersatzregelstrecke. Aus K_S, T_u und T_g werden die Reglereinstellwerte berechnet. Beide Verfahren sind nur für P-Strecken geeignet.

Das Verfahren von *Chien/Hrones/Reswick* erlaubt die Berücksichtigung der konkreten Situation einer Anlage. Es können Reglereinstellungen für
– unterschiedlichen Störangriffspunkt (Streckeneingang oder -ausgang)
– und unterschiedliche Eigenschaften der Zeitverläufe nach sprungförmiger Störung (ohne Überschwingen oder etwa 20% Überschwingen)
berechnet werden.

Auf die Stabilitätsgrenze haben Größe und Angriffspunkt von Eingangsgrößen des Regelkreises keinen Einfluß, bei der Wahl günstiger (optimaler) Reglereinstellwerte jedoch müssen sie berücksichtigt werden. Insbesondere gilt, daß

---

[1]) Originalliteratur: *Oppelt, W.:* Kleines Handbuch technischer Regelungen. Verlag Chemie GmbH, Weinheim/Bergstraße, 1. Auflage 1953 (danach mehrere weitere Auflagen).
[2]) Originalliteratur: *Chien, K. L.; Hrones, J. A.; Reswick, J. B.:* On the automatic control of generalised passive systems. Trans. ASME 74 (1952), S. 175–185.

Deshalb kann bei Eingangsstörung der Regler „härter", d.h. auf einen größeren Wert für K_R, eingestellt werden. der Regler bei Eingangsstörung auf einen größeren Wert für K_R eingestellt werden sollte als bei Ausgangsstörung oder Führung.

Beispiel 4.3.5-1

Aus der Messung der Sprungantwort einer Regelstrecke wurden $K_S = 0.8 \frac{K}{V}$, $T_u = 1$ Min und $T_g = 5$ Min ermittelt.
Berechnen Sie mit dem Verfahren von *Oppelt* die Einstellwerte für einen PID-Regler.

Lösung:

Die benötigten Formeln finden Sie in Tabelle 4.3.5-2:

$$K_R = \frac{1,2}{K_S} \cdot \frac{T_g}{T_u} = 7,5 \frac{V}{K},$$

$T_n = 2\,T_u = 2$ Min und

$T_v = 0,42\,T_u = 0,42$ Min.

Beispiel 4.3.5-2

Berechnen Sie für die gleiche Strecke wie bei Beispiel 4.3.5-1 mit dem Verfahren von *Chien/Hrones/Reswick* die Einstellwerte für einen PI-Regler. Die Störung wirkt am Eingang der Strecke, und es wird aus technologischen Gründen ein Übergangsvorgang ohne Überschwingen angestrebt.

Lösung:

Die benötigten Formeln finden Sie in Tabelle 4.3.5-3 (Eingangsstörung, Vorgang ohne Überschwingen):

$$K_R = \frac{0,6}{K_S} \cdot \frac{T_g}{T_u} = 3,75 \frac{V}{K} \quad \text{und}$$

$T_n = 4\,T_u = 4$ Min.

Übung 4.3.5-1

Berechnen Sie für die im Beispiel 4.3.5-1 betrachtete Strecke mit dem Verfahren von *Ziegler/Nichols* die Einstellwerte für einen PID-Regler.

Übung 4.3.5-2

Berechnen Sie für die in Übung 4.2.3-3 betrachtete Strecke
a) die Einstellwerte für einen PI-Regler mit dem Verfahren von *Ziegler/Nichols*,
b) die Einstellwerte für einen PI-Regler mit dem Verfahren von *Oppelt*,
c) die Einstellwerte für einen PI-Regler mit dem Verfahren von *Chien/Hrones/Reswick* für Eingangsstörung und 20% Überschwingen,
d) die Einstellwerte für einen PID-Regler mit dem Verfahren von *Chien/Hrones/Reswick* für Störung am Streckenausgang mit 20% Überschwingen.

Übungsbeispiel Temperaturregelung

Wir betrachten unser Beispiel einer Temperaturregelung gemäß Bild 2.2.4–5: Bild 4.3.5–1 zeigt die an der Anlage gemessene statische Kennlinie für eine ausgewählte Störsituation (Außentemperatur, Zahl der angeschlossenen Heizkörper usw.). Der Arbeitspunkt wurde markiert (Vorlauftemperatur im Sekundärkreis 70 °C). Sie sehen, daß die Kennlinie nichtlinear ist, für kleine Änderungen gegenüber dem Arbeitspunkt aber gut linearisiert werden kann. Im Kapitel 6 erfahren Sie, wie das Ventil ausgewählt werden muß, um eine derartige Kennlinie zu erreichen.

Zur Ermittlung des dynamischen Verhaltens der Strecke wurde das Ventil mit voller Geschwindigkeit von 30 % auf 40 % verstellt. Die dazu benötigte Zeit von etwa 6 Sekunden kann gegenüber der Ausgleichszeit vernachlässigt werden, d. h. die Verstellung des Ventils ist praktisch sprungförmig. Die gemessene Sprungantwort hat das Aussehen von Bild 4.2.3–14, kann also als P-T_1-T_t-Verhalten angenähert werden. Es ergab sich eine Änderung der Temperatur (siehe Bild 4.3.5–1) von 64 °C auf 72 °C mit einer Verzugszeit $T_u = 20$ Sek. und einer Ausgleichszeit $T_g = 3$ Min.

Geben Sie den Signalflußplan der Regelung an.

Aus der Anlagenbeschreibung (Bild 2.2.4–5) geht hervor, daß sich zwischen den Signalen x_1 und y_2 zwei Übertragungsglieder befinden (Regler und Motorventil). Weil es aber schwierig ist, das dazwischenliegende Signal (z. B. breitenmodulierte Pulsfolge) zu beobachten, fassen wir zur Berechnung der Übertragungskonstanten beide Blöcke zusammen. Wegen des Motorventils hat dieser Block integrierendes Verhalten (K_{IR1}).

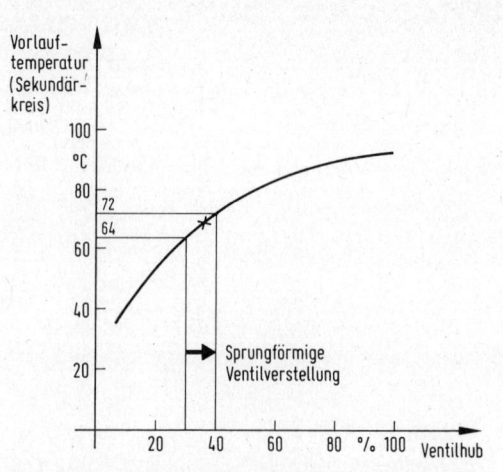

Bild 4.3.5–1 Statische Kennlinie der Regelstrecke (Wärmetauscher) für konstante Werte der Störgrößen (Außentemperatur, Zahl der angeschlossenen Heizkörper usw.)

× Arbeitspunkt (Vorlauftemperatur im Sekundärkreis 70 °C)

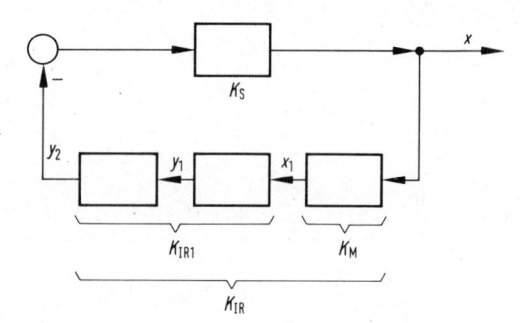

Bild 4.3.5–2 Signalflußplan der Temperaturregelung

x Änderung der Vorlauftemperatur (Sekundärkreis) in °C (bzw. K)
x_1 Änderung des Ausgangsstromes des Transmitters in mA
y_1 Ausgangsgröße des Reglers (breitenmodulierte Pulsfolge)
y_2 Änderung der Ventilstellung in %

Beachten Sie, daß bei Bild 4.3.5–2 die im Regelkreis benötigte Invertierung formal bei y_2 an einer Mischstelle dargestellt ist; realisiert wird sie durch entsprechenden Anschluß des Stellmotors: Bei Temperaturabsenkung muß das Stellventil öffnen und umgekehrt.

4.3 Einschleifige Regelkreise mit stetigen Reglern

Wie groß ist K_S?

$$K_S = \frac{72\,°C - 64\,°C}{40\,\% - 30\,\%} = \frac{8\,K}{10\,\%} = 0{,}8\,\frac{K}{\%}\,.$$

Ist diese Strecke gut regelbar?

Der Regelbarkeitsindex ergibt sich zu

$$\frac{T_g}{T_u} = \frac{3\,\text{Min}}{20\,\text{Sek}} = \frac{3}{0{,}33} = 9\,.$$

Die Strecke ist gut regelbar.

Beachten Sie, daß der Regelbarkeitsindex niemals eine Maßeinheit besitzt.

Wie groß sind $K_{I0\,krit}$ und T_{krit}?

Es wird Bild 4.3.4–2 benutzt: Auf der x-Achse ist der Kehrwert des Regelbarkeitsindexes abgetragen, er lautet

$$\frac{T_t}{T_1} = \frac{T_u}{T_g} = 0{,}11\,.$$

Aus der Kurve für den I-Regler wird dafür abgelesen

$$K_{I0\,krit} \cdot T_1 = 10, \quad \text{d.\,h.}\ K_{I0\,krit} = 3{,}3\,\frac{1}{\text{Min}}\,.$$

Ferner lesen Sie $T_{krit}/T_1 = 2{,}1$ ab;
daraus folgt $T_{krit} = 6{,}3\,\text{Min}$.

Da nur die Reglerübertragungskonstante berechnet werden soll, wird T_{krit} nicht benötigt. Der Wert gibt lediglich einen Anhaltspunkt auf die Periodendauer der auftretenden Schwingungen.

Berechnen Sie die günstige („optimale") Reglereinstellung mit dem Verfahren von *Ziegler/ Nichols*.

Zur Berechnung des Wertes der Reglerübertragungskonstanten dient Tabelle 4.3.5–1:

$$K_{IR} = 0{,}5 \cdot K_{IR\,krit}\,.$$

Zunächst haben wir aber nicht $K_{IR\,krit}$ zur Verfügung, sondern nur $K_{I0\,krit}$. Gemäß Bild 4.3.5–2 gilt aber offenbar

$$K_{I0} = K_S \cdot K_M \cdot K_{IR1}\,,$$
$$K_{I0} = K_S \cdot K_{IR}\,.$$

Daraus können wir den Einstellwert K_{IR} berechnen:

$$K_{IR} = 0{,}5 \cdot \frac{K_{I0\,krit}}{K_S} = 0{,}5 \cdot \frac{3{,}3\,\dfrac{1}{\text{Min}}}{0{,}8\,\dfrac{K}{\%}} = 2{,}1\,\frac{\%}{\text{Min}\cdot K}\,.$$

Was bedeutet dieses Ergebnis praktisch?

Wir geben zwei Möglichkeiten zur Einstellung der soeben berechneten Reglerübertragungskonstanten an der Anlage an:

Erste Interpretationsmöglichkeit des Ergebnisses:

Das Ergebnis ist sofort verständlich, wenn wir die Maßeinheit etwas anders schreiben, nämlich

$$K_{IR} = 2{,}1 \; \frac{\frac{\%}{\text{Min}}}{K}.$$

Das bedeutet: Bei aufgeschnittenem Regelkreis muß sich die Ventilstellung mit einer Geschwindigkeit von 2,1 %/Min ändern, wenn die Temperatur 1 K (1 °C) vom Sollwert abweicht, oder mit einer Geschwindigkeit von 10,5 %/Min, wenn sich die Temperatur um 5 K (5 °C) ändert (d.h. von 0% auf 100%) in 9,5 Min).

Dabei spielt es keine Rolle, ob der Motor mit unterschiedlicher Spannung (y_1 in Bild 4.3.5–2 ist ein analoges Signal) betrieben wird, oder – wie bei Heizungsanlagen allgemein üblich – stets mit voller Spannung (Linkslauf – 0 – Rechtslauf, d.h. y_1 ist ein Dreipunktsignal), wobei die mittlere Geschwindigkeit durch Pulsbreitenmodulation (d.h. durch das Verhältnis von Impulslänge zu Impulspause) beeinflußt wird.

Diese Interpretation faßt Meßfühler, Regler und Stellantrieb zu einem Block zusammen. Beim Einstellen der Reglerübertragungskonstanten muß der Regelkreis aufgetrennt werden, indem der Meßfühler aus der Rohrleitung im Sekundärkreis ausgebaut und z.B. durch Eintauchen in mit Wasser gefüllte Gefäße auf die gewünschten Temperaturen gebracht wird (z.B. in ein Gefäß mit 60 °C und in ein zweites mit 65 °C; diese Temperaturen müssen während der Messung bzw. der Einstellung des Reglers konstant gehalten werden!).

Eine andere Möglichkeit ist in vielen Fällen bequemer:

Wir nehmen an, daß als Temperaturmeßeinrichtung die in Kapitel 3 beschriebene Anordnung, nämlich ein Widerstandsthermometer Pt 100 mit Meßumformer auf 4 mA bis 20 mA, verwendet wird, (Bild 3.2.3–3), d.h. 4 mA bei 0 °C, 20 mA bei 100 °C.

Seine Übertragungskonstante beträgt

$$K_M = \frac{20\,\text{mA} - 4\,\text{mA}}{100\,°\text{C} - 0\,°\text{C}} = \frac{16\,\text{mA}}{100\,\text{K}} = 0{,}16\,\frac{\text{mA}}{\text{K}}.$$

Wegen $K_{I0} = K_S \cdot K_M \cdot K_{IR1}$ ergibt sich daraus der Reglereinstellwert

$$K_{IR1} = 0{,}5 \cdot \frac{K_{I0\,\text{krit}}}{K_S \cdot K_M} = 0{,}5 \cdot \frac{3{,}3\,\frac{1}{\text{Min}}}{0{,}8\,\frac{K}{\%} \cdot 0{,}16\,\frac{\text{mA}}{K}}$$

$$= 12{,}9\,\frac{\frac{\%}{\text{Min}}}{\text{mA}},$$

d. h., bei einer Änderung des Eingangsstromes des Reglers (x_1 in Bild 4.3.5–1) um 1 mA (z. B. von 14 mA – entspricht 62,5 °C – auf 15 mA – entspricht 68,75 °C) muß die (mittlere) Stellgeschwindigkeit 12,9%/Min betragen (d. h. Ventilverstellung von 0% auf 100% in 7,8 Min). Zum Auftrennen des Regelkreises muß also lediglich der Eingang des Reglers statt mit dem Transmitter mit einer Stromquelle verbunden werden. Die dazu nötige Strommessung bereitet keine besonderen Schwierigkeiten.

4.3.6 Berechnung optimaler Reglereinstellungen bei Regelkreisen mit Abtastung

Lernziele

Nach Durcharbeiten dieses Kapitels
- kennen Sie die Wirkungsweise eines Abtastgliedes,
- wissen Sie, wieso dadurch eine Verschlechterung des dynamischen Verhaltens des Regelkreises entsteht,
- kennen Sie Anhaltspunkte für die Wahl eines geeigneten Wertes für die Tastperiode,
- kennen Sie eine Näherungsmethode, die die Anwendung der im vorangegangenen Kapitel behandelten Einstellregeln auch bei getasteten Regelungen ermöglicht.

Mikrorechnerregler und andere „klassische" Geräte (z. B. Fallbügelregler) arbeiten getastet, d. h., es wird die Regelgröße nur zu bestimmten, in gleichem zeitlichen Abstand (**Tastperiode T**) aufeinanderfolgenden Zeitpunkten erfaßt und als Stellsignal eine Stufenfunktion ausgegeben (Bild 4.3.6–1).

Mikrorechnerregler arbeiten getastet.

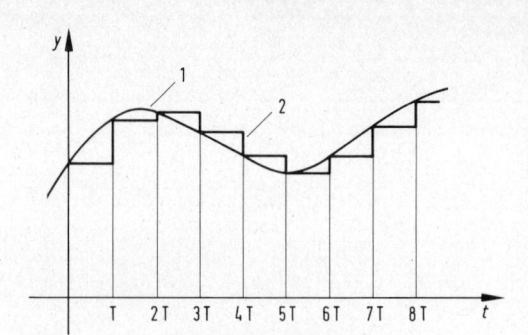

Bild 4.3.6–1 Arbeitsweise eines Abtastgliedes
1: Zeitverlauf des kontinuierlichen Signals
2: Ausgangsgröße des Abtastgliedes

Dadurch entsteht eine deutliche Verschlechterung des dynamischen Verhaltens: die Dämpfung der Übergangsvorgänge wird geringer, ein mit einer kleinen Tastperiode stabiler Regelkreis kann sogar instabil werden. Bild 4.3.6–2 verdeutlicht das. Anhand des Verlaufes der Stellgröße erkennen Sie die Ursache der Verschlechterung des dynamischen Verhaltens: Die Stellgröße bleibt bei großer Tastperiode zu lange auf dem jeweiligen Wert stehen.

Um diese Verschlechterung des dynamischen Verhaltens nicht allzu unangenehm werden zu lassen, wird empfohlen, bei Näherungen der Strecke durch P-T_1-T_t-Verhalten als Tastperiode $T = 0{,}1\, T_g$ zu wählen. Erhebliche Vergrößerung führt zu schlecht gedämpften Vorgängen. Erhebliche Verkleinerung kann unter Umständen zu Schwierigkeiten bei der Realisierung des I-Anteils des Reglers führen. Tabelle 4.3.6–1 enthält Empfehlungen zur Wahl der Tastperiode bei wichtigen Regelgrößen.

Bei getasteten Regelungen wird die Regelgröße nur zu bestimmten, in gleichem zeitlichen Abstand (**Tastperiode T**) aufeinanderfolgenden Zeitpunkten erfaßt, so daß als Stellsignal eine Stufenfunktion ausgegeben wird. Dadurch entsteht eine Verschlechterung des dynamischen Verhaltens. Durch Vergrößerung der Tastperiode kann ein Regelkreis sogar instabil werden.

Bei Näherung der Strecke als P-T_1-T_t-Verhalten wird empfohlen, für die Tastperiode den Wert

$$T = 0{,}1\, T_g \qquad (4.3.6-1)$$

zu wählen.

Tabelle 4.3.6–1 Empfohlene Tastperioden für die Regelung wichtiger technischer Größen

Regelgröße	empfohlene Abtastperiode
Drehzahl	5 ms
Durchfluß	1 s
Druck	5 s
Füllstand	10 s
Temperatur	20 s

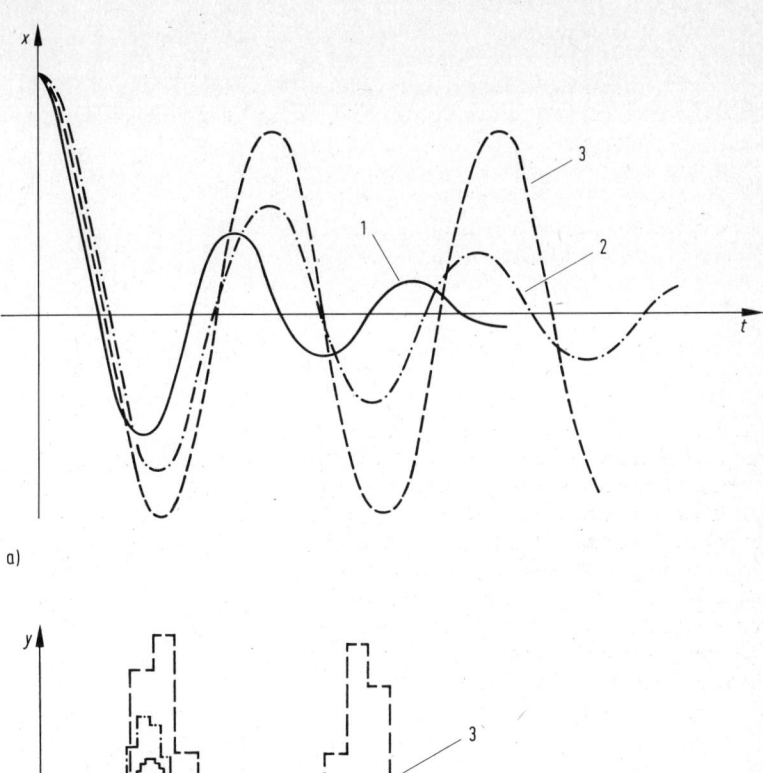

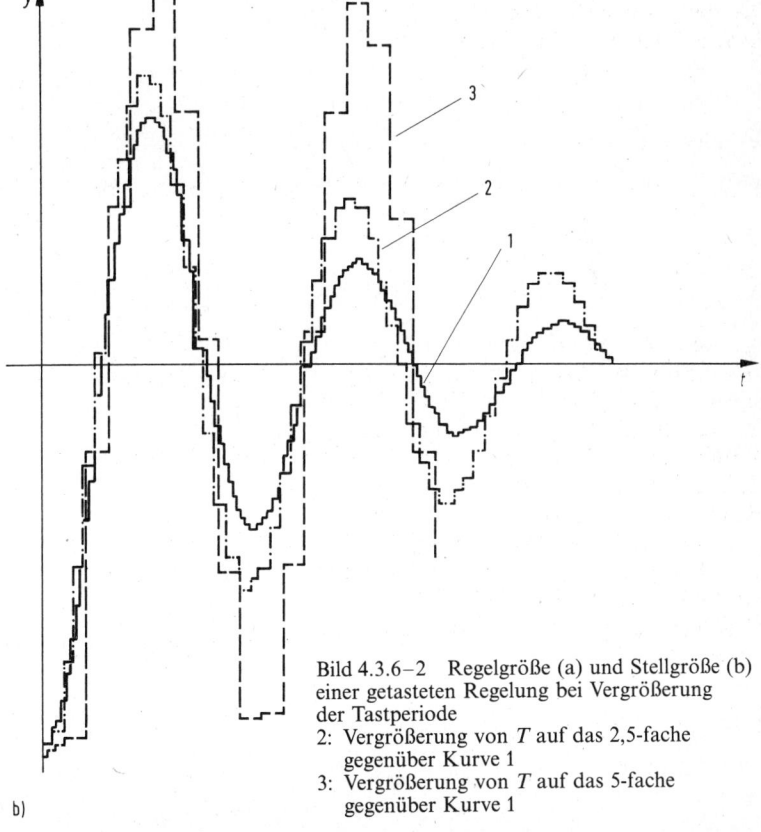

Bild 4.3.6−2 Regelgröße (a) und Stellgröße (b) einer getasteten Regelung bei Vergrößerung der Tastperiode
2: Vergrößerung von T auf das 2,5-fache gegenüber Kurve 1
3: Vergrößerung von T auf das 5-fache gegenüber Kurve 1

Eine Abschätzung des dynamischen Verhaltens des Regelkreises kann erfolgen, indem zu der in der Strecke vorhandenen Totzeit oder Verzugszeit eine zusätzliche Totzeit in Größe der halben Tastperiode hinzugefügt wird. Zur Reglereinstellung dient also die Ersatztotzeit $T_{t\,ers}$ gemäß Gleichung (4.3.6–2). Das ermöglicht die Anwendung der im vorangegangenen Kapitel beschriebenen Einstellregeln auch bei getasteten Regelungen.

Zur Abschätzung des dynamischen Verhaltens des Regelkreises und zur Berechnung der Reglereinstellwerte kann anstelle der Streckentotzeit die Ersatztotzeit

$$T_{t\,ers} = T_t + \frac{T}{2} \qquad (4.3.6-2)$$

verwendet werden.

Übung 4.3.6–1

Bild 4.3.6–3 zeigt den Zeitverlauf einer kontinuierlichen Stellgröße. Geben Sie den Zeitverlauf nach einem Abtastglied mit der angegebenen Tastperiode an.

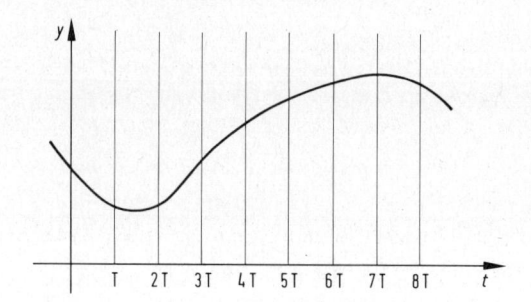

Bild 4.3.6–3 Zeitverlauf einer Stellgröße

Übung 4.3.6–2

Aus der Übergangsfunktion einer Regelstrecke wurden ermittelt: $K_S = 0{,}8\,\frac{K}{V}$, $T_u = 1$ Min und $T_g = 5$ Min. Wie groß ist die Tastperiode T zu wählen?

Übung 4.3.6–3

Es wird die gleiche Strecke wie bei Übung 4.3.6–2 betrachtet. Wie groß ist die Ersatz-Totzeit, die bei der Berechnung der Reglereinstellwerte zu berücksichtigen ist?

Lernzielorientierter Test zu Kapitel 4.3

1. Was ist ein Regler?
2. Welche Aufgaben hat ein Regler im Regelkreis?
3. Wie lautet die Gleichung eines PID-Reglers?
4. Was ist der Proportionalbereich X_P eines P-Reglers?
5. Analoge Regler werden als Verstärker mit Rückführung realisiert. Welche Eigenschaften muß der Verstärker besitzen, damit die Idealform der Reglergleichung entsteht?
6. Was versteht man unter Führungs- und Störverhalten eines Regelkreises? Geben Sie typische Zeitverläufe nach sprungförmiger Änderung von Führungs- bzw. Störgröße an.
7. Was ist die Kreisverstärkung K_0? Wie kann sie zur Berechnung der bleibenden Regelabweichung benutzt werden? Was ist der Regelfaktor?
8. Wie unterscheidet sich das Verhalten von Regelkreisen mit Reglern mit I-Anteil von denen mit Reglern ohne I-Anteil?
9. Welchen Einfluß hat der D-Anteil des Reglers auf das dynamische Verhalten eines Regelkreises? Wann lohnt sich sein Einsatz?

10. Was versteht man unter Stabilität eines Regelkreises? Erläutern Sie den Begriff, indem Sie Übergangsfunktionen von stabilen Regelkreisen, von Regelkreisen an der Stabilitätsgrenze und von instabilen Regelkreisen skizzieren.
11. Was ist $K_{R\,krit}$?
12. Was ist T_{krit}?
13. Was versteht man unter Regelbarkeit einer P-Strecke? Unter welchen Bedingungen ist eine Strecke gut oder weniger gut regelbar?
14. Was ist Strukturinstabilität? Nennen Sie ein wichtiges Beispiel für einen strukturinstabilen Regelkreis.
15. Welche Zielstellung wird mit der optimalen Einstellung des Reglers verfolgt?
16. Geben Sie die prinzipielle Vorgehensweise bei der Ermittlung optimaler Reglereinstellwerte nach den Verfahren von *Ziegler/Nichols*, *Oppelt* und *Chien/Hrones/Reswick* an.
17. Welchen Vorteil hat das Einstellverfahren von *Chien/Hrones/Reswick* gegenüber dem von *Oppelt*?
18. Welche Wirkung hat die Benutzung von Tastung im Regelkreis auf das dynamische Verhalten?
19. Wie groß sollte die Tastperiode gewählt werden?
20. Wie kann das dynamische Verhalten eines Regelkreises mit Abtastung abgeschätzt werden?

4.4 Mehrpunktregelungen

Lernziele

Nach Durcharbeiten dieses Kapitels
- kennen Sie die statischen Kennlinien von Mehrpunktschaltern,
- können Sie erläutern, warum bei Zweipunktregelungen ein ständiges Pendeln der Regelgröße entsteht,
- können Sie wesentliche Kenngrößen der Pendelbewegung der Regelgröße berechnen,
- wissen Sie, durch welche Maßnahmen die Doppelamplitude der Pendelbewegung beeinflußt werden kann,
- wissen Sie, was Zweilaufregelungen sind,
- wissen Sie, warum Zweilaufregelungen nicht an I-Strecken verwendet werden dürfen,
- kennen Sie Möglichkeiten zur Benutzung von Rückführungen bei Mehrpunktregelungen.

4.4.1 Mehrpunktschalter

Bei **Mehrpunktgliedern** kann die Ausgangsgröße nur endlich viele Werte annehmen. Der Übergang zwischen ihnen erfolgt schaltend; daher rührt die Bezeichnung **Mehrpunktschalter**. Sie haben den Vorteil einfacher, billiger und robuster Leistungsverstärker und besitzen auch im Zeitalter von Mikrorechnerreglern und digitalen Prozeßleitsystemen nach wie vor Berechtigung.

Bei **Mehrpunktgliedern** kann die Ausgangsgröße nur endlich viele Werte annehmen. Der Übergang erfolgt schaltend. Das sichert einfache, billige und robuste Leistungsverstärker.

Besonders weite Verbreitung haben **Zweipunkt-** und **Dreipunktregler** gefunden. Bild 4.4.1–1 zeigt ihre statischen Kennlinien. Beim Zweipunktregler kann die Stellgröße Y nur zwei Werte annehmen, die man Y_L und Y_0 nennt. Bei vielen Ihnen bekannten Anordnungen, z. B. der Regelung im Kühlschrank oder im Bügeleisen, ist $Y_0 = 0$. Das Umschalten erfolgt am Sollwert X_S. Dabei tritt eine Hysterese auf; die Breite der Schleife nennt man **Schaltspanne** x_d.

Bei Dreipunktreglern kann Y drei Werte annehmen. Um den Sollwert liegt die Unempfindlichkeitszone der Breite $2a$. Bild 4.4.1–1b zeigt eine symmetrische Kennlinie; auf die Angabe einer Schalthysterese wurde verzichtet.

Für Regelungen haben besonders **Zweipunktglieder** und **Dreipunktglieder** Bedeutung.

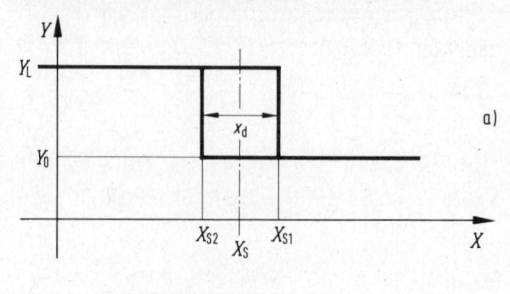

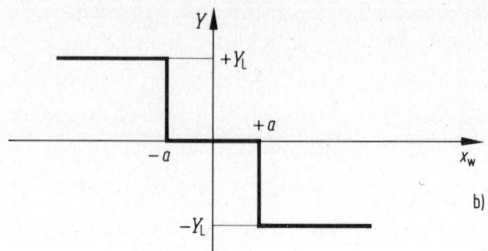

Bild 4.4.1–1 Statische Kennlinien von Mehrpunktgliedern (Mehrpunktreglern)
a) Zweipunktregler (gezeichnet mit Hysterese; x_d – Schaltspanne)
b) Dreipunktregler (gezeichnet ohne Hysterese)

4.4.2 Zweipunktregler an Strecken mit Ausgleich

Bild 4.4.2–1 zeigt den Signalflußplan des Regelkreises. Das dynamische Verhalten der Strecke wird durch ein P-T_1-T_t-System angenähert.

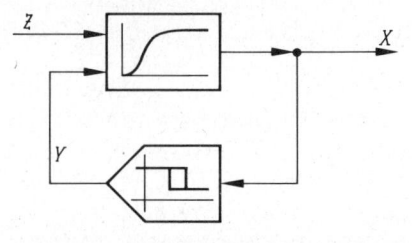

Bild 4.4.2–1 Signalflußplan einer Zweipunktregelung (Strecke mit Ausgleich)

Die Stellgröße kann nur die beiden Werte Y_0 (z. B. Heizung ausgeschaltet) und Y_L (z. B. Heizung eingeschaltet) annehmen. Dazu gehören die stationären Endwerte der Regelgröße X_0 (hervorgerufen von Y_0) und X_L (hervorgerufen von Y_L). Damit die Regelung vernünftig funktioniert, müssen für den Normalbetrieb der

Zur Berechnung der Eigenschaften von Zweipunktregelungen nähert man das dynamische Verhalten einer Strecke mit Ausgleich durch ein P-T_1-T_t-System an.

X_0 und X_L nennt man die stationären Endwerte der Regelgröße, die sich bei Y_0 und Y_L ergäben. Damit eine Zweipunktregelung vernünftig

4.4 Mehrpunktregelungen

Anlage Y_0 und Y_L so gewählt werden, daß X_S im Bereich zwischen 20% und 80% des Bereiches $(X_L - X_0)$ liegt, wie es in Gleichung (4.4.2–1) dargestellt ist.

funktioniert, muß gelten

$$0,2 \leq \frac{X_S - X_0}{X_L - X_0} \leq 0,8 \qquad (4.4.2\text{--}1)$$

d.h., der Sollwert muß zwischen 20% und 80% des Bereiches $(X_L - X_0)$ liegen.

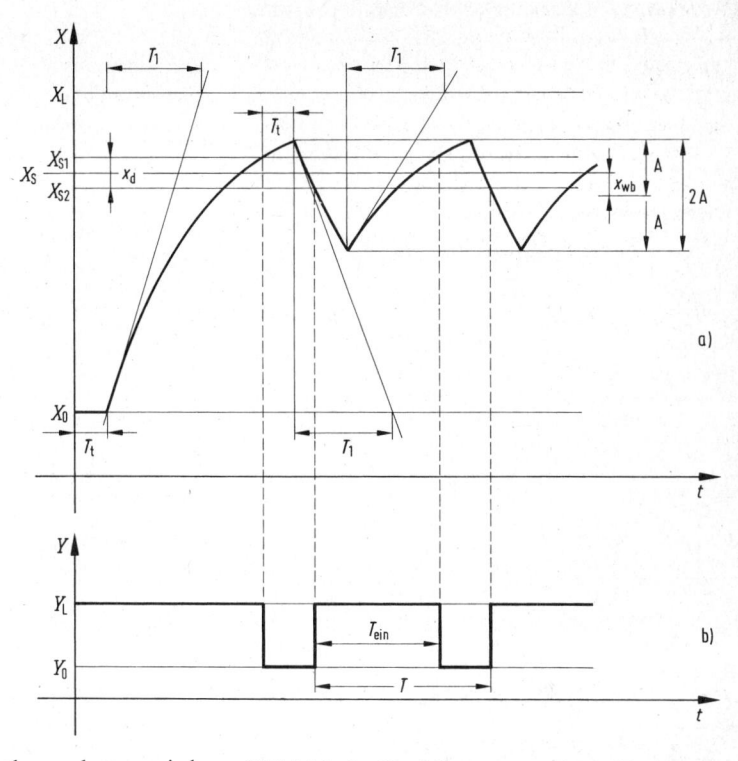

Da Y nur zwei Werte annehmen kann, wird zwischen ihnen ständig hin- und hergeschaltet. Bild 4.4.2–2 verdeutlicht das Entstehen der Pendelbewegung: Zunächst ist $X < X_{S1}$, daraus folgt $Y = Y_L$ und der Aufwärtsvorgang der Regelgröße, charakterisiert durch die Kennwerte T_t und T_1. Ohne Umschaltung würde $X = X_L$ erreicht werden. Bei $X = X_{S1}$ (oberer Schaltwert) wird $Y = Y_0$. Der Abwärtsvorgang beginnt jedoch erst nach Ablauf von T_t. Er endet dadurch, daß bei $X = X_{S2}$ wieder $Y = Y_L$ wird. Auch hierbei beginnt der Aufwärtsvorgang erst nach Ablauf von T_t. Dieses Spiel wiederholt sich; es entsteht eine **stationäre Pendelbewegung der Regelgröße**. Wegen der mit der Benutzung von Schaltern erreichten einfachen und billigen Leistungsverstärkung nimmt man die Pendelung in Kauf, wenn –

Bild 4.4.2–2 Pendelbewegung einer Zweipunktregelung mit Strecke mit Ausgleich (angenähert als P-T_1-T_t-Strecke)
a) Regelgröße, b) Stellgröße

Da die Stellgröße nur die beiden Werte Y_0 und Y_L annehmen kann, muß zwischen ihnen ständig hin- und hergeschaltet werden, was eine Pendelbewegung der Regelgröße zur Folge hat.

natürlich gemäß der technologischen Aufgabenstellung für eine Anlage – die Amplitude der Schwingung genügend klein gehalten werden kann. Das ist bei vielen Anlagen, insbesondere bei Temperatur- und Druckregelungen, der Fall.

Zur Charakterisierung der Pendelbewegung berechnet man die Werte der im folgenden angegebenen Kenngrößen, indem man die Exponentialfunktion (siehe Gl. (4.2.3–1)) zum Schaltzeitpunkt durch ihre Tangente ersetzt:
- Doppelamplitude der Schwingung (Abstand von Maximal- und Minimalwert der Regelgröße):
- Bleibende Regelabweichung (Abstand zwischen Mitte der Pendelbewegung und Sollwert):

- Schwingungsdauer der Pendelbewegung:

Zur Berechnung der Kenngrößen der Pendelbewegung bei einer Zweipunktregelung dienen folgende Formeln:

$$2A = x_\mathrm{d} + \frac{T_\mathrm{t}}{T_1} (X_\mathrm{L} - X_0) \qquad (4.4.2-2)$$

$$x_\mathrm{wb} = \frac{T_\mathrm{t}}{T_1} \left(\frac{X_\mathrm{L} + X_0}{2} - X_\mathrm{S} \right) \qquad (4.4.2-3)$$

$$T = T_\mathrm{t} \left(2 + \frac{X_\mathrm{S} - X_0}{X_\mathrm{L} - X_\mathrm{S}} + \frac{X_\mathrm{L} - X_\mathrm{S}}{X_\mathrm{S} - X_0} \right)$$

$$+ 2 T_1 x_\mathrm{d} \left(\frac{1}{X_\mathrm{L} - X_\mathrm{S}} \right) \qquad (4.4.2-4)$$

Aus Gleichung (4.4.2–2) können Sie sofort erkennen, welche Parameter Einfluß auf die Größe der Doppelamplitude besitzen, mit welchen Maßnahmen also eine Verkleinerung der Doppelamplitude erreicht werden kann.

Eine sehr häufig verwendete Methode zur Verkleinerung der Doppelamplitude ist die sogenannte **Grundlast-Auflast-Schaltung**. Dabei wird die Stelleistung aufgeteilt in einen nicht geschalteten Anteil (sog. Grundlast) und einen über den Regler geschalteten Anteil (sog. Auflast). Damit behält also X_L seinen Wert bei, X_0 wird an X_L herangeschoben, d. h. ($X_\mathrm{L} - X_0$) verkleinert. Diese Schaltung ist natürlich nur anwendbar, wenn X_S nahe an X_L liegt.

Möglichkeiten zur Verkleinerung der Doppelamplitude sind aus Gleichung (4.4.2–2) ablesbar:
- Verkleinerung von x_d,
- Verkleinerung von T_t/T_1, d. h. Verbesserung der Regelbarkeit der Strecke,
- Verkleinerung von ($X_\mathrm{L} - X_0$) durch Grundlast-Auflast-Schaltung,
- Benutzung von verzögerten oder verzögert nachgebenden Rückführungen; diese Möglichkeit ist aus Gleichung (4.4.2–2) nicht ablesbar.

Alle diese Maßnahmen führen zur Verkleinerung der Schwingungsdauer T, d. h. zu erhöhtem Verschleiß der Schaltelemente.

Beispiel 4.4.2–1

In der Übung 4.2.3–3 haben Sie aus der Sprungantwort eines gasbeheizten Ofens $T_\mathrm{u} = 1{,}3$ Min und $T_\mathrm{g} = 14$ Min ermittelt. Dieser Ofen soll mit einer Zweipunktregelung betrieben werden, wobei die volle Heizleistung über den Regler geschaltet wird. X_0 ist die Raumtemperatur von 20 °C. Der Sollwert beträgt 200 °C. Y_L wird so gewählt, daß $X_\mathrm{L} = 250$ °C

Lösung:

Zur Berechnung der Doppelamplitude dient Gleichung (4.4.2–2):

$$2A = 2 \text{ K} + \frac{1{,}3 \text{ Min}}{14 \text{ Min}} (250\,°\mathrm{C} - 20\,°\mathrm{C})$$

$$\underline{\underline{2A = 23{,}4 \text{ K.}}} \qquad (1 \text{ K} \triangleq 1\,°\mathrm{C!})$$

Damit werden die Forderungen bei weitem

4.4 Mehrpunktregelungen

entsteht. Der Regler besitzt eine Schaltspanne von 2 K. Aus technologischen Gründen wird gefordert, daß die Doppelamplitude kleiner als 10 K bleibt. Berechnen Sie die Kenngrößen der Pendelbewegung. Erfüllt die Regelung die gestellten Forderungen? Wenn nicht, sehen Sie eine Grundlast-Auflast-Schaltung vor und berechnen Sie den benötigten Wert für X_0. Liegt damit der Sollwert noch im Bereich zwischen X_L und X_0?

nicht erfüllt. Zur Berechnung von X_0 für die Grundlast-Auflast-Schaltung wird Gleichung (4.4.2–2) nach X_0 aufgelöst:

$$(X_L - X_0) = (2A - x_d)\frac{T_1}{T_t},$$

$$X_0 = X_L - (2A - x_d)\frac{T_1}{T_t}.$$

Einsetzen der Forderungen ergibt:

$$X_0 = 250\,°C - (10\,K - 2\,K)\frac{14}{1,3}$$

$$\underline{\underline{X_0 = 164\,°C}}$$

Es wird gemäß Gleichung (4.4.2–1)

$$\frac{X_S - X_0}{X_L - X_0} = \frac{200\,°C - 164\,°C}{250\,°C - 164\,°C} = 0,42.$$

X_S liegt also nahezu in der Mitte des neuen Bereiches $(X_L - X_0)$; das ist günstig.

Die anderen Kenngrößen lauten bei Arbeitsweise mit zwei Laststufen (Grundlast – Auflast) gemäß Gleichungen (4.4.2–3) und (4.4.2–4):

$$x_{wb} = \frac{1,3\,\text{Min}}{14\,\text{Min}}\left(\frac{250\,°C + 164\,°C}{2} - 200\,°C\right)$$

$$\underline{\underline{x_{wb} = 0,65\,K}}.$$

Das ist unerheblich.

$$T = \begin{aligned}&4,5\,\text{Min}\left(2 + \frac{200\,°C - 164\,°C}{250\,°C - 200\,°C} + \frac{250\,°C - 200\,°C}{200\,°C - 164\,°C}\right)\\&+ 2 \cdot 18\,\text{Min}\left(\frac{2\,K}{250\,°C - 200\,°C}\right)\end{aligned}$$

$$\underline{\underline{T = 6,5\,\text{Min}}}.$$

Das sind knapp 10 Schaltspiele in der Stunde. Moderne Schaltschütze besitzen eine Lebensdauer von mehr als 1 Million Schaltspielen; sie wären nach reichlich 11 Jahren erreicht. Hiermit gibt es also keine Probleme.

Übung 4.4.2–1

Für eine Temperaturregelstrecke wurden aus der Übergangsfunktion $T_u = 1$ Min und $T_g = 8,7$ Min ermittelt. Berechnen Sie die Kenngrößen der Pendelbewegung einer Zweipunktregelung, wenn $X_0 = 20\,°C$ und $X_L = 150\,°C$ eingestellt wurden und der Sollwert bei $70\,°C$ liegt. Die Schaltspanne des Reglers beträgt 1 K.

4.4.3 Zweipunktregler an Strecken ohne Ausgleich

Bild 4.4.3–1 zeigt den Signalflußplan der Regelung.

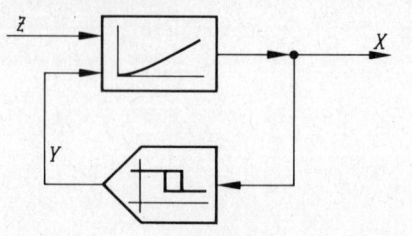

Bild 4.4.3–1 Signalflußplan einer Zweipunktregelung (Strecke ohne Ausgleich)

Die beiden Werte der Stellgröße müssen so gewählt werden, daß bei Y_L die Regelgröße ansteigt und bei Y_0 abfällt.

Genau wie bei Strecken mit Ausgleich entsteht eine Pendelbewegung der Regelgröße (Bild 4.4.3–2).

Die beiden Werte der Stellgröße müssen so gewählt werden, daß bei Y_L die Regelgröße ansteigt und bei Y_0 abfällt.

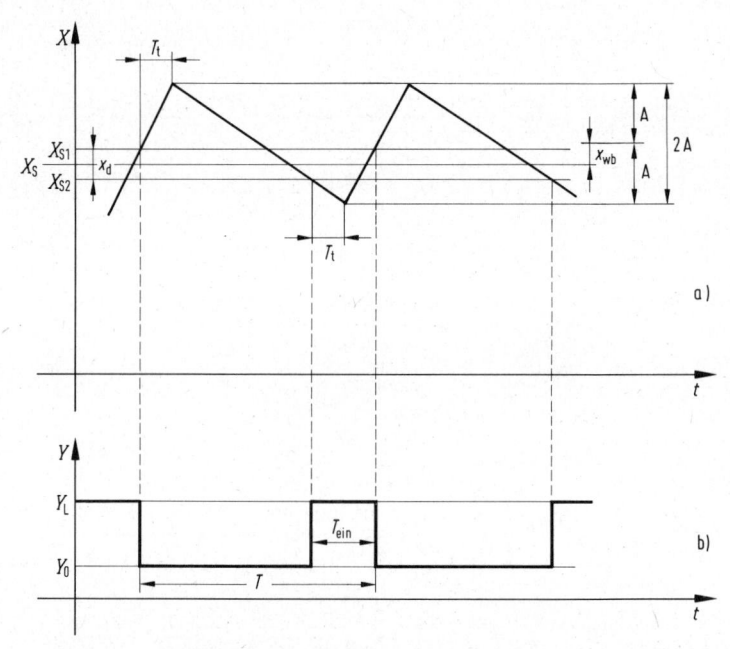

Bild 4.4.3–2 Pendelbewegung einer Zweipunktregelung mit Strecke ohne Ausgleich (angenähert als I-T_t-Strecke) a) Regelgröße, b) Stellgröße

Sie erkennen auch hier den ungünstigen Einfluß der Totzeit. Ihre Verkleinerung ist ein wesentliches Mittel zur Verringerung der Doppelamplitude. Auch Grundlast-Auflast-Schaltungen sind üblich.

Durch die Totzeit entsteht eine Vergrößerung der Doppelamplitude. Ihre Verkleinerung ist ein wesentliches Mittel zur Verringerung der Doppelamplitude. Auch Grundlast-Auflast-Schaltungen sind üblich.

4.4.4 Zweilaufregelungen

Schaltet man ein integral wirkendes Stellglied hinter einen Dreipunktschalter, so erhält man eine sog. **Zweilaufregelung**. Die Stellgröße y kann jeden Wert annehmen, sie ist eine analoge Größe. Damit ist der Ausgleich der Wirkung von Störungen möglich, es treten keine ständigen Pendelungen der Regelgröße auf.

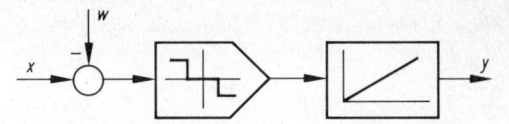

Bild 4.4.4–1 Signalflußplan eines Zweilaufreglers

Ein Zweilaufregler ist ein Dreipunktglied mit nachgeschaltetem Integrator. Da y eine analoge Größe ist, die jeden zur Beseitigung der Wirkung der Störgröße möglichen Wert annehmen kann, treten keine ständigen Pendelungen der Regelgröße auf.

Bleibt der Wert der Regelgröße innerhalb der Unempfindlichkeitszone $2a$ stehen (siehe Bild 4.4.1–1b), so erfolgt kein Stelleingriff mehr. Diese Abweichung im stationären Zustand sollte also durch Wahl eines kleinen Wertes für a gering gehalten werden. Andererseits möchte man durch große Stellgeschwindigkeit v_y erreichen, daß aufgetretene Regelabweichungen möglichst schnell beseitigt werden.

Diese beiden Forderungen widersprechen sich: gleichzeitiges Verkleinern von a und Vergrößern von v_y führt zu Instabilität. Nähert man das Verhalten einer Regelstrecke mit Ausgleich durch ein P-T_1-T_t-System an, gelten für die Stabilitätsgrenze die nebenstehenden Abschätzungen.

Für die Gestaltung der Regelung sind kleine Breite der Unempfindlichkeitszone $2a$ (d.h. große stationäre Genauigkeit) und große Werte der Stellgeschwindigkeit v_y (d.h. schnelles Ausregeln von Abweichungen) wünschenswert. Diese Forderungen widersprechen sich. Als Faustformel gibt man für P-T_1-T_t-Strecken als Stabilitätsgrenze

$$\left(\frac{v_y}{a}\right)_{krit} = \begin{cases} \dfrac{2}{K_S T_t} & \text{für } \dfrac{T_1}{T_t} \approx 20 \\ \dfrac{1}{K_S T_t} & \text{für } \dfrac{T_1}{T_t} \approx 10 \end{cases} \qquad (4.4.4-1)$$

an. Für günstige Übergangsvorgänge wird empfohlen,

$$\left(\frac{v_y}{a}\right)_{optimal} = \frac{1}{2}\left(\frac{v_y}{a}\right)_{krit} \qquad (4.4.4-2)$$

einzustellen.

In Anlehnung an die Einstellregeln von *Ziegler/Nichols* wird als optimale Einstellung empfohlen:

Weil die damit erreichbaren Ergebnisse häufig nicht befriedigen, erweitert man oft auf einen Fünfpunktschalter: Es wird mit großer Stellgeschwindigkeit in eine große Unempfindlichkeitszone gefahren und danach mit wesentlich kleinerer Geschwindigkeit in die zur Gewährleistung der geforderten stationären Genauigkeit nötige kleinere Unempfindlichkeitszone. Derartige Anordnungen finden Sie z.B. bei Personenaufzügen, aber auch bei der Positionierung von Werkzeugmaschinen und Robotern.

Bei hohen Forderungen an die stationäre Genauigkeit benutzt man häufig Fünfpunktschalter und zwei Stellgeschwindigkeiten: Es wird mit großer Geschwindigkeit in eine große Unempfindlichkeitszone gefahren und dann mit wesentlich kleinerer Geschwindigkeit in die geforderte genaue Lage.

Abschließend muß darauf hingewiesen werden, daß **Zweilaufregelungen nicht an I-Strecken eingesetzt werden dürfen:** Da auch der Regler I-Grundverhalten besitzt, entstünde bei dieser Kombination **Strukturinstabilität** (siehe Abschn. 4.3.4).

Benutzung von Zweilaufregelungen an Strecken ohne Ausgleich ist nicht möglich; eine solche Regelung ist strukturinstabil.

4.4.5 Verwendung von Rückführungen

Das Verhalten von Mehrpunktregelungen kann durch Benutzung von **Rückführungen** über dem Mehrpunktschalter erheblich verbessert werden. Bei Zweipunktregelungen erhält man mit verzögerten Rückführungen eine wesentliche Verringerung der Doppelamplitude, in den meisten Fällen praktisch auf Null.

Eine Verbesserung der Eigenschaften von Mehrpunktregelungen wird durch Benutzung von Rückführungen über dem Mehrpunktschalter erreicht.

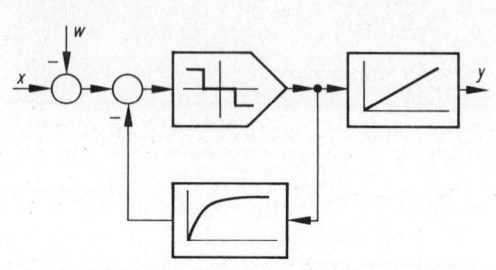

Bild 4.4.5–1 Realisierung eines PI-ähnlichen Schrittreglers in Form einer Zweilaufregelung mit verzögerter Rückführung über dem Dreipunktschalter

Bei Dreipunktregelungen benutzt man verzögerte oder verzögert nachgebende Rückführungen, wodurch die Regeleinrichtung insgesamt PI- bzw. PID-ähnliches Verhalten besitzt. Als Eingangsgröße des Integrators entsteht dabei eine Impulsfolge, die zu einer schrittweisen Veränderung von y führt. Deshalb nennt man solche Anordnungen **Schrittregler**.

In allen Fällen entsteht durch die Verwendung einer Rückführung eine wesentliche Erhöhung der Schaltfrequenz und damit unter Umständen erhöhter Verschleiß der Stelleinrichtungen.

Alle diese Anordnungen besitzen wegen der Verwendung von Mehrpunktschaltern den Vorteil der einfachen Realisierung der benötigten Leistungsverstärker. Deshalb gab es in der Vergangenheit zahlreiche, zum Teil raffiniert ausgedachte Mehrpunktregler mit Rückführung u. a. mit mechanischer Abtastung zur zusätzlichen Beeinflussung der Breite der Impulse am Eingang des Integrators. Mit der zunehmenden Verbreitung von Mikrorechnerreglern verlieren derartige Konstruktionen an Bedeu-

Bei Zweilaufregelungen kann durch Rückführung PI- oder PID-ähnliches Verhalten erzielt werden. An den Eingang des Integrators gelangt dabei eine Impulsfolge, die zur schrittweisen Veränderung der Stellgröße führt. Deshalb nennt man solche Regler häufig **Schrittregler**.

Durch die Benutzung von Rückführungen erhöht sich die Schaltfrequenz.

tung. Ein großes Einsatzgebiet von Mehrpunktregelungen bzw. Mehrlaufregelungen dürfte trotzdem die Haustechnik, einschließlich Lüftungs- und Klimatechnik bleiben: Die dort benutzten Stellglieder sind gut für Mehrpunktregelungen geeignet, denn es werden meist Magnetventile oder elektromotorisch betriebene Ventile, Drosseln oder Klappen eingesetzt. Ferner sind die Genauigkeitsforderungen im allgemeinen nicht übermäßig hoch, der Wunsch nach einfacher, billiger und wartungsarmer Technik jedoch sehr dringend. Diesen Bedingungen entsprechen Mehrpunktschalter sehr gut.

Ein breites Einsatzgebiet von Mehrpunktregelungen (auch mit Rückführungen) ist die Haushalt-, Lüftungs- und Klimatechnik. Sowohl die dort meist benutzten Stellglieder als auch der Wunsch nach billigen und robusten Geräten bei nicht übermäßig hohen Genauigkeitsforderungen an die Regelung entsprechen den Eigenschaften von Mehrpunktregelungen.

Lernzielorientierter Test zum Kapitel 4.4

1. Was ist ein Mehrpunktregler? Geben Sie die statischen Kennlinien von Zwei- und Dreipunktschaltern an.
2. Welchen Vorteil besitzen Mehrpunktregelungen?
3. Erläutern Sie die Entstehung der stationären Pendelbewegung der Regelgröße von Zweipunktregelungen bei Strecken mit und ohne Ausgleich.
4. Welche Kenngrößen dienen zur Charakterisierung der Pendelbewegung der Regelgröße?
5. Wie kann eine Verkleinerung von $2A$ erreicht werden?
6. Was ist eine Grundlast-Auflast-Schaltung? Was soll damit erreicht werden?
7. Warum kann man Zweilaufregelungen nicht an Strecken ohne Ausgleich einsetzen?
8. Wozu dienen Rückführungen bei Mehrpunktreglern?
9. Welche Einsatzgebiete dürften auch zukünftig für Mehrpunktregelungen Bedeutung besitzen? Nennen Sie Gründe dafür.

4.5 Aufbau zusätzlicher Signalwege zur Verbesserung des dynamischen Verhaltens

Lernziele
Nach Durcharbeiten dieses Kapitels
- wissen Sie, warum man in den einschleifigen Regelkreis häufig zusätzliche Signalwege einbaut,
- kennen Sie die wichtigsten Varianten zusätzlicher Signalaufschaltung, nämlich Strukturumschaltung, Störgrößenaufschaltung, Vorregelung, Regelung mit Hilfsregelgröße (insbesondere Kaskadenregelung) und Regelung mit Hilfsstellgröße,
- kennen Sie Bedingungen für den Einsatz der beschriebenen Strukturen,
- können Sie wesentliche Vorzüge und Anwendungsbereiche dieser Strukturen nennen,
- wissen Sie, was man bei einer Kaskadenregelung unter Integrität versteht und wie diese Eigenschaft gewährleistet werden kann.

In den vorangegangen Kapiteln haben Sie wesentliche Eigenschaften **einschleifiger Regelkreise** kennengelernt. Mit der **Rückkopplungsstruktur** wird dafür gesorgt – so besagt es die Definition des Begriffes Regeln –, daß die Regelgröße den gewünschten Wert auch dann annimmt oder beibehält, wenn Störgrößen wirken. Dazu wird die Regelgröße gemessen und beim Vorliegen von Abweichungen gegenüber dem Sollwert ein **Stelleingriff** ausgelöst. **Durch die Verzögerungen der Strecke macht sich dieser jedoch erst verspätet bezüglich der Regelgröße bemerkbar, und es entsteht stets eine vorübergehende Regelabweichung, es entsteht die Tendenz zum Überschwingen, ja sogar zu Instabilität.** Im folgenden werden sie einige verbreitete Möglichkeiten kennenlernen, wie durch Aufbau zusätzlicher Signalwege dieser Nachteil wesentlich vermindert werden kann.

Wegen der Verzögerungen in der Strecke und des im Regelkreis verwendeten Rückkopplungsprinzips ist das Entstehen einer vorübergehenden Regelabweichung und die Tendenz zum Überschwingen, ja sogar zur Instabilität unvermeidbar. Durch Aufbau zusätzlicher Signalwege läßt sich dieser Nachteil wesentlich vermindern.

Strukturumschaltung P/PI

Regler mit I-Anteil ergeben größeres Überschwingen der Regelgröße als Regler ohne I-Anteil. Das ist besonders unangenehm bei großen Änderungen der Führungsgröße (bei Anfahrvorgängen oder Regimewechsel der technologischen Anlage) und bei großen Störungen. Für derartige Betriebszustände wäre also ein P- oder PD-Regler wünschenswert, der jedoch eine bleibende Regelabweichung ergäbe. Also kombiniert man die Vorteile beider Strukturen und schaltet für den Anfahrvorgang den I-Anteil des Reglers ab (Bild 4.5–1).

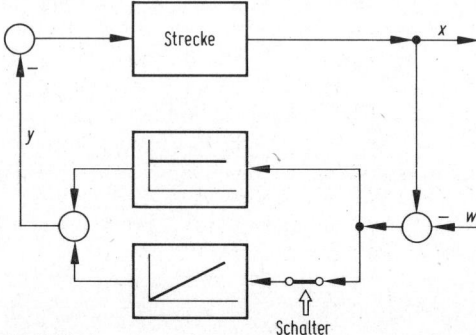

Bild 4.5–1
Regelkreis mit Regler mit Strukturumschaltung P/PI

4.5 Aufbau zusätzlicher Signalwege zur Verbesserung des dynamischen Verhaltens

Ferner besteht bei Reglern mit I-Anteil die Gefahr des sogenannten **integral wind up**: Ist nämlich der Bereich der Ausgangsgröße des Reglers größer als der z. B. durch mechanische Anschläge begrenzte tatsächliche Stellbereich, so ändert sich durch den I-Anteil die Reglerausgangsgröße solange weiter, bis die Regelabweichung ihr Vorzeichen umkehrt, obwohl keine Änderung der Streckenstellgröße erfolgt. Dies führt ebenfalls zur Vergrößerung der Überschwingweite. Wegen des im allgemeinen großen internen Zahlenbereiches spielt dieser Effekt gerade bei modernen Reglern und Prozeßleitsystemen mit Digitalrechnern eine besondere Rolle. Abhilfe – also **wind up-Verhinderung** – schafft man auf einfache Weise: Man schaltet den I-Anteil ab, wenn das Stellglied einen Anschlag erreicht.

Da für den stationären Betrieb ein ganz normaler PI-Regler eingesetzt wird, können Sie zu dessen Dimensionierung – also zur Ermittlung der Stabilitätsgrenze und zur Berechnung optimaler Reglereinstellwerte – die im Kapitel 4.3 behandelten Methoden benutzen.

Für den stationären Betrieb einer Regelung bevorzugt man wegen $x_{wb} = 0$ Regler mit I-Anteil. Um für Übergangsvorgänge, z. B. beim Anfahren oder nach großen Störungen **das damit verbundene Überschwingen zu vermindern, schaltet man den I-Anteil bei solchen Prozeßphasen ab.**

Ist der Bereich der Reglerausgangsgröße größer als der z. B. durch mechanische Anschläge begrenzte Stellbereich, tritt **integral wind up** auf: Das Reglerausgangssignal bewegt sich weiter in der gleichen Richtung, obwohl keine Änderung der Stellgröße mehr erfolgt. Dadurch vergrößert sich die Überschwingweite. **Zur wind up-Verhinderung schaltet man den I-Anteil des Reglers ab, wenn das Stellglied einen Anschlag erreicht.**

Regelung mit Störgrößenaufschaltung

Gelingt es, eine für den Prozeß wichtige Störgröße zu messen, so kann man eine Regelung mit Störgrößenaufschaltung mit einem Signalflußplan gemäß Bild 4.5–2 aufbauen: Über einen zusätzlichen Signalweg (in Bild 4.5–2 mit starken Linien gezeichnet) wird direkt aus der Messung der Störgröße ein Stellsignal gebildet. Das ist eine offene Steuerung. Sie ermöglicht bei richtiger Wahl des Verhaltens des Zusatzgliedes, daß x seinen Wert überhaupt nicht ändert, die Regelung also nur bei anderen, nicht gemessenen Störgrößen in Aktion tritt.

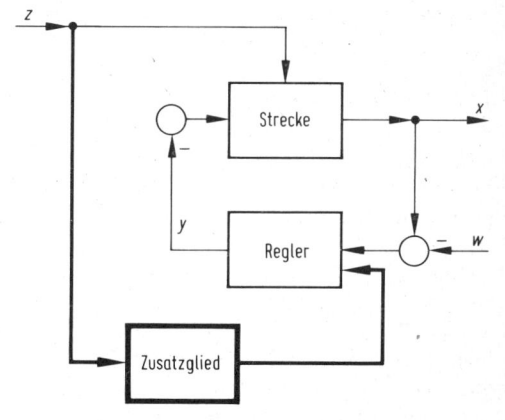

Bild 4.5–2 Regelung mit Störgrößenaufschaltung
(dick gezeichnet: zusätzlicher Signalweg)

Die **Störgrößenaufschaltung** ist eine offene Steuerung. Durch sie ändern sich die Eigenschaften des Regelkreises nicht. Deshalb können Sie zu seiner Dimensionierung – also zur Ermittlung der Stabilitätsgrenze und zur Berechnung optimaler Reglereinstellwerte – die in Kapitel 4.3 behandelten Methoden benutzen.

Bild 4.5–3 zeigt stark vereinfacht ein Beispiel für eine Regelung mit Störgrößenaufschaltung: Hauptstörgröße für die Regelung des Füllstandes im Kessel eines Dampferzeugers ist die Dampfentnahme. Sie wird gemessen und mit auf den Regler R aufgeschaltet; das Zusatzglied von Bild 4.5–2 ist also gerätetechnisch mit dem Regler vereinigt. Beachten Sie, daß bezüglich der Störgröße Dampfstrom tatsächlich eine offene Steuerung vorliegt.

Gelingt es, im Prozeß **eine wesentliche Störgröße zu messen**, so kann man unmittelbar daraus ein Stellsignal bilden. Eine derartige **Störgrößenaufschaltung** stellt eine offene Steuerung dar.

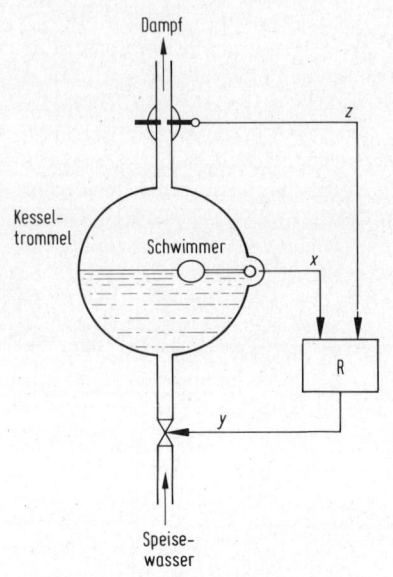

Bild 4.5–3 Füllstandsregelung eines Dampferzeugers mit Störgrößenaufschaltung (Regelgröße x: Füllstand, Störgröße z: Dampfstrom)

Vorregelung

Auch diese Anordnung beruht auf einer Messung der Störgröße. Im Gegensatz zur Störgrößenaufschaltung wird jedoch mit Hilfe eines zusätzlichen Stellgliedes ein Regelkreis aufgebaut, der Veränderungen der auf die Anlage wirkenden Störung verhindert. Bild 4.5–4 zeigt den Signalflußplan. Beachten Sie den Unterschied zur Störgrößenaufschaltung!

Hauptanwendungsgebiet dieser Struktur sind verfahrenstechnische Anlagen mit stark schwankenden Zuflüssen, z. B. Destillationskolonnen. Die Vorregelung besteht dann in einer Regelung des Zuflusses. Sie arbeitet gegenüber der eigentlichen Regelung des technologischen Prozesses, z. B. der der Sumpftemperatur einer Destillationskolonne, sehr viel schneller.

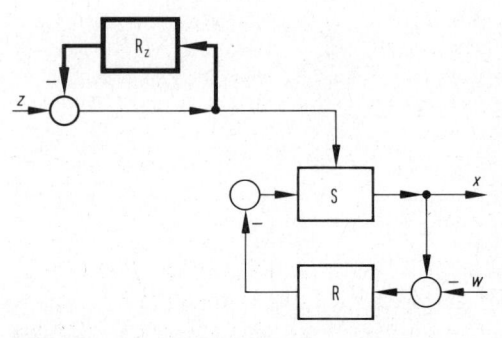

Bild 4.5–4 Vorregelung (dick gezeichnet: zusätzlicher Signalweg)

Bei der **Vorregelung** werden durch einen zusätzlich vorgeschalteten Regelkreis Veränderungen der auf die technologische Anlage wirkenden Störung(en) abgefangen.

Regelung mit Hilfsregelgröße

Wenn es gelingt, in einer Anlage eine Größe zu messen, die auf Änderungen der Stellgröße y und vor allem der Störgröße z schneller reagiert als die für den Prozeß maßgebende Regelgröße x, so kann man diese Größe als Hilfsregelgröße x_H benutzen und einen zusätzlichen Regelkreis aufbauen, der sehr viel schneller reagiert als der Hauptregelkreis. Bild 4.5–5 zeigt den Signalflußplan der wichtigsten Regelung mit Hilfsregelgröße, der **Kaskadenregelung**. Dabei wirkt die Ausgangsgröße des Reglers R_2 im äußeren Regelkreis (Führungsregelkreis) als Führungsgröße für den inneren Folgeregelkreis mit dem Regler R_1. Eine wesentliche Verbesserung des dynamischen Verhaltens ergibt sich, wenn

- der Streckenteil S_1 wesentlich weniger Verzögerung enthält als S_2 und
- die Störgröße sich bezüglich der Hilfsregelgröße bemerkbar macht (z. B. Eingangsstörung).

Üblicherweise benutzt man im inneren Regelkreis einen P-Regler (R_1) und im äußeren Kreis (R_2) zur Vermeidung der bleibenden Regelabweichung einen PI- oder PID-Regler.

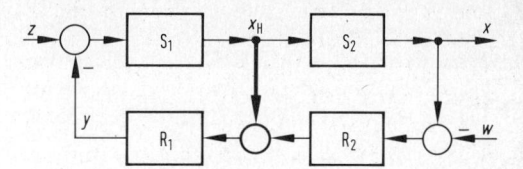

Bild 4.5–5 Signalflußplan einer Kaskadenregelung als Beispiel für Regelungen mit Hilfsregelgröße (dick gezeichnet: zusätzlicher Signalweg)

Als **Hilfsregelgröße** dient eine für den Prozeßablauf unwesentliche Größe, die auf Änderungen der Stellgröße und vor allem der Störgröße schneller reagiert als die eigentliche Regelgröße. Damit ergibt sich eine Regelung mit **zwei Signalschleifen**. Sehr häufig benutzt man die **Kaskadenregelung** (Bild 4.5–5), bei der der Regler des äußeren Kreises (Führungsregelkreis mit Regler R_2) die Führungsgröße für den inneren Kreis (Hilfsregelkreis oder Folgeregelkreis mit Regler R_1) bildet. Meist benutzt man für R_1 P-Regler und für R_2 zur Vermeidung einer bleibenden Regelabweichung PI- oder PID-Regler.

Bild 4.5–6 demonstriert einen häufigen Anwendungsfall der Kaskadenregelung: Regelgröße x ist die Temperatur des Gutes in einem Rührkesselreaktor. Sie muß für die gewünschte Reaktion (z. B. Polymerisation) sehr genau konstant gehalten werden. Stellgröße ist die Ventilstellung für den Durchfluß des Heizmediums (z. B. Dampf). Die Strecke ist ziemlich träge. Auf Änderungen der Stellgröße spricht aber die Temperatur im Reaktormantel viel schneller an. Deshalb wird sie als Hilfsregelgröße x_H benutzt. Der Regler R muß natürlich die Struktur gemäß Bild 4.5–5 realisieren. Er erhält zwei Eingangssignale; deshalb spricht man oft von **Zweikomponentenregelung**.

Da Regelungen mit Hilfsregelgröße zwei Signalschleifen enthalten, ändern sich die Stabilitätseigenschaften gegenüber denen von einschleifigen Regelkreisen grundlegend. Deshalb sind die Berechnungsmethoden, die Sie im Kapitel 4.3 kennengelernt haben, nicht anwendbar. Zusätzlich gibt es ein neues Problem,

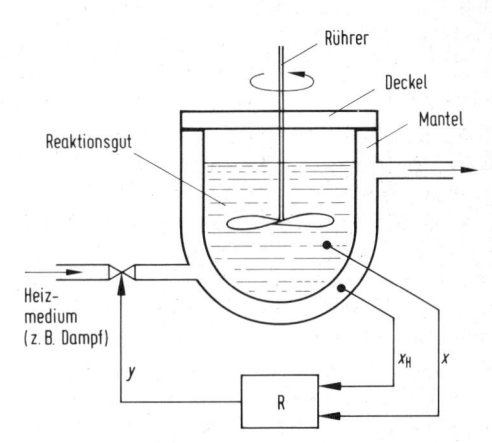

Bild 4.5–6 Temperaturregelung eines Rührkesselreaktors als Beispiel für eine Kaskadenregelung
R   Regler
x Regelgröße – Temperatur des Reaktionsgutes; für den Prozeß die wesentliche Größe
x_H Hilfsregelgröße – Temperatur im Reaktormantel

die Sicherung von **Integrität:** Trennt man nämlich die Signalschleife mit x_H auf (z. B. Ausfall der Meßeinrichtung für die Hilfsregelgröße), so kann die Regelung instabil werden. Sicherung von Integrität bedeutet Wahl einer Reglereinstellung, bei der auch bei Ausfall der Schleife mit x_H die Regelung stabil ist.

Kaskadenregelungen werden in der chemischen Verfahrenstechnik und bei Regelungen von elektrischen Antrieben sehr häufig verwendet.

Unter **Integrität** einer Kaskadenregelung versteht man die Eigenschaft, daß auch bei **Auftrennen der Schleife mit der Hilfsregelgröße** (z. B. durch Meßgeräteausfall) **die Regelung stabil bleibt**. Sicherung von Integrität geschieht im allgemeinen durch Wahl einer entsprechenden Reglereinstellung.

Regelung mit Hilfsstellgröße

Eine weitere zweischleifige Struktur ist eine Regelung mit Hilfsstellgröße (Bild 4.5–7). Hier sind zwei Stellglieder vorhanden. Man benutzt diese Schaltung, wenn aus verfahrenstechnischen oder energetischen Gründen der stationäre Zustand einer Regelung mit einer Stellgröße, die schlechtes dynamisches Verhalten ergibt, eingestellt werden soll. Findet man nun eine Stellgröße mit besserer Dynamik, so benutzt man diese als Hilfsstellgröße y_H. Indem man im inneren Kreis einen P-Regler benutzt (R_H) und im äußeren Kreis einen PI-Regler (R), sorgt man dafür, daß in gewünschter Weise der stationäre Wert mit der Stellgröße y eingestellt und die **Hilfsgröße nur vorübergehend zur Verbesserung des Übergangsvorganges wirksam** wird.

Wegen des hohen zusätzlichen Aufwandes (zwei Stellsysteme) benutzt man diese Schaltung sehr selten.

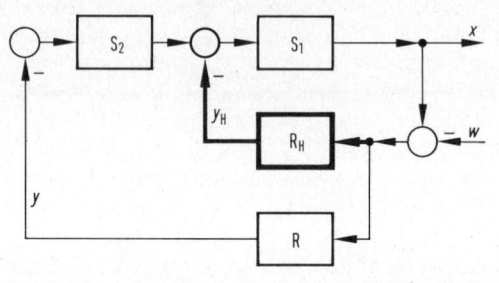

Bild 4.5–7 Signalflußplan einer Regelung mit Hilfsstellgröße (dick gezeichnet: zusätzlicher Signalweg)

Regelungen mit **Hilfsstellgröße** werden nur dann eingesetzt, wenn aus energetischen oder verfahrenstechnischen Gründen der stationäre Zustand des Regelkreises mit einer ganz bestimmten Stellgröße, die aber schlechtes dynamisches Verhalten ergibt, eingestellt werden soll.

Lernzielorientierter Test zu Kapitel 4.5

1. Worin besteht der Hauptnachteil von einschleifigen Regelkreisen?
2. Geben Sie Möglichkeiten an, wie durch Aufbau zusätzlicher Signalwege eine Verbesserung der Dynamik erreicht werden kann.
3. Geben Sie wichtige Bedingungen an, die für die Realisierung dieser Varianten erfüllt sein müssen.
4. Was verstehen Sie bei einer Kaskadenregelung unter Integrität? Wie kann diese Eigenschaft gesichert werden?
5. Analysieren Sie Regelungen Ihres Arbeitsgebietes. Welche der behandelten Schaltungen werden eingesetzt?

4.6 Mehrgrößenregelungen

Lernziele

Nach Durcharbeiten dieses Kapitels
- wissen Sie, was Mehrgrößenregelungen sind,
- wissen Sie, warum es notwendig ist, die Kopplungen in der Strecke bei der Festlegung der Reglereinstellung zu berücksichtigen.

In industriellen Anlagen kommt es häufig vor, daß nicht nur eine Regelgröße von Bedeutung ist, sondern daß mehrere Regelgrößen beachtet werden müssen. Zu ihrer Beeinflussung dienen auch mehrere Stellgrößen. Treten dazwischen **Kopplungen** auf, spricht man von **Mehrgrößenregelungen**. Einigermaßen übersichtlich sind die Verhältnisse bei **Zweigrößenregelungen**, also Regelungen mit zwei Regelgrößen und zwei Stellgrößen. Beispiele dafür sind die Frequenz-Übergabeleistungs-Regelung elektrischer Verbundnetze, die Regelung von Temperatur und Füllstand im Sumpf von Destillationskolonnen und die Klimatisierung von Räumen (Regelung von Temperatur und relativer Feuchte). Im Signalflußplan (Bild 4.6–1) erkennen Sie die Kopplungen: Jede Regelgröße wird von beiden Stellgrößen beeinflußt, bzw. jede Stellgröße wirkt auf beide Regelgrößen.

Mit den beiden Reglern R_1 und R_2 entsteht eine Signalschleife, die durch beide Regelkreise geht, **die Regelkreise sind miteinander gekoppelt**. Das Vorhandensein solcher wechselseitiger Kopplungen zwischen den Regelkreisen ist das entscheidende Merkmal von Mehrgrößenregelungen. Es hat wesentlichen Einfluß auf die Eigenschaften der Regelung: Das Stabilitätsverhalten ändert sich, die Berechnung der Stabilitätsgrenze ist schwieriger, und die für einschleifige Regelkreise ausgearbeiteten Verfahren zur Berechnung der Reglereinstellwerte sind nicht anwendbar.

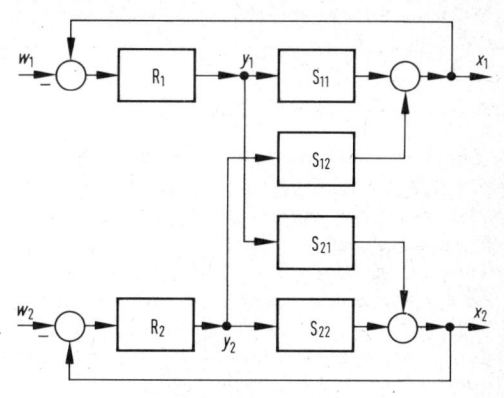

Bild 4.6–1 Zweigrößenregelung
S_{11}, S_{22} Hauptstrecken,
S_{12}, S_{21} Koppelstrecken,
R_1, R_2 Regler

Eine Regelung mit zwei Regelgrößen und zwei Stellgrößen heißt **Zweigrößenregelung, wenn die beiden Regelkreise so miteinander gekoppelt sind, daß es eine Signalschleife gibt, die durch beide Regelkreise führt.**

Entsprechende Anordnungen mit mehreren Regelgrößen heißen **Mehrgrößenregelungen**.

Wegen der Kopplungen sind die für einschleifige Regelkreise ausgearbeiteten Verfahren zur Berechnung der Reglereinstellwerte nicht anwendbar.

Lernzielorientierter Test zu Kapitel 4.6

1. Was ist eine Mehrgrößenregelung, insbesondere eine Zweigrößenregelung?
2. Welche Rolle spielen Kopplungen in Mehrgrößenregelungen?

4.7 Nichtkonventionelle Regelalgorithmen – Rechnereinsatz

Insbesondere der Einsatz von Digitalrechnern in Reglern und Prozeßleitsystemen schuf die Voraussetzungen zur Realisierung leistungsfähigerer, aber eben auch aufwendigerer Regelalgorithmen, als es der PID-Regler darstellt. Einige Möglichkeiten sollen im abschließenden Kapitel 4.7 kurz skizziert werden.

Mit Mikrorechnerreglern ist Korrektur nichtlinearer Kennlinien möglich: Durch Aktivierung entsprechender Programme können z. B. die Kennlinien vieler Meßglieder linearisiert werden. In wachsendem Maße werden derartige Informationsverarbeitungsleistungen direkt in die Meßeinrichtungen eingebaut – man spricht dann oft von „intelligenten" Meßgeräten.

Eine andere Möglichkeit ist der Aufbau **adaptiver Regler**: Bei laufendem Betrieb ändern sich bei vielen Anlagen durch Verschmutzung, Alterung u. ä. die Kennwerte der Regelstrecke. Außerdem hängen die Eigenschaften häufig vom Arbeitspunkt oder der Belastung ab, so daß es schwierig ist, eine einzige Reglereinstellung zu finden, die für alle Fälle gutes dynamisches Verhalten sichert. Der Ausweg liegt auf der Hand: Man stellt die Reglerparameter den sich ändernden Bedingungen ständig nach,

Einsatz von Mikrorechnern in Reglern und Prozeßleitsystemen erlaubt die Realisierung leistungsfähiger Regelalgorithmen und vieler Zusatzfunktionen.

Moderne Geräte enthalten die Möglichkeit zur **Korrektur nichtlinearer Kennlinien**.

Bei **adaptiven Regelungen** werden die Reglerparameter und ggf. auch die Reglerstruktur gemäß sich ändernder Betriebsbedingungen und/oder Streckenparameter ständig nachgestellt.

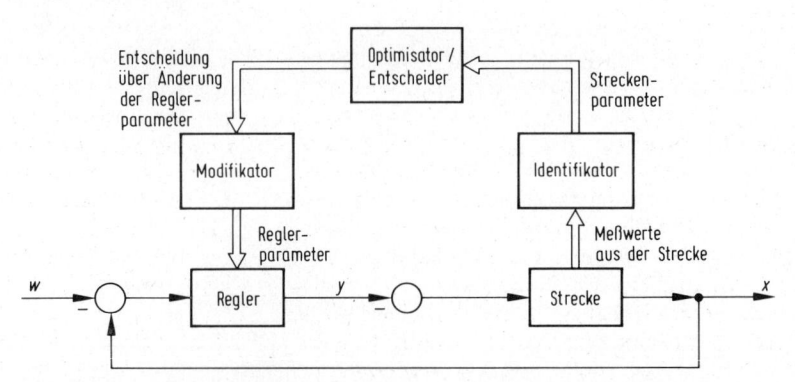

Bild 4.7–1 Adaptive Regelung: Grundstruktur einer self-tuning-Regelung

man adaptiert den Regler. Bild 4.7–1 zeigt die Grundstruktur einer häufig benutzten Variante, die man meist als **self-tuning-Regler** (selbsteinstellenden Regler) bezeichnet. Ein

Identifikator ermittelt aufgrund von Messungen an der Strecke (z. B. Messung von Stellgröße und Regelgröße) die Streckeneigenschaften. Im Entscheider wird festgestellt, ob sich diese gegenüber den vorherigen Werten so weit geändert haben, daß eine korrigierte Reglereinstellung sinnvoll oder notwendig ist. Der Modifikator schließlich berechnet die neuen Reglerparameter und stellt den Regler entsprechend ein.

Eine letzte Gruppe komfortablerer Regelalgorithmen sei kurz erwähnt: Bisher haben Sie Zeitverläufe kennengelernt, die durch Exponentialfunktionen beschrieben werden. Das bedeutet, daß die Übergangsvorgänge theoretisch erst nach unendlich langer Zeit beendet sind. Es gibt Regelalgorithmen, die meist mit den Begriffen **dead-beat-Regler** und **optimale Steuerung (optimal control)** beschrieben werden, die ein günstigeres Verhalten ermöglichen. Sie sichern nämlich Übergangsvorgänge, die nach endlicher Zeit abgeschlossen sind und ergeben die Möglichkeit, diese Zeit zu minimieren (sog. zeitoptimale Steuerung). Wegen des erheblichen mathematischen Aufwandes zu ihrem Entwurf und verschiedener Schwierigkeiten bei der Realisierung werden solche Verfahren nur selten, meist in der Luft- und Raumfahrt und bei Robotersteuerungen, angewendet.

Im Gegensatz zu einfachen Regelungen, deren Übergangsvorgänge durch Exponentialfunktionen beschrieben werden und deshalb erst nach unendlicher Zeit beendet sind, sichern **dead-beat-Algorithmen** und **optimale Steuerungen** den Abschluß der Übergangsvorgänge nach endlicher Zeit und erlauben es u. a., diese Zeit zu minimieren (bei sog. zeitoptimalen Steuerungen).

Nicht nur bei der Realisierung von Reglern und in Prozeßleitsystemen haben Digitalrechner ein breites Anwendungsgebiet gefunden. Noch größer ist und wird ihr Einsatz beim Entwurf von Automatisierungssystemen sein. Solche **CAD-Programme (CAD: computer aided design)** erlauben sowohl die Modellierung von Regelungen und die Berechnung günstiger Reglereinstellungen als auch die Erledigung von Projektierungsaufgaben wie Anfertigen von Montageunterlagen, Stücklisten, Verdrahtungsplänen usw. Bequem handhabbare Ein- und Ausgabemedien wie Bildschirme mit Lichtgriffel und Zeichenmaschinen erleichtern die Arbeit. In nicht allzu ferner Zukunft werden bei komfortablen Systemen vielleicht auch Sprachein- und -ausgabe und andere Elemente der künstlichen Intelligenz verfügbar sein.

Digitalrechner dienen nicht nur zur Realisierung von Regelungen in Reglern und Prozeßleitsystemen, sondern in wachsendem Maße in Form von **CAD-Systemen zu Entwurf und Simulation von Automatisierungslösungen**. Komfortable Datenein- und -ausgabe sowie Einbau von Elementen der künstlichen Intelligenz machen diese Systeme immer leistungsfähiger.

Aber: Zur vollen Ausschöpfung der Möglichkeiten leistungsfähiger CAD-Systeme ist theoretisches Wissen erforderlich, denn nur derjenige kann diese Leistungsfähigkeit nutzen, der grundsätzliches Wissen über die Eigenschaften der zu entwerfenden und zu berechnenden Regelungssysteme besitzt; nur er kann dem Computer die richtigen Aufgaben und Fragen stellen.

5 Steuerungstechnik

In der Steuerungstechnik wird eine besondere Gruppe von Automatisierungseinrichtungen behandelt. Bereits im Abschnitt 2.2.4 haben Sie die wesentlichen Unterschiede zwischen Regelungen und Steuerungen kennengelernt, die Sie jetzt wiederholen und vertiefen können. Dazu werden Sie einige Grundlagen und spezielle Darstellungsformen kennenlernen. An typischen Beispielen wird das Gelernte angewandt und vertieft.

5.1 Einführung

Lernziele

Nach Durcharbeiten dieses Kapitels können Sie
- die besonderen Eigenschaften von Steuerungen definieren,
- den Unterschied zwischen Regelungen und Steuerungen erläutern,
- die Strukturen von Steuerungen unterscheiden.

5.1.1 Einordnung von Steuerungen in Automatisierungseinrichtungen

In der Beschreibung von Singalzusammenhängen unterscheiden wir offene und geschlossene Wirkungsabläufe.

Bei den offenen Abläufen beeinflußt ein Element stets nur solche, die ihm im Wirkungsablauf folgen (Bild 5.1.1−1). In einem solchen Fall sprechen wir von einer **Steuerkette**.

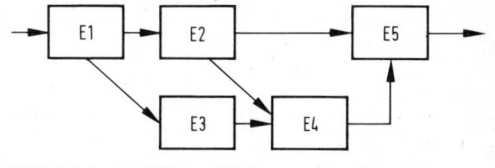

Bild 5.1.1−1 Offener Wirkungsablauf

| Bei einer Steuerung liegt ein offener Wirkungsablauf vor! |

Werden dagegen Elemente beeinflußt, die im Wirkungsablauf weiter vorn liegen, so liegt ein geschlossener Wirkungsablauf vor (Bild 5.1.1−2). Die wesentlichste Form ist der im Kapitel 4 ausführlich behandelte **Regelkreis**.

Eine besondere Form des geschlossenen Wirkungsablaufes ist der **Abschaltkreis**. Bild 5.1.1−3 zeigt als einfaches Beispiel die Zapfpistole an Tanksäulen.

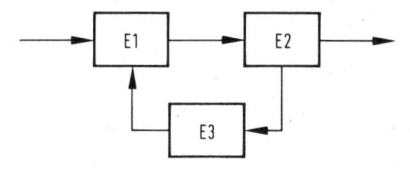

Bild 5.1.1−2 Geschlossener Wirkungsablauf

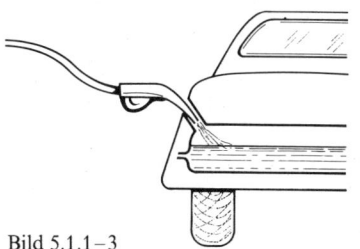

Bild 5.1.1−3
Anwendungsbeispiel eines Abschaltkreises

Durch die Betätigung der Zapfpistole beginnt der Füllvorgang. Erreicht der Füllstand die Auslauföffnung der Zapfpistole, so wird der Füllvorgang automatisch beendet. Er kann nur durch eine erneute Betätigung der Zapfpistole („Neustart") fortgesetzt werden. Natürlich kann der Füllvorgang auch zu jedem beliebigen Zeitpunkt unterbrochen werden (Stop).

Während bei den Regel- und Abschaltkreisen meist nur eine Prozeßgröße meßtechnisch erfaßt und auch nur eine Stellgröße beeinflußt wird, treten bei Steuerungen häufig mehrere zu verarbeitende Prozeßgrößen auf. Gleichzeitig sind auch eine größere Anzahl von Stellgrößen zu erzeugen. Deshalb kommt der Informationsverknüpfung der Prozeßgrößen eine besondere Bedeutung zu.

Beim Abschaltkreis beeinflußt die sich ändernde Prozeßgröße (Tankfüllstand) die Stellgröße (Benzinfluß). Ein automatisches Wiedereinschalten erfolgt jedoch nicht!

Übung 5.1.1–1

Vergleichen Sie Ihnen bekannte Automatisierungseinrichtungen bezüglich ihres Wirkungsablaufes! Prüfen Sie, ob es sich um Regelungen, Steuerungen oder Abschaltkreise handelt!

5.1.2 Einteilung von Steuerungen

Im Kapitel 2 haben Sie bereits einige Einteilungen von Automatisierungseinrichtungen bezüglich der Steuerziele kennengelernt.

Eine weitere Unterteilung entsteht aus dem Zeitverlauf der Signale. Auch hierzu können Sie im Kapitel 2 nachlesen.

Bei Steuerungen unterscheiden wir zunächst bezüglich des Zeitverlaufes der Signale **stetige** und **unstetige** Steuerungen.

Stetige Steuerungen haben in der Praxis geringe Bedeutung. Sie dienen dazu, die Steuergröße einer analogen und kontinuierlichen Eingangsgröße nachzuführen.

Stetige Steuerungen können auch dann zum Einsatz kommen, wenn eine Größe beeinflußt werden soll, die meßtechnisch weder direkt noch indirekt erfaßbar ist. In solchen Fällen ist der Aufbau eines Regelkreises unmöglich.

Wiederholen Sie die Unterscheidungen von Steuerungen und Regelungen aus Kapitel 2.1!

Wiederholen Sie die Aufteilung der Signale aus Abschnitt 2.2.2!

5.1 Einführung

Bei unstetigen Steuerungen werden digitale Signale verarbeitet, die nur zwei Werte besitzen – 0 und 1. Dieses Signal wird deshalb **binäres Signal** genannt. Die sie verarbeitende Einrichtung heißt Binärsteuerung.

Binärsteuerungen verarbeiten binäre Signale. Diese Signale können nur zwei diskrete Werte annehmen.

Binärsteuerungen werden vielfältig eingesetzt. Sie finden diese in der Transport- und Lagertechnik zur Realisierung von Abläufen, bei Chargenprozessen in der Verfahrenstechnik, bei An-, Um- und Abfahrprozessen. Diese Aufgaben werden unter dem Begriff Prozeßführung zusammengefaßt.

Eine weitere Gruppe, oft auch als Signaleinrichtungen bezeichnet, dient zur Prozeßüberwachung und Prozeßsicherung.

Binärsteuerungen sind zur Prozeßführung und zur Prozeßüberwachung und -sicherung eingesetzt.

Oft findet bei Steuerungen eine Verarbeitung der Eingangssignale nur zu ganz bestimmten Zeiten statt. Diese Zeitpunkte bestimmt ein zusätzliches Signal, das Taktsignal. Die sich ergebenden Ausgangssignale sind diskontinuierlich. Solche Steuerungen heißen **getaktete Steuerungen**.

Bei ungetakteten Steuerungen können sich die Signale zu jedem beliebigen Zeitpunkt ändern, d.h., die Signale sind kontinuierlich.

Können sich die Signale nur zu bestimmten Zeitpunkten ändern, so sprechen wir von getakteten Steuerungen. Anderenfalls heißen sie ungetaktete.

Moderne Automatisierungseinrichtungen nutzen zur Informationsverarbeitung Mikrorechner. Sie haben die Eigenschaft, alle auszuführenden Operationen nacheinander abzuarbeiten. Sind alle abgearbeitet, wird wieder von vorn begonnen. Da die Abarbeitung dadurch nur zu bestimmten Zeitpunkten erfolgt, handelt es sich grundsätzlich um getaktete Steuerungen.

Neben den bisher genannten Unterschieden gibt es noch eine Vielzahl weiterer Einteilungsmerkmale. Dazu gehören auch:
– Einteilung nach der gesteuerten Größe und
– Einteilung nach der verwendeten Hilfsenergie

Übung 5.1.2–1

Überlegen Sie selbst, welche Gruppen von Steuerungen nach diesen Einteilungsmerkmalen möglich sind.

Im Kapitel 2.1 haben Sie die verschiedenen Steuerziele kennengelernt. Auch daraus ergibt sich eine wichtige Einteilung (Bild 5.1.2–1).

Bei den **Folgesteuerungen** wird die zu steuernde Größe einer Führungsgröße nachgeführt. Ein bekanntes Beispiel ist das Kopierdrehen. Auf einer Schablone ist die gewünschte Form aufgetragen (gespeichert). Die Steuerung sorgt nun dafür, daß diese Form abgenommen und auf den Drehmeisel übertragen wird.

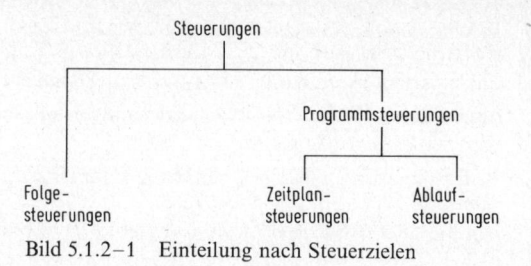

Bild 5.1.2–1 Einteilung nach Steuerzielen

Übung 5.1.2–2

Handelt es sich bei dieser Steuerung um eine stetige oder um eine Binärsteuerung?

Programmsteuerungen dienen dazu, komplexe Abläufe zu automatisieren. Dazu sind stets viele Schritte (Takte) notwendig. Ist der nächste Schritt abhängig von der abgelaufenen Zeit, so spricht man von **Zeitplansteuerungen.**

Wird der nächste Schritt davon abhängig gemacht, daß ein vorhergehender Schritt ein bestimmtes Ziel erreicht hat, heißen sie **Ablaufsteuerungen.** In praktischen Einrichtungen treten beide Formen gemischt und mit Abschaltkreisen kombiniert auf.

Die meisten Binärsteuerungen zur Prozeßführung bestehen aus Zeitplan- und Ablaufsteuerungen, kombiniert mit Abschaltkreisen.

Übung 5.1.2–3

Beobachten Sie den Ablauf eines Waschvollautomaten! Welcher Programmschritt arbeitet
– nach Zeitplan?
– als Ablaufsteuerung?
– als Abschaltkreis?

Ein letzter wichtiger Einteilungsgesichtspunkt ist die Art, nach der die notwendige Signalverknüpfung programmiert wird (Bild 5.1.2–2).

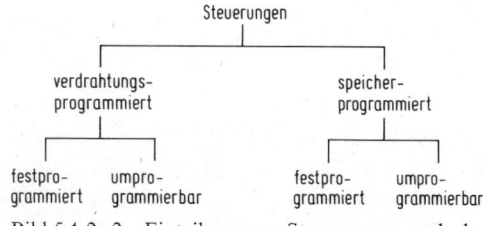

Bild 5.1.2–2 Einteilung von Steuerungen nach der Programmierart

Herkömmliche Steuereinrichtungen bestehen aus einzelnen Baugliedern, welche die Signalverarbeitung ausführen. Durch die Verknüpfung (bei elektrischen Baugliedern durch Draht – „Verdrahtung") erfolgte die Realisierung des gewünschten Programmes.

5.1 Einführung

Bei modernen Anlagen mit Mikrorechnern erfolgt die Abarbeitung aller notwendigen Verknüpfungen nacheinander. Deshalb muß sich die Einrichtung „merken", was sie machen soll. Dazu dienen Speicher.

5.1.3 Kombinatorisches und sequentielles Verhalten

Eine Eigenschaft von Binärsteuerungen müssen Sie noch unterscheiden lernen. Gemeint ist das kombinatorische und das sequentielle Verhalten.

Wie sie im Abschnitt 5.1.2 gesehen haben, zeichnen sich Binärsteuerungen unter anderem dadurch aus, daß sich die Stellgrößen aus mehreren Prozeßgrößen ergeben. Bezeichnen wir ganz allgemein die Stellgrößen mit Y und die Prozeßgrößen mit X, so gilt für das kombinatorische Verhalten:

$$Y = f(X)$$

Bei kombinatorischem Verhalten sind die Stellgrößen nur von den Prozeßgrößen abhängig. Steuereinrichtungen mit kombinatorischem Verhalten werden auch Zuordner genannt.

Genauere Untersuchungen von Ablaufsteuerungen zeigen, daß durchaus in unterschiedlichen Programmschritten bei den gleichen Prozeßgrößen unterschiedliche Stellgrößen nötig sind. Es ist deshalb wichtig, den erreichten Programmschritt bei der Ermittlung der Stellgrößen zu berücksichtigen. Dazu werden in der Steuereinrichtung die Programmschritte abgebildet und als Zustände Z bezeichnet. Die Stellgrößen ergeben sich danach:

$$Y = f(X, Z)$$

Bei sequentiellem Verhalten ist zur Bestimmung der Stellgrößen der erreichte Zustand zu berücksichtigen.

Oft genügt beim sequentiellen Verhalten allein der erreichte Zustand zur Bestimmung der Stellgrößen:

$$Y = f(Z)$$

Alle Binärsteuereinrichtungen werden auch als Automaten bezeichnet.
Deshalb tragen diese beiden Gruppen die Bezeichnung Moore- bzw. Mealy-Automat.

Sind die Stellgrößen bei sequentiellem Verhalten nur von den erreichtem Programmschritt abhängig, heißen die Steuereinrichtungen Moore-Automaten.

Werden darüber hinaus zusätzliche Prozeßgrößen benötigt, so heißen die Steuereinrichtungen Mealy-Automaten.

Lernzielorientierter Test zu Kapitel 5.1

1. Wodurch unterscheiden sich Regelungen und Steuerungen?
2. Warum kommt der Informationsverknüpfung bei Steuerungen eine besondere Bedeutung zu?
3. Wann werden stetige Steuerungen zur Beeinflussung von Prozeßgrößen eingesetzt?
4. Was sind Binärsteuerungen? Welche Aufgaben übernehmen sie?
5. In praktischen Anlagen treten zur Führung des Prozesses meist verschiedene Arten von Binärsteuerungen auf. Welche sind das?
6. Wie unterscheiden sich Zuordner, Moore-Automaten und Mealy-Automaten?

5.2 Grundlagen der Booleschen Algebra

Lernziele

Nach Durcharbeiten dieses Kapitels
- beherrschen Sie die Grundverknüpfungen binärer Variabler,
- können Sie Zusammenhänge tabellarisch und durch Gleichungen darstellen,
- sind Sie in der Lage, die gewonnen Beziehungen zu vereinfachen.

5.2.1 Grundverknüpfungen binärer Variabler

Wie Sie im Abschnitt 5.1.2 gelernt haben, arbeiten Binärsteuerungen mit diskreten Signalen, die nur 2 Werte annehmen können. Solche binären Werte sind auch im Sprachgebrauch üblich. Wir sagen zu einem Ereignis, daß es wahr oder unwahr ist, eine Frage können wir mit ja oder nein beantworten. Verknüpft man solche bewerteten Ereignisse miteinander, sprechen wir von der **Aussagelogik**.

Betrachten wir zunächst einige Beispiele dieser Aussagelogik. Auf eine Frage, was Sie heute Abend tun werden, antworten Sie: „Ich gehe ins Kino **oder** in die Discothek". Diese Aussage ist wahr, wenn Sie entweder das eine oder das andere tun.

Sie ist aber auch wahr, wenn Sie sowohl ins Kino als auch in die Discothek gehen. Wir sprechen in einem solchen Fall von einer **ODER-Verknüpfung**. Die Aussage: „Es gibt heute nachmittag Kaffee **und** Kuchen" ist nur wahr, wenn es beides gibt! Hier liegt eine **UND-Verknüpfung** vor.

Aussagelogik ist die verbale Verknüpfung von wahren oder unwahren Aussagen.

5.2 Grundlagen der Booleschen Algebra

Durch den britischen Mathematiker *George Boole* (1815–1869) wurden diese und weitere Zusammenhänge zur Algebra der Logik zusammengefaßt. Sie trägt heute seinen Namen.

Sie findet ihre Anwendung in der Mengenlehre, der Wahrscheinlichkeitsrechnung, der Aussagenlogik und der Schaltalgebra.

Die letztgenannte ist die mathematische Basis für die Signalverknüpfungen bei Binärsteuerungen. Gehen wir davon aus, daß die Eingangsgrößen x und die Ausgangsgrößen y unserer Steuereinrichtung nur die Werte 0 und 1 annehmen können, so lassen sich folgende Beziehungen formulieren:

Die Boolsche Algebra ist die mathematische Grundlage für die Signalverknüpfung bei Binärsteuerungen.

Identität: y hat dann und nur dann den Wert 1, wenn x den Wert 1 besitzt

Identität: $y = x$ (5.2–1)

Negation: y hat den entgegengesetzten Wert von x, d.h. y hat den Wert 1, wenn x den Wert 0 hat und umgekehrt. Gekennzeichnet wird dies durch den Querstrich über der Variablen.

Negation: $y = \bar{x}$ oder $\bar{y} = x$ (5.2–2)

ODER: Diese Verknüpfung heißt auch **Disjunktion**. Sie wird durch das Zeichen „∨" ausgedrückt. y hat genau dann den Wert 1, wenn x_1 oder x_2 oder beide den Wert 1 besitzen.

ODER: $y = x_1 \vee x_2$ (5.2–3)

UND: Diese Verknüpfung heißt auch **Konjunktion**. Zur Kennzeichnung dieser Verknüpfung wird das Zeichen „∧" verwendet. Oftmals wird dieses Zeichen auch durch einen Punkt ersetzt oder ganz weggelassen.

y hat dann und nur dann den Wert 1, wenn sowohl x_1 als auch x_2 den Wert 1 besitzen.

UND: $y = x_1 \wedge x_2$ oder (5.2–4)
$y = x_1 \cdot x_2$ oder
$y = x_1 x_2$

Grundsätzlich läßt sich die Variable x auch mit den binären Werten 1 und 0 verknüpfen.

Übung 5.2.1–1

Ermitteln Sie folgende Werte für y:

$y = x \vee 1$ (5.2–5)

$y = x \vee 0$ (5.2–6)

$y = x \cdot 1$ (5.2–7)

$y = x \cdot 0$ (5.2–8)

Natürlich existieren für die Behandlung der Zusammenhänge eine Reihe von Gesetzen. Sie werden diese im Abschnitt 5.2.4 kennen und anwenden lernen.

5.2.2 Wahrheitstabellen

Eine besonders übersichtliche Darstellung der Verknüpfung ist in Tabellenform möglich. Sie werden als Wahrheitstabellen bezeichnet.

In diesen Tabellen sind alle möglichen Kombinationen der Eingangsvariablen dargestellt und die sich daraus ergebenden Werte der Ausgangsvariablen eingetragen.

Für die Identität und Negation ist dies sehr einfach, da nur eine Eingangsvariable beteiligt ist. Bild 5.2.2–1 zeigt die Wahrheitstabelle für die Identität.

x	y
0	0
1	1

Bild 5.2.2–1 Wahrheitstabelle für die Identität

Übung 5.2.2–1
Erstellen Sie die Wahrheitstabelle für die Negation.

x	y
0	
1	

Bei der ODER- und UND-Verknüpfung sind mehrere Variable beteiligt. Allgemein gilt, daß die Anzahl der möglichen Kombinationen bei n Variablen gleich 2^n ist.

Dadurch können die Tabellen sehr groß werden. Bei 2 Variablen gibt es 4, bei 3 Variablen bereits 8 mögliche Kombinationen.

In Bild 5.2.2–2 ist die ODER-Verknüpfung von 3 Variablen dargestellt.

x_1	x_2	x_3	y
0	0	0	0
1	0	0	1
0	1	0	1
1	1	0	1
0	0	1	1
1	0	1	1
0	1	1	1
1	1	1	1

Bild 5.2.2–2
Wahrheitstabelle für die ODER-Verknüpfung

Übung 5.2.2–2
Vervollständigen Sie die Wahrheitstabelle für die UND-Verknüpfung von 2 Variablen.

x_1	x_2	y
0	0	
1	0	
0	1	
1	1	

5.2 Grundlagen der Booleschen Algebra

Eine weitaus größere Bedeutung besitzen diese Tabellen zur Beschreibung von Schaltzusammenhängen, die sich aus den technologischen Aufgabenstellungen ergeben. Dort werden sie als Schaltbelegungstabellen bezeichnet. Im Kapitel 5.4.1 werden Sie diese Schaltbelegungstabellen ausführlich kennen und anwenden lernen.

Nutzen wir nun diese Wahrheitstabellen, um die Kenntnisse über die Zusammenhänge von binären Variablen zu erweitern. Unter Verwendung von 2 Eingangsvariablen ergeben sich vier mögliche Kombinationen. Für jede dieser Kombinationen muß die Ausgangsvariable den Wert 1 oder 0 besitzen. Demzufolge existieren $2^4 = 16$ verschiedene Ergebnisfunktionen, die in Bild 5.2.2–3 enthalten sind.

x_1	x_2	y_1	y_2	y_3	y_4	y_5	y_6	y_7	y_8	y_9	y_{10}	y_{11}	y_{12}	y_{13}	y_{14}	y_{15}	y_{16}
0	0	0	0	0	0	0	0	0	0	1	1	1	1	1	1	1	1
1	0	0	0	0	0	1	1	1	1	0	0	0	0	1	1	1	1
0	1	0	0	1	1	0	0	1	1	0	0	1	1	0	0	1	1
1	1	0	1	0	1	0	1	0	1	0	1	0	1	0	1	0	1

Bild 5.2.2–3 Mögliche Belegungen der Ausgangsvariablen bei 2 Eingangsvariablen

Betrachten Sie zunächst einmal y_1 und y_{16}. Für diese gilt, daß sie konstant 0 bzw. 1 sind, somit von x_1 und x_2 unabhängig.

In y_4 und y_6 finden Sie die Identitätsfunktion wieder: $y_4 = x_2$, $y_6 = x_1$.

Übung 5.2.2–3

Welche Ergebnisfunktion entspricht der Negation?

Übung 5.2.2–4

Auch die Ergebnisfunktionen y_8 und y_2 kennen Sie! Welche Verknüpfung stellen sie dar?

Betrachten Sie als nächstes y_7 und y_{10}! y_7 hat genau dann den Wert 1, wenn x_1 und x_2 unterschiedliche Werte haben. Diese Ergebnisfunktion heißt **Antivalenz**.

Im Gegensatz dazu hat y_{10} genau dann den Wert 1, wenn x_1 und x_2 den gleichen Wert besitzen. Diese Ergebnisfunktion heißt **Äquivalenz**.

Wenn Sie die Funktion y_9 mit der ODER-Funktion y_8 vergleichen, so stellen Sie fest, daß bei jeder Belegung gerade der negierte Wert der ODER-Belegung vorliegt. Mit der englischen Bezeichnung „OR" für ODER und der Abkürzung N für Negation entsteht der Name **NOR-Funktion**.

Analog ist y_{15} in Vergleich mit y_2 die negierte UND-Funktion, sie heißt demzufolge **NAND-Funktion** (and = engl. und).

Verbleiben noch die Ergebnisfunktionen y_3 und y_5 sowie y_{12} und y_{14}.

y_3 und y_5 haben nur den Wert 1, wenn eine Variable den Wert 1 und die andere den Wert 0 hat.

Sie werden **Inhibition** genannt.

y_{12} und y_{14} heißen **Implikation** und stellen die Negation der Inhibition dar.

Während die Wahrheitstabellen zunächst für die Erfassung von kombinatorischem Verhalten anwendbar sind, muß für die Darstellung von sequentiellen Verhaltensweisen eine Erweiterung erfolgen. Diese Tabellen heißen Schaltfolgetabellen; Sie werden diese im Abschnitt 5.4.2 kennenlernen.

5.2.3 Schaltfunktionen

Im Kapitel 5.2.1 haben Sie neben der Identität die drei Grundverknüpfungen kennengelernt:

$y = \bar{x}$ \qquad Negation

$y = x_1 \vee x_2$ \qquad Disjunktion

$y = x_1 x_2$ \qquad Konjunktion

Für diese Darstellung benutzen wir bereits die Gleichungsform, die als **Schaltfunktion** bezeichnet wird.

Schaltfunktionen beschreiben die Abhängigkeit einer Ausgangsvariablen y von den Eingangsvariablen x_i unter Verwendung der Grundverknüpfungen UND, ODER und NICHT.

Diese Schaltfunktionen bestehen aus einzelnen Termen, die untereinander logisch verknüpft sind. In den Termen sind wiederum Eingangsvariable logisch verknüpft.

Bestehen diese Terme aus der Konjunktion von Variablen, wobei diese entweder unnegiert oder negiert vorkommen, so heißen sie **Fundamentalkonjunktionen**.

Beispiele für Fundamentalkonjunktionen:

$x_1\,\overline{x_4}$; $\overline{x_1}\,\overline{x_2}\,x_3$; $\overline{x_1}\,\overline{x_4}$

5.2 Grundlagen der Booleschen Algebra

Die disjunktive Verknüpfung solcher Fundamentalkonjunktionen ergibt die **disjunktive Normalform** (DNF) der Schaltfunktion.

Sind in der Fundamentalkonjunktion alle Variablen enthalten, von denen die Ausgangsvariable abhängt, so werden sie **Elementarkonjunktionen** genannt.

Eine disjunktive Normalform der Schaltfunktion, die nur aus Elementarkonjunktionen besteht, heißt **kanonisch disjunktive Normalform** (KDNF).

Völlig analog entstehen **Fundamentaldisjunktionen** und **Elementardisjunktionen** sowie die **konjunktive Normalform** (KNF) und die **kanonisch konjunktive Normalform** (KKNF).

Disjunktive Normalform (DNF):

$$y = x_1 \overline{x_4} \vee \overline{x_1}\, \overline{x_2}\, x_3 \vee \overline{x_1}\, \overline{x_4} \qquad (5.2\text{–}9)$$

Beispiele für Elementarkonjunktionen:

$$x_1\, x_2\, x_3\, \overline{x_4}; \quad \overline{x_1}\, \overline{x_2}\, x_3\, x_4; \quad \overline{x_1}\, \overline{x_2}\, \overline{x_3}\, \overline{x_4}$$

Kanonisch disjunktive Normalform (KDNF):

$$y = x_1\, x_2\, x_3\, \overline{x_4} \vee \overline{x_1}\, \overline{x_2}\, x_3\, x_4 \vee \overline{x_1}\, \overline{x_2}\, \overline{x_3}\, \overline{x_4}$$
$$(5.2\text{–}10)$$

Fundamentaldisjunktionen:

$$x_1 \vee \overline{x_4}; \quad \overline{x_1} \vee \overline{x_2} \vee x_3; \quad \overline{x_1} \vee \overline{x_4}$$

Konjunktive Normalform (KNF):

$$y = (x_1 \vee \overline{x_4})(\overline{x_1} \vee \overline{x_2} \vee x_3)(\overline{x_1} \vee \overline{x_4})$$
$$(5.2\text{–}11)$$

Elementardisjunktionen:

$$x_1 \vee x_2 \vee x_3 \vee \overline{x_4}; \quad \overline{x_1} \vee \overline{x_2} \vee x_3 \vee x_4;$$
$$\overline{x_1} \vee \overline{x_2} \vee \overline{x_3} \vee \overline{x_4}$$

Kanonisch konjunktive Normalform (KKNF):

$$y = (x_1 \vee x_2 \vee x_3 \vee \overline{x_4})(\overline{x_1} \vee \overline{x_2} \vee x_3 \vee x_4)$$
$$(\overline{x_1} \vee \overline{x_2} \vee \overline{x_3} \vee \overline{x_4}) \qquad (5.2\text{–}12)$$

Schaltfunktionen lassen sich direkt aus den Wahrheits- bzw. Schaltbelegungstabellen ableiten, da es sich mathematisch gesehen nur um ein anderes Modell der logischen Zusammenhänge handelt.

Man erhält dabei grundsätzlich kanonische Normalformen. Zur Aufstellung der KDNF werden alle Eingangsbelegungen herausgesucht, bei denen die Ausgangsvariable den Wert 1 haben muß. Hat die Eingangsvariable bei dieser Belegung den Wert 1, so kommt sie direkt in der Elementarkonjunktion vor. Hat sie dagegen den Wert 0, so erscheint sie in der Elementarkonjunktion negiert.

Ermitteln wir als Beispiel nach Bild 5.2.2–3 die Ergebnisfunktion y_2. Es tritt nur einmal der Wert 1 auf, die KDNF besteht nur aus einer Elementarkonjunktion. x_1 und x_2 haben bei dieser Eingangsbelegung den Wert 1, sind also direkt zu verwenden. Es entsteht

$$y_2 = x_1\, x_2 \text{ Konjunktion.}$$

Auch für y_3 und y_5 kommt nur einmal der Wert vor. Daraus folgen:

$$y_3 = \overline{x_1}\, x_2 \qquad (5.2\text{-}13)$$
$$y_5 = x_1\, \overline{x_2} \qquad (5.2\text{-}14)$$

Sie stellen die Inhibition dar.

Übung 5.2.3–1

Ermitteln Sie als KDNF die Schaltfunktionen für die Antivalenz (y_7) und für die Äquivalenz (y_{10}). Beide Schaltfunktionen müssen 2 Terme besitzen!

Zur Aufstellung der kanonisch konjunktiven Normalform werden die Eingangsbelegungen genutzt, bei denen die Ergebnisfunktion den Wert 0 besitzt. Die Elementardisjunktion muß den Wert 0 ergeben, d. h., alle mit 0 bewerteten Eingangsvariablen erscheinen direkt, alle mit 1 bewerteten negiert in der Elementardisjunktion.

Ermitteln wir als Beispiel die Ergebnisfunktion y_8 nach Bild 5.2.2–3. Sie besitzt nur einmal den Wert 0. x_1 und x_2 haben bei dieser Belegung den Wert 0, sie erscheinen in der Elementardisjunktion direkt:

$$y_8 = x_1 \vee x_2$$

Sie erkennen die Grundverknüpfung ODER! Auch die Implikation (y_{12} und y_{14}) besitzen im Ergebnis nur bei einer Belegung den Wert 0.

Übung 5.2.3–2

Ermitteln Sie die KKNF für y_{12} und y_{14}!

Am Ende des Abschnitts 5.2.2 hatten Sie gelernt, daß die Implikation die Negation der Inhibition ist. Beim Vergleich der Ergebnisfunktionen y_{12} bzw. y_{14} mit denen von y_3 bzw. y_5 ist dies nicht sofort zu erkennen. Offenbar können diese Beziehungen noch umgeformt und vereinfacht werden. Damit wollen wir uns im nächsten Kapitel beschäftigen.

5.2.4 Umformung und Minimierung von Schaltfunktionen, Karnaugh-Tafel

Die aus den Wahrheitstabellen gewonnenen Schaltfunktionen sind meist sehr umfangreich, da sie grundsätzlich aus Elementarkonjunktionen oder -disjunktionen bestehen. Oft lassen sie sich aber stark vereinfachen.

5.2 Grundlagen der Booleschen Algebra

In der Booleschen Algebra gelten folgende Gesetze:

- Kommutatives Gesetz (Vertauschungsgesetz):

$$x_1 x_2 = x_2 x_1 \qquad (5.2\text{-}15)$$
$$x_1 \vee x_2 = x_2 \vee x_1 \qquad (5.2\text{-}16)$$

- Assoziatives Gesetz (Verbindungsgesetz):

$$x_1 (x_2 x_3) = (x_1 x_2) x_3 = x_1 x_2 x_3 \qquad (5.2\text{-}17)$$
$$x_1 \vee (x_2 \vee x_3) = (x_1 \vee x_2) \vee x_3$$
$$= x_1 \vee x_2 \vee x_3 \qquad (5.2\text{-}18)$$

- Distributives Gesetz (Verteilungsgesetz):

$$x_1 (x_2 \vee x_3) = x_1 x_2 \vee x_1 x_3 \qquad (5.2\text{-}19)$$
$$x_1 \vee x_2 x_3 = (x_1 \vee x_2)(x_1 \vee x_3) \qquad (5.2\text{-}20)$$

Diese 3 Gesetze sind Ihnen aus der elementaren Mathematik bereits bekannt. Die folgenden gelten speziell für die logischen Beziehungen.

- Absorptionsgesetz:

$$x_1 (x_1 \vee x_0) = x_1 \vee x_1 x_0 = x_1 \qquad (5.2\text{-}21)$$

- Verknüpfung von Variablen mit sich selbst:

$$x_1 x_1 = x_1 ; \qquad (5.2\text{-}22)$$
$$x_1 \vee x_1 = x_1 \qquad (5.2\text{-}23)$$

- Verknüpfung von Variablen mit ihrer Negation:

$$x_1 \overline{x_1} = 0 ; \qquad (5.2\text{-}24)$$
$$x_1 \vee \overline{x_1} = 1 \qquad (5.2\text{-}25)$$

- de-Morgansches Theorem:

$$\overline{x_1 \vee x_0} = \overline{x_1} \, \overline{x_0} \qquad (5.2\text{-}26)$$
$$\overline{x_1 x_0} = \overline{x_1} \vee \overline{x_0} \qquad (5.2\text{-}27)$$

- Doppelnegation:

$$\overline{\overline{x_1}} = x_1 \qquad (5.2\text{-}28)$$

Im folgenden sollen Sie die Anwendung zunächst an den Grundfunktionen nach Schaltbelegungstabelle entsprechend Bild 5.2.2–3 kennenlernen und vertiefen.

Am Ende des vorigen Kapitels hatten Sie in der Übung 5.2.3–2 die KKNF für die Implikation bestimmt. Bei richtiger Lösung erhielten Sie

$$y_{12} = \overline{x_1} \vee x_2$$
$$y_{14} = x_1 \vee \overline{x_2}$$

Wenden wir die Doppelnegation und das de Morgansche Theorem an, so folgt:

$$y_{12} = \overline{x_1} \vee x_2 = \overline{\overline{\overline{x_1} \vee x_2}} = \overline{\overline{\overline{x_1}} \cdot \overline{x_2}} = \overline{x_1 \cdot \overline{x_2}} \qquad (5.2\text{-}29)$$

$$y_{14} = x_1 \vee \overline{x_2} = \overline{\overline{x_1 \vee \overline{x_2}}} = \overline{\overline{x_1} \cdot \overline{\overline{x_2}}} = \overline{\overline{x_1} \cdot x_2} \qquad (5.2\text{-}30)$$

Vergleichen Sie die so gewonnenen Formen mit der Inhibition, so erkennen Sie die Richtigkeit der Aussage, daß die Implikation die Negation der Inhibition ist:

$$y_3 = \overline{x_1} \, x_2 \qquad y_{14} = \overline{\overline{x_1} \, x_2}$$
$$y_5 = x_1 \, \overline{x_2} \qquad y_{12} = \overline{x_1 \, \overline{x_2}}$$

In Übung 5.2.3-1 hatten Sie die Gleichungen für die Antivalenz als KDNF ermittelt. Natürlich muß sich die gleiche Schaltfunktion ergeben, wenn Sie die KKNF verwenden:

$$y_7 = (x_1 \vee x_2)(\overline{x_1} \vee \overline{x_2})$$
$$= x_1 \overline{x_1} \vee x_1 \overline{x_2} \vee \overline{x_1} x_2 \vee x_2 \overline{x_2}$$

Mit $x_1 \overline{x_1} = 0$ bzw. $x_2 \overline{x_2} = 0$ folgt

$$y_7 = x_1 \overline{x_2} \vee \overline{x_1} x_2$$

Vergleichen Sie das Ergebnis mit Ihrer Lösung der Übung 5.2.3-1!

Übung 5.2.4-1

Bestimmen Sie die KKNF der Schaltfunktion y_{10} für das Ergebnis mit Ihrer Lösung der Übung 5.2.3-1!

Die NOR-Funktion hatten Sie im direkten Vergleich mit der ODER-Funktion (y_9/y_8) kennengelernt. Für beide lassen sich auch die KDNF und die KKNF aufstellen.

ODER: $y_8 = x_1 \overline{x_2} \vee \overline{x_1} x_2 \vee x_1 x_2$ (KDNF)

$$= x_1 (\overline{x_2} \vee x_2) \vee \overline{x_1} x_2$$

mit $\overline{x_2} \vee x_2 = 1$ folgt

$$= x_1 \vee \overline{x_1} x_2$$
$$= (x_1 \vee \overline{x_1})(x_1 \vee x_2)$$
$$= \underline{\underline{x_1 \vee x_2}}$$

$$y_8 = \underline{\underline{x_1 \vee x_2}} \quad \text{(KKNF)}$$

NOR: $y_9 = \overline{x_1} \, \overline{x_2}$ (KDNF) (5.2-31)

$$= \underline{\underline{\overline{x_1 \vee x_2}}} \quad \text{(de Morgansches Theorem)}$$

$y_9 = (\overline{x_1} \vee x_2)(x_1 \vee \overline{x_2})(\overline{x_1} \vee \overline{x_2})$ (KKNF)
$= (\overline{x_1} x_1 \vee \overline{x_1} \, \overline{x_2} \vee x_1 x_2 \vee x_2 \overline{x_2})(\overline{x_1} \vee \overline{x_2})$

mit $\overline{x_1} x_1 = 0$ bzw. $x_2 \overline{x_2} = 0$ folgt

$= (\overline{x_1} \, \overline{x_2} \vee x_1 x_2)(\overline{x_1} \vee \overline{x_2})$
$= \overline{x_1} \, \overline{x_2} \vee \overline{x_1} \, \overline{x_2} \vee x_1 x_2 \overline{x_1} \vee x_1 x_2 \overline{x_2}$

mit $x_1 x_2 \overline{x_1} = 0$ und $x_1 x_2 \overline{x_2} = 0$ folgt

$= \overline{x_1} \, \overline{x_2}$ und damit
$= \underline{\underline{\overline{x_1 \vee x_2}}}$ (5.2-32)

Aus diesem Beispiel ist erkennbar, daß Sie mit der Form mit den wenigeren Termen schneller die kürzeste Schaltfunktion erstellen können.

Übung 5.2.4–2
Bestimmen Sie die UND- und die NAND-Funktion (y_2/y_{15}) mit Hilfe der jeweils günstigen Normalform!

Diese wenigen Beispiele sollten Ihnen zeigen, wie Schaltfunktionen umgeformt und gekürzt werden können. Wir sprechen auch von minimieren oder von minimierten Schaltfunktionen. Bei der Anwendung dieser Verfahren auf praktische Beispiele im Kapitel 5.5 können Sie die Kenntnisse weiter vertiefen.

Sie haben aber auch gesehen, daß diese Umformung einen großen Rechenaufwand fordert. Ein einfaches Kürzungsverfahren für Boolesche Ausdrücke mit 3 bis 6 Variable ist das **Verfahren von *Karnaugh*.**

Das Karnaugh-Verfahren dient zur Kürzung von Booleschen Ausdrücken.

Anwendung findet die Karnaugh-Tafel. Sie ist in Felder eingeteilt, denen jeweils eine Eingangskombination zugeordnet ist. Die Karnaugh-Tafel muß also soviel Felder besitzen, wie Eingangskombinationen möglich sind. Bei 3 Variablen 8, bei 4 Variablen 16 usw. Für mehr als 6 Eingangsvariable (64 Felder) werden die Tafeln unübersichtlich!

Um die Tafeln für die Kürzung verwenden zu können, ist die Zuordnung so vorzunehmen, daß sich die Eingangskombinationen in benachbarten Feldern nur in einer Variablen unterscheiden.

Betrachten Sie das Feld K in Bild 5.2.4–1! In dieses Feld wird eine 1 eingetragen, wenn die Eingangskombination $x_0 x_1 x_2 x_3$ eine solche Ausgangsvariablenbelegung verlangt. Ist dies nicht der Fall, wird die binäre 0 eingetragen. In praktischen Einsatzfällen kommt es auch vor, daß nicht alle Kombinationen auftreten. In solchen Fällen sind diese Felder durch ∅ zu kennzeichnen, d. h., sie können wahlweise mit 0 oder 1 genutzt werden.

Jedes Feld im Karnaugh-Plan hat 4 Nachbarfelder! Für das Feld K sind das die Felder G, O, J und L. Zu E zum Beispiel gehört neben A, F und I noch H, zum Feld P neben O und L auch D und M!

Wenn man die Nachbarfelder von K betrachtet, so sind diese für folgende Eingangskombinationen vorgesehen:

	$\overline{x_0}\ \overline{x_1}$	$\overline{x_0}\ x_1$	$x_0\ x_1$	$x_0\ \overline{x_1}$
$\overline{x_2}\ \overline{x_3}$	A	B	C	D
$x_2\ \overline{x_3}$	E	F	G	H
$x_2\ x_3$	I	J	K	L
$\overline{x_2}\ x_3$	M	N	O	P

Bild 5.2.4–1 Karnaugh-Tafel für 4 Variable

G $\quad x_0\ x_1\ x_2\ \overline{x_3}$ $\qquad$ J $\quad x_0\ \overline{x_1}\ x_2\ x_3$
O $\quad x_0\ x_1\ \overline{x_2}\ x_3$ $\qquad$ L $\quad \overline{x_0}\ x_1\ x_2\ x_3$

Wie sie erkennen, ist gegenüber der Belegung des Feldes K immer nur eine Variable anders! Alle mit 1 belegten Felder sind also Elementarkonjunktionen der Schaltfunktion. Verknüpft man diese disjunktiv miteinander, entsteht die KDNF.

	$\overline{x_0}\ \overline{x_1}$	$x_0\ \overline{x_1}$	$x_0\ x_1$	$\overline{x_0}\ x_1$
$\overline{x_2}\ \overline{x_3}$	0	0	0	0
$x_2\ \overline{x_3}$	0	0	0	0
$x_2\ x_3$	0	0	1	1
$\overline{x_2}\ x_3$	0	0	0	0

Bild 5.2.4–2 Karnaugh-Tafel mit Belegung

Sind nun zwei Felder einer Karnaugh-Tafel mit 1 belegt, so entspricht dies einer KDNF mit 2 Termen. Nehmen wir zum Beispiel die Felder K und L in Bild 5.2.4–2. Die KDNF lautet dann:

$$y = x_0\, x_1\, x_2\, x_3 \vee \overline{x_0}\, x_1\, x_2\, x_3$$

Nach dem distributiven Gesetz folgt

$$y = x_1\, x_2\, x_3\, (x_0 \vee \overline{x_0}) \quad \text{und mit} \quad x_0 \vee \overline{x_0} = 1$$

$$y = x_1\, x_2\, x_3$$

Dies ist direkt aus der Karnaugh-Tafel ablesbar. Bilden wir aus den beiden belegten Feldern einen „Block", so entspricht dieser der Konjunktion $x_1\, x_2\, x_3$.

Dies läßt sich weiter fortsetzen, denn was für benachbarte Felder gilt, gilt auch für benachbarte Blöcke. Ein Beispiel zeigt Bild 5.2.4–3.

Der Block mit den Feldern G und H ergibt die Konjunktion $x_1\, x_2\, \overline{x_3}$, der Block mit den Feldern I und J die Konjunktion $\overline{x_1}\ x_2\, x_3$!

	$\overline{x_0}\ \overline{x_1}$	$x_0\ \overline{x_1}$	$x_0\ x_1$	$\overline{x_0}\ x_1$
$\overline{x_2}\ \overline{x_3}$	0	0	0	0
$x_2\ \overline{x_3}$	0	0	1	1
$x_2\ x_3$	1	1	1	1
$\overline{x_2}\ x_3$	0	0	0	0

Bild 5.2.4–3 Karnaugh-Tafel mit Belegung

Im folgenden können die Blöcke KL und GH zusammengefßt werden und ergeben $x_1\, x_2$. Gleichermaßen ergeben KL mit IJ $x_2\, x_3$.

Wenden wir dieses Verfahren für einige Ergebnisfunktionen in Bild 5.2.2–3 an. Natürlich ist dies für 2 Variable nicht nötig, aber auch hierbei können Sie bereits die Vorteile erkennen.

Bild 5.2.4–4 zeigt die Karnaugh-Tafel für y_4. Daraus folgt $y_4 = x_2$, die Identitätsfunktion.

	$\overline{x_1}$	x_1
$\overline{x_2}$	0	0
x_2	1	1

Bild 5.2.4–4 Karnaugh-Tafel für y_4

Die Ergebnisfunktion y_8 war die ODER-Funktion. Sie ergibt sich aus der Karnaugh-Tafel nach Bild 5.2.4–5 sofort zu $y_8 = x_1 \vee x_2$.

	$\overline{x_1}$	x_1
$\overline{x_2}$	0	1
x_2	1	1

Bild 5.2.4–5 Karnaugh-Tafel für die Disjunktion

Bei der Antivalenz-Funktion $y = x_1\, \overline{x_2} \vee \overline{x_1}\, x_2$ können Sie an der Karnaugh-Tafel sofort erkennen, daß eine Vereinfachung nicht möglich ist.

	$\overline{x_1}$	x_1
$\overline{x_2}$	0	1
x_2	1	0

Bild 5.2.4–6 Karnaugh-Tafel für die Antivalenz

Lernzielorientierter Test zu Kapitel 5.2

1. Welche Grundverknüpfungen von binären Variablen kennen Sie? Wie lauten deren Schaltfunktionen?
2. Was sind Wahrheitstabellen?
3. Wozu werden Schaltfunktionen benötigt?
4. Wie sind die kanonisch disjunktiven und die kanonisch konjunktiven Normalformen der Schaltfunktion aufgebaut?
5. Wann liegen Elementarkonjunktionen bzw. -disjunktionen vor?
6. Was verstehen Sie unter Minimierung von Schaltfunktionen?
7. Wie müssen die Elementarkonjunktionen in der Karnaugh-Tafel angeordnet sein, damit diese zur Minimierung verwendet werden können?
8. Was verstehen Sie unter Blöcken? Welche Feldanzahl kann zu Blöcken zusammengefaßt werden?

5.3 Darstellung logischer Strukturen

Lernziele

Nach Durcharbeiten dieses Kapitels
- kennen Sie die grafischen Elemente zur Darstellung logischer Strukturen,
- beherrschen Sie die Darstellung von Schaltfunktionen durch grafische Elemente,
- können Sie Speicherfunktionen, Zeit- und Zählglieder durch grafische Elemente darstellen und deren Funktion erläutern.

5.3.1 Einführung

Als Techniker sind wir gewohnt, Zusammenhänge durch grafische Darstellungen zu erläutern. Bilder haben einen großen Informationsgehalt und lassen vieles „auf einen Blick" erkennen.

Auch in der Automatisierungstechnik sind solche Darstellungen in allen Teilgebieten anzutreffen.

Im Abschnitt 2.2.3 wurden bereits Signalflußpläne und deren Symbole gezeigt. Bezüglich der Darstellung von Steuerungsstrukturen wurden Sie auf dieses Kapitel verwiesen.

Am Anfang der Realisierung von Schaltfunktionen stand die Nutzung von elektrischen Kontakten. Die dazu eingesetzten Bauglieder waren Relais und Schütze. Jedes dieser Bauglieder bestand aus einem Elektromagneten, der vom Eingangsstrom durchflossen wurde.

Bei Erregung schaltete ein Kontaktsatz. Dabei konnten Kontakte sowohl geschlossen als auch geöffnet werden. Bild 5.3.1–1 zeigt die funktionelle Darstellung eines solchen Bauelementes. Dabei wird stets die Ruhelage gezeichnet, d. h., die Eingangsgröße ist 0. Das Relais ist nicht erregt.

Nimmt die Eingangsgröße den Wert 1 an, schaltet das Relais. Die Kontakte K1–K3 ändern ihre Lage und schließen die Verbindungen 1–3, 4–6 und 7–9. Entsprechend dieser Funktion erhalten die Kontakte ihre Namen:

– Öffner oder Ruhekontakt (Bild 5.3.1–2a)
– Schließer oder Arbeitskontakt
  (Bild 5.3.1–2b)

Oft finden wir bei Relais die in Bild 5.3.1–1 dargestellten Kontaktsätze. Jeder der Kontakte besteht sowohl aus Öffner als auch Schließer, diese Anordnung wird als Wechsler bezeichnet (Bild 5.3.1–2c).

Mit diesem Grundelement – und natürlich mit weiteren Symbolen für andere Funktionen – entstehen die **Stromlaufpläne**.

Mit ihnen läßt sich die Funktion der Steuerung beschreiben, vorrangig dienen sie aber zur grafischen Darstellung der Struktur von verdrahtungsprogrammierten elektrischen Steuerungen.

Es zeigt sich aber, daß für die Darstellung der logischen Zusammenhänge oft die Kontakte allein ausreichen. Die so vereinfachte Anordnung heißt **Kontaktplan** und ist heute zur Beschreibung noch weit verbreitet.

Mit der Weiterentwicklung der Automatisierungsgeräte entstanden neue Typen von Steuerungseinrichtungen. Dazu gehören sowohl pneumatische und hydraulische Bauglieder, insbesondere aber die elektronische und mikroelektronischen Einrichtungen. Dabei zeigte sich sehr bald, daß Kontaktpläne nicht mehr den Anforderungen entsprachen. Eine allgemeine Darstellung konnte durch Symbole erreicht werden, die komplexere logische Zusammenhänge beinhalten. Die so entwickelten Pläne werden **Logikpläne** genannt.

Im folgenden werden Sie für Kontakt- und Logikpläne die Darstellung von Grundstrukturen sowie von Speicher-, Zeit- und Zählfunktionen kennenlernen.

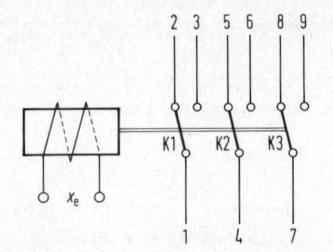

Bild 5.3.1–1 Relais mit 3 Kontaktsätzen

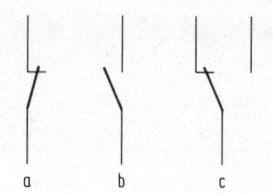

Bild 5.3.1–2 Kontaktarten
a) Öffner, b) Schließer, c) Wechsler

Mit dem Kontaktplan lassen sich logische Strukturen übersichtlich darstellen.

Logikpläne bestehen aus Symbolen, die komplexe logische Funktionen darstellen.

5.3.2 Logische Verknüpfungsglieder

In den vorigen Kapiteln haben Sie die Grundverknüpfung Identität, Negation, Disjunktion und Konjunktion kennengelernt.

Die Identität und die Negation lassen sich durch den Schließer und Öffnerkontakt einfach beschreiben. Der Schließer schaltet einen Strompfad dann und nur dann, wenn am Eingang ein Signal anliegt: $y = x$.

Der Öffner dagegen realisiert einen Strompfad, wenn am Eingang kein Signal anliegt. Wird der Eingang aktiv, so unterbricht („öffnet") er den Strompfad: $y = \bar{x}$.

Ein Schließerkontakt realisiert die Identität, ein Öffnerkontakt die Negation.

Die Disjunktion verlangt, daß ein Strompfad geschlossen ist, wenn der eine oder der andere Kontakt (oder beide) die Verbindung realisieren: $y = x_1 \vee x_2$.

Bild 5.3.2–1 zeigt diese Realisierung; die Kontakte müssen parallel geschaltet sein.

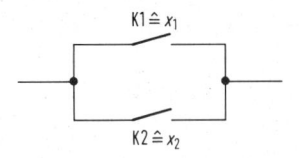

Bild 5.3.2–1
Parallelschaltung von Kontakten – Disjunktion

Die Parallelschaltung von Kontakten realisiert die Disjunktion.

Bei der Konjunktion wird ein Strompfad genau dann geschlossen, wenn alle Kontakte geschlossen sind: $y = x_1 x_2 x_3$. Dies ist erfüllt, wenn alle Kontakte in Reihe liegen (Bild 5.3.2–2).

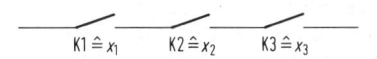

Bild 5.3.2–2
Reihenschaltung von Kontakten – Konjunktion

Die Reihenschaltung von Kontakten realisiert die Konjunktion.

Bei der Darstellung von Logikplänen werden – wie auch bei den Signalflußplänen – rechteckige Kästchen als Übertragungsglieder genutzt. Durch ein Zeichen im Kästchen wird die auszuführende Funktion charakterisiert.

Für die Disjunktion gilt das Zeichen „1", für die Konjunktion das Zeichen „&". Ist eine Größe (Eingangs- oder Ausgangsgröße) negiert darzustellen, so wird dies durch einen kleinen Kreis am Ein- bzw. Ausgang gekennzeichnet. Bild 5.3.2–3 zeigt die entsprechenden Symbole.

Wie Sie erkennen, lassen sich mit diesen Symbolen logische Zusammenhänge allgemein und komprimiert darstellen.

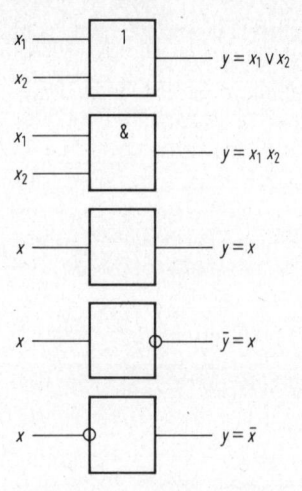

Bild 5.3.2-3   Grundsymbole für Logikpläne

Im Kapitel 5.2 konnten Sie weitere Grundverknüpfungen kennenlernen. Im folgenden wollen wir diese Zusammenhänge als Kontaktplan und Logikplan darstellen. Dabei nutzen wir die im vorigen Kapitel entwickelten Schaltfunktionen.

Betrachten wir zuerst die Inhibitionen:

$y_3 = \overline{x_1} \vee x_2$

$y_5 = x_1 \vee \overline{x_2}$

Es liegt eine Disjunktion vor, also ist eine Parallelschaltung von Kontakten darzustellen.

In beiden Fällen wird jeweils ein Öffner und ein Schließer benötigt. Bild 5.3.2-4 zeigt die beiden Kontaktpläne.

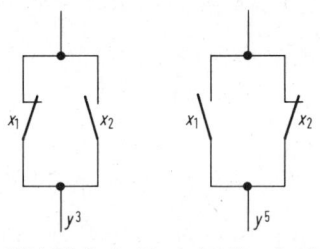

Bild 5.3.2-4   Kontaktpläne der Inhibition

Im Logikplan wird ein ODER-Element genutzt, eine Eingangsvariable wird negiert benötigt. Bild 5.3.2-5 zeigt die Darstellung.

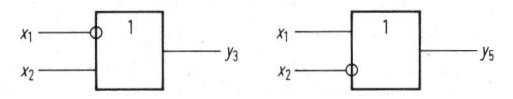

Bild 5.3.2-5   Logikpläne der Inhibition

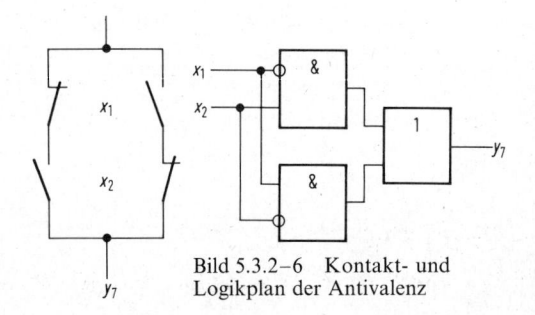

Die Antivalenz hat die Schaltfunktion $y_7 = \overline{x_1} x_2 \vee x_1 \overline{x_2}$. Bild 5.3.2-6 zeigt die Darstellungen als Kontakt- und Logikplan.

Bild 5.3.2-6   Kontakt- und Logikplan der Antivalenz

5.3 Darstellung logischer Strukturen

Die NOR-Funktion ist die negierte ODER-Funktion. Gleichung (5.2–32) lautete:

$y_9 = \overline{x_1 \vee x_2}$. Als Kontaktplan läßt sich dieser Zusammenhang nicht darstellen. Das ist nur in der KDNF nach Gleichung (5.2–31) möglich:

$y_9 = \overline{x_1} \; \overline{x_2}$.

Anderenfalls müssen Sie den Stromlaufplan nutzen. Bild 5.3.2–7 zeigt die beiden Darstellungen.

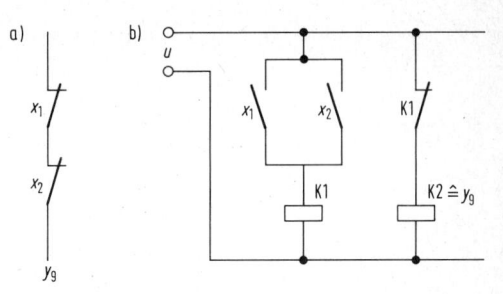

Bild 5.3.2–7 Kontakt- (a) und Stromlaufplan (b) für die NOR-Funktion

Bedeutend einfacher ist die Darstellung im Logikplan. Natürlich könen beide Formen verwendet werden (Bild 5.3.2–8).

An diesem Beispiel erkennen Sie einen Vorteil des Logikplanes: Er ist ein vielseitiger anwendbar.

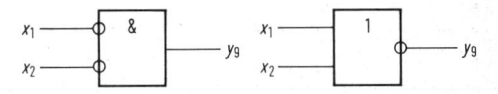

Bild 5.3.2–8 Logikpläne für die NOR-Funktion
a) KDNF, b) KKNF

Übung 5.3.2–1

Zeichnen Sie die Kontakt- und Logikpläne für a) die Implikation, b) die NAND-Funktion.

Zur weiteren Vertiefung sollen die im Abschnitt 5.2.3 aufgestellten Gleichungen für die verschiedenen Normalformen dienen.

In Gleichung (5.2–9) haben Sie eine DNF kennengelernt. Sie bestand aus drei Termen. Den Kontaktplan zeigt Bild 5.3.2–9.

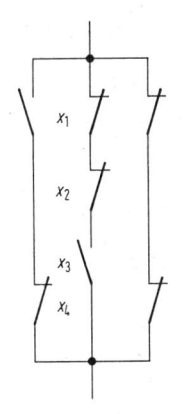

Bild 5.3.2–9 Kontaktplan nach Gleichung (5.2–9)

Übung 5.3.2–2

Zeichnen Sie den Logikplan für die DNF nach Gleichung (5.2–9)!

Die KDNF (Gleichung (5.2–10) unterscheidet sich von der DNF dadurch, daß in jedem Term stets alle Variablen auftreten. Deshalb benötigt der Logikplan 3 UND-Glieder mit jeweils 4 Eingängen. Die anschließende Disjunktion läßt sich in das Bild integrieren. Das Ergebnis zeigt Bild 5.3.2–10.

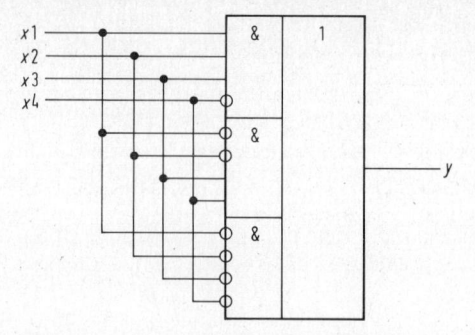

Bild 5.3.2–10   Logikplan nach Gleichung (5.2–10)

Übung 5.3.2–3

Entwerfen Sie den Kontaktplan für die KDNF nach Gleichung (5.2–10)!

Übung 5.3.2–4

Entwerfen Sie die Kontakt- und Logikpläne für die KNF und KKNF nach Gleichung (5.2–11) bzw. (5.2–12)!

Im Abschnitt 5.2.4 haben Sie sich mit einer Reihe von Gesetzen und Rechenregeln vertraut gemacht. Besonders verständlich können Sie sich diese durch die Darstellung der Zusammenhänge als Kontaktplan machen. Das kommutative Gesetz (5.2–15, 5.2–16) sagt aus, daß die Reihenfolge der Kontakte in einem Pfad bzw. die Reihenfolge der parallelen Pfade beliebig ist. Damit ist aber auch das Assoziative Gesetz (Gleichungen (5.2–17) bzw. (5.2–18)) erklärt.

Die Gleichung (5.2–19) läßt sich in zwei Kontaktplänen (Bild 5.3.2–11) darstellen. Die Gleichheit der durch beide Kontaktpläne realisierten Funktion läßt sich leicht erkennen.

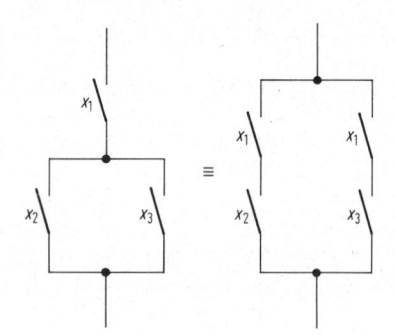

Bild 5.3.2–11 Kontaktpläne für das distributive Gesetz nach Gleichung (5.2–19)

Übung 5.3.2–5

Zeichnen Sie die Kontaktpläne der Gleichung (5.2–20) und prüfen Sie die Richtigkeit des distributiven Gesetzes.

Bei der Darstellung des Absorptionsgesetzes, Gleichung (5.2–21), wird folgendes deutlich: Unter Anwendung des distributiven Gesetzes entstehen zwei parallele Strompfade. Im ersten liegen zwei Schließer von x_1, im zweiten je ein Schließer von x_1 und x_0. Über diesen zweiten Pfad kann nur dann eine Verbindung realisiert werden, wenn x_1 und x_0 geschlossen sind. Im ersten Pfad geschieht dies schon, wenn nur x_1 schließt. Die Gesetzmäßigkeit ist damit erkennbar.

Übung 5.3.2–6

Zeichnen Sie die Kontaktpläne für die Gleichungen (5.2–22) bis (5.2–25) und prüfen Sie daran die Richtigkeit der Gesetze!

5.3.3 Speicherglieder

Im Abschnitt 5.1.3 haben Sie den Unterschied zwischen kombinatorischen und sequentiellen Schaltungen kennengelernt. Die Besonderheit der sequentiellen Schaltungen bestand darin, daß der erreichte Schritt durch einen Zustand abgebildet werden muß. In praktischen Steuerungen werden diese Zustände durch die Ausgangssignale von Speichergliedern, auch Trigger genannt, abgebildet. Im folgenden sollen Sie die Funktion und die Darstellung dieser Speicherglieder kennenlernen.

Speicherglieder bzw. Trigger sind das „Gedächtnis" für die Binärsteuerung. Sie halten vergangene Ereignisse fest.

Speicherglieder können „gesetzt" oder „rückgesetzt" sein, d. h., das Ausgangssignal hat den Wert 1 oder 0. Gesetzt wird ein Speicherglied dann, wenn an einem Eingang (Setzeingang) das Signal (Setzsignal) den Wert 1 annimmt. Das Speicherglied bleibt auch dann gesetzt, wenn das Setzsignal seinen Wert auf 0 ändert. Rückgesetzt wird das Speicherglied dann, wenn ein zweites Eingangssignal (Rücksetzsignal) am Rücksetzeingang den Wert 1 annimmt.

Speicherglieder bzw. Trigger haben mindestens zwei Eingänge: Setzsignal und Rücksetzsignal.

Betrachten Sie bitte Bild 5.3.3–1. Wenn der Kontakt x_S im Strompfad 1 schließt, fließt durch die Relaisspule K 1 ein Strom, das Relais „zieht an". Dadurch schließt der Kontakt K 2 im Strompfad 2. Das Relais hält sich selbst („Selbsthalteschaltung"), auch dann, wenn der Kontakt x_S wieder öffnet, da über den geschlossenen Kontakt K 1 im Strompfad 2 weiterhin Strom durch die Relaisspule fließen kann. Erst das Rücksetzsignal – hier durch den Öffner x_R im Strompfad 1 realisiert, führt dazu, daß das Relais wieder abfällt.

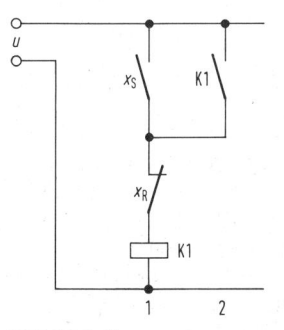

Bild 5.3.3–1
Stromlaufplan einer Speicherschaltung 1

Die gleiche Funktion erfüllt auch die in Bild 5.3.3–2 dargestellte Schaltung. Ein Unterschied tritt nur dann auf, wenn das Setz- und Rücksetzsignal x_S und x_R gleichzeitig auftreten. Bei der Speicherschaltung 1 (Bild 5.3.3–1) wird das Relais nicht anziehen, bei der Speicherschaltung 2 (Bild 5.3.3–2) dagegen zieht es an. Diese beiden unterschiedlichen Arten werden als **dominierend rücksetzen** und **dominierend setzen** bezeichnet.

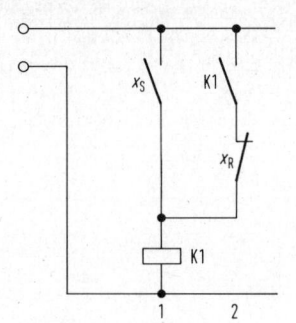

Bild 5.3.3–2
Stromlaufplan einer Speicherschaltung 2

Natürlich lassen sich diese Zusammenhänge auch in Wahrheitstabellen beschreiben.

Mit K_1^* wird dargestellt, daß die Selbsthalteschaltung den Wert des Ausgangssignales beibehält, der bei der vorhergehenden Eingangsbelegung angenommen wurde.

x_S	x_R	K_1	
0	0	K_1^*	K_1^* ist vorheriger Wert
1	0	1	des Ausgangssignales
0	1	0	
1	1	0	

Bild 5.3.3–3 Wahrheitstabelle für die dominierend rücksetzende Selbsthalteschaltung

Der Unterschied besteht lediglich bei der Eingangsbelegung $x_S = 1$ und $x_R = 1$.

Bei den elektronischen Baugliedern tragen diese beiden Schaltungsarten die Bezeichnungen **R-Trigger** (dominierend rücksetzend) und **S-Trigger** (dominierend setzend).

x_S	x_R	K_1
0	0	K_1^*
1	0	1
0	1	0
1	1	1

Bild 5.3.3–4 Wahrheitstabelle für die dominierend setzende Selbsthalteschaltung

Übung 5.3.3–1

Zeichnen Sie die Logikpläne für die Speicherschaltungen 1 und 2!

Neben den mit Relais realisierten Triggerfunktionen sind insbesondere bei den elektronischen und mikroelektronischen Steuereinrichtungen weitere Triggerbauarten hinzugekommen. Die einfachste Form ist der **einstufige RS-Trigger.** Er besteht aus zwei miteinander verknüpften ODER-Gliedern.

Bild 5.3.3–5 zeigt die logische Struktur und das Schaltungskurzzeichen. Die Ausgänge der Trigger werden allgemein mit Q bzw. $\bar{Q}$ bezeichnet.

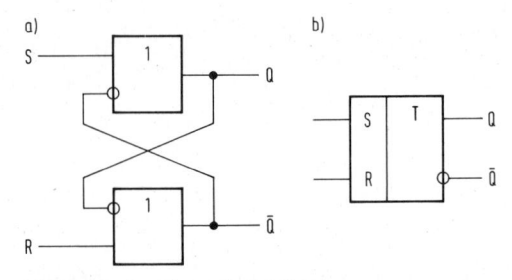

Bild 5.3.3–5 Einstufiger RS-Trigger
a) Logische Struktur   b) Schaltungskurzzeichen

Die Besonderheit dieses Triggers besteht darin, daß der Wert des Ausgangssignales unbestimmt ist, wenn sowohl das Setz- als auch das Rücksetzsignal den Wert 1 annimmt. Dies zeigt auch die Wahrheitstabelle Bild 5.3.3–6.

S	R	Q	
0	0	Q*	U: Der Ausgang ist
1	0	1	unbestimmt
0	1	0	
1	1	U	

Bild 5.3.3–6
Wahrheitstabelle für den einstufigen RS-Trigger

5.3 Darstellung logischer Strukturen

Eine weitere Form ist der **JK-Trigger** (Bild 5.3.3–7). Er besitzt die Eigenschaft, daß der Wert des Ausgangssignales sich ändert, wenn beide Eingangssignale den Wert 1 annehmen.

Bild 5.3.3–7 Logische Struktur und Schaltungskurzzeichen eines JK-Triggers

Dies erkennen Sie recht deutlich aus der Wahrheitstabelle Bild 5.3.3–8.

Alle die gezeigten Trigger können zusätzlich einen weiteren Eingang besitzen. Dieser wird für ein Taktsignal genutzt, wenn getaktete Binärsteuerungen (siehe Abschnitt 5.1.2) zu realisieren sind. Bei getakteten Triggern werden die Eingangssignale nur dann wirksam, wenn das Taktsignal den Wert 1 besitzt.

Bild 5.3.3–9 zeigt die logische Struktur und das Schaltungskurzzeichen für einen getakteten RS-Trigger.

J	K	Q
0	0	Q*
1	0	1
0	1	0
1	1	0

Bild 5.3.3–8 Wahrheitstabelle des JK-Triggers

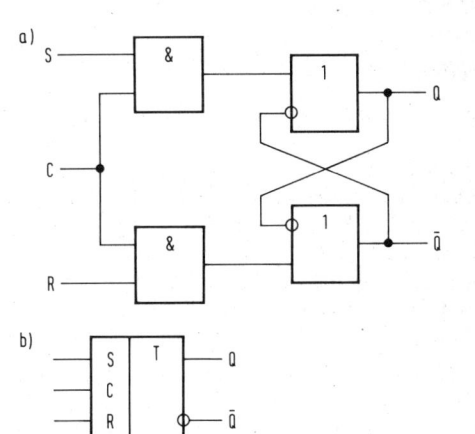

Bild 5.3.3–9 Getakteter RS-Trigger
a) Logische Struktur, b) Schaltungskurzzeichen

Eine Spezialform, die nur als getakteter Trigger sinnvoll ist, ist der **D-Trigger.** Er besitzt neben dem Takteingang scheinbar nur ein Eingangssignal. In der direkten Form bildet es das Setzsignal, seine negierte Form ist das Rücksetzsignal. Bild 5.3.3–10 zeigt den Grundaufbau des D-Triggers.

Alle getakteten Trigger lassen sich nach dem **Master-Slave-Prinzip** kombinieren. Das Prinzip besteht darin, daß an dem ersten (Master-) Speicher das direkte Taktsignal, an dem zweiten (Slave-) Speicher dagegen das negierte Taktsignal angelegt wird. Sich ändernde Werte der Eingangssignale führen demzufolge zunächst im Master-Speicher zu dem neuen Wert am Ausgang, der erst nach Änderung des Taktsignals in den Slave-Speicher übernommen wird.

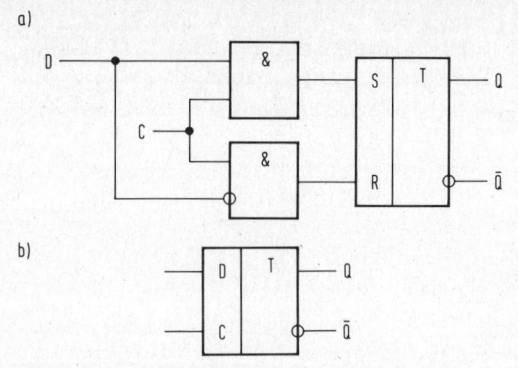

Bild 5.3.3–10 Grundaufbau des D-Triggers

Diese Master-Slave-Speicher tragen die Bezeichnung **zweistufige Trigger**; im Schaltungskurzzeichen haben sie die Kennung TT. Bild 5.3.3–11 zeigt einen zweistufigen D-Trigger.

An dem Schaltfolgediagramm Bild 5.3.3–12 können Sie die Arbeitsweise verfolgen.

Zum Zeitpunkt t_1 nimmt das D-Signal den Wert 1 an. Zum Zeitpunkt t_2 wird mit der Änderung des Taktsignals auf 1 der Master-Speicher gesetzt. Erst zum Zeitpunkt t_3 kann mit dem negierten Taktsignal auch der Slave-Speicher gesetzt werden, das Ausgangssignal nimmt den Wert 1 an. Zum Zeitpunkt t_4 ist das D-Signal 0, d. h., das Rücksetzsignal (negiertes D-Signal) hat den Wert 1. Der Master-Speicher wird zurückgesetzt, der Slave-Speicher folgt zum Zeitpunkt t_5.

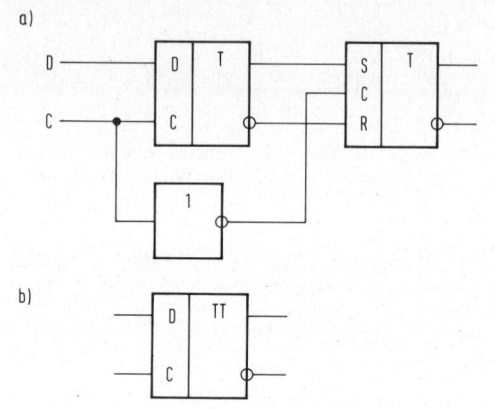

Bild 5.3.3–11 Aufbau des zweistufigen D-Triggers
a) Logische Struktur, b) Schaltungskurzzeichen

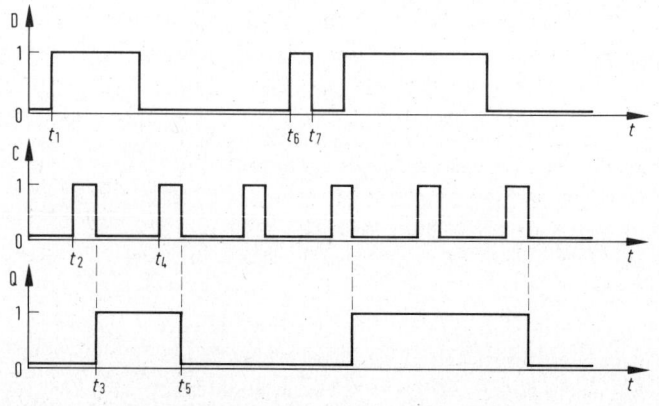

Bild 5.3.3–12 Schaltfolgediagramm für einen zweistufigen D-Trigger

Ändert sich das D-Signal von 0 auf 1 (t_6) und von 1 wieder auf 0 (t_7) und hat das Taktsignal innerhalb der Zeit nicht den Wert 1 angenommen, gibt es keine Änderungen am zweistufigen D-Trigger.

Besondere Bedeutung haben diese zweistufigen Trigger zum Aufbau von **Speicherketten** oder **Schiebeketten**. Mit diesen Ketten können binäre Signale über beliebig viele Takte gespeichert werden.

5.3.4 Zeit- und Zählglieder

Bei der Realisierung der Prozeßführung durch Binärsteuerungen kommt es vor, daß sich bestimmte Zusammenhänge nicht durch Messung von Prozeßgrößen erfassen lassen. Oft ist diese meßtechnische Erfassung auch zu aufwendig.

Das bekannteste Beispiel ist das tägliche Problem, das Frühstücksei richtig zu kochen. Meßtechnisch läßt sich die erreichte „Härte" des Eigelbes nicht oder zumindest sehr schwer erfassen. Demzufolge muß der Ablauf nachgebildet werden. Dazu dient die Kochzeit, die möglicherweise durch die Eigröße zu korrigieren ist.

Für diese Nachbildung oder Modellierung von Abläufen finden Zeit- und Zählglieder Anwendung.

Mit Zeit- und Zählgliedern lassen sich technologische Zusammenhänge abbilden, die sich meßtechnisch nicht oder nur mit großem Aufwand erfassen lassen.

Die wesentlichen Zeitfunktionen sind:
- **Anzugsverzögerung** (Einschaltverzögerung)
- **Abfallverzögerung** (Ausschaltverzögerung)
- **Impulsgeber** (Monostabiles Glied)

Bei der Anzugsverzögerung wird eine Änderung des Einganges von 0 auf 1 erst um die Anzugszeit t_{an} später ausgegeben. Bild 5.3.4–1 zeigt den zeitlichen Verlauf der Signale, Bild 5.3.4–2 das Logiksymbol.

Ist die Wirkungsdauer des Eingangssignals kleiner als die festgelegte Anzugsverzögerung, so erscheint am Ausgang kein 1-Signal.

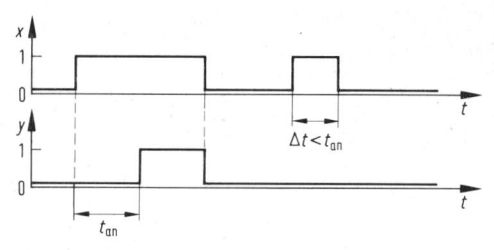

Bild 5.3.4–1
Zeitlicher Verlauf bei der Anzugsverzögerung

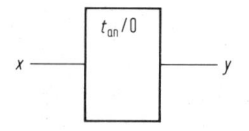

Bild 5.3.4–2 Symbol für ein Übertragungsglied mit Anzugsverzögerung

Bei der Abfallverzögerung behält das Ausgangssignal nach der Änderug des Eingangssignales auf 0 noch über die Zeit t_{ab} das 1-Signal. Bild 5.3.4−3 zeigt den Verlauf, Bild 5.3.4−4 das Symbol.

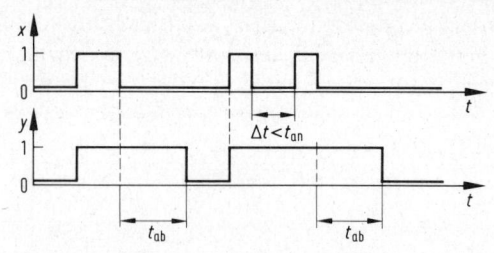

Bild 5.3.4−3
Zeitlicher Verlauf bei der Abfallverzögerung

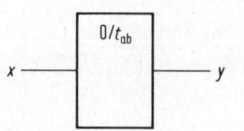

Bild 5.3−4 Symbol für ein Übertragungsglied mit Abfallverzögerung

Ein Impulsgeber erzeugt für eine konstante Zeit den Wert 1 am Ausgang, wenn sich das Eingangssignal von 0 auf 1 ändert. Dabei ist es unwichtig, wie lange das Eingangssignal den Wert 1 beibehält. Bild 5.3.4−5 zeigt den zeitlichen Verlauf.

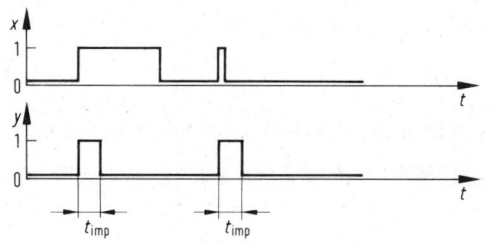

Bild 5.3.4−5 Zeitlicher Verlauf bei einem impulsgebenden Übertragungsglied

Da für die Auslösung der Impulserzeugung die Änderung des Eingangssignals von 0 auf 1 ausreichend ist, kann ein **dynamischer Eingang** genutzt werden. Er ist durch ein Dreieck am Signaleingang gekennzeichnet. Bild 5.3.4−6 zeigt das Symbol. Die Kennzeichnung können Sie der Abbildung entnehmen.

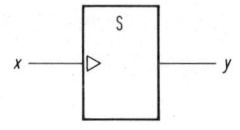

Bild 5.3.4−6 Symbol für einen Impulsgeber

Bei den Zählgliedern unterscheiden wir zunächst **Vorwärts- und Rückwärtszähler.**
Bei Auftreten eines Zählimpulses erhöht sich der Zählwert bei der ersten Art um eins, während er sich bei der zweiten Art um 1 reduziert. Beide Typen besitzen einen Rücksetzeingang, der den Zähler auf 0 bzw. auf den gewünschten Zählwert stellt. Ebenfalls beide Typen können ein Signal ausgeben, der Vorwärtszähler beim Erreichen eines eingestellten Zählwertes, der Rückwärtszähler bei Erreichen des Zählwertes 0.

Ein weiterer Unterschied besteht darin, ob duale (binäre) oder dezimale Zahlen gezählt bzw. angezeigt werden sollen.
In Bild 5.3.4–7 sind einige Symbole für Zähler dargestellt.

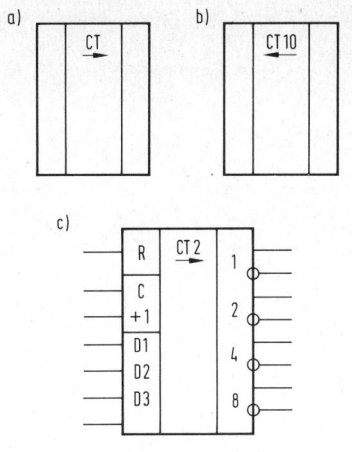

Bild 5.3.4–7 Symbole für Zählglieder
a) Vorwärtszähler, allgemein,
b) Rückwärtszähler für Dezimalzahlen,
c) Binärer Vorwärtszähler mit Rücksetzeingang

Lernzielorientierter Test zu Kapitel 5.3

1. Durch welche grafischen Elemente lassen sich logische Strukturen darstellen?
2. Welche Kontaktarten finden bei Kontaktplänen Anwendung?
3. Welchen Vorteil haben Logikpläne gegenüber Stromlaufplänen?
4. Durch welche Kontakte bzw. Kontaktanordnungen werden die Funktionen Identität, Negation, Disjunktion und Konjunktion dargestellt?
5. Wie sehen die Symbole für die genannten vier Grundfunktionen bei Logikplänen aus?
6. Zeichnen Sie den Kontaktplan und den Logikplan für die Schaltfunktion
   $y = x_1 \, x_2 \, (x_3 \, \overline{x_4} \vee \overline{x_3} \, x_4) \vee x_3 \, x_4 \, (x_1 \, x_2 \vee \overline{x_1} \, \overline{x_2})$!
7. Nennen Sie die Speichertypen (ungetaktet) und erklären Sie den Unterschied!
8. Was bedeuten Anzugs- bzw. Abfallverzögerung?
9. Was ist die Besonderheit bei einem dynamischen Eingang?

5.4 Beschreibungsmittel der Aufgabenstellung als Basis für den Entwurf von Steuerungen

Lernziele

Nach Durcharbeiten dieses Kapitels
- kennen Sie die Möglichkeiten, technologische Zusammenhänge formal darzustellen,
- können Sie aus den technologischen Zusammenhängen die benötigten Schaltstrukturen ableiten,
- kennen Sie den Unterschied zwischen der Beschreibung der technologischen Zusammenhänge und der Schaltstruktur,
- sind Ihnen Graphen und Netze keine Geheimnisse mehr.

5.4.1 Schaltbelegungstabellen

Im Abschnitt 5.2.2 haben Sie die Darstellung der logischen Verknüpfungen in Tabellenform kennengelernt. In diesen Wahrheitstabellen wurden die Ausgangssignale in Abhängigkeit von allen möglichen Kombinationen der Eingangsvariablen dargestellt.

Diese Tabellenform eignet sich natürlich auch dazu, die sich aus den technologischen Zusammenhängen ergebenden Abhängigkeiten der Ausgangssignale darzustellen. Sie werden dann **Schaltbelegungstabellen** genannt.

Ein einfaches Beispiel soll Ihnen den Aufbau verdeutlichen.

In vielen Geräten finden 7-Segment-Ziffernanzeigen Verwendung. Sie ist Ihnen z. B. von den Taschenrechnern bekannt.

Die Darstellung der Dezimalzahlen erfolgt durch 7 Leuchtbalken. Bild 5.4.1-1 zeigt die Anordnung der Leuchtbalken und die Realisierung der Dezimalzahlen 0 bis 9.

Da jeder Taschenrechner wie überhaupt jede elektronische Datenverarbeitungseinrichtung mit dualen Zahlen arbeitet, erfolgt natürlich auch die Ansteuerung der Anzeige mit dualen Werten, also mit binären Signalen.

Zum besseren Verständnis müssen Sie sich nochmal mit dem Aufbau unserer Zahlensysteme vertraut machen. Das Dezimalsystem beruht auf der Nutzung der Potenzzahlen mit der Basis 10. Die Einer ergeben sich als Produkt der Zahlen 0 bis 9 mit der Potenzzahl 10^0, die Zehner als Produkt mit der Potenzzahl 10^1

In Schaltbelegungstabellen werden die Abhängigkeiten der Ausgangssignale von den Eingangsbelegungen dargestellt, die sich aus den technologischen Zusammenhängen ergeben.

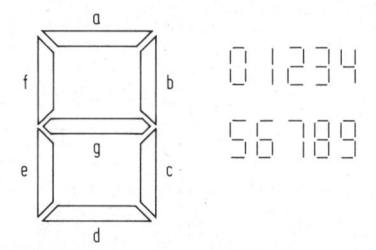

Bild 5.4.1-1 7-Segment-Ziffernanzeige

5.4 Beschreibungsmittel der Aufgabenstellung als Basis für den Entwurf von Steuerungen

usw. Die Dezimalzahl 5 804 lautet demzufolge ausführlich geschrieben:

$5 \cdot 10^3 + 8 \cdot 10^2 + 0 \cdot 10^1 + 4 \cdot 10^0$

$= 5000 + 800 + 0 + 4$

Nach dem gleichen Prinzip ist das duale Zahlensystem aufgebaut. Es benutzt allerdings die Potenzzahlen mit der Basis 2, benötigt deshalb nur die zwei Werte 0 und 1. Bild 5.4.1–2 zeigt den Aufbau des dualen Zahlensystems.

Man könnte also von „Einer", „Zweier", „Vierer" usw. in Anlehnung an die Stellenbezeichnung des Dezimalsystems sprechen.

Um die Dezimalzahlen 0 bis 9 dual darzustellen, benötigt man mehrere „Dualzahlstellen". Bild 5.4.1–3 zeigt die Gegenüberstellung.

Es ist zu erkennen, daß zur Darstellung der Zahlen 0 bis 9 vier „Dualzahlstellen" notwendig sind. Dabei wird genau so verfahren wie bei den Dezimalzahlen, d. h., alle benötigten Stellen haben den Wert 1, alle nicht benötigten den Wert 0.

Daraus ergibt sich die Tabelle Bild 5.4.1–4.

Wenden Sie Ihre Aufmerksamkeit nach diesem Ausflug in die Zahlenwelt wieder unserem Beispiel zu. Die einzelnen Leuchtbalken sind nun mit den binären Ausgangssignalen y_a bis y_g anzusteuern.

$0 \cdot 2^0 = 0$ $1 \cdot 2^0 = 1$
$0 \cdot 2^1 = 0$ $1 \cdot 2^1 = 2$
⋮ $1 \cdot 2^2 = 4$
⋮ $1 \cdot 2^3 = 8$
⋮ $1 \cdot 2^4 = 16$
⋮   ⋮

Bild 5.4.1–2
Aufbau dualer Zahlen

$0 = 0 \cdot 2^0$
$1 = 1 \cdot 2^0$
$2 = 0 \cdot 2^0 + 1 \cdot 2^1$
$3 = 1 \cdot 2^0 + 1 \cdot 2^1$
$4 = 0 \cdot 2^0 + 0 \cdot 2^1 + 1 \cdot 2^2$
$5 = 1 \cdot 2^0 + 0 \cdot 2^1 + 1 \cdot 2^2$
$6 = 0 \cdot 2^0 + 1 \cdot 2^1 + 1 \cdot 2^2$
$7 = 1 \cdot 2^0 + 1 \cdot 2^1 + 1 \cdot 2^2$
$8 = 0 \cdot 2^0 + 0 \cdot 2^1 + 0 \cdot 2^2 + 1 \cdot 2^3$
$9 = 1 \cdot 2^0 + 0 \cdot 2^1 + 0 \cdot 2^2 + 1 \cdot 2^3$

Bild 5.4.1–3
Ermittlung der Dezimalzahlen aus Dualzahlen

	2^3	2^2	2^1	2^0
0	0	0	0	0
1	0	0	0	1
2	0	0	1	0
3	0	0	1	1
4	0	1	0	0
5	0	1	0	1
6	0	1	1	0
7	0	1	1	1
8	1	0	0	0
9	1	0	0	1

Bild 5.4.1–4
Zuordnung Dezimal-/Dualzahlen

Unter Verwendung der Tabelle Bild 5.4.1–4 können Sie diesen Zusammenhang in Bild 5.4.1–5 leicht erkennen.

Der Leuchtbalken a muß außer bei der Dezimalzahl 1 und 4 immer leuchten. Demzufolge ergibt sich in der Tabelle 8mal die 1 und 2mal die 0!

Der Leuchtbalken e dagegen darf nur bei den Zahlen 0, 2, 6 und 8 aufleuchten, demzufolge ergibt sich 4mal die 1 und 6mal die 0.

Dezimal-zahl	Dual-zahl	Leuchtbalken						
		y_a	y_b	y_c	y_d	y_e	y_f	y_g
0	0000	1				1		
1	0001	0				0		
2	0010	1				1		
3	0011	1				0		
4	0100	0				0		
5	0101	1				0		
6	0110	1				1		
7	0111	1				0		
8	1000	1				1		
9	1001	1				0		

Bild 5.4.1–5
Schaltbelegungstabelle zur 7-Segment-Ziffernanzeige

Übung 5.4.1-1
Ermitteln Sie die Belegungen der anderen Leuchtbalken.

Auf eine Besonderheit soll hier noch hingewiesen werden. Mit den vier dualen Stellen sind insgesamt 16 Möglichkeiten darstellbar. In unserem Beispiel werden aber nur 10 benötigt und in der Schaltbelegungstabelle aufgenommen. In einem solchen Falle sprechen wir auch von partiellen Schaltbelegungstabellen. Die nicht benötigten Eingangskombinationen können also zu beliebigen Ausgangssignalen führen. Dies hat bei der Realisierung und der Gewinnung der Schaltfunktion Vorteile, auf die im nachfolgenden Kapitel näher eingegangen wird. Dort werden Sie auch weitere Beispiele kennenlernen und die Erarbeitung von Schaltbelegungstabellen an Aufgaben üben.
Wichtig ist, nochmals darauf hinzuweisen, daß es sich bei diesen Tabellen um die Darstellung der technologischen Zusammenhänge handelt. Mit den im Abschnitt 5.2.2 behandelten Wahrheitstabellen sollten die logischen Funktionen beschrieben werden. Sie haben aber auch gesehen, daß aus diesen Tabellen die Schaltfunktionen ableitbar waren (Abschn. 5.2.3). Dies gilt gleichermaßen für die Schaltbelegungstabellen.

Wahrheits- und Schaltbelegungstabellen sind gleichbedeutend. Während mit Wahrheitstabellen die logischen Funktionen erläutert werden, beschreiben Schaltbelegungstabellen technologische Zusammenhänge.

5.4.2 Schaltfolgetabellen und Ablaufdiagramme

Mit den im vorigen Abschnitt behandelten Schaltbelegungstabellen lassen sich natürlich nur Abhängigkeiten der Ausgangsgrößen von den Kombinationen der Eingangsgrößen darstellen. Wie Sie wissen, bezeichnen wir diese Abhängigkeiten als kombinatorisches Verhalten.

In vielen praktischen Einsatzfällen tritt aber auch das sequentielle Verhalten auf. Bei diesem ist es notwendig, den erreichten Schritt im Ablauf zu beachten.

Übung 5.4.2-1
Warum muß bei sequentiellem Verhalten der erreichte Schritt berücksichtigt werden?

5.4 Beschreibungsmittel der Aufgabenstellung als Basis für den Entwurf von Steuerungen

Unter Anlehnung an die Schaltbelegungstellen wurden zur Darstellung der Abhängigkeiten bei sequentiellem Verhalten die **Schaltfolgetabellen** entwickelt.

Eine weitere Möglichkeit sind **Ablaufdiagramme,** in denen die Werte der Ein- und Ausgangsvariablen über der Zeit (dem Ablauf) aufgetragen werden.

Beide Darstellungsformen sollen zum besseren Verständnis an einem Beispiel erläutert werden.

Eine pneumatisch betriebene Stanze (Bild 5.4.2-1) hat drei Arbeitszylinder, die folgende Funktionen übernehmen:
1. Zylinder – Niederhaltung des Werkstoffes
2. Zylinder – Stanzvorgang
3. Zylinder – Auswerfer

Die Zylinder sind federbelastet, d. h., das Ansteuersignal muß den Wert 1 haben, wenn der Zylinder ausgefahren werden soll und wenn er in der ausgefahrenen Endlage verbleiben muß. Die andere Bewegungsrichtung wird durch die Federkraft realisiert, dazu muß das Ansteuersignal den Wert 0 annehmen.

Folgender Arbeitsablauf ist zu realisieren: Nach Auslösung durch ein Startimpuls soll zunächst das Werkstück durch den Niederhalter fixiert werden. Danach folgt der Stanzvorgang. Der Zylinder 2 führt die Bewegung des Stanzwerkzeuges aus. Nach Erreichen der Endlage fährt er das Stanzwerkzeug sofort in die Ausgangslage zurück. Ist der Ablauf beendet, kann der Niederhalter ebenfalls in die Ausgangslage zurückkehren. Hat er die obere Ausgangslage erreicht, drückt der Auswerfer das Werkstück aus der Halterung. Dazu fährt Zylinder 3 aus und sofort in die Ausgangslage zurück. Damit ist der Bearbeitungszyklus beendet, ein neues Werkstück kann zur Bearbeitung eingelegt werden. Um die gewünschten Ansteuersignale für die Arbeitszylinder 1 bis 3 erzeugen zu können, müssen jeweils die beiden Endlagen der Kolben meßtechnisch erfaßt werden. Diese Signale wurden mit x_1 bis x_6 bezeichnet. Die Zuordnung geht aus Bild 5.4.2-2 hervor. Das Startsignal soll x_0 heißen.

Damit läßt sich die Schaltfolgetabelle Bild 5.4.2-3 erstellen. Dazu sind folgende Spalten vorzusehen:

Schaltfolgetabellen stellen die Abhängigkeit der Ausgangssignale von den Eingangskombinationen unter Berücksichtigung des erreichten Schrittes (Takt, Zustand) dar.

Die funktionelle Darstellung der Variablen über der Zeit heißt Ablaufdiagramm.

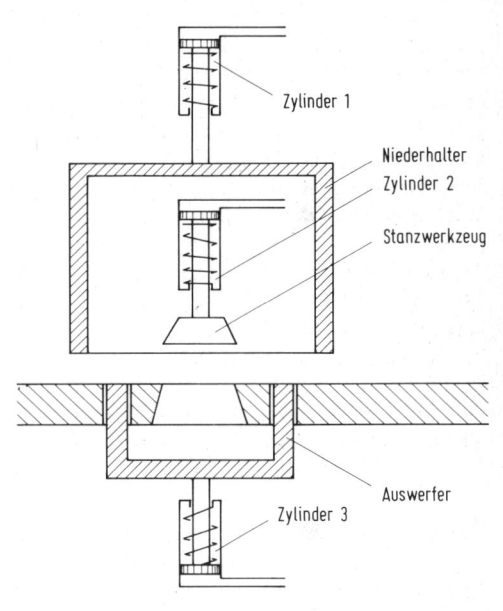

Bild 5.4.2-1 Anlagenschema zur Stanzensteuerung

Signale	Zylinder		
	1	2	3
Meßsignale			
Ausgangslage	$x_1 = 1$	$x_3 = 1$	$x_5 = 1$
Endlage (ausgefahren)	$x_2 = 1$	$x_4 = 1$	$x_6 = 1$
Ansteuersignale			
Zylinder ausfahren	$y_1 = 1$	$y_2 = 1$	$y_3 = 1$

Bild 5.4.2-2 Zuordnung der Signale

1. Spalte: Schritt (Takt/Zustand)
2.–8. Spalte: Belegung der Eingangssignale
9.–11. Spalte: Bewertung der Ausgangssignale

Die Ausgangs- oder Ruhelage ist dadurch gekennzeichnet, daß sich alle Arbeitszylinder in den Ausgangslagen befinden. x_1, x_3 und x_5 haben demzufolge den Wert 1. Alle Ausgangssignale haben den Wert 0.

Den 1. Takt erreichen wir dadurch, daß die Starttaste betätigt wird – $x_0 = 1$.

Im Ergebnis soll der Niederhalter ausfahren – $y_1 = 1$.

Ist der Kolben des Niederhalters ausgefahren ($x_2 = 1$), kommt man zum 2. Takt. Natürlich ist x_1 zwischenzeitlich $\emptyset$ geworden, und auch das Startsignal liegt nicht mehr an ($x_0 = \emptyset$). Im 2. Takt muß der Niederhalter ausgefahren bleiben ($y_1 = 1$), das Stanzwerkzeug muß ausfahren ($y_2 = 1$).

Der 3. Takt beginnt bei Erreichen der ausgefahrenen Endlage des Werkzeuges ($x_4 = 1$).

Damit das Stanzwerkzeug in die Ausgangslage zurückgelangt, nimmt y_2 den Wert $\emptyset$ an. Der Niederhalter bleibt ausgefahren, also $y_1 = 1$.

Im 4. Takt, der mit Erreichen der Ausgangslage des Stanzwerkzeuges ($x_3 = 1$) beginnt, kann auch der Niederhalter zurückfahren ($y_1 = 0$).

Hat der Niederhalter die Ausgangslage erreicht, führt im 5. und 6. Takt der Auswerfer einen Hub aus. Der Übergang zum 6. Takt erfolgt mit Erreichen der ausgefahrenen Endlage des Kolbens des Arbeitszylinders 3. Dazu muß im 5. Takt $y_3 = 1$ und im 6. Takt $y_3 = 0$ werden. Der 6. Takt ist beendet – der 0. Takt erreicht –, wenn x_5 den Wert 1 annimmt.

Wie Sie aus der Schaltfolgetabelle nach Bild 5.4.2–3 ersehen können, ändern sich innerhalb eines Taktes Eingangsvariable. Diese Änderungen sind aber für den Übergang zum nächsten Takt ohne Bedeutung.

Sehr anschaulich lassen sich diese Zusammenhänge auch im Ablaufdiagramm[1]) darstellen. Bild 5.4.2–4 zeigt dieses Ablaufdiagramm für die Stanzensteuerung.

Zum noch besseren Verständnis sind die Wege der Kolben mit aufgetragen.

K_T	Eingangssignale							Ausgangssignale		
	x_0	x_1	x_2	x_3	x_4	x_5	x_6	y_1	y_2	y_3
0_T	0	1	0	1	0	1	0	0	0	0
1_T	1/0	1/0	0	1	0	1	0	1	0	0
2_T	0	0	1	1/0	0	1	0	1	1	0
3_T	0	0	1	0	1/0	1	0	1	0	0
4_T	0	1	1/0	1	0	1	0	0	0	0
5_T	0	1	0	1	0	1/0	0	0	0	1
6_T	0	1	0	1	0	0	1/0	0	0	0

Bild 5.4.2–3
Schaltfolgetabelle für die Stanzensteuerung

---

[1]) Schaltfolgediagramm, Impulsdiagramm.

Deutlich ist die Änderung von Eingangsvariablen zu erkennen, die nicht zu einem neuen Takt führen. Die entscheidenden Änderungen sind in Bild 5.4.2–4 noch einmal durch einen kleinen Pfeil hervorgehoben.

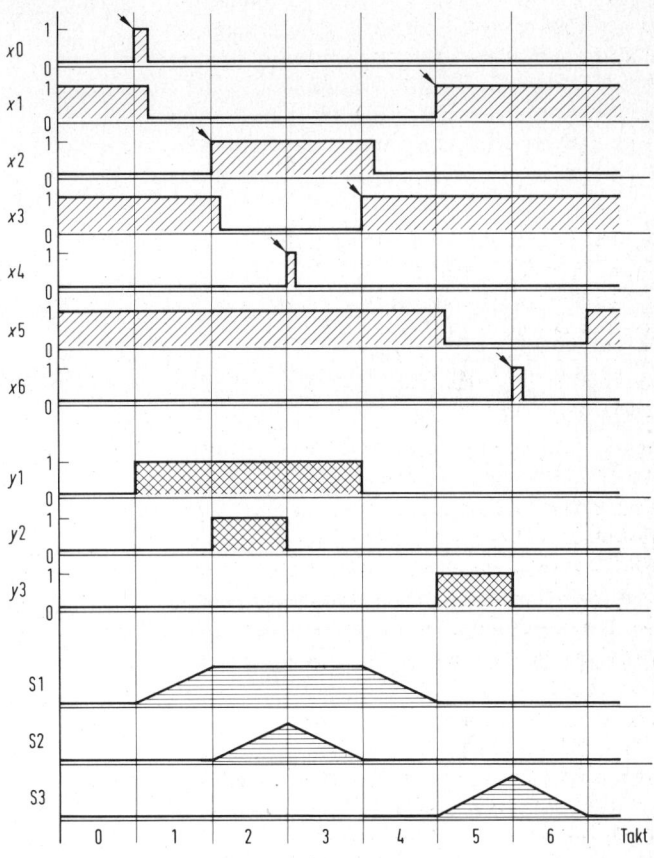

Bild 5.4.2–4 Ablaufdiagramm für die Stanzensteuerung

Wie sich aus diesen Beschreibungsmitteln für sequentielle Zusammenhänge Lösungsmöglichkeiten ableiten lassen, werden Sie im Kapitel 5.6 kennenlernen.

5.4.3 Graphen und Netze

5.4.3.1 Allgemeine Bemerkungen

Im Abschnitt 5.1.3 haben Sie die Unterschiede zwischen den verschiedenen Verhaltensweisen bei Steuerungen kennengelernt. Dort haben Sie erfahren, daß bei sequentiellen Verhalten der erreichte Schritt der Steuerung berücksichtigt werden muß. Die Einführung eines (Automaten-) Zustandes war dazu notwendig.

Bereits durch die Darstellung als Schaltfolgetabelle bzw. als Ablaufdiagramm haben Sie erkannt, daß bei bestimmten Eingangskombinationen ein nächster Schritt erreicht wird. Dieser ist aber durch einen neuen Zustand abgebildet. In der Automatentheorie spricht man in diesem Zusammenhang von der **Überführungsfunktion**

$Z = f(Z, X)$.

Sie sagt aus, daß der neue Zustand nur von einem vorher aktiven Zustand aus bei Auftreten einer bestimmten Eingangskombination erreicht wird. Dabei kann der erreichte Zustand auch der vorher aktive Zustand sein – die Überführungsfunktion erfüllt dann eine Haltefunktion!

Die Überführungsfunktion beschreibt die Erreichbarkeit eines Zustandes.

Ebenfalls bereits im Abschnitt 5.1.3 haben Sie den Unterschied zwischen Moore- und Mealy-Automat kennengelernt. Der Unterschied besteht bekanntlich darin, ob das Ausgangssignal nur vom erreichten Zustand oder noch zusätzlich von einer Eingangskombination abhängig ist. Diese Beziehungen tragen in der Automatentheorie die Bezeichnung **Ergebnisfunktionen**.

Die Ergebnisfunktion ermittelt das Ausgangssignal aus dem Zustand bzw. dem Zustand und der Eingangskombination.

In sehr anschaulicher Weise lassen sich Überführungs- und Ergebnisfunktionen in Graphen und Netzen darstellen. Sie sollen in diesem Kapitel drei Möglichkeiten und davon zwei abgeleitete Darstellungsformen kennenlernen:

– Automatengraph,
– Programmablaufgraph/Prozeßablaufplan,
– Petri-Netz/Funktionsplan.

5.4.3.2 Automatengraph

Wie Sie bereits aus dem Namen erkennen, dient diese Darstellungsart nur zur Beschreibung des Automaten, d. h. der zur Realisierung einer Steuerung zu entwerfenden Funktion.

Der Automatengraph besteht aus zwei Elementen. Es sind dies **Knoten** und **gerichtete Kanten**. Die Knoten repräsentieren die Zustände und die Ergebnisfunktion. Die Kanten verbinden die Knoten und stellen die Überführungsfunktionen dar.

Der Automatengraph besteht aus Knoten und gerichteten Kanten.

5.4 Beschreibungsmittel der Aufgabenstellung als Basis für den Entwurf von Steuerungen

Benutzen wir nun unser Beispiel der Stanzensteuerung aus Abschnitt 5.4.2.

Die 7 Takte $0_T \ldots 6_T$ sind durch 7 Zustände abzubilden (Bild 5.4.3−1). Dazu wird für den Knoten das Kreissymbol genutzt.

Die gerichteten Kanten von einem Zustand zum folgenden beinhalten die Überführungsfunktionen. Dabei können alle Variablen vernachlässigt werden, die für die jeweiligen Übergänge keine Bedeutung haben. Der Zustand Z_1 wird dann erreicht, wenn die Starttaste betätigt wird ($x_0 = 1$).

Für das Erreichen des zweiten Zustandes ist $x_2 = 1$ notwendig, der 1. Arbeitszylinder ist ausgefahren. Sie können die weiteren Überführungsfunktionen durch Vergleich mit den Bildern 5.4.2−3 und 5.4.2−4 nachvollziehen.

Des weiteren sind die Überführungsfunktionen ebenfalls als gerichtete Kanten darzustellen, die zum Zustand selbst führen − die Haltefunktionen.

In Bild 5.4.3−1 wurde diese Ergänzung vorgenommen. Demnach verbleiben wir im Zustand Z_0, solange die Starttaste nicht betätigt wird − $x_0 = 0$. Deshalb tragen wir an diese Kante $\bar{x}_0$ an. Entsprechend erfolgt die Angabe aller weiteren Haltefunktionen.

Im gewählten Beispiel entsprechen die Haltefunktionen stets den negierten Überführungsfunktionen, mit denen dieser Zustand verlassen wird. Das muß aber nicht immer so sein, im Kapitel 5.6 lernen Sie andere Beispiele kennen.

Im vierten Schritt sind schließlich noch die Ergebnisfunktionen einzutragen. Hierzu muß gesagt werden, daß es bei den Ausgangssignalen keine beliebigen Belegungen gibt. Alle Variablen müssen entweder den Wert 1 oder den Wert 0 besitzen. Der Einfachheit halber sind nur die Ausgangsvariablen zugeordnet, die in diesem Zustand (Takt, Schritt) den Wert 1 haben.

Eine Besonderheit ist in Bild 5.4.3−1 erkennbar: Die aufeinanderfolgenden Zustände Z_6 und Z_0 tragen die gleiche Ergebnisfunktion $Y = (\overline{y_1}, \overline{y_2}, \overline{y_3})$. Aus diesem Grund können beide als ein Zustand zusammengefaßt werden. Natürlich ergeben sich neue Überführungs- und Haltefunktionen. Bild 5.4.3−2 zeigt den neuen Automatengraphen.

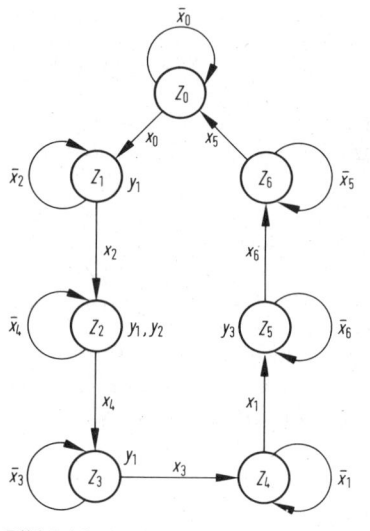

Bild 5.4.3−1 Automatengraph zum Beispiel Stanzensteuerung (1. Stufe)

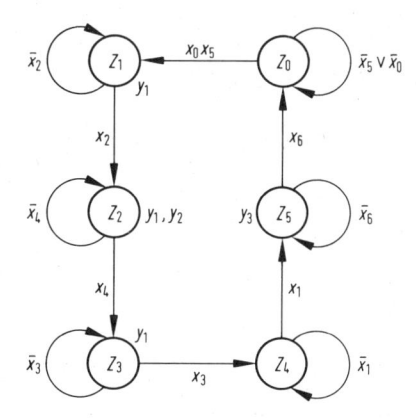

Bild 5.4.3−2 Automatengraph zum Beispiel Stanzensteuerung (2. Stufe)

Auf die automatentheoretischen Hintergründe für die Zustandsverschmelzung soll in diesem Lernbuch nicht eingegangen werden.

5.4.3.3 Programmablaufgraph

Zur Darstellung von Abläufen werden in der Praxis häufig Programmablaufpläne (PAP) genutzt. Sie sind aus den Flußdiagrammen der Rechentechnik hervorgegangen. Zur Darstellung von Steuerungsabläufen müssen sie aber auch automatentheoretische Aspekte erfüllen. In diesem Zusammenhang entstand der **Programmablaufgraph (PAG)**, der als abstrahierter Programmablaufplan aufgefaßt werden kann.

Der PAG besteht aus 2 Elementen, die durch gerichtete Linien miteinander verbunden sind. Das erste Element ist das **Ausgangssignalelement** oder die Operation (Bild 5.4.3-3). In das Rechteck werden alle die Ausgangsvariablen eingetragen, die den Wert 1 haben sollen. Das zweite Element ist das **binäre Entscheidungselement**. Es beinhaltet stets nur eine Eingangsvariable. Da diese Variable den Wert 0 oder 1 haben kann, verlassen dieses Element zwei bewertete Linien. Demgegenüber führt vom Ausgangssignal nur eine Linie weg.

Die Überführungsfunktionen (und Haltefunktionen) ergeben sich durch die logische Verknüpfung von mehreren Eingangsvariablen. Daraus folgt, daß mehrere binäre Entscheidungselemente aufeinander folgen können. Natürlich kann eine solche Funktion auch nur aus einer Variablen bestehen. Demgegenüber ist es sinnlos, daß zwei Ausgangssignalelemente aufeinanderfolgen. Wenn dazwischen keine Entscheidung liegt, handelt es sich um das gleiche Ausgangssignalelement.

Bild 5.4.3-4 zeigt den Programmablaufgraph für das Beispiel der Stanzensteuerung. Sie können sich die Darstellung im Vergleich mit den bisherigen Beschreibungsmitteln selbst verdeutlichen. Eine Bemerkung über die Zuordnung der Zustände ist noch notwendig. Hier gibt es verschiedene Möglichkeiten, es soll nur auf eine eingegangen werden. Danach entspricht jedes Ausgangssignal Y_i (mit der dazugehörigen Haltefunktion $x_{i/i}$) einem Zustand

Der Programmablaufgraph besteht aus Ausgangssignalelementen und binären Entscheidungselementen, die durch gerichtete Linien miteinander verbunden sind.

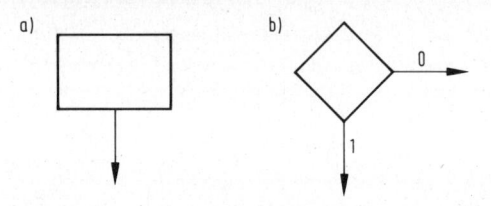

Bild 5.4.3-3 Elemente des Programmablaufgraphen
a) Ausgangssignalelement oder Operation,
b) Binäres Entscheidungselement

5.4 Beschreibungsmittel der Aufgabenstellung als Basis für den Entwurf von Steuerungen

Z_i. Ob eine Zusammenfassung („Verschmelzung") von mehreren Zuständen möglich ist, darauf wird im Kapitel 5.6 eingegangen.

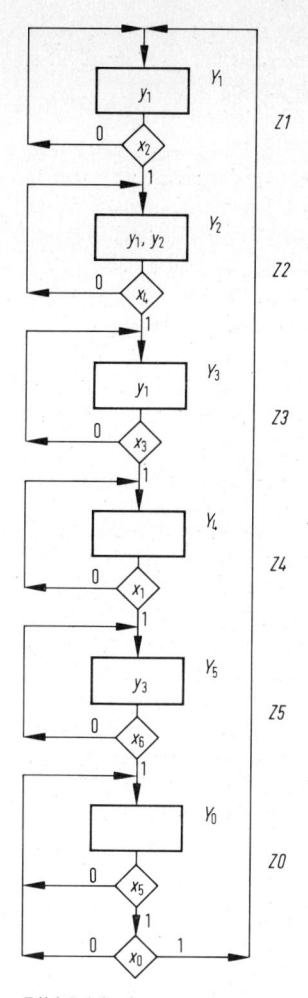

Bild 5.4.3−4
Programmablaufgraph für die Stanzensteuerung

5.4.3.4 Petri-Netz

Petri-Netze stellen ein relativ universelles Beschreibungsmittel dar und sind vor allem dort vorteilhaft einsetzbar, wo zeitlich parallel ablaufende Prozesse dargestellt werden sollen.

Petri-Netze bestehen aus zwei Elementen, den **Plätzen p** und den **Transitionen t**. Gerichtete Kanten verbinden Plätze und Transitionen bzw. umgekehrt. Kanten zwischen Plätzen bzw. zwischen Transitionen sind nicht zugelassen. In der grafischen Darstellung werden die Plätze durch Kreise und die Transitionen durch Striche gekennzeichnet (Bild 5.4.3−5).

Das Petri-Netz besteht aus Plätzen und Transitionen, die durch gerichtete Kanten verknüpft sind.

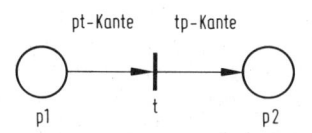

Bild 5.4.3−5 Elemente des Petri-Netzes

Automatentheoretisch lassen sich nun den Plätzen Zustände und Ergebnisfunktionen und den Transitionen Überführungsfunktionen zuordnen.

Für die Erläuterung der Abläufe durch die Petri-Netze sind noch zwei Begriffe notwendig. Die **Markierungsfunktion** ordnet jedem Platz des Petri-Netzes einen binären Wert zu. Ist der Platz markiert, d.h., ist im Ablauf der Platz eingenommen, so wird ihm eine 1 zugeordnet. Alle nicht markierten Plätze sind durch den Wert 0 gekennzeichnet.

Im Petri-Netz kennzeichnen Marken (Punkte) die eingenommenen Plätze. Automatentheoretisch sind markierte Plätze erreichte Zustände.

Die Realisierung einer Transition ist nur möglich, wenn alle Vorgängerplätze markiert und die Transitionsbedingungen erfüllt sind. Dieser Vorgang heißt „Feuerung"; alle Marken von den Vorgängerplätzen verschwinden, und alle Folgeplätze werden markiert. Bild 5.4.3–6 zeigt die Markierung des Petri-Netzes vor und nach der Realisierung der Transition.

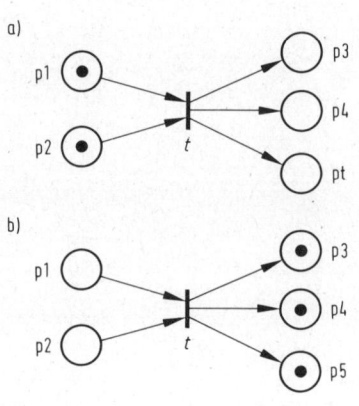

Bild 5.4.3–6 Markierung eines Petri-Netzes vor (a) und nach (b) der Realisierung einer Transition

Diese Festlegungen lassen zu, daß durch Transitionen parallele Abläufe gestartet (Bild 5.4.3–7) und nach Beendigung wieder synchronisiert (Bild 5.4.3–8) werden.

Wie bereits eingangs erwähnt, ist diese Darstellung paralleler Abläufe – d.h., daß gleichzeitig mehrere Plätze (Zustände) markiert sind – eine besondere Eigenschaft der Petri-Netze. Die in den Abschnitten 5.4.3.2 und 5.4.3.3 behandelten Automatengraphen und Programmablaufgraphen erlauben dies zunächst nicht. Auf Sonderformen soll hier nicht eingegangen werden.

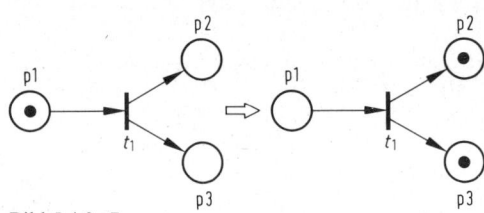

Bild 5.4.3–7 Starten paralleler Abläufe durch die Transition t_1

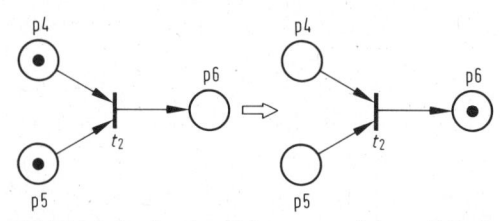

Bild 5.4.3–8 Synchronisieren paralleler Abläufe durch die Transition t_2

Um sinnvolle Abläufe zu erreichen, müssen Petri-Netze **sicher** und **lebendig** sein. Sicher ist ein Petri-Netz dann, wenn auf einem Platz stets nur eine Marke liegt. Praktisch heißt das, daß die Folgeplätze bei einer Feuerung durch die Transition noch nicht markiert sein dürfen (Bild 5.4.3–9).

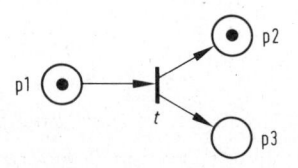

Bild 5.4.3–9 Nicht sicheres Petri-Netz

5.4 Beschreibungsmittel der Aufgabenstellung als Basis für den Entwurf von Steuerungen

Lebendigkeit heißt, daß alle Transitionen auch ausführbar sind. Bild 5.4.3–10 zeigt ein Beispiel für ein nicht lebendiges Petri-Netz. Die Transition t_2 kann nie „feuern", da entweder p_1 oder p_2 markiert ist.

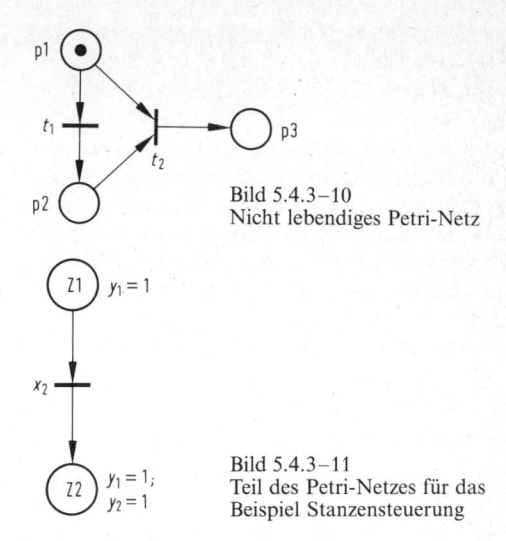

Bild 5.4.3–10
Nicht lebendiges Petri-Netz

Abschließend sollen Sie noch das Petri-Netz für den Ablauf der Stanzensteuerung (Abschnitt 5.4.2) aufstellen. Nutzen Sie als Lösungshilfe den Automatengraph aus Bild 5.4.3–2. Die Zustände und die Ergebnisfunktionen werden den Plätzen, die Übergangsfunktionen den Transitionen zugeordnet. Die Haltefunktion ist im Petri-Netz nicht dargestellt. Bild 5.4.3–11 zeigt den Anfang des Netzes.

Bild 5.4.3–11
Teil des Petri-Netzes für das Beispiel Stanzensteuerung

Übung 5.4.3–1

Erstellen Sie das Petri-Netz für die Stanzensteuerung aus Abschnitt 5.4.2.

5.4.3.5 Prozeßablaufplan

Hauptziel der Automatisierungstechnik ist die Rationalisierung von Produktionsprozessen. Deshalb sind auch Steuerungen dazu da, z. B. den Ablauf technologischer Prozesse automatisch zu realisieren.

Betrachten Sie nun Bild 5.4.3–12. Es zeigt das Zusammenwirken einer Steuereinrichtung mit dem Prozeß und dem Menschen als Operateur.

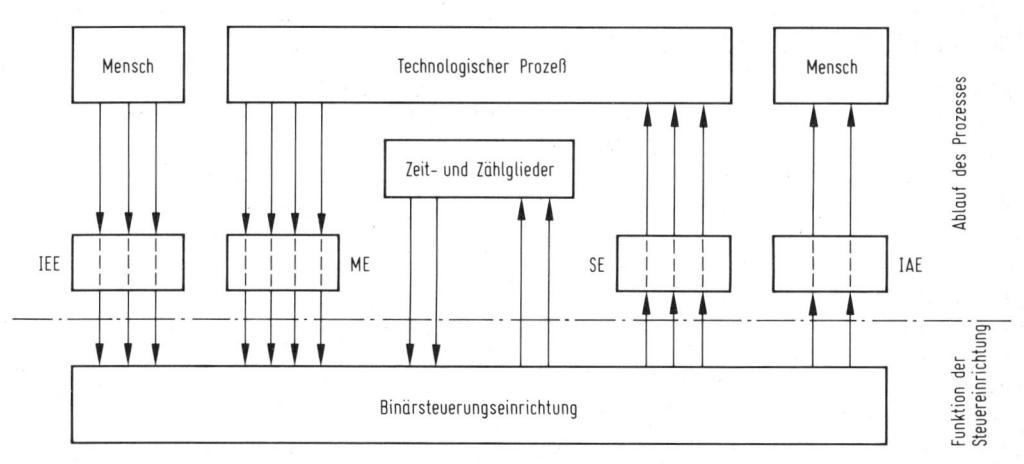

Bild 5.4.3–12 Zusammenwirken von Steuereinrichtung mit dem Prozeß

Sie erkennen, daß alle Eingangsgrößen der Steuereinrichtungen aus dem Prozeß gewonnen werden müssen oder durch den Menschen einzugeben sind. Gleichermaßen wirken die Ausgangsgrößen der Steuereinrichtung auf den Prozeß oder informieren den Menschen. Zur Gewinung der Eingangsgrößen benötigt man Meßeinrichtungen (ME) und Informationseingabeeinrichtungen (IEE). Durch Stelleinrichtungen (SE) und Informationsausgabeeinrichtungen (IAE) wirken die Ausgangsgrößen im Prozeß bzw. gelangen zum Menschen.

Oft lassen sich die für den Ablauf benötigten Größen nicht meßtechnisch aus dem Prozeß gewinnen. Deshalb dienen Zeit- und Zählglieder zur Modellierung der Abläufe. Für die Steuereinrichtung ist dieses Modell ein Stück Prozeß. Ausgangsgrößen der Steuereinrichtung steuern die Zeit - und Zählglieder an, deren Rückmeldung verarbeitet die Steuereinrichtung als Eingangsgrößen.

Da diese Zeit- und Zählfunktionen durch besondere Hardware-Baugruppen bzw. Softwaremoduln der Steuereinrichtung realisiert werden, entfallen Meß- und Stelleinrichtungen.

Damit ist aber auch klar, daß die Funktion der Steuerung eindeutig durch den gewünschten Ablauf des Prozesses bestimmt ist. Es war deshalb kein großer Schritt, die Beschreibungsmittel der Steuerung (des Automaten) für die Darstellung des Prozeßablaufes zu nutzen.

Die Prozeßablaufpläne sind die eindeutigen Abbildungen der Programmablaufgraphen. Sie benutzen ebenfalls zwei Elemente, die **Operation O** und das **Prozeßzustandsvariablenelement p**. Die Graphenstruktur entspricht voll der Struktur des Programmablaufgraphen.

Die Operation erhält einen technologischen Namen und eine laufende Nummer. In der Operation sind stets alle Operationsvariablen mit einer der möglichen binären Bewertung enthalten. Als Symbol wird das Rechteck genutzt. Bild 5.4.3–13 zeigt ein Beispiel, bezogen auf die Stanzensteuerung. Das Prozeßzustandsvariablenelement enthält stets eine mit ja oder nein beantwortbare Frage. Es hat deshalb zwei wegführende Linien. Als Symbol dient das Langrund. Bild 5.4.3–14 zeigt als Beispiel ebenfalls eine Prozeßzustandsvariable der Stanzensteuerung.

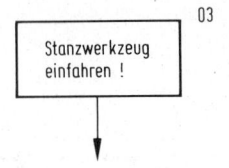

Bild 5.4.3–13   Operationselement
Inhalt:
– Niederhalter ausgefahren
– Stanzwerkzeug einfahren
– Auswerfer eingefahren

Bild 5.4.3–14   Prozeßzustandsvariablenelement

Übung 5.4.3–2
Erstellen Sie den Prozeßablaufplan der Stanzensteuerung in Anlehnung an den Programmablaufgraphen Bild 5.4.3–4!

Eine Besonderheit ist zum Prozeßablaufplan noch zu bemerken, die gleichermaßen für den noch zu behandelnden Funktionsplan gilt. Diese Beschreibungsmittel dienen zur Darstellung des technologischen Ablaufes und benötigen keine zusätzliche Zustandsfestlegung. Dies wird erst notwendig, wenn der Ablauf im Automaten abgebildet wird. Deshalb sind stets nur zwei Elemente zur Beschreibung notwendig – die auf den Prozeß wirkenden Steuergrößen (binäre Operationsvariable) und die sich ändernden Prozeßgrößen (binäre Prozeßzustandsvariable), mit denen der Prozeß antwortet.

Für die Überprüfung der Richtigkeit der Darstellung bezüglich automatentheoretischer Fehler besitzt der Programmablaufgraph und damit auch der Prozeßablaufplan wesentliche Vorteile gegenüber dem Petri-Netz. Es sind dies die Forderungen nach
– Widerspruchsfreiheit,
– Vollständigkeit und
– starkem Zusammenhang.

Unter **Widerspruchsfreiheit** ist zu verstehen, daß jede binäre Variable mit 1 oder 0 bzw. mit ja und nein bewertet ist. Da für beide Bewertungen ein Pfad einzutragen ist, wird diese Forderung auch prüfbar.

Vollständigkeit bedeutet, daß jeder wegführende Pfad auch ein Ziel erreicht. Es darf also keine wegführende Linie „in der Luft hängen".

Unter dem **starken Zusammenhang** ist zu verstehen, daß jede Operation bzw. jedes Ausgangssignalelement verlaßbar und erreichbar ist.

Des weiteren muß jede Operation von jeder anderen (über beliebig viele weitere) erreichbar sein.

Natürlich müssen sich diese Graphen auch dazu eignen, zeitlich parallel ablaufende Prozesse darzustellen. Dies geschieht in getrennten (Teil-) Graphen.

Den Start und die Synchronisation übernehmen **Koppelsignale**, die auch alle weiteren Verknüpfungen zwischen zusammengehörenden Teilgraphen realisieren.

Diese Koppelsignale werden in einem Graphen erzeugt (Operationsvariable bzw. Ausgangsvariable) und im anderen abgefragt (Prozeßzustandsvariable bzw. Eingangsvariable).

Bild 5.4.3–15 zeigt das Starten und Synchronisieren von Teil-Prozeßablaufplänen. Der Hauptprozeß startet in der $O1$ die Teilprozesse und wartet solange, bis beide beendet sind. Dies melden die beiden Teilprozesse mit $O3$ bzw. $O5$. Sie verbleiben solange in diesen Operationen, bis der Hauptprozeß die Warteoperation $O1$ (und damit die Startbefehle der beiden Teilprozesse) verlassen hat. Erst dann gehen beide Teilprozesse in die Operation $O2$ bzw. $O4$ zurück.

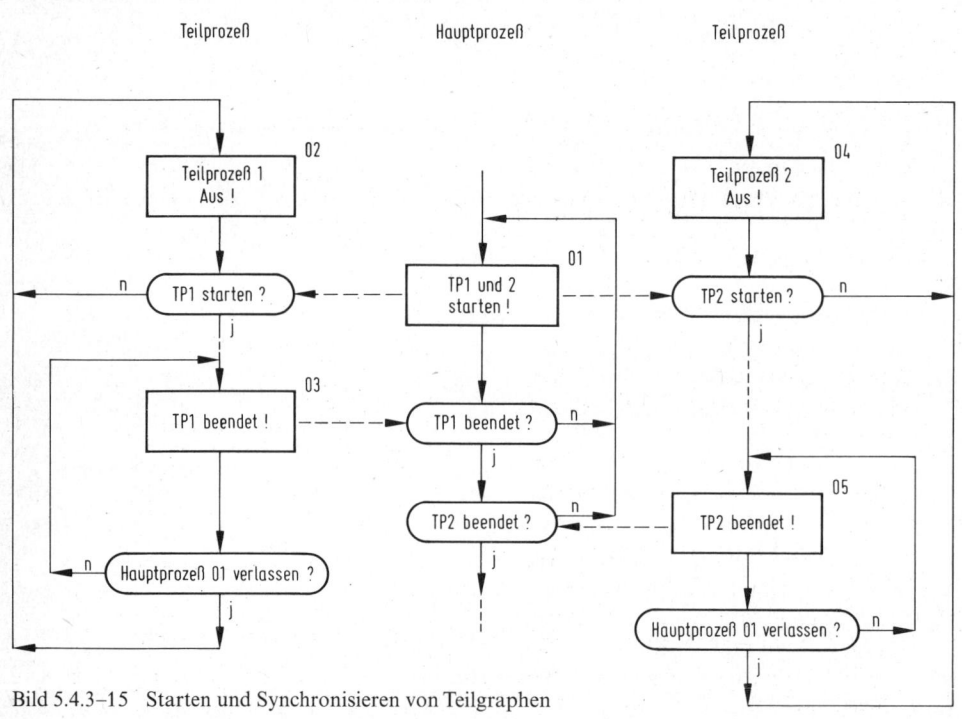

Bild 5.4.3–15 Starten und Synchronisieren von Teilgraphen

Eine solche als **Dekomposition** bezeichnete Aufteilung in Teilgraphen mit gleichzeitig eindeutig festgelegten Koppelbeziehungen hat den weiteren Vorteil, daß die Graphen überschaubar bleiben.

5.4.3.6 Funktionsplan

Sehr weit verbreitet sind die aus dem Petri-Netz abgeleiteten Funktionspläne nach DIN 40 719. An dieser Stelle soll nur auf die wesentlichen Teile der sehr umfangreichen Möglichkeiten eingegangen werden, näheres ist der DIN zu entnehmen. Die Funktionspläne nutzen zwei Grundsymbole.

Das **Schrittsymbol** (Bild 5.4.3–16) stellt einen Schritt im zu beschreibenden technologischen Ablauf oder auch einen steuerungsinternen Schritt dar. Das Feld A enthält die Schrittnummer.

Besteht ein Funktionsplan aus mehreren Ketten, so ist diese Nummer zweigeteilt. Im Beispiel bedeutet 2.13, daß dieses Schrittsymbol das 13. in der 2. Kette ist.

Im Feld B erscheint die technologische Operation. Sie entspricht dem Namen der Operation im Prozeßablaufplan.

Alle Eingänge des Schrittsymbols ($e1 \ldots en$) sind UND-verknüpft. Der Schritt wird aktiviert, wenn alle Eingänge den Wert 1 haben. Der Eingang $e1$ ist Ausgang des vorhergehenden Schrittes, genauso ist der Ausgang $a1$ der Eingang des folgenden Schrittsymbols. Die Eingänge $e2-en$ entsprechen den Transitionen des Petri-Netzes.

Der Schritt wird stets gelöscht, wenn der (oder die) nachfolgende Schritt aktiviert ist.

Der Ausgang $a2$ steuert ein oder mehrere **Befehlssymbole** (Bild 5.4.3–17) an. Der Eingang e entspricht dem Ausgang $a2$ des Schrittsymbols. Der Befehl wird solange ausgeführt, wie $e = a2$ den Wert 1 besitzt, d.h. also solange, wie der Schritt aktiviert ist.

Im Feld C ist die Befehlsart angegeben. In der Übersicht Bild 5.4.3–18 können Sie die einzelnen Befehlsarten ablesen.

Das Feld D enthält den auszuführenden Befehl und die Bewertung des dazugehörigen Signals.

Bei der zeitlich verzögerten bzw. zeitlich begrenzten Aktivierung besteht zwischen den nichtspeichernden und speichernd gesetzten Befehlen ein wesentlicher Unterschied.

Bei den NSD/NST-Befehlen können nur solche Zeiten t_1 bzw. t_2 wirksam werden, die kleiner sind als die Schrittdauer. Demgegenüber ist bei

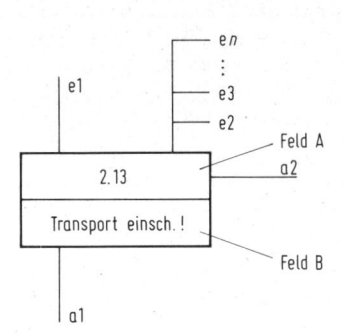

Bild 5.4.3–16 Schrittsymbol

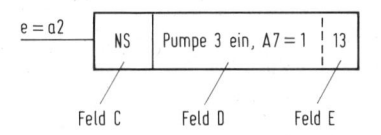

Bild 5.4.3–17 Befehlselement

NS : "Nicht speichernd"
Der Befehl wird solange ausgegeben, wie der Schritt aktiviert ist.

S : "Speichernd gesetzt"
Der Befehl wird in diesem und in allen folgenden Schritten ausgegeben, bis ein erneuter S-Befehl die Ausgabe widerruft.

NSD : "Nicht speichernd verzögert"
Wie NS, jedoch um eine Zeit t_1 verzögert aktiviert.

SD : "Speichernd verzögert gesetzt"
Wie S, jedoch um eine Zeit t_1 verzögert aktiviert.

NST : "Nicht speichernd, zeitlich begrenzt"
Wie NS, die Dauer der Aktivierung ist auf die Zeit t_2 begrenzt.

ST : "Speichernd gesetzt, zeitlich begrenzt"
Wie S, die Dauer der Aktivierung ist auf die Zeit t_2 begrenzt.

Bild 5.4.3–18 Befehlsarten in Funktionsplänen

speichernd gesetzten Signalen eine Wirkung über mehrere Schritte möglich, solange noch kein Widerruf des Befehls erfolgte.

Zur Darstellung der wahlweise oder zeitgleich zu durchlaufenden Ketten sind weitere Symbole notwendig. Das wahlweise Durchlaufen wird mit der ODER-Verzweigung und -zusammenführung (Bild 5.4.3-19) dargestellt. Durch das Zeichen „=1" ist der Beginn der Ketten symbolisiert. Natürlich müssen sich die „Transitionen" *e1.1*, *e2.1* und *e3.1* gegenseitig ausschließen. Zur besseren Darstellung wird vielfach mit Konnektoren (hier 001, 002 und 003) gearbeitet. Die Zusammenführung erfolgt im Symbol, das durch die „1" gekennzeichnet ist.

Im Gegensatz zum Schrittelement wird am Ausgang bereits eine 1 erzeugt, wenn eine der ankommenden Ketten eine 1 liefert.

Zeitgleich zu durchlaufenden Ketten realisiert die UND-Verzweigung und -zusammenführung (Bild 5.4.3-20).

Entsprechend der logischen Funktion UND sind die Eingänge der Zusammenführung verknüpft. Am Ausgang erscheint also erst eine 1, wenn alle Eingänge die 1 liefern.

Bezüglich des Löschens des Schrittes vor den Verzweigungen gilt, daß bei der ODER-Verzweigung ein Folgeschritt, bei der UND-Verknüpfung hingegen alle Folgeschritte der zeitgleichen Ketten aktiviert sein müssen.

Entsprechend sind bei der UND-Zusammenführung alle letzten Schrittelemente mit der Aktivierung des ersten Schrittes nach der Zusammenführung zu löschen.

Schließlich soll noch auf einige ausgewählte Erweiterungen eingegangen werden.

Als Weiterschaltbedingungen an den Schritteingängen (*e2* bis *en*) sind auch Boolesche Ausdrücke zugelassen.

Während das Zeitverhalten durch die Befehlsart bereits Berücksichtigung fand, sind für Zählvorgänge besondere Befehlssymbole notwendig. Dabei wird zwischen Laden (gewünschten Zählwert einstellen), Rücksetzen (Wiedereinstellung des gewünschten Zählwertes) und Zählen interner (erreichter Schritt) und externer Ereignisse unterschieden (Bild 5.4.3-21).

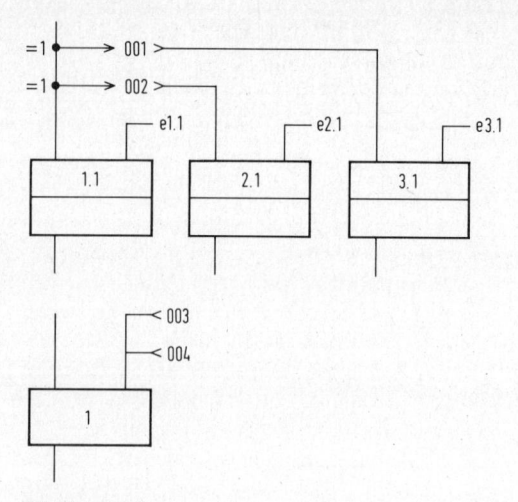

Bild 5.4.3-19
ODER-Verzweigung und -zusammenführung

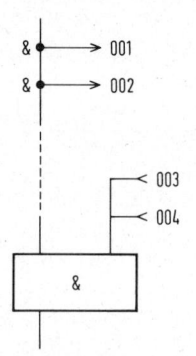

Bild 5.4.3-20
UND-Verzweigung und -zusammenführung

Die einzelnen Ein- und Ausgänge bedeuten:

S: Setzen des Zählers
L: Eingabe des Zählwertes
R: Rücksetzen des Zählers
F: Freigabe
ZV: Zählen, vorwärts
ZR: Zählen, rückwärts
DE: Ausgangswert (Zählerstand)
∅: Grenzwert 0 bzw. Zählwert erreicht)

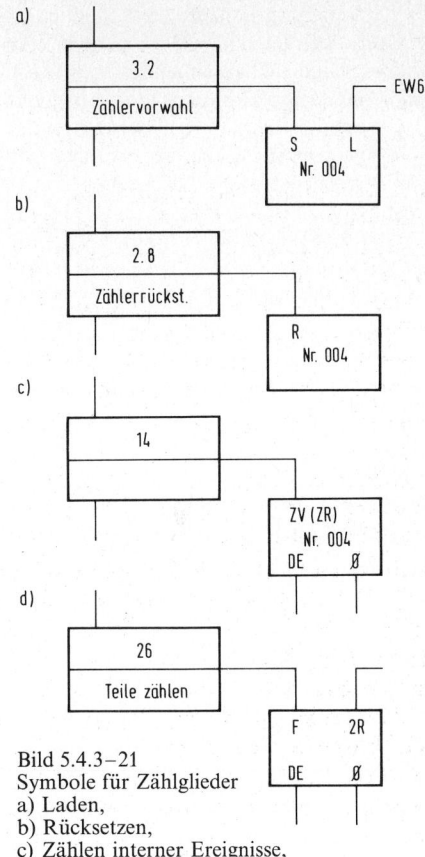

Bild 5.4.3−21
Symbole für Zählglieder
a) Laden,
b) Rücksetzen,
c) Zählen interner Ereignisse,
d) Zählen externer Ereignisse

Übung 5.4.3−3

Erstellen Sie den Funktionsplan der Stanzensteuerung in Anlehnung an vorangegangene Lösungen!

Abschließend sollen Ihnen nochmals die Unterschiede sowie die Vor- und Nachteile der einzelnen Graphen und Netze genannt werden.

Der Automatengraph dient nur zur Beschreibung der Funktion der Steuerung und ist für die Darstellung der technologischen Zusammenhänge ungeeignet. Programmablaufgraphen und Prozeßablaufpläne verlangen die vollständige und widerspruchsfreie Darstellung. Dadurch wird diese Beschreibungsform (auch rechentechnisch) prüfbar. Des weiteren lassen sich sowohl sequentielle als auch kombinatorische Steuerungen sehr gut darstellen.

Etwas aufwendig und für die Verfolgung des Gesamtablaufes ungünstiger ist die Darstellung zeitlich paralleler Abläufe.

Petri-Netze und Funktionspläne dagegen sind für die Darstellung des Gesamtablaufes sehr gut geeignet. Die nicht erzwungene (und nicht prüfbare) Vollständigkeit und Widerspruchsfreiheit lassen aber leicht Fehlbeschreibungen entstehen, die sich insbesondere bei der Nutzung für den Entwurf einer zu realisierenden Steuerung nachteilig auswirken.

Lernzielorientierter Test zum Kapitel 5.4

1. Was wird in Schaltbelegungstabellen dargestellt?
2. Was ist eine partielle Schaltbelegungstabelle?
3. Welcher besondere Zusammenhang wird in Schaltfolgetabellen und Ablaufdiagrammen dargestellt!
4. Welche Größe(n) sind zur Unterscheidung der Schritte eines Ablaufes heranzuziehen?
5. Was sind Überführungsfunktionen und Ergebnisfunktionen?
6. Welche Graphen bzw. Netze dienen zur Beschreibung der Funktion einer Steuerung?
7. Durch welche Elemente werden die Überführungs- und Ergebnisfunktionen dargestellt beim
   – Automatengraph
   – Programmablaufgraph
   – Petri-Netz
   – Prozeßablaufplan
   – Funktionsplan?
8. Welche Vor- und Nachteile haben Prozeßablaufplan und Funktionsplan?

5.5 Analyse und Synthese von Kombinationsschaltungen

Lernziele

Nach Durcharbeiten dieses Kapitels
- können Sie alle bisher gelernten Grundlagen auf die Synthese von Kombinationsschaltungen anwenden,
- kennen Sie Besonderheiten dieser Schaltungen,
- kennen Sie technologische Beispiele für Kombinationsschaltungen,
- können Sie die Ergebnisse hardwareunabhängig grafisch darstellen.

5.5.1 Einführung

Im folgenden Kapitel sollen Sie die Anwendung aller bisherigen Grundlagen erlernen. Zweckmäßig ist es, dies an konkreten Beispielen durchzuführen. Dabei wird so vorgegangen, als ob Sie eine Steuereinrichtung für eine konkrete Aufgabenstellung projektieren sollen. Sie lernen dabei gleichzeitig, die richtigen Methoden einzusetzen. Schließlich erkennen Sie an der Funktion und Wirkungsweise der „entworfenen" Steuerung sehr deutlich den Aufgabenbereich dieser Automatisierungseinrichtungen. Den genutzten technologischen Beispielen werden Sie in jedem Abschnitt dieses Kapitels wieder begegnen, so daß Sie schrittweise die „Projektdokumentation" ergänzen und vervollständigen.

5.5.2 Formale Beschreibung der Aufgabenstellung

Zur Beschreibung der technologischen Zusammenhänge bei Kombinationsschaltungen haben Sie im Abschnitt 5.4.1 die Schaltbelegungstabellen kennengelernt. Von den Graphen und Netzen ist nur der Prozeßablaufplan (Abschn. 5.4.3.5) einsetzbar. Beide Beschreibungsmittel sollen Sie im folgenden anwenden.

Ein erstes Beispiel für eine Kombinationsschaltung lernten Sie im Abschnitt 5.4.1 kennen: die 7-Segment-Ziffernanzeige. Zur Beschreibung kam die Schaltbelegungstabelle zur Anwendung. Bild 5.4.1−5 und die Lösung der Übung 5.4.1−1 zeigen das Ergebnis. Dieser Zusammenhang ist nun als Prozeßablaufplan darzustellen. Als Prozeßzustandsvariable werden die „dualen Stellen" 2^0, 2^1, 2^2 und 2^3 genutzt. Die benötigten (gewünschten) „Operationen" sind die Dezimalzahlen 0 ... 9.

Beginnen wir mit der Operation O∅ der Dezimalzahl ∅. Dazu müssen alle Dualstellen den Wert ∅ besitzen. Die Dezimalzahl 1 (O1) entsteht, wenn die Dualstelle 2^0 den Wert 1 und alle anderen den Wert ∅ besitzen. Bild 5.5.2−1 zeigt den Ausschnitt des Prozeßablaufplanes (PRAP).

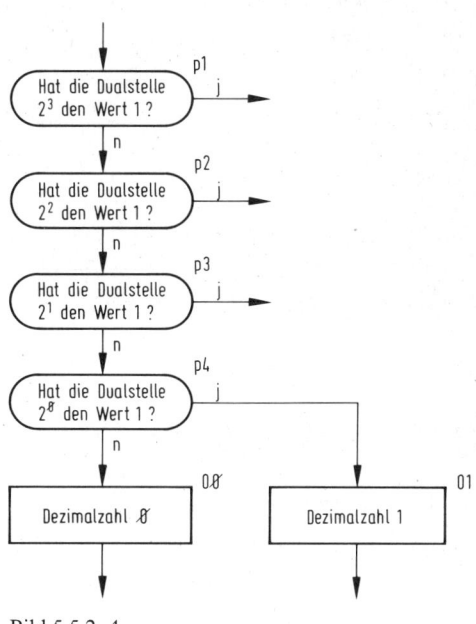

Bild 5.5.2−1
PRAP-Ausschnitt für die 7-Segment-Ziffernanzeige

Übung 5.5.2−1

Vervollständigen Sie die Darstellung in Bild 5.5.2−1 durch die Operationen O2 ... O9 für die Dezimalzahlen 2 ... 9!

Wie Sie nach Lösung der Übung 5.5.2−1 feststellen können, ist der PRAP noch nicht vollständig. Mit der Bewertung nach Bild 5.5.2−2 erreichen Sie die Operationen O9 und damit die letzte Dezimalzahl 9. Offen bleiben in diesem letzten Pfad die ja-Bewertungen der Variablen p_2 und p_3. Sie ergeben die Dezimalzahlen 10–15, die aber für die technische Realisierung der 7-Segment-Ziffernanzeige nicht benötigt werden. Deshalb führen diese Bewertungen zur Operation *O10*, in der keine Dezimalzahl auszugeben ist. Nun fehlt noch der starke Zusammenhang des Graphen. Er wird dadurch erreicht, daß alle Ausgänge der Operationen zusammengefaßt und über eine Linie zur ersten Prozeßzustandsvariablen (p_1) geführt werden. Sie können die Ergänzungen aus Bild 5.5.2–2 und natürlich aus der Lösung der Übung 5.5.2–1 erkennen.

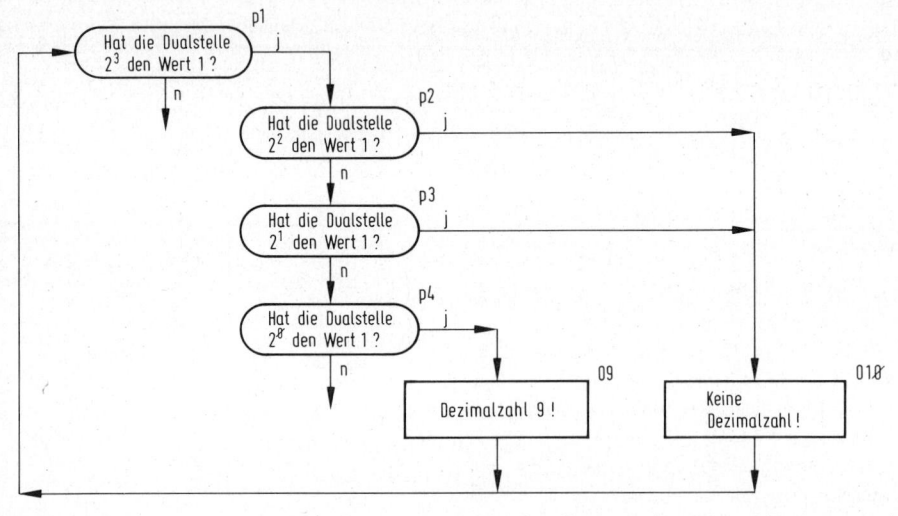

Bild 5.5.2–2   Bewertung der Prozeßzustandsvariablen für die Operation O9 und Ergänzung mit O10

Schauen Sie sich diese Lösung noch einmal genau an. Sie erkennen, daß sich alle von den Operationen wegführenden Linien vereinigen und gemeinsam zur ersten Prozeßzustandsvariablen gelangen. Genau daran erkennen Sie, daß es sich bei diesem durch den PRAP dargestellten Zusammenhang um eine Kombinationsschaltung handelt! Gilt dies nicht für alle Operationen – Sie werden dazu im Kapitel 5.6 Beispiele kennenlernen –, so handelt es sich bei den Operationen mit gemeinsamer Zielprozeßzustandsvariabler um einen kombinatorischen Anteil innerhalb eines sequentiellen Ablaufes. Die Besonderheiten dazu lernen Sie im schon genannten Kapitel kennen.

5.5 Analyse und Synthese von Kombinationsschaltungen

Kommen wir nun zu einem **zweiten Beispiel**. In einer Süßwarenfabrik wird eine aus 4 Komponenten (gleicher Preis, jedoch verschiedene Geschmacksrichtungen) bestehende Bonbonmischung mit einer **Schlauchbeutel-Form-Füll- und Verschließmaschine** verpackt (Bild 5.5.2–3). Die Maschine besitzt eine umlaufende Schweißbackenkette (1), einen Fülltrichter (2), vier Becherbänder B1–B4 für die Zuführung der Bonbonkomponenten (3), ein Reserveband (4), eine Auswurfeinrichtung mit 2 Klappen (5) und Zähleinrichtungen (6).

Die Becherbänder laufen synchron mit der Schweißbackenkette und kippen jeweils zeitgleich die Füllung eines Bechers in den Fülltrichter. Durch vorhergehende Einrichtungen wird sichergestellt, daß sich in jedem Becher genau ¼ der Beutelfüllung befindet. Bei Dosierfehlern bleibt der Becher leer. Nach dem Pressen und Schweißen öffnen sich die Schweißbacken. Beim Öffnen erfolgt gleichzeitig ein Abtrennen des gefüllten Beutels vom Band, und über die Auswurfeinrichtung gelangt er zur weiteren Verpackung.

Zur Vermeidung von untergewichtigen Beuteln ist das Reserveband anzusteuern, wenn einer der zu entleerenden Becher leer ist.

Sind hingegen zwei oder mehr Becher leer, so lohnt das Einschalten des Reservebandes nicht, weil dieses auch nur jeweils einen Becher entleeren kann.

Zunächst sollen Sie die Zusammenhänge für die Ansteuerung des Reservebandes notieren. Es soll dann eingeschaltet werden, wenn ein und nur ein Becher leer ist.

Der Prozeßablaufplan in Bild 5.5.2–4 beschreibt diesen Zusammenhang.

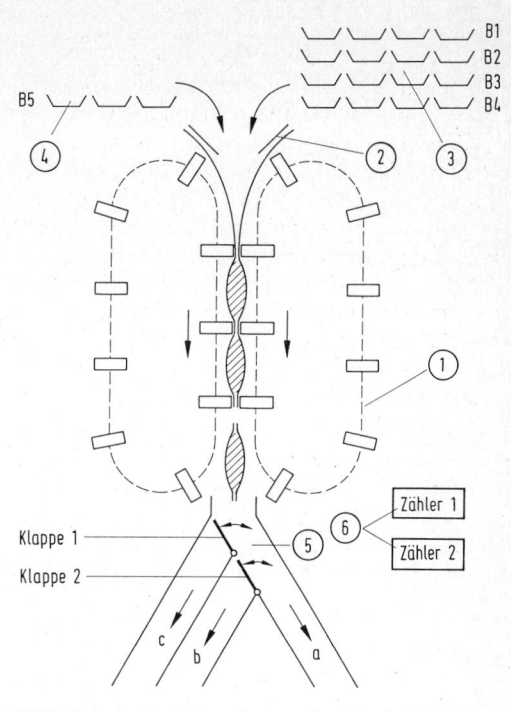

Bild 5.5.2–3 Anlagenschema der Bonbonverpackungseinrichtung

Bild 5.5.2-4
PRAP für die Ansteuerung des Reserve-bandes

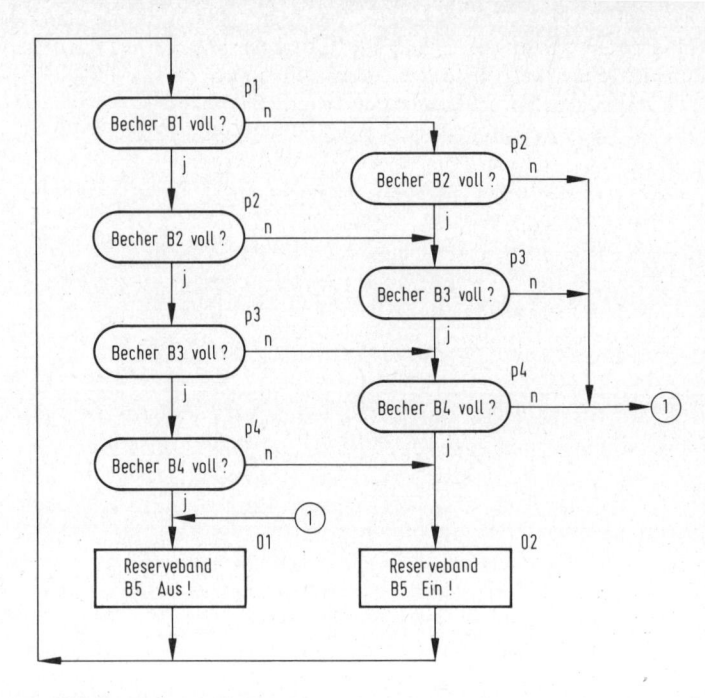

Auch durch die Schaltbelegungstabelle läßt sich dieser Zusammenhang darstellen. In Bild 5.5.2-5 sind die vier Becher mit $B1 \ldots B4$ bezeichnet. Sie können jeweils voll (1) oder leer (0) sein. Das anzusteuernde Reserveband $B5$ wird mit 0 nicht und mit 1 eingeschaltet. In der ersten Zeile sind alle Becher voll – $B5 = 0$. Die 2. bis 5. Zeile zeigt jeweils einen leeren Becher – das Reserveband ist einzuschalten. Ab der 6. Zeile folgen weitere 11 Eingangskombinationen, bei denen mindestens 2 Becher leer sind und demzufolge kein Einschalten des Reservebandes erfolgt. Wir können uns den Rest sparen, verkürzen also die Schaltbelegungstabelle.

Im Ergebnis der Einfüllung entstehen 3 verschiedene Arten von Beuteln:
- Beutel mit vollem Gewicht und 4 Geschmackskomponenten
- Beutel mit vollem Gewicht, aber nur 3 Geschmackskomponenten, denn im Becher des Reservebandes ist ein Gemisch der Komponenten
- untergewichtige Beutel

Die letzteren werden ausgesondert, aufgerissen und die Bonbons zur Füllung des Reservebandes genutzt. Die Beutel mit vollem Gewicht werden in den beiden genannten Gruppen ge-

	B1	B2	B3	B4	B5	
1. Zeile	1	1	1	1	0	alle voll
2. Zeile	0	1	1	1	1	
3. Zeile	1	0	1	1	1	1 Becher leer
4. Zeile	1	1	0	1	1	
5. Zeile	1	1	1	0	1	
6. Zeile	0	0	1	1	0	mindestens 2 Becher leer
⋮	⋮	⋮	⋮	⋮	⋮	
16. Zeile	0	0	0	0	0	

Bild 5.5.2-5 Schaltbelegungstabelle für die Ansteuerung des Reservebandes $B5$

5.5 Analyse und Synthese von Kombinationsschaltungen

trennt zur weiteren Verpackung transportiert. Gleichzeitig werden diese beiden Gruppen (4 und 3 Geschmackskomponenten) gezählt.

Diese Vorgänge erfolgen erst dann, wenn die Beutel nach dem Abtrennen aus der Schweißbackenkette herausfallen.

Da dieses Auswerfen erst nach dem Einfüllen, Pressen, Schweißen und Trennen geschieht, muß die Information über die Beutelart über diese vier Arbeitstakte gemerkt werden. Dazu sind Speicher nötig, die durch Zusammenschaltung „Schieberegister" ergeben.

Bild 5.5.2–6 zeigt ein solches Register. Es besteht aus vier 2-stufigen D-Triggern, das benötigte Taktsignal erzeugt die Maschine synchron zur Verarbeitungsgeschwindigkeit.

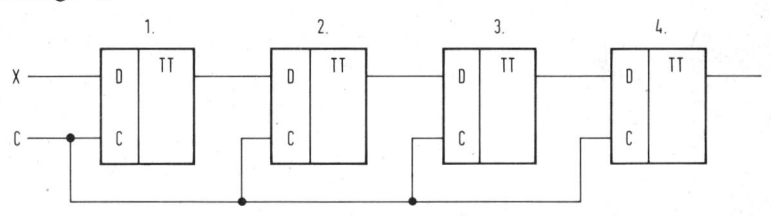

Wenn das Signal x den Wert 1 annimmt, so wird dies vom 1. Trigger in den Master-Speicher übernommen, wenn das Taktsignal ebenfalls den Wert 1 hat. Am Ausgang des 1. Triggers erscheint es jedoch erst dann, wenn das negierte Taktsignal dem Slave-Speicher die Übernahme erlaubt.

Bild 5.5.2–6 Schieberegister

Frischen Sie Ihr Wissen über die Arbeitsweise der 2-stufigen Trigger notfalls anhand von Abschnitt 5.3.3 auf!

Mit jeder Änderung des Taktsignales rückt der Wert von x einen Speicher weiter und gelangt nach 4 Takten am Ausgang des Triggers 4 an. Genau zu diesem Zeitpunkt verläßt der Beutel aber die Maschine, die entsprechenden Eingriffe können vorgenommen werden.

Benötigt werden folgende:

Z1: Betätigung des Zählers 1 für volle Beutel mit 4 Geschmackskomponenten

K1: Betätigung der Klappe 1 für Beutel mit vollem Gewicht und drei Geschmackskomponenten

Z2: Betätigung des Zählers 2 bei diesen Beuteln

K2: Betätigung der Klappe 2 bei untergewichtigen Beuteln

Übung 5.5.2-2

Erstellen Sie den Prozeßablaufplan mit den drei Operationen $O1$ ($Z1 = 1$), $O2$ ($K1 = 1$; $Z2 = 1$) und $O3$ ($K2 = 1$).

Nutzen Sie für diese und die folgende Übung dieselben Eingangskombinationen wie bei der Ansteuerung des Reservebandes!

Übung 5.5.2-3

Erarbeiten Sie die Schaltbelegungstabelle für die anzusteuernden Klappen ($K1$ und $K2$) und Zähler ($Z1$ und $Z2$).

5.5.3 Schaltfunktionen

Im Abschnitt 5.2.3 haben Sie die Grundlagen zu den Schaltfunktionen kennengelernt.

Im folgenden sollen die Schaltfunktionen aus den Schaltbelegungstabellen der Beispiele als KDNF oder KKNF abgeleitet werden.

Wiederholen Sie nochmals die wesentlichen Aussagen von Abschnitt 5.2.3!

Wiederholen Sie, wie die KDNF und die KKNF aus den Schaltbelegungstabellen entstehen!

Wenden Sie sich dem Beispiel der 7-Segment-Ziffernanzeige zu.

In Bild 5.5.3-1 ist die komplette Schaltbelegungstabelle nochmals dargestellt.

Die Dualzahlstellen sind als Eingangsvariable mit $x_3 \ldots x_0$ bezeichnet.

Für die KDNF mußten alle Elementarkonjunktionen disjunktiv verknüpft werden, bei denen die Ausgangsvariable den Wert 1 haben soll.

Betrachten Sie zuerst y_e. Diese Variable hat nur bei vier Zahlen den Wert 1. Es sind dies die Dezimalzahlen 0, 2, 6 und 8.

Dezimal-zahl	x_3	x_2	x_1	x_0	y_a	y_b	y_c	y_d	y_e	y_f	y_g
0	0	0	0	0	1	1	1	1	1	1	0
1	0	0	0	1	0	1	1	0	0	0	0
2	0	0	1	0	1	1	0	1	1	0	1
3	0	0	1	1	1	1	1	1	0	0	1
4	0	1	0	0	0	1	1	0	0	1	1
5	0	1	0	1	1	0	1	1	0	1	1
6	0	1	1	0	1	0	1	1	1	1	1
7	0	1	1	1	1	1	1	0	0	0	0
8	1	0	0	0	1	1	1	1	1	1	1
9	1	0	0	1	1	1	1	0	0	1	1

Bild 5.5.3-1 Schaltbelegungstabelle der 7-Segment-Ziffernanzeige

Die Eingangsvariablen ergeben dazu die Elementarkonjunktionen:

0: $\overline{x_3}\ \overline{x_2}\ \overline{x_1}\ \overline{x_0}$
2: $\overline{x_3}\ \overline{x_2}\ x_1\ \overline{x_0}$
6: $\overline{x_3}\ x_2\ x_1\ \overline{x_0}$
8: $x_3\ \overline{x_2}\ \overline{x_1}\ \overline{x_0}$

Daraus folgt die Schaltfunktion als KDNF:

$$y_e = \overline{x_3}\ \overline{x_2}\ \overline{x_1}\ \overline{x_0} \vee \overline{x_3}\ \overline{x_2}\ x_1\ \overline{x_0} \vee \overline{x_3}\ x_2\ x_1\ \overline{x_0} \vee x_3\ \overline{x_2}\ \overline{x_1}\ \overline{x_0} \quad (5.5\text{-}1)$$

Übung 5.5.3-1

Ermitteln Sie die Schaltfunktion als KDNF für y_f!

Sie können erkennen, daß die Anzahl der Elementarkonjunktionen immer größer wird, da die anderen Leuchtbalken bei vielen Dezimalzahlen einzuschalten sind.

Prüfen wir, ob sich die Gleichungen als KKNF günstiger ergeben. Dazu mußten Elementardisjunktionen mit dem Wert 0 für alle die Eingangskombinationen gebildet werden, bei denen die Ausgangsvariable den Wert 0 haben soll. Dies geht am einfachsten bei y_c! Dort tritt nur bei der Dezimalzahl 2 der Wert 0 auf. Da die Elementardisjunktion den Wert 0 haben muß, müssen alle Variablen den Wert 0 besitzen. Bei x_3, x_2 und x_0 ist dies der Fall, nur x_1 hat den Wert 1. Demzufolge ist x_1 negiert einzusetzen.

Die Elementardisjunktion und damit auch die Schaltfunktion als KKNF lautet:

$$y_c = x_3 \vee x_2 \vee \overline{x_1} \vee x_0 \qquad (5.5\text{-}2)$$

Tritt der Wert 0 mehrmals auf, so besteht die Schaltfunktion aus mehreren solchen Elementardisjunktionen, die miteinander konjunktiv verknüpft sind. Wählen Sie als Beispiel y_a. Dieser Balken leuchtet nicht ($y_a = 0$) bei den Dezimalzahlen 1 und 4. Die Elementardisjunktionen mit dem Wert 0 lauten:

1: $\quad x_3 \vee x_2 \vee x_1 \vee \overline{x_0}$

4: $\quad x_3 \vee \overline{x_2} \vee x_1 \vee x_0$

Daraus folgt:

$$\begin{aligned} y_a = &(x_3 \vee x_2 \vee x_1 \vee \overline{x_0}) \\ &\wedge (x_3 \vee \overline{x_2} \vee x_1 \vee x_0) \end{aligned} \qquad (5.5\text{-}3)$$

Übung 5.5.3–2

Ermitteln Sie die Schaltfunktion als KKNF für y_b!

Für alle anderen Leuchtbalken werden Sie im nächsten Kapitel unter Nutzung der Karnaugh-Tafel gekürzte Schaltfunktionen erstellen. Natürlich lassen sich die Normalformen für alle Leuchtbalken ermitteln, die Funktionen werden aber sehr groß. Selbstverständlich können Sie die Schaltfunktionen auch aus dem Prozeßablaufplan (Bild 5.5.2–1, Bild 5.5.2–2 und Lösung der Übung 5.5.2–1) ableiten.

Dazu ist dieser zunächst als Programmablaufgraph darzustellen. Bild 5.5.3–2 zeigt das Ergebnis. Auf die Zustandszuordnung wird verzichtet, da es sich um eine Kombinationsschaltung handelt. Es können jedoch analog die Überführungsfunktionen abgeleitet werden. Für Y_0 gilt:

$$Y_0 = Y_0\ \overline{x_3}\ \overline{x_2}\ \overline{x_1}\ \overline{x_0} \lor Y_1\ \overline{x_3}\ \overline{x_2}\ \overline{x_1}\ \overline{x_0} \ldots Y_{10}\ \overline{x_3}\ \overline{x_2}\ \overline{x_1}\ \overline{x_0}$$

Sie erkennen, daß Y_0 egal von wo aus immer dann erreicht wird, wenn die Eingangskombination $\overline{x_3}\ \overline{x_2}\ \overline{x_1}\ \overline{x_0}$ anliegt.

Für die anderen Ausgangssignale gelten folgende Eingangskombinationen:

$Y_1: \overline{x_3}\ \overline{x_2}\ \overline{x_1}\ x_0$ $\qquad Y_6: \overline{x_3}\ x_2\ x_1\ \overline{x_0}$

$Y_2: \overline{x_3}\ \overline{x_2}\ x_1\ \overline{x_0}$ $\qquad Y_7: \overline{x_3}\ x_2\ x_1\ x_0$

$Y_3: \overline{x_3}\ \overline{x_2}\ x_1\ x_0$ $\qquad Y_8: x_3\ \overline{x_2}\ \overline{x_1}\ \overline{x_0}$

$Y_4: \overline{x_3}\ x_2\ \overline{x_1}\ \overline{x_0}$ $\qquad Y_9: x_3\ \overline{x_2}\ \overline{x_1}\ x_0$

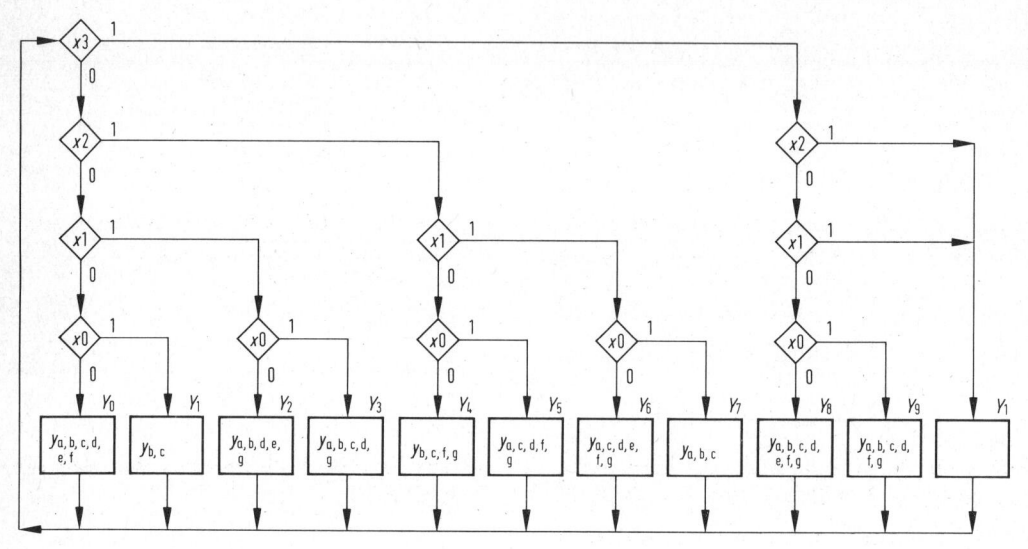

$Y_5: \overline{x_3}\ x_2\ \overline{x_1}\ x_0$ $\qquad Y_{10}: x_3\ x_2 \lor x_3\ \overline{x_2}\ x_1$

Bild 5.5.3-2 PAG zur 7-Segment-Ziffernanzeige

Da es sich, wie bereits am Prozeßablaufplan erläutert, bei diesem Beispiel um eine reine Kombinationsschaltung handelt, ist der Begriff „Überführungsfunktion" etwas anders zu sehen. Es handelt sich in diesem Fall um die **Erreichbarkeit** der Ausgagssignale. Bei genauerer Betrachtung der grafischen Darstellung und der Überführungsfunktionen erkennen Sie die mathematische Bedingung der Kombinationsschaltungen: Die Überführungsfunktion nach einem Ausgangssignal und die Haltefunktion dieses erreichten Ausgangssignales sind gleich!

Auch die Ergebnisfunktion läßt sich hier analog anweden. Für y_e lautet sie

$$y_e = Y_0 \lor Y_2 \lor Y_6 \lor Y_8.$$

Unter Nutzung der Erreichbarkeit für diese 4 Ausgangssignale folgt:

$$y_e = \overline{x_3}\ \overline{x_2}\ \overline{x_1}\ \overline{x_0} \vee \overline{x_3}\ \overline{x_2}\ x_1\ \overline{x_0} \vee$$
$$\overline{x_3}\ x_2\ x_1\ \overline{x_0} \vee x_3\ \overline{x_2}\ \overline{x_1}\ \overline{x_0} \quad (5.5-4)$$

Diese Schaltfunktion entspricht der KDNF (5.5–1)!

Für die Ansteuerung des Reservebandes aus unserem **2. Beispiel** läßt sich die KDNF der Schaltfunktion leicht aus der Schaltbelegungstabelle Bild 5.5.2–5 aufstellen. *B5* zeigt bei 4 Eingangskombinationen den Wert 1. In allen diesen Kombinationen kommt jeweils eine Variable mit 0 vor. Daraus folgt:

$$B5 = \overline{B1}\ B2\ B3\ B4 \vee B1\ \overline{B2}\ B3\ B4 \vee$$
$$B1\ B2\ \overline{B3}\ B4 \vee B1\ B2\ B3\ \overline{B4} \quad (5.5-5)$$

Vergleichen Sie diese Lösung für die Einschaltung des Reservebandes mit dem PRAP in Bild 5.5.2–4! Sie werden die Übereinstimmung sofort erkennen.

Übung 5.5.3–3

Stellen Sie die Schaltfunktionen für die Ansteuerung der Zähler und Klappen unter Verwendung der Lösung der Übungen 5.5.2–2 und 5.5.2–3 selbst auf! Vergleichen Sie die Ergebnisse.

5.5.4 Minimierungsverfahren

Für die Umsetzung einer Schaltfunktion mittels Hard- oder Software ist es sinnvoll, diese zu minimieren. Im Abschnitt 5.2.4 haben Sie die wichtigsten Grundlagen kennengelernt.

Wiederholen Sie die wesentlichen Aussagen des Kapitels 5.2.4!

Neben den mathematischen Umformungen lernten Sie als eine sehr praktische Art die Karnaugh-Tafel kennen. Mit ihrer Hilfe lassen sich gekürzte Schaltfunktionen erstellen.

Wiederholen Sie Aufbau und Auswertung der Karnaugh-Tafel im Abschnitt 5.2.4!

Für die **7-Segment-Ziffernanzeige** werden Karnaugh-Tafeln für 4 Variable benötigt. Für die entsprechenden Kombinationen sind in die Felder der Tafel die Werte 1 bzw. 0 entsprechend der Schaltbelegungstabelle einzutragen. Wählen wir zuerst wieder y_e. In der Karnaugh-Tafel Bild 5.5.4–1 müssen viermal der Wert 1 vorkommen. Alle anderen Felder erhalten den Wert 0.

Zur Ermittlung der Funktion lassen sich 2 Blöcke mit jeweils 2 Feldern bilden: I und II. Der Block I ergibt die Konjunktion $\overline{x_3}\ x_1\ \overline{x_0}$, der Block II ergibt $\overline{x_2}\ \overline{x_1}\ \overline{x_0}$.

		$\overline{x_1}\ \overline{x_0}$	$\overline{x_1}\ x_0$	$x_1\ x_0$	$x_1\ \overline{x_0}$
$\overline{x_3}$	$\overline{x_2}$	II 1	0	0	1 I
$\overline{x_3}$	x_2	0	0	0	1
x_3	x_2	0	0	0	0
x_3	$\overline{x_2}$	1	0	0	0

Bild 5.5.4–1 Karnaugh-Tafel für y_e

Die unterschiedlich bewerteten Variablen – bei I x_2 und bei II x_3 – entfallen. Daraus folgt die minimierte Schaltfunktion:

$$y_e = \overline{x_3}\, x_1\, \overline{x_0} \vee \overline{x_2}\, \overline{x_1}\, x_0 \qquad (5.5\text{-}6)$$

Wenden wir uns nochmal der aus der Schaltbelegungstabelle gewonnenen Funktion (5.5–1) zu. Sie lautet:

$$y_e = \overline{x_3}\, \overline{x_2}\, \overline{x_1}\, \overline{x_0} \vee \overline{x_3}\, \overline{x_2}\, x_1\, \overline{x_0} \vee \overline{x_3}\, x_2\, x_1\, \overline{x_0}$$
$$\vee\; x_3\, \overline{x_2}\, \overline{x_1}\, \overline{x_0}$$

Unter Verwendung des distributiven Gesetzes könen Sie den 1. und den 4. sowie den 2. und 3. Term zusammenfassen. Danach folgt:

$$y_e = \overline{x_2}\, \overline{x_1}\, \overline{x_0}(\overline{x_3} \vee x_3) \vee \overline{x_3}\, x_1\, \overline{x_0}(\overline{x_2} \vee x_2)$$

Mit $\overline{x_3} \vee x_3 = 1$ bzw. $\overline{x_2} \vee x_2 = 1$ folgt

$$y_e = \overline{x_2}\, \overline{x_1}\, x_0 \vee \overline{x_3}\, x_1\, \overline{x_0} \qquad (5.5\text{-}7)$$

Damit entspricht sie der Gleichung (5.5–6), was natürlich auch sein muß.

Übung 5.5.4–1

Ermitteln Sie die Schaltfunktion y_f nach Karnaugh-Verfahren. Formen Sie die Gleichung für y_f nach Übung 5.5.3–2 mathematisch um und vergleichen Sie diese mit der Lösung.

Bereits im Abschnitt 5.4.1 haben Sie erfahren, daß unvollständige Schaltbelegungstabellen eine besondere Bedeutung haben. In Bild 5.5.4–1 haben Sie in alle 16 Felder einen Wert 1 bzw. 0 eingetragen. In Wirklichkeit treten aber technologisch nur 10 Eingangskombinationen auf. Die anderen können beliebig den Wert 1 oder 0 annehmen. Dies läßt sich zu einer weiteren Minimierung nutzen. In Bild 5.5.4–2 ist die Karnaugh-Tafel nochmals für y_e dargestellt. Die nicht benötigten Kombinationen sind durch $\emptyset$ gekennzeichnet. Nunmehr lassen sich 2 Blöcke mit je 4 Feldern bilden. Sie ergeben die Konjunktionen:

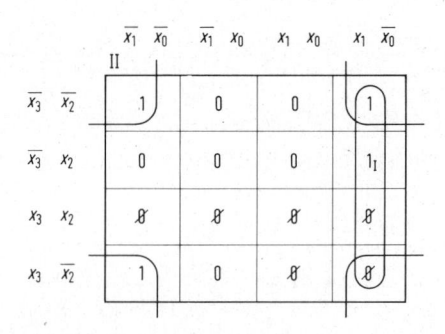

Bild 5.5.4–2 Karnaugh-Tafel für y_e mit beliebig belegbaren Feldern

I: $x_1\, \overline{x_0}$

II: $\overline{x_2}\, \overline{x_0}$

Daraus folgt die minimale Schaltfunktion:

$$y_e = x_1\, \overline{x_0} \vee \overline{x_2}\, \overline{x_0}$$

Diese kann nach dem distributiven Gesetz noch vereinfacht werden zu:

$$y_e = \overline{x_0}(x_1 \vee \overline{x_2}) \qquad (5.5\text{-}8)$$

Ein Vergleich mit den Funktionen (5.5–6) bzw. (5.5–7) ist nicht ohne weiteres möglich. Hierzu müßten die gefundenen Funktionen durch nicht benötigte Eingangskombinationen erweitert und danach gekürzt werden. Auf diesen Vergleich wird hier verzichtet.

Übung 5.5.4−2

Bestimmen Sie die minimalen Schaltfunktionen für die Leuchtbalken y_a, y_b, y_c, y_d, y_f, y_g mit Karnaugh-Tafeln unter Nutzung beliebig belegbarer Felder.

Für das Beispiel der **Bonbonverpackung** sind alle Eingangskombinationen technologisch möglich. Beliebig belegbare Felder sind demzufolge nicht vorhanden. Prüfen wir nun, ob sich die Funktionen minimieren lassen. Auch bei diesem Beispiel treten vier Eingangsvariable auf. Die Ansteuerung des Reservebandes erfolgt bei vier Eingangskombinationen. Bild 5.5.4−3 zeigt die Karnaugh-Tafel.

	$\overline{B1}\ \overline{B2}$	$B1\ \overline{B2}$	$B1\ B2$	$\overline{B1}\ B2$
$\overline{B3}\ \overline{B4}$	0	0	0	0
$\overline{B3}\ B4$	0	0	1	0
$B3\ B4$	0	1	0	1
$B3\ \overline{B4}$	0	0	1	0

Bild 5.5.4−3   Karnaugh-Tafel für $B5$

Eine Blockbildung und damit eine Minimierung ist nicht möglich!
Unter Verwendung der Rechengesetze kann eine Umformung der Gleichung (5.5−5) erfolgen. Danach ergibt sich:

$$B5 = (\overline{B1}\ B2 \vee B1\ \overline{B2})\ B3\ B4 \\ \vee B1\ B2\ (\overline{B3}\ B4 \vee B3\ \overline{B4}) \quad (5.5-9)$$

Diese Gleichung sieht zunächst umfangreicher als die KDNF aus. Sie erkennen aber, daß die Ausdrücke in den Klammern Antivalenzfunktionen sind. Da es für solche Funktionen Hard- und Softwarelösungen gibt, kann das für die Realisierung von Bedeutung sein.

Prüfen Sie als weitere Funktionen die Ansteuerung der Zähler und Klappen.

Die Lösung der Übungsaufgabe 5.5.3−3 zeigt, daß die Gleichung für $Z1$ nur aus einem Term besteht und demzufolge nicht minimiert werden kann. Die Gleichungen für $Z2$ und $K1$ entsprechen der für $B5$. Die mögliche Umformung haben Sie kennengelernt.

Bleibt noch die Ansteuerfunktion für die 2. Klappe. Bereits die Lösung aus o. g. Übung ergab für die beiden Möglichkeiten Gleichungen unterschiedlicher Länge.

Bild 5.5.4−4 zeigt die Karnaugh-Tafel für $K2$. Die mit 1 belegten Felder lassen sich zu sechs Blöcken mit je 4 Feldern zusammenfassen.

	$\overline{B1}\ \overline{B2}$	$B1\ \overline{B2}$	$B1\ B2$	$\overline{B1}\ B2$
$\overline{B3}\ \overline{B4}$	1	1	1	1
$\overline{B3}\ B4$	1	1	0	1
$B3\ B4$	1	0	0	0
$B3\ \overline{B4}$	1	1	0	1

Bild 5.5.4−4   Karnaugh-Tafel für $K2$

Daraus entsteht die Gleichung:

$$K2 = \overline{B4}\ \overline{B3} \vee \overline{B4}\ \overline{B2} \vee \overline{B4}\ \overline{B1} \vee \\ \overline{B3}\ \overline{B2} \vee \overline{B3}\ \overline{B1} \vee \overline{B2}\ \overline{B1}$$

Bei genauerer Analyse des technologischen Prozesses ergibt sich eine weitere Besonderheit. Betrachten Sie dazu nochmals das Anlagenschema in Bild 5.5.2–3! Sie werden sofort zustimmen, daß die Lage der Klappe 2 beliebig sein kann, wenn die Klappe 1 betätigt ist ($K1 = 1$). Damit können vier Felder der Karnaugh-Tafel beliebig belegt werden (Bild 5.5.4–5).

Danach ergeben sich vier Blöcke mit jeweils 8 Feldern.

Sie führen zur Gleichung:

	$\overline{B1}\ \overline{B2}$	$B1\ \overline{B2}$	$B1\ B2$	$\overline{B1}\ B2$
$\overline{B3}\ \overline{B4}$	1	1	1	1
$B3\ \overline{B4}$	1	1	∅	1
$B3\ B4$	1	∅	0	∅
$\overline{B3}\ B4$	1	1	∅	1

Bild 5.5.4–5 Karnaugh-Tafel für $K2$ mit beliebig belegbaren Feldern

$$K2 = \overline{B1} \vee \overline{B2} \vee \overline{B3} \vee \overline{B4} \qquad (5.5-10)$$

Die Gleichung (5.5–10) ist genau die KKNF, die Sie auch aus der Schaltbelegungstabelle (Lösung der Übung 5.5.2–3) bei Beachtung der beliebigen Felder erhalten.

5.5.5 Signalflußpläne

Im Kapitel 5.3 haben Sie die Symbole zur Darstellung logischer Strukturen kennengelernt. Im folgenden sollen Sie die im vorigen Kapitel aufgestellten Gleichungen grafisch darstellen. Im Beispiel der **7-Segment-Ziffernanzeige** ergaben sich folgende minimierten Gleichungen:

$$y_a = x_3 \vee x_1 \vee \overline{x_2}\ \overline{x_0}$$
$$y_b = \overline{x_2} \vee x_1\ x_0 \vee \overline{x_1}\ \overline{x_0}$$
$$y_c = x_2 \vee \overline{x_1} \vee x_0$$
$$y_d = x_3 \vee \overline{x_2}\ x_1 \vee \overline{x_2}\ \overline{x_0} \vee x_1\ \overline{x_0} \vee x_2\ \overline{x_1}\ x_0$$
$$y_e = \overline{x_0}\ (x_1 \vee \overline{x_2})$$
$$y_f = x_3 \vee x_2\ \overline{x_1} \vee x_2\ \overline{x_0} \vee \overline{x_1}\ \overline{x_0}$$
$$y_g = x_3 \vee x_2\ \overline{x_1} \vee \overline{x_2}\ x_1 \vee x_1\ \overline{x_0}$$

Benutzen wir zuerst den Kontaktplan!

Die Gleichung y_a kann nicht weiter zusammengefaßt werden. Bild 5.5.5–1 zeigt die grafische Darstellung.

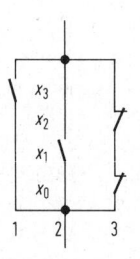

Bild 5.5.5–1 Kontaktplan für y_a

5.5 Analyse und Synthese von Kombinationsschaltungen

Die Gleichung für y_d läßt sich analog darstellen. Bild 5.5.5-2 zeigt den Kontaktplan, allerdings existieren jetzt fünf parallele Pfade entsprechend der fünf Terme.

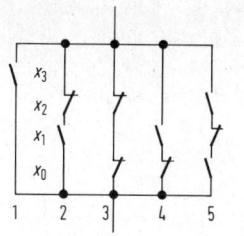

Bild 5.5.5-2 Kontaktplan für y_d, 1. Version

In Bild 5.5.5-2 ist zu erkennen, daß Kontakte doppelt auftreten – redundant sind. So kommt x_2 als Öffner im Pfad 2 und 3 sowie x_0 als Öffner im Pfad 3 und 4 vor. Sie lassen sich vereinigen, Bild 5.5.5-3 zeigt das Ergebnis. Sie entsprechen den Gleichungen:

$$y_d = x_3 \vee \overline{x_2}\,(x_1 \vee \overline{x_0}) \vee x_1\,\overline{x_0} \vee x_2\,\overline{x_1}\,x_0$$
(linkes Bild)

$$y_d = x_3 \vee \overline{x_2}\,x_1 \vee \overline{x_0}\,(\overline{x_2} \vee x_1) \vee x_2\,\overline{x_1}\,x_0$$
(rechtes Bild)

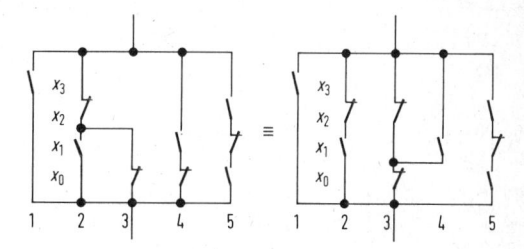

Bild 5.5.5-3 Kontaktplan für y_d, 2. Version

Übung 5.5.5-1

Zeichnen Sie die Kontaktpläne für die anderen Ansteuergleichungen der 7-Segment-Ziffernanzeige! Fassen Sie redundante Kontakte zusammen.

In der Gleichung für y_b entsprechen der zweite und dritte Term der Äquivalenz, in der Gleichung y_g entsprechen der zweite und dritte Term einer Antivalenz.

Unter Verwendung von Wechslerkontakten können diese Schaltungen einfacher dargestellt werden (Bild 5.5.5-4).

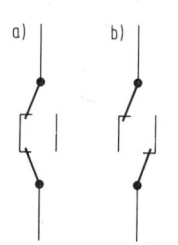

Bild 5.5.5-4 Äquivalenz (a) und Antivalenz (b) mit Wechslerkontakten

Damit ergeben sich die Kontaktpläne für y_b und y_g wie in Bild 5.5.5-5.

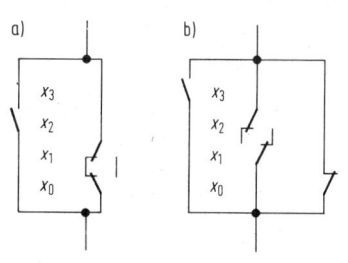

Bild 5.5.5-5 Kontaktpläne für y_b (a) und y_g (b)

Die zweite Darstellungsform sind Logikpläne unter Nutzung der Symbole für komplexe Funktionen.

Für die Gleichung y_a ist zunächst die konjunktive Verknüpfung $\overline{x_2}\ \overline{x_0}$ und danach die disjunktive Verknüpfung des Ergebnisses mit x_3 und x_1 darzustellen. Bild 5.5.5-6 zeigt den Logikplan, der auch komprimiert gezeichnet werden kann.

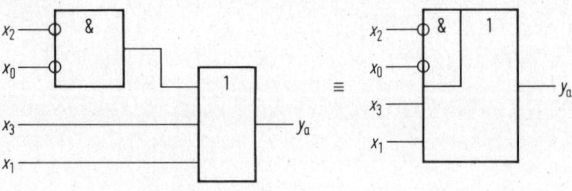

Bild 5.5.5-6   Logikplan für y_a

Übung 5.5.5-2

Zeichnen Sie die komprimierte Form der Logikpläne für alle anderen Ansteuersignale der 7-Segment-Ziffernanzeige.

Zum Abschluß sollen Sie noch den Logikplan für die Steuerung der **Bonbonverpackung** erarbeiten. Dazu benötigen Sie 4 Teile:
- Ansteuerung des Reservebandes $B5$,
- Erzeugung der Signale zur Betätigung der Zähler und Klappen,
- Schieberegister für die Speicherung über vier Takte,
- Ausgabe der Signale für die Zähler und Klappen.

Bild 5.5.5-7 zeigt den Logikplan, der im folgenden etwas näher erläutert werden muß.

Der Logikblock I erzeugt das Ansteuersignal $B5$, welches noch mit dem Taktsignal C zur sicheren Synchronisation konjunktiv verknüpft wird (II). Wie die Lösung der Übung 5.5.3-3 zeigt, entspricht $B5$ den vier Takte später benötigten Signalen $Z2$ und $K1$. Deshalb ist dieses Signal gleichzeitig Eingangssignal des ersten Schieberegisters (IV). Zur Ansteuerung des Zählers $Z1$ wird im Logikelement (III) das Eingangssignal für das zweite Schieberegister (V) gewonnen.

Auf die Erzeugung des Ansteuersignales für die Klappe 2 wird bewußt verzichtet!

Die Ausgänge der Schieberegister ergeben mit dem Taktsignal konjunktiv verknüpft die Zähleransteuersignale $Z1$ (VI) und $Z2$ (VII).

5.5 Analyse und Synthese von Kombinationsschaltungen

Die Ansteuerung der Klappe 1 (VIII) kann direkt mit dem Ausgang des Schieberegisters IV erfolgen.

Die Klappe $K2$ muß genau dann betätigt werden, wenn die Ausgänge der Schieberegister den Wert 0 anzeigen. Das Logikelement IX sorgt dafür, daß in diesem Fall $K2$ den Wert 1 annimmt.

Durch diese Verknüpfung am Ausgang genügen zwei Schieberegister zur Speicherung der Signale.

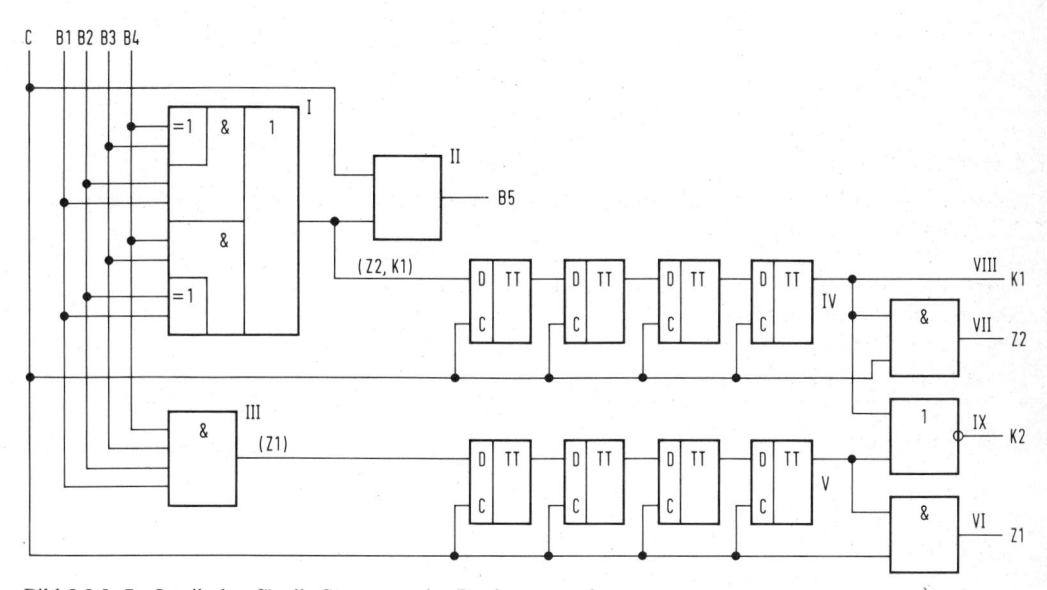

Bild 5.5.5-7   Logikplan für die Steuerung der Bonbonverpackung

Lernzielorientierter Test zum Kapitel 5.5

1. Welche Beschreibungsmittel der technologischen Zusammenhänge für Kombinationsschaltungen sind einsetzbar?
2. Welche Vorteile haben die angewandten Beschreibungsmittel?
3. Was sind KDNF und KKNF? Wodurch unterscheiden sie sich?
4. Unter welchen Voraussetzungen ist die Ermittlung von KDNF oder KKNF aus den Schaltbelegungstabellen zweckmäßig?
5. Wozu dient das Karnaugh-Verfahren?
6. Wie lassen sich Schaltfunktionen grafisch darstellen?
7. Nennen Sie die Besonderheit der Kombinationsschaltung!

5.6 Analyse und Synthese von sequentiellen Schaltsystemen

Lernziele

Nach Durcharbeiten dieses Kapitels
- können Sie alle bisher gelernten Grundlagen auf die Synthese von sequentiellen Schaltsystemen anwenden,
- können Sie technologische Zusammenhänge formal beschreiben,
- kennen Sie die Besonderheiten sequentieller Schaltsysteme,
- kennen Sie technologische Beispiele für diese Schaltsysteme,
- können Sie technologische Schritte in Steuereinrichtungen durch Speicher nachbilden,
- können Sie die Ansteuerfunktionen für die Speicher ermitteln,
- können Sie die Funktionen für die Ausgangssignale aufstellen,
- können Sie die Ergebnisse hardwareunabhängig grafisch darstellen.

5.6.1 Einführung

Für dieses Kapitel gilt das zur Einführung des vorangegangenen Kapitels Gesagte gleichermaßen. Sie werden in den einzelnen Abschnitten dieses Kapitels Schritt für Schritt, ausgehend von der verbalen Beschreibung des zu automatisierenden technologischen Ablaufes, die Synthese von sequentiellen Schaltsystemen nachvollziehen. Dabei finden die zutreffenden Grundlagen Anwendung.

Insbesondere lernen Sie die Unterschiede zu den Kombinationsschaltungen kennen. Einige Besonderheiten bei dieser Art von Automatisierungseinrichtungen werden beschrieben und erläutert.

Auch in diesem Kapitel verwenden wir technologische Beispiele, auf die in allen Abschnitten wieder zurückgegriffen wird.

5.6.2 Formale Beschreibung der Aufgabenstellung

Wie sie in dem einführenden Kapitel zur Steuerungstechnik bereits gelert haben, besteht die Besonderheit von sequentiellen Schaltsystemen darin, daß bei gleichen Eingangsbelegungen unterschiedliche Ausgangssignale zu erzeugen sind. Dieser Unterschied ist abhängig vom erreichten Schritt (Takt), in dem sich die technologische Anlage befindet. Die formale Notierung der Aufgabenstellug muß demzufolge dieser Besonderheit Rechnung tragen. Abgeleitet aus den Schaltbelegungstabellen entstanden die **Schaltfolgetabellen**, aber auch **Ablaufdiagramme** erlauben die Darstellung dieser Zusammenhänge.

Zweckmäßig ist eine Beschreibung durch **Graphen** oder **Netze**. Dazu sind gleichermaßen **Funktionspläne** und **Prozeßablaufpläne** anwendbar. Vorteilhaft sind diese Darstellungen, weil ein direkter Zusammenhang mit der Technologie vorhanden ist und diese Formen sowohl vom Steuerungsfachmann, aber auch vom Verfahrenstechniker und vom späteren Operator leicht lesbar sind.

Ihr erstes Beispiel haben Sie bereits kennengelernt – die **Stanzensteuerung** aus Abschnitt 5.4.3! Dieses Beispiel findet in den nächsten Abschnitten wieder Verwendung.

Zum zweiten Beispiel zunächst die verbale Erläuterung und das Anlagenschema Bild 5.6.2–1. Es handelt sich dabei um eine **Verladeanlage für staubförmige Medien** in Waggons.

Der auf einer Gleiswaage (7) bereitgestellte Waggon (1) wird mit der Einrichtung gekoppelt. Zur Beladung ist zunächst das Auflockerungsgebläse (4) einzuschalten, das über die Sinterplatten (6) im Vorratsbehälter (5) eine Brückenbildung verhindert.

Fünf Sekunden später ist das Transportgebläse (2) und weitere fünf Sekunden danach die Zellenradschleuse (3) einzuschalten.

Ist der Waggon gefüllt – Rückmeldung durch die Gleiswaage (7) – sind die Aggregate in umgekehrter Reihenfolge mit jeweils fünf Sekunden Abständen abzuschalten.

Folgende weitere Forderungen bestehen:
- Ein zur Beladung bereitgestellter (leerer) Waggon ist optisch und 2 sek. akustisch zu melden.
- Der Beladevorgang ist durch einen Tastendruck zu starten.
- Ein Starten ist nicht möglich, wenn der Minimalstand im Vorratsbehälter unterschritten ist. Der Beladevorgang wird nicht unterbrochen, wenn der Minimalstand unterschritten wird. Dieser Zustand ist nach Beendigung der Beladung ebenfalls optisch und 2 sek. akustisch anzuzeigen.

Wiederholen Sie die wichtigsten Ergebnisse aus Abschnitt 5.4.2!

Informieren Sie sich nochmals im Abschnitt 5.4.3 über die Darstellungsformen Graphen und Netze!

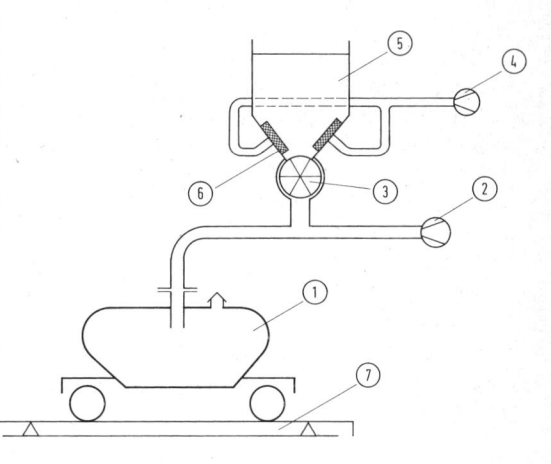

Bild 5.6.2–1   Anlagenschema zur Waggonbeladung

Die einfachste, wenn auch aufwendigste formale Notation ist der Prozeßablaufplan. Bild 5.6.2–2 zeigt den Einschaltvorgang. Wird ein leerer Waggon bereitgestellt (p_1 und p_2), wird die Operation $O2$ aktiv. Das optische und akustische Signal wird ausgegeben, gleichzeitig das Zeitwerk 1 angesteuert. Nach zwei Sekunden ist die Startbereitschaft erreicht ($O3$), das optische Signal bleibt erhalten.

Nach Betätigung der Starttaste (p_4) wird in der $O4$ das Auflockerungsgebläse und ein Zeitwerk 2 eingeschaltet, nach 5 Sekunden wird $O5$ erreicht. Neben dem Zuschalten des Transportgebläses und des Zeitwerkes 3 bleibt das Auflockerungsgebläse ebenfalls eingeschaltet. Das Zeitwerk 2 dagegen wird ausgeschaltet. In der $O6$ schließlich erfolgt das Einschalten der Zellenradschleuse, beide Gebläse sind weiterhin eingeschaltet.

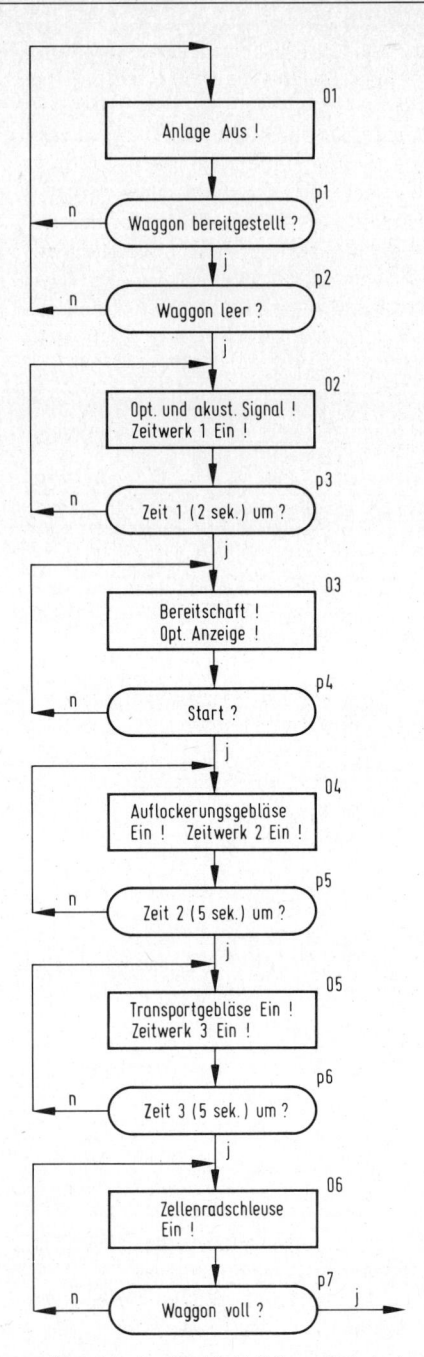

Bild 5.6.2–2   PRAP, Teil 1 zur Beladeeinrichtung

Übung 5.6.2–1

Ergänzen Sie den Prozeßablaufplan bis zur Beendigung der Beladung.

5.6 Analyse und Synthese von Schaltsystemen

Nach Beendigung der letzten Wartezeit ist das Auflockerungsgebläse auszuschalten, damit ist die Anlage aus. Das entspricht der Operation $O1$, d.h., man könnte direkt dort hingelangen. Allerdings war noch gefordert, den Stand im Vorratsbehälter zu prüfen. Der unterschrittene Minimalstand war zu signalisieren. Danach sieht der Prozeßablaufplan folgendermaßen aus (Bild 5.6.2–3): Ist der Minimalstand im Vorratsbehälter nicht unterschritten, gelangen wir über p_9 „ja" und p_{10} „nein" direkt zur Operation 1 – „Anlage aus!". Andernfalls wird in der Operation 9 für 2 Sekunden optisches und akustisches Signal und danach in der $O10$ solange optisches Signal ausgegeben, bis der Vorratsbehälter wieder gefüllt ist („Minimalstand unterschritten? – nein).

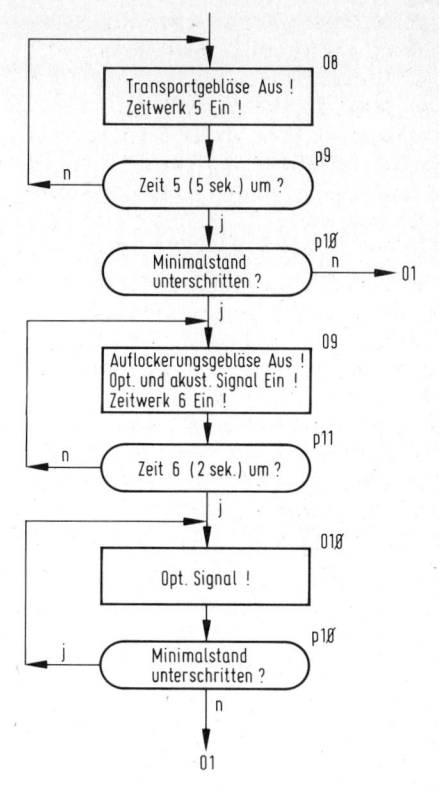

Bild 5.6.2–3   PRAP, Teil 3 zur Beladeeinrichtung

Die zweite Form der Notation der Aufgabenstellung ist der Funktionsplan. Durch die Möglichkeit, zeitlich begrenzte bzw. verzögert auftretende Signale in einem Schritt darzustellen, wird im Beispiel Beladeeinrichtung diese Darstellungsform bedeutend kürzer.

Bild 5.6.2–4 zeigt den Funktionsplan, Sie können den Ablauf selbst überprüfen.

Eine Abweichung ist noch zu erläutern. Im Schritt 3 wird die Beladung beendet. Die Zellenradschleuse bleibt als nicht gespeichertes Signal nur im Schritt 2 eingeschaltet, mit dem Übergang zum Schritt 3 schaltet sie ab. Zeitverzögert schalten das Transportgebläse und das Auflockerungsgebläse aus. Der Schritt 0 bzw. 4 darf aber erst erreicht werden, wenn das letzte Gebläse abgeschaltet hat. Deshalb ist das eine der Übergangsbedingungen für beide Ziele.

Die Darstellungen als Programmablaufgraph, Petri-Netz, Automatengraph und auch als Schaltfolgetabelle verlangen die Einführung von Kurzzeichen – Eingangs- und Ausgangsvariable der Steuereinrichtung.

Bild 5.6.2–5 enthält alle benötigten Eingangsvariable, Bild 5.6.2–6 alle Ausgangsvariable.

Mit diesen Variablen können jetzt zunächst Programmablaufgraph und Automatengraph problemlos dargestellt werden.

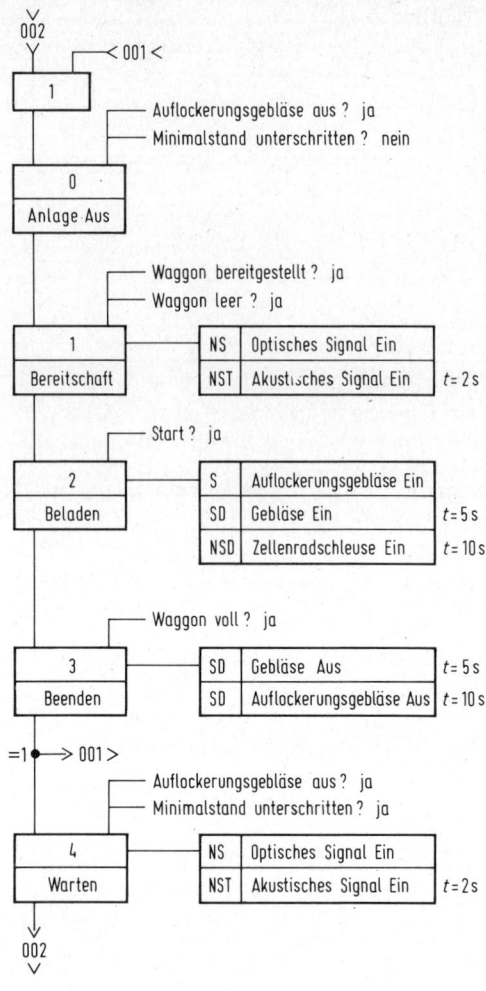

Bild 5.6.2–4
Funktionsplan zum Beispiel Beladeeinrichtung

Waggon bereitgestellt ?	– ja :	$x_1 = 1$
Waggon leer ?	– ja :	$x_2 = 1$
Start ?	– ja :	$x_3 = 1$
Waggon voll ?	– ja :	$x_4 = 1$
Minimalstand unterschritten ?	– ja	$x_5 = 1$
Zeit 1 um ?	– ja :	$x_{t1} = 1$
Zeit 2 um ?	– ja :	$x_{t2} = 1$
Zeit 3 um ?	– ja :	$x_{t3} = 1$
Zeit 4 um ?	– ja :	$x_{t4} = 1$
Zeit 5 um ?	– ja :	$x_{t5} = 1$
Zeit 6 um ?	– ja :	$x_{t6} = 1$

Bild 5.6.2–5 Festlegung der Eingangsvariablen

Auflockerungsgebläse Ein	$y_1 = 1$
Gebläse Ein	$y_2 = 1$
Zellenradschleuse Ein	$y_3 = 1$
Optisches Signal Wagen bereit Ein	$y_4 = 1$
Optisches Signal Minimalstand Ein	$y_5 = 1$
Akustisches Signal 2 sek. Ein	$y_6 = 1$
Zeitwerk 1 Ein	$y_{t1} = 1$
Zeitwerk 2 Ein	$y_{t2} = 1$
Zeitwerk 3 Ein	$y_{t3} = 1$
Zeitwerk 4 Ein	$y_{t4} = 1$
Zeitwerk 5 Ein	$y_{t5} = 1$
Zeitwerk 6 Ein	$y_{t6} = 1$

Bild 5.6.2–6 Festlegung der Ausgangsvariablen

Übung 5.6.2-2
Zeichnen Sie den Programmablaufgraphen für die Beladeeinrichtung.

Übung 5.6.2-3
Zeichnen Sie den Automatengraphen für die Beladeeinrichtung.

Auf die Darstellungsform Petri-Netz wollen wir bei diesem Beispiel verzichten.

In der **Schaltfolgetabelle** sind für die Schritte die Eingangskombinationen und die Werte der Ausgangssignale einzutragen. Bild 5.6.2-7 zeigt die Tabelle für den Beladevorgang. Nach dem 8. Takt gibt es zwei Möglichkeiten, die sich durch $x_5 = 1$ bzw. $x_5 = 0$ unterscheiden. Das haben Sie bereits bei den anderen Darstellungen kennengelernt. Allerdings wird dadurch die Schaltfolgetabelle umfangreich und auch unübersichtlich – obwohl es sich noch um ein kleines Beispiel handelt.

Die Eintragung 1/0 bedeutet, daß sich dieser Wert während des Taktes ändert.

Takt	x_1	x_2	x_3	x_4	x_5	x_{t1}	x_{t2}	x_{t3}	x_{t4}	x_{t5}	x_{t6}	y_1	y_2	y_3	y_4	y_5	y_6	y_{t1}	y_{t2}	y_{t3}	y_{t4}	y_{t5}	y_{t6}
1_T	0	1	0	0	0	0	0	0	0	0	0	0	0	0	0	0	0	0	0	0	0	0	0
2_T	1	1	0	0	0	0	0	0	0	0	0	0	0	0	1	0	1	1	0	0	0	0	0
3_T	1	1	0	0	0	1/0	0	0	0	0	0	0	0	0	1	0	0	0	0	0	0	0	0
4_T	1	1	1/0	0	0	0	0	0	0	0	0	1	0	0	0	0	0	0	1	0	0	0	0
5_T	1	1	0	0	0	0	1/0	0	0	0	0	1	1	0	0	0	0	0	0	1	0	0	0
6_T	1	1/0	0	0	0	0	0	1/0	0	0	0	1	1	1	0	0	0	0	0	0	0	0	0
7_T	1	0	0	1	0	0	0	0	0	0	0	1	1	0	0	0	0	0	0	0	1	0	0
8_T	1	0	0	1	0	0	0	0	1/0	0	0	1	0	0	0	0	0	0	0	0	0	1	0
1_T	1	0	0	1	0	0	0	0	0	1/0	0	0	0	0	0	0	0	0	0	0	0	0	0
9_T	1	0	0	1	1	0	0	0	0	1/0	0	0	0	0	0	1	1	0	0	0	0	0	1
10_T	1	0	0	1	1	0	0	0	0	0	1/0	0	0	0	0	1	0	0	0	0	0	0	0
1_T	1	0	0	1	0	0	0	0	0	0	0	0	0	0	0	0	0	0	0	0	0	0	0

Bild 5.6.2-7 Schaltfolgetabelle für die Beladeeinrichtung

Übersichtlicher ist da schon das Ablaufdiagramm (Bild 5.6.2–8), das aber auch wegen der zwei möglichen Taktfolgen getrennte Darstellungen verlangt. Sie können daraus ersehen, daß diese Notationsverfahren bei verzweigten Abläufen nicht besonders geeignet sind.

Betrachten wir noch ein letztes Beispiel. Ein **automatisch geführtes Flurfördersystem** wird durch ein Hallentor geführt. Der gesamte Weg ist in Blockabschnitte geteilt; in jedem Block kann sich nur ein Fahrzeug befinden. Der Torbereich (TBA ... TBE) liegt innerhalb eines Blockes (BBA ... BBE).

Gelangt ein Fahrzeug an den Torbereichsanfang (TBA), so muß es bei geschlossenem Tor stehen bleiben und den Befehl zum Öffnen auslösen. Ist das Tor bereits offen, kann es gleich weiterfahren. Ist das Tor oben, so verharrt es dort und gibt die Durchfahrt frei.

Wenn das Fahrzeug den Torbereich verlassen hat, dann schließt das Tor automatisch. Bild 5.6.2–9 zeigt das Anlagenschema.

Des weiteren soll das Tor von Hand geöffnet und geschlossen werden können. Dazu sind Taster zu betätigen, die aber nur wirksam werden, wenn kein Fahrzeug durchfahren will bzw. wenn sich das Tor nach der Durchfahrt automatisch schließt.

Zu diesem Beispiel soll nur der Prozeßablaufplan und der Programmablaufgraph entworfen werden.

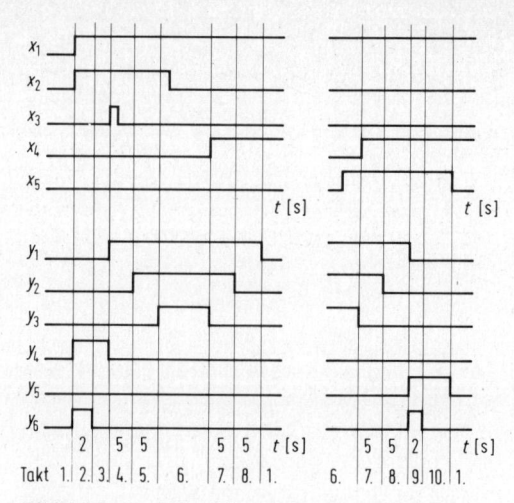

Bild 5.6.2–8 Ablaufdiagramm für die Beladeeinrichtung

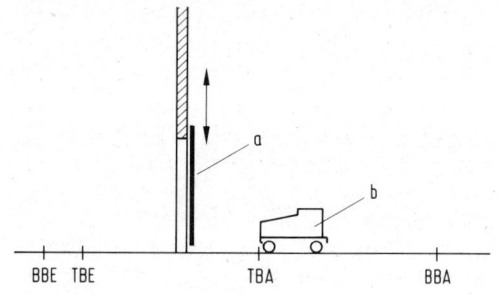

Bild 5.6.2–9 Anlagenschema der Torsteuereinrichtung
a) Hubtor, b) Flurförderfahrzeug

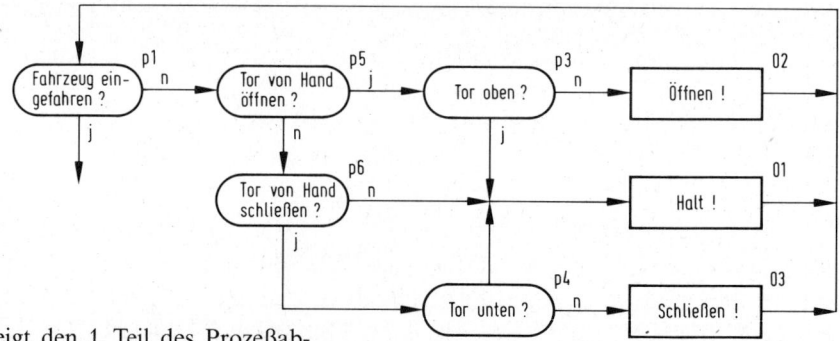

Bild 5.6.2–10 zeigt den 1. Teil des Prozeßablaufplanes für die Handsteuerung.

Sie ist nur solange wirksam, wie die Frage „Fahrzeug eingefahren?" mit nein beantwortet wird. Zum Öffnen bzw. Schließen ist der Taster ständig zu drücken. Dabei hat Öffnen vor Schließen Vorrang.

Bild 5.6.2–10
Prozeßablaufplan der Torsteuerung, 1. Teil

Übung 5.6.2−4

Ergänzen Sie den Prozeßablaufplan für die Torsteuerung.

Zur Darstellung als Programmablaufgraph müssen zunächst die Variablen festgelegt werden. In Bild 5.6.2−11 sind alle benötigten Ein- und Ausgangssignale aufgelistet und die Bewertungen zugeordnet.

Fahrzeug eingefahren − ja	$x_1 = 1$
Fahrzeug ausgefahren − ja	$x_2 = 1$
Tor oben − ja	$x_3 = 1$
Tor unten − ja	$x_4 = 1$
Tor von Hand öffnen − ja	$x_5 = 1$
Tor von Hand schließen − ja	$x_6 = 1$
Öffnen − ja	$y_1 = 1$
Schließen − ja	$y_2 = 1$
Durchfahrt frei − ja	$y_3 = 1$

Bild 5.6.2−11
Variablenfestlegung für die Torsteuereinrichtung

Mit diesen Variablen ist der Programmablaufgraph ohne Mühe darstellbar (Bild 5.6.2−12).

Auf eine Besonderheit, die bereits erwähnt wurde, soll nochmals kurz eingegangen werden. Das letzte Beispiel zeichnet sich dadurch aus, daß ein kombinatorischer Anteil im sequentiellen Ablauf vorliegt. Es handelt sich um die Handsteuerung nach Bild 5.6.2−10. Welche der drei Operationen $O1$, $O2$ oder $O3$ erreicht wird, hängt nur von den Eingangsvariablen ab. Voraussetzung ist natürlich, daß kein Fahrzeug eingefahren ist! Sie erkennen diesen Zusammenhang bereits an der grafischen Darstellung: Alle von den drei Operationen (Ausgangssignalelementen) wegführenden gerichteten Linien treffen auf das gleiche, erste Prozeßzustandsvariablenelement p_1 (Entscheidungselement x_1). Es existiert demzufolge eine gemeinsame Halteschleife.

Praktisch bedeutet das, daß diese drei Ausgangssignalelemente einem Zustand zugeordnet werden können. Die sich daraus ergebenden Vorteile lernen Sie in den folgenden Kapiteln kennen.

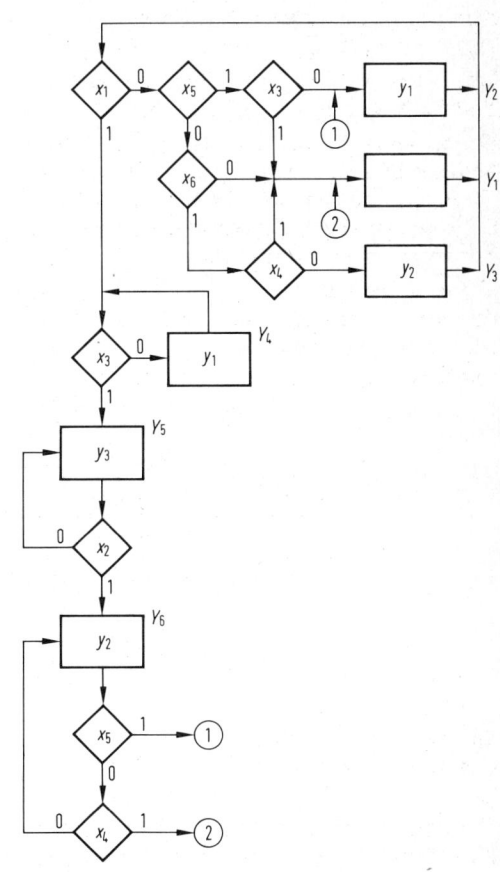

Bild 5.6.2−12
Programmablaufgraph zur Torsteuereinrichtung

5.6.3 Zustandsfestlegung, Speicherzuordnung und Kodierung

Bereits mehrfach haben Sie gelesen, daß bei sequentiellen Schaltungen der erreichte Schritt (Takt) in der Steuereinrichtung nachzubilden ist. Dazu dient der **(Automaten-) Zustand**. Realisiert wird er durch Speicherbauglieder. Grundsätzlich entspricht zunächst jedes Ausgangssignal – mit seiner Haltefunktion – einem Zustand.

Für das Beispiel der Stanzensteuerung haben Sie das bereits im Abschnitt 5.4.3 gesehen.

Betrachten wir nochmal die Zusammenhänge an Hand des Programmablaufgraphen Bild 5.4.3–4. Der Ablauf ist durch sechs Ausgangssignale beschrieben, die durch sechs Zustände nachzubilden sind.

Speicherausgangssignale sollen diese sechs Zustände abbilden. Verwendung finden einstufige RS-Trigger.

Für die Zuordnung von Speicherausgangssignalen zu den Zuständen – Kodierung der Zustände – gibt es verschiedene Möglichkeiten.

Die einfachste, schaltungstechnisch übersichtlichste, aber auch umfangreichste, ist die **1 aus n-Kodierung**. Dabei wird jedem Zustand ein Speicher bzw. dessen Ausgangssignal zugeordnet. Hat das Speicherausgangssignal den Wert 1 – ist der Speicher gesetzt –, so ist der Zustand erreicht. Für das Beispiel der Stanzensteuerung zeigt Bild 5.6.3–1a) diese Kodierungsart. Dabei ist der jeweilige Speicherausgang für die Erkennung ausreichend.

Da jedes Speicherausgangssignal zwei Werte (0 und 1) annehmen kann, lassen sich mit n Speichern 2^n Zustände kodieren. Für diese **speicherminimale Kodierung** werden für die sechs Zustände des Beispiels demzufolge nur drei Speicher notwendig (Bild 5.6.3–1b). Allerdings müssen die Speicherausgangssignale aller drei Speicher logisch verknüpft werden, um den Zustand zu kodieren. Im Beispiel heißt das:

$Z0 = \overline{z1}\ \overline{z2}\ \overline{z3}$

$Z1 = z1\ \overline{z2}\ \overline{z3}$ usw.

Eine sehr häufig angewandte Form ist die **Stellbefehlsspeicherkodierung**. Hierbei werden zunächst für jede Ausgangsvariable ein Speicher festgelegt.

a)

Zustand	Speicher					
	z_1	z_2	z_3	z_4	z_5	z_6
Z0	1	0	0	0	0	0
Z1	0	1	0	0	0	0
Z2	0	0	1	0	0	0
Z3	0	0	0	1	0	0
Z4	0	0	0	0	1	0
Z5	0	0	0	0	0	1

b)

Zustand	Speicher		
	z_1	z_2	z_3
Z0	0	0	0
Z1	1	0	0
Z2	1	1	0
Z3	0	1	0
Z4	0	1	1
Z5	0	0	1

c)

Zustand	Speicher			
	y_1	y_2	y_3	z_i
Z0	0	0	0	
Z1	1	0	0	
Z2	1	1	0	
Z3	1	0	0	1
Z4	0	0	0	1
Z5	0	0	1	1

Bild 5.6.3–1 Zustandskodierung durch Speicherausgangssignale für die Stanzensteuerung
a) 1 aus n-Kodierung, b) Speicherminimale Kodierung, c) Stellbefehlsspeicherkodierung

Im Beispiel (Bild 5.6.3–1c) werden dafür drei Speicher benötigt. Für diese liegt aber fest, welche Werte die Speicherausgänge in den einzelnen Zuständen haben müssen. Allein mit diesen drei Speichern lassen sich die Zustände aber nicht unterscheiden, denn im Zustand 0 und 4 haben alle Ausgänge den Wert 0, im Zustand 1 und 3 tritt die gleiche Ausgangsbelegung 1/0/0 auf. Deshalb muß ein vierter (innerer) Speicher zi vorgesehen werden.

Übung 5.6.3–1

Erarbeiten Sie die Stellbefehlsspeicherkodierung für die Beladeeinrichtung auf der Grundlage des Programmablaufgraphen der Übung 5.6.2–2! Verwenden Sie nur die Ausgangsvariablen y_1 bis y_6 und, wenn nötig, innere Speicher!

Für die **Torsteuereinrichtung** haben wir bereits festgestellt, daß die drei Ausgangssignale $Y1$, $Y2$ und $Y3$ (Bild 5.6.2–12) durch einen Zustand repräsentiert werden können. Bei einer 1 aus n-Kodierung werden nur vier Speicher benötigt. Abb. 5.6.3–2 zeigt die Zuordnung.

Y	Zu- stand	Speicher			
		z_1	z_2	z_3	z_4
1					
2	Z1	1	0	0	0
3					
4	Z2	0	1	0	0
5	Z3	0	0	1	0
6	Z4	0	0	0	1

Bild 5.6.3–2
1 aus n-Kodierung für die Torsteuerung

5.6.4 Speicheransteuerungsfunktionen

Für die weitere Ermittlung der Funktion der zu realisierenden Steuerung sind als nächstes die **Ansteuergleichungen** für die Speicher zu bestimmen. Sie lassen sich aus den Schaltfolgetabellen und aus dem Programmablaufgraph am leichtesten ableiten.

Aus den genannten Beschreibungen ist entsprechend der gewählten Kodierung zu entnehmen, bei welchem erreichten Zustand ein Speicher zu „setzen" bzw. zu „löschen" ist. Die für das Erreichen dieses Zustandes geltende Überführungsfunktion ist gleichzeitig die **Setzfunktion**. Wird ein Zustand von mehreren anderen (außer von sich selbst) erreicht, so besteht die Setzfunktion aus mehreren Termen. Wenden wir uns nun den Beispielen zu.

Für die Stanzensteuerung soll die **speicherminimale Kodierung** (Bild 5.6.3–1b)) Anwendung finden. Der Speicher $z1$ muß demzufolge gesetzt werden, wenn der Zustand 1 erreicht wird. Dies ist nur vom Zustand 0 aus möglich. Aus dem Programmablaufgraph Bild 5.4.3–4 lesen Sie die Überführungsfunktion

$$Z1 = Z0\ x_0\ x_5$$

ab. Sie entspricht der Setzfunktion des Speichers 1, es muß nur noch der Zustand 0 durch die Kodierung ersetzt werden. Es entsteht

$$S_1 = \overline{z1}\ \overline{z2}\ \overline{z3}\ x_0\ x_5.$$

Auf den Ausgangswert des Speichers 1 kann bei der Kodierung des Zustandes verzichtet werden, da er natürlich noch nicht gesetzt ist. Deshalb folgt:

$$S_1 = \overline{z2}\ \overline{z3}\ x_0\ x_5$$

Übung 5.6.4–1

Bestimmen Sie die Setzfunktionen für die weiteren Speicher!

Völlig analog wird bezüglich der **Rücksetzsignale** für das Löschen der Speicher vorgegangen. Der Speicher 1 ist zu löschen, wenn der Zustand $Z3$ erreicht wird. Dafür gilt

$$R_1 = Z2\ x_4 = z1\ z2\ \overline{z3}\ x_4 = z2\ \overline{z3}\ x_4$$

Übung 5.6.4–2

Bestimmen Sie die Rücksetzfunktionen für die weiteren Speicher!

Die gleichen Bedingungen können Sie auch aus der Schaltfolgetabelle Bild 5.4.2–3 ablesen!

Für die **Beladeeinrichtung** hatten Sie in der Übung 5.6.3–1 die Stellbefehlsspeicherkodierung erstellt. Die Bestimmung der Speicheransteuerungsgleichungen erfolgt in gleicher Weise wie bei der speicherminimalen Kodierung.

Einzige Besonderheit ist bei der Bestimmung der Rücksetzfunktion für y_1 zu beachten. Dieser Stellbefehlsspeicher ist zu löschen, wenn der Zustand $Z8$ verlassen wird. Dies ist aber bei zwei Überführungsfunktionen möglich:

$$Z1 = Z8\ x_{t5}\ \overline{x_5}$$

und

$$Z9 = Z8\ x_{t5}\ x_5$$

Damit ergibt sich die Rücksetzfunktion

$$R1 = Z8\ x_{t5}\ (\overline{x_5} \vee x_5)$$

und mit $\overline{x_5} \vee x_5 = 1$

$$R1 = Z8\ x_{t5}$$

Der Zustand $Z8$ ist wie folgt kodiert:

$$Z8 = y_1\ \overline{y_2}\ \overline{y_3}\ \overline{y_4}\ \overline{y_5}\ \overline{y_6}\ z_i$$

Wir erhalten damit die Rücksetzfunktion

$$R1 = \overline{y_2}\ \overline{y_3}\ \overline{y_4}\ \overline{y_5}\ \overline{y_6}\ z_i\ x_{t5},$$

denn auf y_1 kann aus den bereits genannten Gründen verzichtet werden.

Zuletzt noch zum Beispiel „Torsteuerung". Hier fand die 1 aus n-Kodierung (Bild 5.6.3–2) Anwendung. Während die Bestimmung der Setzfunktionen ebenfalls in gleicher Weise erfolgt, kann die Rücksetzfunktion sehr einfach aus den nachfolgend gesetzten Speichern gebildet werden.

Der Zustand $Z2$ ist dann verlassen, wenn der Zustand $Z3$ erreicht ist. Da dieser durch den gesetzten Speicher $z3$ repräsentiert wird, folgt: $R2 = z3$

Der Zustand $Z1$ kann sowohl nach $Z2$ wie auch nach $Z3$ verlassen werden. Demzufolge ergibt sich: $R1 = z2 \vee z3$

Übung 5.6.4–3

Bestimmen Sie die Setz- und die fehlenden Rücksetzfunktionen für die Torsteuerung.

5.6.5 Bestimmung der Ausgangssignale

Zur Ansteuerung der Stellglieder sind schließlich aus den Ausgangssignalen der Speicher mit oder ohne Verwendung der Eingangsvariablen die Ausgangssignale der Steuereinrichtung zu bestimmen. Ohne zusätzliche logische Operationen ergeben sich diese Signale bei der Stellbefehlsspeicherkodierung. Die speicherminimale Kodierung wie auch die 1 aus n-Kodierung verlangt die disjunktive Verknüpfung der Zustände, in denen die jeweilige Ausgangsvariable den Wert 1 hat. Natürlich ist der Zustand durch die Speicherausgangssignale zu ersetzen. Die Ausgangsvariable y_1 bei dem Beispiel „Stanzensteuerung" hat in den Zuständen $Z1$, $Z2$ und $Z3$ den Wert 1. Es folgt: $\quad y_1 = Z1 \vee Z2 \vee Z3$

und mit der Kodierung nach Bild 5.6.3–1b)
$$y_1 = z1\,\overline{z2}\,\overline{z3} \vee z1\,z2\,\overline{z3} \vee \overline{z1}\,z2\,\overline{z3}$$
$$= z1\,\overline{z3}\,(\overline{z2} \vee z2) \vee \overline{z1}\,z2\,\overline{z3}$$
$$= z1\,\overline{z3} \vee \overline{z1}\,z2\,\overline{z3}$$
$$= \overline{z3}\,(z1 \vee z2)$$

Übung 5.6.5–1

Bestimmen Sie alle Ausgangsvariablen für die Stanzensteuerung!

Bei der Torsteuerung (Bild 5.6.2–12) ist dies für y_3 genauso möglich:

$y_3 = z3$

Die Ausgangsvariable y_1 und y_2 jedoch haben in zwei Ausgangssignalelementen den Wert 1. Betrachten Sie zunächst y_1. Dieses Signal muß in den Ausgangssignalelementen $Y2$ und $Y4$ den Wert 1 haben. $Y4$ ist eindeutig durch den Speicherausgang $z2$ bestimmt. Anders jedoch bei $Y2$: Dieses Element gehört gemeinsam mit $Y1$ und $Y3$ zum Zustand $Z1$. Eindeutig wird es erst, wenn die Halteüberführungsfunktion herangezogen wird. Damit folgt:

$Y2 = Z1 \; \overline{x_1} \; \overline{x_3} \; x_5$

Für y_1 folgt damit:

$y_1 = Z1 \; \overline{x_1} \; \overline{x_3} \; x_5 \vee Z2$
$ = z1 \; \overline{x_1} \; \overline{x_3} \; x_5 \vee z2$

Übung 5.6.5–2

Ermitteln Sie die Gleichung für die Ausgangsvariable y_2 der Torsteuerung!

5.6.6 Signalflußplan

Unter Nutzung der dargestellten Beispiele und der Lösung der Übungen entstehen die in den folgenden Abbildungen gezeigten Signalflußpläne.

Für die Beispiele Stanzensteuerung (Bild 5.6.6–1) und Torsteuerung (Bild 5.6.6–2) können Sie an Hand der Logikpläne die Funktionen der Steuerungen verfolgen.

Die Darstellung des Logikplanes für die Beladeeinrichtung wird sehr umfangreich, deshalb wurde auf diese Darstellung verzichtet.

Auf eine Übung zum Entwurf wird verzichtet, da die Analyse und nicht die Synthese im Vordergrund steht.

Beim Entwurf folgen danach die Umsetzung dieser hardwareunabhängigen Strukturen in Hard- bzw. Softwarelösungen. Moderne Entwurfsverfahren bedienen sich der Rechentechnik, so daß insbesondere Routinefehler ausgeschaltet und prüfbare Zusammenhänge fehlerfrei entstehen.

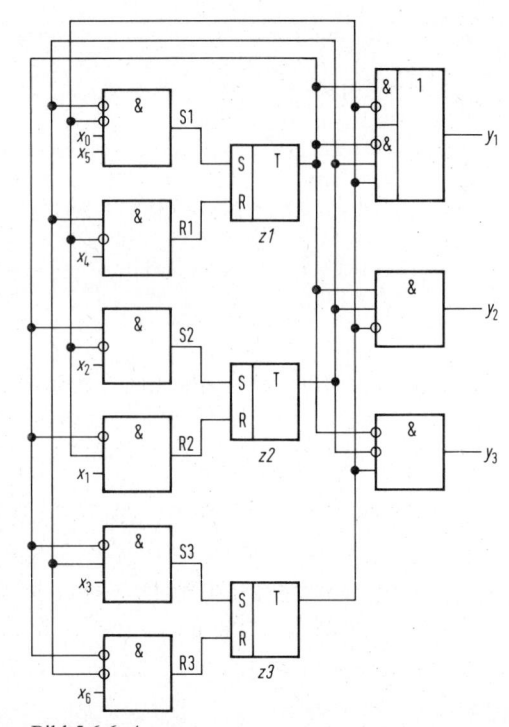

Bild 5.6.6–1
Logikplan zum Beispiel Stanzensteuerung – speicherminimale Kodierung

5.6 Analyse und Synthese von Schaltsystemen

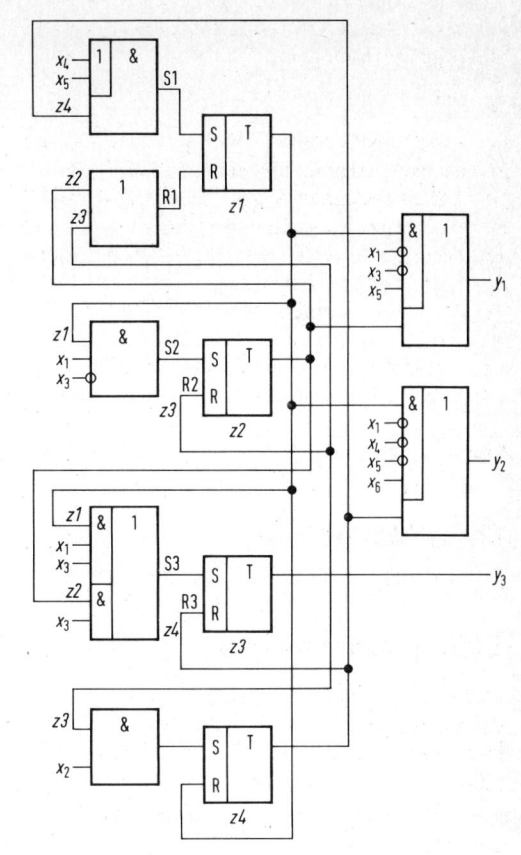

Bild 5.6.6-2   Logikplan zum Beispiel Torsteuerung – 1 aus n-Kodierung

Lernzielorientierter Test zum Kapitel 5.6

1. Mit welchen Mitteln lassen sich die technologischen Zusammenhänge von sequentiellen Schaltsystemen beschreiben?
2. Welchen Vorteil hat der Programmablaufgraph?
3. Wozu dienen Speicher in sequentiellen Schaltsystemen?
4. Welche Kodierungsmöglichkeiten haben Sie kennengelernt?
5. Woraus entstehen die Speicheransteuerfunktionen?
6. Was ist bezüglich der Ausgangssignale bei der Verschmelzung von Zuständen zu beachten?

5.7 Pneumatische industrielle Steuerungen

Lernziele

Nach Durcharbeiten dieses Kapitels
- kennen Sie die Bauglieder der Industriepneumatik,
- kennen Sie die Wirkungsweise und die Darstellungen von pneumatischen Steuerungen mit Ventilen und Arbeitszylindern,
- können Sie logische Verknüpfungen mit pneumatischen Baugliedern realisieren.

5.7.1 Einführung

Neben elektrischen Antrieben haben insbesondere im Maschinenbau pneumatische und hydraulische Antriebe eine große Verbreitung. Sie nutzen unter Druck stehende Gase bzw. Flüssigkeiten zur Erzeugung von Bewegungen und Kräften.

Bereits im Kapitel 2.3 haben Sie einige Vorteile der pneumatischen und hydraulischen Hilfsenergie kennengelernt (Tabelle 2.3–1). Insbesondere große Stellkräfte bei kleinen Trägheitsmomenten und ein günstiges Kraft/Masse-Verhältnis sind Vorteile dieser Antriebe. Dies findet auch in der Aussage „die Elektronik ist der Nerv, die Hydraulik der Muskel" seine Bestätigung.

Notwendigerweise benötigen diese Antriebe spezielle Stellelemente, die den Volumenstrom in der gewünschten Weise den Antrieben zuführen. Diese Stellelemente sind unter dem Begriff Ventile zusammengefaßt. Darüber hinaus bedarf es Einrichtungen zur Erzeugung, Aufbereitung und Verteilung der Druckluft bzw. der Hydraulikflüssigkeit.

Da sich die gewünschten Steuerungsfunktionen durch die genannten Ventile realisieren lassen, entstand ein relativ selbständiger Zweig, die **Industriepneumatik**.

Im folgenden sollen Sie die wichtigsten Elemente, deren Funktion und insbesondere die Realisierung von logischen Zusammenhängen mit Ventilen kennenlernen.

In vielen praktischen Ausführungen kommen auch Kombinationen mit anderen Hilfsenergieformen vor, so z. B. elektro-pneumatische oder pneumo-hydraulische Systeme.

Im folgenden sind nochmals einige wesentliche Vorteile industriepneumatischer Anlagen zusammengestellt:

Unter der Industriepneumatik sind alle Einrichtungen zur Drucklufterzeugung, -aufbereitung und Verteilung sowie Druckluftantriebe und Ventile zusammengefaßt.

- Energieübertragung in Rohrleitungen oder Schläuchen problemlos möglich.
- Druckluftenergie kann in einfacher Weise gespeichert und entsprechend des Energiebedarfes freigegeben werden.
- Luft als Energieträger unbegrenzt vorhanden, keine Rückführung zum Drucklufterzeuger notwendig.
- Pneumatische Antriebe haben wegen der Kompressibilität der Luft eine hohe Elastizität.
- Pneumatische Antriebe sind bis zum Stillstand überlastbar.
- Bei pneumatischen Antrieben ist die Änderung der Bewegungsrichtung unter Last sofort und problemlos durchührbar.
- Pneumatische Antriebe haben ein sehr günstiges Kraft/Masse-Verhältnis, d.h. zur Erzielung gewünschter Leistungen ist die Masse des Antriebes nur ein Teil der Masse z.B. eines Elektromotors gleicher Leistung.
- Pneumatische Antriebe und Steuerungen erfordern keine Ex-Schutz-Maßnahmen.
- Pneumatische Antriebe sind besonders zur Erzeugung gradliniger Bewegungen geeignet.

5.7.2 Druckluftantrieb

Grundsätzlich unterscheidet man Druckluftkolbenmotoren und Druckluftturbinen. Während Druckluftkolbenmotoren den statischen Druck nutzen, wandeln Druckluftturbinen die kinetische Energie eines Luftstromes in mechanische Antriebsenergie um. Druckluftturbinen dienen zur Erzeugung extrem hoher Drehzahlen (Kurskreisel im Flugzeug, Bohrer in der Zahntechnik) und haben für die Industriepneumatik keine Bedeutung.

Eine Übersicht der Druckluftkolbenmotoren zeigt Bild 5.7.2–1. Die wichtigste Bauart sind die **Arbeitszylinder**.

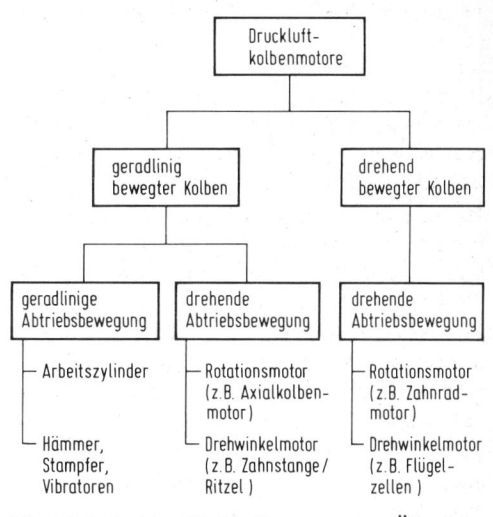

Bild 5.7.2–1 Druckluftkolbenmotoren – Übersicht

Die wichtigste Bauart der Druckluftkolbenmotoren sind die Arbeitszylinder.

Arbeitszylinder (Bild 5.7.2–2) bestehen aus dem Kolben (1), der Kolbenstange (2), dem Zylinderrohr (3) sowie dem kolbenseitigen (4) und dem stangenseitigen (5) Zylinderkopf.

Weitere Unterschiede sind
- Wirkungsart,
- Grundstellung,
- Ausführung der Kolbenstange,
- Endlagenbremsung.

Bild 5.7.2–3 zeigt die Aufgliederung der Arbeitszylinder und das jeweilige Symbol.

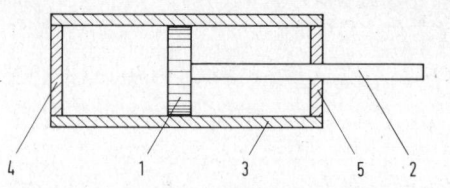

Bild 5.7.2–2 Grundaufbau eines Arbeitszylinders

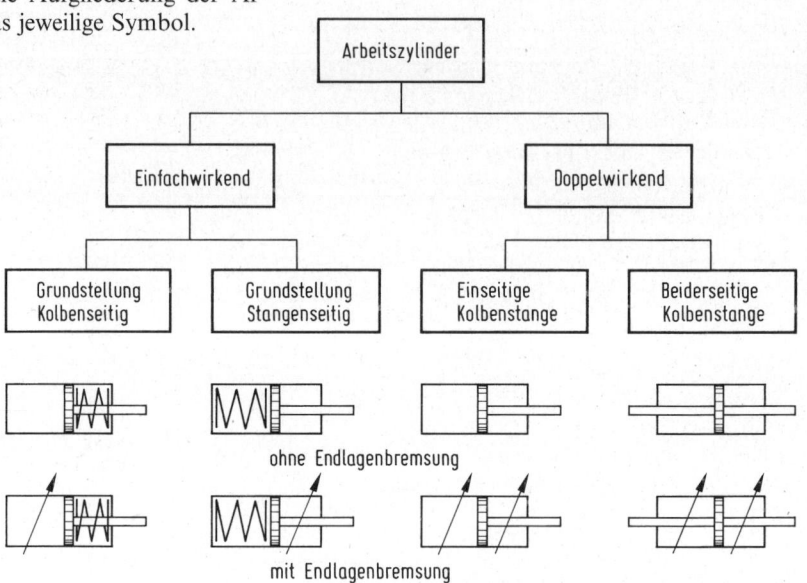

Bild 5.7.2–3 Typen von Arbeitszylindern

Bei den einfach wirkenden Arbeitszylindern sorgt eine Feder für eine Grundstellung, wenn keine Druckbeaufschlagung erfolgt. Wirkt ein Druck, so entsteht am Kolben eine Kraft ($F = p \cdot A$), die auf die Kolbenstange übertragen wird. Ist diese Kraft größer als die wirkenden Gegenkräfte, setzt sich der Kolben mit der Kolbenstange in Bewegung.

Endlagenbremsung bewirkt auf dem letzten Teil des Kolbenweges eine stetige Abnahme der Geschwindigkeit. Durch konstruktive Gestaltung wird eine der Bewegungsrichtung entgegenwirkende und anwachsende Kraft erzeugt.

Auf konstruktive Gestaltung und Dimensionierung von Arbeitszylindern soll hier nicht näher eingegangen werden.

5.7.3 Ventile

5.7.3.1 Aufgaben und Einteilung

Ventile dienen in industriepneumatischen Steuerungen zur Beeinflussung der Größe und Richtung der in den Arbeitszylindern erzeugten Kraft und Geschwindigkeit. Dazu müssen die Größen Druck (Druckventile), Luftstrom (Stromventile) oder Strömungsrichtung (Richtungsventile) verändert werden.

Druckventile dienen
- zur Einstellung der erforderlichen Kraft,
- zum Konstanthalten einer Kraft und
- als Überlastschutz.

Dabei unterscheidet man zwei Arten:
- Druckbegrenzungsventile
- Druckminderventile

Die Beeinflussung der Kolbengeschwindigkeit erfolgt durch **Stromventile.** Sie sind zumeist einstellbare Strömungswiderstände. Sie werden weiterhin zum Aufbau von Zeitgliedern benötigt.

Richtungsventile sollen im nächsten Kapitel ausführlich behandelt werden.

Alle Ventile müssen zur Erfüllung ihrer Funktion verstellbar sein. Man unterscheidet:
- selbsttätige Ventile
- nicht selbsttätige Ventile

Wird die Verstellung des Schaltelementes eines Ventils durch dessen Eigengewicht, durch Federkraft oder durch die Energie des durchfließenden Luftstromes erreicht, handelt es sich um **selbstätige Ventile.**

Nicht selbsttätige Ventile haben dagegen eine separate Verstelleinheit. Die benötigte Energie wird dieser Verstelleinheit von außen durch ein Steuersignal zugeführt.

Oft reicht die Energie des Steuersignals nicht aus. In solchen Fällen ist ein vorgeschalteter Verstärker Bestandteil der Verstelleinheit. In solchen Fällen spricht man von einem **vorgesteuerten Ventil.**

Diese vorgeschalteten Verstärker können weiterhin zur Wandlung des Signals bezüglich der verwendeten Hilfsenergie dienen. Verarbeitet eine solche Verstelleinheit z. B. ein elektrisches Steuersignal, so heißt sie elektro-pneumatische Verstelleinheit.

Druckventile beeinflussen die Kraft, Strömungsventile die Geschwindigkeit und Richtungsventile die Bewegungsrichtung der Arbeitszylinder.

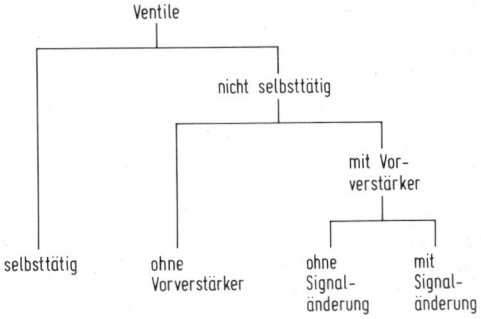

Bild 5.7.3-1
Einteilung der Ventile bezüglich ihrer Verstellbarkeit

5.7.3.2 Richtungsventile

Zur Beeinflussung der Richtung des Luftstromes dienen **Richtungsventile**. Eine Übersicht zeigt Bild 5.7.3−2. Rückschlagventile erlauben nur eine Strömungsrichtung. Mit ihnen läßt sich ein einmal aufgebauter Druck z. B. in einem Arbeitszylinder konstant halten, auch wenn durch das Zuschalten anderer Verbraucher der Druck im Netz zeitweilig absinkt. Solche Forderungen bestehen unter anderem beim Einsatz der Arbeitszylinder als pneumatische Spannelemente.

Gegenüber nicht entsperrbaren Rückschlagventilen erlauben entsperrbare durch eine zusätzliche Verstelleinheit die Sperrung des Durchflusses aufzuheben. Absperrventile dienen zur Verhinderung eines Durchflusses in beiden Strömungsrichtungen.

Die wichtigsten Arten sind die **Doppelrückschlagventile** und die **Wegeventile**. Bei jeder Schaltstellung sind bestimmte Leitungsverbindungen hergestellt und damit bestimmte Druckzustände den Ausgangsleitungen zugeordnet. Sie realisieren dadurch logische Funktionen und sind zum Aufbau binärer Steuerungen geeignet.

Betrachten wir zunächst die Doppelrückschlagventile. Zwei verschiedene Bauarten realisieren die logischen Grundfunktionen:
- das Wechselventil die ODER-Funktion
- das Zweidruckventil die UND-Funktion

In beiden Fällen handelt es sich um selbsttätige Ventile.

Bei dem **Wechselventil** (Bild 5.7.3−3a) verschließt das Schaltelement beim Anliegen eines 1-Signals an einem Eingang den Zufluß des jeweiligen anderen Einganges und gibt den Ausgang frei. Liegt an beiden Eingängen ein 1-Signal an, dann nimmt das Schaltelement eine indifferente Lage ein und läßt den Durchfluß sowohl von x_{e1} als auch von x_{e2} nach x_a zu.

Bei den **Zweidruckventilen** (Bild 5.7.3−3b) verschließt das Schaltelement den Zufluß des Einganges, an dem ein 1-Signal anliegt und stellt gleichzeitig eine Verbindung zwischen dem anderen Eingang und dem Ausgang her. Damit gelangt zum Ausgang nur dann ein 1-Signal, wenn an beiden Eingängen ein 1-Signal anliegt.

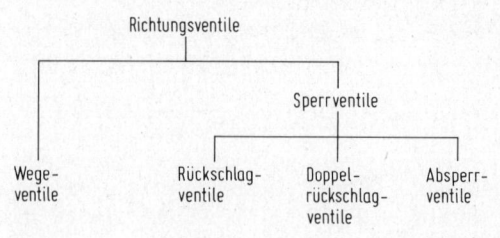

Bild 5.7.3−2 Wichtigste Arten von Richtungsventilen

Wegeventile und Doppelrückschlagventile erfüllen logische Schaltfunktionen.

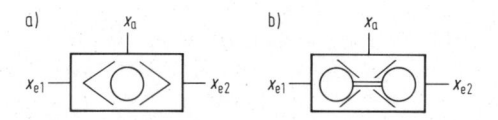

Bild 5.7.3−3 Symbole der Doppelrückschlagventile
a) Wechselventil, b) Zweidruckventil

Dabei ist es unwichtig, ob dies von x_{e1} oder von x_{e2} herkommt.

Wegeventile sind nichtselbsttätige Ventile. Sie benötigen deshalb neben dem Schaltelement eine **Verstelleinheit**. Sie kann passiv oder aktiv sein. Eine Übersicht und die verwendeten Symbole zeigt Bild 5.7.3−4. Das Schaltelement stellt entsprechend seiner Stellung Verbindungen zwischen den angeschlossenen Hauptleitungen her.

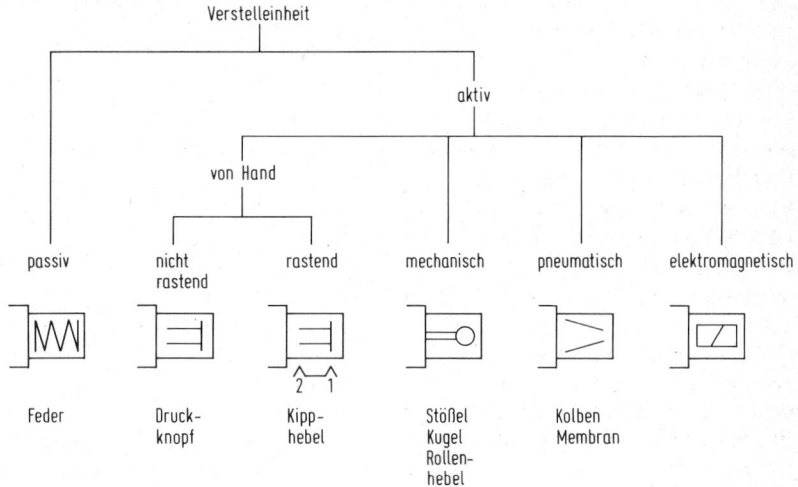

Bild 5.7.3−4   Übersicht und Symbole der Verstelleinheiten von Wegeventilen

Wegeventile werden durch zwei Zahlen, die durch einen Schrägstrich getrennt sind, unterteilt. Dabei bedeutet die erste Zahl die vorhandenen Hauptleitungen, die zweite Zahl gibt die möglichen Schaltstellungen an. Im Symbol erscheinen genau so viel Elemente, wie das Wegeventil Stellungen einnehmen kann. In jedem Symbolelement ist die jeweilige Schaltung dargestellt. Zunächst unterscheidet man 2- und 3-Wegeventile. Während das 2-Wegeventil (Bild 5.7.3−5) als Absperrventil den Luftstrom unterbrechen oder die Verbindung zwischen zwei Leitungen herstellen kann, dient das 3-Wegeventil zum Be- und Entlüften eines Raumes (Bild 5.7.3−6).

Besitzen diese Wegeventile eine passive Verstelleinheit, so handelt es sich um ein Wegeventil mit selbsttätiger Rückstellung. In solchen Fällen unterscheidet man zwischen Öffnungs- und Schließventilen. Öffnungsventile stellen bei Betätigung durch die aktive Verstelleinheit

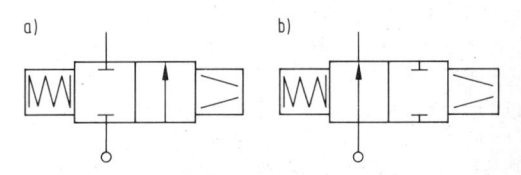

Bild 5.7.3−5   2/2-Wegeventil mit selbsttätiger Rückstellung und pneumatischer Verstelleinheit
a) Öffnungsventil, b) Schließventil

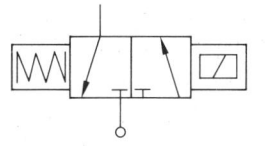

Bild 5.7.3−6   3/2-Wegeventil mit selbsttätiger Rückstellung und elektromagnetischer Verstelleinheit − Öffnungsventil

die Verbindung zwischen Druck- und Verbraucherleitung her. Schließventile dagegen sperren die Druckleitung ab.

Es ist zu beachten, daß die Bezeichnungen den Kontaktangaben elektrischer Schaltungen gerade widersprechen:
- Öffnungsventile entsprechen Schließerkontakten
- Schließventile entsprechen Öffnerkontakten!

Mit den 3-Wegeventilen lassen sich nunmehr Logikfunktionen realisieren.

Übung 5.7.3–1

Zeichnen Sie die Symbole eines 3/2-Wegeventils mit a) Identitätsfunktion, b) Negationsfunktion

Die Zusammenschaltung von 2 Stück 3/2-Wegeventilen realisiert die UND-Funktion (Bild 5.7.3–7).

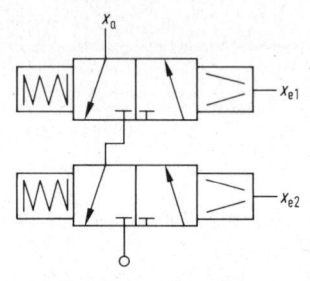

Bild 5.7.3–7 Aufbau einer UND-Funktion

Durch die Kombination mit Doppelrückschlagventilen lassen sich weitere Schaltfunktionen realisieren. Eine solche zeigt Bild 5.7.3–8.

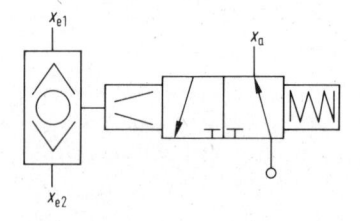

Bild 5.7.3–8 Zusammenschaltung eines Wechselventils und eines 3/2-Wegeventiles

Übung 5.7.3–2

Stellen Sie für die Schaltung nach Bild 5.7.3–8 die Schaltbelegungstabelle auf und bestimmen Sie die Schaltfunktion!

Eine weitere Variante ist das 4/2-Wegeventil, daß insbesondere zur Änderung der Bewegungsrichtung dient. Bild 5.7.3–9 zeigt ein solches ohne selbsttätiger Rückstellung mit zwei elektromagnetischen Verstelleinheiten. Es besitzt demzufolge zwei stabile Lagen und erfüllt die Funktion eines Speichers.

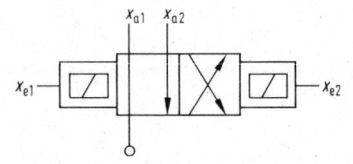

Bild 5.7.3–9 Wegeventil als einstufiger R-S-Trigger

Wiederholen Sie die Ausführungen zur Wirkungsweise von Speichern aus Abschnitt 5.3.3!

Übung 5.7.3-3

Im Abschnitt 5.3.3 haben Sie in Bild 5.3.3-5 das Logiksymbol des einstufigen R-S-Trigger kennengelernt. Welche Ein- und Ausgänge entsprechen denen im Bild 5.7.3-9?

5.7.4 Zeitglieder

Im Abschnitt 5.3.4 haben Sie die Notwendigkeit von Zeitgliedern und die durch sie realisierten Funktionen kennengelernt.

Natürlich lassen sich auch in pneumatischen Steuerungen solche Zeitglieder realisieren. Sie bestehen aus einstellbaren Drosselventilen und einem Behälter und entsprechen damit den bekannten R-C-Gliedern der Elektronik.

Bild 5.7.4-1 zeigt den Aufbau einer solchen Schaltung. Ändert sich der Druck p_1 vom 0- auf den 1-Pegel, so strömt durch die Vordrossel VDr Luft und füllt den Behälter B. Der Druck steigt langsam an, wobei die Druckänderungsgeschwindigkeit von dem Widerstand der Vordrossel und der Größe des Behälters abhängt.

Der Verlauf der Drücke in einem solchen Bauglied in Abhängigkeit von der Zeit zeigt Bild 5.7.4-2. Der Anstieg der Tangente an die Kurve von p_2 im Zeitpunkt t_1 ist abhängig vom Widerstand der Drossel und von der Größe des Behälters. Der Druck p_2 erreicht den Wert von p_1 erst nach einer Ausgleichszeit. Der Bereich des 1-Pegels wird zum Zeitpunkt t_2 und damit nach der Anzugsverzögerung t_{an} erreicht.

Auf dieser Grundschaltung lassen sich durch die Kombination mit anderen logischen Elementen alle anderen gewünschten Zeitfunktionen realisieren.

Wiederholen Sie die Ausführungen zu den Zeitgliedern im Abschnitt 5.3.4!

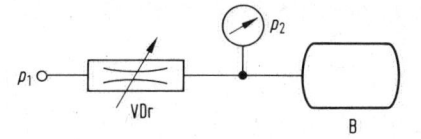

Bild 5.7.4-1
Drossel-Behälter-Kombination als Zeitglied

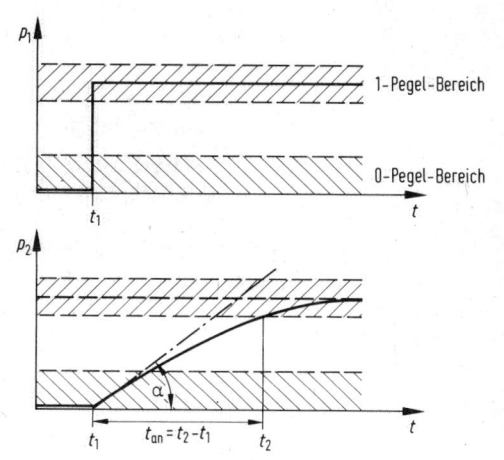

Bild 5.7.4-2 Druckaufbau bei Änderung des Druckes p_1 in einem pneumatischen Zeitglied

5.7.5 Anwendungsbeispiele

Zum Abschluß soll an einem Beispiel Aufbau und Funktion einer pneumatischen Steuerung demonstriert werden. Wir verwenden dazu die Stanzensteuerung, die Sie bereits in den vorangegangenen Kapiteln kennen lernten.

Stellen wir zunächst die bekannten Zusammenhänge nochmals dar. Im Abschnitt 5.4.2 lernten Sie die technologische Anlage und den funktionellen Ablauf kennen. Gegenüber der Darstellung in Bild 5.4.2-1 finden doppeltwirkende Arbeitszylinder Anwendung.

Wiederholen Sie die jeweils genannten Kapitel!

Aus Abschnitt 5.4.3 kennen Sie den Programmablaufgraph (Bild 5.4.3-4). Aus diesem lassen sich direkt die Übergangsbedingungen ablesen, bei denen ein neuer Zustand erreicht wird.

Im Abschnitt 5.6.3 schließlich lernten Sie verschiedene Möglichkeiten kennen, die Zustände durch Speicherausgangssignale zu kodieren. In unserem Beispiel wählen wir die Stellbefehlsspeicherkodierung (Bild 5.6.3-2c).

Danach benötigt man zunächst drei Speicher für die Ausgangssignalvariablen y_1, y_2 und y_3. Da sich durch die Ausgänge dieser drei Speicher noch keine eindeutige Kodierung ergibt, wird ein vierter Speicher z_i eingesetzt.

Aus Bild 5.6.3-2c ist weiterhin abzulesen, daß der Speicher y_1 bei Erreichen des Zustandes 1 zu setzen und beim Verlassen des Zustandes 3 rückzusetzen ist. Aus Bild 5.4.3-4 erkennen Sie, daß der Zustand 1 nur vom Zustand 0 bei der Variablenbelegung $x_5\ x_0$ erreicht wird. Mit der Kodierung des Zustandes 0 folgt daraus:

$$S_{y1} = Z0\, x_5\, x_0 = \overline{y_1}\, \overline{y_2}\, \overline{y_3}\, \overline{z_i}\, x_5\, x_0$$
$$= \overline{y_2}\, \overline{y_3}\, \overline{z_i}\, x_5\, x_0$$

Entsprechend ergibt sich für die Rücksetzung:

$$R_{y1} = Z3\, x_3 = y_1\, \overline{y_2}\, \overline{y_3}\, z_i\, x_3 = \overline{y_2}\, \overline{y_3}\, z_i\, x_3$$

Übung 5.7.5-1
Ermitteln Sie die Ansteuerfunktionen für die Speicher y_2, y_3 und z_i!

Aus diesen Gleichungen kann nunmehr die pneumatische Steuerung entworfen werden. (Bild 5.7.5-1).

Zunächst werden die Positionen der Kolben aller drei Zylinder abgefragt. Dazu dienen sechs Stück 3/2-Wegeventile mit selbsttätiger Rückstellung und einer mechanischen Verstelleinheit. Sie liefern die Variablen $x_1 \ldots x_6$. Ein weiteres 3/2-Wegeventil, allerdings mit nichtrastender Handverstelleinheit erzeugt das Startsignal x_0.

Als Speicher sind vier Stück 4/2-Wegeventile ohne selbsttätige Rückstellung mit pneumatischen Verstelleinheiten eingesetzt. Die Ansteuerung erfolgt in unserem Beispiel grundsätzlich durch konjunktive Verknüpfungen der

5.7 Pneumatische industrielle Steuerungen

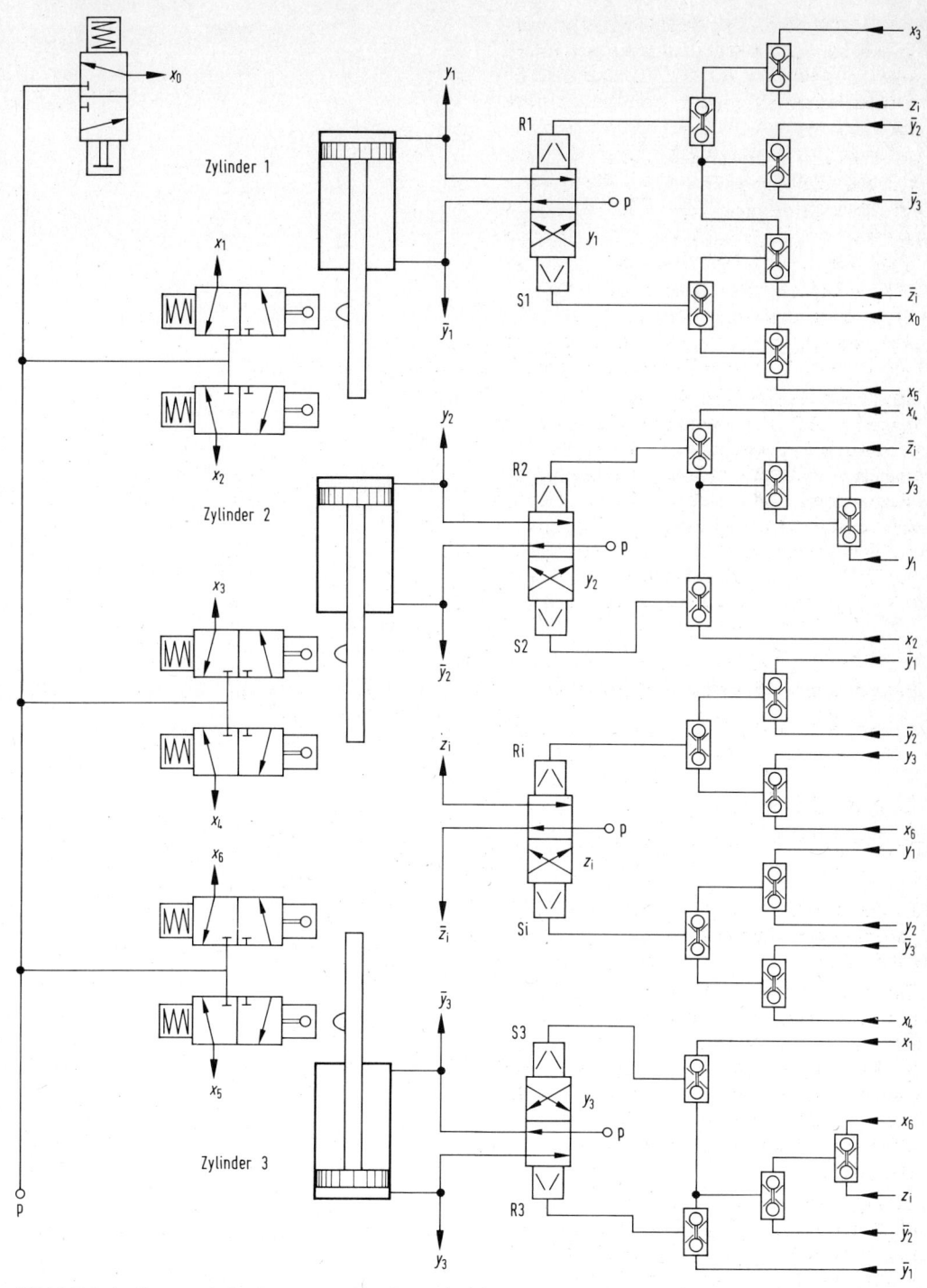

Bild 5.7.5−1 Pneumatische Steuerung einer Stanzeinrichtung

Variablen, für die Zweidruckventile Anwendung finden. Da jedes Element nur zwei Variable verknüpfen kann, ist eine Zusammenschaltung mehrerer Elemente notwendig. Eine Verringerung des Aufwandes wird erreicht, indem mehrfach benötigte gleiche Verknüpfungen nur einmal erzeugt werden. Für den Speicher y_1 ist danach möglich:

$$S_{y1} = [(\overline{y_2}\,\overline{y_3})\,\overline{z_i}]\,(x_5\,x_0)$$
$$R_{y1} = (\overline{y_2}\,\overline{y_3})\,(z_i\,x_3)$$

Sie erkennen, daß die Konjunktion $\overline{y_2}\,\overline{y_3}$ in beiden Signalen vorkommt und deshalb ein Zweidruckventil ausreicht. Zur besseren Übersichtlichkeit fanden solche Vereinfachungen nur bei den Signalen eines Speichers statt. Des weiteren wurde auf die Verbindungen der Eingangs- und Ausgangsvariablen nicht dargestellt, um die Übersichtlichkeit nicht durch zu viele Linien zu gefährden.

Lernzielorientierter Test zum Kapitel 5.7

1. Was versteht man unter Industriepneumatik?
2. Welche Vorteile haben industriepneumatische Anlagen?
3. Welche ist die wichtigste Art der Druckluftantriebe?
4. Wozu dienen Ventile?
5. Wodurch unterscheiden sich selbsttätige und nicht selbsttätige Ventile?
6. Wie heißen Ventile, deren Verstelleinheit einen Verstärker beinhalten?
7. Mit welchen Richtungsventilen lassen sich logische Funktionen realisieren?
8. Was müssen Sie bei den Bezeichnungen „Öffnungsventil" und „Schließventil" beachten?
9. Welches Bauelement ist als einstufiger R-S-Trigger einsetzbar?
10. Wozu dienen Kombinationen von Vordrosseln und Behältern?

6 Stelltechnik

6.1 Grundbegriffe und Aufgaben der Stelltechnik

Lernziele

Nach Durcharbeiten dieses Kapitels können Sie
- die Stellung der Stelltechnik in Steuerungen und Regelungen beschreiben,
- die Aufgaben der Stelltechnik in Steuerungen und Regelungen nennen und unterscheiden,
- das Zusammenwirken der Größen beim Stelleingriff angeben und den Wirkungsablauf beschreiben,
- die technologische und die automatisierungstechnische Aufgabenstellung unterscheiden,
- das Zusammenwirken der am Stelleingriff beteiligten Bauglieder erkennen.

Die Stelltechnik behandelt den **Stelleingriff** in technische Anlagen – oder in Teile solcher Anlagen – in denen durch Steuerung oder Regelung gezielt bestimmte Größen beeinflußt werden (Bild 6.1–1). Der Themenkreis berührt demzufolge einerseits sowohl die Technik und Technologie technischer Anlagen als auch andererseits die direkt zu beeinflussenden Objekte – also die Steuer- oder Regelstrecken.

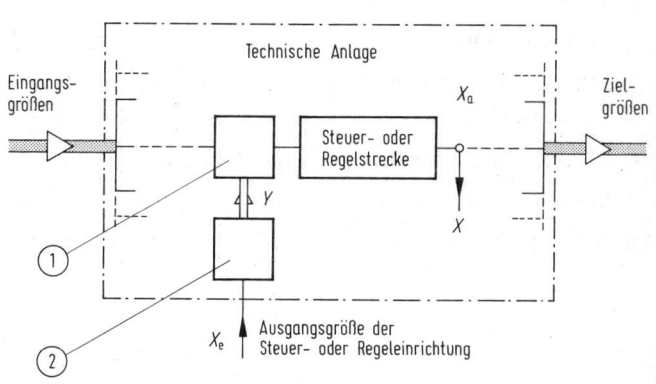

Bild 6.1–1 Funktionelle Eingliederung der Stelltechnik in eine Gesamtanlage
① Stellglied, ② Stellantrieb

Stelleinrichtungen nehmen auch sonst eine Zwitterstellung ein. Das **Stellglied** – als das Bauteil mit dem der **Stelleingriff** realisiert wird – kann nämlich einerseits als zur Regelstrecke gehörend betrachtet werden. Andererseits kann der zur **Betätigung** notwendige **Stellantrieb** als Bauglied der Steuer- oder Regeleinrichtung angesehen werden.

Die Aufgabe, durch zweckmäßige Wahl von Stellglied und Stellantrieb die Funktionsfähigkeit der Steuer- oder Regeleinrichtung in der Kette oder im geschlossenen Kreis zu sichern, wird oft unterschätzt.

Stelleinrichtungen (Stellgeräte) bestehen aus
– **Stellglied**
– **Stellantrieb** und
– **Zubehör**

Stelleinrichtungen sind an die technischen Anlagen insbesondere die Eigenschaften der Regel- oder Steuerstrecken anzupassen.

Die Vielfältigkeit der Technologien automatisierter Anlagen, aber auch der technischen Möglichkeiten des Stelleingriffs bei verschiedenen Energieformen, zwingt im folgenden zur Betrachtung ausgewählter Verfahren und Geräte zum Stelleingriff.

Es sollen aber auch durch Übersichten und vereinfachte Beschreibungen andere Techniken zum Stelleingriff ins Blickfeld gerückt und soweit möglich verglichen und bewertet werden.

Die Aufgaben der Stelltechnik sollen zunächst für den Fall einer **Steuerung** besprochen werden. Bild 6.1–2 zeigt schematisch den prinzipiellen Wirkungsablauf. Die Ausgangsgröße der Steuereinrichtung X_a ist gleichzeitig die Eingangsgröße X_{eS} der Strecke. Diese **Eingangsgröße ist die Stellgröße Y**, die über die Steuerstrecke eine **gewünschte Änderung der gesteuerten Größe X**, also der Ausgangsgröße der Strecke X_{aS} bewirkt. In den weitaus meisten Fällen wirken auf die Strecke auch **Störgrößen Z** ein. Der Wirkungsablauf liegt in einer offenen Kette vor. Selbstverständlich liefert die Steuereinrichtung für weitere Stelleingriffe neue Signale. Diese werden zum Beispiel von äußeren Bedingungen oder durch einen zeitlich vorgegebenen Ablauf bestimmt.

Ob diese spezielle Wirkungsweise für die Art des Stelleingriffs von besonderer Bedeutung ist, kann man besser an einem Beispiel erkennen.

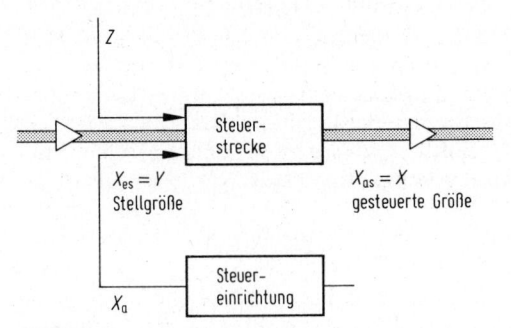

Bild 6.1–2
Wirkung der Stellgröße auf die Steuerstrecke

Stelleinrichtungen dienen der bewußten Beeinflussung von Größen in den zu automatisierenden Anlagen.

Beispiel 6.1–1

Ein Raum wird elektrisch beheizt. Die gesteuerte Größe sei die Temperatur im Raum.

Lösung:

Der Stellvorgang ist durch das Zu- oder Abschalten des Heizkörpers, also durch den Stelleingriff in den elektrischen Stromkreis realisiert (Bild 6.1–3).

Die Steuereinrichtung liefert das Ein- und Ausschaltsignal. Der als Stellantrieb wirkende Elektromagnet formt das Steuersignal in eine mechanische Größe (Weg, Kraft) um. Stellglied ist der Schalter. Er bewirkt beim Erreichen einer bestimmten Position den Stelleingriff (durch Betätigung des Schalters) mit den Zuständen „Strom ein" oder „Strom aus". Der elektrische Strom bewirkt erst über den im Heizkörper in der Strecke erzeugten Wärmestrom die Temperaturänderung.

Die Stelleinrichtung besteht aus dem Elektromagneten und dem Schalter und wird oft als Baueinheit eingesetzt (Relais). Charakteristisch ist das zwischengeschaltete Umsetzen der Größen in mechanische Energie zur Stellgliedbetätigung.

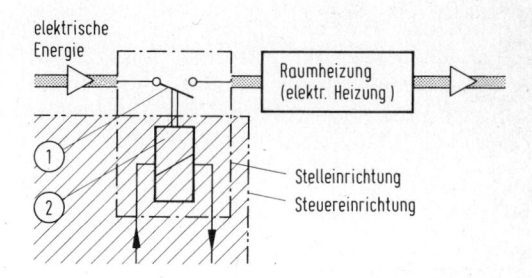

Bild 6.1–3
Elektrische Beheizung eines Raumes, schematisch
① Stellglied (Schalter), ② Stellantrieb (Magnet)

Stellglieder für Steuerungen sind häufig binär wirkende (nichtstetige) Glieder.

Das Stellglied besitzt in diesem Falle nur die **zwei Stellungen „Aus" und „Ein"** und kann als **binäres Stellglied** klassifiziert werden. Das ist bei Steuerungen zwar nicht zwingend, aber häufig, der Fall.

Die Steuerung kann z. B. nach einem Zeitplan – auch in Intervallen mit einer Anpassung der Intervalldauer beispielsweise an die Außentemperatur – erfolgen.

Die Lösung der Aufgabenstellung „Beheizung eines Raumes" kann natürlich auch, wie im Abschnitt 2.2.4 schon beschrieben, in Form einer **Regelung** ausgeführt werden.

⇒ technologische Aufgabenstellung

Eine bessere Aufgabenformulierung heißt aber dabei: „Regelung der Raumtemperatur".

⇒ automatisierungstechnische Aufgabenstellung

Diese Formulierung legt bereits die Regelgröße „Raumtemperatur" fest und weist auf den geschlossenen Regelkreis hin.

Beispiel 6.1−2

Ein Raum wird mit einer Dampf-/ oder Warmwasserheizung beheizt. Die Raumtemperatur ist zu regeln.

Lösung:

Bild 6.1−4 zeigt die prinzipielle Lösung. Mit einem stetig stellbaren Stellventil wird durch verschiedene Hubstellungen des Drosselkörpers der Massestrom und damit die Raumtemperatur verändert.

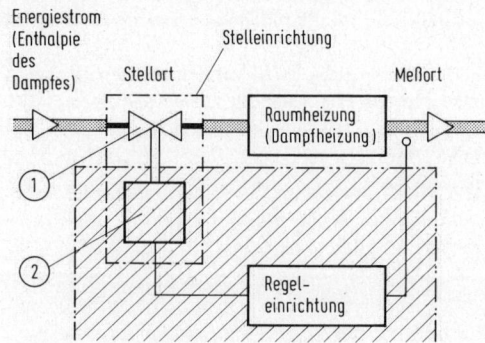

Bild 6.1−4 Raumtemperaturregelung, schematisch
① Stellglied (Stellventil)
② Stellantrieb (Membran-Stellantrieb)

Stellglieder für Regelungen sind häufig stetig wirkende Glieder.

Das Stellglied wird als zur Strecke gehörend angesehen. Das ist deshalb logisch, weil erst der gestellte Masse- oder Energiestrom als Eingangsgröße der Strecke in dieser die Regelgröße beeinflußt. Dies gilt unabhängig davon, ob es sich um eine Regelung oder Steuerung handelt. Es ist aus beiden Beispielen ersichtlich, daß die Regelgröße Raumtemperatur dann von den in die Strecke gelangenden gestellten Energieströmen abhängt. Deshalb ist die auf Bild 6.1−5 dargestellte Wirkungsweise zur Verallgemeinerung der statischen Zusammenhänge zweckmäßig.

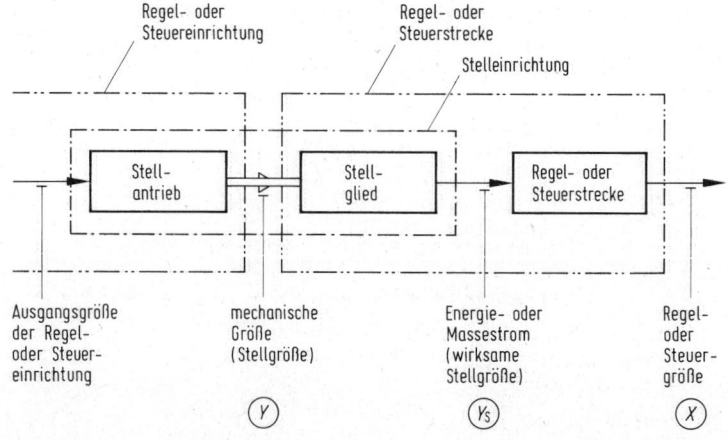

Bild 6.1−5 Zusammenwirken der am Stelleingriff beteiligten Bauglieder

Die Regel- oder Steuerstrecken haben im allgemeinen ein nichtlineares statisches Verhalten $X = f(Y_S)$. Soll – und das ist mindestens bei stetigen Regelungen wünschenswert – eine lineare Abhängigkeit zwischen Regel- und Stellgröße erreicht werden, so ist dies nur durch **Kompensation der Nichtlinearität der Strecke** erreichbar. Dies erfordert ein bestimmtes statisches Verhalten des Stellgliedes. Dadurch werden optimale Bedingungen für eine einwandfreie Funktion der Regelung und ggf. auch der Steuerung erreicht. Mindestens vereinfachen sich die regelungstechnischen Berechnungen.

Die statische Stellkennlinie $X = f(Y)$ soll einen linearen Verlauf haben.

6.2 Übersicht zur Stelltechnik

6.2.1 Stelltechnik für verschiedene Anwendungen

Lernziele

Nach Durcharbeiten dieses Kapitels können Sie

- ein Gliederungsschema zum Stelleingriff angeben,
- den Stelleingriff in Masseströme prinzipiell beschreiben,
- den Stelleingriff in Energieströme prinzipiell beschreiben,
- den Stelleingriff in mechanische Systeme prinzipiell beschreiben,
- zu den verschiedenen Stelleingriffen die Stellglieder, Stellantriebe und die zu beeinflussenden Größen wenigstens in Beispielen zuordnen.

Die Stelltechnik dient, wie bereits beschrieben, der gezielten Beeinflussung zu steuernder oder zu regelnder Größen in Steuer- oder Regelstrecken. Ohne den Stelleingriff könnte also die über den Zustand einer technischen Einrichtung gewonnene – und in Steuer- oder Regeleinrichtungen verarbeitete – Information nicht genutzt werden. Da die Stelltechnik wegen der Anpassung an die Steuer- oder Regeleinrichtung, aber auch an die Objekte sehr vielfältig ist, läßt sich nur schwer ein allgemeines Gliederungsschema finden. Von den verschiedenen Gesichtspunkten her, sind solche Schemata immer wieder kritisierbar. Gliederungen nach

- Steuer- oder Regelgrößen
- Hilfsenergieformen
- Form des Stellsignals
- Anwendungsbereichen u. a. m.

sind denkbar.

Das folgende Schema, das in gewissem Sinn auf die Anwendung hinzielt, wird häufiger genutzt:

Tabelle 6.2.1-1   Schematische Übersicht zur Stelltechnik

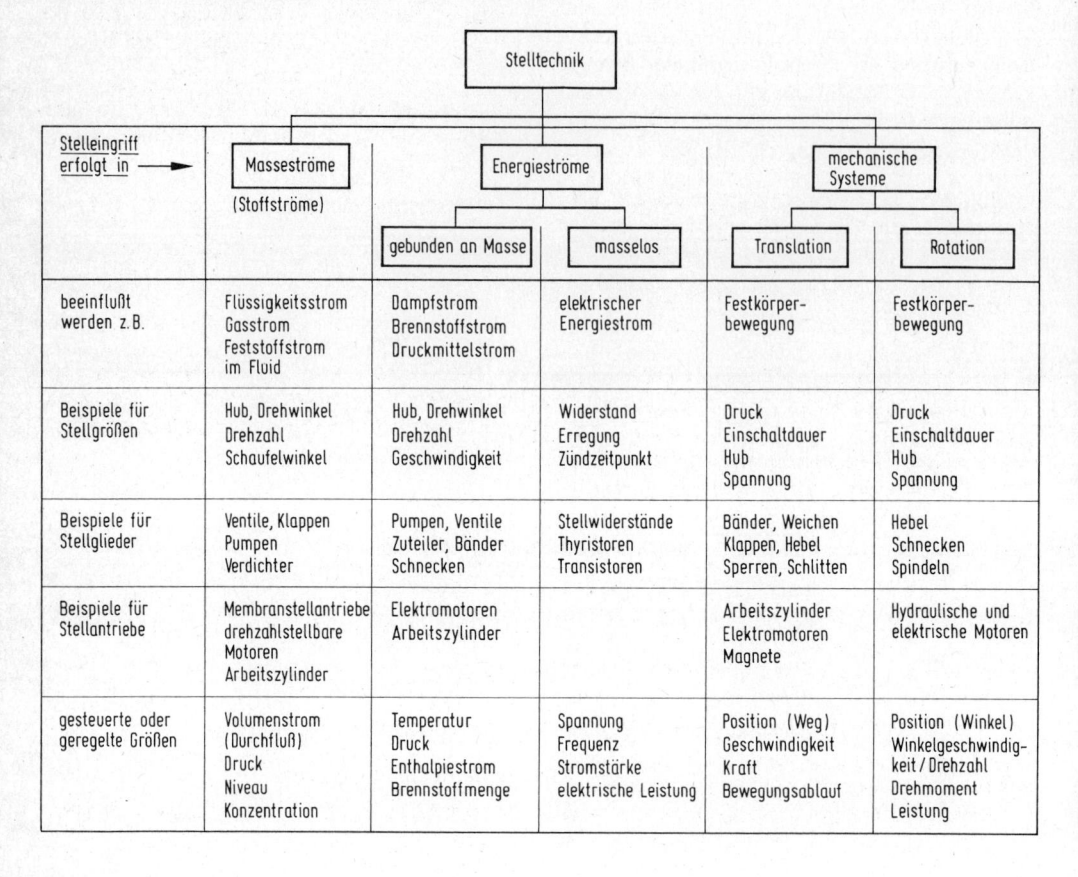

Stelleingriff erfolgt in →	Masseströme (Stoffströme)	Energieströme		mechanische Systeme	
		gebunden an Masse	masselos	Translation	Rotation
beeinflußt werden z. B.	Flüssigkeitsstrom Gasstrom Feststoffstrom im Fluid	Dampfstrom Brennstoffstrom Druckmittelstrom	elektrischer Energiestrom	Festkörperbewegung	Festkörperbewegung
Beispiele für Stellgrößen	Hub, Drehwinkel Drehzahl Schaufelwinkel	Hub, Drehwinkel Drehzahl Geschwindigkeit	Widerstand Erregung Zündzeitpunkt	Druck Einschaltdauer Hub Spannung	Druck Einschaltdauer Hub Spannung
Beispiele für Stellglieder	Ventile, Klappen Pumpen Verdichter	Pumpen, Ventile Zuteiler, Bänder Schnecken	Stellwiderstände Thyristoren Transistoren	Bänder, Weichen Klappen, Hebel Sperren, Schlitten	Hebel Schnecken Spindeln
Beispiele für Stellantriebe	Membranstellantriebe drehzahlstellbare Motoren Arbeitszylinder	Elektromotoren Arbeitszylinder		Arbeitszylinder Elektromotoren Magnete	Hydraulische und elektrische Motoren
gesteuerte oder geregelte Größen	Volumenstrom (Durchfluß) Druck Niveau Konzentration	Temperatur Druck Enthalpiestrom Brennstoffmenge	Spannung Frequenz Stromstärke elektrische Leistung	Position (Weg) Geschwindigkeit Kraft Bewegungsablauf	Position (Winkel) Winkelgeschwindigkeit/Drehzahl Drehmoment Leistung

- Beim **Eingriff in Masseströme** stehen häufig Transportvorgänge für Gase, Flüssigkeiten und Feststoffe im Vordergrund. Dabei sind als zu beeinflussende Größen vorrangig:

  – Volumenstrom
  – Druck
  – Niveau – (in Speichern)
  – die transportierte Stoffmenge

  In den folgenden Kapiteln steht dieser Stelleingriff mit seinen Methoden und Mitteln im Mittelpunkt der Betrachtungen.

- Beim **Eingriff in Energieströme**, die an Masse gebunden sind, kommen meist die gleichen Stellverfahren wie für den Eingriff in Stoffströme zur Anwendung.

Dabei können als zu beeinflussende Größen auftreten:

- der Energiestrom selbst
  z. B. als latente (gespeicherte) Energie (Heizwert im Brennstoffstrom)
- der Enthalpiestrom als an Energieträger wie Gas, Flüssigkeit, Dampf gebundene Energie
- die Druckenergie im Stoffstrom
- oder physikalische Größen, die mit dem Energiestrom beeinflußt werden, wie Temperatur, Druck, Volumen, Enthalpie

- Beim **Eingriff in (masselose) Energieströme** steht die Beeinflussung des Stromes elektrischer Energie im Vordergrund. Andere Energieformen, wie z. B. Licht, kommen (noch) relativ selten vor. Zu beeinflussen sind meistens:

  - die elektrische Leistung
  - Stromstärke, Spannung, Frequenz
  - aber auch mittelbar abgeleitete Größen wie Kräfte, Geschwindigkeiten und Drehzahlen

- Beim **Eingriff in mechanische Systeme** steht die Beeinflussung der Bewegung von Festkörpern im Mittelpunkt. Beeinflußt werden vorrangig:

  - Weg, Position
  - Geschwindigkeit – Drehzahl
  - Kraft – Drehmoment
  - der Bewegungsablauf (zeitlich)

Die Tabelle 6.2.1–1 gibt auch Beispiele für die Anwendung und die technische Ausführung mittels Stellantrieben und Stellgliedern an.

Vom zeitlichen Verlauf des Stelleingriffes her gesehen unterscheiden sich

- stetiger Stelleingriff
- unstetiger (insbesondere binärer) Stelleingriff

6.2.2 Stelltechnik zum Eingriff in Stoffströme

Lernziele

Nach Durcharbeiten dieses Kapitels können Sie

- die beiden grundsätzlichen Stellprinzipien zum Eingriff in Stoffströme unterscheiden und beschreiben,
- die Drosselstellglieder klassifizieren und entsprechende Beispiele nennen,
- die Stellantriebe für Drosselstellglieder klassifizieren und Ausführungsformen angeben,
- die verschiedenen Stelleingriffe, die über die Arbeitsmaschinen realisiert werden, nennen,
- die Verfahren für verschiedene Arbeitsmaschinen unterscheiden,
- für den Stelleingriff über Arbeitsmaschinen Beispiele für Stellgrößen und Stellantriebe benennen.

Der Stelleingriff in Stoffströme dient vorrangig der **Beeinflussung von Strömungen flüssiger und gasförmiger Stoffe in Rohrleitungen**. Aber auch Feststoffe (in Form von Staub oder Körnern) können in Rohrleitungen in Trägermedien transportiert werden. Sie können so auf die gleiche Art und Weise stelltechnisch beeinflußt werden. Die zu stellenden Größen bzw. Vorgänge sind meist:

– **Volumenstrom (Durchfluß)**
– **Druck**
– **Niveau** (in Speichern)
– **transportierte Stofffmenge**
– **zeitlicher Verlauf von Transport- und Bewegungsvorgängen**

Die Mittel und Verfahren dieses Stelleingriffs beeinflussen aber z. B. auch Temperaturen, Mischungsverhältnisse und auch Bewegungsabläufe, wenn die gestellten Stoffströme und die an sie gebundenen Energien in den zu automatisierenden Objekten wirken. Zum direkten Stelleingriff in Stoffströme werden zwei grundsätzlich verschiedene Verfahren angewendet (vgl. Tabelle 6.2.2–1).

	Stelltechnik für Stoffströme	
Verfahren	Stelleingriff in das Rohrleitungssystem Drosselstellverfahren	Stelleingriff an Arbeitsmaschinen Maschinenstellverfahren
Stellglieder	Drosselstellglieder (Stellarmaturen)	Arbeitsmaschinen (Pumpen, Verdichter)
Stellantriebe	Stellantriebe für Stellarmaturen	Stellbare Antriebe für Arbeitsmaschinen (und Hilfseinrichtungen)

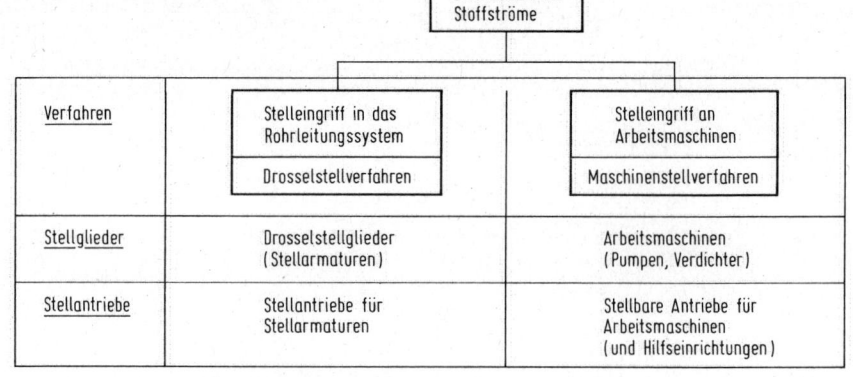

Tabelle 6.2.2–1   Grobe Einteilung der Stelltechnik für Stoffströme

Das ist einerseits das **Drosselstellverfahren**. Es ändert den Stoffstrom durch Umwandlung eines Teiles der vorher an ihn übertragenen Energie (meist Druckenergie) in Dissipationsarbeit. Der meist durch innere Reibung im Fluid umgewandelte Teil wird zur Förderung nicht mehr verwendet, mußte aber vorher – auch – an den Stoffstrom übertragen werden.

Das andere Verfahren ändert die Größe der an den Stoffstrom übertragenen Energie durch **Beeinflussung der Arbeitsmaschine**. Dabei braucht nur soviel Energie an den Stoffstrom

6.2 Übersicht zur Stelltechnik

übertragen zu werden, wie zur Förderung tatsächlich benötigt wird[1]).

Tabelle 6.2.2–1 gibt auch grob die technischen Mittel an, mit denen die beiden Verfahren realisiert werden.

Die **Drosselstellglieder**, die also unmittelbar den Stoffstrom beeinflussen, können sehr verschieden ausgeführt sein. Tabelle 6.2.2–2 zeigt die Vielfältigkeit des Angebotes an Bauformen.

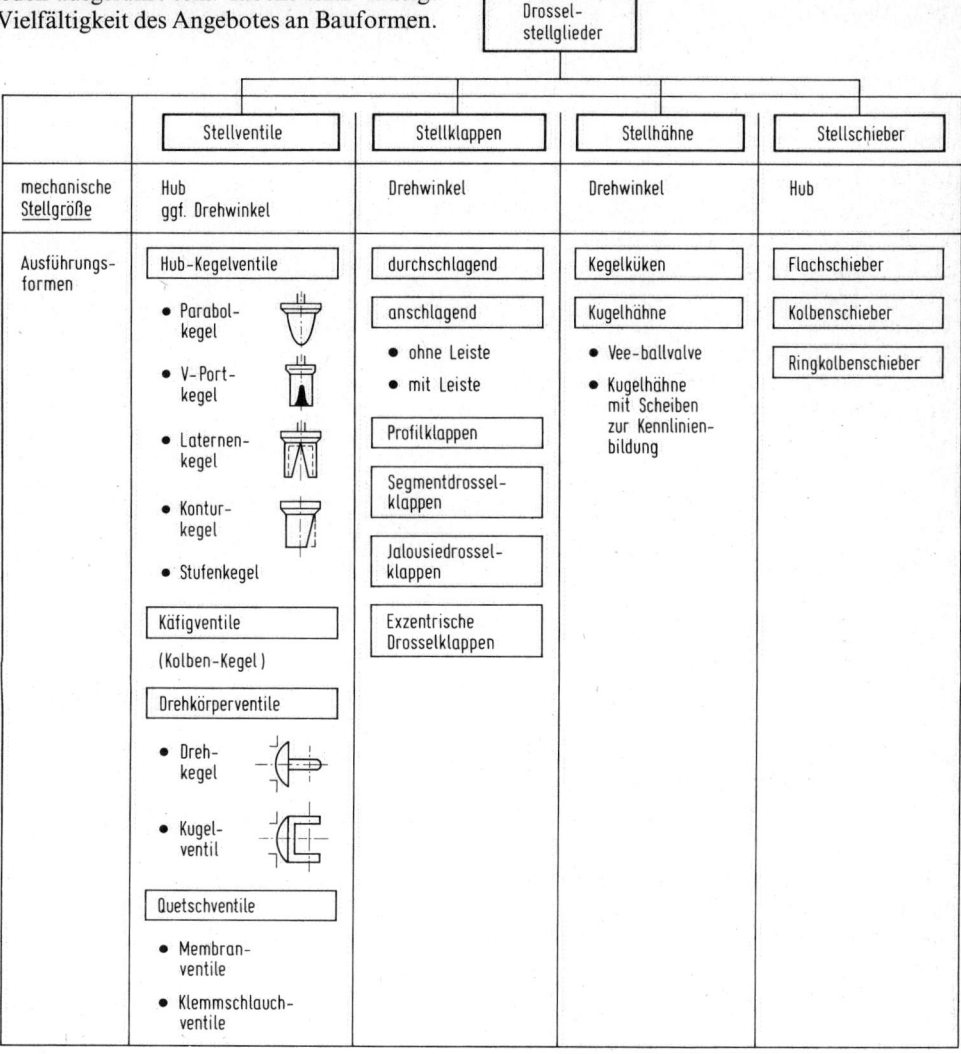

	Stellventile	Stellklappen	Stellhähne	Stellschieber
mechanische Stellgröße	Hub ggf. Drehwinkel	Drehwinkel	Drehwinkel	Hub
Ausführungsformen	**Hub-Kegelventile** • Parabolkegel • V-Portkegel • Laternenkegel • Konturkegel • Stufenkegel **Käfigventile** (Kolben-Kegel) **Drehkörperventile** • Drehkegel • Kugelventil **Quetschventile** • Membranventile • Klemmschlauchventile	durchschlagend anschlagend • ohne Leiste • mit Leiste Profilklappen Segmentdrosselklappen Jalousiedrosselklappen Exzentrische Drosselklappen	Kegelküken Kugelhähne • Vee-ballvalve • Kugelhähne mit Scheiben zur Kennlinienbildung	Flachschieber Kolbenschieber Ringkolbenschieber

Tabelle 6.2.2–2 Bauformen von Drosselstellgliedern – Übersicht

---

[1]) Diese Betrachtung vernachlässigt die Abhängigkeit der Güte der Übertragung der Energie von der Belastung der Arbeitsmaschine.

Jede grundsätzliche Bauform – **Ventil, Klappe, Hahn oder Schieber** – hat eine ganze Reihe von Ausführungsformen.

Im Abschnitt 6.3.1.6 wird auf die Eigenschaften der Bauformen eingegangen. Hauptsächlich werden Stellventile angewendet.

Die **Stellantriebe** für die verschiedenen Bauformen von Stellarmaturen (Tabelle 6.2.2–3) **müssen Stellbewegungen erzeugen**, die den Bewegungsverhältnissen des jeweiligen Stellgliedes entsprechen. Das sind:

Aber auch drehende Bewegungen werden vor allen Dingen für Abschlußarmaturen (AUF-ZU) mit drehenden Spindeln verwendet. Diese werden hauptsächlich für unstetige Stelleingriffe eingesetzt.

Nach der Art der **Stellenergie** werden verschiedene Antriebsformen unterschieden. Tabelle 6.2.2–3 enthält auch Aussagen zu den einzelnen Bauformen. Diese werden im Abschnitt 6.4.2 ausführlicher beschrieben. Pneumatische und elektrische Stellantriebe finden am häufigsten Anwendung. Die Stellantriebe mit Winkelbewegung werden oft aus Antrieben mit grundsätzlich linearer Bewegung durch Kupplung mit mechanischen Getrieben aufgebaut. Auch die Umkehrung dieses Prinzips wird angewendet. Es gibt aber auch spezielle Drehwinkelantriebe.

Der Stelleingriff[1]) **über Arbeitsmaschinen** (Tabelle 6.2.2–4) ist für die Grundtypen der Arbeitsmaschinen verschieden.

---

[1]) Im Bereich der Kraft- und Arbeitsmaschinen benutzt man für den Begriff des Stelleingriffs noch immer den Begriff der „... Regelung".

Die mechanische Eingangsgröße von Stellarmaturen kann eine Hub- oder Drehwinkelbewegung sein. Beeinflußte Größen sind immer Volumenstrom und Druck.

– Hubbewegungen mit Hüben bis etwa 150 mm
– Drehwinkelbewegungen mit Winkeln allgemein $\leq 90°$

Eingangsgröße der Stellantriebe ist das Stellsignal. Bei nicht ausreichendem Energieniveau – oder ungeeigneter Energieform – des Stellsignals muß zusätzlich eine Hilfsenergie zugeführt werden. Diese stellt auch die Stellenergie zur Erzeugung der Stellbewegung bereit. **Die Stellbewegung muß dem Stellsignal entsprechen.**

6.2 Übersicht zur Stelltechnik

Tabelle 6.2.2–3   Bauformen von Stellantrieben für Stellarmaturen – Überischt

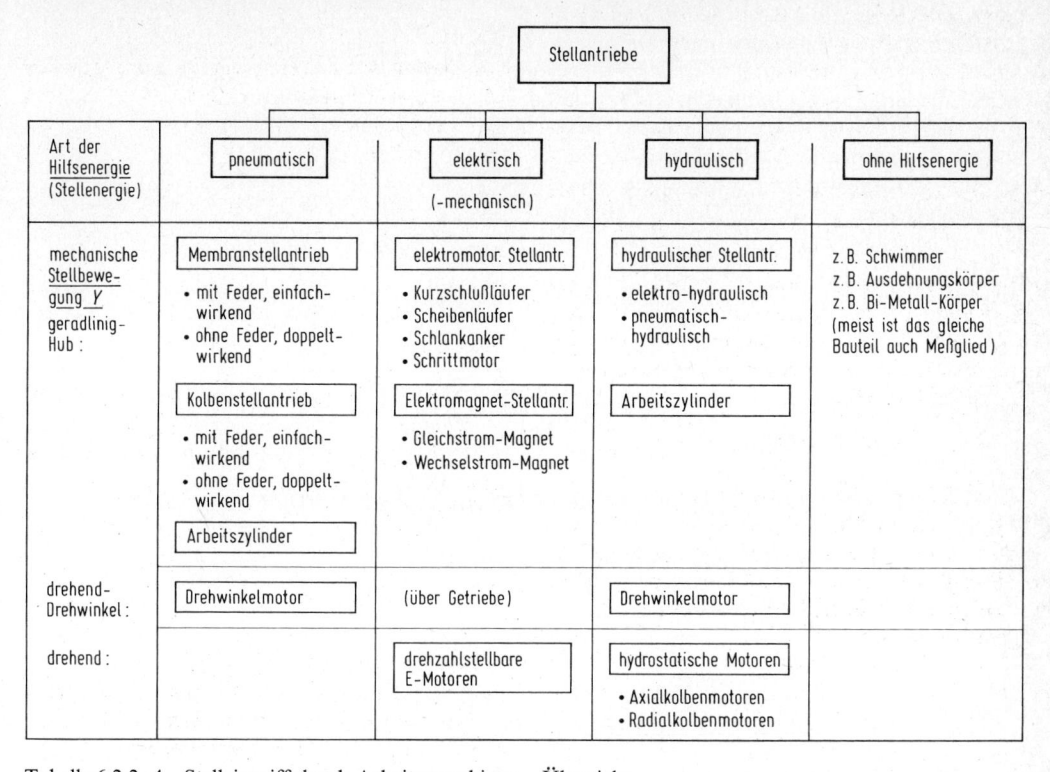

Art der Hilfsenergie (Stellenergie)	pneumatisch	elektrisch (-mechanisch)	hydraulisch	ohne Hilfsenergie
mechanische Stellbewegung y geradlinig- Hub :	**Membranstellantrieb** • mit Feder, einfach- wirkend • ohne Feder, doppelt- wirkend **Kolbenstellantrieb** • mit Feder, einfach- wirkend • ohne Feder, doppelt- wirkend **Arbeitszylinder**	**elektromotor. Stellantr.** • Kurzschlußläufer • Scheibenläufer • Schlankanker • Schrittmotor **Elektromagnet-Stellantr.** • Gleichstrom-Magnet • Wechselstrom-Magnet	**hydraulischer Stellantr.** • elektro-hydraulisch • pneumatisch- hydraulisch **Arbeitszylinder**	z. B. Schwimmer z. B. Ausdehnungskörper z. B. Bi-Metall-Körper (meist ist das gleiche Bauteil auch Meßglied)
drehend- Drehwinkel :	Drehwinkelmotor	(über Getriebe)	Drehwinkelmotor	
drehend :		drehzahlstellbare E-Motoren	**hydrostatische Motoren** • Axialkolbenmotoren • Radialkolbenmotoren	

Tabelle 6.2.2–4   Stelleingriff durch Arbeitsmaschinen – Übersicht

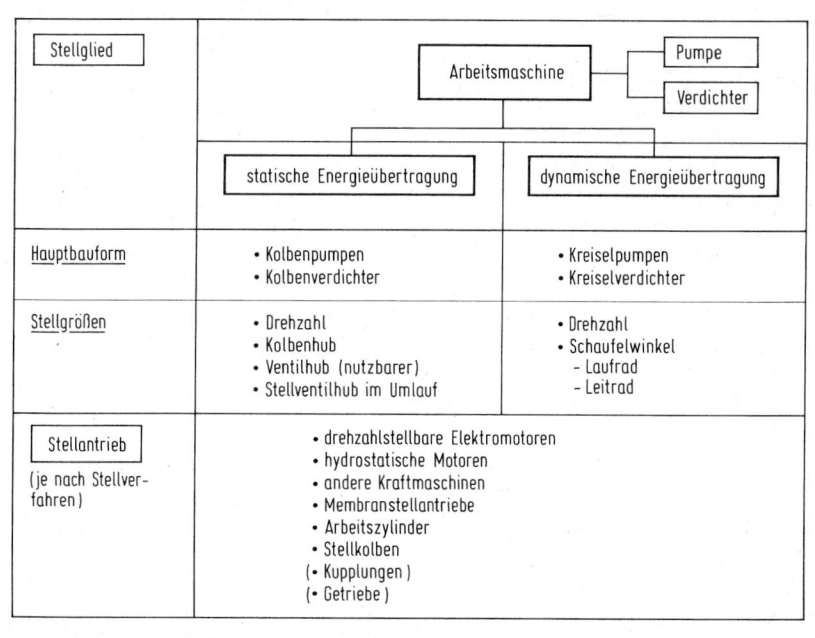

Stellglied	Arbeitsmaschine — Pumpe / Verdichter	
	statische Energieübertragung	dynamische Energieübertragung
Hauptbauform	• Kolbenpumpen • Kolbenverdichter	• Kreiselpumpen • Kreiselverdichter

Stellgrößen	• Drehzahl
	• Kolbenhub
	• Ventilhub (nutzbarer)
	• Stellventilhub im Umlauf
		• Drehzahl
		• Schaufelwinkel
		  – Laufrad
		  – Leitrad

Stellantrieb (je nach Stellver- fahren)	• drehzahlstellbare Elektromotoren • hydrostatische Motoren • andere Kraftmaschinen • Membranstellantriebe • Arbeitszylinder • Stellkolben (• Kupplungen) (• Getriebe)	

Energetisch günstige Verfahren für Kolbenarbeitsmaschinen (mit statischer Energieübertragung) sind u. a. **Drehzahl- und Hubstellverfahren** sowie die Anpassung der Einschaltdauer an den Bedarf. Für Strömungsmaschinen (mit dynamischer Energieübertragung) sind **Drehzahl- und Schaufelwinkelstellverfahren** die energetisch günstigsten. Der Aufwand zur stufenlosen Einstellung der Betriebszustände über die erforderlichen Stellantriebe ist teilweise recht erheblich. Verschiedene Verfahren nehmen erst in neuerer Zeit einen breiteren Raum in der Stelltechnik ein.

6.3 Stellglieder

6.3.1 Drosselstellglieder zum Eingriff in Stoffströme

6.3.1.1 Aufgaben der Drosselstellglieder im Prozeß

Lernziele

Nach Durcharbeiten dieses Kapitels können Sie
- das physikalische Wirkprinzip des Drosselstelleingriffs beschreiben,
- die energetischen Verhältnisse einschätzen,
- die exakte Zielstellung für direkten und mittelbaren Stelleingriff nennen und benutzen,
- prinzipiell die Form der statischen Betriebskennlinie aus dem Verhalten der Strecke ableiten,
- den Drosselstelleingriff in weiteren Industriezweigen grundsätzlich einschätzen.

Das grundsätzliche Wirkprinzip – nämlich die Veränderung der Druckdifferenz zur Veränderung des Bewegungsvorgangs – wurde eingangs bereits beschrieben. Dem Drosselstellverfahren ist nun eigen, daß natürlich zuvor eine ausreichende Menge an Energie mit Hilfe von Arbeitsmaschinen an den Förderstoff übertragen werden muß. Von dieser Energie wird aber zum Zwecke des Einstellens eines bestimmten Stoffstromes immer ein Teil durch Drosselung in Dissipationsarbeit verwandelt werden müssen. Hinzu kommt, daß für den normalen Betriebszustand noch ein bestimmter Teil an Druckenergie zur Verfügung stehen muß, um durch Verringerung des Drosseleffektes (durch weiteres Öffnen der Stellarmatur) Störungen des gesamten Strömungssystems ausgleichen zu können. Das bedeutet, daß auch bei Betrieb einer Anlage im Nennzustand eine ständige **Einbuße an Arbeitsvermögen** eintritt. Daraus resultiert der Vorwurf, daß der Drosseleingriff energetisch außerordentlich ungünstig sei.[1])

Für einen solchen Stelleingriff sprechen aber die geringeren Kosten, die oft höhere Zuverlässigkeit und betriebstechnische Vorteile (sichere Endlage im Gefahrenfall, Wartbarkeit, Einfachheit). Aber auch die Vermaschbarkeit von Regelstrecken auf der technologischen Seite ist ein Vorteil.

Es soll noch darauf hingewiesen werden, daß bei inkompressiblen Förderstoffen durch den Drosseleffekt eine Erwärmung des Förderstoffes auftritt. Das ist für Umlaufsysteme von großer Bedeutung. Ideale Gase passieren dagegen eine Drosselstelle ohne Änderung der Austrittstemperatur gegenüber der Eintrittstemperatur. Reale Gase und Dämpfe erfahren eine Temperaturänderung. Die Effekte sind mit den Mitteln der Thermodynamik berechenbar.

Grundsätzlich muß der Drosselstelleingriff die Einstellbarkeit der gewünschten Steuer- oder Regelgröße gewährleisten. Das macht die Erfüllung der nachstehenden Forderungen notwendig:

- Sicherstellung des Stelleingriffs bei den ungünstigsten Bedingungen in einer Anlage durch **Vermeidung einer stelltechnisch bedingten Begrenzung;** das geschieht durch Auswahl bestimmter Stellglieder (K_{vs}-Wert);
- **Sicherstellung** des genauen Stelleingriffs – auch bei Störungen – durch **ausreichende Breite des Stellbereiches** Y_H; das geschieht durch Auswahl bestimmter Stellglieder (K_{vs}-Wert und Kennlinie);
- **Sicherstellung einer ausreichenden Linearität** der statischen Kennlinie der Einheit aus Stellglied und Steuer- oder Regelstrecke $X = f(Y)$ durch Auswahl einer bestimmten Kennlinie.

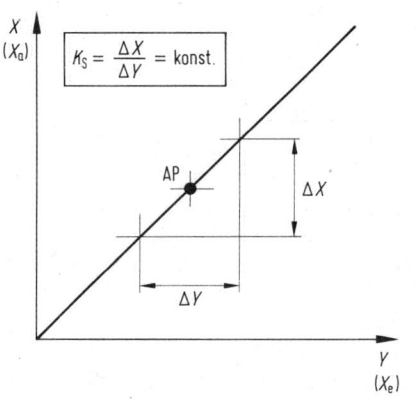

Bild 6.3.1–1 Prinzipielle Zielstellung der Anpassung Stellglied – Strecke
AP Arbeitspunkt

---

[1]) Das ist physikalisch nicht exakt, da es sich bei Drosselvorgängen um isenthalpe Vorgänge handelt, bei denen keine Energie verloren geht. Inwieweit es zu einer Veränderung des „nutzbaren Anteils" der Energie (der Exergie) kommt, ist eine Frage der Verwendung des Förderstoffes in der Anlage (nach der Drosselung). Der nutzbare Anteil sinkt insbesondere, wenn der Förderstoff achfolgend für die Verrichtung einer mechanischen Arbeit eingesetzt wird.

Übung 6.3.1–1

Welche Begründungen können Sie für die oben genannten grundsätzlichen Aufgaben (Stellbereich, Begrenzung, Linearität) des Stelleingriffs angeben? Ordnen Sie diesen auch die Abschnitts-Nr. zu, in denen diese beschrieben sind!

Die zuletzt genannte Bedingung muß genauer betrachtet werden. Es können folgende Fälle unterschieden werden:

Fall 1

Die **Regelgröße** wird **unmittelbar** durch die Stellgröße Y **beeinflußt**. Bild 6.3.1–2 zeigt einen solchen Fall mit stetigem Stelleingriff. Es handelt sich um eine Durchflußregelung in einem Rohrleitungs- und Behältersystem.

Die Regelgröße wird außer von der Hubstellung des Stellventils auch von den Druckverhältnissen in der Anlage bestimmt.

Linearität der Funktion $X_a = f(Y)$, hier $\dot{V} = f(H)$ [1]) ist erstrebenswert, da dann der Übertragungsfaktor

$$K_{PS} = \frac{X_a}{X_e} = \frac{x_a}{x_e}, \quad \left(\text{hier } K_{PS} = \frac{\Delta \dot{V}}{\Delta H}\right)$$

konstant wird.

Größen: Regelgröße: $\dot{V}$ Volumenstrom (Durchfluß)
Stellgröße: H Hub eines Stellventils

(A) Wirkungsschema:

Hub → Strecke → Volumenstrom

(B) Anlagenschema:

① ② ③ ④ ⑤ ⑥

(C) Statische Kennlinie: Stellkennlinie

Volumenstrom $\dot{V}$ / Hub H

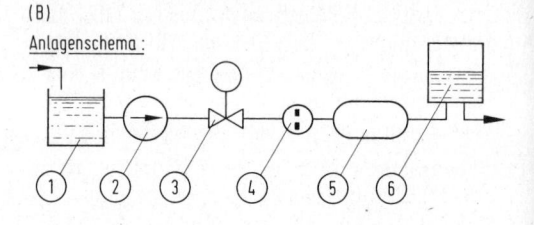

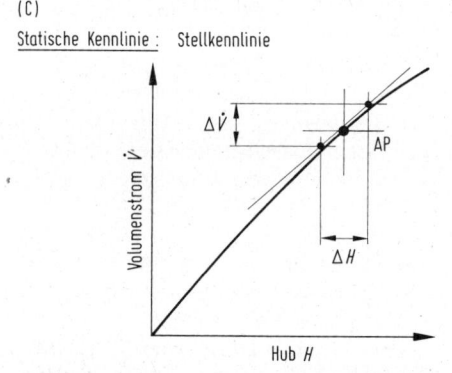

Bild 6.3.1–2 Unmittelbarer stetiger Stelleingriff
① Saugbehälter   ④ Meßgerät
② Pumpe   ⑤ Verbraucher
③ Stelleinrichtung ⑥ Druckbehälter
AP – Arbeitspunkt

Durchfluß- und Druckregelstrecken zeichnen sich durch einen unmittelbaren meist stetigen Stelleingriff aus.

---

[1]) In der Literatur wird für die Ableitung von V/t häufig q_V geschrieben, für m/t dann q_M.

Es handelt sich dabei um eine Strecke (mit Stellglied) mit P-Verhalten und sehr geringer Verzögerung.

Durch unmittelbaren Stelleingriff wird auch die Regelgröße Druck – und bedingt auch die Füllstandshöhe (Niveau) – beeinflußt.

Fall 2

Die **Regelgröße** wird nur **mittelbar** über die Zwischengröße Volumenstrom oder Druck durch die Stellgröße Y **beeinflußt**.

Bild 6.3.1–3 zeigt einen solchen Fall mit stetigem Stelleingriff.

Dieser Fall wurde schon im Beispiel 6.1–2 prinzipiell behandelt. Die in Bild 6.1–4 verallgemeinerte Darstellung des Zusammenwirkens soll in Bild 6.3.1–3 erläutert werden.

Größen: Regelgröße: ϑ_{Pa} Produktaustrittstemperatur
Stellgröße: H Hub eines Stellventils
Wirksame Stellgröße: $\dot{m}_H$ Heizmittel (masse)strom
(Streckenstellgröße Y_S)

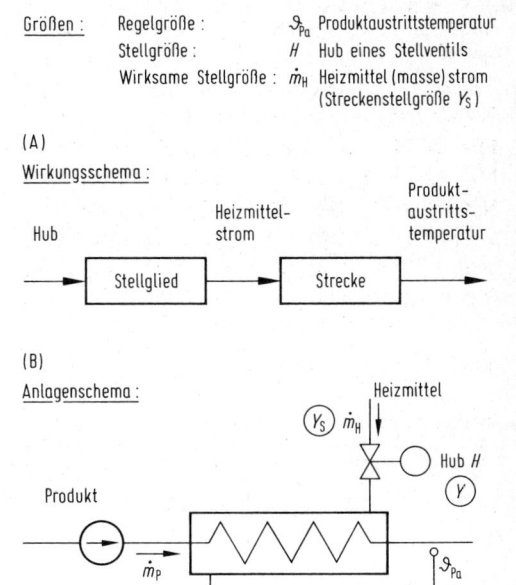

Bild 6.3.1–3 Mittelbarer stetiger Stelleingriff

Beim dargestellten Stelleingriff in das Wärmeübertragersystem mit der Regelgröße ϑ_{Pa} und der Eingangsgröße Y handelt es sich offensichtlich um die Reihenschaltung zweier Glieder – des Stellgliedes und des eigentlichen Wärmeübertragers. Die Kopplung ist über den Massestrom des Heizmittels gegeben. Dieser wird einerseits durch den Drosselstelleingriff des Stellgliedes bestimmt; er bestimmt aber andererseits die Produktausgangstemperatur ϑ_{Pa}.

Das Zusammenwirken beider Glieder in der Kette bestimmt das **Gesamtverhalten der Einheit Stellglied–Strecke.** Das läßt sich aber am besten in einem statischen Kennlinienfeld darstellen (Bild 6.3.1–4).

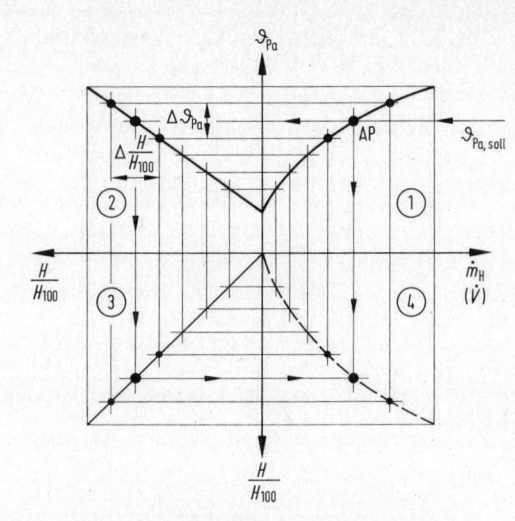

Bild 6.3.1-4 Zusammenwirken Stellglied – Strecke am Beispiel des Wärmeübertragers nach Bild 6.3.1-3
Y_S – Streckenstellgröße, Y_R – Reglerausgangsgröße, $\vartheta_{Pa,\,Soll}$ – Sollwert der Produktaustrittstemperatur,
AP – Arbeitspunkt

	allgemein	speziell
① Statische Kennlinie der Strecke	$x = f(Y_S)$	$\vartheta_{Pa} = f(\dot{m}_H)$
② Zielfunktion: Stellkennlinie lineares Verhalten der Kombination	$x = f(Y)$	$\vartheta_{Pa} = f\left(\dfrac{H}{H_{100}}\right)$
③ Hilfsfeld, frei für Stellantrieb, falls dieser die Nichtlinearität kompensieren soll	$\left(Y = f(Y_R)\right.$	$\left.\dfrac{H}{H_{100}} = f(Y_R)\right)$
④ Erforderliche Betriebskennlinie des Stellgliedes	$Y_S = f\left(\dfrac{H}{H_{100}}\right)$	$\dot{m}_H = f\left(\dfrac{H}{H_{100}}\right)$

Ist das Verhalten des Wärmeübertragers in Feld ① bekannt – und soll die Zielstellung linearen Gesamtverhaltens der Reihenschaltung realisiert werden (Feld ②) – so muß das Stellglied die dargestellte nichtlineare Betriebs(durchfluß)kennlinie[1] (Feld ④) besitzen. Nur so werden die Nichtlinearitäten der Strecke kompensiert und der Übertragungsfaktor K_{PS} wird konstant.

$$K_{PS} = \frac{\Delta\vartheta_{Pa}}{\Delta H}$$

Regelstrecken, bei denen nicht der Volumenstrom oder der Druck die eigentliche Regelgröße ist, zeichnen sich durch mittelbaren (indirekten) Stelleingriff aus.

Beispiele sind auch Mischungen, Temperaturregelungen in Verdampfern über die Streckenstellgröße Druck u. a. m.

---

[1] Der Begriff wird im Abschnitt 6.3.1.4 näher erläutert. Diese Kennlinie ist nicht identisch mit der Kennliniengrundform des Stellgliedes (K_v-Kennline).

6.3.1.2 Strömungstechnische Eigenschaften

Lernziele

Nach Durcharbeiten dieses Kapitels können Sie
- den Stelleingriff strömungstechnisch interpretieren,
- die Bildung des Druckverlustes beschreiben und die Rolle des Druckverlustes beim Drosselstelleingriff erkennen und nutzen,
- den Aufbau eines Drosselstellgliedes exakt beschreiben,
- den Verlauf der Geschwindigkeit und des Druckes längs des Strömungsweges qualitativ angeben,
- eine beschreibende dimensionslose Kennzahl definieren und benutzen,
- das Durchflußverhalten grundsätzlich interpretieren; auch für Bereiche, bei denen Durchflußbegrenzung und Kompressibilität eine Rolle spielen.

Aufgabe des Automatisierungstechnikers ist zwar weder die Konstruktion von Stellarmaturen noch deren tiefgründige strömungstechnische Untersuchung. Trotzdem müssen zum Verständnis des Stelleingriffs einige strömungstechnische Ausführungen folgen, wenn z. B. der Einsatz der Drosselstellglieder sachgerecht beurteilt werden soll. Dies fällt nun in das Aufgabengebiet des Automatisierungsfachmanns.

Die folgenden thesenhaft formulierten und kurz erläuterten Sachverhalte sind dabei von besonderer Bedeutung. Hier müssen Sie Ihre Kenntnisse aus Physik und den technischen Grundlagenfächern einsetzen und ggf. ergänzen.

① Durch Drosselstellglieder wird zum Eingriff in den Stoffstrom eine **zusätzliche Druckdifferenz** verursacht. Das geschieht durch Einschnürung der Strömung und die damit verbundene erhöhte Reibung und Verwirbelung. Der so erzeugte Druckverlust ist bewußt herbeigeführt.

Deshalb ist auch die sonst bei der Gestaltung von Durchströmteilen übliche **strömungstechnisch günstige Formgebung nicht erstrebenswert.** Der Druckverlust wird durch meist mehrere nacheinander durchströmte Grundelemente (Kanäle, Spalte, Verengungen ...) verursacht.

Die wesentlichen Teildruckverluste Δp_{vi} sind auf Bild 6.3.1-5 erläutert. Die verschiedenen Konstruktionen von Stellgliedern sind im durchströmten Innenraum geometrisch unterschiedlich gestaltet. Deshalb ist auch der Anteil

Durch Verwirbelung und erhöhte Reibung wird im Drosselstellglied ein Druckverlust verursacht. Dieser wirkt zusätzlich zu den normalen Strömugswiderständen des durchströmten Systems. **Er ermöglicht den Stelleingriff.**

$$\Delta p_v = \sum_{i=1}^{n} \Delta p_{vi} \qquad (6.3.1-1)$$

der einzelnen Grundelemente an der Druckverlustbildung und damit das strömungs- und automatisierungstechnische Verhalten unterschiedlich.

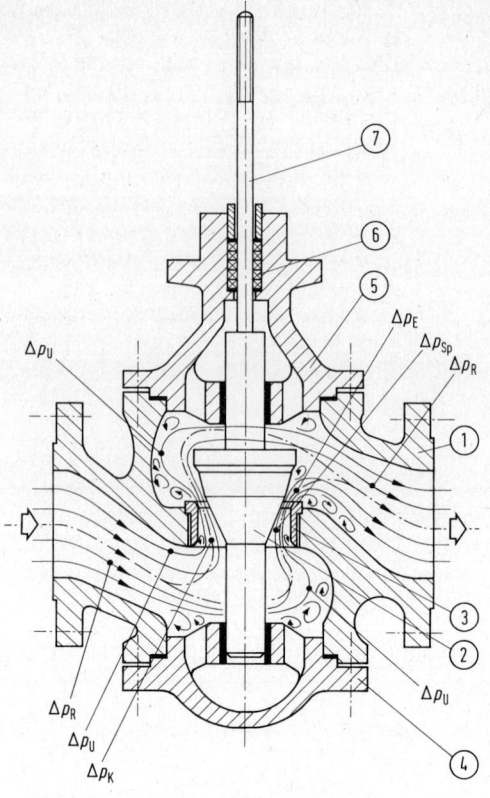

Bild 6.3.1–5 Schnitt durch ein Stellventil

Druckverlust durch
⇩

Δp_R – Reibung
Δp_U – Umlenkung
Δp_K – Kontraktion
Δp_{Sp} – Spaltreibung
Δp_E – Erweiterung

① Ventilgehäuse
② Drosselkörper (Parabolkegel)
③ Sitzring
④ Deckel mit Führung
⑤ Stopfbuchsdeckel
⑥ Stopfbuchse
⑦ Spindel

6.3 Stellglieder

② Die Verläufe des Druckes im Innenraum längs des Strömungsweges sind wegen der unterschiedlichen geometrischen Gestalt nicht für alle Drosselstellglieder quantitativ gleich. Bild 6.3.1–6 zeigt qualitativ einen Verlauf für ein Stellventil. Dabei sind der geometrischen Darstellung die geometrischen Durchströmflächen **A** (Teilbild C), der Geschwindigkeitsverlauf für die mittlere Geschwindigkeit v (Teilbild D), der theoretische und der reale Druckverlauf (Teilbild E) zugeordnet. Der Darstellung liegen Meßwerte zugrunde. Der Bereich unsicherer Messungen ist als punktierter Linienzug dargestellt.

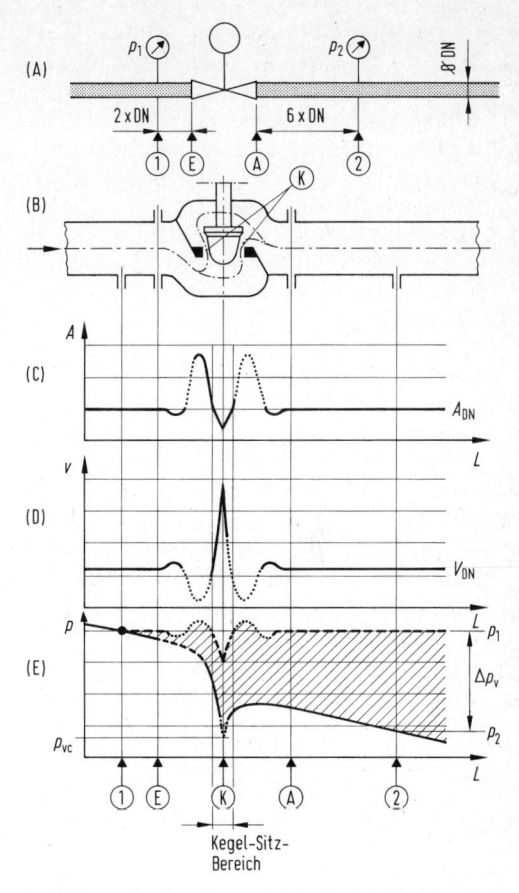

Bild 6.3.1–6 Druck- und Geschwindigkeitsverlauf längs des Strömungsweges in einem Stellventil (inkompressibel)
① Druckmeßstelle für p_1
② Druckmeßstelle für p_2
Ⓔ Eintritt ins Ventilgehäuse
Ⓐ Austritt aus dem Ventilgehäuse
Ⓚ engster Querschnitt (vena contracta)
── gesicherter tatsächlicher Verlauf
······ unsicher
– – – ohne Reibung (nach Bernoulli-Gl.)
(A) Schematische Darstellung mit Meßstellen
(B) Geometrische Form des durchströmten Raumes
(C) Querschnittsflächenverlauf
(D) Geschwindigkeitsverlauf
(E) Druckverlauf
Bemerkung: Länge gestreckt für (C) bis (E)

Charakteristisch sind:
- Der Druckverlust wird beim Durchströmen der ganzen Länge des Stellventils und in den zugehörigen Anschlußleitungen gebildet.
- **An der geometrisch engsten Stelle oder kurz dahinter (vena contracta) herrscht die höchste Strömungsgeschwindigkeit und damit der niedrigste Druck p_{vc} im Stellglied.**
- In der anschließenden Erweiterung kommt es zu einem **Druckrückgewinn**. Die Größe des Druckrückgewinns und des Druckes an der engsten Stelle werden vor allen Dingen von der geometrischen Form im Spaltbereich und der Erweiterung bestimmt. Sie sind spezifisch für die jeweilige Bauform.

Übung 6.3.1-2

Stellen Sie diejenigen Gleichungen zusammen, die Ihnen – bekannt aus vorlaufenden Studienabschnitten – für die Berechnung der Durchströmung von Einbauteilen und Strömungssystemen grundsätzlich geeignet erscheinen. Beachten Sie dabei die Fälle:
- inkompressibel – kompressibel
- ohne Reibung – mit Reibung.

Die Aufgabenstellung bezieht sich auf die Größen: Volumenstrom, Massestrom, Druck, Geschwindigkeit, Druckverlust, Dichte, Viskosität, Durchströmfläche.

③ Die Größe des Druckverlustes beim Durchströmen eines Strömungswiderstandes (Drosselstelle, Meßblende, Krümmer, Ventil ...) ist nicht nur von der Geometrie, sondern auch vom durchströmenden Massestrom oder Volumenstrom abhängig. Auch die Strömungsform bestimmt diese funktionelle Abhängigkeit. **Zur Charakterisierung des Durchflußverhaltens ist die dimensionslose Widerstandszahl ζ (ZETA) geeignet.**

$$\zeta = \frac{\Delta p}{\frac{v^2}{2}\varrho} \qquad (6.3.1-2)$$

Sie ist generell nur auf eine Fläche (Durchströmquerschnitt) bezogen angebbar. Als solche Fläche eignet sich die Querschnittsfläche der Anschlußleitungen [1]). Dann gilt die Kontinuitätsgleichung (inkompressibel)

$$\dot{V} = A \cdot v = A_{DN} \cdot v_{DN} \qquad (6.3.1-3)$$

und für die Widerstandszahl:

$$\zeta_{DN} = \frac{2\Delta p\, A_{DN}^2}{\dot{V}^2 \varrho} \qquad (6.3.1-4)$$

---

[1]) Diese kann mit meist genügender Genauigkeit mit der Fläche entsprechend der Nennweite (DN) gleichgesetzt werden.

Verwendet man für die Kennzeichnung der Größen bei Ventilberechnungen den Index v, so folgt für den Druckverlust

$$\Delta p_v = \zeta_{DN} \frac{\varrho}{2 A_{DN}^2} \cdot \dot{V}^2 \qquad (6.3.1-5)$$

Diese Gleichung beschreibt das **Durchflußverhalten**. Es ist im Bereich der **turbulenten Strömung** bei **konstantem ζ-Wert** durch einen quadratischen Verlauf gekennzeichnet.

Übung 6.3.1–3

a) Der Verlauf der Funktion $\Delta p_v = f(\dot{V})$ ist in das vorbereitete Diagramm für folgenden Fall einzuzeichnen:

Ein Stellventil besitze die Nennweite DN 50 [1]); die Widerstandszahl beträgt $\zeta_{DN} = 10$; der Förderstoff habe die Dichte $\varrho = 10^3 \text{ kg/m}^3$.

b) Berechnen und zeichnen Sie auch den Verlauf für einen Förderstoff der Dichte

$\varrho = 1{,}2 \cdot 10^3 \text{ kg/m}^3$!

Die meisten Auswahlverfahren für Stellglieder beziehen sich grundsätzlich auf den Fall turbulenten Strömens, ohne dies ausdrücklich zu betonen.

In anderen Strömungsbereichen gelten andere funktionelle Abhängigkeiten. So ist z. B. ein lineares Durchflußverhalten bei **laminarem Strömen** charakteristisch. Die Widerstandszahl ist dann nicht mehr konstant.

④ Bei der Durchströmung von Drosselstellgliedern kann in der vena contracta der niedrigste Absolutdruck im Strömungssystem entstehen. Die Druckverhältnisse sind auf Bild 6.3.1–7 dargestellt.

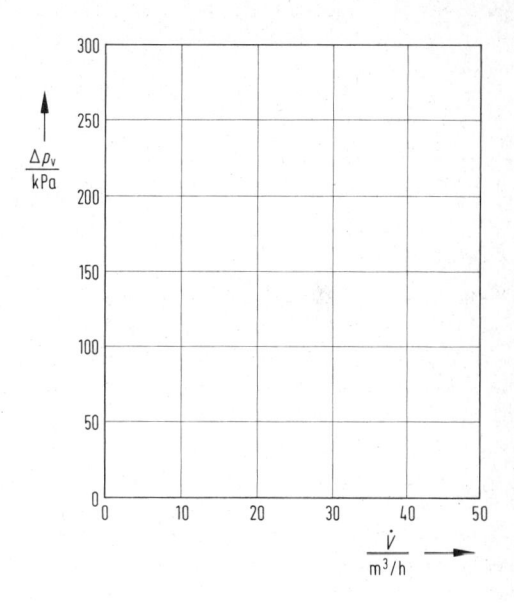

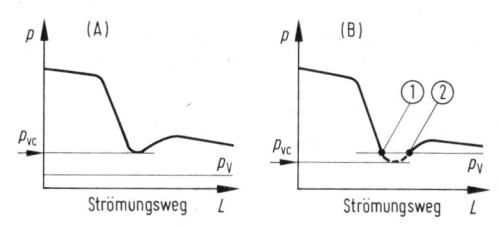

Bild 6.3.1–7 Durchströmen eines Drosselstellgliedes (A) ohne und (B) mit Verdampfung

p_{vc} – Druck in der vena contracta
p_v – Verdampfungsdruck

---

[1]) Die Nennweite wird entsprechend dem Nenninnendurchmesser in mm angegeben.

Jeder flüssige Förderstoff besitzt jedoch ein eigenes Siedeverhalten und kann prinzipiell durch Druckabsenkung verdampfen.

Ist der Dampf(bildungs)druck p_V (abhängig von der Temperatur, vgl. Physik) niedriger als der Druck in der vena contracta (Teilbild A), so tritt keine Verdampfung ein. Die Unterschreitung des Dampfdruckes (Teilbild B) führt jedoch zu einer **Dampfbildung** an der Stelle ①.

Da der Druck im Bereich der Verzögerung nach der engsten Stelle wieder durch Druckrückgewinn ansteigt, tritt nun eine **schlagartige Kondensation** an der Stelle ② ein. Die Auswirkungen sind folgende:

- Da der gebildete Dampf einen Teil des Strömungsquerschnittes ausfüllt, steigt trotz größer werdender Druckdifferenz der Durchfluß durch die Stellarmatur nicht im erwarteten Maß bzw. gar nicht mehr.

Die volle Ausbildung des Effektes heißt **„Durchflußbegrenzung"**. Sie hat nichts mehr mit einer Begrenzung des Stellbereichs durch Anschlag des Drosselkörpers bei voller Öffnung der Armatur zu tun, wirkt aber genauso.

Die Verhältnisse sind auf Bild 6.3.1−8 dargestellt.

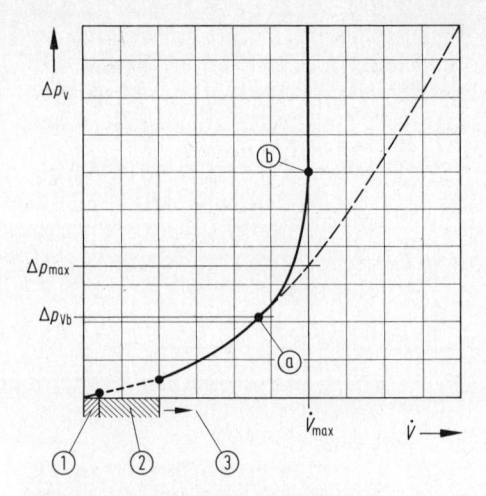

Bild 6.3.1−8 Reales Durchflußverhalten einer Stellarmatur bei Flüssigkeitsförderung
① laminar
② Übergang
③ turbulent
———— realer Verlauf mit Verdampfung
- - - - turbulent ohne Verdampfung
ⓐ Verdampfungsbeginn
ⓑ vollständige Verdampfung
ⓐ bis ⓑ Teilverdampfung

Bemerkung: Die Darstellung ist nur richtig, wenn Δp_V durch Absenkung des Druckes nach der Stellarmatur p_2 vergrößert wird; sie gilt also für p_1 = konst.

Der Durchfluß von Flüssigkeiten durch Stellarmaturen ist durch Verdampfung begrenzt.

- Der Vorgang der Verdampfung mit anschließender Kondensation führt zur **Kavitation**. Hierbei treten in jeder schlagartig kondensierenden Dampfblase beim Aufeinanderprall der Flüssigkeitsfronten Kräfte in der Größenordnung von örtlich 10^5 N und erhebliche Beschleunigungen der umgebenden Flüssigkeit auf. Folge davon sind Zerstörung der Kegel- und Sitzpartien in den Bereichen wo die Kondensation stattfindet sowie eine erhebliche **Lärmemission**. Die erhöhte Geräuschbildung setzt bereits vor der ausgebildeten Kavitation ein; steigt dann jedoch stark an.
- Der Betrieb im Bereich der Kavitation ist nur kurzzeitig möglich.

⑤ Eine **„Durchflußbegrenzung"** ist auch bei kompressiblen Medien, also Gasen und Dämpfen, wirksam. Sie ist thermodynamisch bedingt. Die beiden Fälle „ohne" und „mit" Durchflußbegrenzung unterscheiden sich durch die Höhe der erreichten Geschwindigkeit im engsten Querschnitt. Die Durchflußbegrenzung tritt erst **bei Erreichen der Schallgeschwindigkeit** in der vena contracta bei bestimmten Druckverhältnissen auf.

6.3.1.3 Kenngrößen von Drosselstellgliedern

Lernziele

Nach Durcharbeiten dieses Kapitels können Sie
- die entsprechenden Vorschriften für die Beschreibung der Stellglieder durch Kenngrößen anwenden,
- die Definitionen der Kenngrößen nennen und benutzen und die Gültigkeitsgrenzen erkennen und beachten,
- den K_v-Wert als besonders wichtige Kenngröße (für den Bereich der turbulenten Strömung) definieren,
- für den Fall „inkompressibel" die Berechnung des K_v-Wertes unter Beachtung der Durchflußbegrenzung sowie der geometrischen Einflußfaktoren durchführen.

Drosselstellglieder wurden früher nach der *Bernoulli*-Gleichung berechnet. Dazu wurden aus den Größen: vorgesehener Volumenstrom, vorgesehener Differenzdruck, Stoffeigenschaften u. a. m. die erforderlichen Drosselflächen bestimmt. Einige strömungstechnische Einflußfaktoren mußten geschätzt werden. Das Verfahren war einigermaßen ungenau und erforderte bei höheren Ansprüchen eine versuchstechnisch gewonnene Verbesserung der Kegelform. Mit Einführung der K_v-Werte gemäß der **VDI/VDE-Richtlinie 2173**[1]) wurde die Stellventilherstellung und Auswahl auf eine sichere Grundlage gestellt. Die damals festgelegten Definitionen und Vorschriften gelten im Prinzip noch immer. Die neueingeführte Norm **DIN IEC 534**[2]) verfeinert die Definitionen, Meß- und Berechnungsvorschriften wesentlich.

---

1) Strömungstechnische Kenngrößen von Stellventilen und deren Bestimmung, Ausgabe 1962.
[2]) Stellventile für die Prozeßregelung, bestätigt Juni 1984.

Es muß aber darauf hingewiesen werden, daß alle Berechnungen von Drosselstellgliedern noch immer nur so genau sind, wie die zur Berechnung vorgegebenen Werte. Diese stammen aus der technologischen Beschreibung des zu automatisierenden Objekts und sind teilweise auch heute noch nur Schätzwerte (Projektierungsphase).

Hier liegen erhebliche Reserven zur Erhöhung der Genauigkeit! Verbesserte, genaue Auslegungsdaten führen über die richtige Anpassung an die Strecke zu einer bedeutenden Verbesserung ausgeführter Steuerungen und Regelungen.

Zur Charakterisierung eines Drosselstellgliedes haben Sie bereits in Abschnitt 6.3.1.2 die dimensionslose Widerstandszahl gemäß Gleichung (6.3.1–4) kennengelernt. Sie beschreibt das Durchflußverhalten $\Delta p_v = f(\dot{V})$ der Stellarmatur.

Der K_v-Wert (Ventildurchflußkoeffizient) beschreibt als „Einheitsdurchfluß" den gleichen Sachverhalt. Er wurde durch die Regelungstechnik eingeführt. Diese Kenngröße ist dimensionsbehaftet und wie folgt definiert:

K_v ist die Wasserdurchflußmenge in m³/h bei einem Differenzdruck von 1 bar und einer Wassertemperatur zwischen 5 und 50 °C.

DIN IEC 534 läßt für die Ventilkoeffizienten die Größen A_v[1]), K_v und C_v[2]) zu, die jeweils verschiedene Einheiten und Bezungsbedingungen aufweisen.

Bevor die Umrechnungsbeziehungen nach DIN IEC 534 erläutert werden, soll der K_v-Wert noch auf eine andere Weise einfach abgeleitet werden. Das kann das Verständnis der weiteren Ausführungen erleichtern:

$$A_v = \dot{V}\sqrt{\frac{\varrho}{\Delta p_v}}$$

$\dot{V}$	ϱ	Δp_v
$\dfrac{m^3}{s}$	$\dfrac{kg}{m^3}$	Pa

Die Gleichung (6.3.1–5) beschreibt das Durchflußverhalten (Bild 6.3.1–9) als quadratische Funktion.

Sie ermöglicht die Berechnung des Durchflusses durch eine Stellarmatur, wenn der Druckabfall, die Dichte des Förderstoffes und die Widerstandszahl bekannt sind.

$$\dot{V} = A_{DN}\sqrt{\frac{2\,\Delta p_v}{\zeta_{DN}\cdot\varrho}} \qquad (6.3.1-6)$$

---

[1]) A_v ist der „Leitwert" der Stellarmatur, $[A_v] = m^2$.
[2]) C_v ist der Durchflußkoeffizient im amerikanischen Bereich; $K_v = 0{,}857\,C_v$.

6.3 Stellglieder

Setzt man für die Bedingungen die **Bezugswerte für die K_v-Definition** ein, also

$$\Delta p_v = \Delta p_0 = 0,1 \text{ MPa} = 1 \text{ bar}$$
$$\varrho = \varrho_0 = 10^3 \text{ kg/m}^3$$
$$v_0 = 10^{-6} \text{ m}^2/\text{s}$$
$$(\eta_0 = 10^{-3} \text{ Pa} \cdot \text{s})$$

so folgt unmittelbar eine Bestimmungsgleichung für K_v

$$K_v = A_{DN} \sqrt{\frac{2 \Delta p_0}{\zeta_{DN} \cdot \varrho_0}} \quad ^1) \qquad (6.3.1-7)$$

Für die Bezugswerte (K_v-Wertbedingungen Δp_0, ϱ_0, v_0) stellt der Ventildurchflußkoeffizient ein spezielles Wertepaar des Durchflußverhaltens dar. Dieser Sachverhalt ist in Bild 6.3.1–9 verdeutlicht!

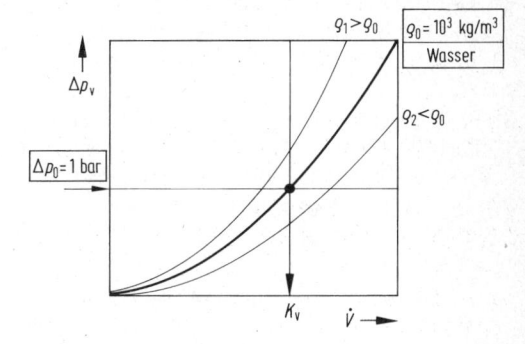

Bild 6.3.1–9 Durchflußverhalten einer Stellarmatur bei beliebigen und bei K_v-Wert-Bedingungen

Die Umrechnung beliebiger Durchflüsse und des K_v-Wertes folgt, wenn (6.3.1–7) durch (6.3.1–6) dividiert wird und wenn gleiche Widerstandszahlen ζ_{DN} für Betriebs- und Bezugszustand angenommen werden.

$$\frac{K_v}{\dot{V}} = \sqrt{\frac{\Delta p_0}{\varrho_0}} \sqrt{\frac{\varrho}{\Delta p_v}} \quad \text{oder} \quad K_v = \dot{V} \sqrt{\frac{\Delta p_0 \cdot \varrho}{\Delta p_v \cdot \varrho_0}} \qquad (6.3.1-8)$$

Die **Gültigkeit** dieser Gleichung **ist** auf den Fall turbulente Strömung inkompressibler flüssiger Newtonscher Förderstoffe [2]) **begrenzt**. Sie hat keinerlei Einheitenbezug und ist im Gegensatz zu den meisten in der Literatur verwendeten Zahlenwertgleichungen als reine Größengleichung besser anwendbar.

---

[1]) Daraus folgt die Umrechenbarkeit der Kenngrößen: ζ und K_v.

[2]) Newtonsche Fluide besitzen eine lineare Zuordnung der Schubspannung τ zum Schergefälle $\dot{\gamma}$ und deshalb eine definierte Viskosität $\left(\eta = \dfrac{\tau}{\dot{\gamma}}\right)$.

DIN IEC 534 legt fest (als spezieller Fall für K_v): (vgl. Abschnitt 6.3.1.2 ④!)

- *ohne Durchflußbegrenzung für Flüssigkeiten* (mit den Einschränkungen wie oben):

$$K_v = \frac{\dot{V}}{N_1 F_p F_R} \sqrt{\frac{\varrho/\varrho_0}{\Delta p_v}} \qquad (6.3.1-9)$$

$N_1 = 1$, wenn $[\varrho/\varrho_0] = 1$, $[p_1, p_2, p_v, \Delta p_v] = $ bar

$N_1 = 0{,}1$ wenn $[\varrho/\varrho_0] = 1$, $[p_1, p_2, p_v, \Delta p_v] = $ kPa

Beim Einsetzen von $\dot{V}$ in m³/h ergibt sich die gleiche Einheit von K_v. Die in der Gleichung erscheinenden weiteren Faktoren sind:

→ F_P – **Rohrleitungsgeometriefaktor:**

Er berücksichtigt die Einbaubedingungen, wenn die Nennweite der Armatur d nicht mit dem Innendurchmesser der Rohrleitung übereinstimmt.

$$F_p = \frac{1}{\sqrt{1 + \frac{\Sigma \zeta}{1{,}6 \cdot 10^{-3}} \left(\frac{K_v}{d^2}\right)^2}} \qquad (6.3.1-10)$$

$\Sigma \zeta$ ist dabei die Summe der Widerstandszahlen der Fittings der Einschnürung und Erweiterung.

Für Fälle mit Verengung und Erweiterung bei gleichem Verhältnis d/D (DN der Armatur/DN der Rohrleitung, $[d, D]$ = mm) kann F_P graphisch als Näherung dargestellt werden (Bild 6.3.1–10).

Untere Grenzen der Bereiche:

- ▨▨▨ Ventile mit Lochdrosselkörper
- ▨▨▨ Ventile mit Parabolkegeln und anderen Kegelformen
- ⁞⁞⁞ Drehkegelventile
- ▨▨▨ Stellklappen
- ▦▦▦ Kugelhähne

Im Schaubild sind auch die üblichen Bereiche für verschiedene Bauformen von Stellarmaturen angegeben. Diese unteren Begrenzungen kommen dadurch zustande, daß die einzelnen Konstruktionen nur begrenzte maximale K_{vs}-Werte in jeder Nennweitenstufe zulassen.

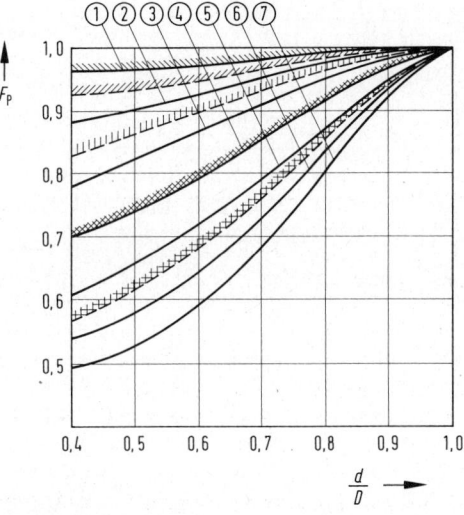

Bild 6.3.1–10 F_p in Abhängigkeit von K_v/d^2 und d/D für verschiedene Stellarmaturen
① $K_v/d^2 = 0{,}01$
② $K_v/d^2 = 0{,}02$
③ $K_v/d^2 = 0{,}03$
④ $K_v/d^2 = 0{,}04$
⑤ $K_v/d^2 = 0{,}05$
⑥ $K_v/d^2 = 0{,}06$
⑦ $K_v/d^2 = 0{,}07$
Bemerkung: $[d, D]$ – mm, $[K_v]$ = m³/h

→ F_R – Reynolds-Zahl-Faktor:

Er berücksichtigt den relativ erhöhten Strömungswiderstand bei kleineren Reynolds-Zahlen (vgl. Abschnitt 6.3.1.2 ③!). Nach der allgemeinen Gleichung für Re werden solche Zustände bei kleineren Durchflüssen, kleinen Nennweiten und höherer Viskosität erreicht. Dahinter verbergen sich auch Fälle mit kleinem Druckabfall am Stellventil. Der Faktor F_R dient zur Ermittlung des Vergrößerungsfaktors der Stellarmatur. Er wird meßtechnisch oder näherungsweise aus einem Schaubild (Bild 6.3.1–11) ermittelt.

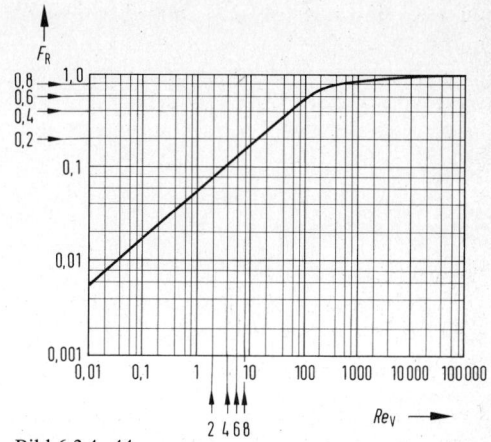

Bild 6.3.1–11
F_R in Abhängigkeit von der Ventil-Reynolds-Zahl

Dazu benötigt man die **Ventil-Reynolds-Zahl**. Deren Definition lautet

$$Re_v = \frac{7{,}07 \cdot 10^4 \cdot F_d \cdot \dot{V}}{\nu [F_P \cdot F_L \cdot K_v]^{1/2}} \left[\frac{F_P^2 \cdot F_L^2 \cdot K_v^2}{1{,}6 \cdot 10^{-3} \cdot D^4} + 1 \right]^{1/4} \quad (6.3.1-11)$$

Bemerkung: ν muß in 10^{-6} m²/s eingesetzt werden.

Die Gleichung vereinfacht sich, da der rechte Klammerausdruck außer für Kugelhähne und Stellklappen Werte nahe 1 annimmt.

Der K_v-Wert in dieser Gleichung ist zunächst so zu berechnen, als ob kein Reynolds-Zahlen-Einfluß vorläge. F_d nimmt den Wert 0,7 für Doppelsitzventile und Klappen, den Wert 1 für normale Ventilkonstruktionen an. Der Faktor F_L wird nur bei Durchflußbegrenzung wirksam, sonst ist der Wert 1 einzusetzen. Bemerkenswert ist, daß DIN IEC 534 auf die Angabe einer Grenzviskosität verzichtet, von der ab viskositätsbedingte Größenkorrekturen notwendig sind.

- mit *Durchflußbegrenzung für Flüssigkeiten:*

$$K_v = \frac{\dot{V}_{\max (L)}}{N_1 \cdot F_L \cdot F_R} \sqrt{\frac{\varrho/\varrho_0}{p_1 - F_F \cdot p_v}} \quad (6.3.1-12)$$

Dabei ist $\dot{V}_{\max (L)}$ der maximale Durchfluß bei Eintritt der Durchflußbegrenzung (vgl. 6.3.1.2 ④!). F_L berücksichtigt den Einfluß der Ventilgeometrie und F_F die Nähe des Druckes in der vena contracta bei Durchflußbegrenzung zum Verdampfungsdruck p_v der Förderflüssigkeit. Dabei spielt auch die Lage des Zustandes relativ zum Zustand am kritischen Punkt des Förderstoffes eine Rolle.

Die Berechnung ist in der genannten Norm und kommentierender Literatur genau beschrieben. Ebenso ist dort die Verfahrensweise für über- und unterkritische Entspannung von Gasen, für Mehrphasenströmung u. a. m. festgelegt.

Übung 6.3.1–4

In einer Rohrleitung DN 50 sollen $\dot{V} = 52$ m³/h einer Flüssigkeit geringer Viskosität mit der Dichte $\varrho = 1200$ kg/m³ fließen. Für das Stellventil stehen $\Delta p_v = 2,4$ bar zur Verfügung.

Der Druck vor dem Stellventil p_1 sei so hoch, daß keine Durchflußbegrenzung zu erwarten ist. Bestimmen Sie den K_v-Wert!

(Nehmen Sie an, daß Prospekte die Lieferung eines geeigneten Stellventils mit einem K_{vs}-Wert größer als der berechnete – aber nahe an diesem – in der gleichen Nennweite DN 50 garantieren!)

Übung 6.3.1–5

Es liegen die gleichen Bedingungen wie bei Übung 6.3.1–4 vor. Die Rohrleitung sei jedoch bereits in DN 100 ausgeführt. Es soll das gleiche Stellventil DN 50 verwendet werden. Kann der gleiche gewählte K_v-Wert verwendet werden?

Übung 6.3.1–6

Es liegen die gleichen Bedingungen wie bei Übung 6.3.1–4 vor, jedoch ist die Viskosität der Flüssigkeit mit $v = 5 \cdot 10^{-3}$ m²/s gegeben. Es handele sich um ein Einsitz-Stellventil.

Bestimmen Sie den den erforderlichen K_v-Wert!

6.3.1.4 Kennlinien von Drosselstellgliedern

Lernziele

Nach Durcharbeiten dieses Kapitels können Sie
- die funktionelle Abhängigkeit der Kenngröße K_v-Wert von der Hubstellung der Stellarmatur beschreiben,
- die stellungsabhängigen K_v-Werte für die lineare und gleichprozentige Kennliniengrundform berechnen,
- die zur Beschreibung der Kennlinien definierten speziellen Größen interpretieren und anwenden,
- den Einfluß des theoretischen Stellverhältnisses auf den Kennlinienverlauf diskutieren.

Die Stellarmaturen werden – wie bereits beschrieben – in unterschiedliche Steuer- und Regelstrecken eingesetzt. Es ist gut vorstellbar, daß deshalb die Armaturen auch verschiedene **statische Kennlinien** besitzen müssen. Um gut überschaubare Verhältnisse zu erhalten, wird der **K_v-Wert** als charakteristische Größe verwendet, seine **Abhängigkeit vom Hub** oder dem Drehwinkel der Armatur wird als K_v-**Kennlinie** bezeichnet.

$$K_v = f\,(\text{Hub/Drehwinkel})$$

Den theoretischen, idealisierten, normierten Verlauf bezeichnet man als K_v-**Kennliniengrundform**.

Armaturen, deren Drosselelemente eine unterschiedliche geometrische Formgebung zulassen, werden bewußt mit bestimmten Kennlinien versehen. Diese Formen sind:

lineare Kennliniengrundform
gleichprozentige Kennliniengrundform
AUF–ZU-Kennlinie
(modifiziert gleichprozentig)
(modifiziert linear)
(optimal, polynom)

Die in Klammern gesetzten Formen werden nicht von allen Herstellern angeboten. Deshalb werden nur die ersten beiden genauer dargestellt. An die AUF-ZU-Kennlinie werden keine besonderen Anforderungen gestellt. Es genügen solche Formen, wie sie in Bild 6.3.1–18 (Teilbild A ④) dargestellt sind.

Einige Armaturenkonstruktionen lassen keine besondere geometrische Formgebung der Drosselkörper zu und besitzen dann **natürliche Kennlinienformen**. Als Beispiel werden Drehkegelventile, Quetsch- oder Klemmventile und auch – mit Einschränkung – Drosselklappen genannt. Sollen diese die Bedingungen der ersten Gruppe erfüllen, so müssen die Kennlinien im Antrieb durch nichtlineare Zuordnung der mechanischen Stellgröße zum Eingangssignal oder durch Getriebe erzeugt werden.

Zur Kennlinienbeschreibung ist noch die nebenstehende Definition einiger Größen nötig.

$K_{v\,100}$ ist der K_v-Wert bei vollem Hub H_{100}[1]) oder vollem Maximaldrehwinkel φ_{100}.

K_{vs} **ist der Nennwert einer Bauserie bei** H_{100}, φ_{100}.

$K_{v\,0}$ ist der theoretische Wert bei geschlossener Armatur.

$\dfrac{K_v}{K_{vs}}$ ist der bezogene K_v-Wert

$$\left(\text{DIN IEC 534: } \Phi = \frac{K_v}{K_{vs}}\right).$$

$\dfrac{K_{vs}}{K_{v\,0}}$ **ist das theoretische Stellverhältnis**

$$\left(\text{DIN IEC 534: } \Phi = \frac{K_{v\,0}}{K_{vs}}\right).$$

$\dfrac{K_{vs}}{K_{vr}}$ ist das **nutzbare Stellverhältnis** mit K_{vr} als niedrigstem K_v-Wert, bei dem die Neigungstoleranz der Kennlinie noch eingehalten wird.

---

[1]) Die Zahlenindizes beziehen sich auf die Hub-/Drehstellung in Prozent.

Eine einheitliche normierte Darstellung der Kennlinien erhält man, wenn man die bezogenen K_v-Werte über der bezogenen Stellgröße (H/H_{100} oder φ/φ_{100}, im folgenden kurz immer als H/H_{100} bezeichnet) aufträgt (Bild 6.3.1–12).

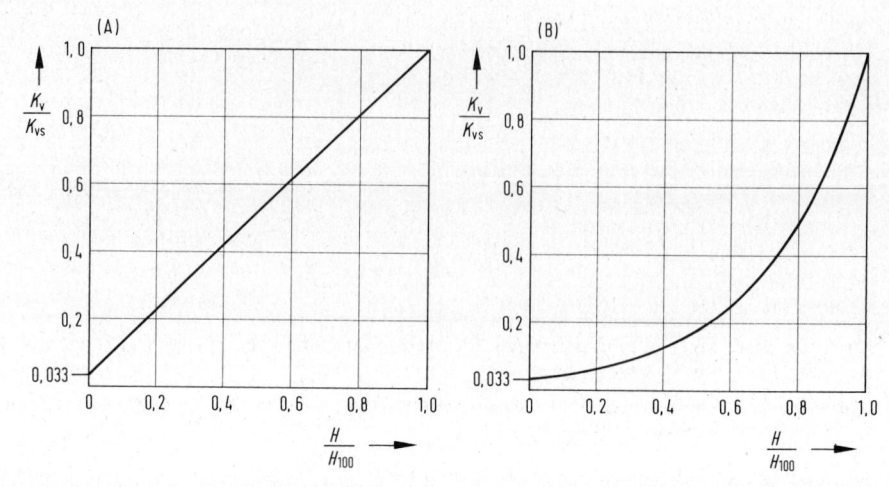

Bild 6.3.1–12 K_v-Kennlinien (Grundform, theoretischer Verlauf) für das theoretische Stellverhältnis 30:1 (A) linear, (B) gleichprozentig

Die Kennlinienverläufe werden mathematisch formuliert:

linear:

$$\frac{K_v}{K_{vs}} = \frac{K_{v0}}{K_{vs}} + n_{\text{lin}} \frac{H}{H_{100}}$$

$$\text{mit} \quad n_{\text{lin}} = 1 - \frac{K_{v0}}{K_{vs}} \qquad (6.3.1-13)$$

gleichprozentig:

$$\frac{K_v}{K_{vs}} = \frac{K_{v0}}{K_{vs}} \cdot e^{(n_{gl} \cdot H/H_{100})}$$

$$\text{mit} \quad n_{gl} = \ln \frac{K_{vs}}{K_{v0}} \qquad (6.3.1-14)$$

Für den Kennlinienverlauf ist also auch das Stellverhältnis mitbestimmend.

Da der in der theoretischen Beschreibung benutzte Wert $K_{v0} \neq 0$ ist, „schließen" die **Stellarmaturen** offensichtlich theoretisch **nicht völlig dicht**. Sie sollen dies auch nicht! Sie sind für den Betrieb der Steuerung oder Regelung ausgelegt. In Nähe der Schließstellung sind sie aber trotzdem besser als es der Wert K_{v0} angibt. Sie sind alle mit meist kegelförmigen Dichtflächen zusätzlich ausgerüstet. Das verändert den Kennlinienverlauf gegenüber dem theoretischen in Nähe der Schließstellung wesentlich (Bild 6.3.1–13).

Dadurch stimmen theoretisches und praktisch nutzbares Stellverhältnis häufig nicht überein. Es kommt durch Verschleiß praktisch auch häufig zu Verschlechterungen während einer längeren Betriebszeit.

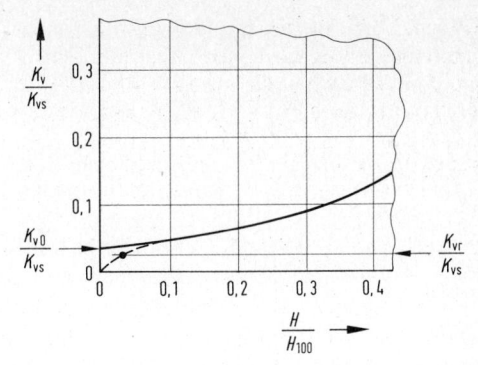

Bild 6.3.1–13 Praktischer Verlauf der K_v-Kennlinie im unteren Hubbereich am Beispiel der gleichprozentigen Kennliniengrundform für das theoretische Stellverhältnis 30:1

Übung 6.3.1–7

Berechnen Sie die K_v-Kennliniengrundform für den Fall „gleichprozentig" mit den theoretischen Stellverhältnissen 20:1 und 50:1!
Zeichnen Sie nach der Berechnung die entsprechenden Verläufe in Bild 6.3.1–12 ein!

Das theoretische Stellverhältnis ist oft konstruktiv bestimmt. Es sollte nicht zu klein sein, da sich unter Betriebsbedingungen bezogen auf den Volumenstrom ohnehin Verschlechterungen ergeben.

Praktisch können die statischen Kennlinien der Stellarmaturen von den theoretischen Vorgaben nach genormten Festlegungen abweichen. Das betrifft die **Neigungen der Kennlinien** ebenso wie auch deren Endwert K_{vs}. Die zulässigen Toleranzen sind in VDI/VDE 2173 und in DIN IEC 534 verschieden beschrieben.

Übung 6.3.1–8

Unterrichten Sie sich über die zugelassenen Abweichungen durch das Studium der Vorschriften DIN IEC 534 – 1 und VDI/VDE 2173!

Übung 6.3.1–9

Überlegen Sie anhand Ihrer Ergebnisse zur Übung 6.3.1–7, warum die gleichprozentige Kennlinie diese Bezeichnung trägt.

Übung 6.3.1–10

Ein Stellventil mit $K_{vs} = 100$ m³/h und gleichprozentiger Kennlinie steht in der Hubstellung 50 %. Es wird von $\dot V = 40$ m³/h eines dünnflüssigen Förderstoffes der Dichte $\varrho = 1{,}1 \cdot 10^3$ kg/m³ durchflossen. Berechnen Sie die Größe der sich einstellenden Druckdifferenz am Stellventil ($K_{vs}/K_{v0} = 30$)!

6.3.1.5 Statische Stellkennlinien von Drosselstellgliedern in Anlagen

Lernziele

Nach Durcharbeiten dieses Kapitels können Sie
- den Einfluß veränderlicher Druckdifferenzen auf den Kennlinienverlauf diskutieren,
- den Begriff der statischen Stellkennlinie anwenden und gegenüber dem Begriff der K_v-Kennlinie abgrenzen,
- den Verlauf der statischen Stellkennlinie aus der stellwegabhängigen Lage der Arbeitspunkte eines Strömungssystems mit Arbeitsmaschine ableiten,
- aus der Verwandtschaft der Kennlinien beschreibende Kenngrößen für die Berechnung der Betriebskennlinien ableiten,
- den Verlauf der Betriebs(durchfluß)kennlinie für beliebige (vorgegebene) K_v-Kennlinien berechnen.

Die Abhängigkeit der Steuer- oder Regelgröße von der Stellgröße $X = f(Y)$ **wird als statische Stellkennlinie** bezeichnet. Im folgenden sollen nur Steuer- oder Regelstrecken beschrieben werden, bei denen der Durchfluß die interessierende Größe X ist. Diese Kennlinien $\dot{V} = f(Y)$, die das Verhalten von Objekten mit der Regelgröße $\dot{V}$ beschreiben, werden als Betriebskennlinien – oder besser Betriebs(durchfluß)kennlinien – bezeichnet.

Sie sind von den in Abschnitt 6.3.1.4 beschriebenen K_v-Kennlinien verschieden. Der Grund besteht darin, daß bei Stellarmaturen in Anlagen die Druckdifferenz Δp_v nicht konstant ist. Das wird schon aus Gleichung (6.3.1-8) klar, die zweckmäßiger nach der interessierenden Größe umgestellt wird.

$$\dot{V} = K_v \sqrt{\frac{\Delta p_v}{\Delta p_0}} \sqrt{\frac{\varrho_0}{\varrho}} \qquad (6.3.1-15)$$

Während ϱ_0/ϱ in Anlagen nahezu konstant bleibt, ist $\Delta p_v/\Delta p_0$, wie schon bemerkt, variabel. Ist diese Änderung nun noch vom erreichten Hub abhängig, so kommen auch noch Formänderungen der Betriebskennlinien gegenüber den K_v-Kennlinien-Grundformen zustande.

Bild 6.3.1–14 zeigt zunächst einmal das Schema der Anlage mit Behältern, Rohrleitungen, Pumpe, Stell- und Meßeinrichtung.

Geometrisch zugeordnet ist der Verlauf des Druckes längs der Anlage. Ein Teil der mit Hilfe der Pumpe übertragenen Energie wird durch Reibungsvorgänge in meist nicht nutzbare Dissipationsenergie umgewandelt. Ein anderer Teil gelangt als Nutzenergie mit dem Förderstoff in Form von Druckenergie und

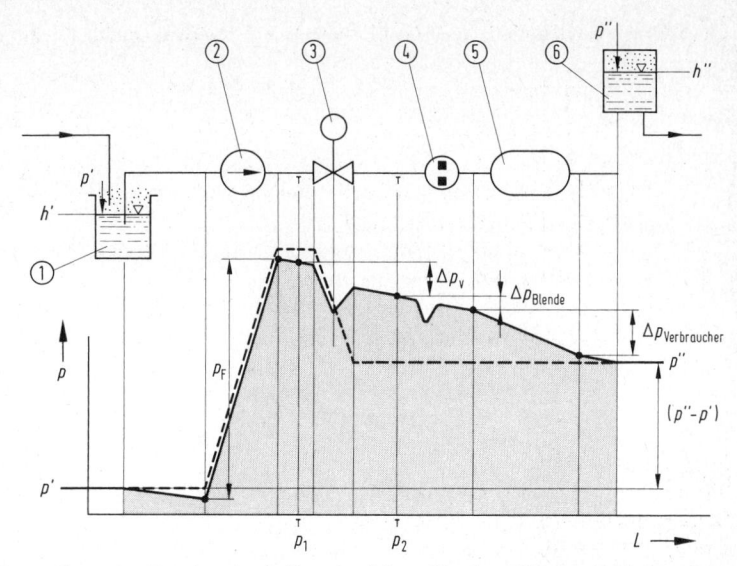

Bild 6.3.1–14 Schematische Darstellung des Druckverlaufs über der Länge für eine Flüssigkeitsförderanlage
① Saugbehälter, ② Pumpe, ③ Stellarmatur mit Antrieb, ④ Durchflußmeßgerät (Blende), ⑤ Apparat (Filter, Reaktor, Wärmeübertrager), ⑥ Druckbehälter
Darstellung ohne Beachtung der potentiellen Energie (geodätische Höhe), ' Größen im Saugbehälter, " Größen im Druckbehälter, ——— Verlauf bei Betrieb, ‐ ‐ ‐ ‐ ‐ ‐ Verlauf nach Schließen der Armatur

potentieller Energie in den Druckbehälter. Der Stelleingriff spielt sich im Bereich der **volumenstromabhängigen Druckänderungen** (Verluste) ab. Gestrichelt ist auch dargestellt, wie sich der Druckverlauf nach dem Schliessen der Stellarmatur einstellt, wenn sich die Anlagendaten $[(p'' - p'), (h'' - h')]$ noch nicht geändert haben. Deren Änderungen erfolgen meist viel langsamer als der Stelleingriff.

innerer Pumpendruckverlust Δp_P
Anlagendruckverlust Δp_A
Druckverlust Δp_v an der Stellarmatur

Bild 6.3.1–15 zeigt nun die aus der Technik der Kraft- und Arbeitsmaschinen bekannten Zusammenhänge als p_F, $\dot V$-Schaubild, wobei hier statt der **Förderhöhe** $H_{(F)}$ der **Förderdruck** p_F eingeführt wurde [1]).

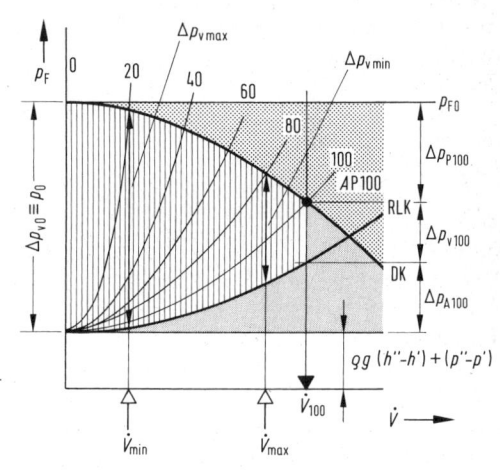

Bild 6.3.1–15 Druckverhältnisse an Stellarmaturen in Anlagen bei verschiedenen Hubstellungen
DK – Drosselkennlinie
RLK – Rohrleitungskennlinie (ohne Stellarmatur)
AP – Arbeitspunkt
0 bis 100 Hubstellungen der Armatur
p_{F0} Nullförderdruck der Pumpe
Δp_P Pumpendruckverlust (innerer)
Δp_A Anlagendruckverlust
Δp_v Druckverlust an der Stellarmatur

---

[1]) $p_F = H_{(F)} \cdot \varrho \cdot g$, $[p_F] = \text{Pa}$, $[H] = \text{m}$, $[\varrho] = \dfrac{\text{kg}}{\text{m}^3}$,
$[g] = \dfrac{\text{m}}{\text{s}^2}$

Die **Drosselkennlinie** (DK) der Arbeitsmaschine (Pumpe) gibt den erreichbaren Förderdruck zu jedem Volumenstrom an. Es gelte die Vereinfachung quadratisch vom Volumenstrom abhängiger Innenverluste Δp_P. Dann ist

$$p_F = p_{F0} - \Delta p_P = p_{F0} - K_P \cdot \dot{V}^2 \quad (6.3.1-16)$$
(p_{F0} – Nullförderdruck)

Die **Rohrleitungskennline** (RLK) gibt die notwendigen Förderdrücke zur Überwindung aller „Förderwiderstände" für jeden Volumenstrom an. Sind die Druckverluste der Anlage Δp_A quadratisch vom Volumenstrom abhängig, so gilt

$$\begin{aligned} p_F &= (p'' - p') + \varrho\, g\, (h'' - h') + p_A \\ &= p_{Beh} + \Delta p_{geod} + K_A \cdot \dot{V}^2 \end{aligned} \quad (6.3.1-17)$$

Die **statischen Anteile** des Förderdruckes Δp_{Beh} (Behälterdruckdifferenz) und Δp_{geod} (Druckdifferenz entsprechend der geodätischen Höhendifferenz) sind von der momentanen Größe des Volumenstromes unabhängig. Für das Stellventil verbleiben deshalb nur Druckdifferenzen zwischen DK und RLK.

Die **Druckdifferenzen**, die an der Stellarmatur zum Eingriff in den Stoffstrom in Anlagen zur Verfügung stehen, sind **je nach Hubstellung verschieden**. Werden Drossel- und Rohrleitungskennlinien mit quadratischen Verläufen angenommen, so gilt auch für den Druckverlust eine solche funktionelle Verknüpfung.

Die Bilder 6.3.1–14 und –15 zeigen auch anschaulich, daß unter den gewählten Bedingungen eine Hubabhängigkeit besteht. Wird die Anlage durch Schließen der Armatur stillgesetzt, so wirkt die Druckdifferenz $\Delta p_{v0} = p_0$ (Maximalwert); bei voller Öffnung jedoch Δp_{v100} (Minimalwert). In solchen Feldern bewegen sich die Arbeitspunkte (AP) aller Stellarmaturen in Anlagen.

In Anlagen sind den Maximalwerten des Durchflusses immer die Minimalwerte des Druckverlustes an der Stellarmatur **zugeordnet und den Minimalwerten des Durchflusses immer die Maximalwerte des Druckverlustes.** Diese bilden immer Wertepaare.

$\dot{V}_{max}$	$\dot{V}_{min}$
$\Delta p_{v\,min}$	$\Delta p_{v\,max}$

Alle Drücke und Druckverluste sind in Bild 6.3.1–15 streng bestimmten Volumenströmen zugeordnet. Deshalb kann dieses Bild auch nach den Prinzipien der Superposition umgezeichnet werden und es entsteht Bild 6.3.1–16.

6.3 Stellglieder

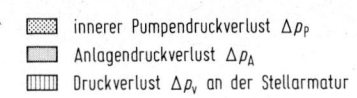

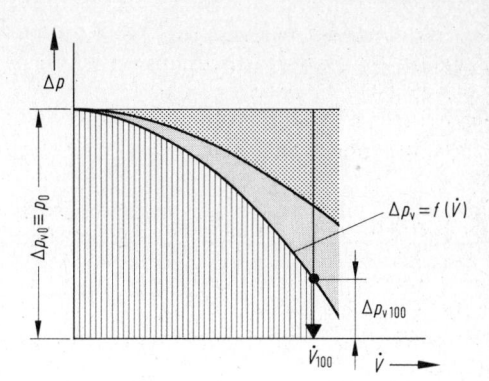

▒▒▒▒ innerer Pumpendruckverlust Δp_P
▭ Anlagendruckverlust Δp_A
▦▦▦ Druckverlust Δp_v an der Stellarmatur

Bild 6.3.1–16 Druckverlust von Stellarmaturen

Daraus kann man ableiten, wie die Funktion $\Delta p_v = f(\dot V)$ aussieht; es gilt

$$\Delta p_v = p_0 - \frac{(p_0 - \Delta p_{v100})}{\dot V_{100}^2} \cdot \dot V^2 \qquad (6.3.1-18)$$

Der prinzipielle Verlauf ist nicht abhängig von der Art der Stellarmatur, wohl aber von der Größe des gewählten Ventils – also Δp_{v100} – und den Eigenschaften der Anlage einschließlich der Pumpe. Deshalb ist auch ein **Parameter** wie $\Delta p_{v100}/p_0$ [1]) – für den jeweils vorliegenden praktischen Fall – für die Änderung von Δp_v in Gleichung (6.3.1–15) charakteristisch.

Will man die Abhängigkeit des normierten Durchflusses vom normierten Hub einer Stellarmatur bestimmen, so kann man folgenden Weg gehen: Aus der Gültigkeit der K_v-Wert-Gleichung (6.3.1–8) kann man für verschiedene Hubstellungen den jeweiligen Volumenstrom bestimmen, wenn man die jeweils wirksame Druckdifferenz Δp_v kennt. Dies ist aber nun über Gleichung (6.3.1–18) der Fall. Es gelten für einen beliebigen Hub H

$$\dot V = K_v \sqrt{\frac{\Delta p_v}{\Delta p_0}} \sqrt{\frac{\varrho_0}{\varrho}}$$

und für den Hub 100%

$$\dot V_{100} = K_{v100} \cdot \sqrt{\frac{\Delta p_{v100}}{\Delta p_0}} \sqrt{\frac{\varrho_0}{\varrho}}$$

und folglich für den normierten Durchfluß

$$\frac{\dot V}{\dot V_{100}} = \frac{K_v}{K_{v100}} \sqrt{\frac{\Delta p_v}{\Delta p_{v100}}} \qquad (6.3.1-19)$$

---

[1]) Hierfür ist auch der **relative Druckabfall** (psi) $\psi = \dfrac{\Delta p_{v100}}{p_0}$ als Parameter in Gebrauch. Auch P_v – die **Ventilautorität** – beschreibt den gleichen Sachverhalt.

Nimmt man die Gleichung (6.3.1–18) hinzu, so folgt nach entsprechenden Umformungen:

$$\frac{\dot{V}}{\dot{V}_{100}} = \frac{1}{\sqrt{1 + \frac{\Delta p_{v100}}{p_0}\left[\left(\frac{K_{v100}}{K_v}\right)^2 - 1\right]}}$$

(6.3.1–20)

Dies ist die Gleichung der **Betriebs(durchfluß)kennlinie**. An der Stelle K_v kann die Kennliniengleichung nach (6.3.1–13 oder –14) eingesetzt werden. Daraus folgen die charakteristischen Verläufe nach Bild 6.3.1–17.

Sie werden für lineare (Bild A) und gleichprozentige (Bild B) Kennliniengrundform – hier für ein theoretisches Stellverhältnis von 30:1 – aufgezeichnet.

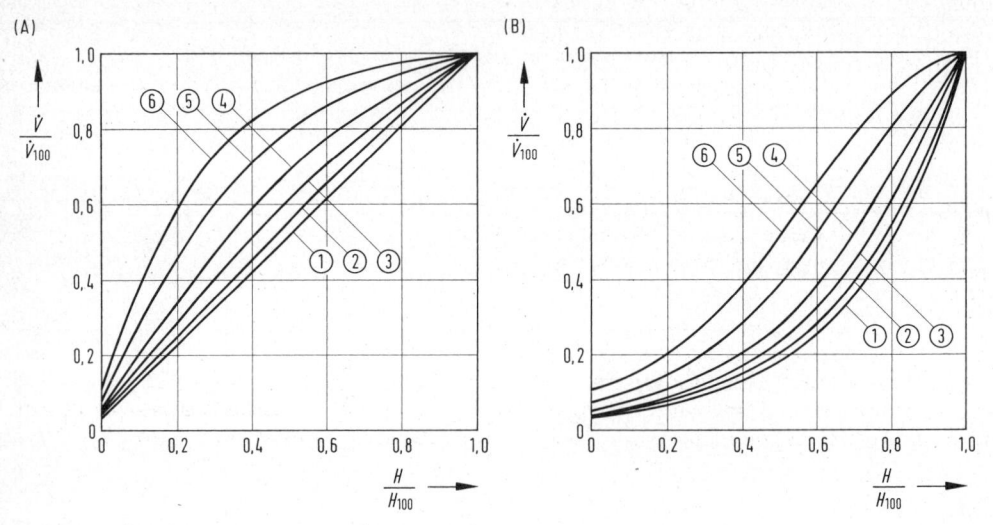

Bild 6.3.1–17 Betriebskennlinien von Stellarmaturen für die Regelgröße Volumenstrom bei einem theoretischen Stellverhältnis 30:1, normierte Darstellung
(A) lineare, (B) gleichprozentige Kennliniengrundform

Werte für $\frac{\Delta p_{v100}}{p_0} = \psi$

① 1   ② 0,8   ③ 0,6   ④ 0,4   ⑤ 0,2   ⑥ 0,1

Bedingt durch den mit kleiner werdendem Hub ansteigenden Druckabfall am Ventil sind alle Kurven gegenüber der Kennliniengrundform nach oben durchgebogen. Diese Erscheinung wird um so mehr ausgeprägt, je kleiner der ψ-Wert ($\Delta p_{v100}/p_0$) wird. Dieser charakterisiert den der Stellarmatur zugebilligten Anteil an der gesamten dynamischen Druckdifferenz p_0.

Dieser kann natürlich im Betrieb nicht den Wert 1 annehmen. Die dargestellten Betriebskennlinien liefern die Grundlage zu einer technisch vernünftig begründeten Stellarmaturenauswahl.

Im Betriebszustand werden alle K_v-Kennlinien zu Betriebskennlinien verformt. Diese Verformung ist um so ausgeprägter, je geringer der der Stellarmatur zur Verfügung stehende Druckverlust ist. Da dieser gleichzeitig praktisch einem Verlust an nutzbarer Energie gleichkommt, wird für die Stellarmatur immer nur ein kleinerer Teil des Förderdruckes zugebilligt.

Praktische Erfahrungen zeigen, daß bei voller Öffnung der Stellarmatur häufig eine Druckdifferenz in der Größenordnung von 30% des gesamten dynamischen Förderdruckes p_0 vorgesehen wird. Im Auslegungspunkt, der nicht mit der Öffnug 100% identisch ist, sind es oft 50% dieses Druckverlustes der gesamten Anlage.

Störungen im Rohrleitungssystem, die generell durch alle Betriebsbedingungen der Anlagen verursacht sein können, **ändern den Verlauf der Betriebskennlinien** und erfordern den Stelleingriff.

Für die Steuer- oder Regelgröße Druck gelten die Ausführungen dieses Kapitels nicht, sie müssen über das gleiche Prinzip neu abgeleitet werden und liefern Betriebs(druck)kennlinien.

Überlegungen zur Kennlinienauswahl gehen stets von den Betriebskennlinien aus.

Übung 6.3.1–11

Überlegen Sie, unter welchen Bedingungen die normierte Form der Betriebskennlinie

a) mit der normierten Kennliniengrundform übereinstimmt,
b) der normierten Kennlinienform nahekommt,
c) dem linearen Verlauf $\dot{V}/\dot{V}_{100} = K_s \cdot \dfrac{H}{H_{100}}$ am nächsten kommt.

Übung 6.3.1–12

Stellen Sie mit Hilfe von Bild 6.3.1–14 und der dargelegten Ableitungen fest, was in einem Strömungssystem als Störgröße wirksam werden kann!

6.3.1.6 Bauformen und Eigenschaften

Lernziele

Nach Durcharbeiten des Kapitels können Sie

- verschiedene Bauformen von Stellarmaturen einschließlich der speziellen Eigenschaften unterscheiden,
- die mit den verschiedenen Bauformen erreichbaren K_v-Kennlinien angeben,
- erkennen, welche Stellarmaturen nur „natürliche" Kennlinien haben (strömungstechnisch und konstruktiv bedingt),
- die Anpassungsmöglichkeiten der verschiedenen Bauformen hinsichtlich Größe und Kennlinienform beschreiben.

Sie haben bereits im Abschnitt 6.2.2 eine Übersicht über mögliche Bauformen von Drosselstellgliedern kennengelernt. Alle diese **Bauformen** sind mit der Zielstellung entwickelt worden, die Stelleingriffe den jeweiligen Bedingungen in der praktischen Anwendung **möglichst vollständig anzupassen.**

Es geht dabei um folgende Komplexe:
- Angebot verschiedener Kennlinienformen
- Angebot möglichst großer oder kleiner (oder vieler) K_{vs}-Werte
- Manipulierbarkeit durch Umrüstung
- betriebstechnische Eignung.

Der zuletzt genannte Komplex umfaßt:

Eignung für den Förderstoff, den Betriebsdruck, die Betriebstemperatur – aber auch Fragen der Entleerbarkeit – Entsorgung, Wartungsarmut, Lebensdauer, Dichtheit nach außen und innere Dichtheit, Lärmemission[1]).

Natürlich sind diese Gesichtspunkte für den sicheren Betrieb wichtig und müssen durch richtige Auswahl aus der breiten Palette der Angebote erfüllt werden.

Für das Anliegen dieses Abschnitts sind aber die zuerst genannten Gesichtspunkte bedeutungsvoller.

Nachfolgend Bemerkungen zu den wichtigsten Bauarten, und ihren Eigenschaften (Tabellen 6.2.2–2, 6.3.1–1).

---

[1]) Bekämpfung der übermäßigen Lärmemission ist durch primäre Maßnahmen (Lochkegel, mehrstufige Entspannung, Vermeidung der Kavitationsnähe) und sekundär durch Schalldämpfer möglich.

6.3 Stellglieder

Tabelle 6.3.1−1 Bauformen von Drosselstellgliedern − Eigenschaften

Eigenschaft \ Bauform	Hub-Stellventile	Drehkörperventile	Drosselklappen	Quetschventile	Stellhähne
verfügbare K_V-Kennlinie	alle Formen meist lin. und gl.	meist "natürliche Kennlinien"	"natürliche Kennlinien"	keine exakt gleiche "natürliche Kennlinien"	meist "natürliche Kennlinien"
verfügbarer K_{VS}-Wert in einer DN-Stufe	viele meist 2 bis 5 extrem 10	wenige	wenige (2)	(wenige)	wenige
maximaler K_{VS}-Wert in einer DN-Stufe	mittel	groß	sehr groß	groß	groß
minimaler K_{VS}-Wert in einer DN-Stufe	klein extrem : sehr klein	keine kleinen	keine kleinen	keine kleinen	keine kleinen
Anpassbarkeit an das Automatisierungsobjekt	Austauschbarkeit von Drosselkörpern	Austausch	Austausch ggf. Bewegungsbegrenzung	Austausch	Austausch
Forderung: dichtschließend	nur bei Bedarf	erfüllt	erfüllbar	erfüllt	erfüllt
Stellverhältnis	verschieden	groß	groß	groß	groß
freier Durchgang (Unempfindlichkeit gegen Schmutz)	verschieden	groß	groß	groß	groß

Stellventile (vgl. Bild 6.3.1−5!)

Es gibt Stellventile mit allen in Abschnitt 6.3.1.4 genannten Kennlinienformen (Bild 6.3.1−18A). Die Drosselkörper führen Hubbewegungen aus. Die Formen der Drosselkörper sind verschieden:

− Parabolkegel sind besonders konturiert
− Käfigventile besitzen konturierte größere fensterförmige Öffnungen oder viele − besonders verteilte − kleinere Bohrungen in Käfigen und zylinderförmige Drosselkörper.
− Laternenkegel besitzen mehrere besonders geformte seitliche Ausschnitte (am Umfang verteilt).
− Konturkegel besitzen Abflachungen seitlich an einem zylinderförmigen Drosselkörper.
− Stufenkegel besitzen mehrere hintereinanderliegende Drosselstellen (für große Druckdifferenzen)

Es gibt meist auch druckentlastete Bauweisen, welche die Kraftwirkungen im Ventil wesentlich senken. Außerdem gibt es die Durch-

> Durch die Gestaltung der Geometrie der Drosselkörper und Sitze sind **verschiedene Kennlinienformen** meist gut herstellbar, bei Bedarf ggf. (auch selbst) noch abwandelbar.

Formen der Drosselkörper

gangs-, die Eck- und die Doppelsitzbauform sowie Misch- und Verzweigungsventile.

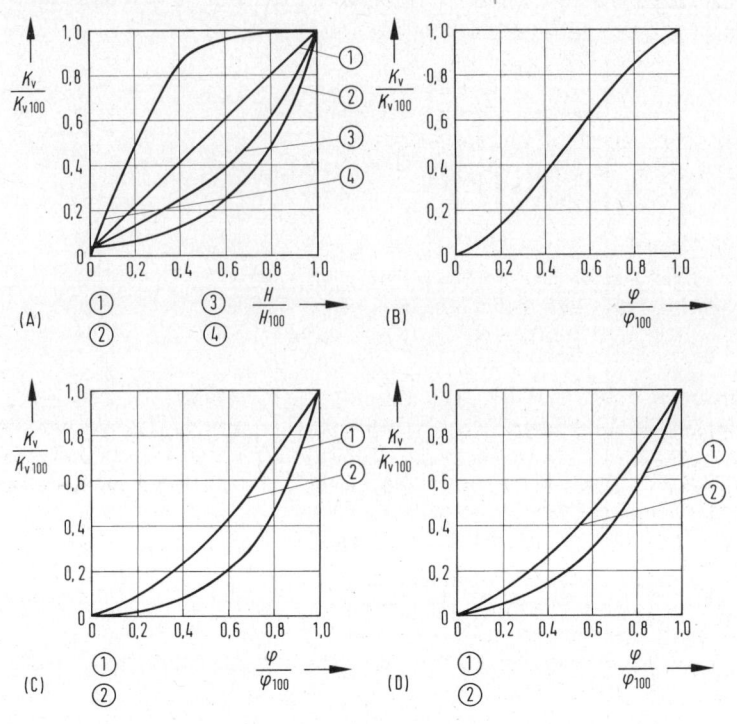

Bild 6.3.1–18 K_v-Kennlinien von Stellarmaturen
(A) Stellventile
  ① linear, ② gleichprozentig, ③ modifiziert (optimal), ④ AUF-ZU
(B) Drehkugelventile (CAMFLEX), $\varphi_{100} = 50°$
(C) Kugelhähne
  ① Kugelhahn, AUF-ZU, $\varphi_{100} = 90°$, ② Kugelventil, VEE-BALL, $\varphi_{100} = 60°$
(D) Stellklappen
  ① durchschlagend, $\varphi_{100} = 60°$, ② anschlagend, $\varphi_{100} = 70°$
Bemerkung: der Stellweg ist entweder der Stellhub H oder der Stellwinkel φ

Drehkörperventile
Die Drosselkörper führen gegenüber dem Sitz eine drehende Bewegung aus. Die wichtigsten Vertreter sind

- **Drehkegelventile;** dabei wird ein balliger Ventilkegel zunächst vom Sitzkörper leicht abgehoben und dann aus der Strömung seitlich hinausgedreht. Es entsteht eine „natürliche Kennlinie" (Bild 6.3.1–18 B). Die Ventilspindel ist meist drehend.
- **Kugelventile;** dabei wird ein kugelförmiger Drosselkörper, der entweder eine meist

Drehkörperventile besitzen eine feste geometrische Gestalt. Die **Kennlinien sind meist nicht variierbar**. Es gibt fast nur **natürliche Kennlinien.**

V-förmige Aussparung oder eine durchgehende Öffnung trägt, gegenüber dem Ventilgehäuse gedreht. Die Form der Aussparung läßt eine geringe Variation der Kennlinie prinzipiell zu. Ansonsten kann die Kennlinie durch blendenähnliche zusätzliche Einbauten vor dem Kugeldrosselkörper verschieden gestaltet werden. Die Normalbauform hat „natürliche Kennlinien" (Bild 6.3.1–18 C). Die Spindel ist drehend.

Drosselklappen

Der Drosselkörper ist eine zur Rohrachse senkrecht drehbare meist ebene Platte. Der Sitzkörper ist identisch mit dem Klappengehäuse. Es gibt:

- **durchschlagende Klappen**, bei denen die Klappenscheibe etwas kleiner als der Gehäuseinnendurchmesser ist
- **anschlagende Klappen** mit größerem Scheibendurchmesser oder mit Anschlagleisten
- Stellklappen mit **profilierten Klappenscheiben**

Der maximale nutzbare Stellwinkel beträgt 60 bis 75°. Das ist nicht nur durch den sonst ungünstigen Kennnlinienverlauf, sondern vor allen Dingen auch durch die Kraftwirkung der Strömung auf die Platten bedingt. Einfache Stellklappen haben einen hohen Druckrückgewinn und eine ausgeprägte Neigung zur Kavitation. Kennlinienverlauf auf Bild 6.3.1–18 D).

Bemerkungen zu weiteren Bauformen:

Stellhähne werden gebaut als Kegelkükenhähne mit profilierten Einsätzen und großen Stellverhältnissen und wählbaren Kennlinien oder auf der Basis von Kugelhähnen, dann mit vorgeschalteten blendenähnlichen Scheiben zur Kennlinienerzeugung.

Membran- und Klemmenschlauchventile besitzen keine exakt definierten (natürlichen) Kennlinien – aber betriebstechnische Vorteile für besondere Förderstoffe.

Abschließend sei bemerkt, daß die Hersteller die Stellarmaturen mit „natürlichen Kennlinien" auch mit Kennlinien gemäß Abschnitt 6.3.1.4 anbieten. Diese K_v-Kennlinien-Grundformen werden dann durch Kurvenscheiben im Positioner antriebsseitig – mitunter auf Kosten der Genauigkeit des Stelleingriffs oder der Stabilität erzeugt. Es muß auch festgestellt

Stellklappen haben wegen des geringen Spielraumes zur Veränderung der stömungstechnisch wirksamen Geometrie **fast ausschließlich nur „natürliche Kennlinien"**.

Stellhähne können spezielle Kennlinien haben, besitzen aber meist nur **„natürliche Kennlinien"**.

Membran- und Klemmschlauch-Ventile besitzen **keine exakt gleichen Kennlinien für veränderliche Betriebsbedingungen.**

werden, daß die aus den natürlichen Verläufen erzeugten Betriebskennlinien bewußt zur Kompensation von Nichtlinearitäten der Strecke (Abschn. 6.3.1.1, Bild 6.3.1–4) genutzt werden können.

Übung 6.3.1–13

Berechnen und zeichnen Sie die Betriebs(durchfluß)kennlinien für eine anschlagende Drosselklappe ($\varphi_{100} = 70°$) für die Werte des relativen Druckabfalls:

$$\frac{\Delta p_{v100}}{p_0} = 0{,}1/0{,}2/0{,}4/0{,}6/0{,}8/1 !$$

genauere Werte zur K_v-Kennlinie:

$\dfrac{\varphi}{\varphi_{100}}$	0	0,1	0,2	0,3	0,4	0,5	0,6	0,7	0,8	0,9	1,0
$\dfrac{K_v}{K_{v100}}$	0	0,02	0,04	0,07	0,12	0,20	0,29	0,40	0,54	0,74	1,0

Beispiel:

Aus der Beschreibung der Anlage des Übungsbeispiels im Kapitel 2 (Bild 2.2.4–5) ist folgendes bekannt. Die Solltemperatur im Vorlauf sekundärseitig beträgt 70 °C. Der Wärmeübertrager ist in der Lage 750 kW (Wärmeleistung) zu übertragen. Primärseitig beträgt der Druck des Heißwassers im Vorlauf $p_{1v} = 1{,}4$ MPa (abs.). Um den ungestörten Betrieb zu sichern, ist primärseitig eine Differenzdruckregelung zwischen Vor- und Rücklauf angeordnet. Der Differenzdruck wird auf den eingestellten Sollwert $\Delta p = 0{,}12$ MPa unabhängig vom tatsächlichen Vorlaufdruck geregelt. Das Stellventil für die Regelung der sekundärseitigen Vorlauftemperatur ist primärseitig im Rücklauf angeordnet. Damit liegt es mit den Rohrleitungsabschnitten der Zu- und Ableitungen und dem Wärmeübertrager in Reihe. Vom Wärmeübertrager ist der primärseitige Druckverlust mit $\Delta p = 23$ kPa bei einem Volumenstrom von 10 m³/h bekannt. Alle übrigen Druckverlustanteile seien vernachlässigbar klein. Die Temperaturen betragen sekundärseitig im Vorlauf $t_{1v} = 130$ °C; im Rücklauf soll die Temperatur t_{1r} höchstens 70 °C betragen.

Zu bestimmen sind

1. der erforderliche Volumenstrom auf der Primärseite für den Fall, daß eine Rücklauftemperatur von höchstens 70 °C eintritt,
2. der zugeordnete Wert der Ventildruckdifferenz für das Stellventil,
3. der K_v-Wert, der den oben genannten Anlagedaten entspricht,
4. der K_{vs}-Wert (Ventilauswahl),
5. die K_v-Kennlinienform für das Stellventil

Lösung:

1. Der primärseitig erforderliche Volumenstrom ergibt sich aus der Übertragungsleistung des Wärmeübertragers und den Enthalpieströmen am Ein- und Austritt. Es gilt

$$\dot{Q}_{12} = \dot{m}\, c_p (t_{1r} - t_{1v}) \quad \text{und damit}$$

6.3 Stellglieder

$$\dot{m} = \frac{\dot{Q}_{12}}{c_p(t_{1r} - t_{1v})} = \frac{-2{,}7 \cdot 10^6 \text{ kJ}}{\text{h}} \frac{\text{kg} \cdot \text{K}}{4{,}186 \text{ kJ } (70 - 130) \text{ K}} = 10\,750 \text{ kg/h}$$

Die Wärmeenergie wird im Wärmeübertrager vom primärseitigen Energieträger (Heißwasser) abgegeben; dementsprechend ist der übertragene Energiestrom negativ einzusetzen.

$\dot{Q}_{12} = 750 \text{ kW} \triangleq -2{,}7 \cdot 10^6 \text{ kJ/h}$

Unter der Annahme einer Dichte $\varrho \approx 10^3 \text{ kg/m}^3$ ergibt sich der erforderliche Volumenstrom mit $\dot{V} = 10{,}75 \text{ m}^3/\text{h}$. Jede niedrigere (zugelassene) Rücklauftemperatur würde kleinere erforderliche Volumenströme zur Folge haben. Damit kann der berechnete Volumenstrom als maximal erforderlicher Wert $\dot{V}_{\text{max}}$ angesehen werden.

2. Die zu $\dot{V}_{\text{max}}$ gehörende Ventildruckdifferenz $\Delta p_{v\,\text{min}}$ ergibt sich aus folgender Überlegung (Bild 6.3.1–19)

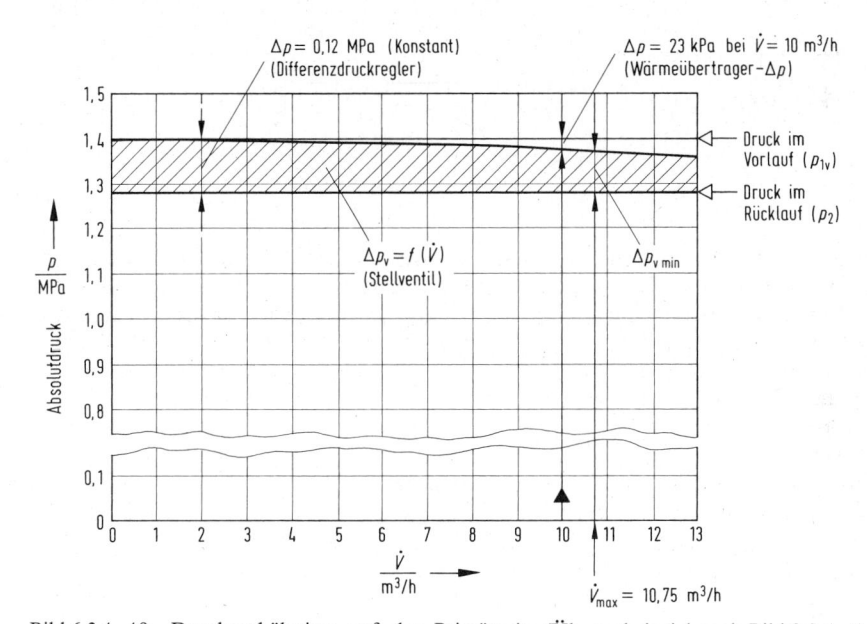

$\Delta p_{v\,\text{min}} = p_1 - p_2$.

Bild 6.3.1–19 Druckverhältnisse auf der Primärseite (Übungsbeispiel nach Bild 2.2.4–5)

Der Druck (absolut) hinter dem Stellventil p_2 ergibt sich wegen der Differenzdruckregelung zu

$p_2 = p_{1v} - 0{,}12 \text{ MPa} = 1{,}4 \text{ MPa} - 0{,}12 \text{ MPa} = 1{,}28 \text{ MPa (abs)}$.

Der Druck vor dem Stellventil p_1 wird durch die in Reihe geschalteten Strömungswiderstände beeinflußt; hier tritt als wesentlicher Druckverlust der Druckverlust des Wärmeübertragers auf ($\Delta p_{v\,\text{WÜ}}$). Bei Vernachlässigung der Rohrleitungsdruckverluste ergibt sich also für den gesamten Druckverlust näherungsweise

$\Delta p_{v\,\text{ges}} \approx \Delta p_{v\,\text{WÜ}} = 23 \text{ kPa}$ bei $\dot{V} = 10 \text{ m}^3/\text{h}$ (Angabe des Herstellers).

Der Druckverlust ist quadratisch vom Volumenstrom abhängig. Dadurch wird für $\dot{V}_{\text{max}} = 10{,}75 \text{ m}^3/\text{h}$

$$\Delta p_{v\,ges} = 23\text{ kPa} \left(\frac{10{,}75}{10}\right)^2 = 26{,}6\text{ kPa}$$

und damit

$p_1 = p_{1v} - \Delta p_{v\,ges} = 1{,}4\text{ MPa} - 0{,}027\text{ MPa} = 1{,}373\text{ MPa}$.

Damit wird

$\Delta p_{v\,min} = 1{,}373 - 1{,}280 = 0{,}093\text{ MPa (0,93 bar)}$.

3. Der K_v-Wert könnte vereinfacht nach Gleichung (6.3.1–8) berechnet werden; die Strömung ist turbulent, das Fluid ist inkompressibel, flüssig und hat Newtonsches Fließverhalten. Genauer gilt Gleichung (6.3.1–9) – inkompressibles Newtonsches Fluid ohne Durchflußbegrenzung. Die Durchflußbegrenzung bleibt aus, da das Heißwasser von 130 °C im gesamten Strömungssystem unter relativ hohem Druck (1,2 MPa) steht.

Die zu 1,2 MPa gehörende Siedetemperatur von 187,96 °C wird also nirgends überschritten. Mit Kavitation ist wegen des relativ großen Abstandes zwischen Fluid- und Siedetemperatur nicht zu rechnen (vgl. auch Gleichung (6.3.1–12) und die Erläuterungen!). Es gilt also

$$K_v = \frac{\dot{V}}{N_1 \cdot F_P \cdot F_R} \sqrt{\frac{\varrho/\varrho_0}{\Delta p_v}}.$$

Mit $N_1 = 1$, $F_P = 1$ (Annahme: Nennweite der Rohrleitung und des gewählten Stellventiles gleich), $F_R = 1$ (Nachrechnung ergibt $Re_v \approx 15 \cdot 10^3$, dafür wird $F_R \to 1$ nach Bild 6.3.1–11) und $\varrho/\varrho_0 \approx 1$

$$K_v = \frac{10{,}75\text{ m}^3/\text{h}}{1 \cdot 1 \cdot 1} \sqrt{\frac{1}{0{,}93}} = 11{,}14\text{ m}^3/\text{h}.$$

Dieser Wert ist als $K_{v\,max}$ anzusehen, da er dem vollen übertragenen Wärmestrom bei den angegebenen Anlage- und Stoffdaten entspricht.

4. Der berechnete K_v-Wert ist für die Dimensionierung des Stellventils nicht ausreichend, da sowohl Störungen des Systems als auch Berechnungs- und Fertigungsungenauigkeiten vorkommen können. Deshalb wird dieser $K_{v\,max}$-Wert einem kleineren Hub als 100% Öffnung (K_{v100}) zugeordnet. Nach der Berechnung dieses K_{v100}-Wertes wird aus dem Angebot der Hersteller der nächstliegende größere Wert (K_{vs}-Wert) gewählt. Entsprechend den Ausführungen in den Abschnitten 6.3.1.4 und 6.3.1.5 und Bild 6.3.1–15 kommen bei beispielsweise einem Zuschlag von 30% $K_{v100} = 14{,}5\text{ m}^3/\text{h}$ und $K_{vs} = 15\text{ m}^3/\text{h}$ in Frage.

5. Würde es sich um die Regelung eines Volumenstromes handeln, so könnte man mit Hilfe des relativen Druckabfalls und der Darstellung der normierten Betriebskennlinien eine einfache Entscheidung treffen. Es wäre eine möglichst lineare Kennlinie $\dot{V}/\dot{V}_{100} = f(H/H_{100})$ anzustreben (Abschnitt 6.3.1.1, Bild 6.3.1–1). Das wäre im vorliegenden Fall nicht richtig, da es sich um einen indirekten Stelleingriff handelt (Bild 6.3.1–3 und –4). Hierbei werden nichtlineare Betriebskennlinien zur Kompensation der nichtlinearen Streckenkennlinien benötigt.

Der ψ-Wert ist näherungsweise berechenbar (Abschnitt 6.3.1.5)

$$\psi = \frac{\Delta p_{v100}}{p_0} \approx \frac{0{,}07}{0{,}12} \approx 0{,}6.$$

Damit kann man die Form der mit verschiedenen K_v-Kennlinien (linear, gleichprozentig) erzeugten Betriebskennlinien für $\psi \approx 0{,}6$ beurteilen. In Bild 6.3.1–17 sieht man, daß für den Fall (A) „linear" eine nach oben leicht durchgebogene Betriebskennlinie entsteht. Für den vorliegenden

Fall des indirekten Stelleingriffes ist diese fast lineare Abhängigkeit $\dot V/\dot V_{100} = f(H/H_{100})$ wertlos. Vielmehr benötigt man zum Kompensieren der Strecken – Nichtlinearität gemäß Bild 6.3.1–4 eine entgegengesetzte Form der Betriebskennlinie. Deshalb ist im vorliegenden Fall eine gleichprozentige K_v-Kennlinie besser geeignet (Fall B) und zu wählen.

Selbstverständlich ist das Stellventil durch Wahl der Werkstoffe an das Fluid und durch Wahl des Nenndruckes an den maximalen Systemdruck anzupassen (PN 25).

6.3.2 Stellglieder für andere Stelleingriffe
6.3.2.1 Arbeitsmaschinen als Stellglieder

Aus dem Kapitel 6.2 wissen Sie, daß auch auf andere Weise als durch Stellarmaturen in den Stoffstrom eingegriffen werden kann.

Durch Stelleingriffe an Arbeitsmaschinen verändern sich deren Drosselkennlinien. Dadurch können die Arbeitspunkte in zu automatisierenden Anlagen gezielt beeinflußt werden. **Die Arbeitspunkte werden dabei auf der Rohrleitungskennlinie verschoben.**

Es ergeben sich **im allgemeinen energetische Vorteile,** da nur soviel Energie an den Förderstoff übertragen werden muß, wie zur Förderung tatsächlich notwendig ist. Diese pauschale Aussage führt zu einer energetisch allgemein zu guten Beurteilung. Durch Wirkungsgradänderungen kann ein Teil des Vorteils wieder aufgehoben werden. Es ist auch zu bedenken, daß mit dem Stellvorgang die Druckverhältnisse und damit die Arbeitspunkte aller nachgeschalteten Teile der Anlagen beeinflußt werden.

Zur Erklärung solcher Stellverfahren wird nun als **Beispiel** die Beeinflussung des Stoffstromes in einer Anlage mit **Kreiselpumpe bei Drehzahlstellen** behandelt.

Bild 6.3.2–1 zeigt die prinzipiellen Verhältnisse. Regelgröße ist hier der Volumenstrom $\dot V$ (ggf. sonst der Druck p). Stellgröße ist die Antriebszahl.

Teilbild (A) zeigt das prinzipielle Anlagenschema. Die Vorgänge selbst sind im p_F, $\dot V$-Schaubild (Teilbild B) dargestellt. Gibt man auch hier ein $\dot V_{max}$ vor, so darf der Schnittpunkt der RLK und der DK, also der Arbeitspunkt nicht auf der Drosselkennlinie für die volle Drehzahl n_{100} liegen. Immerhin muß ja auch hier für den Ausgleich von Störungen eine Reserve vorhanden sein. Bei der Drehzahl $n_{(max)}$, im Bild bei $0{,}83 \cdot n_{100}$, wird der gewünschte Volumenstrom $\dot{V}_{max}$ erreicht. Die Stellreserve ist durch die mögliche Drehzahlsteigerung auf n_{100} gegeben.

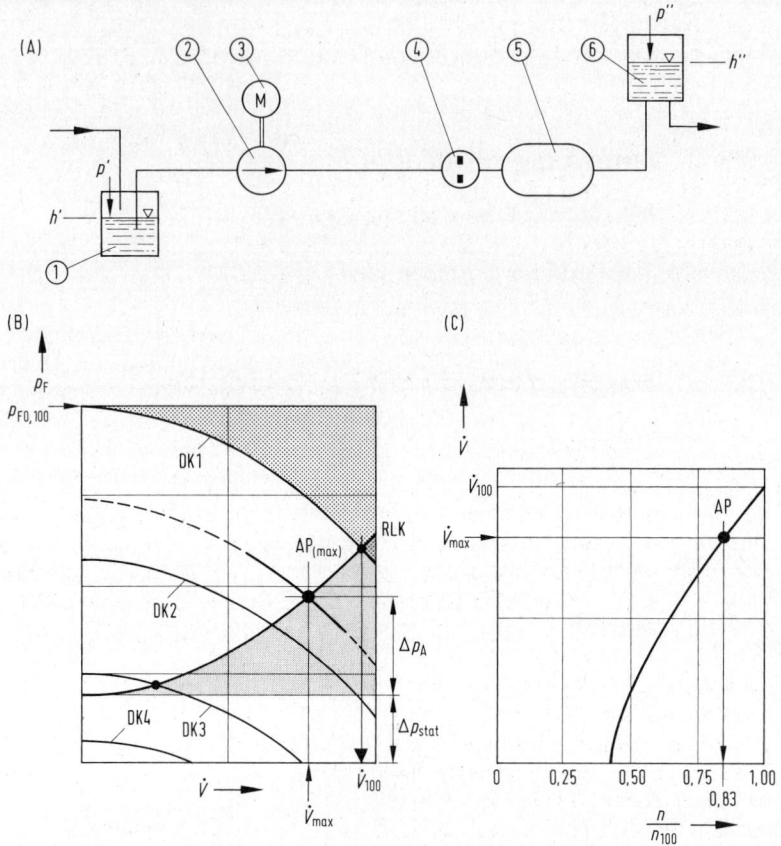

Bild 6.3.2–1 Stelleingriff durch Drehzahlstellen, grundsätzliche Zusammenhänge
(A) Anlagenschema, (B) Kennlinienfeld, (C) Stellkennlinie

Δp_A Anlagendruckverlust, Δp_{stat} statischer Anteil des Förderdrucks, $p_{F0,100}$ Nullförderdruck der Pumpe bei voller Drehzahl n_{100}
① Saugbehälter, ② Pumpe, ③ drehzahlstellbare Antriebsmaschine,
④ Durchflußmeßgerät, ⑤ Apparat, ⑥ Druckbehälter
DK 1 DK bei der Drehzahl $n = n_{100}$
DK 2 DK bei der Drehzahl $n = 0{,}75 \cdot n_{100}$
DK 3 DK bei der Drehzahl $n = 0{,}50 \cdot n_{100}$
DK 4 DK bei der Drehzahl $n = 0{,}25 \cdot n_{100}$

Alle (anderen) Volumenströme werden durch Variation von n eingestellt. Die Arbeitspunkte liegen immer auf der RLK und stellen von diesem Standpunkt gesehen, immer das energetische Optimum dar. Die Zuordnung der bei den einzelnen Werten der Stellgröße n erreichten Volumenströme beschreibt die Stellkennlinie $\dot{V} = f(n)$, Teilbild (C). Diese entspricht genau dem realen Verlauf des Teilbildes (B). Sie ist nicht ideal, weil sie nichtlinear ist und nicht durch den Koordinatenursprung verläuft.

Die **Kennlinienfelder** [1]), also die Drosselkennlinien bei verschiedenen Drehzahlen, erhält man vom Hersteller der Pumpe oder man berechnet sie mit dem sogenannten Affinitäts-Gesetz der Strömungsarbeitsmaschinen.

Geeignete (hinreichend lineare) **Stellkennlinien erreicht man nur, wenn die Rohrleitungskennlinie durch** (oder nahe) **den Koordinatenursprung verläuft.**

6.3.2.2 Stellglieder zum Eingriff in Energieströme

Lernziele

Nach Durcharbeiten dieses Kapitels können Sie
- die Wirkungsprinzipien des Stelleingriffs in Energieströme beschreiben,
- die mechanisch-elektrischen Stellglieder nennen und ihre Eigenschaften angeben,
- die rein elektrischen Stellglieder und ihre Eigenschaften grundsätzlich beschreiben,
- die verschiedenen Stelleingriffsmöglichkeiten untereinander vergleichen.

Im Kapitel 6.2 lernten Sie bereits kennen, daß beim Stelleingriff in Energieströme prinzipiell zwei Fälle unterschieden werden müssen. Es kann nämlich vorkommen, daß die **Energieströme an Masseströme gebunden** sind. Das ist der Fall, wenn:

- Enthalpieströme durch Gase, Flüssigkeiten oder Dämpfe (mit meist höherer Temperatur) transportiert werden,
- Energie in Form von Brennstoffen als Stoffstrom transportiert wird, z. B. Brenngase, Heizöle, aber auch feste Brennstoffe in Trägermedien oder
- feste Brennstoffe auf Transportbändern transportiert werden.

Auch der Energietransport in Form von Druckenergie – in Gasen oder Flüssigkeiten – ist nicht ohne Bedeutung.

Sind Energieströme an Masseströme gebunden, so ist der Stelleingriff mit den gleichen Mitteln wie beim Stelleingriff in Stoffströme möglich.

---

[1]) Die Kennlinienfelder enthalten auch die zugeordneten Werte des Pumpenwirkungsgrades (**Muscheldiagramm**).

Deshalb kommen in diesen Fällen zum großen Teil Drosselstellglieder zum Einsatz. Sie müssen natürlich den besonderen Bedingungen durch spezielle Ausführungsform und Zusatzeinrichtungen gerecht werden. Das sind z. B. Forderungen nach Dichtheit, Verschmutzungsunempfindlichkeit, Zuverlässigkeit, gefahrlose Endlagen u. a. m.

Der Transport fester Brennstoffe auf Bändern ähnelt dem Fall „Drehzahlstellen von Pumpen". Variable Bandgeschwindigkeit ermöglicht die Beeinflussung des Stoff- und damit des Energiestromes.

Bei den **masselosen Energieströmen** ist praktisch nur der Stelleingriff in den Strom der elektrische Energie von Interesse.

Prinzipiell sind dafür geeignet:

mechanisch-elektrische Stellglieder.
Diese Stellglieder werden mechanisch bestätigt und beeinflussen Strom oder Spannung. Ein angekoppelter Stellantrieb formt, falls nötig, das Stellsignal in die mechanische Stellgröße um.

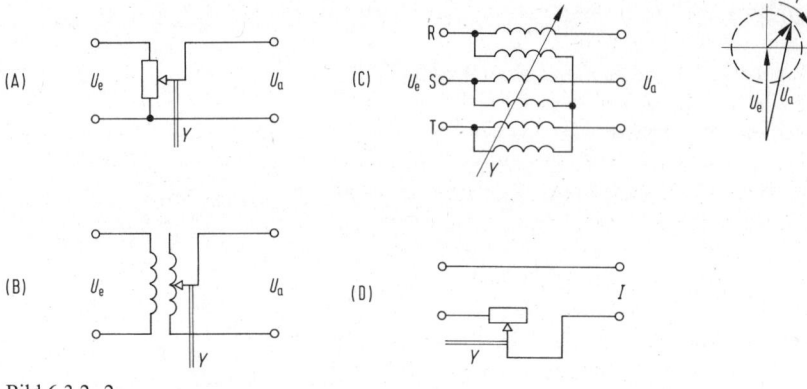

Bild 6.3.2-2
Prinzipien der mechanisch-elektrischen Stellglieder
(A) Stellwiderstand, (B) Stelltransformator, (C) Drehtransformator, (D) Vorwiderstand
(z. B. Kommutatorverstellung)

Solche Stelleingriffe ähneln dem Stelleingriff in Stoffströme. Wegen der relativ großen Stellzeiten kann diese Form des Stelleingriffs nur für langsame Regelungen eingesetzt werden. Die Stellglieder selbst haben nur eine geringe Verzögerung (sehr klein im Verhältnis zum Antrieb).

Eine andere Möglichkeit des Stelleingriffs ist gegeben durch:

rein elektrische Stellglieder.

Diese Stellglieder nutzen elektrische bzw. elektronische Schalt- und Steuerelemente, welche den Strom der elektrischen Energie direkt – auf elektrischem Wege – beeinflussen. Ein gesonderter Stellantrieb entfällt.

Solche Stelleingriffe zeichnen sich durch sehr kleine Stellzeiten aus. **Transistor-Stellglieder** (A) haben relativ kleine Ausgangsleistungen. Solche mit stetigem (analogem) Eingangssignal kommen dabei an Werte von 50 W, solche mit impulsförmigem Eingangssignal bis etwa 1000 W. Bei den letzteren mit einem impulsförmigen Ausgangssignal wird der Mittelwert der abgegebenen Leistung gesteuert. Transistor-Stellglieder haben für die Ansteuerung elektrischer Stellantriebe für Stoffströme große Bedeutung.

Thyristor-Stellglieder (B) werden auch für große Leistungen ausgeführt. Sie eignen sich beispielsweise für die Regelung von motorischen Antrieben (auch Stellantrieben von Arbeitsmaschinen) und von elektrischen Netzen (z. B. auch elektrischen Heizungen, Spannungsquellen für Einrichtungen und Geräte).

Die rein elektrischen Stellglieder eignen sich für schnelle Regelungen.

In den elektrischen Energiestrom kann auch **diskret** durch **Schalter** eingegriffen werden. Dabei handelt es sich meist um mechanisch-elektrische Stelleingriffe. Damit sind nicht die im Impulsbetrieb arbeitenden (Thyristor)-Stellglieder gemeint.

Für **extrem große** zu stellende **Leistungen** (bis zur Größenordnung von MW) kommen **Elektromaschinen-Verstärker** in Frage. Dabei wird ein mit konstanter Winkelgeschwindigkeit angetriebener gestellter Gleichstrom-Generator (C) als Stellglied eingesetzt.

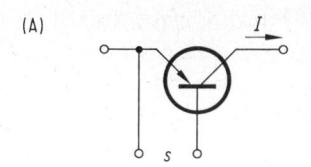

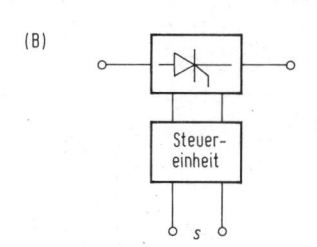

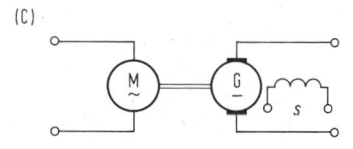

Bild 6.3.2–3   Prinzipien der elektrischen Stellglieder
(A) Transistor (mit stetigem oder impulsförmigem Steuerstrom)
(B) Thyristor
(C) Leonard-Generator

6.3.2.3   Mechanische Stellglieder

Mechanische Stellglieder dienen der Beeinflussung mechanischer Größen. Diese Größen können die Zielgrößen von Steuerungen und Regelungen sein. Häufig sind die Bauglieder, die letztendlich den Stelleingriff ausführen, keine standardmäßig kaufbaren Maschinenteile. Sie werden oft vom Anwender selbst entworfen und gebaut oder sie sind Bestandteil von Maschinen oder Anlagen. Dieser Sachverhalt unterscheidet die mechanischen Stellglieder etwa von Stellgliedern zum Eingriff in Stoffströme oder elektrische Energieströme, die meist als fertige Geräte verfügbar sind.

Nachfolgend eine Auswahl von mechanisch zu lösenden Aufgaben (in Klammern die Zielgröße):

- **Bewegen eines Festkörpers** (Weg, Geschwindigkeit) einschließlich Beschleunigen und Bremsen
- **Positionieren eines Festkörpers** (Position/Weg)
- Festhalten eines Festkörpers (Position/Kraft) einschließlich Spannen
- Heben und Senken eines Festkörpers (Weg, Geschwindigkeit, Kraft)
- Vereinzeln und Zusammenfügen
- Sperren und Freilassen u. a. m.

Als **Zielgrößen** kommen häufig vor:
- **Position**
- **Weg**
- **Geschwindigkeit**
- **Kraft**

Bei rotierenden Festkörperbewegungen entspricht dies:
- Winkelstellung
- Winkel
- Drehzahl/Winkelgeschwindigkeit
- Drehmoment

Es gibt aber auch andere **Zielgrößen** wie z. B. das Erreichen einer bestimmten **geometrischen Form** oder Abmessung. Beispiele dafür sind Pressen und Walzen zur Erzielung einer bestimmten Dicke.

Auch der Transport (Dosieren) von Feststoffen gehört in diese Kategorie.

Die Stellglieder sind also:

Weichen, Schieber, Klappen, Zuteiler, Schlitten, Bänder, Zahnstangen, Gewindespindeln mit Gegenstücken, Spanneinrichtungen, Antriebe, Sperren, Wippen, Rollen, Hebel u. a. m.

Nachfolgend soll an einem Beispiel die Vielfältigkeit der technischen Möglichkeiten etwas näher erläutert werden.

Beispiel 6.3.2−1

Verschiedene Möglichkeiten zum Stelleingriff beim Transport eines körnigen Feststoffes sind einander gegenüberzustellen. Die Regel- oder Steuergröße ist der transportierte Massestrom.

Lösung:

Der Stelleingriff richtet sich nach dem technischen Aufbau der Transporteinrichtung, der von der Technologie vorgesehen wurde. Es kommen mehrere Möglichkeiten in Betracht. Neben den in der Tabelle eingetragenen sind dies z. B. noch
- Vibrationsförderer,
- Trogkettenförderer,
- Zellenradzuteiler.

Es sollen nur die eingetragenen weiter betrachtet werden.

Tabelle 6.3.2−1   Stelleingriff beim Transport von Schüttgütern

Transport-einrichtung	Schematischer Aufbau	Stellgröße	Stellglied	Zeitverhalten
Förderband		Y_1 - Schieberstellung (Schichtdicke)		
		Y_2 - Drehzahl (Bandgeschwindigkeit)		
Förderschnecke		Y - Drehzahl		
Walzenzuteiler		Y - Drehzahl		

Übung 6.3.2−2

Überlegen Sie, ob sich bei den einzelnen Stelleingriffen für die Kombination Stellglied-Strecke unterschiedliche Zeitverhalten ergeben. Tragen Sie das Ergebnis Ihrer Überlegungen in die Tabelle 6.3.2−1 ein!

Geben Sie auch an, welches Bauteil das eigentliche Stellglied ist!

Nun sollen noch einige Bemerkungen zum Stelleingriff zur Beeinflussung der Drehzahl von Antriebsmaschinen durch Steuerung oder Regelung folgen. Dabei handelt es sich um eine verbreitete Aufgabenstellung.

Prinzipiell gibt es dazu die auf Bild 6.3.2–4 dargestellten Möglichkeiten:

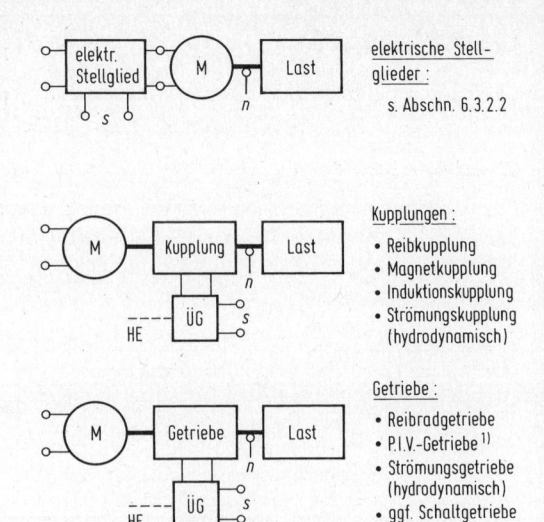

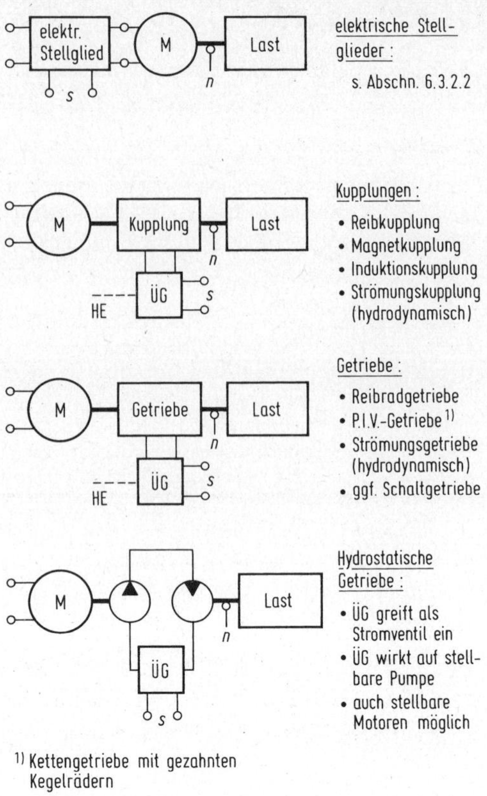

elektrische Stellglieder:
s. Abschn. 6.3.2.2

Kupplungen:
- Reibkupplung
- Magnetkupplung
- Induktionskupplung
- Strömungskupplung (hydrodynamisch)

Getriebe:
- Reibradgetriebe
- P.I.V.-Getriebe [1)]
- Strömungsgetriebe (hydrodynamisch)
- ggf. Schaltgetriebe

Hydrostatische Getriebe:
- ÜG greift als Stromventil ein
- ÜG wirkt auf stellbare Pumpe
- auch stellbare Motoren möglich

[1)] Kettengetriebe mit gezahnten Kegelrädern

Bild 6.3.2–4 Möglichkeiten zum Drehzahlstellen
ÜG Übertragungsglied, HE Hilfsenergie
s Stellsignal, n Drehzahl

Die elektrischen Stellverfahren werden im Abschnitt 6.4.2.3 am Beispiel der elektrischen Stellantriebe für Stellarmaturen besprochen. Die Verfahren der Drehzahländerung über **Kupplungen** haben einen kleinen Stellbereich (kleiner als 1:5). Sie sind auch vorwiegend für die Drehzahlanpassung in Übergangszuständen vorgesehen. Verfahren mittels **Getrieben** sind für größere Stellbereiche (bis 1:15) ausgelegt. Dabei können die Antriebsdrehzahlen von den gestellten Drehzahlen auch im Dauerbetrieb wesentlich abweichen. Die Verfahren mit **hydrostatischen Getrieben** wurden besonders betont wegen ihrer ausgezeichneten Stellbarkeit (1:15). Die größeren Leistungsbereiche werden mit **hydrodynamischen Kupplungen und Getrieben** und mit **elektrisch gestellten Antrieben** erreicht. Die Beeinflussung der Drehzahlen anderer Kraftmaschinen wurden bewußt übergangen.

Lernzielorientierter Test zu den Kapiteln 6.0 bis 6.3

1. Beschreiben Sie den Aufbau einer Stelleinrichtung und die Zuordnung zu den Hauptbaugruppen einer Steuerkette bzw. eines Regelkreises!
2. Beschreiben Sie die Aufgabenstellung für die Bestandteile von Stelleinrichtungen!
3. Nennen Sie Gründe, die für eine enge Zusammenarbeit (der Automatisierungstechniker) mit den Technikern der zu automatisierenden Einrichtungen sprechen!
4. Nennen Sie aus Ihrer Wohn- und Arbeitsumwelt Beispiele für verschiedene Stelleingriffe (Stellglieder und Stellantriebe)!
5. Welche strömungstechnische Effekte sind für den Drosselstelleingriff bedeutungsvoll? Geben Sie für einen Effekt die Gründe an!
6. Welche Kenngrößen sind zur Beschreibung der Eigenschaften von Stellarmaturen geeignet?
7. Begründen Sie, warum verschiedene Kennliniengrundformen für Stellarmaturen hergestellt werden!
8. Beschreiben Sie den Zusammenhang zwischen der Kennliniengrundform und der Betriebs(durchfluß)kennlinie!
9. Begründen Sie, warum nicht immer nur lineare Betriebs(durchfluß)kennlinien angestrebt werden und genauer, wann dies der Fall ist!
10. Betrachten Sie vergleichend die Anpassungsmöglichkeiten für Stellarmaturen mit „manipulierbaren" und mit „natürlichen" Kennlinien!
11. Geben Sie Gründe dafür an, warum nicht alle stelltechnischen Aufgaben durch das Drehzahlstellverfahren gelöst werden können!

6.4 Stellantriebe

6.4.1 Aufgaben der Stellantriebe

Lernziele

Nach Durcharbeiten dieses Kapitels können Sie
- die grundsätzlichen Aufgaben von Stellantrieben nennen und beurteilen,
- Aussagen über die verschiedenen Ansteuerungsarten von Stellantrieben machen,
- die Rolle von Hilfsenergie und Stellenergie beim Stelleingriff nennen,
- die Bedeutung der erzeugten Stellkräfte bei der Erfüllung der Aufgaben der Stellantriebe erkennen.

Stellantriebe bilden zusammen mit den Stellgliedern die Stelleinrichtung. Dabei kommt den Stellantrieben die Aufgabe zu, die Stellglieder aufgabengemäß zu betätigen. Das geschieht dadurch, daß sie als Ausgangsgröße **die mechanische Stellenenergie in der erforderlichen Bewegungsform**

– linear (Hubbewegung)
– drehend (Winkelbewegung) oder
– drehend (umlaufende Bewegung)

bereitstellen. Der Stellantrieb muß dabei ausreichende Kräfte aufbringen, um jede Stellung in der gewünschten Zeit genügend genau einzustellen. Prinzipiell ist es dabei gleichgültig, ob das die Bewegung auslösende **Stellsignal** s von einer Steuer- oder von einer Regeleinrichtung ausgeht. VDI/VDE 2174[1]) unterscheidet bezüglich des Eingangs der Stellantriebe zwei Fälle (Bild 6.4.1–1):

- Das **Stellsignal** s (der Steuer- oder Regeleinrichtung) ist von der Energieform her für den Stellantrieb geeignet und das Energieniveau **ist zur direkten Erzeugung der Stellbewegung ausreichend.** Auch die Signalform ist unmittelbar verwendbar (A).

- Das Stellsignal s erfüllt die genannten Bedingungen nicht oder nur teilweise. Dann ist **ein Übertragungsglied** erforderlich. Das Übertragungsglied **ist aus einer Hilfsenergiequelle zu versorgen** und liefert als Ausgangsgröße ein dem Stellsignal s entsprechendes und für den Antrieb geeignetes Antriebssignal a (B). Dabei wird über das Übertragungsglied also auch die Stellenergie bereitgestellt.

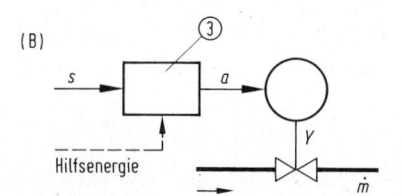

Bild 6.4.1–1
Funktionelle Einordnung des Stellantriebs
① Stellantrieb, ② Stellglied (Stellarmatur),
③ Übertragungsglied, s Stellsignal,
a Antriebssignal, Y Stellweg,
$\dot{m}$ gestellter Stoffstrom

---
[1]) Mechanische Kenngrößen von Stellgeräten für strömende Stoffe und deren Bestimmung.

6.4 Stellantriebe

Wendet man die Definitionen der Steuerungs- und Regelungstechnik konsequent auf alle gesteuerten oder geregelten Vorgänge an, so kommt man auch zu einer relativ breit gefaßten Definition für den Begriff „Stellantrieb". Das ist schon bei dem Begriff „Stellglied" so gehandhabt worden. Für die Ausführung der in den Abschnitten 6.2.1, 6.3.1 und vor allem 6.3.2 beschriebenen Stelleingriffe kommen dann sehr verschiedene Stellantriebe in Frage. Neben den „klassischen"[1]) Antrieben müssen dann auch z. B. die in Steuerungen häufig vorkommenden pneumatischen, hydraulischen, elektromotorischen und elektromagnetischen Antriebe betrachtet werden. Auch die drehzahlstellbaren Antriebe von gesteuerten oder geregelten Maschinen müssen den Ansprüchen an Stellantriebe gerecht werden.

Dazu zählen dann also auch die Arbeitszylinder, hydrostatischen Motoren, drehzahlstellbaren Antriebe für Pumpen und Verdichter (als Stellglieder) u. a. m.

Im engeren Sinn werden häufig nur die Stellantriebe für Stellarmaturen betrachtet. Im Folgenden soll dies – als Beispiel – auch so gehandhabt werden. Die dabei gewonnen Erkenntnisse können dann sinngemäß auch für andere Antriebe, die Stellaufgaben erfüllen, angewendet werden.

Die **Aufgaben der Stellantriebe** sollen nun zusammengefaßt werden:

- **Erzeugung ausreichender Wege**
  (Hübe, Drehwinkel, Umdrehungen)
- **Bereitstellung ausreichender Kräfte** oder Drehmomente, damit jede Stellung gegen äußere Kräfte erreicht werden kann. (Bei Bewegung und in den Endlagen)
- **Erreichen einer ausreichenden Stellgeschwindigkeit**[2]) bzw.
- **Erreichen einer ausreichend kleinen Stellzeit**
- **Erreichen einer ausreichenden Stellgenauigkeit** (Position)
- **Erzeugung einer geeigneten Kennlinie**
  (die auch in kleinen Schritten realisiert werden kann)
- **Erfüllung von Sicherheitsforderungen**
  (gefahrlose Endlage bei Havarien, sicherer Stillstand bei Havarien, sicherer Stillstand zwischen den Bewegungen)
- **Unabhängigkeit von Reibung, Lose, Elastizität**

---

[1]) Für den Antrieb von Stellgliedern für strömende Stoffe.
[2]) Hohe Anforderung bei schnellen Strecken.

Der Begriff „ausreichend" charakterisiert die Abhängigkeit der Zahlenwerte von der Art des zu bewegenden Stellgliedes, den Anforderungen des zu beeinflussenden Prozesses und den Eigenschaften der Steuer- oder Regeleinrichtung.

Die Stellgeschwindigkeit z. B. sollte nur so groß wie nötig sein. Oft wird auch eine obere Grenze durch die automatisierte Anlage festgelegt (Thermoschock, Wasserschlag, Beschleunigung, Verzögerung).

Eine Klassifizierung ist nach der Art der eingesetzten Stellenergie (Hilfsenergie) und der Energieform des Stellsignals möglich. Das folgende Kapitel ist entsprechend gegliedert.

Die Auswahl der Stellantriebe richtet sich nach den Anforderungen der Stellglieder bezüglich der Stellkräfte, der Bewegungsform und der Kennlinien. Aber auch die Forderungen der Prozeßumgebung müssen erfüllt werden. Das betrifft die Stellzeit, die Erfüllung von Sicherheitsforderungen, die Positionierbarkeit und ähnliches.

6.4.2 Bauformen und Eigenschaften

6.4.2.1 Pneumatische Stellantriebe

Lernziele

Nach Durcharbeiten dieses Kapitels können Sie
- die Eigenschaften der pneumatischen Stellantriebe allgemein beschreiben,
- die verschiedenen Bauformen unterscheiden,
- das Wirkprinzip der Erzeugung der Stellkräfte erklären,
- den Aufbau des Stellantriebs am Beispiel des einfachwirkenden Membranstellantriebs genau beschreiben,
- die statischen Antriebskennlinien und deren Beeinflußbarkeit diskutieren,
- den Einfluß der Bauform und der Kombination mit Stellventilen auf die Erreichung „gefahrloser Endlagen" erkennen und beachten,
- die Größenordnung der wichtigsten Kenngrößen angeben.

Pneumatische Stellantriebe sind die am häufigsten eingesetzten Stellantriebe für Stellarmaturen. Sie zeichnen sich durch Einfachheit, gute Anpaßbarkeit und hohe Betriebssicherheit aus. Stellkräfte, Stellgeschwindigkeiten und Stellwege sind für die meisten Anwendungsfälle ausreichend.

6.4 Stellantriebe

Die Wirkungsweise aller Bauformen pneumatischer Stellantriebe beruht auf der unmittelbaren Erzeugung einer Kraft auf ein bewegliches Bauteil, wenn dies mit Druckluft beaufschlagt wird. Die Größe der wirksamen Flächen und die Höhe des Druckes der einwirkenden Druckluft (unmittelbares Stellsignal s oder Antriebssignal a) bestimmen die Kräfte und die Bewegungsverhältnisse.

Die gebräuchlichsten Bauformen sind:

Membranstellantrieb (Bild 6.4.2–1)
Stellwege bis etwa 100 mm
Stellkräfte bis etwa 70 kN

Kolbenstellantrieb (Bild 6.4.2–2(A), (B))
Stellwege praktisch beliebig
Stellkräfte meist kleiner

Stellantrieb mit Rollmembran (Bild 6.4.2–2(C))
Stellwege auch über 100 mm
Stellkräfte kleiner

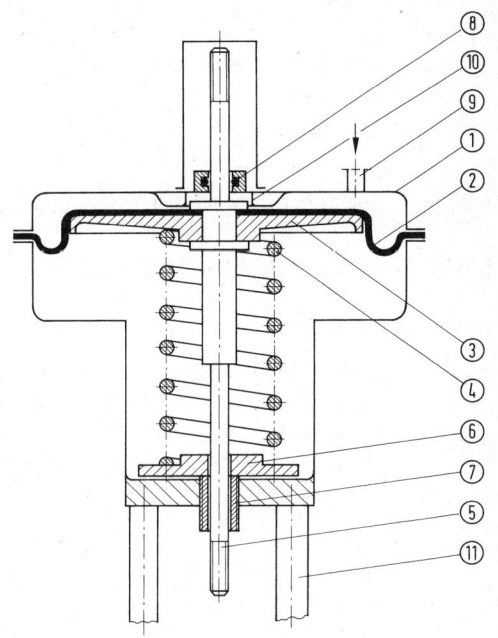

Bild 6.4.2–1 Schnitt durch einen Membranstellantrieb, direktwirkend, invertierbar

① Antriebsgehäuse mit Membrankammer
② Membran
③ Membranteller
④ Feder
⑤ Antriebsstange
⑥ Federteller
⑦ Verstellbuchse
⑧ Dichtung
⑨ Luftanschluß
⑩ Hubbegrenzung, Membrananlage
⑪ Laterne (Verbindung zur Stellarmatur)

Die Stellantriebe können federbelastet (einfachwirkend) oder federlos (doppeltwirkend) ausgeführt sein. Sie unterscheiden sich – durch die Art der Erzeugung der Rückstellkraft bedingt – in ihrem statischen und dynamischen Verhalten. Nur die Stellantriebe mit Federrückstellung haben P-Verhalten; federlose hingegen haben grundsätzlich I-Verhalten und das P-Verhalten muß durch besondere Maßnahmen erzwungen werden, falls ein solches wünschenswert ist.

Es gibt einfach- und doppeltwirkende pneumatische Stellantriebe. Bei den federbelasteten einfachwirkenden unterscheidet man direkt- und indirektwirkende Antriebe.

Federbelastete pneumatische Stellantriebe haben grundsätzlich P-Verhalten. Es treten Verzögerungen 1. Ordnung mit kleinen Zeitkonstanten auf.

Alle dargestellten Antriebe erzeugen eine Hubbewegung. Drehende Bewegungen werden mit den gleichen krafterzeugenden Bauteilen und nachgeschalteten Getriebeelementen erzeugt. So können auch beliebige Drehwinkelstellungen zum Antrieb spezieller Stellglieder erzeugt werden. Es gibt aber auch spezielle Drehwinkelantriebe und auch pneumatische Antriebe mit drehender Abtriebsbewegung.

Als Beispiel soll nun näher auf den Membranstellantrieb eingegangen werden. Der Aufbau ist am Beispiel eines direktwirkenden einseitig beaufschlagten Membranstellantriebes aus Bild 6.4.2–1 und Teilbild 6.4.2–4(A) ersichtlich.

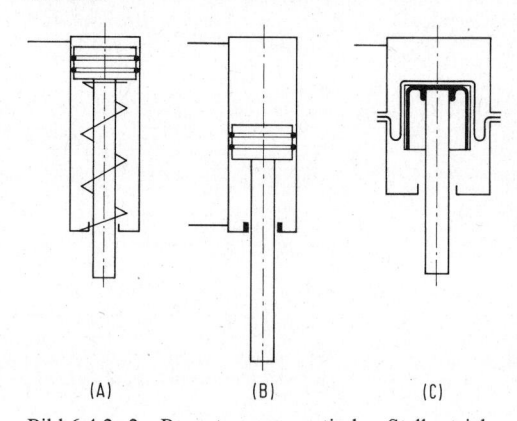

Bild 6.4.2–2 Bauarten pneumatischer Stellantriebe
(A) Kolbenstellantrieb, einseitig wirkend, federbelastet
(B) Kolbenstellantrieb, doppeltwirkend, federlos
(C) Stellantrieb mit Rollmembran

Die Stellenergie wird mit der Druckluft oberhalb der Membran zugeführt. Die eingespannte meist vorgeformte Membran dichtet die Membrankammer gegenüber der Federseite ab. Die über die Membran auf den Membranteller wirkende Kraft wird durch die Antriebsfeder ausgeglichen. Dadurch stellt sich zu jedem Druck eine bestimmte Hubstellung der Antriebsstange ein. **Die Zuordnung des erreichten Stellweges zum Luftdruck bildet die statische Antriebskennlinie**, Bild 6.4.2–3(A).

6.4 Stellantriebe

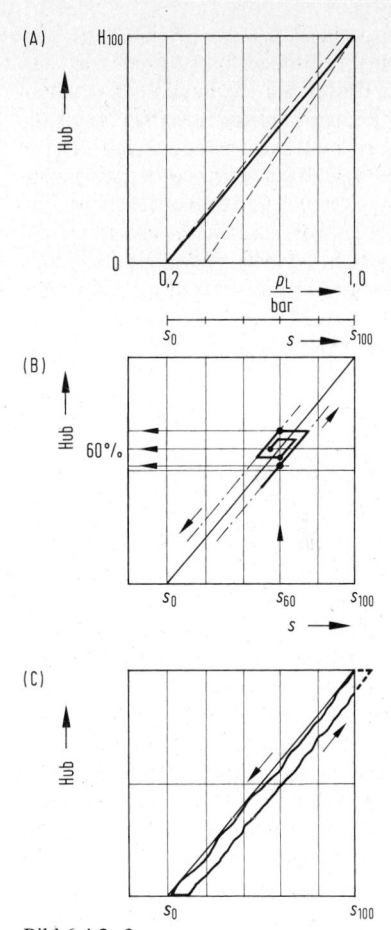

Bild 6.4.2-3
Statische Kennlinien pneumatischer Stellantriebe
(A) theoretischer Verlauf
— ohne Belastung, ohne Reibung
- - - - Toleranzfeldbegrezung bei montierter Stelleinrichtung
(B) Kennlinienverlauf
—·—·— mit Reibung (mittlerer Hubbereich)
——— Einstellung eines Arbeitspunktes bei Reibung (Beispiel)
(C) Kennlinienverlauf bei Reibung und Wirkung statischer Belastung (entgegen der Stellbewegung)

Sollen die Kräfte- und Wegezuordnungen geändert werden, so müssen Federkonstante oder Vorspannung der Feder – oder beides – geändert werden.

Die statische Kennlinie des Membranstellantriebes ist durch Änderung der Federkräfte beinflußbar.

Der **direktwirkende Antrieb** fährt bei steigendem Luftdruck die Antriebsstange aus. Bei Ausfall der Luft stellt die Feder den Antrieb zurück in die obere Endlage (Stange eingefahren). Dadurch kann in Verbindung mit der Betriebsweise der Stellarmatur und der automatisierten Anlage eine **„gefahrlose Endlage"** bei Ausfall der Stellenergie erreicht werden. Das ist ein wesentlicher Vorteil der pneumatischen federbelasteten Antriebe. Da die „gefahrlose Endlage" bei aus- oder eingefahrener Antriebsstange gefordert werden kann, sind auch **Invertierungen** des Antriebs wünschenswert, Teilbild 6.4.2–4(B).

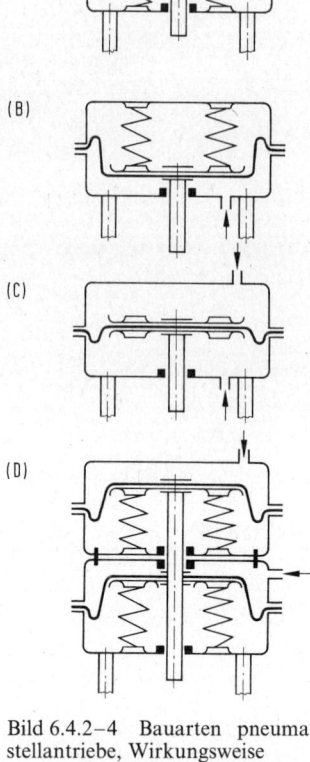

Bild 6.4.2–4 Bauarten pneumatischer Membranstellantriebe, Wirkungsweise
(A) direkt wirkend, Luft fährt Stange aus, Feder fährt Stange ein
(B) indirekt wirkend, Feder fährt Stange aus, Luft fährt Stange ein
(C) doppeltwirkend, federlos, Luft fährt Stange aus und ein
(D) direkt wirkend, Tandemanordnung

Stellantriebe mit Federrückstellung ermöglichen die Realisierung „gefahrloser Stellungen" der Stellarmaturen in Anlagen.

Bei federlosen Antrieben (Teilbild C) gibt es keine „gefahrlose Endlage" mehr. Die Membran wird beidseitig von Luft beaufschlagt und auf diese Weise „eingespannt".

Solche Antriebe laufen nach Einstellen einer Druckdifferenz ständig weiter; es sei denn, daß eine veränderliche Gegenkraft von außen ein neues Gleichgewicht der Kräfte herbeiführt.

Zur Vergrößerung der Antriebskräfte sind Tandemanordnungen (Teilbild D) verfügbar.

6.4 Stellantriebe

Ein Vorteil der Membranstellantriebe gegenüber Kolbenstellantrieben mit mitlaufenden Dichtungen ist die Reibungsarmut und die gute Dichtheit der Membrankammern. Von Nachteil ist ihre Empfindlichkeit gegen äußere Belastungen, deren Überwindung ja ihre Hauptaufgabe darstellt. Aber auch die Schwingungsfähigkeit durch die Kompressibilität der Luft in der Membrankammer und durch die Federn ist von Nachteil.

Neuere Konstruktionen haben häufig mehrere innenliegende Federn (Mehrfederantrieb).

Kräfteverhältnisse und statische Kennlinie stehen im engen Zusammenhang. Dazu soll zunächst der unbelastete reibungsfreie Antrieb betrachtet werden. Die auf die Membran wirkende Kraft ist abhängig vom Überdruck der eingebrachten Druckluft p_L und der wirksamen Membranfläche A_M.

$$F_M = p_L \cdot A_M \qquad (6.4.2-1)$$

Bei biegeschlaffen vorgeformten Membranen ist diese über den Hubbereich etwa konstant. **Der Membrankraft steht die Federkraft entgegen.**

$$F_F = c_F(H + H_V) \qquad (6.4.2-2)$$

Wird die Luft unmittelbar vom Regler kommend mit dem Stellsignalbereich s_0 bis s_{100} entsprechend $p_L = 0{,}2$ bis 1 bar auf die Membran geleitet, so muß dem Druck 0,2 bar die Hubstellung 0 (oder 100 %) zugeordnet werden. Dies geschieht durch Vorspannen der Antriebsfeder über den Vorspannweg $H_V = 0{,}25 \cdot H_{100}$. Dann fährt der Stellantrieb die Stange bei Drücken $p_L > 0{,}2$ bar aus. $p_L = 1$ bar verursacht dabei die Hubstellung $H_{100} = 100\,\%$.

Es gilt also für **die Zuordnung des laufenden Hubes zum Luftdruck:**

$$p_L \cdot A_M = c_F(H + 0{,}25\,H_{100}) \qquad (6.4.2-3)$$

Diesen Zusammenhang **beschreibt die statische Kennlinie** des reibungsfreien unbelasteten Antriebs. Sie entspricht der Darstellung des Teilbildes (A) in (Bild 6.4.2-3).

Übung 6.4.2-1

Berechnen Sie und stellen Sie die statische Kennlinie eines federbelasteten Stellantriebes für den Signalbereich s_0 bis s_{100} dar! Der Antrieb besitze eine Membranfläche $A_M = 1440$ cm^2, einen Hub $H_{100} = 100$ mm, der Luftdruck betrage $p_L = 0{,}2$ bis 1 bar.
Gehen Sie dabei zur Bestimmung der Federkonstante von einer Endlage aus! Ordnen Sie dem Stellsignal auch die jeweiligen Luftdrücke p_L zu!

Das **Kräftegleichgewicht** nach Gleichung (6.4.2–3) bedeutet, daß an der Antriebsstange im Gleichgewichtszustand **keinerlei überschüssige Kraft** zur Verfügung steht, um eine Last zu bewegen. Das ist aber notwendig, wenn der Stellantrieb seiner Aufgabe gerecht werden soll. Schon die Kupplung mit einem Stellglied (ohne daß dies im Prozeß durchströmt wird) ändert die Belastungsverhältnisse z. B. durch Reibung wesentlich. Deshalb gibt VDI/VDE 2174 einen Toleranzbereich für den Verlauf der statischen Antriebskennlinie bei Kupplung mit einem Stellglied vor.

Die praktisch vorliegenden Belastungen führen immer zu einer Kennlinienänderung. In die Gleichung des Kräftegleichgewichtes für die Stelleinrichtung gehören nämlich insgesamt noch

– Reibungskräfte
– statische Kräfte am Stellglied
– dynamische Kräfte am Stellglied

Die **Reibungskräfte** sind vorzeichenbehaftet; das Vorzeichen wird von der Bewegungsrichtung des Antriebs bestimmt. Damit wird die Antriebskennlinie in Teilbild 6.4.2–3 (B) (strichpunktierter Verlauf) in Abhängigkeit von der Bewegungsrichtung etwa parallel nach unten und oben verschoben.

Diese **Hysterese** bewirkt (z. B. beim Stellsignal $s = s_{60}$), daß der Antrieb schon vor Erreichen der zugehörigen Hubstellung (60%) stehen bleibt. Im geschlossenen Regelkreis wird wegen der noch immer vorhandenen Regelabweichung erneut ein Stellsignal ausgelöst, wobei die richtige Hubstellung von 60% überfahren werden kann. Bei Umkehrung der Bewegungsrichtung wiederholt sich der Vorgang sinngemäß. Daraus ist zu sehen, daß pneumatische Antriebe bei großen Reibungskräften empfindlich und nachteilig reagieren. Eine Senkung der Reibungskräfte ist wünschenswert; aber auch eine Erhöhung der überschüssigen Antriebskräfte mindert die nachteiligen Effekte.

Statische und dynamische Kräfte – vom Stellglied her – liegen im Vorzeichen fast immer auf einer Seite und verschieben, wenn sie wenig hubabhängig sind, die Kennlinien etwa parallel. Teilbild (C) zeigt einen Verlauf bei Wirkung von Reibung und Belastung durch Kräfte aus dem Stellglied. Solche Abweichungen werden

VDI/VDE 2174 beschreibt den Verlauf der statischen Kennlinien der Kombination Stellantrieb – Stellarmatur und gibt auch das Toleranzfeld praktisch zulässiger Kennlinien an.

$$F_R = |F_R| \operatorname{sgn} H \qquad (6.4.2-4)$$

auch kleiner, wenn die Antriebskräfte vergrößert werden. Dazu sind Vergrößerungen der Federkonstante und der Vorspannung geeignet.

Eine besondere Rolle kommt auch den **Schließkräften** zu. Bei direktwirkenden Antrieben steht zum Schließen eines normalen Stellventils noch die Kraft aus der Druckerhöhung von $s_{100} = 1$ bar bis auf den Hilfsluftdruck von meist $p_H = 1,4$ bar zur Verfügung. Die Schließkräfte können bei Anwendung höherer Luftdrücke noch vergrößert werden. Bei indirektwirkenden Antrieben wird das normale Stellventil nur durch die Federkraft geschlossen. Deshalb steht – bei Absenkung des Druckes auf $p_L = 0$ bar – nur die Vorspannkraft der Feder zur Verfügung.

Die mit pneumatischen Stellantrieben erreichbaren Schließkräfte sind bei einfachwirkenden relativ gering; bei doppeltwirkenden Stellantrieben aber größer.

Sind die Schließkräfte nicht ausreichend, so muß die Federvorspannung oder die Federkonstante oder beides vergrößert werden. Um die günstigsten Kombinationen der Wirkungsweise zu finden, müssen die Varianten für die Kombination von Stellantrieb und Stellventil untersucht werden.

Bild 6.4.2–5 zeigt zwei von mehreren möglichen Kombinationen:

Ein direktwirkender Antrieb ist mit einem normalen Ventil (A) und einem invertierten Ventil (B) zusammengebaut.

Kombination (A) hat günstige Verhältnisse bezüglich der Schließkräfte, gehört aber zum ungünstigeren (selteneren) Fall: gefahrlose Endlage – „offen bei Druckluftausfall".

Bei Kombination (B) läuft die Stelleinrichtung bei Druckluftausfall durch die Federkraft in die Schließstellung (80 % der gewünschten gefahrlosen Endlagen). Die Schließkraft wird allerdings nur durch die Federvorspannkraft erzeugt.

Um die günstigsten Verhältnisse herbeiführen zu können, sind praktisch die meisten Antriebe und fast alle größeren Stellventile invertierbar.

Bezüglich der zu erreichenden Kräfte verhalten sich federlose Antriebe wesentlich günstiger.

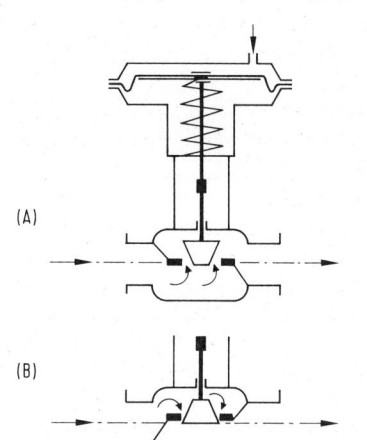

Bild 6.4.2–5 Kombination Stellantrieb – Stellventil
(A) direkter Antrieb – normales Ventil
   Luft schließt LS, Feder öffnet FÖ
(B) direkter Antrieb – invertiertes Ventil
   Feder schließt FS, Luft öffnet LÖ

Bemerkung: Es gibt auch die Kombinationen mit indirektem Antrieb, federlosem Antrieb und die Variation der Anströmrichtungen im Ventil

Sie haben aber keine „gefahrlose Endlage", so daß nur eine Verblockung der Stellung bei Ausfall der Druckluft durch Schließen zusätzlicher Ventile in den beiden Versorgungsleitungen als Havariesicherung möglich ist.

Doppeltwirkende Antriebe haben keine „gefahrlose Endlage". Durch Einschließen der Luft oberhalb und unterhalb der Membrane bei Druckluftausfall kann nur die momentane Stellung des Ventils einige Zeit aufrechterhalten werden.

Die Schließkraftverhältnisse lassen sich verbessern, wenn die **„Anströmrichtung"** im Ventil mit der Schließrichtung identisch ist. Dieser scheinbare Vorteil führt allerdings bei pneumatischen Stellantrieben zu betriebsgefährdenden Zuständen. Das ist der Fall, wenn in der Nähe der Schließstellung die Strömungskräfte so stark wachsen, daß die Stellantriebskräfte überwunden werden. Dann schlägt das Ventil mit Gewalt zu. Der Vorgang wiederholt sich öfters. Deshalb werden Ventile meistens „in Öffnungsrichtung" angeströmt (wie in Bild 6.4.2−5). Ausnahmen von dieser Regel sind bei druckentlasteten Ventilkonstruktionen möglich. Dann sind die „in Schließrichtung" angeströmten Stellventile allerdings mit Antrieben auszurüsten, die hinreichend steife Kennlinien besitzen und die ein Mitreißen des Kegels in der Nähe der Schließstellung mit Sicherheit verhindern.

Die **Stellgeschwindigkeit** pneumatischer Stellantriebe ist für die meisten Prozeßverläufe **ausreichend groß**.

Entscheidend wird die **Geschwindigkeit bestimmt von**
– der Größe des Steuerluftdruckes (Membranstellantriebe $p_H < 6$ bar, Kolbenstellantriebe auch darüber)
– dem eingestellten Federbereich
– dem Hub des Stellantriebes
– den Eigenschaften der die Luft zuführenden Rohrleitungen und
– dem Luftliefervermögen der vor dem Stellantrieb liegenden Bauteile (Regler, Übertragungsglieder, Zubehör)

Die Stellzeiten T_y für das Durchlaufen des gesamten Hubbereiches liegen bei kleinen Membranstellantrieben unterhalb einer Sekunde, bei großen bei etwa 20 Sekunden.

Für pneumatische Antriebe gibt es verschiedenes Zubehör, welches die Eigenschaften wesentlich verändert.

6.4.2.2 Hydraulische Stellantriebe

Hydraulische Stellantriebe für Stellglieder zeichnen sich durch große Stellkräfte, genaue Positionierbarkeit und ausreichend kleine Stellzeiten aus. Die großen Stellkräfte ergeben sich dadurch, daß die krafterzeugenden Bauteile (Kolben, Rotoren) mit hohen Drücken beaufschlagt werden können. Dadurch und durch die **Inkompressibilität des Arbeitsmediums** „Hydrauliköl" positionieren die Antriebe auch bei unterschiedlichen und schwankenden Belastungen sehr genau. Die Erzeugung der Stellkraft erfolgt nach dem gleichen Prinzip, das auch bei pneumatischen Antrieben angewendet wird. Meistens werden **Arbeitszylinder** der Hydrauliksysteme eingesetzt, für drehende Antriebsbewegung kommen **hydrostatische Motoren** zum Einsatz. Zur Erzeugung von Winkelbewegungen werden spezielle **Getriebemechanismen** zur Bewegungsumformung oder spezielle **Drehwinkelmotoren** verwendet. Alle hydraulischen Stellantriebe sind technisch aufwendig und daher relativ teuer. Sie werden deshalb meist nur eingesetzt, wenn hohe Anforderungen erfüllt werden müssen.

Vom Prinzip her sind die doppeltwirkenden Bauformen integral wirkende Stellantriebe. Meistens wird ein P-Verhalten durch spezielle Maßnahmen erzeugt.

Das Hydraulikaggregat und die Steuerung können getrennt vom eigentlichen Antrieb angeordnet sein. Sind aber alle notwendigen Bauteile in einem Block vereinigt, so bilden diese einen kompakten hydrostatischen Antrieb, der unmittelbar auf ein Stellglied aufgesetzt werden kann. Ein solcher Stellantrieb soll nachfolgend genauer beschrieben werden (Bild 6.4.2-6).

Das von der Automatisierungseinrichtung kommende Stellsignal s ist meist weder von der Energieform noch vom Energiegehalt zum unmittelbaren Antrieb geeignet. Es muß also ggf. verstärkt (1) und meist in mechanische Energie umgeformt (2) werden. Erst ein nachgeschalteter mechanisch/hydraulischer Wandler (3) beeinflußt die hydraulische Stellenergie. Ist das Stellsignal ein eingeprägter Gleichstrom von 0 bis 20 mA oder von 4 bis 20 mA, so spricht man von einem **elektro-hydraulischen Stellantrieb.** Wird das pneumatische Stellsignal 0,2 bis 1 bar verwendet, so handelt es sich um einen **pneumatisch-hydraulischen Stellantrieb.**

Die Rückführung (7) kann mechanisch oder elektrisch auf die verschiedenen Wandlerelemente einwirken. Durch Vergleich der erreichten Stellung des hydraulischen Motors mit dem Stellsignal s oder der ihm entsprechende mechanischen Größe wird das P-Verhalten erzwungen und die schon erwähnte genaue Positionierung erreicht.

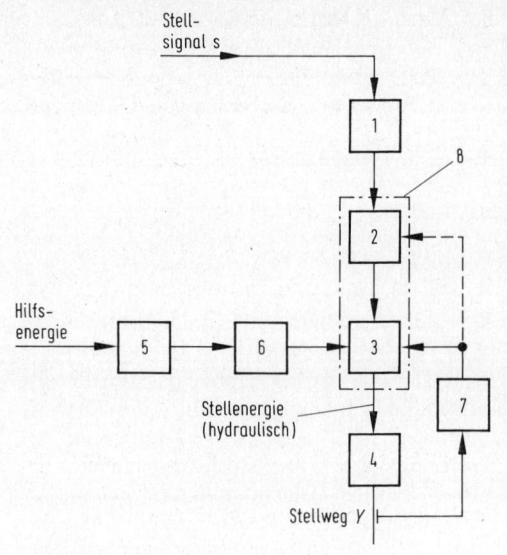

Bild 6.4.2–6 Schematische Darstellung eines hydraulischen Stellantriebs
① Verstärker
② elektrisch/mechanischer oder pneumatisch/mechanischer Wandler
③ mechanisch/hydraulischer Wandler
④ hydraulischer Stellmotor
⑤ Elektromotor
⑥ Hydraulikpumpe
⑦ Rückführung (mechanisch, elektrisch)
⑧ Servoventil

Die Stellgeschwindigkeit des Kolbens des Stellmotors wird vom Förderstrom der Hydraulikpumpe, der Größe des Arbeitszylinders und der Durchlaßfähigkeit des Steuerventils bestimmt. **Sie ist weitgehend von der Belastung durch das Stellglied unabhängig.**

- Die Stellzeiten T_y für das Durchlaufen des gesamten Hubbereiches betragen 4 bis 60 Sekunden; schnelle Antriebe benötigen etwa die Hälfte dieser Zeiten (extrem: weniger als 1 s).
- Normale Stellwege für den Antrieb von Stellarmaturen sind 10 bis 120 mm. Die Stellwege können sonst auch wesentlich größer sein.
- Die Stellkraft kann bis 150 kN – in Ausnahmefällen auch darüber – betragen.

6.4.2.3 Elektrische Stellantriebe

Zur Betätigung von Stellarmaturen werden häufig auch **elektrische Stellantriebe** eingesetzt. Das ist schon allein deshalb so, weil elektrische Energie oft leichter verfügbar ist als beispielsweise hydraulische Hilfsenergie.

Die elektromotorisch angetriebenen sollen nachfolgend genauer besprochen werden.

Elektrische Stellantriebe erfüllen in Steuerungen und in Regelungen die Aufgabe der Bereitstellung zweckmäßiger Antriebsbewegungen und -kräfte. Bei Steuerungen sind es häufig Dreh-, bei Regelungen häufig Schubbewegungen. Die Bewegungsform wird durch die speziellen Eigenschaften der anzutreibenden Stellglieder bestimmt.

Elektrische Stellantriebe werden ausgeführt als
- elektromotorische Antriebe
- elektromagnetische Antriebe

Elektrische Antriebe haben I-Verhalten. Das heißt, daß solange ein Antriebssignal vorliegt, auch eine gleichförmige Bewegung der Antriebsstange hervorgerufen wird.

Dadurch gibt es prinzipiell keine feste Zuordnung zwischen Stellsignal und Hubstellung. Erst spezielle Maßnahmen können ein solches Verhalten erzwingen (Rückführungen).
Die Ansteuerung der Stellmotoren der elektrischen Stellantriebe kann auf verschiedene Weise erfolgen:

- **analoges Stellsignal**
  - amplitudenmoduliert
  - pulsbreitenmoduliert
  - pulszahlmoduliert

- **diskretes Stellsignal**
  - z. B. Zweipunktsignal (z. B. AUF – ZU)

Die Stellsignale können schon in geeigneter Form von der Automatisierungseinrichtung ausgegeben werden. In den weitaus meisten Fällen wird jedoch das **Stellsignal in speziellen Ansteuerschaltungen umgewandelt und gegebenenfalls verstärkt.** Dazu sind die schon beschriebenen **elektrischen Stellglieder** geeignet. Welches Stellglied zur Ansteuerung zu verwenden ist, wird sowohl von der Bauart des Stellmotors des Antriebs als auch von der Leistung und Signalform bestimmt.

Elektrische Stellantriebe für Stellarmaturen zeichnen sich durch folgende Eigenschaften aus:

- mittlere Stellkräfte
  normal bis 20 kN (100 kN)
- normale Stellwege
  10 bis 100 mm (120 mm)
- meist kleinere Stellgeschwindigkeit
  10 bis 150 mm/min
- größere Stellzeiten
  5 bis 60 Sekunden (150 s)
- ausreichende Stellgenauigkeit
  Auflösungsvermögen besser als 0,5%

Als Beispiel werden Schubantriebe betrachtet. Einzelne Bauformen können von diesen Werten erheblich abweichen.

Die elektrischen Stellantriebe besitzen keine „gefahrlose Endlage"; sie verharren aber meist durch Selbsthemmung in den Getriebeteilen bei Stillstand des Stellmotors bei Hilfsenergie oder Stellsignalausfall.

Bestimmte Bauformen benötigen besondere Bremsen, um den Stillstand der Antriebsstange bzw. -welle zu sichern. Das ist immer nötig, wenn die Nachlaufzeit nach Ende des Antriebsimpulses sehr klein gehalten werden soll (Verbesserung der Positioniergenauigkeit) und wenn die Stelleinrichtung erheblichen Vibrationen ausgesetzt ist.

Der grundsätzliche Aufbau von elektrischen Stellantrieben entspricht Bild 6.4.2-7.

Das von der Automatisierungseinrichtung kommende Stellsignal s gelangt meist über einen Signalwandler und Verstärker (1) als Antriebssignal zum eigentlichen Stellmotor (2).

Die unterschiedlichen Bauformen von Stellmotoren sind für die verschiedenen Formen der Antriebssignale besonders geeignet.

Ein Getriebe (3) sorgt meist für eine erhebliche Herabsetzung der Drehzahl und auch für die Umformung der Bewegung in eine für den unmittelbaren Antrieb der Stellarmatur geeignete Form. Dabei kommen lineare Bewegungen (Schub), Winkel- und Drehbewegungen vor. Manche Antriebe müssen aus den schon erwähnten Gründen mit elektrisch oder mechanisch wirkenden Bremsen (4) ausgerüstet werden. Stellungsgeber mit Rückführungen (5) dienen der Beeinflussung des statischen und dynamischen Verhaltens.

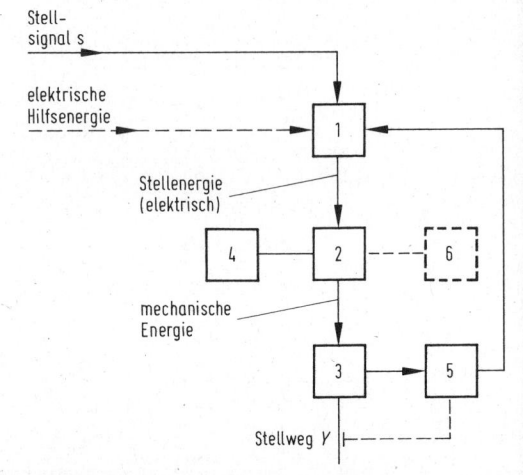

Bild 6.4.2-7 Schematische Darstellung eines elektrischen Stellantriebs
1 Signalwandler und Verstärker
2 Stellmotor
3 Getriebe (Drehzahl und Bewegungsform)
4 Bremse
5 Stellungsgeber, Rückführung
6 Schnellgangmotor

6.4 Stellantriebe

Die **erhebliche Absenkung der Drehzahlen im Getriebe** führt zwar einerseits **zu einer Erhöhung der Antriebskräfte** bei kleiner Motorenleistung, hat aber andererseits **relativ große Stellzeiten** zur Folge. Deshalb müssen elektrische Stellantriebe für bestimmte Anwendungen auch mit Schnellgangmotoren (6) ausgerüstet sein. Diese können durch besondere Steuerung in kurzer Zeit größere Hubbereiche überbrücken und dienen auch insbesondere der Sicherheit bei Havarien.

Als Stellmotoren in Stellantrieben für Stellarmaturen kommen häufig die in Tabelle 6.4.2–1 erfaßten **Bauformen elektrischer Motoren** in Frage. Sie sind nach der Größe der Leistung, die zum Stellen eingesetzt werden kann, geordnet.

Tabelle 6.4.2–1 Stellmotoren für elektrische Stellantriebe

Art der elektrischen Maschine (Bauform-Beispiele)	Steuergröße (interner Stelleingriff)	Prinzipielle Schaltung	Leistung des Stellmotors bis	Eignung des Stellmotors (Beispiel)
Einphasen-Synchronmotor (Permanentmagnetmotor)	Frequenz f		5 W	• Regelung: - pulsbreitenmoduliert
Einphasen-Asynchronmotor (Ferrarismotor)	Steuerspannung U_{st}		150 W	• Regelung: - amplitudenmoduliert
Zweiphasen-Asynchronmotor (Käfigläufermotor) (Ferrarismotor)	Steuerspannung U_{st}		500 W	• Regelung: - kleine Leistung (25 W) • Steuerung: - größere Leistung
Gleichstrom-Nebenschlußmotor (Schlankankermotor) (Scheibenläufermotor)	Spannung U Erregerstrom I_{err} Ankerwiderstand R_A		5 kW	• Regelung: - amplitudenmoduliert - pulszahlmoduliert
Drehstrom-Asynchronmotor (Kurzschlußläufermotor) (Käfigläufermotor)	Spannung U Frequenz f Läuferwiderstand R_L (Polpaarzahl)		15 kW	• Regelung: - pulsbreitenmoduliert • Steuerung: - Zweipunkt (Auf-Zu)

Elektrische Stellantriebe für Stellarmaturen werden als kompakte Baueinheit geliefert. Die notwendigen Getriebe, Bremsen, Schnellgangmotoren sind im Block enthalten. Dazu kommen Zubehörteile wie Drehmomentschalter, Rutschkupplungen, Endlagenschalter und Stellungsgeber. Die Einrichtungen zur Ansteuerung sind mitunter nicht im Lieferumfang enthalten.

6.4.2.4 Zusatzeinrichtungen

Lernziele

Nach Durcharbeiten dieses Kapitels können Sie
- die Zusatzeinrichtungen und deren Funktion für die verschiedenen Bauformen von Stellantrieben nennen,
- die Aufgabe von Positionierregelkreisen (Stellungsregler) beschreiben,
- den Aufbau und die Wirkungsweise eines pneumatischen Stellungsreglers genau erklären,
- die technischen Möglichkeiten, die sich durch den Einsatz der Stellungsregler bei pneumatischen Stellantrieben ergeben, benennen und erläutern,
- die Nachteile des Einsatzes von Positionierregelkreisen in Antrieben erkennen.

Zusatzeinrichtungen an Stellantrieben dienen der Verbesserung des Stelleingriffs. Es gibt für alle Formen von Stellantrieben spezielle Zusatzeinrichtungen. In Tabelle 6.4.2–2 sind die Zusatzeinrichtungen den verschiedenen Bauformen von Stellantrieben zugeordnet und ihre Aufgaben beschrieben.

Als Beispiel für eine Zusatzeinrichtung wird der **Stellungsregler** näher betrachtet.

Stellungsregler sind als interne Positionsregelkreise im Stellantrieb wirksam.

Die erzielbaren (wichtigsten) Effekte sind vor allem bezogen auf die pneumatischen Stellantriebe außer den in der Tabelle angegebenen folgende:

- **Stellungsregler sorgen dafür, daß die Antriebsstangen** der Stellantriebe – trotz der Belastung durch Stellglieder – **genau die Stellung einnehmen, die durch das jeweilige Stellsignal erreicht werden soll.**
  (Strömungskräfte, Reibung, Hysterese)
- Stellungsregler nehmen Einfluß auf das dynamische Verhalten z. B. durch **Umwandlung des I-Verhaltens in P-Verhalten**
  (Einsetzbarkeit doppeltwirkender Antriebe ohne Rückstellfeder)

- **Beeinflußbarkeit der Kennlinienform** durch nichtlineare Rückführungen (z. B. durch Kurvenscheiben)
- **Aufteilbarkeit des Stellsignals** eines Reglers auf mehrere (parallel-angeordnete) Stellarmaturen (split range – Betrieb)
- **Einsetzbarkeit von Membranstellantrieben** auch für Stellarmaturen mit stark stellungsabhängigen Strömungskräften (Stellklappen)

Tabelle 6.4.2–2   Zusatzeinrichtungen – Aufgaben

Zusatzeinrichtung	Aufgabe
Pneumatische Stellantriebe	
Stellungsregler (Positioner)	bessere Positionierung, höhere Stellkräfte, größere Stellgeschwindigkeit
Stellungsgeber	Erfassung und Rückmeldung der tatsächlichen Stellung der Antriebsstange
Grenzsignalgeber	Erfassung von Grenzwerten der Hubstellung und Signalgabe (binär)
Verblockventile	Sicherung der Stellung der Antriebsstange bei doppeltwirkenden Antrieben (zeitweise)
Handstelleinrichtung	Havariebetätigung bei Ausfall der Hilfsenergie und/oder des Stellsignals
Hydraulische Stellantriebe	
Rückführungen	bessere Positionierung, Änderung des dynamischen Verhaltens
Zusatzpumpe für Schnellgang	zeitweilige Erhöhung der Stellgeschwindigkeit zum Überbrücken größerer Hubdifferenzen
hydraulischer Speicher	Schnellbetätigung durch zusätzliche gespeicherte Druckenergie (auch bei Havarie)
Verblockventile	Sicherung der Stellung der Antriebsstange bei Druckausfall
Handpumpe	Havariebetätigung
(Kühlung)	
(Filterung)	
Elektrische Stellantriebe	
Rückführungen	bessere Positionierung
Schalteinrichtungen	Abschalten in den Endlagen
Bremsen	mechanisch oder elektrisch wirkende Bremsen zur Sicherung der Stellung der Antriebsstange oder zur Verkleinerung der Nachlaufzeit
Schnellgangmotoren	zeitweilige Erhöhung der Stellgeschwindigkeit
Rutschkupplungen	Begrenzung der Stellkräfte
Drehmomentschalter	Abschalten des Stellmotors in den Endlagen oder bei Erreichen des maximalen Drehmoments
Handstelleinrichtung	Havariebetätigung
(thermischer Motorschutz)	
(Beheizung)	

Bild 6.4.2–8 zeigt als Beispiel schematisch den Aufbau und die Wirkungsweise eines **einfachwirkenden (direktwirkenden) pneumatischen Stellungsreglers**. Er arbeitet nach dem Prinzip des Wegvergleichs. Andere Konstruktionen wenden den Kraftvergleich an.

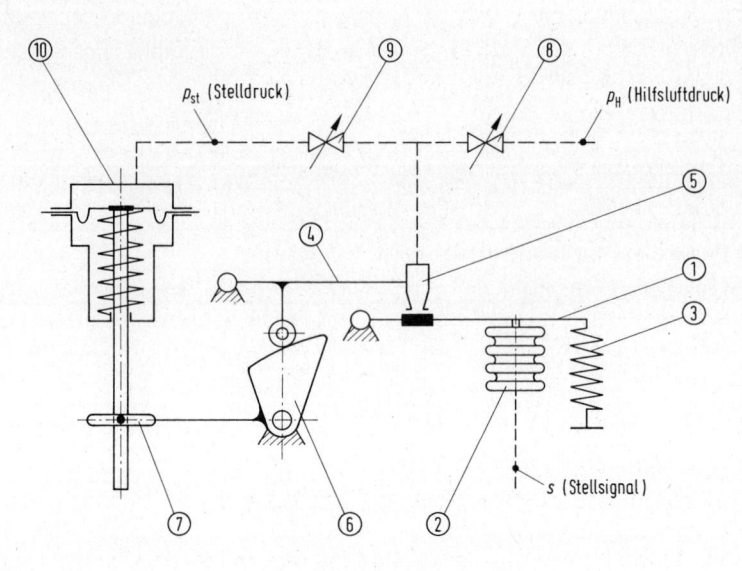

Das Stellsignal s wirkt über einen Metallbalg (2) auf einen Hebel (1), der auch die Prallplatte trägt. Die Auslenkung erfolgt gegen die Feder (3) und verändert den Abstand zwischen Düse (5) und Prallplatte. Sie verursacht so die Änderung des Stelldruckes. Dadurch wird die Stange des Membranstellantriebes (10) verschoben. Die Rückführung der erreichten Stellung erfolgt über den Mitnehmer (7) und die Kurvenscheibe (6) auf den Rückführhebel (4). Dadurch wird die Düse der Prallplatte nachgeführt. Erst wenn der Abstand Düse–Prallplatte wieder den gleichen Wert angenommen hat, kommt die Bewegung zum Stillstand. Dann hat die Stange des Stellantriebs die Stellung erreicht, die dem Stellsignal (und der Form der Kurvenscheibe) entspricht. Der jeweilige Stelldruck ist abhängig von der Belastung des Antriebs; er ist im allgemeinen nicht identisch mit dem Druck, der dem Stellsignal entspricht. Die Stelldrücke können dabei auch größere Werte annehmen. Durch Auswechseln der Kurvenscheiben durch solche mit anderer Form, lassen sich auch verschiedene Zuord-

Bild 6.4.2–8 Schematische Darstellung eines pneumatischen Stellungsreglers
① Hebel mit Prallplatte
② Metallbalg
③ Meßfeder (Nullpunktfeder)
④ Rückführhebel
⑤ Düse
⑥ Kurvenscheibe
⑦ Mitnehmerhebel
⑧ Einstelldrossel (Verstärkung)
⑨ Einstelldrossel (Luftleistung)
⑩ Stellantrieb (direktwirkend)

nungen des Stellweges zum Stellsignal erreichen. Für die gleiche Aufgabe sind auch elektronische Lösungen (mit Komfort) verfügbar (intelligente Positioner). **Auf diese Weise können z. B. in Verbindung mit Stellarmaturen, die selbst eine lineare K_v-Kennlinie besitzen, gleichprozentige Zuordnungen des K_v-Wertes zum Stellsignal erzeugt werden.** Für Stellarmaturen mit „natürlichen Kennlinien" ist diese Verfahrensweise die einzige Möglichkeit, die oft verlangten linearen und gleichprozentigen Kennlinien zu realisieren.

Stellungsregler ermöglichen auch die schon im Abschnitt 6.4.2.1 beschriebene Änderung der Vorspannung der Antriebsfedern oder die Verwendung von Federn mit anderen Federkonstanten.

Lernzielorientierter Test zu Kapitel 6.4

12. Beschreiben Sie die Aufgaben, die durch Stellantriebe zu lösen sind!
13. Wodurch unterscheiden sich Stellantriebe, die direkt durch das Stellsignal s angesteuert werden können, von den übrigen Stellantrieben?
14. Welche Stellantriebe stehen für den Antrieb von Stellarmaturen grundsätzlich zur Verfügung?
15. Welche Bedeutung haben die Kennlinien von Stellantrieben?
16. Beschreiben Sie die Rolle, die der Stellkraft bei der Auswahl von Stellantrieben zukommt!
17. Nennen Sie Maßnahmen, die zur Vergrößerung der erzeugten Stellkraft bei pneumatischen Membranstellantrieben geeignet sind!
18. Welche Rolle spielen Überlegungen zur Havariesicherung (z. B. Hilfsenergieausfall) bei der Stellantriebsauswahl?
19. Aus anlagentechnischen Gründen müsse ein Stellventil in Schließrichtung durchströmt werden. Welche Antriebe dürfen dann eingesetzt werden?
20. Eine Stelleinrichtung bestehe aus einem Stellventil mit linearer Kennliniengrundform und einem pneumatischen Membranstellantrieb. Im Einfahrbetrieb erweise sich die Anordnung als ungeeignet bezüglich
    - der Stellkräfte
    - der Kennlinie (Übertragungsfaktor, Stabilität)
    - der Stellgeschwindigkeit.

    Welche Möglichkeiten zur Verbesserung würden durch zusätzlichen Anbau eines Stellungsreglers geschaffen?
21. Stellen Sie Vor- und Nachteile der verschiedenen Stellantriebe zusammen!

7 Industrierobotertechnik

7.1 Grundlagen und Begriffe

Lernziele

Nach Durcharbeiten dieses Kapitels können Sie

- Industrieroboter von anderen Handhabungsgeräten unterscheiden,
- die wesentlichen Merkmale der Industrieroboter nennen,
- die Hauptbaugruppen der Industrieroboter aufzählen,
- die Aufgaben und das Zusammenwirken der Hauptbaugruppen beschreiben,
- Zusammenhänge zwischen dem Industrieroboter-Einsatz und der Greiferauswahl aufzeigen,
- günstige Einsatzbedingungen für hydraulische, elektrische und pneumatische Antriebe ableiten,
- die durch den Sensoreinsatz zunehmenden Einsatzmöglichkeiten für Industrieroboter begründen,
- verschiedene Klassifizierungsmöglichkeiten der Industrieroboter nennen,
- Industrieroboter nach dem Einsatzfall, der Bauform sowie kinematischen, antriebstechnischen und steuerungstechnischen Gesichtspunkten klassifizieren und
- die Bedeutung der Sensoren bei der Einteilung der Industrieroboter in Generationen erläutern.

7.1.1 Definition und Einordnung

In Kapitel 2.4 wurde Ihnen ein kurzer Überblick über die Entwicklung der Industrierobotertechnik gegeben. An dieser Stelle sollen Sie nun zunächst erfahren, wie sich Industrieroboter in die große Gruppe der Handhabungsgeräte einordnen lassen und wie beide definiert werden.

Die Handhabung von Werkstücken, Werkzeugen und Hilfszeugen können – anstelle von Menschen – Handhabungsgeräte übernehmen. Diese Geräte dienen alle dem gleichen Zweck, nämlich der Aufrechterhaltung des Materialflusses bei der Teilefertigung im Aktionsbereich eines Arbeitsplatzes oder einer Fertigungseinrichtung und können damit sogar die Automatisierung ganzer Produktionsbereiche ermöglichen. Trotzdem unterscheiden sich die unterschiedlichen Handhabungsgeräte, entsprechend ihrer speziellen Verwendung, sehr stark voneinander. Bild 7.1–1 gibt dazu einen Überblick. Sie sehen dort, daß Handhabungsgeräte generell in zwei Gruppen unterteilt

Handhabungsgeräte sind Arbeitsmaschinen, die zur Handhabung von Objekten mit zweckdienlichen Einrichtungen (z. B. Greifern oder Werkzeugen) ausgerüstet sind.

7.1 Grundlagen und Begriffe

```
                    ┌─────────────────────┐
                    │  Handhabungsgeräte  │
                    └──────────┬──────────┘
              ┌────────────────┴───────────────┐
      ┌───────┴────────┐              ┌────────┴─────────┐
      │   spezielle    │              │ universelle Geräte│
      │    Geräte      │              │  (Manipulatoren) │
      └────────────────┘              └────────┬─────────┘
                              ┌────────────────┴──────────────┐
                    ┌─────────┴──────────┐        ┌───────────┴─────────┐
                    │ manuell gesteuert  │        │ maschinell gesteuert│
                    │ (≙ Synchronmanipu- │        └───────────┬─────────┘
                    │ latoren,           │
                    │ Master-Slave-Geräte)│
                    └────────────────────┘
```

Bild 7.1-1 Einteilung der Handhabungsgeräte

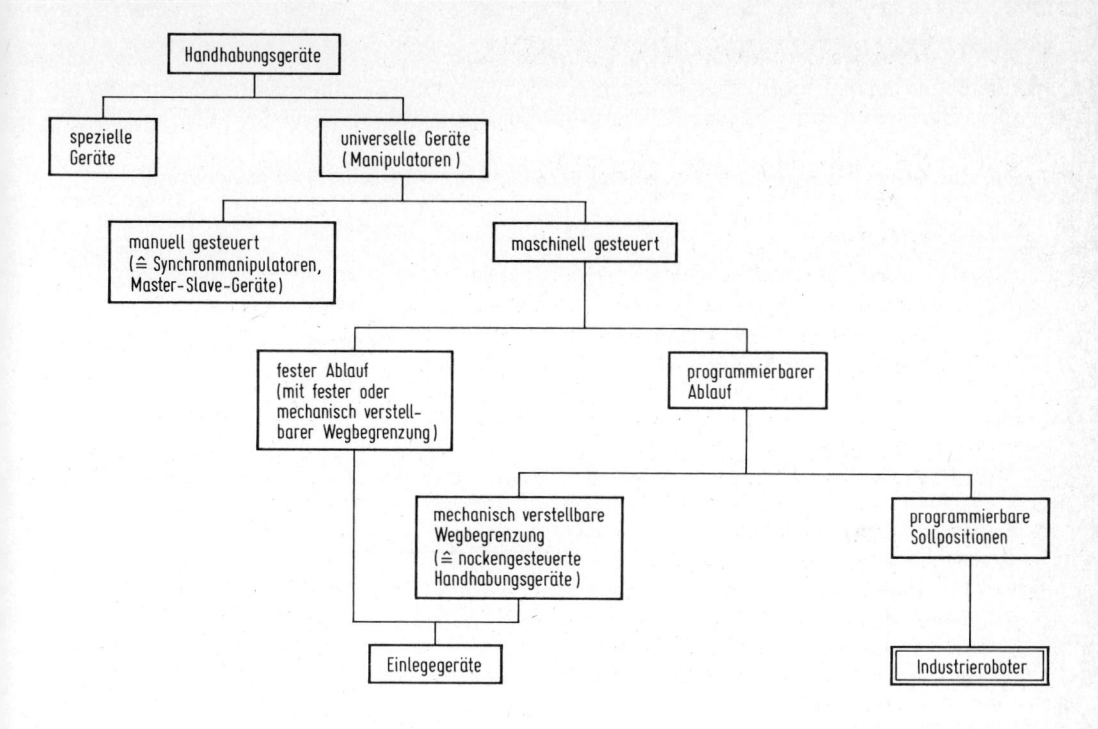

werden. Zu den speziellen Geräten gehören u. a. Bunker, Magazine, Schieber, Rinnen, Schwenkgreifer und auch Festhaltungen wie Backenfutter und Spannplatten. Die universellen Geräte, manchmal auch als Manipulatoren bezeichnet, können sowohl manuell gesteuert werden als auch mit maschineller Steuerung versehen sein. Auch erstere haben manchmal äußerlich viel Ähnlichkeit mit einem Industrieroboter. Der wesentliche Unterschied ist aber, daß sie keine eigene Steuerung besitzen, sondern exakt den Bewegungen ihres Bedieners folgen, die dieser als sogenannter „Master" (deutsch: Meister) vorführt. (Der Manipulator ist dann der sogenannte „Slave" (deutsch: Sklave), der dieser Bewegung synchron folgt.) Nutzen bringen Synchronmanipulatoren dort, wo z. B. Arbeiten in Räumen ausgeführt werden müssen, in denen für Menschen gefährliche Bedingungen herrschen. Das können z. B. sehr hohe oder tiefe Temperaturen, radioaktive Strahlung u. a. sein. Eine andere Einsatzmöglichkeit gibt es z. B. beim Handhaben sehr schwerer Gegenstände, wo Manipulatoren die Muskelkraft des Menschen verstärken, z. B. als Schmiedemanipulatoren.

Beispiel 7.1-1

Ein Tiefseetauchgerät ist mit „mechanischen Armen" ausgerüstet, die z. B. Bodenproben sammeln können. Gesteuert werden sowohl die Bewegungen des Tauchgerätes als auch die der „Arme" von Forschern, die sich im Tauchgerät befinden.
Frage: Zu welcher Gruppe der Handhabungsgeräte gehört ein solches Tiefseetauchgerät?

Lösung:

Entsprechend Bild 7.1-1 gehört dieses Gerät zu den manuell gesteuerten Manipulatoren.

Bei den Geräten mit maschineller Steuerung muß man zunächst unterscheiden, ob diese über die Möglichkeit der Veränderung des gesamten Bewegungsablaufes verfügen oder nicht. Liegt der Ablauf fest, handelt es sich um Einlegegeräte, die ihrer speziellen Arbeitsaufgabe angepaßt sind. Eventuell ist es dabei möglich, die Wegbegrenzungen zu verstellen. In manchen Ländern, z. B. auch den USA, ist es üblich, alle Handhabungsgeräte mit programmierbarem Ablauf als Industrieroboter zu bezeichnen. In der Bundesrepublik Deutschland werden, entsprechend der VDI-Richtlinie 2860, programmierbare Handhabegeräte, die nur durch mechanische Eingriffe umzustellen sind, zu den Einlegegeräten gezählt. Dieser Richtlinie entspricht Bild 7.1-1 und auch folgende Definition der Industrieroboter:

„**Industrieroboter** sind universell einsetzbare Bewegungsautomaten in mehreren Achsen, deren Bewegungen hinsichtlich Bewegungsfolge und Wege bzw. Winkel frei programmierbar (d. h. ohne mechanischen Eingriff vorzugeben bzw. änderbar) und ggf. sensorgeführt sind. Sie sind mit Greifern, Werkzeugen oder anderen Fertigungsmitteln ausrüstbar und können Handhabe- oder andere Fertigungsaufgaben ausführen."

Beispiel 7.1-2

Überlegen Sie, wie die Funktionsweise eines Tiefseetauchgerätes sein müßte, damit es entsprechend der Definition für Industrieroboter als „Unterseeroboter" bezeichnet werden könnte!

Lösung:

Um als „Roboter" bezeichnet zu werden, müßte ein solches Tauchgerät zunächst über eine maschinelle Steuerung verfügen. Diese muß entsprechend der Definition der Industrieroboter frei programmierbar sein. Denkbar wäre also z. B. eine Rechnersteuerung, bei der durch den Aufruf unterschiedlicher Programme die Bewegungsabläufe variiert werden können.
Anmerkung: Es wären dabei noch zwei Ausführungsvarianten zu unterscheiden, je nachdem, ob der Rechner nur die Armbewegungen oder außerdem noch die Bewegungen des Tauchgerätes steuert. Im ersten Fall würden dann nur die Arme (einschließlich ihrer Antriebe, der Steuerung und der

dazugehörigen Meßgeräte) den Roboter darstellen, und dieser Roboter wäre fest mit einem manuell gesteuerten Tauchgerät verbunden. Im zweiten Fall wäre dann das gesamte unbemannte Tauchgerät der Roboter. Dieser wäre dann in der Lage, mit den „Armen" Handhabeaufgaben zu erfüllen und sich außerdem fortzubewegen. [1])

Übung 7.1-1

An einer Drehmaschine ist ein Handhabungsgerät installiert, das die bearbeiteten Teile aus dem Dreibackenfutter der Maschine entnimmt und sie auf einer Palette abstapelt. Ändert sich die Form oder Größe der Drehteile, verändern sich damit auch die Positionen, an denen die Teile vom Greifer abgelegt werden müssen. In einem solchen Fall muß am Handhabungsgerät die mechanische Steuerung ausgewechselt werden.

Überlegen Sie, ob es sich hier um ein Einlegegerät oder einen Industrieroboter handelt! Treffen Sie an Hand dieses Beispiels Aussagen, wann nach Ihrer Meinung die Anwendung eines Einlegegerätes ausreichend bzw. der Einsatz eines Industrieroboters unbedingt zu empfehlen wäre!

7.1.2   Aufbau von Industrierobotern

In diesem Kapitel sollen Sie mit dem prinzipiellen Aufbau der Industrieroboter, ihren wesentlichen Baugruppen und deren Aufgaben vertraut gemacht werden.

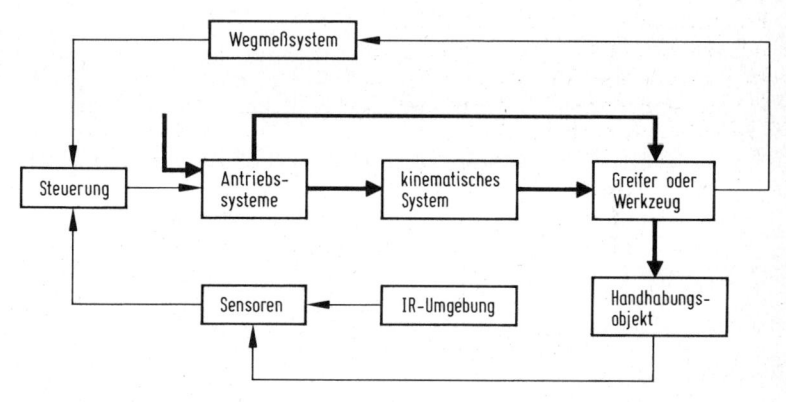

Bild 7.1-2   Zusammenwirken der Industrieroboter-Hauptbaugruppen
→ Informationsfluß, ➡ Energiefluß

Was Ihnen an einem Industrieroboter zuerst ins Auge fällt, ist das **kinematische System** (manchmal auch nur als „Kinematik" oder auch als „Greiferführungsgetriebe" bezeichnet). Diese Baugruppe hat die Aufgabe, den an ihr befestigten **Greifer** in die jeweils erforderliche Position zu bringen. (Man könnte somit das kinematische System mit dem menschlichen Arm

---
[1]) Fortbewegungseinrichtungen werden oft auch als **Pedipulator** (vorwiegend für Schreitbewegungen) oder auch **Lokomotoren** (für rollende Fortbewegung) bezeichnet.

und den Greifer als das eigentliche Wirkorgan mit der menschlichen Hand vergleichen.)

Die für die Bewegung erforderlichen Kräfte werden von den **Antrieben** bereitgestellt. In Abschnitt 7.1.1 haben Sie bereits erfahren, daß **Steuerungen** ein wesentliches Element von Industrierobotern sind. Diese haben die Aufgabe, mittels des eingegebenen Handhabungsprogramms den Bewegungsablauf des Roboters zu gewährleisten. Weitere Aufgaben sind u.a. auch die Koordination der Roboterbewegungen mit dem gesamten Prozeßablauf, d.h. also z.B. mit dem Arbeitstakt der zu beschickenden Werkzeugmaschine, mit den Bewegungen eines mit dem Industrieroboter „Hand in Hand" arbeitenden zweiten Industrieroboters, mit Zubringeeinrichtungen oder ähnlichem. Eine genaue Positionierung des Greifers verlangt oft die Anwendung eines geschlossenen Regelkreises (siehe Kapitel 1.2). Die dabei notwendige Erfassung der Istposition, also der Regelgröße, wird vom **Wegmeßsystem** vorgenommen.

Übung 7.1−2

Betrachten Sie in Bild 7.1−2 den durch das Wegmeßsystem entstandenen geschlossenen Regelkreis. Ordnen Sie den Ihnen bekannten Gliedern und Signalen eines Regelkreises die entsprechenden aus Bild 7.1−2 zu!

Welche Industrieroboter-Hauptbaugruppe bildet die Regelabweichung?

Bei komplizierten Aufgaben kann außerdem das Erkennen des Objektes bzw. seiner Lage oder auch die Wahrnehmung von Hindernissen, die dann umfahren werden müssen, erforderlich sein. Für solche Aufgaben, die mit der Situationserkennung bezüglich der Handhabungsobjekte und der Industrieroboter-Umgebung zusammenhängen, werden **Sensoren** verwendet. Damit sind Ihnen alle Industrieroboter-Hauptbaugruppen vorgestellt worden. Entsprechend dem Anliegen dieses Buches sollen Sie vorwiegend mit steuerungstechnischen Aspekten der Industrieroboter-Technik vertraut gemacht werden. Deshalb erfolgt in den weiteren Kapiteln eine Beschränkung auf die in diesem Sinn wesentlichen Baugruppen (kinematisches System s. Kapitel 7.2, Steuerung s. Kapitel 7.3). Zu den übrigen Baugruppen sollen Ihnen hier noch einige Ergänzungen gegeben werden.

Die Form der **Greifer** muß jeweils dem Handhabeobjekt angepaßt werden. Es gibt unzählige Formen und Realisierungsvarianten. Am häufigsten werden mechanische Greifer verwendet. Oft sind sie (ähnlich einer Zange) mit zwei Greifbacken ausgerüstet und werden dann auch als Zangengreifer bezeichnet. Es gibt auch Varianten, bei denen durch die Nachbildung der Glieder und Gelenke des menschlichen Fingers mit mechanischen Mitteln eine besonders hohe Flexibilität der Greifer erzielt werden soll. Dies hat sich aber in der Industrieroboter-Technik nicht durchgesetzt.

Mechanische Greifer sind die am häufigsten verwendeten Greifertypen.

Neben den mechanischen Greifern sind noch zwei weitere Grundprinzipien der Greiferrealisierung zu nennen: Bei dem einen wird die notwendige Greifkraft dadurch erzeugt, daß zwischen einem Sauger und dem Handhabungsobjekt ein Unterdruck erzeugt wird. Deshalb werden diese Greifer als Saugergreifer bezeichnet. Auch hier gibt es unterschiedlichste Ausführungsformen, über die Sie sich in der weiterführenden Literatur informieren können.

Weitere häufig realisierte Greiferausführungen sind Sauger- und Magnetgreifer.

Bei dem anderen Prinzip werden zur Greifkrafterzeugung Dauer- bzw. Elektromagnete verwendet. Entsprechend der Aufgabe des Industrieroboters kann dieser auch mit mehreren Greifern ausgerüstet sein.

Neben der Form der Greifer ist auch die Greifkraft dem Handhabungsobjekt anzupassen. Dazu gehört nicht nur, eine bestimmte Mindestkraft aufzubringen, um das Objekt sicher handhaben zu können. Es muß auch gesichert sein, daß eine bestimmte Maximalkraft nicht überschritten wird, um Zerstörungen des Handhabungsobjekts auszuschließen. Wie Sie sich sicherlich vorstellen können, ist dieses Problem bei leicht zerbrechlichen Objekten (wie Glas, Porzellan oder z. B. auch Hühnereiern) besonders groß.

Greifer müssen in ihrer Form und der aufzubringenden Greifkraft dem jeweiligen Handhabungsobjekt angepaßt werden.

Übung 7.1-3

Wählen Sie für die nachfolgend genannten Handhabungsaufgaben die nach Ihrer Meinung geeigneten Greiferausführungen (siehe Bild 7.1–3) aus!

Es sollen folgende Objekte transportiert werden:
- ferromagnetische Platten
- Werkstücke, die abgestapelt und deshalb nur von einer Seite frei zugänglich sind
- Papierbogen von einem Stapel
- Glasrohre

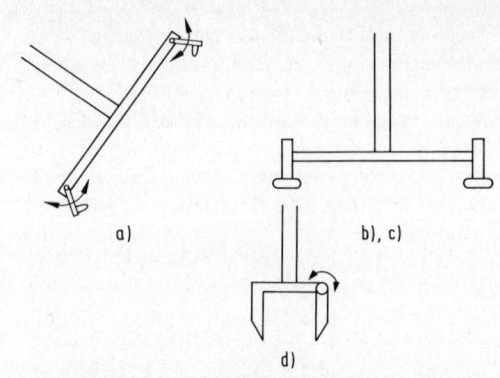

Bild 7.1-3 Greiferausführungen (Prinzipskizzen)
a) mechanischer Spezialgreifer,
b) Saugergreifer,
c) Magnetgreifer,
d) mechanischer Greifer mit **einer** beweglichen Backe

Auch für Industrieroboter sind sowohl elektrische als auch hydraulische und pneumatische **Antriebe** verwendbar. Dabei gelten die gleichen Vor- und Nachteile, die Sie in Kapitel 2 für die verschiedenen Hilfsenergien kennengelernt haben. Speziell für Industrieroboter kann gesagt werden, daß **hydraulisch** angetriebene Industrieroboter wegen der hohen Stellkräfte, die sie erzeugen können, sehr häufig sind. Der Anteil der **elektrischen** Antriebe nimmt immer mehr zu. Das liegt einerseits daran, daß durch die schnelle Entwicklung der Elektronik in den vergangenen Jahren die Steuer- und Regelbarkeit der elektrischen Antriebe erheblich verbessert werden konnte. Andererseits werden natürlich durch die Zunahme des Industrieroboter-Einsatzes für komplizierte Aufgaben immer höhere Ansprüche bezüglich gut steuer- und regelbarer Antriebe gestellt. **Pneumatische** Antriebe finden häufig für Handhabungsgeräte mit fester oder mechanisch verstellbarer Wegbegrenzung, d.h. also für Einlegegeräte (vgl. Bild 7.1–1) Anwendung. Bei Industrierobotern werden sie manchmal für die „Auf- und-zu-Bewegung" der Greifer verwendet.

Wichtig ist zu erwähnen, daß beim Industrieroboter für jede Bewegungsachse (einschließlich des Greifers) ein eigener Antrieb benötigt wird. Die Antriebe sind am Industrieroboter-Gestell befestigt. Die Abtriebsbewegung des Antriebs wird dann (u.U. über Getriebe) zu dem jeweiligen Industrieroboter-Gelenk geleitet.

Industrieroboter können elektrisch, hydraulisch oder pneumatisch angetrieben werden.

Sollen Industrieroboter hohen steuerungstechnischen Anforderungen genügen, werden zunehmend elektrische Antriebe eingesetzt.

7.1 Grundlagen und Begriffe

Wegmeßsysteme sollen, wie bereits erwähnt, die Istposition des Greifers erfassen und an die Steuerung weiterleiten. Je nachdem, ob es sich dabei um einen Weg (translatorische Bewegung) oder einen Winkel (rotatorische Bewegung) handelt, werden translatorische oder rotatorische Wegmeßsysteme verwendet.

Wegmeßsysteme können sein:
– translatorisch oder rotatorisch,
– digital oder analog,
– absolut oder inkremental.

Die Erfassung des Meßwertes kann sowohl digital als auch analog erfolgen. Nach dem Meßverfahren kann man zwei Varianten unterscheiden: Wird die absolute Position des Greifers gemessen, spricht man von einer absoluten Messung, wird dagegen die Veränderung der Position gegenüber dem vorher erfaßten Meßwert gemessen, nennt man das inkrementale Messung. Außerdem unterscheiden sich Wegmeßsysteme nach dem physikalischen Prinzip, auf dem die Meßwerterfassung beruht. Es kann sich z. B. um das mechanische, fotoelektrische, elektromagnetische oder auch kapazitive Prinzip handeln. Dabei ist für den Anwender meist nicht das physikalische Prinzip, sondern Eigenschaften wie Genauigkeit, Trägheit, Staubunempfindlichkeit usw. von Bedeutung.

Mit dem Einsatz von **Sensoren** werden Industrieroboter bedeutend leistungsfähiger. Es ist nicht mehr nötig, die Handhabungsobjekte dem Industrieroboter in geordneter Form bereitzustellen, wenn er sich die Objekte z. B. von einem Fließband oder gar aus einer Kiste nehmen kann. Für diesen Zweck müssen die Sensoren erstens erkennen, wo sich das Objekt auf dem Fließband oder in der Kiste befindet und zweitens, wie seine Winkellage ist. Kann der Industrieroboter mittels eines Sensors auch die Objektform erkennen, ist auch dann eine zuverlässige Handhabung gesichert, wenn unterschiedliche Objekte zur Verfügung stehen und das jeweils benötigte vom Industrieroboter ausgewählt werden muß.

Sensoren dienen im wesentlichen
- der Objekterkennung und der Erkennung deren Lage
- der Kraftmessung
- der Kollisionsverhütung

Weiterhin können Sensoren der Greifkraftmessung dienen. Das kann bei der Handhabung stoß- und druckempfindlicher Objekte notwendig sein, um sie vor Zerstörung zu bewahren.

Außerdem werden Sensoren eingesetzt, um Zusammenstöße (Kollisionen) mit Hindernissen durch rechtzeitige Ausweichmanöver zu verhindern. Sensoren erfassen die interessierenden physikalischen Größen mittels optischer, taktiler[1]), akustischer oder anderer physikalischer Prinzipien.

Optische Sensoren nehmen elektromagnetische Strahlung wahr und wandeln diese in elektrische Signale um. Das können z. B. Halbleiterelemente (Fotodioden, Fototransistoren usw.) sein.

Taktile Sensoren erfassen bei mechanischer Kontaktgabe Kräfte, Momente oder auch Formen, die sie dann in entsprechende elektrische Signale umwandeln. Als Ausführungsvarianten sind z. B. Taster, Dehnmeßstreifen oder auch druckempfindliche Plaste möglich.

Für Industrieroboter haben optische und taktile Sensoren die größte Bedeutung.

7.1.3 Klassifizierung von Industrierobotern

Die Klassifizierung von Industrierobotern kann nach den unterschiedlichsten Gesichtspunkten vorgenommen werden. Z. B. kann man sich dabei am Verwendungszweck, dem Aufbau (d. h. der Art der verwendeten Industrieroboter-Baugruppen) oder auch an Leistungsparametern (z. B. Tragfähigkeit, Größe des Arbeitsraumes u. v. a. m.) der Industrieroboter orientieren.

Zunächst soll als erste Möglichkeit der Klassifizierung der Verwendungszweck betrachtet werden. Dabei könnte die Einteilung nach dem Einsatzbereich (z. B. metallverarbeitende Industrie, Bauwesen oder auch Dienstleistungsbereich) erfolgen. Sie können sicher selbst aus der eigenen Erfahrung diese Aufzählung fortsetzen und müssen feststellen, daß hierbei unzählige Varianten möglich sind. Außerdem werden bei dieser Vorgehensweise überhaupt keine funktionellen Aspekte berücksichtigt.

Es ist also eine andere Einteilung bezüglich des Einsatzes günstiger, die unabhängig von dem oben beschriebenen Einsatzbereich die Aufgabe des Industrieroboters charakterisiert:

Die **Beschickungsroboter** handhaben **Werkstücke**, die sie i. a. den Werkzeugmaschinen zu- und nach der Bearbeitung wieder abführen.

Einteilungsgesichtspunkte für Industrieroboter:
– Einsatz
– Bauform
– Kinematik
– Antriebsart
– Steuerung

Klassifizierung nach dem **Einsatz** in:
– Beschickungsroboter
– technologische Roboter
– Montageroboter

---

[1]) ≙ berührend

7.1 Grundlagen und Begriffe

Die **technologischen Roboter** handhaben **Werkzeuge**, mit denen bestimmte Bearbeitungsaufgaben (z. B. Schweißen, Entgraten, Polieren, Farbspritzen u. a.) erfüllt werden.

Die **Montageroboter** dienen der automatisierten Durchführung von Montageoperationen und müssen somit in der Lage sein, sowohl **Bauelemente** als auch **Werkzeuge** handhaben zu können.

Aus der Betrachtung des Aufbaus von Industrierobotern ergeben sich mehrere aussagekräftige Klassifizierungskriterien. Das ist zunächst die äußere **Bauform**. Die Ihnen geläufigste Bauform ist sicher die Ständerbauform, die auch mobil (ortsveränderlich) ausgeführt sein kann. Entsprechend der Handhabungsaufgabe kann es günstig oder sogar notwendig sein, den Industrieroboter z. B. an der Wand, der Decke, an einem Portal oder auch direkt an der zu beschickenden Maschine anzubringen.

Klassifizierung nach der **Bauform** in:

Bewußt wurde in Bild 7.1–4 für den Industrieroboter die black-box-Darstellungsweise gewählt, weil die kinematische Struktur für die Einteilung entsprechend der Bauform ohne Bedeutung ist. Allerdings bestimmt das **kinematische System** wesentlich die Flexibilität des Industrieroboters und muß deshalb auch bei der Klassifizierung berücksichtigt werden. Die kinematische Struktur eines Industrieroboters wird durch die Anzahl und die Art (Dreh- oder Schubgelenk) der Gelenke sowie die gegenseitige Anordnung aller Glieder und Gelenke des Industrieroboters charakterisiert.

Wenn man voraussetzt, daß **jedes** Gelenk über **genau eine** Bewegungsmöglichkeit verfügt, die von den anderen Gelenken unabhängig ist, stimmt der Freiheitsgrad [1]) des Industrieroboters sowohl mit der Anzahl der Gelenke als auch mit der Anzahl der Antriebe und der Bewegungsachsen eines Industrieroboters überein.

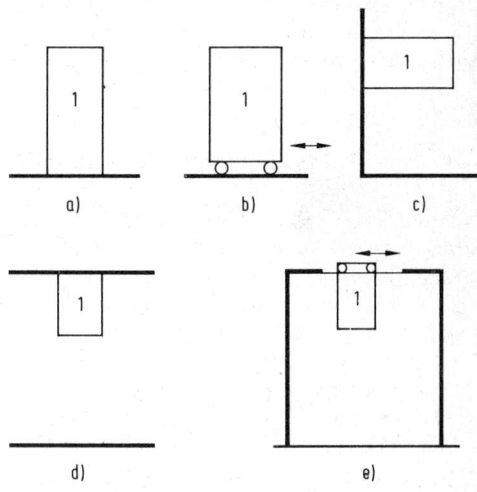

Bild 7.1–4 Industrieroboter-Bauformen (Prinzipskizzen)
a) stationäre Ständerbauform, b) mobile Ständerbauform, c) Wandbauform, d) Deckenbauform, e) Portalbauform
1: Industrieroboter

Freiheitsgrad: Gibt die Summe aller Bewegungsmöglichkeiten des kinematischen Systems und des Greifers an.

Klassifizierung nach dem **Freiheitsgrad** (Anzahl der Bewegungsmöglichkeiten)

---

[1]) Es ist auch üblich, von Industrieroboter-Freiheitsgraden zu sprechen, z. B. wird an Stelle von „Der Industrieroboter hat den Freiheitsgrad 8" oft gesagt „Der Industrieroboter verfügt über 8 Freiheitsgrade".

In Abhängigkeit von der Gelenkart und der Reihenfolge der Gelenkanordnung im kinematischen System ergeben sich für die einzelnen Industrieroboter-Typen spezifische Arbeitsräume, die auch häufig zur Klassifizierung herangezogen werden.

Arbeitsraum: Ist der Raum, in dem sich der Greifer entsprechend der kinematischen Struktur des Industrieroboters bewegen kann.

Klassifizierung nach der **Form des Arbeitsraumes** im wesentlichen in:

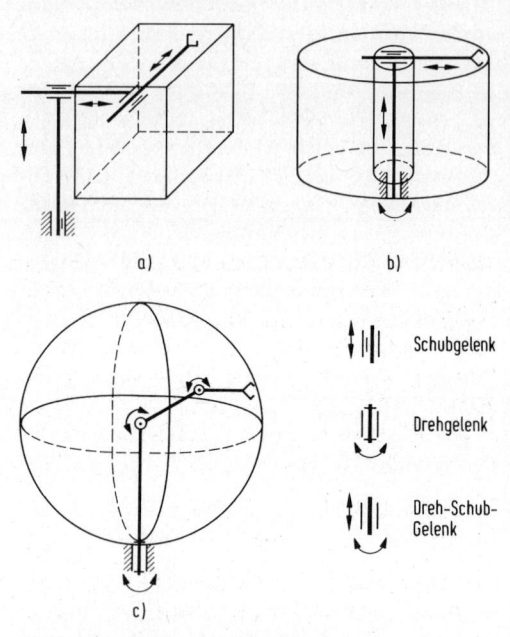

Bild 7.1–5 Arbeitsraumformen
a) quaderförmig [1]), b) zylinderförmig, c) kugelförmig

Übung 7.1–4

Stellen Sie in Bild 7.1–5 fest, wie groß die Anzahl der Gelenke und der Industrieroboter-Freiheitsgrad ist und welcher Art die Gelenke bei den drei dargestellten Beispielen sind!

Sie haben bereits erfahren, daß Industrieroboter sowohl mit elektrischen als auch hydraulischen oder pneumatischen Antrieben ausgerüstet sein können. Außerdem sind auch Kombinationen dieser drei **Antriebsarten** möglich.

Klassifizierung nach der **Antriebsart** in:
– elektrisch angetriebene Industrieroboter
– hydraulisch angetriebene Industrieroboter
– pneumatisch angetriebene Industrieroboter

Sehr wesentliche Eigenschaften von Industrierobotern werden durch die **Steuerung** be-

---

[1]) Statt „quaderförmig" ist auch die Bezeichnung „kartesisch" gebräuchlich.

stimmt. Ist die Steuerung eines Industrieroboters so aufgebaut, daß mit ihrer Hilfe der Greifer (bzw. ein Werkzeug) nacheinander zu programmierten Punkten innerhalb des Arbeitsraumes bewegt werden kann, spricht man von einer **Punkt-zu-Punkt-Steuerung**. In diesem Fall ist der Weg, der zwischen zwei nacheinander anzufahrenden Punkten zurückgelegt wird, nicht vorgegeben.

Anders sieht es aus, wenn sich der Greifer oder ein Werkzeug, das anstelle des Greifers am kinematischen System befestigt ist, auf einer bestimmten Bahn im Arbeitsraum bewegen muß. In diesem Fall werden die Bewegungsabläufe mehrerer Bewegungsachsen nach vorgegebenen funktionalen Zusammenhängen gesteuert. Man spricht dann von einer **Bahnsteuerung**.

Oftmals werden diese Bahnen durch eine Folge von sehr dicht beieinander liegenden Punkten angenähert. Dies wird **Vielpunkt-** oder auch **Multipunktsteuerung** genannt. Der wesentliche Unterschied zur PTP-Steuerung besteht darin, daß die Bewegung nicht in jedem Punkt abgebremst wird. So kann eine quasikontinuierliche Bahn erzeugt werden.

Klassifizierung nach der **Steuerungs- und Programmierungsart** in:
– Industrieroboter mit Punkt-zu-Punkt-Steuerung (PTP)[1]
– Industrieroboter mit Bahnsteuerung (CP)[2]
– Industrieroboter mit Vielpunktsteuerung (MP)[3]

Übung 7.1-5

Überlegen Sie, für welche Aufgaben PTP-Steuerungen bzw. CP-Steuerungen verwendet werden können. Versuchen Sie dabei auch, die drei nach dem Einsatzfall unterschiedenen Industrieroboter-Arten den Steuerungsarten zuzuordnen!

Als letzte Klassifizierungsmöglichkeit von Industrierobotern sollen Sie eine solche kennenlernen, die sich auf das **Leistungsvermögen der Steuerung** bezieht:

Man unterscheidet dabei bisher drei Generationen. Im Gegensatz zu den Ihnen vielleicht bekannten Rechner-Generationen erfolgt die Einteilung bei den Industrierobotern nicht nach dem Integrationsgrad und der Art der verwendeten Bauelemente, sondern nach dem Umfang und vor allem der Komplexität der den Industrierobotern übertragbaren Aufgaben.

Klassifizierung nach dem **Funktionsinhalt der Steuerung** in:
– Industrieroboter der ersten Generation (programmierbare Industrieroboter)
– Industrieroboter der zweiten Generation (sensitive („fühlende") Industrieroboter)
– Industrieroboter der dritten Generation („intelligente" Industrieroboter)

---

[1] Aus der englischen Bezeichnung „point-to-point" leitet sich die international übliche Abkürzung PTP ab.
[2] Die englische Bezeichnung dafür ist „continuous path", daher die Abkürzung CP.
[3] In der englischen Sprache heißt das „multipoint" mit der Abkürzung MP.

Es ist notwendig festzustellen, daß die Industrieroboter-Generationen einander beim Einsatz nicht ablösen. Durch die stärkere Entwicklung von Robotern höherer Generationen vergrößert sich der Einsatzbereich der Industrieroboter, da dadurch immer kompliziertere Aufgaben auf Industrieroboter übertragen werden können. Einfachste Handhabungsaufgaben werden jedoch auch in Zukunft von Industrierobotern der ersten Generation ausgeführt werden, denn es müssen bei der Einsatzplanung natürlich auch ökonomische Gesichtspunkte berücksichtigt werden.

Industrieroboter der ersten Generation besitzen **keine** Sensoren, mit deren Hilfe Informationen vom Handhabungsobjekt und der Industrieroboter-Umgebung an die Steuerung übermittelt werden können. Damit entfällt für diese Industrieroboter auch der in Bild 7.1−2 dargestellte Signalweg über die Sensoren zur Steuerung.

Die Grenzen zwischen den Industrieroboter-Generationen, besonders zwischen der zweiten und dritten, sind fließend.

Für die komplexe Erfassung der technologischen Industrieroboter-Umwelt werden vorwiegend visuelle Erkennungssysteme (z. B. auf Grundlage einer CCD-Matrix) und z. T. auch mehrdimensionale taktile Systeme (z. B. auf Grundlage von matrixförmig angeordneten Berührungssensoren) verwendet.

Industrieroboter späterer Generationen werden sich u. a. durch Lernfähigkeit auszeichnen.

Industrieroboter der ersten Generation verfügen über eine einfache Steuerung, die den **Handlungsablauf** eindeutig **festlegt** und die keine Anpassung an sich ändernde Prozeßbedingungen zuläßt.

Industrieroboter der zweiten Generation lassen in begrenztem Umfang eine **Anpassung des Handlungsablaufes** an sich verändernde Prozeßbedingungen zu. Dazu werden sie durch Sensoren befähigt, die Informationen bzgl. des Handhabungsobjektes oder der Industrieroboter-Umgebung an die Steuerung weiterleiten.

Industrieroboter der dritten Generation verfügen über eine hochentwickelte Steuerung, die es ermöglicht, eine **selbständige Handlungsplanung** durch die komplexe Erfassung des Zustandes der technologischen Roboter-Umwelt durchzuführen, Voraussetzung dafür sind Sensorsysteme, die ein **komplexes Abbild** der Umwelt erfassen können. Dieses Abbild bildet die Grundlage für die Entscheidungsfindung in der Steuerung.

Lernzielorientierter Test zu Kapitel 7.1

1. Kreuzen Sie die nach Ihrer Meinung richtigen Antworten an!
   - ☐ a) Industrieroboter sind immer mit einer maschinellen Steuerung ausgestattet.
   - ☐ b) Synchronmanipulatoren kann man auch als Industrieroboter bezeichnen.
   - ☐ c) Der wesentliche Unterschied zwischen den Industrierobotern und anderen Handhabungsgeräten besteht darin, daß die Handlungsabläufe bei den ersteren ohne mechanischen Eingriff vorgegeben und verändert werden können.
   - ☐ d) Industrieroboter verfügen immer über Sensoren, die der Steuerung Informationen vom Handhabungsobjekt oder der Industrieroboter-Umgebung liefern.

7.1 Grundlagen und Begriffe

2. Ordnen Sie jedem Begriff auf der linken Seite die dazugehörige Wortgruppe auf der rechten Seite zu!

   – Antriebe
   – Sensoren
   – kinematisches System
   – Wegmeßsystem
   – Steuerung
   – Greifer
   – Werkzeug

   ... 1. kann zur Erfüllung technologischer Aufgaben am kinematischen System befestigt sein
   ... 2. erfaßt die Greifer-Istposition
   ... 3. erzeugen die für die Bewegung erforderlichen Kräfte
   ... 4. muß die Handhabungsobjekte festhalten
   ... 5. bestimmt die Bewegungsmöglichkeiten des Industrieroboters
   ... 6. können u. a. Werkstückformen oder -positionen und Hindernisse wahrnehmen
   ... 7. beeinflußt die Antriebe in einer solchen Weise, daß der programmgemäße Handlungsablauf realisiert wird

3. Vervollständigen Sie den folgenden Lückentext!

   Bei der automatischen Durchführung von Montageoperationen müssen die Industrieroboter sowohl ... handhaben als auch Werkzeuge führen können. Es treten somit kombiniert Beschickungs- und ... Aufgaben auf. Bei der großen Komplexität solcher Aufgaben ist der Sensoreinsatz unumgänglich. Deshalb müssen Industrieroboter der ... Generation verwendet werden.

   Ist der vom Greifer zurückzulegende Weg zwischen zwei Positionen beliebig, handelt es sich um eine .... Die Anzahl der Bewegungsmöglichkeiten eines Industrieroboters gibt der ... an.

Wenn Sie diese drei Aufgaben im wesentlichen richtig gelöst haben, können Sie beruhigt weiterarbeiten.

7.2 Industrieroboter als Steuerungsobjekt

Lernziele

Nach Durcharbeiten dieses Kapitels können Sie
- die Begriffe Kinematik und Dynamik erläutern,
- Aussagen über den erforderlichen Freiheitsgrad von Industrierobotern entsprechend deren Einsatz treffen,
- den Unterschied zwischen direkter und indirekter Koordinatentransformation erklären,
- mittels Ihnen vorgegebener kinematischer Modelle aus den roboterspezifischen Achskoordinaten die Greiferposition im raumfesten, kartesischen Koordinatensystem berechnen,
- die wesentlichen Komponenten der dynamischen Modelle nennen,
- die Ursachen für die Kompliziertheit der dynamischen Modelle der Industrieroboter erläutern.

7.2.1 Einführung

Sie wissen aus dem vorangegangenen Kapitel bereits, daß unterschiedliche kinematische Strukturen auch verschiedene Formen der zur Verfügung stehenden Arbeitsräume zur Folge haben. Stellen Sie sich vor: Sie möchen den Greifer Ihres Industrieroboters aus einer bestimmten Ausgangslage in die Position bringen, in der er das bearbeitete Werkstück aus der Maschine entnehmen kann. Die Koordinaten dieser beiden Positionen bezüglich eines kartesischen Koordinatensystems sind Ihnen bekannt. Somit können Sie auch leicht berechnen, wie weit der Greifer in x-, y- und z-Richtung bewegt werden muß.

Doch da Ihr Industrieroboter auch über Drehgelenke verfügt, stehen Sie nun vor der Frage: Wie weit muß jedes einzelne Gelenk des Industrieroboters bewegt werden, damit der Greifer den gewünschten Raumpunkt erreicht? Es handelt sich also um eine Koordinatentransformation, die hier vorgenommen werden muß.

Wenn man Industrieroboter steuern will, ist nicht nur die Kinematik von Interesse, sondern auch das dynamische Verhalten. Es interessiert Sie nämlich auch, welche Antriebskraft (bzw. Drehmoment) auf ein bestimmtes Industrierobotergelenk wirken muß, damit diese den von Ihnen gewünschten Bewegungsablauf erfährt. Sie wollen z. B., daß ein Industrieroboter eine Schwenkbewegung ausführt. Dabei bemerken Sie, daß das notwendige Antriebsdrehmoment davon abhängig ist, wie nahe sich der Greifer am Turm befindet! Es ergeben sich somit oft komplizierte Gleichungen, die das dynamische Verhalten eines Industrieroboters widerspiegeln. Diese sind für die Steuerung von Industrierobotern genauso wichtig wie die mathematische Beschreibung des kinematischen Verhaltens. Auf beides soll in den nächsten Abschnitten eingegangen werden. Dabei werden die dynamischen Zusammenhänge wegen ihrer Kompliziertheit nur verbal beschrieben.

7.2.2 Kinematik

Eine Vorgehensweise zur Aufstellung kinematischer Modelle, die auf beliebige kinematische Strukturen anwendbar ist, ist die *Denavit-Hartenberg*-Notation. Sie sollen an dieser Stelle **nicht** mit dieser recht aufwendigen Methode bekanntgemacht werden, sondern nur für **einige typische Industrieroboter-Strukturen** die kinematischen Modelle kennenlernen.

Damit der Greifer jede beliebige **Position** im dreidimensionalen Raum einnehmen kann, muß der Industrieroboter über mindestens **drei Freiheitsgrade** verfügen. Hinzu kommen noch weitere drei zur **Orientierung** des Greifers im Raum.

Verfügt ein Industrieroboter über mehr Freiheitsgrade, ist er **kinematisch überbestimmt**. Das heißt, es gibt **mehrere** Möglichkeiten der Positionierung der einzelnen Bewegungsachsen, um **eine bestimmte** Greiferposition zu realisieren. Das kann erforderlich sein, wenn bei Handhabungsaufgaben Hindernisse umgangen werden müssen.

Geht man von drei Bewegungsmöglichkeiten in der Grundstruktur aus, ergeben sich insgesamt 8 mögliche Varianten bezüglich der Anordnung der Dreh (D)- und Schubgelenke (S). Auf drei davon, nämlich die Ihnen bereits in Bild 7.1–5 vorgestellten Strukturen „SSS", „DSS" und „DDD" (diese Bezeichnungen beschreiben die Reihenfolge der Anordnung der Gelenke vom Industrieroboter-Fuß bis zum Greifer), soll nun näher eingegangen werden.

Der Industrieroboter mit drei Schubgelenken ist in Bild 7.2–1 (vgl. Sie auch Bild 7.1–5) dar-

Die **Kinematik** betrachtet die Bewegung, d. h. zeitabhängige Ortsveränderung, von Körpern. Dabei ist die **Ursache** der Bewegung **ohne** Bedeutung, und auch die bewegte Körpermasse spielt keine Rolle.

Industrieroboter benötigen zur Positionierung des Greifers drei Freiheitsgrade in der Grundstruktur.

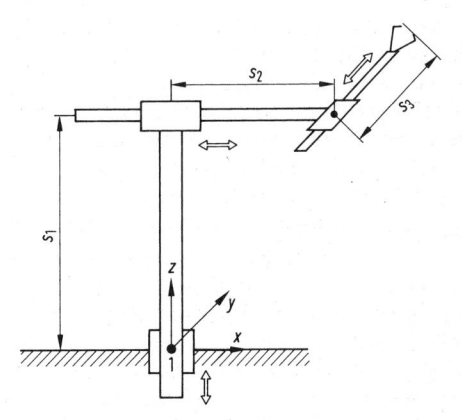

Bild 7.2–1 Industrieroboter der Struktur „SSS"
1: Koordinatenursprung des raumfesten Koordinatensystems

gestellt. Die Variablen s_1, s_2 und s_3 stellen die ausgefahrene Höhe, Länge und Tiefe des Greifers dar. Da hier nur translatorische Bewegungsmöglichkeiten bestehen, ist die **Greiferposition** bezüglich des raumfesten, kartesischen Koordinatensystems einfach zu bestimmen:

$$x = s_2 \tag{7.2-1}$$
$$y = s_3 \tag{7.2-2}$$
$$z = s_1 \tag{7.2-3}$$

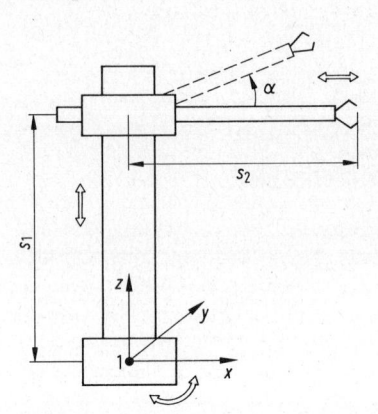

Nun soll ein Industrieroboter mit zylinderförmigem Arbeitsraum (Struktur „DSS") betrachtet werden. Die variablen Größen sind der Schwenkwinkel α, die Höhe s_1 und die Greifarmlänge s_2. Die Gleichungen zur Berechnung der Greiferposition bezüglich des raumfesten, kartesischen Koordinatensystems lauten:

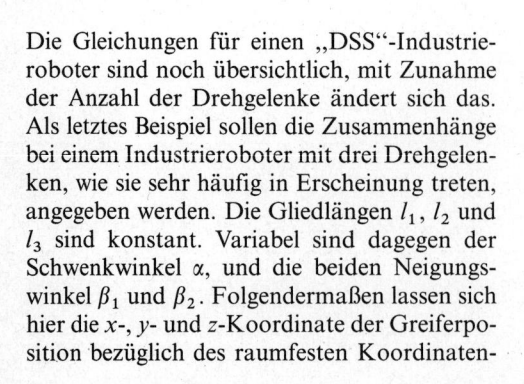

Bild 7.2-2 Industrieroboter der Struktur „DSS"
1: Koordinatenursprung des raumfesten Koordinatensystems

$$x = s_2 \cdot \cos \alpha \tag{7.2-4}$$
$$y = s_2 \cdot \sin \alpha \tag{7.2-5}$$
$$z = s_1 \tag{7.2-6}$$

Die Gleichungen für einen „DSS"-Industrieroboter sind noch übersichtlich, mit Zunahme der Anzahl der Drehgelenke ändert sich das. Als letztes Beispiel sollen die Zusammenhänge bei einem Industrieroboter mit drei Drehgelenken, wie sie sehr häufig in Erscheinung treten, angegeben werden. Die Gliedlängen l_1, l_2 und l_3 sind konstant. Variabel sind dagegen der Schwenkwinkel α, und die beiden Neigungswinkel β_1 und β_2. Folgendermaßen lassen sich hier die x-, y- und z-Koordinate der Greiferposition bezüglich des raumfesten Koordinaten-

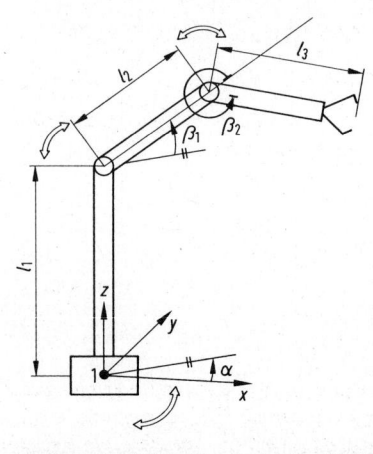

Bild 7.2-3 Industrieroboter der Struktur „DDD"
1: Koordinatenursprung des raumfesten Koordinatensystems

systems berechnen:

$$x = [(l_2 + l_3 \cdot \cos\beta_2) \cdot \cos\beta_1 - l_3 \cdot \sin\beta_1 \cdot \sin\beta_2] \cdot \cos\alpha \quad (7.2\text{--}7)$$

$$y = [(l_2 + l_3 \cdot \cos\beta_2) \cdot \cos\beta_1 - l_3 \cdot \sin\beta_1 \cdot \sin\beta_2] \cdot \sin\alpha \quad (7.2\text{--}8)$$

$$z = l_1 + (l_2 + l_3 \cdot \cos\beta_2) \cdot \sin\beta_1 + l_3 \cdot \cos\beta_1 \cdot \sin\beta_2 \quad (7.2\text{--}9)$$

In allen drei Beispielen wurde die Greiferposition aus der Stellung der einzelnen Bewegungsachsen bestimmt. Diese Vorgehensweise wird **direkte Koordinatentransformation** genannt. Diese kann, wie Sie gesehen haben, schon ziemlich aufwendig sein. Für die Steuerung der Industrieroboter ist die umgekehrte Fragestellung, die Ihnen eingangs an einem Beispiel erläutert wurde, interessanter. Es gilt festzustellen, wie weit die einzelnen Antriebe bewegt werden müssen, um eine gewünschte Greiferposition zu realisieren. Dazu müssen die Ihnen oben angegebenen Gleichungen nach den Bewegungsvariablen umgestellt werden. In den beiden ersten Fällen („SSS"- und „DSS"-Struktur) ist das möglich. Bei komplizierten Strukturen, z. B. der Ihnen vorgestellten „DDD"-Struktur, lassen sich keine expliziten Gleichungen für die Bewegungsvariablen (bei „DDD"-Struktur sind dies α, β_1 und β_2) angeben. In solchen Fällen werden über den Steuerungsrechner die Bewegungsvariablen iterativ (durch schrittweise Annäherung) bestimmt.

direkte Koordinatentransformation (DKT):
Berechnung der Greiferposition aus den Antriebswegen bzw. -winkeln in den Gelenken

indirekte Koordinatentransformation (IKT):
Berechnung der Antriebswege bzw. -winkel aus der Greiferposition im kartesischen, raumfesten Koordinatensystem

Beispiel 7.2–1

Sie haben einen Industrieroboter der „DSS"-Struktur (s. Bild 7.2–2). Berechnen Sie die Position des Greifers bezüglich des raumfesten, kartesischen Koordinatensystems, wenn folgende Werte gegeben sind:

Schwenkwinkel $\alpha = 60°$
Höhe $\quad s_1 = 0{,}5 \text{ m}$
Armlänge $\quad s_2 = 0{,}4 \text{ m}$

Lösung:

$$x = s_2 \cdot \cos\alpha \quad (7.2\text{--}4)$$
$$y = s_2 \cdot \sin\alpha \quad (7.2\text{--}5)$$
$$z = s_1$$
$$x = 0{,}4 \text{ m} \cdot \cos 60° = 0{,}2 \text{ m}$$
$$y = 0{,}4 \text{ m} \cdot \sin 60° = 0{,}35 \text{ m}$$
$$z = 0{,}5 \text{ m}$$

Die Greiferposition ist (0,2 m; 0,35 m; 0,5 m).

Übung 7.2–1

Sie möchten für einen Industrieroboter entsprechend Bild 7.2–3 („DDD"-Struktur) berechnen, wie die Greiferposition im raumfesten, kartesischen Koordinatensystem angegeben werden kann, wenn die Drehgelenke folgende Winkelstellungen haben:

Schwenkwinkel $\alpha = 45°$ $\quad$ Neigungswinkel $\beta_1 = 90°$ $\quad$ Neigungswinkel $\beta_2 = 0°$
Die Gliedlängen betragen: $\quad l_1 = 1 \text{ m} \quad l_2 = 0{,}5 \text{ m} \quad l_3 = 0{,}5 \text{ m}$

Übung 7.2-2

Für einen Industrieroboter entsprechend Bild 7.2-2 („DSS"-Struktur) sollen Sie die Antriebsbewegungen so ermitteln, daß sich der Greifer vom Punkt P_1 (x_1, y_1, z_1) zum Punkt P_2 (x_2, y_2, z_2) im raumfesten, kartesischen Koordinatensystem bewegt. Folgende Koordinaten der Punkte P_1 und P_2 sind gegeben:

P_1: $x_1 = 0{,}2$ m $\quad P_2$: $x_2 = 0{,}1$ m
$\quad\;\; y_1 = 0$ $\qquad\qquad\;\; y_2 = 0{,}173$ m
$\quad\;\; z_1 = 0{,}8$ m $\qquad\;\; z_2 = 0{,}6$ m

Die für den „DSS"-Industrieroboter angegebenen Gleichungen müssen nach α, s_1 und s_2 umgestellt werden (IKT):

$$\alpha = \arctan \frac{y}{x} \qquad (7.2\text{-}10)$$

$$s_1 = z \qquad (7.2\text{-}11)$$

$$s_2 = x^2 + y^2 \qquad (7.2\text{-}12)$$

7.2.3 Dynamik

Wenn man Industrieroboter steuern will, ist nicht nur die Kinematik von Interesse, sondern auch das dynamische Verhalten.

Innerhalb der Mechanik beschreibt die Dynamik (im Gegensatz zur Kinematik, s. Abschnitt 7.2.2) die Wirkung von Kräften. Sie kennen aus den vorangegangenen Kapiteln den Begriff „dynamisches Verhalten" in dem Sinn, wie er in der Regelungstechnik verwendet wird, nämlich als den zeitlichen Verlauf der Ausgangsgrößen des betrachteten Systems.

Für die Bewegungssteuerung von Industrierobotern sind außer den schon behandelten kinematischen Modellen weiterhin die dynamischen Modelle notwendig, die den Zusammenhang zwischen den von den Antrieben erzeugten Kräften (bzw. Drehmomenten) und den daraus resultierenden Bewegungen der einzelnen Bewegungsachsen beschreiben. Es wird damit also die **Wirkung von Kräften** auf das mechanische System „Industrieroboter" untersucht. Außerdem bewirkt eine Kraft, die auf ein Industrieroboter-Gelenk einwirkt, einen bestimmten **zeitlichen Verlauf der Ausgangsgröße**, also der Position der entsprechenden Bewegungsachse. **Wie** dieser zeitliche Verlauf aussieht, hängt von der Masse ab, die durch die Kraft bewegt werden muß.

Ist die zu bewegende Masse konstant, ist die resultierende Beschleunigung bei gegebener Kraft leicht zu berechnen. Nach dem Newtonschen Grundgesetz gilt:

Die **dynamischen Modelle** von Industrierobotern beschreiben den Zusammenhang zwischen Kräften bzw. Drehmomenten, die auf die Bewegungsachsen einwirken und den resultierenden Achsbewegungen. Es handelt sich hierbei um **dynamische** Modelle im Sinn der Mechanik **und** der Regelungstechnik.

$$F = m \cdot a \qquad (7.2\text{-}13)$$

F Kraft, m Masse, a Beschleunigung

7.2 Industrieroboter als Steuerungsobjekt

(Bei rotatorischen Bewegungen ist anstelle der Kraft das Drehmoment, anstelle der Masse das Trägheitsmoment und anstelle der Beschleunigung die Winkelbeschleunigung einzusetzen.)
Die dynamischen Modelle der Industrieroboter sind wesentlich komplizierter. Dafür gibt es zwei Ursachen:

– Die zu beschleunigenden Massen und Trägheitsmomente sind bei Industrierobotern im allgemeinen nicht konstant.
– Durch gegenseitige Beeinflussung (Verkopplung) der Bewegungsachsen werden zusätzliche Beschleunigungsanteile wirksam.

Die Massen und Trägheitsmomente ändern sich, z. B., weil **unterschiedliche Handhabemassen** bewegt werden müssen und zeitweise auch Wege **ohne** Handhabemasse zurückgelegt werden. Außerdem spielt die **Position des Greifers** für das momentan wirksame Trägheitsmoment oft eine Rolle. Stellen Sie sich z. B. einen „DSS"-Industrieroboter (s. Bild 7.2–2) vor: Je näher sich der Greifer am Turm befindet, desto schneller verläuft die Schwenkbewegung, wenn als Eingangsgröße das gleiche Drehmoment wirksam wird. (Dieses Prinzip nutzen die Eiskunstläufer für die Beeinflussung der Drehgeschwindigkeit bei Pirouetten.)

Um Ihnen die **Kopplung** der Bewegungsachsen zu verdeutlichen, soll wieder der „DSS"-Industrieroboter (s. Bild 7.2–2) verwendet werden: Stellen Sie sich vor, daß s_2, z. B. um 0,2 m, vergrößert werden soll. Wird die s_2-Achse als einzige Achse bewegt, wird eine bestimmte Zeit benötigt, um diese neue Position zu erreichen. Wird aber **gleichzeitig** eine Schwenkbewegung realisiert, wird die neue Position für s_2 in einer **kürzeren** Zeit erreicht. Die Ursache dafür ist die durch die Schwenkbewegung erzeugte Fliehkraft, die nach außen wirkt und somit die Vergrößerung von s_2 unterstützt.

Außer den Massenverhältnissen und Kopplungseinflüssen der Bewegungsachsen untereinander kann es auch notwendig sein, Reibungen und elastische Verformungen der Industrieroboter-Glieder im Modell zu berücksichtigen. Bevor man dies tut, sollte man jedoch daran denken, daß dadurch zwar eine bessere Übereinstimmung des Modells mit dem realen Verhalten der Industrieroboter erreicht wird, aber gleichzeitig der Aufwand der Mo-

Wenn es erforderlich ist, müssen zusätzlich zu den zu bewegenden Massen und den Kopplungen zwischen den Bewegungsachsen noch Reibungen und Elastizitäten im dynamischen Modell erfaßt werden.

dellberechnung erheblich erhöht wird. Es kann unter Umständen sogar passieren, daß dadurch das genauere Modell zur Ermittlung der Steuergrößen überhaupt nicht zugrunde gelegt werden kann. Für den jeweiligen Anwendungsfall ist deshalb eine Ermittlung der erforderlichen Modellgenauigkeit angebracht.

Lernzielorientierter Test zu Kapitel 7.2

In den folgenden Sätzen haben sich Fehler eingeschlichen. Ersetzen Sie die falschen Worte durch die nach Ihrer Meinung richtigen!

1. Dynamische Modelle von Industrierobotern sind erforderlich, um die Zuordnung der roboterspezifischen Achskoordinaten zu den Greiferkoordinaten im raumfesten, kartesischen Koordinatensystem treffen zu können.
2. Um jede beliebige Position im dreidimensionalen Raum einnehmen zu können, muß ein Industrieroboter über zwei Bewegungsfreiheitsgrade in der Grundstruktur verfügen.
3. Die Auswahl eines Industrieroboters für eine bestimmte Aufgabe sollte immer nach dem Prinzip „so viel Freiheitsgrade wie möglich" vorgenommen werden.
4. Bei vielen Roboterstrukturen lassen sich für die Berechnung der Greiferposition im raumfesten Koordinatensystem aus den gegebenen Antriebskoordinaten (IKT) keine expliziten Gleichungen angeben. Dies tritt vor allem bei Industrierobotern, die vorwiegend über Schubgelenke verfügen, auf.
5. Bei einem „DDD"-Industrieroboter (s. Bild 7.2–3) hat eine Veränderung des Schwenkwinkels α keinerlei Einfluß auf die x-Koordinate des Greifers.
6. Die dynamischen Modelle der Industrieroboter beschreiben, welche Bewegungsverläufe der Industrieroboter-Achsen aus den jeweils einwirkenden Kräften bzw. Trägheitsmomenten resultieren.
7. Einfluß auf die Kinematik der Industrieroboter haben vor allem die zu beschleunigenden Massen, Kopplungswirkungen zwischen den Bewegungsachsen sowie unter Umständen auch Elastizitäten und Reibungen.
8. Industrieroboter sind vor allem deshalb komplizierte Steuerungsobjekte, weil die Greifkraft nicht konstant ist und Kopplungen zwischen den Bewegungsachsen auftreten.

Wenn Sie diese Aufgaben im wesentlichen richtig gelöst haben, können Sie beruhigt weiterarbeiten.

7.3 Steuerung von Industrierobotern

Lernziele

Nach Durcharbeiten dieses Kapitels können Sie
- die Aufgaben einer Industrieroboter-Steuerung beschreiben,
- Industrieroboter-Steuerungen in verschiedene Ebenen einteilen,
- den Steuerebenen die entsprechenden Teilaufgaben zuordnen,
- Regelungsverfahren, die bei der Industrieroboter-Bewegungssteuerung verwendet werden, aufzählen,
- die Bedingungen für den Einsatz von Kaskadenregelungen darlegen,
- die prinzipielle Vorgehensweise bei der Regelung mit Entkopplung und der adaptiven Regelung erläutern.

7.3.1 Allgemeine Grundlagen

Im vorangegangenen Kapitel haben Sie erfahren, welch ein kompliziertes Steuerungsobjekt der Industrieroboter hinsichtlich der Bewegungssteuerung darstellt. Welche Steuerungsverfahren verwendet werden, um trotzdem zufriedenstellende Ergebnisse zu erzielen, erfahren Sie in Abschnitt 7.3.2.

Sie wissen aus Abschnitt 7.1.2, daß Industrieroboter-Steuerungen neben der eigentlichen Bewegungssteuerung noch weitere Aufgaben zu erfüllen haben. Wie die allgemeine Struktur einer Industrieroboter-Steuerung ist, sollen Sie jetzt erfahren:

Die Ablaufsteuerung sorgt für die schrittweise Abarbeitung der im vorher eingegebenen Roboterprogramm abgelegten Befehle. Handelt es sich dabei um Bewegungsbefehle, wird die Bewegungsteuerung, bei Aktionsbefehlen die Aktionssteuerung aktiviert. Entsprechend der Bewegungsbefehle werden die Leistungsverstärker der Gelenkantriebe angesteuert und damit die vorgegebenen Industrieroboter-Bewegungen realisiert. Aktionsbefehle können z. B. das Öffnen oder Schließen der Greifbakken, Zu- oder Abschalten eines Farbstrahls, Weiterschalten einer Zubringeeinrichtung usw. beinhalten. Meist handelt es sich dabei um zweiwertige Befehle, wie auch die angeführten Beispiele zeigen. Deshalb werden für die Verarbeitung der Aktionsbefehle überwiegend Binärsteuerungen verwendet, die Sie in Kapitel 5 kennengelernt haben.

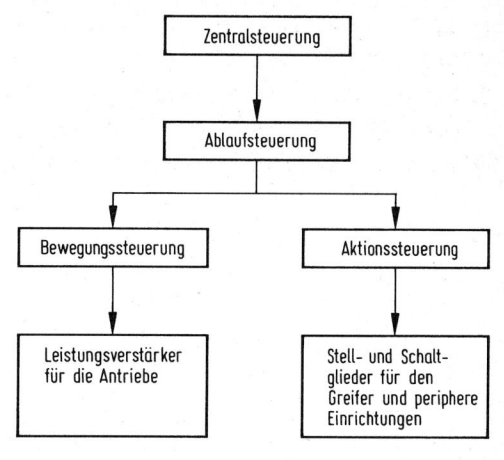

Bild 7.3–1 Allgemeine Struktur einer Industrieroboter-Steuerung

Arbeiten mehrere Industrieroboter zusammen, muß der Ablaufsteuerung noch eine Steuerebene zur Koordination der einzelnen Industrieroboter innerhalb des kompletten Fertigungsprozesses überlagert werden. Dies ist in Bild 7.3–1 als „Zentralsteuerung" bezeichnet. Entsprechend dem Leistungsvermögen der Steuerung sind Rückmeldungen vom Industrieroboter oder seiner Peripherie (Umgebung) an übergeordnete Steuerebenen möglich.

Übung 7.3–1

Sie haben in Abschnitt 7.1.3 die Einteilung der Industrieroboter in drei Generationen kennengelernt. Überlegen Sie, an welche der in Bild 7.3–1 dargestellten Steuerebenen Rückmeldungen möglich sein müssen, damit ein Industrieroboter zur zweiten bzw. dritten Robotergeneration gezählt werden kann!

7.3.2 Bewegungssteuerung

Es wurde bereits darauf hingewiesen, daß die genaue Positionierung der Industrieroboter-Greifer im Arbeitsraum meist die Anwendung eines geschlossenen Regelkreises erfordert.

Bei den meisten der Industrieroboter-Einsatzfälle erfolgt die Positionsregelung in Form einer Kaskadenregelung, s. Kapitel 4.5. Dabei wird, für jede Bewegungsachse getrennt, über einen P-Regler die Position der Achse geregelt.[1] Diesem Lageregelkreis wird ein Drehzahlregelkreis unterlagert, in dem die Antriebsdrehzahl geregelt wird.

Häufigstes Regelungsverfahren für die Greiferposition: **Lageregelkreis** für die Position der einzelnen Bewegungsachsen **mit unterlagertem Drehzahlregelkreis** (Kaskadenregelung)

Diese Regelungsstruktur ist aber nur dann anwendbar, wenn die für die Steuerung ungünstigen Industrieroboter-Eigenschaften (s. Abschnitt 7.2.2) tolerierbar sind. Das wäre beispielsweise möglich, wenn keine hohen Anforderungen an die Positioniergenauigkeit des Industrieroboters gestellt werden oder wenn die erforderliche Verfahrgeschwindigkeit so gering ist, daß die Kopplungen zwischen den Achsen nicht wirksam werden.

---

[1] In Kapitel 4.5 hatten Sie gelernt, daß bei Kaskadenregelungen als Führungsregler PI-Regler verwendet werden. Da bei der Industrieroboter-Lageregelung die Regelstrecke aber integrales Grundverhalten aufweist, tritt bezüglich der bei Industrierobotern dominierenden Ausgangsstörung und Führungsgrößenänderung auch bei Einsatz eines P-Reglers **keine** bleibende Regelabweichung auf.

Für die Fälle, bei denen die Kaskadenregelung keine befriedigenden Ergebnisse bringt, gibt es eine Vielzahl von komplizierteren Steuerverfahren. Diese haben alle zum Ziel, die Kopplungs- u.a. Störeinflüsse zu kompensieren und lassen sich im allgemeinen in zwei Gruppen einteilen:

– Regelungsverfahren mit Entkopplung
– adaptive Regelung

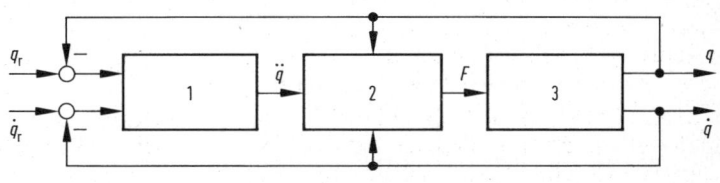

Bei den **Regelungsverfahren mit Entkopplung** wird zwischen dem Regler und dem Industrieroboter ein sogenanntes **inverses** (umgekehrtes) **Systemmodell** angeordnet. Dieses Modell ist das nach den Antriebskräften bzw. -drehmomenten umgestellte dynamische Modell des jeweiligen Industrieroboters. Es beschreibt also „umgekehrt" das dynamische Verhalten des Industrieroboters und kompensiert damit die Roboterdynamik. Für den Regler ergibt sich dann eine bedeutend einfacher zu beherrschende Regelstrecke, die aus dem inversen Modell und dem Industrieroboter besteht.

Es gibt für die Anordnung des inversen Modells verschiedene Varianten. Eine davon ist in Bild 7.3.2 dargestellt.

Bild 7.3–2 Regelung mit inversem Systemmodell
1: Regler, 2: inverses Modell, 3: Industrieroboter
q Position der jeweiligen Achse
$\dot{q}$ Geschwindigkeit der jeweiligen Achse
q_r Sollposition
$\dot{q}_r$ Sollgeschwindigkeit
$\ddot{q}$ Beschleunigung der jeweiligen Achse
F an der Bewegungsachse angreifende Kraft

Wurde auf eine solche Art und Weise eine Entkopplung erzielt, kann der Regler entsprechend dem Anwendungsfall ausgewählt werden:

Es kommen

– lineare Regler (z. B. PID-Regler) oder oft auch
– zeitoptimale Regler zum Einsatz

Zeitoptimale Regler ermöglichen den Übergang von einem Raumpunkt zum anderen in kürzestmöglicher Zeit (entsprechend den herrschenden Bedingungen).

Übung 7.3–2

Überlegen Sie, ob der Einsatz von zeitoptimalen Reglern bei PTP- oder bei CP-Steuerungen sinnvoller wäre!

Weitere Möglichkeiten der Regelung bestehen in dem Einsatz anderer Optimalregler, die z. B. bezüglich des Energieverbrauchs oder der Materialschonung des Industrieroboters optimale Bewegungsabläufe gewährleisten. Es sind auch Kombinationen verschiedener Regelungsverfahren möglich, z. B. mit Strukturumschaltungen zwischen verschiedenen Regelalgorithmen.

Bei **adaptiven Regelungen** werden die einzelnen Bewegungsachsen getrennt voneinander durch ein einfaches, lineares Modell beschrieben. Die Parameter dieses Modells sind in der Regel nicht konstant, weil die Modellstruktur den realen Verhältnissen im Industrieroboter nicht genau entspricht. Deshalb werden die Modellparameter während der Industrieroboter-Bewegung ständig berechnet bzw. aktualisiert und entsprechend die optimalen Reglerparameter bestimmt.

Ausgehend von diesem Grundgedanken gibt es sehr viele unterschiedliche Ausführungsvarianten, die hier im einzelnen nicht behandelt werden können.

In diesem Kapitel sollte Ihnen die Problematik der Steuerung von Industrierobotern nahegebracht werden. Obwohl der vorgesehene Umfang des Kapitels eine Beschränkung auf einige wesentliche Zusammenhänge erforderte und außerdem zum besseren Verständnis viele allgemeine Grundlagen vorangestellt werden mußten, hofft die Autorin doch, daß dies gelungen ist.

Lernzielorientierter Test zu Kapitel 7.3

Kreuzen Sie die richtige(n) Wortgruppe(n) zur Vervollkommnung des jeweiligen Satzes an!

1. Industrieroboter-Steuerungen haben neben der Bewegungssteuerung u.a. die Aufgabe
   - o Greiferaktionen zu gewährleisten
   - o den Bewegungsachsen die erforderlichen Antriebskräfte zuzuführen
   - o die Koordination mit den Handlungsabläufen anderer Industrieroboter vorzunehmen

2. Die höchste Ebene innerhalb einer Industrieroboter-Steuerung ist
   - o die Ablaufsteuerung
   - o die Zentralsteuerung

3. Das am häufigsten angewandte Verfahren zur Positionsregelung von Industrierobotern ist
   - o die adaptive Regelung
   - o die Lageregelung mit unterlagerter Drehzahlregelung

Lösungen

Übung 2.2.3-1　　　　　　　　**Übung 2.2.3-2**

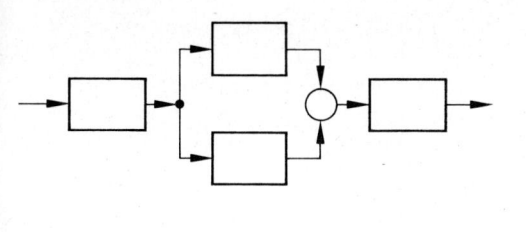

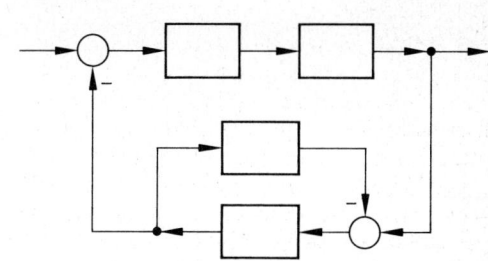

Übung 2.2.4-1

Signalflußplan von Übung 2.2.3-1: Steuerung; offener Wirkungsablauf

Übung 2.3-2

elektrische, pneumatische und hydraulische Hilfsenergie

Übung 2.3-3

siehe Tabelle 2.3-1; wesentliche Vorteile:

Elektrik/Elektronik: Informationsübertragung über beliebige Entfernung und Informationsverarbeitung beliebig komplex

Pneumatik: explosionssicher

Hydraulik: Erzeugung großer Stellkräfte mit geringen Trägheitsmomenten

Übung 2.3-4

Die Stellenergie, d. h. die Energie zur Betätigung des Stellgliedes, wird von der Meßeinrichtung geliefert.

Lernzielorientierter Test zu Kapitel 2

1. – stationäre Betriebsphasen, z. B. Nennbetrieb, Fahrweise mit technisch bedingter Mindestlast, heiße Reserve; Steuerziele: Konstanthalten wesentlicher Prozeßgrößen
   – instationäre Betriebsphasen, z. B. Anfahren, Abfahren, Umsteuern auf anderes Betriebsregime; Steuerziele: Sicherung des gewünschten Zeitverlaufes wesentlicher technologischer Größen
2. – Festwertregelung: Führungsgröße ist konstant (nur sinnvoll als Regelung!);
   – Zeitplansteuerung, Zeitplanregelung: Führungsgröße ändert sich gemäß einer vorgegebenen Zeitfunktion;
   – Folgesteuerung, Folgeregelung: Führungsgröße hängt von anderen Größen ab, ändert sich also im Laufe der Zeit, jedoch ist der zeitliche Verlauf vorher nicht bekannt.

3. – DIN 19226: Regelungs- und Steuerungstechnik – Begriffe und Benennungen
   – DIN 19229: Übertragungsverhalten dynamischer Systeme
   – VDI/VDE-Richtlinie 3526: Benennungen für Steuer- und Regelschaltungen

4. Abstraktion von der anlagen- bzw. gerätetechnischen Realisierung; Beschränkung auf die Betrachtung der Übertragung und Umwandlung von Wirkungen (Signalen, Informationen)

5. Eine Zeitfunktion, die den Werteverlauf einer physikalischen bzw. technischen Größe abbildet

6. Analoge Signale: Der Informationsparameter (Signalparameter) kann innerhalb gewisser Grenzen jeden Wert annehmen (z. B. Ventilstellung bei der Drehzahlregelung der Dampfmaschine).
   Mehrpunktsignale: Der Signalparameter kann nur endlich viele Werte annehmen.
   Zweipunktsignale, binäre Signale: Der Signalparameter kann genau zwei Werte annehmen (z. B. Ein- und Ausschalten des Aggregates beim Kühlschrank oder der Heizung beim Reglerbügeleisen).

7. Signallinie (Wirkungslinie) mit Pfeil für Wirkungsrichtung, Verzweigungsstelle, Mischstelle, lineares Übertragungsglied, nichtlineares Übertragungsglied

8. Siehe Bilder 2.2.3–1, 2.2.3–2, 2.2.3–3

9. Offene Wirkungskette

10. Regelkreis; Messen – Vergleichen – Stellen

11. a) Regelung: Festwertregelung
    Regelgröße: Temperatur
    Stellgröße: Kühlleistung des Aggregates
    Sollwert: eingestellte Temperatur

    Es handelt sich um eine Zweipunktregelung, weil die Stellgröße nur zwei Werte annehmen kann.

    b) Steuerung (offener Wirkungsablauf!)

    c) Steuerung; es wird die durch die eingeschalteten Lampen hervorgerufene Helligkeit nicht gemessen.

    d) Regelung: Festwertregelung
    Regelgröße: Lichteinfall auf der Netzhaut
    Stellgröße: Pupillendurchmesser (!)

    e) Regelung bei Geradeausfahrt: Festwertregelung, im allgemeinen Fall: Folgeregelung
    Regelgröße: Kurs des Schiffes
    Stellgröße: Ruderausschlag
    Führungsgröße/Sollwert: gewünschter Kurs

12. eigene Lösung

13. ohne Hilfsenergie: Stellenergie wird vom Meßsystem geliefert
    mit Hilfsenergie: Stellenergie stammt aus einer zusätzlichen Energiequelle

14. Elektrik/Elektronik, Pneumatik und Hydraulik

15. siehe Tabelle 2.3–1

16. eigene Lösung

Übung 3.2.2-1

$0{,}00034\,\text{V} = 34 \cdot 10^{-5}\,\text{V} = 340 \cdot 10^{-6}\,\text{V} = \underline{\underline{340\,\mu\text{V}}}$

(Für den Faktor 10^{-5} existiert kein Vorsatzname)

Übung 3.3.2-1

a) Durch Einsetzen des Temperaturwertes in die Gleichung der statischen Kennlinie erhält man:
$R = 100\,\Omega(1 + 3{,}9082 \cdot 10^{-3}/°\text{C} \cdot 100\,°\text{C} - 5{,}802 \cdot 10^{-7}/(°\text{C})^2 \cdot (100\,°\text{C})^2 = \underline{\underline{138{,}5018\,\Omega}}$

b) Einsetzen des Widerstandswertes in die Gleichung der statischen Kennlinie:
$119{,}47\,\Omega = R_0(1 + \alpha T + \beta T^2)$

Umstellen der Gleichung:

$$T^2 + \frac{\alpha}{\beta} \cdot T + \frac{1 - \dfrac{119{,}47\,\Omega}{R_0}}{\beta} = 0$$

Einsetzen der Konstanten R_0, α und β und Lösen der quadratischen Gleichung ergibt $\underline{\underline{T = 50{,}2\,°\text{C}}}$.

Übung 3.3.2-2

Die Verfahrensweise ist gleich. Es ist jedoch ein ganzer Satz von bekannten Werten der Eingangsgröße erforderlich.

Übung 3.3.2-3

Eingangsgröße der Meßkette: x (ist gleich x_1).
Ausgangsgröße der Meßkette: y (ist gleich y_2).
Ausgangsgröße des ersten Gliedes y_1 ist Eingangsgröße des zweiten Gliedes: $y_1 = x_2$.
$y = y_2 = y_{02} + K_2 \cdot x_2 = y_{02} + K_2 \cdot (y_{01} + K_1 \cdot x_1) = y_{02} + K_2 \cdot y_{01} + K_2 \cdot K_1 \cdot x$
Anfangswert der Meßkette: $y_0 = y_{02} + K_2 \cdot y_{01}$
Übertragungsfaktor der Meßkette: $K = K_1 \cdot K_2$
Der Übertragungsfaktor einer Meßkette ist das Produkt der Übertragungsfaktoren aller Glieder.

Übung 3.3.4-1

Der tatsächliche Mittelwert liegt im Bereich
$(10{,}4\,\text{mV} - v) \ldots (10{,}4\,\text{mV} + v)$.
Zur Berechnung von v können Sie t aus der Tabelle entnehmen:
Für $n = 10$ und $P = 99\%$ erhalten Sie $t = 3{,}250$ und damit

$$v = \frac{3{,}250 \cdot 15{,}4\,\mu\text{V}}{\sqrt{10}} = 15{,}83\,\mu\text{V} \approx 0{,}016\,\text{mV}.$$

Der tatsächliche Mittelwert liegt also mit einer Sicherheit von 99% im Bereich 10,384 mV … 10,416 mV.
Ein größerer Stichprobenumfang würde den Vertrauensbereich und damit die Unsicherheit über den tatsächlichen Mittelwert verringern.

Lernzielorientierter Test zu Kapitel 3

1. Übertragungsfaktor, Meßbereich, Einstellzeit oder Zeitkonstante oder Grenzfrequenz, Fehlergrenzen.
2. Empfindlichkeit (Anstieg der Kennlinie);
   Nullpunktoffset (Verschiebung der Kennlinie in vertikaler Richtung);
   Meßbereich (zulässiger Bereich für die Eingangsgröße).
3. Kalibrieren bedeutet das Ermitteln der statischen Kennlinie. Man benötigt dazu mindestens zwei Wertepaare. Man erhält sie durch Bestimmen zweier Werte am Ausgang bei zwei genau bekannten Werten am Eingang.
4. Meßgrößenaufnehmer (Meßfühler, Sensoren) und Meßwandler wandeln die zu messende Größe in ein geeignetes Signal für das jeweils nachfolgende Glied einer Meßkette um. Der Meßwertaufnehmer ist dabei das erste Glied dieser Kette.
5. Meßwandler in einer Regeleinrichtung benötigen keine Anzeige (Zeigerinstrument oder Digitalanzeige). Die Meßwandler in einer Regeleinrichtung beschränken sich auf eine hinreichend genaue und möglichst verzögerungsfreie Abbildung der Werte der Regelgröße auf die Werte eines (meist elektrischen) Signals für den Regler.
6. Einstellzeit und Grenzfrequenz verhalten sich umgekehrt proportional zueinander. Je höher die Grenzfrequenz, desto kleiner die Einstellzeit.
7. Systematische Fehler sind vorhersagbar, berechenbar, wiederholbar, über längere Zeit konstant; man kann sie daher berücksichtigen oder korrigieren. Zufällige Fehler schwanken mehr oder weniger stark; für sie kann man nur mehr oder weniger sichere Schätzwerte oder Grenzwerte angeben.

Übung 4.1.1-1

1. Regelgröße: Drehzahl
2. Stellgröße: Ventilstellung (evtl. auch Dampfstrom)
   - Regelstrecke: Dampfmaschine mit Ventil in der Dampfleitung
   - Regeleinrichtung: Fliehkraftpendel und Hebel
3. Fliehkraftpendel – Hebel
4. Störgrößen: Belastung der Dampfmaschine, Druck in der Dampfleitung (Kesseldruck)

Übung 4.1.1-2

1. Regelgröße: Temperatur im Zimmer
2. Stellgröße: Stellung des Ventils in der Warmwasserzuleitung (evtl. auch Warmwasserstrom)
   - Regelstrecke: Zimmer mit Heizkörper
   - Regeleinrichtung: Kontaktthermometer, Relais, Spule des Magnetventils
3. Kontaktthermometer – Relais – Spule des Magnetventils
4. Störgrößen: Änderung der Außentemperatur, Temperaturerhöhung (oder -erniedrigung) im Innenraum durch Änderung der Wärmeabgabe von Maschinen, Tieren oder Menschen, die sich im Raum befinden, Änderung des Druckes in der Dampfzuleitung, Änderung der Temperatur des Heizdampfes

Übung 4.1.2-1

a) $u = 310$ V; $K = 95$ V/cm
b) $u = 270$ V; $K = 93$ V/cm
c) $u = 235$ V; $K = 85$ V/cm

Übung 4.1.2-2

Strecke – gleichsinnig, Kontaktthermometer – gleichsinig ist unveränderbar. Daraus folgt, daß die Invertierung realisiert wird, indem beim Schließen des Kontaktes im Kontaktthermometer das Magnetventil in der Dampfleitung schließt. Fordert man z.B. aus Sicherheitsgründen, daß bei Ausfall der Hilfsenergieversorgung ($U_\sim$) das Magnetventil schließt, so wird die Invertierung dadurch erreicht, daß vom Relais ein Ruhekontakt verwendet wird.

Übung 4.1.2-3

Regelgröße: Restfeuchte der Stoffbahn am Auslauf des Trockenraumes

Stellgröße: Druck zur Betätigung des Membranstellmotors des Ventils; im Prinzip sind natürlich auch die Ventilstellung und der Dampfstrom Stellgrößen, jedoch stehen diese im allgemeinen nicht für eine Messunng zur Verfügung

Störgrößen: Feuchte der einlaufenden Textilbahn, Änderung der Umgebungstemperatur, Schwankungen der Geschwindigkeit der Gewebebahn, Änderung von Druck und/oder Temperatur des Heizdampfes

Signalflußplan:

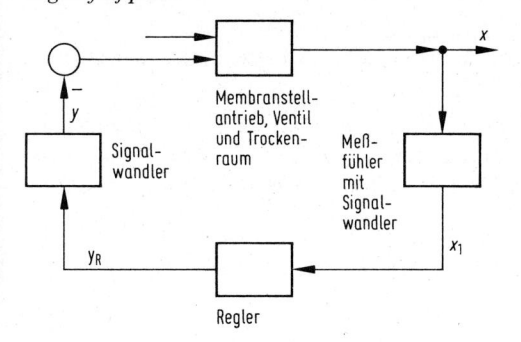

x Änderung der relativen Feuchte in %
x_1 Ausgangsstrom des Meßfühlers mit Wandler in mA
y_R Ausgangsstrom des Reglers in mA
y Druck zur Betätigung des Magnetventils in kPa oder in bar

Bemerkungen zum Signalflußplan:

- Alle Signale bezeichnen Änderungen gegenüber dem Arbeitspunkt.
- Da es sich offenbar um eine Festwertregelung handelt, tritt keine Änderung der Führungsgröße auf ($w = 0$); die Größe w wurde deshalb gar nicht angegeben.
- Denken Sie daran: Das Minus steht rechts vom Pfeil gesehen in Pfeilrichtung.
- Die Angabe der Störung erfolgte allgemein; für jede konkrete Störung muß analysiert werden, wie sie auf x wirkt, insbesondere, ob es sich um eine Eingangs- oder Ausgangsstörung handelt.

Gerätetechnische Realisierung der Invertierung

Invertierung heißt, daß bei Erhöhung der Feuchte stärker getrocknet werden muß, also das Ventil in der Dampfleitung öffnet. Gemäß der Arbeitsweise des Meßsystems und der Betätigungsrichtung des Membranstellmotors muß diese gesamte Wirkung durch entsprechende Arbeit des Reglers gewährleistet werden. Dies drückt sich dann z.B. in der Bestellbezeichnung des Reglers oder in speziellen Einstellungen bei der Inbetriebnahme aus (abhängig von den unterschiedlichen industriellen Reglertypen).

Bei dieser Anordnung liegt der (nicht sehr häufige) Fall vor, daß die Strecke invertiert (Öffnen der Dampfleitung ergibt Verringerung der Feuchte), so daß die Regeleinrichtung gleichsinnig arbeiten muß.

Statische Kennlinien und Übertragungskonstanten:

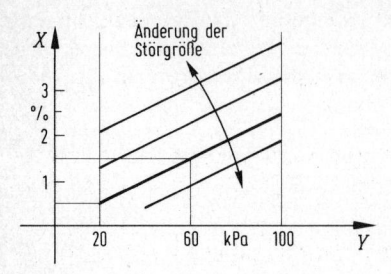

Strecke

$$K_S = \frac{0,5 \, \%}{20 \, \text{kPa}} = 0,025 \, \frac{\%}{\text{kPa}}$$

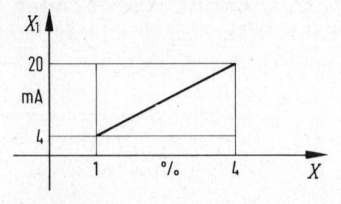

Meßeinrichtung

$$K_M = \frac{(20-4) \, \text{mA}}{(4-1) \, \%} = 5,33 \, \frac{\text{mA}}{\%}$$

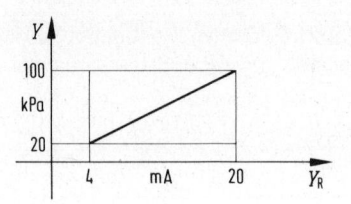

Signalwandler

$$K_{\text{wandler}} = \frac{(100-20) \, \text{kPa}}{(20-4) \, \text{mA}} = 5 \, \frac{\text{kPa}}{\text{mA}}$$

Lernzielorientierter Test zu Kapitel 4.1

1. – Grundfrage: Regelgröße? ⎫
   – Grundfrage: Stellgröße? ⎬ Regelstrecke
   – Grundfrage: Informationsverarbeitung zwischen Regelgröße und Stellgröße
   – Grundfrage: Störgrößen? Störangriffspunkt?

2. Vorhandene Anlage: Welche Größe ist die Stellgröße?
   Neue Anlage: Welche Größen stehen als Stellgröße zur Verfügung?

3. Benennung nach der Regelgröße, z. B. Temperaturregelung, Druckregelung, Drehzahlregelung

4. – Jedes Übertragungsglied hat genau einen Eingang und genau einen Ausgang.
   – Es werden lineare Übertragungsglieder betrachtet.
   – Die Größen im Signalflußplan stellen die Änderungen gegenüber dem Arbeitspunkt dar.
   – Alle Übertragungsglieder sind direktwirkend; Invertierungen werden außerhalb der Kästchen dargestellt.

5. Ursprungsgerade

6. Tangente im Arbeitspunkt, siehe Bild 4.1.2–4

7. Steigung der linearen Kennlinie (bzw. der Tangente im Arbeitspunkt):

$$K = \frac{\Delta x_a}{\Delta x_e} \quad [K] = \frac{[x_a]}{[x_e]}$$

8. Es muß gemäß Definition für das Regeln einer aufgetretenen Abweichung entgegengewirkt werden.

Lösungen zu Kapitel 4   349

9. Ursprungsgerade im II. und IV. Quadranten (fallende Gerade)
10. Mischstelle mit Minuszeichen; im allgemeinen dargestellt an der Stellgröße, siehe Bilder 4.1.2–7, 4.1.2–8 und 4.1.2–13
11. S – Strecke; R – Regler bzw. Regeleinrichtung; M – Meßeinrichtung; St – Stellglied, Stelleinrichtung.
12. Eingangsstörung: (dynamisches) Verhalten von z nach x ist das gleiche wie von y nach x; dies tritt z. B. auf, wenn die Störung mit dem als Stellgröße benutzten Stoff- oder Energiestrom verbunden ist; siehe Bild 4.1.2–12a.
13. Ausgangsstörung: Störung wirkt unmittelbar, unverzögert auf x; siehe Bild 4.1.2–12b
14. Siehe Bild 4.1.2–13

Übung 4.2.1–1

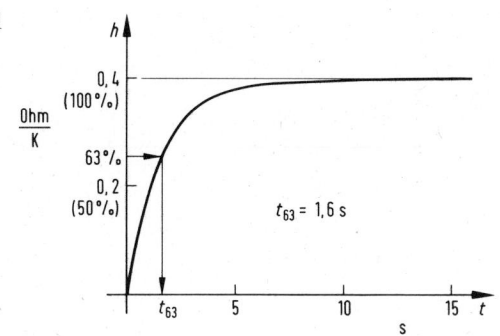

Übung 4.2.2–1

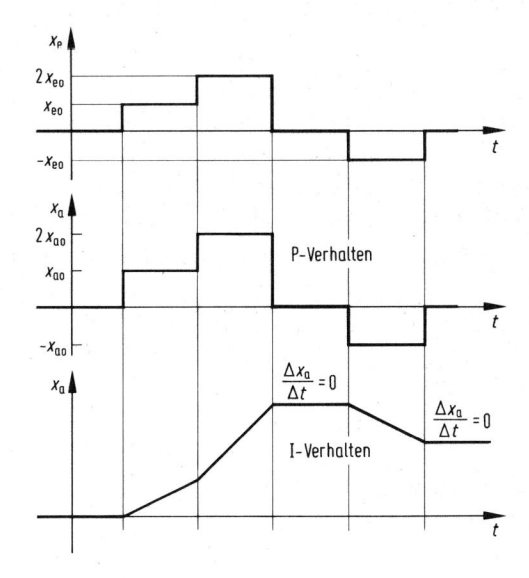

Für $x_e = 0$ wird
– beim P-Verhalten $x_a = 0$ (siehe Gleichung 4.2.2–1),
– beim I-Verhalten die Änderungsgeschwindigkeit der Ausgangsgröße $\dfrac{\Delta x_a}{\Delta t} = 0$, d. h. die Ausgangsgröße behält den bis dahin erreichten Wert bei.

Übung 4.2.2-2

a) P   b) I   c) P   d) I   e) P   f) P   g) P   h) P   i) I

Lernzielorientierter Test zu den Abschnitten 4.2.1 und 4.2.2

1. Statisches Verhalten: Abhängigkeit der Ausgangsgröße (ggf. ihrer Änderungsgeschwindigkeit – siehe I-Verhalten) von der Eingangsgröße nach Abklingen aller Übergangsvorgänge für konstante Eingangsgröße
Dynamisches Verhalten: Übergangsvorgänge nach einer (schnellen) Änderung der Eingangsgröße

2. Die Sprungantwort ist die Antwort auf eine zum Zeitpunkt $t = 0$ an den Eingang des Systems angelegte Sprungfunktion der Größe $x_{e\,0}$.

3. Die Übergangsfunktion $h(t)$ ist die durch die Höhe des an den Eingang angelegten Sprunges dividierte Sprungantwort:

$$h(t) = \frac{\text{Sprungantwort}}{x_{e\,0}}$$

Die Maßeinheit von $h(t)$ ist die der Ausgangsgröße dividiert durch die der Eingangsgröße.

4. Die Übergangsfunktion ist nicht unmittelbar der Messung zugänglich, sondern man mißt die Sprungantwort durch Anlegen eines Sprunges der Höhe $x_{e\,0}$ an das System und berechnet $h(t)$, indem man die Sprungantwort durch $x_{e\,0}$ dividiert. Dies gilt grundsätzlich stets für die Betrachtung der Änderungen der Größen gegenüber dem Arbeitspunkt.

5. Zu den Zeitprozentwerten t_i hat $h(t)$ i % des stationären Endwertes erreicht.

6. Die Grundverhaltensweisen sind
   – proportionales Verhalten (P-Verhalten) und
   – integrierendes (integrales) Verhalten (I-Verhalten).

7. P: $x_a(t) = K_P x_e(t)$
   I: $x_a(t) = K_I \int x_e(t)\,dt$ bzw. $\dfrac{\Delta x_a}{\Delta t} = K_I x_e(t);$

   $\dfrac{\Delta x_a}{\Delta t}$ ist die Änderungsgeschwindigkeit des Ausgangssignals.

8. K_P – proportionale Übertragungskonstante
   K_I – integrale Übertragungskonstante

9. P_0- und I_0-Verhalten sind die Grundverhaltensweisen ohne Verzögerung. Die Gleichungen bei Frage 7 beschreiben diese Verhaltensweisen.

10.

(Sprungantworten und Übergangsfunktionen für P- und I-Verhalten, mit K_P, $K_I = \frac{\Delta x_a}{x_{e0} t}$ bzw. $K_I = \frac{\Delta h}{\Delta t}$)

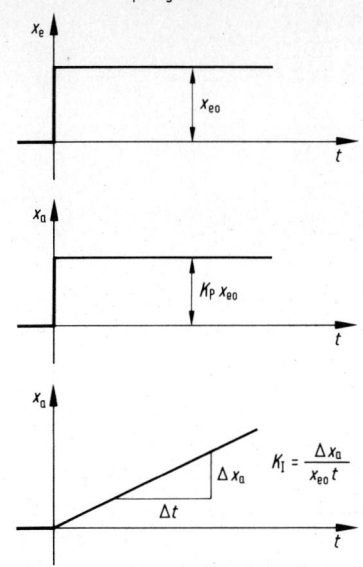

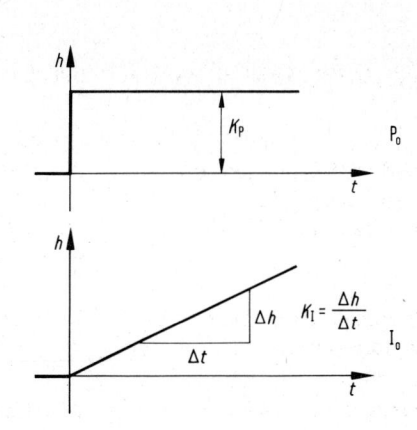

11. P-Verhalten: Zu einem geänderten Wert von x_e gehört ein neuer Wert von x_a;
    I-Verhalten: Bei jedem von Null verschiedenen Wert von x_e ändert sich x_a mit konstanter Geschwindigkeit, die Änderungsgeschwindigkeit ist x_e proportional.

12. Für $x_e = 0$ wird
    – bei P-Systemen auch $x_a = 0$,
    – bei I-Systemen $\frac{\Delta x_a}{\Delta t} = 0$, d.h., x_a behält den Wert bei, den es vorher erreicht hatte.

    Das gilt bezüglich der Änderungen gegenüber dem Arbeitspunkt.

Übung 4.2.3–1

$T = CR$

$[T] = [C] \cdot [R] = \dfrac{As}{V} \cdot \dfrac{V}{A} = s$

T besitzt also tatsächlich die Maßeinheit der Zeit.

Übung 4.2.3–2

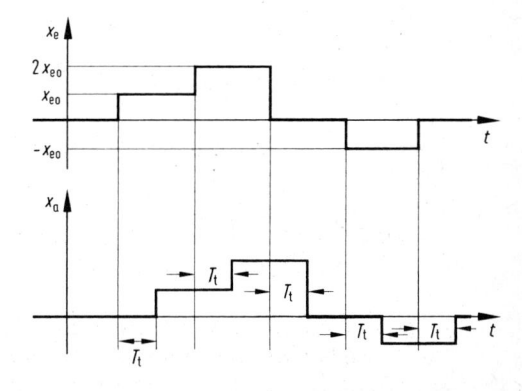

Übung 4.2.3-3

a) Die Abbildung zeigt alle Übergangsfunktionen. Es liegt P-T_n-Verhalten vor. Da die Kurve einen Wendepunkt besitzt, ist $n \geq 2$.

b) $K_P = \dfrac{100 \text{ K}}{20 \text{ mm}} = 5 \, \dfrac{\text{K}}{\text{mm}}$

c) Näherung als P-T_1-T_t-Verhalten:

$T_1 = T_g = 14{,}0$ Min

$T_t = T_u = 1{,}3$ Min

Die Näherung ist offensichtlich nicht sehr genau.

d) Der Regelbarkeitsindex ergibt sich zu

$\dfrac{T_g}{T_u} = \dfrac{14{,}0 \text{ Min}}{1{,}3 \text{ Min}} = 10{,}7$.

Diese Strecke ist also sehr gut regelbar.

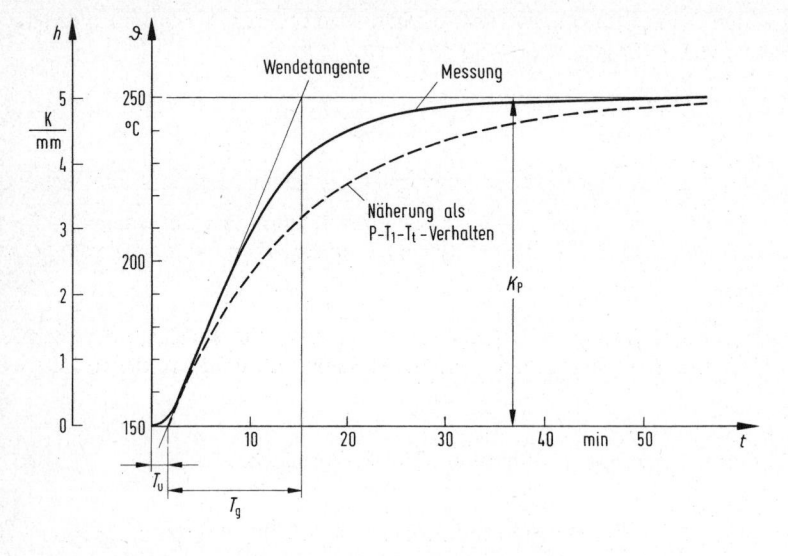

Lernzielorientierter Test zu Abschnitt 4.2.3

1. Verzögerung entsteht durch Aufladung von Energiespeichern (z. B. Kondensator, Masse) und führt dazu, daß das Ausgangssignal schnellen Änderungen des Eingangssignals nicht folgen kann. Systeme mit Verzögerungen sind also nicht sprungfähig.

2. P-T_1

3. P-T_n
 $n \geqslant 2$

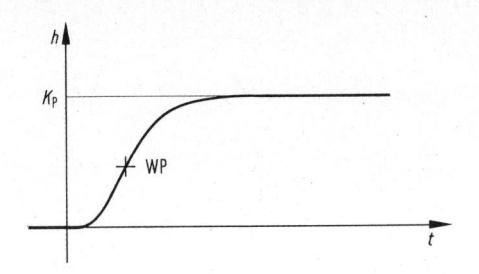

Kurve besitzt einen Wendepunkt (WP).

4. – RC-Netzwerke (Bild 4.2.3–2)
   – RL-Netzwerke (z. B. magnetischer Kreis von Elektromotoren, Magnetventilen u. a.)
   – Beschleunigung größerer Massen (Elektromotor bei Vernachlässigung der elektrischen und magnetischen Speichereffekte, Auto u. a.)

5. T_t-System erzeugt durch Transportvorgang eine zeitliche Verschiebung des Ausgangssignals gegenüber dem Eingangssignal; der Signalverlauf bleibt erhalten.

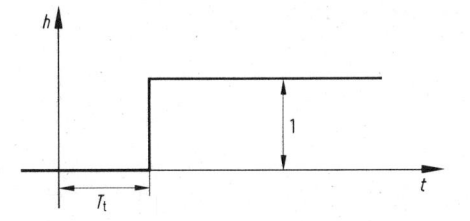

Beispiele:
– Transportband
– Signalübertragung (drahtlos oder drahtgebunden) über große Entfernungen

Im Gegensatz zu Verzögerungssystemen erfolgt keine Aufladung von Speichern, sondern nur ein Transportvorgang. Dadurch bleibt der zeitliche Verlauf des Signals unverändert, es tritt lediglich eine Verschiebung ein.

6. Näherung von P-T_n-Verhalten erfolgt häufig durch P-T_1-T_t-Verhalten.

7. Der Regelbarkeitsindex $\dfrac{T_g}{T_u}$ bzw. $\dfrac{T_1}{T_t}$ gibt Auskunft darüber, ob eine Strecke gut regelbar ist. Bei großem Totzeitanteil ist dies nicht der Fall; siehe Gleichung (4.2.3–3).

8. Siehe Tabelle 4.2.3–1
   Temperaturregelstrecken: mehrere Minuten
   Durchflußregelstrecken: wenige Sekunden und darunter
   Elektromotoren: wenige ms bis zum Minutenbereich

Übung 4.3.2–1

$X_P = 60$ Kelvin

$K_R = \dfrac{Y_h}{X_P} = 0{,}25 \, \dfrac{\text{mA}}{\text{Kelvin}}$

Übung 4.3.2–2

$K_R = 0{,}25 \, \dfrac{\text{mA}}{\text{mV}}$

Übung 4.3.2–3

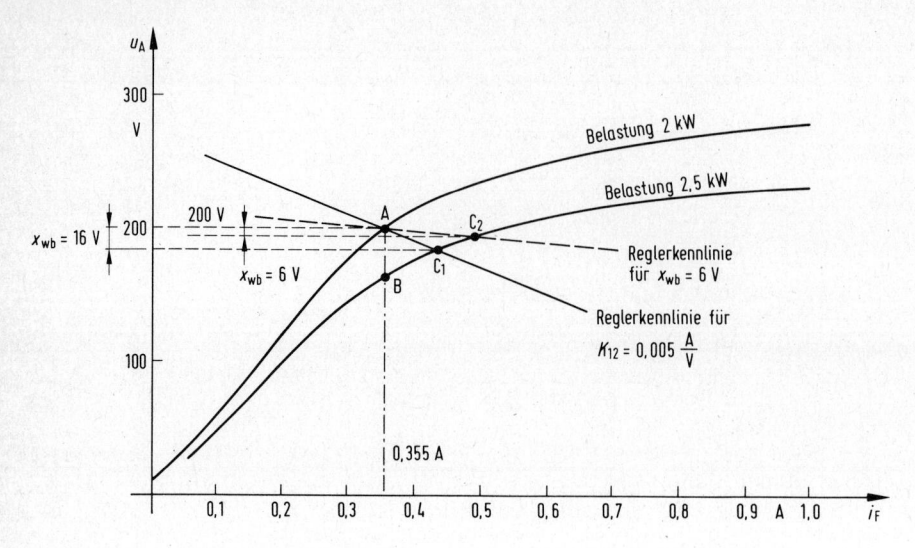

a) Aus der Tangente an die Kurve im Arbeitspunkt A folgt

$$K_S = \frac{\Delta u_A}{\Delta i_F} = \frac{154 \text{ V}}{0,4 \text{ A}} = 385 \frac{\text{V}}{\text{A}}.$$

b) Ohne Regelung gilt Arbeitspunkt B; die Abweichung beträgt $x_{\text{wb ohne Regelung}} = 36$ V.

c) Die Reglerkennlinie wird mit der angegebenen Steigung in das Diagramm eingezeichnet, es gilt Arbeitspunkt C_1. Die bleibende Regelabweichung beträgt $x_{\text{wb mit Regelung}} = 16$ V.
Damit wird der Regelfaktor

$$R = \frac{x_{\text{wb mit Regelung}}}{x_{\text{wb ohne Regelung}}} = 0,44.$$

d) Aus $x_{\text{wb}} = 6$ V folgt, daß die Reglerkennlinie durch den neuen Arbeitspunkt C_2 gehen muß. Die Steigung der Kennlinie kann abgelesen werden

$$K_R = 0,025 \frac{\text{A}}{\text{V}}.$$

Übung 4.3.3–1

$$T_y = \frac{Y_h}{v_{y\,\text{max}}}$$

$$v_{y\,\text{max}} = \frac{\text{max. Ölstrom}}{\text{Kolbenfläche}}$$

$$\text{Kolbenfläche} = \frac{\pi d^2}{4}$$

$$T_y = \frac{300 \text{ mm} \cdot \pi \cdot (100)^2 \text{ mm}^2}{10 \text{ l/Min} \cdot 4}$$

$$T_y = 0,236 \text{ Min} = 14,1 \text{ s}$$

Lösungen zu Kapitel 4

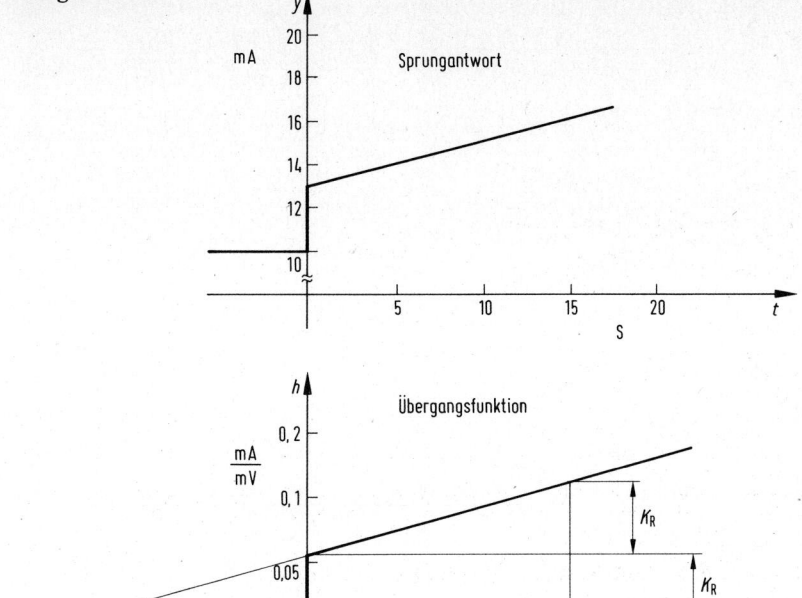

Übung 4.3.3-2

[Diagramm: Sprungantwort und Übergangsfunktion]

$K_R = 0{,}06 \; \frac{mA}{mV}$

$T_n = 15 \; s$

Übung 4.3.5-1

Es ist $\dfrac{T_t}{T_1} = \dfrac{T_u}{T_g} = 0{,}2$.

Aus Bild 4.3.4-2 lesen Sie dafür ab

$K_{0\,\text{krit}} = K_S \cdot K_{R\,\text{krit}} = 9{,}3$ und $\dfrac{T_{\text{krit}}}{T_1} = 0{,}7$,

also werden $K_{R\,\text{krit}} = \dfrac{K_{0\,\text{krit}}}{K_S} = \dfrac{9{,}3}{0{,}8 \dfrac{K}{V}} = 11{,}6 \; \dfrac{V}{K}$

und $T_{\text{krit}} = 0{,}7 \cdot T_1 = 0{,}7 \cdot T_g = 0{,}7 \cdot 5 \; \text{Min} = 3{,}5 \; \text{Min}$.

Aus Tabelle 4.3.5-1 lesen Sie die Einstellwerte für den PID-Regler ab:

$K_R = 0{,}6 \; K_{R\,\text{krit}} = 6{,}96 \; \dfrac{V}{K} \approx 7 \; \dfrac{V}{K}$,

$T_n = 0{,}5 \; T_{\text{krit}} = 1{,}75 \; \text{Min}$,

$T_v = 0{,}12 \; T_{\text{krit}} = 0{,}42 \; \text{Min}$.

Übung 4.3.5-2

Aus Übung 4.2.3-3:

$K_S = 5 \dfrac{K}{mm} \qquad T_g = T_1 = 14 \text{ Min} \qquad T_u = T_t = 1{,}3 \text{ Min}$

a) *Ziegler/Nichols:*

Aus Bild 4.3.4-2 ergeben sich mit $\dfrac{T_t}{T_1} = 0{,}09$

$K_{0 \text{ krit}} = 19 \;\rightarrow\; K_{R \text{ krit}} = \dfrac{19}{5 \dfrac{K}{mm}} = 3{,}8 \dfrac{mm}{K},$

$\dfrac{T_{\text{krit}}}{T_1} = 0{,}35 \;\rightarrow\; T_{\text{krit}} = 0{,}35 \cdot 14 \text{ Min} = 4{,}9 \text{ Min}.$

Aus Tabelle 4.3.5-1 folgt damit

$K_R = 0{,}45 \, K_{R \text{ krit}} = 1{,}7 \dfrac{mm}{K},$

$T_n = 0{,}85 \, T_{\text{krit}} = 4{,}2 \text{ Min}.$

b) *Oppelt:*

$K_R = \dfrac{0{,}8}{K_S} \cdot \dfrac{T_g}{T_u} = \dfrac{0{,}8}{5 \dfrac{K}{mm}} \cdot \dfrac{14 \text{ Min}}{1{,}3 \text{ Min}} = 1{,}7 \dfrac{mm}{K}$

$T_n = 3 \, T_u = 3 \cdot 1{,}3 \text{ Min} = 3{,}9 \text{ Min}$

Bemerkung: Die Einstellwerte sind sehr nahe bei denen von *Ziegler/Nichols*. Dies ist im allgemeinen so.

c) *Chien/Hrones/Reswick;* Eingangsstörung, 20% Überschwingen:

$K_R = \dfrac{0{,}7}{K_S} \cdot \dfrac{T_g}{T_u} = \dfrac{0{,}7}{5 \dfrac{K}{mm}} \cdot \dfrac{14 \text{ Min}}{1{,}3 \text{ Min}} = 1{,}5 \dfrac{mm}{K}$

$T_n = 2{,}3 \, T_u = 2{,}3 \cdot 1{,}3 \text{ Min} = 3 \text{ Min}$

d) *Chien/Hrones/Reswick;* Ausgangsstörung, 20% Überschwingen:

$K_R = \dfrac{0{,}95}{K_S} \cdot \dfrac{T_g}{T_u} = \dfrac{0{,}95}{5 \dfrac{K}{mm}} \cdot \dfrac{14 \text{ Min}}{1{,}3 \text{ Min}} = 2 \dfrac{mm}{K}$

$T_n = 1{,}35 \, T_g = 1{,}35 \cdot 14 \text{ Min} = 28 \text{ Min}$

$T_v = 0{,}47 \, T_u = 0{,}47 \cdot 1{,}3 \text{ Min} = 0{,}6 \text{ Min}$

Lösungen zu Kapitel 4

Übung 4.3.6-1

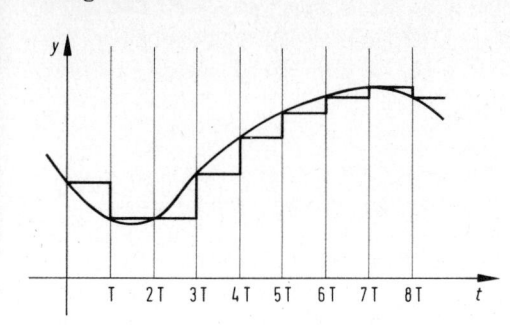

Übung 4.3.6-2

$T = 0{,}5$ Min (oder kleiner)

Übung 4.3.6-3

$$T_{t\,ers} = T_u + \frac{T}{2} = 1{,}25 \text{ Min}$$

Lernzielorientierter Test zu Kapitel 4.3

1. Ein Regler ist eine Funktionseinheit, in der im Regelkreis die wesentliche Verarbeitung des Signals der Regelabweichung erfolgt. Dies betrifft insbesondere das Zeitverhalten.

2. – Bilden der Regelabweichung $x_w = x - w$
   – aufgabengemäße Verarbeitung der Regelabweichung (Zeitverhalten!)
   – Leistungsverstärkung

3. $y(t) = K_R \left[x_w(t) + \frac{1}{T_n} \int x_w(t)\,dt + T_v v_x(t) \right]$

4. Proportionalbereich X_P ist der Bereich, den die Regelgröße durchlaufen muß, damit die Stellgröße den gesamten Stellbereich überstreicht (lineares Kennlinienstück). Die Maßeinheit von X_P ist die von x.

5. Unendlich große Verstärkung

6. Führungsverhalten: Verhalten der Regelgröße nach Änderungen der Führungsgröße ohne Wirkung von Störgrößen;
   Störverhalten: Verhalten der Regelgröße nach Änderung der Störgröße(n) bei konstanter Führungsgröße (Festwertregelung);
   Typische Zeitverläufe sind in Bild 4.3.1–2 dargestellt; beachten Sie, daß die bleibende Regelabweichung im Führungsfall natürlich auf den ab $t = 0$ gewünschten neuen Wert der Führungsgröße (w_0) bezogen werden muß.

7. Die Kreisverstärkung K_0 wird angegeben, wenn der aufgeschnittene Regelkreis P-Verhalten besitzt (P-Kette); es ist das Produkt der Übertragungskonstanten aller Elemente des Regelkreises.
   Aus der Formel für den Regelfaktor

$$R = \frac{x_{wb\,\text{mit Regelung}}}{x_{wb\,\text{ohne Regelung}}} = \frac{1}{1 + K_0}$$

läßt sich für eine bekannte Störung, d.h. eine bekannte Abweichung ohne Regelung, die bleibende Regelabweichung zu

$$x_{wb\,\text{mit Regelung}} = \frac{1}{1 + K_0} \cdot x_{wb\,\text{ohne Regelung}}$$

ermitteln.

8. Ohne I-Anteil ergibt sich eine bleibende Regelabweichung, mit I-Anteil wird $x_{wb} = 0$.

9. Der D-Anteil führt zu einer Glättung, d. h. besseren Dämpfung der Übergangsvorgänge. Seine Benutzung lohnt sich nur bei kleinen Totzeitanteilen. Durch den D-Anteil entstehen unruhige Verläufe der Stellgröße, die u. U. zu höherem Verschleiß mechanisch bewegter Stellsysteme führen. Bild 4.3.2–11 zeigt einige Zeitverläufe.

10. stabil: Übergangsvorgänge klingen ab, d. h. für $t \to \infty$ geht die Regelgröße auf einen konstanten Wert;
    Stabilitätsgrenze: stationäre Dauerschwingungen;
    instabil: Übergangsvorgänge klingen nicht ab, insbesondere Entstehen von Schwingungen mit ständig wachsender Amplitude (im praktischen Fall bis zum Wirksamwerden von Anschlägen oder Begrenzungen oder bis zur Zerstörung der Anlage); Bild 4.3.4–1 zeigt einige Zeitverläufe.

11. $K_{R\,krit}$ ist die Reglerübertragungskonstante an der Stabilitätsgrenze; meist nur angegeben für P-Regler.

12. Bringt man den Regelkreis an die Stabilitätsgrenze, indem man $K_R = K_{R\,krit}$ einstellt, ergeben sich Schwingungen mit der Schwingungsdauer T_{krit}.

13. Die Regelbarkeit einer P-Strecke wird durch den Quotienten $\dfrac{T_1}{T_t}$ bestimmt – siehe Gleichung (4.3.4–1) – und drückt aus, wie groß $K_{R\,krit}$ und damit die eingestellte Reglerübertragungskonstante werden kann.

14. Einen Regelkreis nennt man strukturinstabil, wenn er stets (also für alle möglichen Reglereinstellwerte) instabil ist oder Dauerschwingungen ausführt. Eine derartige Struktur ist natürlich für industrielle Regelungen unbrauchbar. Wichtiges Beispiel für einen strukturinstabilen Regelkreis ist die Verwendung eines I-Reglers an einer I-Strecke.

15. Es wird eine Einstellung soweit unter der Stabilitätsgrenze angestrebt, daß sich ein Abklingen der Übergangsvorgänge nach einer für industrielle Anlagen vernünftigen Zeit, z. B. nach 3 bis 5 Schwingungen, ergibt.

16. Siehe Tabellen 4.3.5–1 bis 4.3.5–3
    Ziegler/Nichols: Regelkreis mit P-Regler an die Stabilitätsgrenze bringen; Berechnung der Reglereinstellwerte aus $K_{R\,krit}$ und T_{krit}.
    Oppelt und *Chien/Hrones/Reswick:* Aus der Übergangsfunktion der Ersatzstrecke werden K_S, T_u und T_g ermittelt und daraus die Reglereinstellwerte berechnet; beide Verfahren sind nur für P-Strecken geeignet.

17. Bei dem Verfahren von *Chien/Hrones/Reswick* stehen 4 Varianten zur Verfügung (Eingangs- und Ausgangsstörung, Übergangsvorgang ohne oder mit etwa 20% Überschwingen). Dies ermöglicht die Berücksichtigung der konkreten Bedingungen einer industriellen Anlage.

18. Durch Tastung wird das dynamische Verhalten schlechter, ist sogar Instabilität möglich.

19. Empfehlung für die Wahl der Tastperiode: $T = 0{,}1\,T_g$.

20. Abschätzung des dynamischen Verhaltens durch Hinzunahme einer zusätzlichen Totzeit der Größe $\dfrac{T}{2}$ (T: Tastperiode) zur Streckentotzeit, d. h. $T_{ters} = T_t + \dfrac{T}{2}$.

Übung 4.4.2−1

$$2A = 1\text{ K} + \frac{1\text{ Min}}{8{,}7\text{ Min}}(150\,°\text{C} - 20\,°\text{C}) \qquad x_{wb} = \frac{1\text{ Min}}{8{,}7\text{ Min}}\left(\frac{150\,°\text{C} + 20\,°\text{C}}{2} - 70\,°\text{C}\right)$$

$$\underline{\underline{2A = 15{,}9\text{ K}}} \qquad (1\,°\text{C} = 1\text{ K!}) \qquad \underline{\underline{x_{wb} = 1{,}7\text{ K}}}$$

$$T = 1\text{ Min}\left(2 + \frac{70\,°\text{C} - 20\,°\text{C}}{150\,°\text{C} - 70\,°\text{C}} + \frac{150\,°\text{C} - 70\,°\text{C}}{70\,°\text{C} - 20\,°\text{C}}\right) + 2 \cdot 8{,}7\text{ Min} \cdot 1\text{ K}\left(\frac{1}{150\,°\text{C} - 70\,°\text{C}}\right)$$

$$\underline{\underline{T = 4{,}4\text{ Min}}}$$

Lernzielorientierter Test zu Kapitel 4.4

1. Das Ausgangssignal von Mehrpunktgliedern (Mehrpunktschaltern) kann nur endlich viele Werte annehmen. Als Regler haben besondere Bedeutung Zweipunkt- und Dreipunktglieder, die man dann eben Zweipunkt- bzw. Dreipunktregler nennt. Ihre Ausgangsgröße, also die Stellgröße im Regelkreis, kann genau zwei bzw. drei Werte annehmen. Bild 4.4.1−1 zeigt die statischen Kennlinien.

2. Aufgrund der schaltenden Arbeitsweise lassen sich Leistungsverstärker als Schalter (z. B. Relais, Schütze) sehr einfach, robust und billig aufbauen.

3. Bei einer Zweipunktregelung kann die Stellgröße nur zwei Werte annehmen. Sie müssen so gewählt werden, daß bei einem die Regelgröße größer und beim anderen kleiner wird. Die Bedingungen nach Gleichung (4.4.2−1) ist Ausdruck dieser Forderung. Da also die zur Kompensation der Wirkung der jeweiligen Störgröße notwendige Stellgröße nicht eingestellt werden kann, sondern nur „zuviel" oder „zuwenig" (Y_L bzw. Y_0), muß zwischen den beiden möglichen Werten der Stellgröße ständig hin- und hergeschaltet werden. Dadurch entsteht eine ständige Pendelbewegung der Regelgröße.

4. Doppelamplitude $2A$ − Differenz zwischen Maximal- und Minimalwert der Regelgröße
   bleibende Regelabweichung − Differenz zwischen Mitte der Pendelbewegung und Sollwert
   Periodendauer − Dauer einer Pendelung der Regelgröße

5. − Verkleinerung der Schaltspanne x_d
   − Verkleinerung des Verhältnisses $\frac{T_t}{T_1}$ bei Strecken mit Ausgleich (d. h. Verbesserung der Regelbarkeit) bzw. der Laufzeit T_t bei Strecken ohne Ausgleich
   − Verkleinerung des Abstandes $Y_L - Y_0$, wodurch bei Strecken mit Ausgleich der Abstand zwischen den stationären Werten der Regelgröße ($X_L - X_0$) und bei Strecken ohne Ausgleich die Änderungsgeschwindigkeiten der Regelgröße kleiner werden; häufig benutzt man dazu Grundlast − Auflast − Schaltung (siehe Frage 6)
   − Einsatz von Rückführungen
   Zu beachten ist, daß durch diese Maßnahmen die Periodendauer geringer wird, also erhöhter Verschleiß der Stellorgane eintritt. Besonders deutlich ist dies bei der Benutzung von Rückführungen.

6. Grundlast-Auflast-Schaltung dient zur Verringerung der Doppelamplitude der Pendelbewegung einer Zweipunktregelung. Es wird der mögliche Bereich der Stellgröße aufgeteilt; ein Teil bleibt ständig eingeschaltet, der andere Teil wird über den Regler geschaltet. Dadurch rücken bei

Strecken mit Ausgleich die stationären Endwerte der Regelgröße X_L und X_0 näher zusammen, und bei Strecken ohne Ausgleich werden die Änderungsgeschwindigkeiten der Regelgröße, also die Anstiege der Zeitverläufe in Bild 4.4.3–2 flacher.

7. Ein solcher Regelkreis wäre strukturinstabil.

8. Rückführungen dienen bei Zweipunktreglern zur Verminderung der Doppelamplitude. Bei Zweilaufregelungen lassen sich PI- und PID-ähnliche Regler realisieren.

9. Haupteinsatzgebiete von Mehrpunktregelungen sind Temperatur-, Druck- und gelegentlich Drehzahlregelungen, bei denen keine hohe Genauigkeit gefordert wird.
    Das ist sehr häufig bei Anlagen der Haus-, Lüftungs- und Klimatechnik der Fall. Zudem kommen die dort meist benutzten Stellsysteme (Magnetventile und elektromotorisch betriebene Drosseln und Klappen) dem Einsatz von Mehrpunktreglern entgegen, und der Wunsch nach einfach aufgebauten, robusten, wartungsarmen und billigen Geräten ist besonders dringend.

Lernzielorientierter Test zu Kapitel 4.5

1. Aufgrund der Rückkopplungsstruktur wird ein Stelleingriff erst durch das Auftreten einer Regelabweichung ausgelöst. Das Entstehen einer vorübergehenden Regelabweichung und damit die Tendenz zu Schwingungen und die Möglichkeit von Instabilität sind davon die Folge.

2. – Strukturumschaltung P/PI für Anfahrvorgänge und zur Verhinderung von integral wind up
   – Regelung mit Störgrößenaufschaltung
   – Vorregelung
   – Regelung mit Hilfsregelgröße (insbesondere Kaskadenregelung)
   – Regelung mit Hilfstellgröße

3. – Strukturumschaltung: Gerätetechnische Möglichkeit zur Abschaltung des I-Anteils muß bestehen (bei modernen Geräten unproblematisch).
   – Störgrößenaufschaltung: (Haupt)Störgröße muß meßbar sein.
   – Vorregelung: (Haupt)Störgröße muß meß- und beeinflußbar sein.
   – Regelung mit Hilfsregelgröße: Es muß eine Prozeßgröße meßbar sein, die auf Änderungen der Stellgröße und der wesentlichen Störgröße merklich schneller reagiert als die für den Prozeß wesentliche Regelgröße.
   – Regelung mit Hilfsstellgröße: Es müssen am Prozeß zwei Stellgrößen verfügbar sein, von denen eine, die man dann als Hilfsstellgröße verwendet, wesentlich besseres dynamisches Verhalten des Regelkreises ergibt als diejenige Stellgröße, mit der der stationäre Zustand des Regelkreises eingestellt werden soll.

4. Unter Integrität einer Kaskadenregelung versteht man die Eigenschaft, daß die Regelung auch bei Ausfall des Signalweges für die Hilfsregelgröße, hervorgerufen z. B. durch Meßgeräteausfall, stabil ist. Integrität wird durch entsprechende Reglereinstellung gewährleistet.

Lernzielorientierter Test zu Kapitel 4.6

1. Bei einer Mehrgrößenregelung sind mehrere Regelkreise mit mehreren Regelgrößen und mehreren Stellgrößen miteinander verkoppelt. Bei einer Zweigrößenregelung existieren zwei Stellgrößen und zwei Regelgrößen, wobei jede Stellgröße beide Regelgrößen beeinflußt bzw. jede Regelgröße von beiden Stellgrößen abhängt.

2. Gerade das Vorliegen von Kopplungen, d. h. jede Stellgröße beeinflußt (fast) alle Regelgrößen, ist das wesentliche Charakteristikum einer Mehrgrößenregelung.

Lösungen zu Kapitel 5

Übung 5.1.1−1

Wir wissen zwar nicht, welche Automatisierungseinrichtungen Ihnen bekannt sind, deshalb hier die Aufzählung einiger Einrichtungen des täglichen Lebens:
Kühlschrank, Reglerbügeleisen: Zweipunktregelung
Thermostatventil an Heizungen: Regelung
Lichtsignalanlage: Zeitplansteuerung
Waschautomaten: Zeitplan- und Ablaufsteuerung, Abschaltkreise

Übung 5.1.2−1

Einteilung nach der gesteuerten Größe,
z. B. Temperatursteuerung
 Ampelsteuerung
 Drucksteuerung
Einteilung nach der verwendeten Hilfsenergie,
z. B. Elektr. Steuerungen
 Pneumat. Steuerungen
 Hydraul. Steuerungen
 Mechan. Steuerungen
 (ohne Hilfsenergie)

Übung 5.1.2−2

Folgesteuerungen sind immer stetige Steuerungen.

Übung 5.1.2−3

Nach Zeitplan: Trommelbewegung
 Schleuderdauer
 Abpumpvorgang
Als Ablaufsteuerung: Der gesamte Vorgang
Als Abschaltkreis: Füllvorgang
 Aufheizvorgang

Lernzielorientierter Test zu Kapitel 5.1

1. Bei Regelungen liegt ein geschlossener Wirkungsablauf vor, d. h., es werden von Übertragungselementen solche beeinflußt, die im Wirkungsablauf weiter vorn liegen.
 Bei Steuerungen liegt demgegenüber ein offener Wirkungsablauf vor. Die Übertragungselemente beeinflussen nur solche, die im Wirkungsablauf hinter ihnen liegen.
2. Bei Steuerungen, insbesondere bei Binärsteuerungen, besteht die Aufgabe darin, aus vielen Prozeßgrößen mehrere Stellgrößen entsprechend der gewünschten Führung des Prozesses zu erzeugen.
3. Sollen Prozeßgrößen beeinflußt werden und sind aber nicht meßbar, so ist keine Regelung möglich. In solchen Fällen können stetige Steuerungen Anwendung finden.
4. Binärsteuerungen sind unstetige Steuerungen, bei denen die Signale nur zwei Werte (0 und 1) annehmen können. Sie sind zur Prozeßführung und -überwachung/sicherung eingesetzt.
5. Zeitplansteuerungen, Abschaltkreise, Ablaufsteuerungen
6. Bei Zuordnern hängen die Stellgrößen nur von den Prozeßgrößen ab. Es gilt: $Y = f(X)$. Sie besitzen kombinatorisches Verhalten. Moore-Automaten sind Steuereinrichtungen mit sequentiellem Verhalten, bei denen die Stellgrößen nur vom erreichten Zustand abhängig sind, also $Y = f(Z)$ gilt. Bei Mealy-Automaten werden neben den Zuständen auch noch die Prozeßgrößen zur Ermittlung der Stellgrößen benötigt. Es gilt der Zusammenhang: $Y = f(Z, X)$.

Übung 5.2.1−1

$y = x \vee 1 = 1; \quad y = x \vee 0 = x; \quad y = x\,1 = x; \quad y = x\,0 = 0$

Übung 5.2.2-1

x	y
0	1
1	0

Übung 5.2.2-2

x_1	x_2	y
0	0	0
1	0	0
0	1	0
1	1	1

Übung 5.2.2-3

$y_{11} = \overline{x_1}$; $y_{13} = \overline{x_2}$

Übung 5.2.2-4

$y_8 = x_1 \vee x_2$, Disjunktion; $y_2 = x_1 x_2$, Konjunktion

Übung 5.2.3-1

$y_7 = x_1 \overline{x_2} \vee \overline{x_1} x_2$, Antivalenz; $y_{10} = \overline{x_1}\,\overline{x_2} \vee x_1 x_2$, Äquivalenz

Übung 5.2.3-2

$y_{12} = \overline{x_1} \vee x_2$; $y_{14} = x_1 \vee \overline{x_2}$

Übung 5.2.4-1

$y_{10} = (\overline{x_1} \vee x_2)(x_1 \vee \overline{x_2}) = \overline{x_1} x_1 \vee \overline{x_1}\,\overline{x_2} \vee x_1 x_2 \vee x_2 \overline{x_2}$
Mit $\overline{x_1} x_1 = 0$ und $x_2 \overline{x_2} = 0$ folgt: $y_{10} = \overline{x_1}\,\overline{x_2} \vee x_1 x_2$

Übung 5.2.4-2

UND: KDNF $y_2 = x_1 x_2$; NAND: KKNF $y_{15} = \overline{x_1} \vee \overline{x_2} = \overline{x_1 x_2}$

Lernzielorientierter Test zu Kapitel 5.2

1. Identität $y = x$; Negation $y = \overline{x}$; Disjunktion $y = x_1 \vee x_2$; Konjunktion $y = x_1 x_2$; Antivalenz $y = \overline{x_1} x_2 \vee x_1 \overline{x_2}$; Äquivalenz $y = \overline{x_1}\,\overline{x_2} \vee x_1 x_2$; NOR-Funktion $y = \overline{x_1 \vee x_2}$; NAND-Funktion $y = \overline{x_1 x_2}$; Inhibition $y = x_1 \overline{x_0}$ und $y = \overline{x_1} x_0$; Implikation $y = x_1 \vee \overline{x_2}$ und $y = \overline{x_1} \vee x_2$.

2. Wahrheitstabellen enthalten alle möglichen Belegungen der Eingangsvariablen und den dazugehörigen Wert der Ausgangsvariablen.

3. Schaltfunktionen beschreiben die Abhängigkeit einer Ausgangsvariablen von den Eingangsvariablen unter Verwendung der Grundverknüpfungen Disjunktion, Konjunktion und Negation.

4. Die KDNF besteht aus disjunktiv verknüpften Elementarkonjunktionen.
   Die KKNF besteht aus konjunktiv verknüpften Elementardisjunktionen.

5. Elementarkonjunktionen bzw. -disjunktionen enthalten alle Eingangsvariablen, von denen die Ergebnisfunktion abhängt. Diese treten nur einmal, entweder unnegiert oder negiert, auf.

6. Minimierung ist die Kürzung einer Schaltfunktion unter Nutzung der Gesetze der Schaltalgebra.

7. Die Elementarkonjunktionen benachbarter Felder dürfen sich nur in einer Variablen unterscheiden.

8. Blöcke sind zusammengefaßte benachbarte Felder der Karnaugh-Tafel. Es können 2, 4, 8 (2^n) Felder zu Blöcken vereinigt werden.

Übung 5.3.2−1

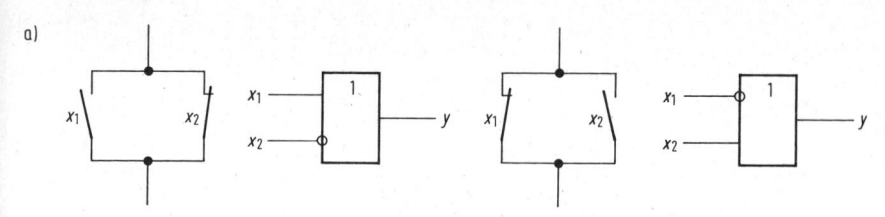

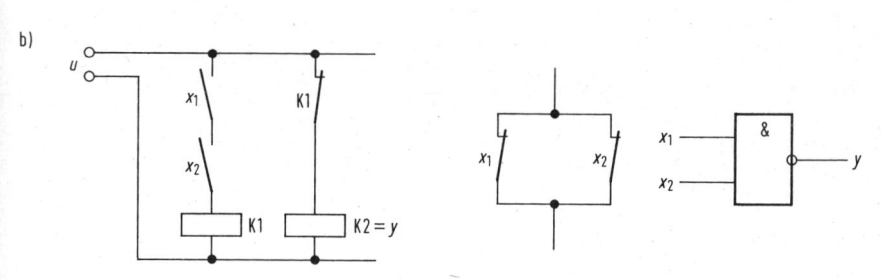

a)

b)

Übung 5.3.2−2

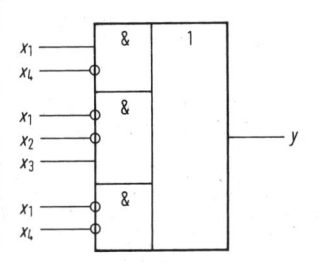

Übung 5.3.2−3

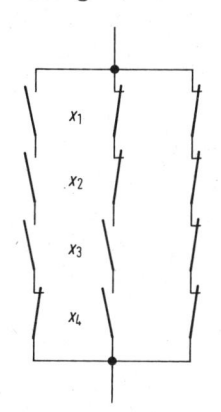

Übung 5.3.2−4

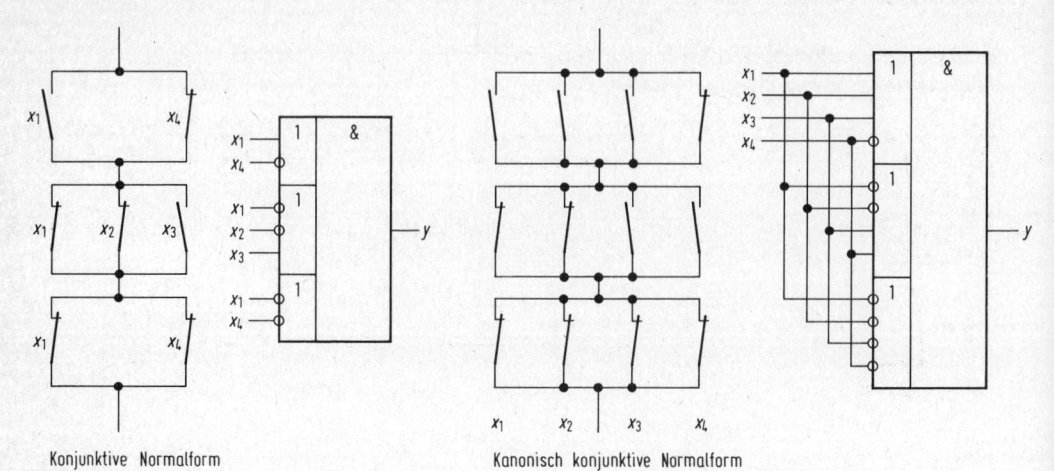

Konjunktive Normalform

Kanonisch konjunktive Normalform

Übung 5.3.2−5

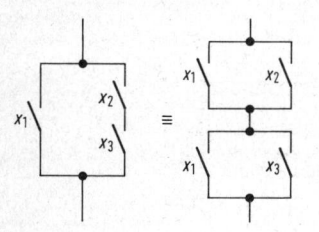

Übung 5.3.2−6

$x_1 \, x_1 = x_1$ $\qquad x_1 \vee x_1 = x_1$ $\qquad x_1 \, \overline{x_1} = 0$ $\qquad x_1 \vee \overline{x_1} = 1$

Übung 5.3.3−1

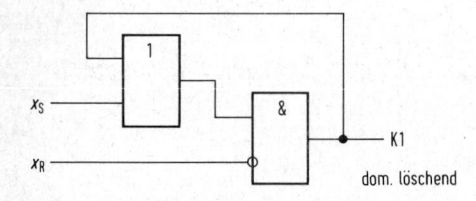

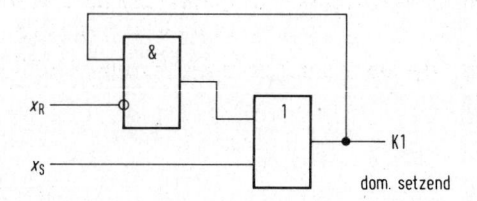

dom. löschend

dom. setzend

Lernzielorientierter Test zu Kapitel 5.3

1. Kontakte – Kontaktplan, Stromlaufplan, Logikplan
2. Öffner, Schließer, Wechsler
3. Die Schaltfunktionen können komprimierter dargestellt werden. Sie sind unabhängig von der verwendeten Hardware. Durch entsprechende Symbole lassen sich auch Spezialfunktionen sehr gut darstellen.
4. Identität: Schließer; Negation: Öffner; Disjunktion: Parallelschaltung; Konjunktion: Reihenschaltung.
5.

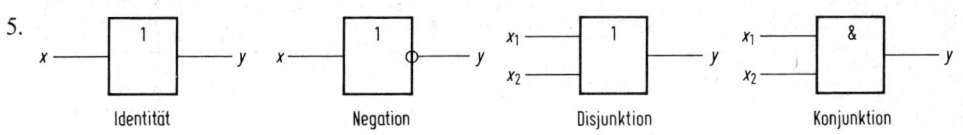

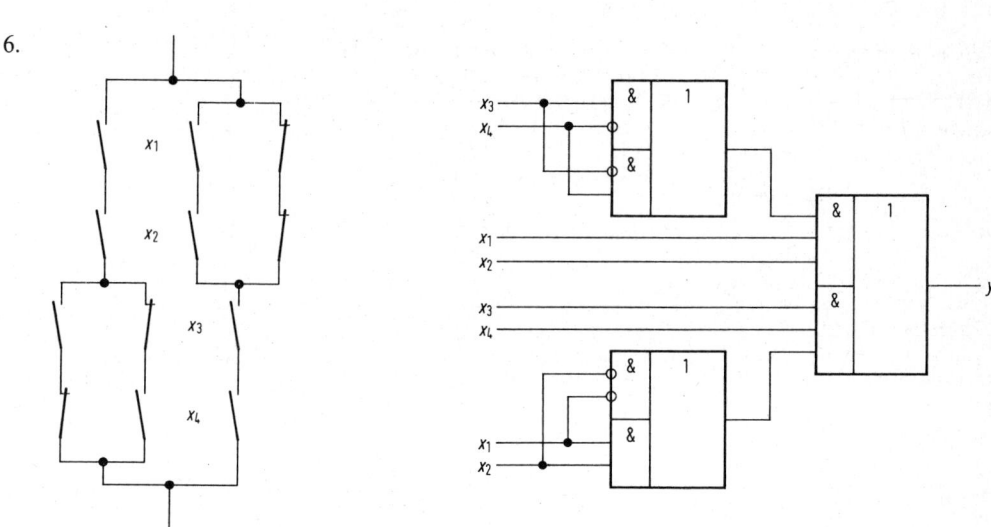

6.

7. RS-Trigger: Bei $x_S = 1$ und $x_R = 1$ unbestimmt
   JK-Trigger: Bei $x_S = 1$ und $x_R = 1$ ändert der Trigger sein Ausgangssignal.
8. Anzugsverzögerung: Das Ausgangssignal nimmt um die Anzugsverzögerungszeit t_{an} später den Wert 1 als das Eingangssignal an.
   Abfallverzögerung: Das Ausgangssignal nimmt um die Abfallverzögerungszeit t_{ab} später den Wert 0 als das Eingangssignal an.
9. Bei dynamischen Eingängen wird nur der Übergang von 0 nach 1 bzw. von 1 nach 0 genutzt.

Übung 5.4.1−1

Dezimalzahl	Leuchtbalken				
	y_b	y_c	y_d	y_f	y_g
0	1	1	1	1	0
1	1	1	0	0	0
2	1	0	1	0	1
3	1	1	1	0	1
4	1	1	0	1	1
5	0	1	1	1	1
6	0	1	1	1	1
7	1	1	0	0	0
8	1	1	1	1	1
9	1	1	1	1	1

Übung 5.4.2−1

Das sequentielle Verhalten ist dadurch gekennzeichnet, daß bei gleichen Eingangsbelegungen unterschiedliche Ausgangssignalvariablen erzeugt werden, je nachdem, in welchem Schritt sich die Steuerung befindet.

Übung 5.4.3−1

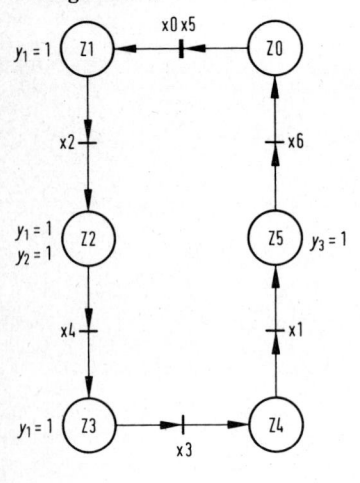

Übung 5.4.3−2

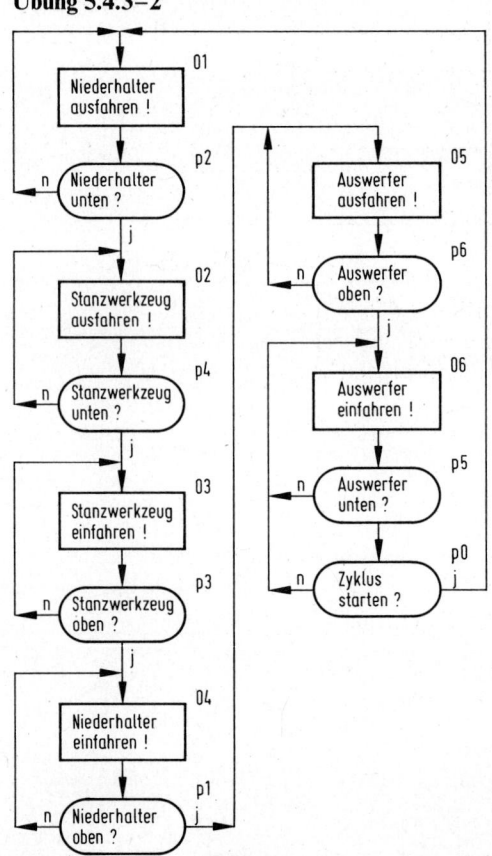

Übung 5.4.3–3

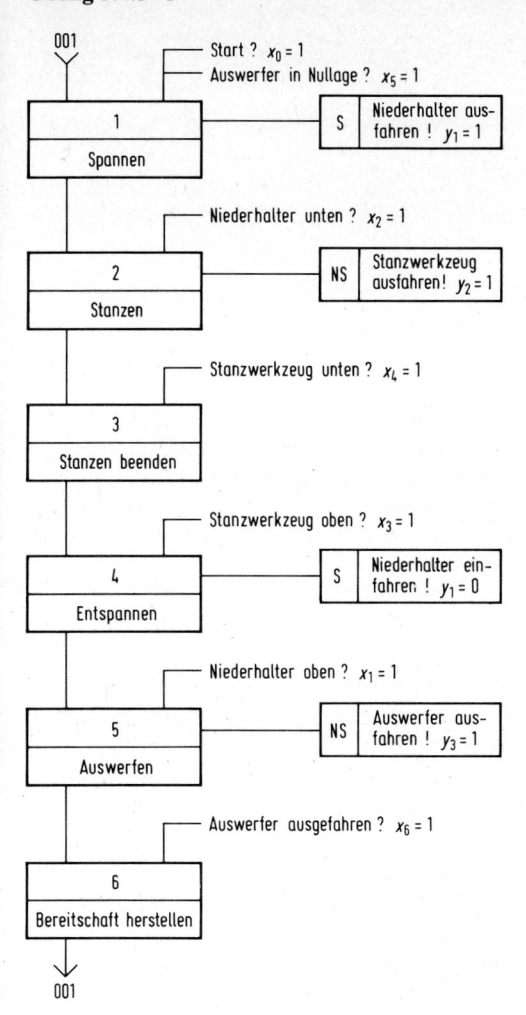

```
001
 ↓
┌─────────┐──── Start ? $x_0 = 1$
│    1    │──── Auswerfer in Nullage ? $x_5 = 1$
│ Spannen │         ┌───┬──────────────────┐
└─────────┘         │ S │ Niederhalter aus-│
    │               │   │ fahren ! $y_1 = 1$│
    │               └───┴──────────────────┘
    │
┌─────────┐──── Niederhalter unten ? $x_2 = 1$
│    2    │         ┌────┬──────────────────┐
│ Stanzen │         │ NS │ Stanzwerkzeug    │
└─────────┘         │    │ ausfahren! $y_2 = 1$│
    │               └────┴──────────────────┘
    │
┌──────────────┐──── Stanzwerkzeug unten ? $x_L = 1$
│      3       │
│Stanzen beenden│
└──────────────┘
    │
┌───────────┐──── Stanzwerkzeug oben ? $x_3 = 1$
│     4     │         ┌───┬──────────────────┐
│ Entspannen│         │ S │ Niederhalter ein-│
└───────────┘         │   │ fahren ! $y_1 = 0$│
    │                 └───┴──────────────────┘
    │
┌──────────┐──── Niederhalter oben ? $x_1 = 1$
│    5     │         ┌────┬──────────────────┐
│ Auswerfen│         │ NS │ Auswerfer aus-   │
└──────────┘         │    │ fahren ! $y_3 = 1$│
    │                └────┴──────────────────┘
    │
┌────────────────────┐──── Auswerfer ausgefahren ? $x_6 = 1$
│         6          │
│Bereitschaft herstellen│
└────────────────────┘
    ↓
   001
```

Lernzielorientierter Test zu Kapitel 5.4

1. Schaltbelegungstabellen stellen die Abhängigkeit der Ausgangssignale von den möglichen Eingangskombinationen dar.

2. Bei partiellen Schaltbelegungstabellen werden nicht alle möglichen Eingangskombinationen genutzt.

3. Schaltfolgetabellen und Ablaufdiagramme stellen die Abhängigkeiten der Ausgangssignale von den Eingangskombinationen und dem erreichten Schritt der Steuerung dar. Dies ist bei sequentiellen Schaltungen notwendig.

4. Die einzelnen Schritte eines Ablaufes unterscheiden sich durch die Werte der Ausgangsvariablen bzw. der Bewertung der Operationsvariablen.

5. Die Überführungsfunktion $Z = f(Z, X)$ beschreibt die Bedingung, unter der ein neuer Schritt (Zustand, Takt) erreicht wird.

   Die Ergebnisfunktion beschreibt die Ausgangssignalvariablen in Abhängigkeit von dem Zustand (Moore-Automat) oder vom Zustand und der Eingangskombination (Mealy-Automat).

6. Automatengraph, Programmablaufgraph, Petri-Netz

7.

	Überführungsfunktion	Ergebnisfunktion
Automatengraph:	gerichtete bewertete Kanten	Knoten
Programmablaufgraph:	logische Verknüpfung der Entscheidungselemente	Ausgangssignale
Petri-Netz:	Transitionen	Plätze
Prozeßablaufplan:	Prozeßzustände, das sind die logischen Verknüpfungen der Prozeßzustandsvariablen	Operationen
Funktionsplan:	Eingänge der Schrittelemente	Befehlselemente

8. *Prozeßablaufplan:*
   Nachteile: zeitliche parallele Abläufe sind schlecht darstellbar
   Vorteile: Darstellung ist widerspruchsfrei, vollständig und stark zusammenhängend; Kombinatorik ist darstellbar

   Funktionsplan:
   Nachteile: Nicht vollständig und nicht widerspruchsfrei, nur für sequentielle Abläufe nutzbar
   Vorteile: zeitlich parallele Abläufe gut darstellbar

Lösungen zu Kapitel 5

Übung 5.5.2−1

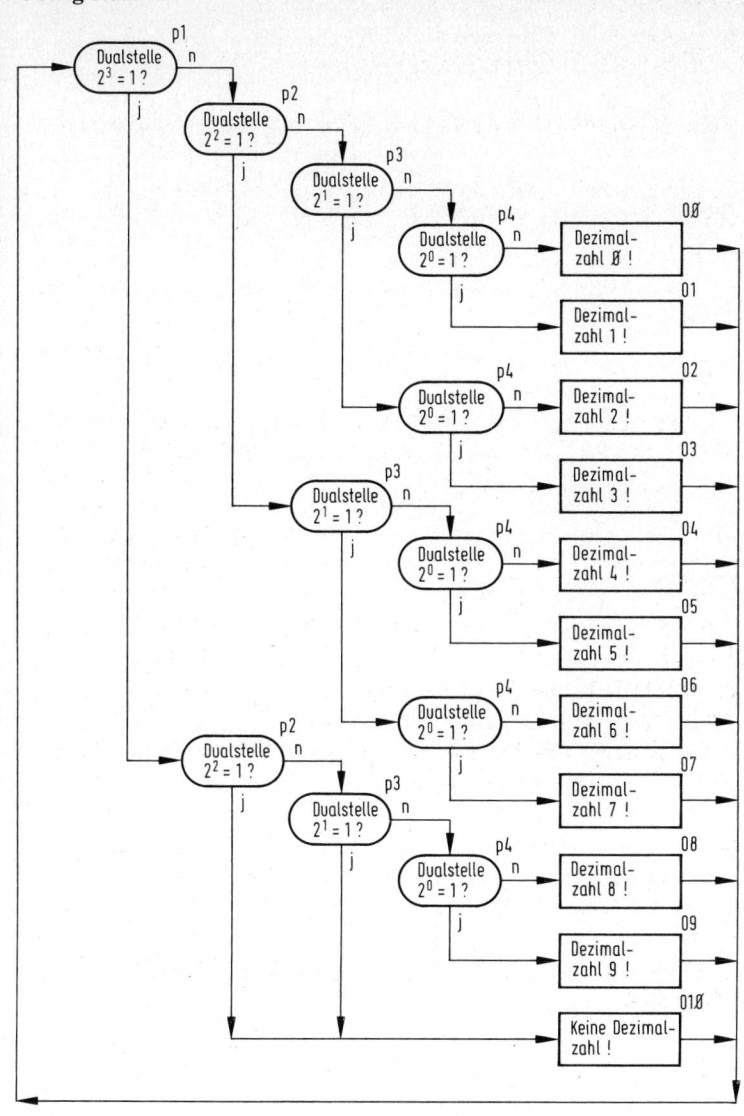

Übung 5.5.2-2

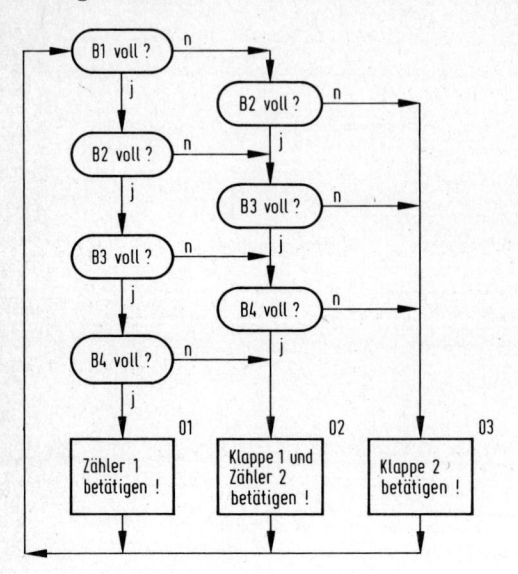

Übung 5.5.2-3

B1	B2	B3	B4	Z1	Z2	K1	K2
1	1	1	1	1	0	0	0
0	1	1	1	0	1	1	0
1	0	1	1	0	1	1	0
1	1	0	1	0	1	1	0
1	1	1	0	0	1	1	0
0	0	1	1	0	0	0	1
:	:	:	:	:	:	:	:
0	0	0	0	0	0	0	1

Übung 5.5.3-1

$y_\mathrm{f} = \overline{x_3}\,\overline{x_2}\,\overline{x_1}\,\overline{x_0} \vee \overline{x_3}\,x_2\,\overline{x_1}\,\overline{x_0} \vee \overline{x_3}\,x_2\,\overline{x_1}\,x_0 \vee \overline{x_3}\,x_2\,x_1\,\overline{x_0} \vee x_3\,\overline{x_2}\,\overline{x_1}\,\overline{x_0} \vee x_3\,\overline{x_2}\,\overline{x_1}\,x_0$

Übung 5.5.3-2

$y_\mathrm{b} = (x_3 \vee \overline{x_2} \vee x_1 \vee \overline{x_0})(x_3 \vee \overline{x_2} \vee \overline{x_1} \vee x_0)$

Übung 5.5.3-3

$Z1 = B1\ B2\ B3\ B4$

$Z2 = K1 = \overline{B1}\ B2\ B3\ B4 \vee B1\ \overline{B2}\ B3\ B4 \vee B1\ B2\ \overline{B3}\ B4 \vee B1\ B2\ B3\ \overline{B4} = B5$

$K2 = \overline{B1}\ \overline{B2} \vee \overline{B1}\ B2\ \overline{B3} \vee \overline{B1}\ B2\ B3\ \overline{B4} \vee B1\ \overline{B2}\ \overline{B3} \vee B1\ \overline{B2}\ B3\ \overline{B4} \vee B1\ B2\ \overline{B3}\ \overline{B4}$
(aus PRAP)

$K2 = \overline{B1}\ \overline{B2}\ B3\ B4 \vee \overline{B1}\ \overline{B2}\ \overline{B3}\ B4 \vee \overline{B1}\ \overline{B2}\ B3\ \overline{B4} \vee \overline{B1}\ \overline{B2}\ \overline{B3}\ B4 \vee \overline{B1}\ \overline{B2}\ \overline{B3}\ \overline{B4}$
$\vee\ \overline{B1}\ B2\ \overline{B3}\ B4 \vee \overline{B1}\ B2\ \overline{B3}\ \overline{B4} \vee \overline{B1}\ B2\ B3\ \overline{B4} \vee \overline{B1}\ \overline{B2}\ \overline{B3}\ \overline{B4} \vee B1\ \overline{B2}\ B3\ \overline{B4}$
$\vee\ B1\ B2\ \overline{B3}\ \overline{B4}\quad\text{(KDNF)}$

Lösungen zu Kapitel 5

Übung 5.5.4–1

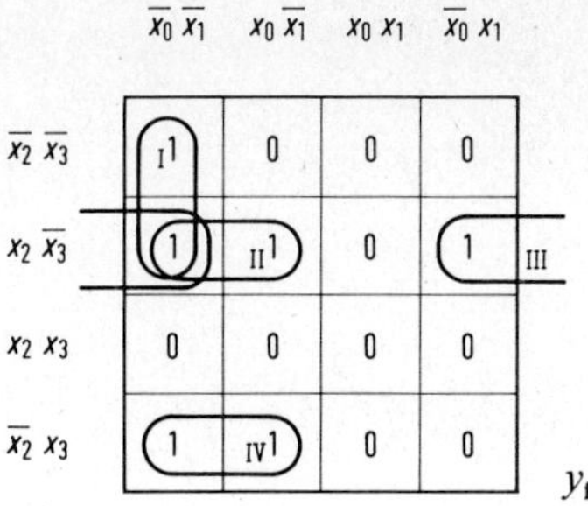

	$\overline{x}_0\,\overline{x}_1$	$x_0\,\overline{x}_1$	$x_0\,x_1$	$\overline{x}_0\,x_1$
$\overline{x}_2\,\overline{x}_3$	1^{I}	0	0	0
$x_2\,\overline{x}_3$	1	1^{II}	0	1 $_{\mathrm{III}}$
$x_2\,x_3$	0	0	0	0
$\overline{x}_2\,x_3$	1	1_{IV}	0	0

$$y_{\mathrm{f}} = \overline{x}_3\,\overline{x}_1\,\overline{x}_0 \vee \overline{x}_3\,x_2\,\overline{x}_1 \vee \overline{x}_3\,x_2\,\overline{x}_0 \vee x_3\,\overline{x}_2\,\overline{x}_1$$

$$y_{\mathrm{f}} = \overline{x}_3\,\overline{x}_2\,\overline{x}_1\,\overline{x}_0 \vee \underbrace{\overline{x}_3\,x_2\,\overline{x}_1\,\overline{x}_0 \vee \overline{x}_3\,x_2\,\overline{x}_1\,x_0 \vee \overline{x}_3\,x_2\,x_1\,\overline{x}_0} \vee \underbrace{x_3\,\overline{x}_2\,\overline{x}_1\,\overline{x}_0 \vee x_3\,\overline{x}_2\,\overline{x}_1\,x_0}$$

$$= \overline{x}_3\,\overline{x}_2\,\overline{x}_1\,\overline{x}_0 \vee \overline{x}_3\,x_2\,(\overline{x}_1\,\overline{x}_0 \vee \overline{x}_1\,x_0 \vee x_1\,\overline{x}_0) \vee x_3\,\overline{x}_2\,\overline{x}_1\,(\overline{x}_0 \vee x_0) \quad \text{mit } \overline{x}_0 \vee x_0 = 1$$

$$= \overline{x}_3\,\overline{x}_2\,\overline{x}_1\,\overline{x}_0 \vee \overline{x}_3\,x_2\,[\overline{x}_1\,(\overline{x}_0 \vee x_0) \vee x_1\,\overline{x}_0] \vee x_3\,\overline{x}_2\,\overline{x}_1 \quad \text{mit } \overline{x}_0 \vee x_0 = 1$$

$$= \overline{x}_3\,\overline{x}_2\,\overline{x}_1\,\overline{x}_0 \vee \overline{x}_3\,x_2\,(\overline{x}_1 \vee x_1\,\overline{x}_0) \vee x_3\,\overline{x}_2\,\overline{x}_1 \quad \text{mit } \overline{x}_1 \vee x_1\,\overline{x}_0 = \overline{x}_1 \vee \overline{x}_0$$

$$= \overline{x}_3\,\overline{x}_2\,\overline{x}_1\,\overline{x}_0 \vee \overline{x}_3\,x_2\,(\overline{x}_1 \vee \overline{x}_0) \vee x_3\,\overline{x}_2\,\overline{x}_1$$

$$= \underbrace{\overline{x}_3\,\overline{x}_2\,\overline{x}_1\,\overline{x}_0 \vee \overline{x}_3\,x_2\,\overline{x}_1} \vee \overline{x}_3\,x_2\,\overline{x}_0 \vee x_3\,\overline{x}_2\,\overline{x}_1$$

$$= \overline{x}_3\,\overline{x}_1\,(\overline{x}_2\,\overline{x}_0 \vee x_2) \vee \overline{x}_3\,x_2\,\overline{x}_0 \vee x_3\,\overline{x}_2\,\overline{x}_1 \quad \text{mit } \overline{x}_2\,\overline{x}_0 \vee x_2 = \overline{x}_0 \vee x_2$$

$$= \overline{x}_3\,\overline{x}_1\,(\overline{x}_0 \vee x_2) \vee \overline{x}_3\,x_2\,\overline{x}_0 \vee x_3\,\overline{x}_2\,\overline{x}_1$$

$$= \overline{x}_3\,\overline{x}_1\,\overline{x}_0 \vee \overline{x}_3\,x_2\,\overline{x}_1 \vee \overline{x}_3\,x_2\,\overline{x}_0 \vee x_3\,\overline{x}_2\,\overline{x}_1$$

Übung 5.5.4–2

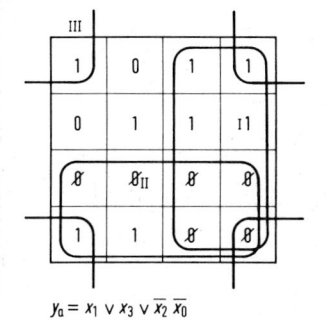

$y_a = x_1 \vee x_3 \vee \overline{x}_2\,\overline{x}_0$

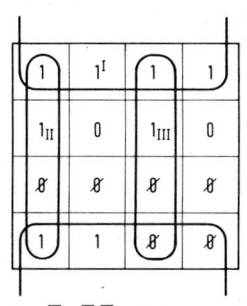

$y_b = \overline{x}_2 \vee \overline{x}_1\,\overline{x}_0 \vee x_1\,x_0$

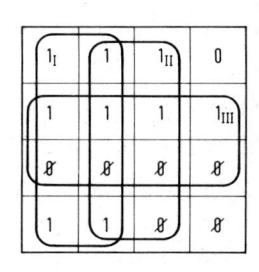

$y_c = \overline{x}_1 \vee x_0 \vee x_2$

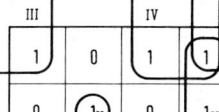

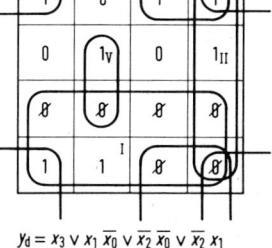

$y_d = x_3 \vee x_1\,\overline{x}_0 \vee \overline{x}_2\,\overline{x}_0 \vee \overline{x}_2\,x_1$
$\quad \vee x_2\,\overline{x}_1\,x_0$

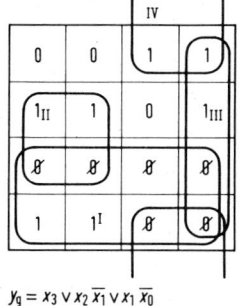

$y_g = x_3 \vee x_2\,\overline{x}_1 \vee x_1\,\overline{x}_0$
$\quad \vee \overline{x}_2\,x_1$

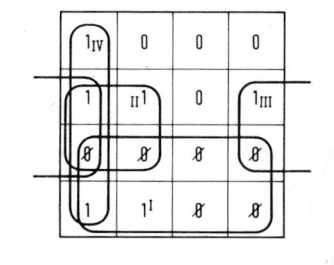

$y_f = x_3 \vee x_2\,\overline{x}_1 \vee x_2\,\overline{x}_0 \vee \overline{x}_1\,\overline{x}_0$

Übung 5.5.5-1

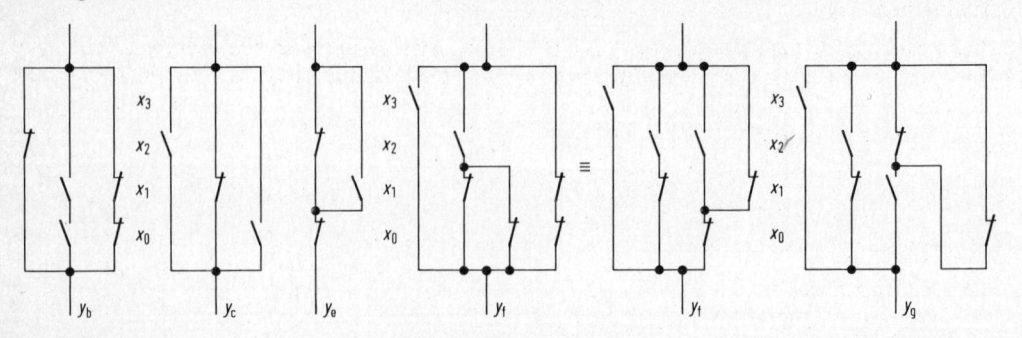

[Schaltungen mit Schaltern x_3, x_2, x_1, x_0 und Ausgängen y_b, y_c, y_e, $y_f \equiv y_f$, y_g]

Übung 5.5.5-2

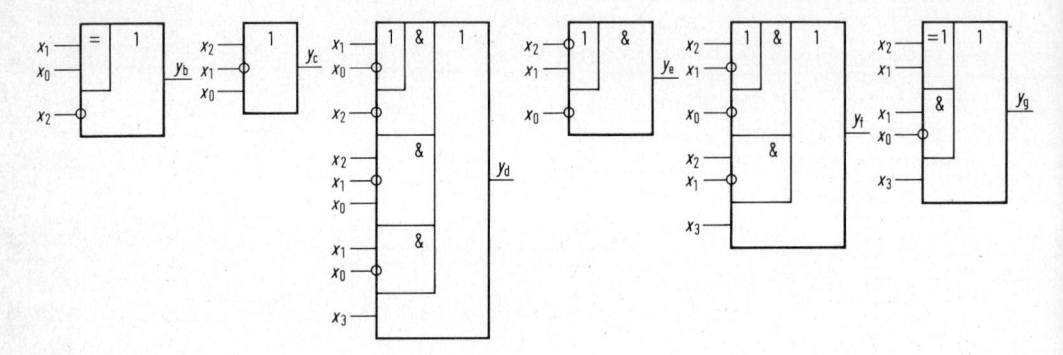

[Logikschaltbilder mit Ausgängen y_b, y_c, y_d, y_e, y_f, y_g]

Lernzielorientierter Test zu Kapitel 5.5

1. Die technologischen Zusammenhänge bei Kombinationsschaltungen können durch Schaltbelegungstabellen und durch Prozeßablaufpläne dargestellt werden.
2. Schaltbelegungstabellen sind übersichtlich und stellen die Zusammenhänge komprimiert dar. Aus den Belegungen können Schaltfunktionen direkt erstellt werden (KDNF und KKNF), es lassen sich auch die Belegungen für den Karnaugh-Plan zur Ermittlung minimierter Schaltfunktionen abnehmen. Prozeßablaufpläne erlauben wegen der verbalen Erläuterung eine bessere Beziehung zum Prozeß. Die ableitbaren Schaltfunktionen sind bereits minimiert. Das Beschreibungmittel ist auch für sequentielle Schaltungen anwendbar.
3. KDNF und KKNF sind Normalformen von Schaltfunktionen, bei denen in jedem Term alle Eingangsvariable (direkt oder negiert) enthalten sind.
   KDNF bestehen aus disjunktiv verknüpften Elementarkonjunktionen.
   KKNF bestehen aus konjunktiv verknüpften Elementardisjunktionen.
4. Kommen für das Ausgangssignal in der Schaltbelegungstabelle nur wenige Male der Wert 1 bzw. 0 vor, so ist die Ableitung der KDNF bzw. KKNF zweckmäßig. Dies ist dadurch begründet, daß die Gleichung soviel Terme besitzt, wie der Wert 1 (KDNF) oder der Wert 0 (KKNF) vorkommen.
5. Das Karnaugh-Verfahren dient zur Minimierung bzw. direkt zur Ermittlung minimierter Schaltfunktionen.

6. Kontaktpläne und Logikpläne beschreiben den Signalfluß entsprechend den ermittelten Schaltfunktionen.
7. Bei Kombinationsschaltungen hängen die Ausgangssignale nur von den Kombinationen der Eingangsvariablen ab. Es gilt allgemein $Y = f(X)$. Diese Schaltungen werden auch Zuordner genannt.

Übung 5.6.2−1   **Übung 5.6.2−2**

Übung 5.6.2–3 siehe rechts unten.

Übung 5.6.2–4

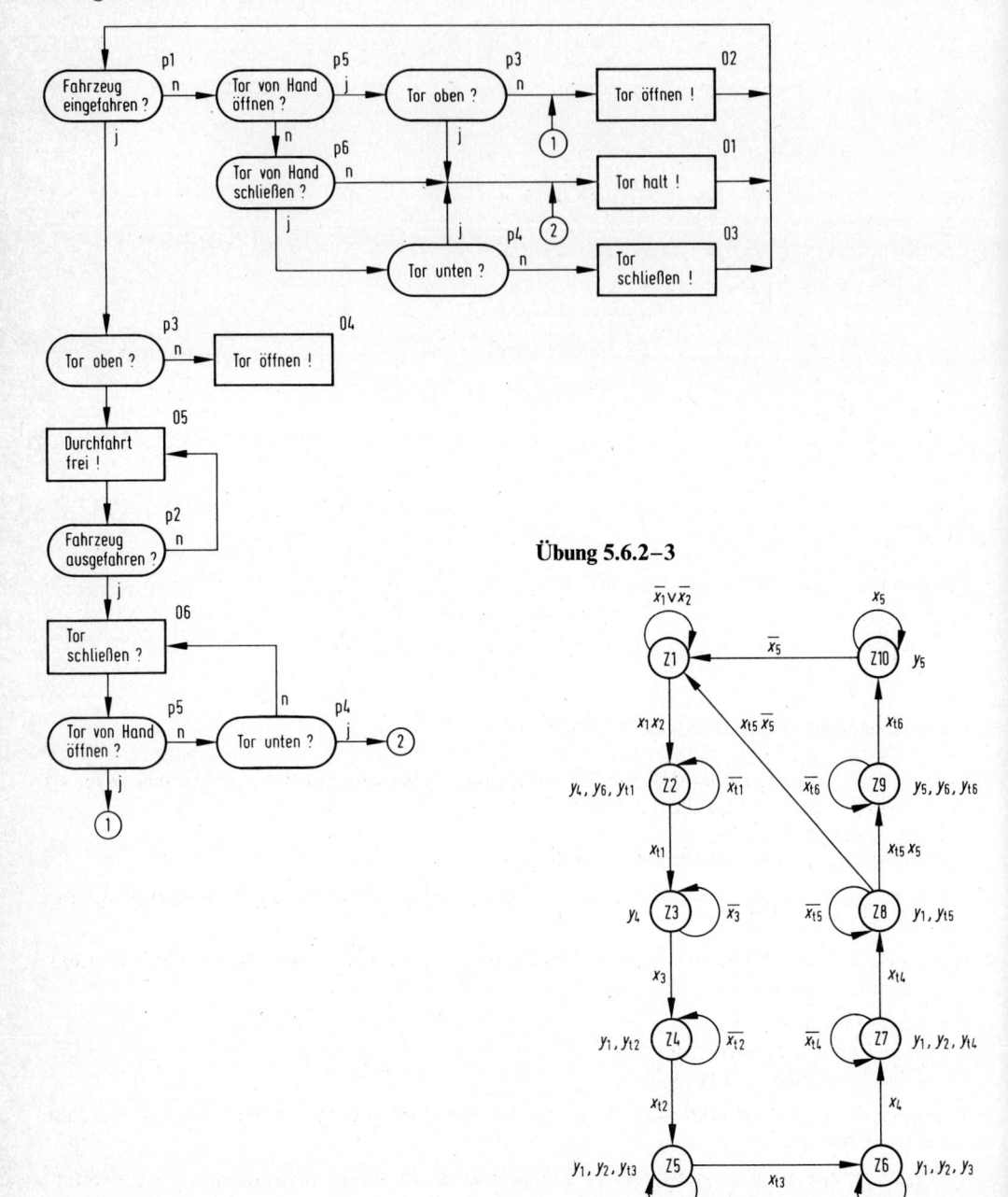

Übung 5.6.2–3

Übung 5.6.3–1

	y_1	y_2	y_3	y_4	y_5	y_6	z_i
Z1	0	0	0	0	0	0	0
Z2	0	0	0	1	0	1	0
Z3	0	0	0	1	0	0	0
Z4	1	0	0	0	0	0	0
Z5	1	1	0	0	0	0	0
Z6	1	1	1	0	0	0	0
Z7	1	1	0	0	0	0	1
Z8	1	0	0	0	0	0	1
Z9	0	0	0	0	1	1	1
Z10	0	0	0	0	1	0	1

Übung 5.6.4–1

$S_2 = z1 \; \overline{z3} \; x_2$

$S_3 = \overline{z1} \; z2 \; x_3$

Übung 5.6.4–2

$R_2 = \overline{z1} \; z3 \; x_1$

$R_3 = \overline{z1} \; \overline{z2} \; x_6$

Übung 5.6.4–3

$S_1 = z4 \; x_5 \lor z4 \; \overline{x_5} \; x_4 = z4 \; (x_5 \lor \overline{x_5} \; x_4) = z4 \; (x_5 \lor x_4)$

$S_2 = z1 \; x_1 \; \overline{x_3}$

$S_3 = z1 \; x_2 \; x_3 \lor z2 \; x_3$

$S_4 = z3 \; x_2$

$R_3 = z4$

$R_4 = z1$

Übung 5.6.5–1

$y_2 = z1 \; z2 \; \overline{z3}$

$y_3 = \overline{z1} \; \overline{z2} \; z3$

Übung 5.6.5–2

$y_2 = z1 \; \overline{x_1} \; \overline{x_4} \; \overline{x_5} \; x_6 \lor z4$

Lernzielorientierter Test zu Kapitel 5.6

1. Zur Darstellung der technologischen Zusammenhänge bei sequentiellen Schaltsystemen dienen:
   Schaltfolgetabelle, Ablaufdiagramme,
   Funktionsplan/Petri-Netz
   Prozeßablaufplan/Programmablaufgraph

2. Der Programmablaufgraph beschreibt die Zusammenhänge vollständig, widerspruchsfrei und stark zusammenhängend.

3. Speicher sind das „Gedächtnis" der Steuereinrichtung. Durch sie werden die erreichten Zustände (Takte, Schritte) kodiert.

4. 1 aus n-Kodierung
   Speicherminimale Kodierung
   Stellbefehlsspeicherkodierung

5. Die Speicheransteuerfunktionen (Setz- und Rücksetzfunktionen) entstehen aus den Überführungsfunktionen.

6. Werden mehrere Ausgangssignalelemente durch einen Zustand repräsentiert, so ist zur Ermittlung der Ausgangsvariablen zusätzlich die Haltebedingung (Überführungsbedingung zu sich selbst) notwendig – Mealy-Automat.

Übung 5.7.3-1

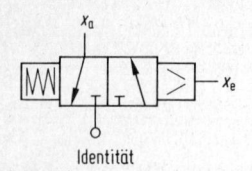

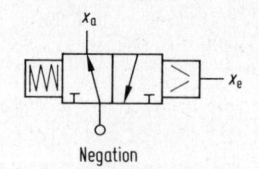

Identität

Negation

Übung 5.7.3-2

x_{e1}	x_{e2}	x_a
0	0	1
1	0	0
0	1	0
1	1	0

Negierte ODER-Funktion = NOR-Funktion

$x_a = \overline{x_{e1} \vee x_{e2}}$

Übung 5.7.3-3

$x_{e1} = S \qquad x_{a1} = Q$

$x_{e2} = R \qquad x_{a2} = \overline{Q}$

Übung 5.7.5-1

$S_{y2} = y_1 \overline{y_3} \; \overline{z_i} \; x_2 \qquad S_{y3} = \overline{y_1} \; \overline{y_2} \; z_i \; x_1 \qquad S_{zi} = y_1 \; y_2 \; \overline{y_3} \; x_4$

$R_{y2} = y_1 \; \overline{y_3} \; \overline{z_i} \; x_4 \qquad R_{y3} = \overline{y_1} \; \overline{y_2} \; z_i \; x_6 \qquad R_{zi} = \overline{y_1} \; \overline{y_2} \; y_3 \; x_6$

Lernzielorientierter Test zu Kapitel 5.7

1. Unter dem Begriff Industriepneumatik sind alle Einrichtungen zur Drucklufterzeugung, -aufbereitung und -verteilung sowie Druckluftantriebe und Ventile zusammengefaßt.
2. Energieträger unbegrenzt vorhanden, Übertragung und Speicherung problemlos, Antriebe hoch elastisch und überlastbar, keine Ex-Gefahr und günstiges Kraft/Masse-Verhältnis.
3. Arbeitszylinder
4. Ventile dienen zur Beeinflussung der Größe und Richtung der in Arbeitszylindern erzeugten Kraft und Geschwindigkeit.
5. Bei selbsttätigen Ventilen erfolgt die Verstellung des Schaltelementes durch Eigengewicht, Feder oder dem durchfließenden Luftstrom. Nicht selbsttätige Ventile benötigen eine separate Verstelleinheit.
6. Vorgesteuerte Ventile
7. Doppelrückschlagventile (Wechsel- und Zweidruckventile) und Wegeventile (3/2- und 4/2-Wegeventile).
8. Öffnungsventile erfüllen Funktionen, die dem elektrischen Schließerkontakt entsprechen, Schließventile dagegen erfüllen Funktionen, die dem Öffnerkontakt entsprechen!
9. Das 4/2-Wegeventil ohne selbsttätige Rückstellung mit zwei aktiven Verstelleinheiten erfüllt die Funktion des einstufigen RS-Triggers.
10. Einstellbare Vordrosseln und Behälter realisieren Zeitfunktionen und dienen in pneumatischen Steuerungen als Zeitglieder.

Lösungen zu Kapitel 6 377

Übung 6.3.1–1

- **Stellbereich:** Er soll so breit sein, daß auch bei Störungen durch ein weiteres Öffnen bzw. Schließen der Stellarmaturen ein stabiler Arbeitspunkt erreicht werden kann (Abschn. 4.3.2.1).
- **Begrenzung:** Begrenzung muß durch genügende Größe der Stellarmatur (K_{vs}-Wert) vermieden werden; Stellarmaturen haben begrenzten Hub (Abschn. 4.3.2.1).
- **Linearität:** Das heißt nicht Linearität des Verhaltens der Armatur, sondern des Gesamtverhaltens Stellarmatur *und* Strecke, da nur dann der Übertragungsfaktor konstant wird.

Übung 6.3.1–2

Beispiele: $\dot{V} = A v$, $\dot{m} = A v \varrho$, $\dot{m} = $ const, $p_1 + \varrho g h_1 + \varrho/2\, v_1^2 = $ const,

$\Delta p_{\text{verl}} = \varrho/2\, v_1^2 (1 + \lambda l/d + \Sigma \zeta)$, $v = \eta/\varrho$, ...

Übung 6.3.1–3

a) nach (6.3.1–5) wird

$$\Delta p_v = 10 \frac{10^3}{2 \cdot 3{,}85 \cdot 10^{-6}} \dot{V}^2 = 1{,}2982 \cdot 10^9 \cdot \dot{V}^2$$

$\dot{V}$	0	10	20	30	40	50	m³/h
Δp_v	0	10	40	90	160	250	kPa (gerundet)

b)

$\dot{V}$	0	10	20	30	40	50	m³/h
Δp_v	0	12	48	108	192	300	kPa (gerundet)

Bemerkung zu den Einheiten: $[\Delta p_v] = \dfrac{\text{kg}}{\text{m}^3 \cdot \text{m}^4} \left(\dfrac{\text{m}^3}{\text{s}}\right)^2 = \dfrac{\text{kg}\,\text{m}}{\text{s}^2\,\text{m}^2} = \text{Pa}$

Übung 6.3.1–4

nach (6.3.1–9) wird $\quad K_v = \dfrac{52}{1 \cdot 1 \cdot 1} \sqrt{\dfrac{1200/1000}{2{,}4}} = 36{,}77 \text{ m}^3/\text{h}$

(nach DIN IEC 534 ergibt sich für $A_v = 1{,}021 \cdot 10^{-3}$ m² und daraus $K_v = 36{,}48$ m³/h)
Annahme $F_P = 1$ ist berechtigt, wenn gleiche DN für Rohrleitung und Stellventil. Nach Prospekten gibt es z. B. in DN 50 $K_{vs} = 40$ m³/h. Annahme $F_R = 1$ könnte nur bei weiteren Angaben geprüft werden.

Übung 6.3.1–5

nach (6.3.1–9) wird $\quad K_v = 39{,}12$ m³/h, F_P folgt aus Bild 6.3.1–10 mit $d/D = 0{,}5$,
$\quad K_v/d^2 = 1{,}47 \cdot 10^{-2}$ zu $F_P = 0{,}94$

Ja, das gleiche Ventil mit $K_{vs} = 40$ m³/h ist verwendbar!

Übung 6.3.1-6

nach (6.3.1-9) wurde $K_v = 36{,}77 \text{ m}^3/\text{h}$; dann wird nach (6.3.1-11) $Re_v = \dfrac{7{,}07 \cdot 10^4 \cdot 1 \cdot 52}{5000 \sqrt{1 \cdot 1 \cdot 36{,}77}} \cdot 1$

mit $F_P = 1$, $F_d = 1$ (Einsitzventil) und $F_L = 1$ (keine Durchflußbegrenzung) wird

$Re_v = 121{,}26$

aus Bild 6.3.1-11 folgt $F_R = 0{,}55$ und damit $K_v = 66{,}85 \text{ m}^3/\text{h}$
weitere Iterationsschritte liefern:

$K_v = 72{,}10 \text{ m}^3/\text{h}$ und schließlich $K_v = 73{,}54 \text{ m}^3/\text{h}$

In DN 50 gibt es keinen so großen K_v-Wert; deshalb muß die Rohrleitung und das Stellventil in DN 100 ausgeführt werden. Die Iteration ist bei geringem Zuwachs an K_v-Wert abzubrechen!

Übung 6.3.1-7

nach (6.3.1-14) ergeben sich

H/H_{100}	0	0,1	0,2	0,3	0,4	0,5	0,6	0,7	0,8	0,9	1,0	
K_v/K_{v100}	0,05	0,0675	0,091	0,1228	0,1657	0,2236	0,3017	0,4071	0,5493	0,7411	1	20:1
K_v/K_{v100}	0,02	0,0296	0,0437	0,0647	0,0956	0,1414	0,2091	0,3092	0,4573	0,6762	1	50:1

Übung 6.3.1-8

Die Vorschriften lassen als Toleranz zu: $K_{v100} = K_{vs}(1 \pm 0{,}1)$; Neigungstoleranz: $\pm 30\%$
(VDI/VDE 2173)

Übung 6.3.1-9

Bei linearem Zuwachs des Hubes nimmt der bezogene K_v-Wert um gleiche Prozentsätze gegenüber dem Vorwert zu. Bei $\Delta(H/H_{100}) = 0{,}1$ und dem Stellverhältnis 50:1 ist der jeweils folgende K_v-Wert 1,48 mal so groß wie der vorhergehende (Zuwachs $\approx 50\%$)

Übung 6.3.1-10

nach (6.3.1-14) ergibt sich $K_v = 18{,}257 \text{ m}^3/\text{h}$; nach der vereinfachten K_v-Wert-Gleichung (Abschn. 6.3.1.3) oder (6.3.1-9) ergibt sich umgestellt nach Δp_v

$$\Delta p_v = \dfrac{10^5 \cdot 1100 \cdot 40^2}{18{,}257^2 \cdot 1000} = 0{,}528 \text{ MPa} = 5{,}28 \text{ bar}$$

Übung 6.3.1-11

a) bei allen Fällen mit $\Delta p_v = \text{const}$, ($\psi = 1$)
b) *lineare* Kennliniengrundform, wenn ψ groß (z. B. $\psi = 0{,}8$)
   gleichprozentige Kennliniengrundform, wenn ψ groß (z. B. $\psi = 0{,}8$)
c) *lineare* Kennliniengrundform, wenn ψ groß (z. B. $\psi \geq 0{,}35$)
   gleichprozentige Kennliniengrundform, wenn ψ klein (z. B. $\psi \leq 0{,}35$)

Übung 6.3.1–12

aus Bild 6.3.1–14 und den Ableitungen folgt: Alle Größen, die Δp_v beeinflussen, können Störgrößen sein

- Anlagedaten: h'', h', Druckverluste von Anlageteilen; • Betriebsdaten: p'', p'
- Stoffeigenschaften: ϱ, v, ϑ; • Entnahmen, Zuflüsse.

Übung 6.3.1–13

nach (6.3.1–20) ergibt sich beispielsweise:

φ/φ_{100}	0	0,1	0,2	0,3	0,4	0,5	0,6	0,7	0,8	0,9	1,0	
$\dot V/\dot V_{100}$	0	0,045	0,089	0,155	0,261	0,415	0,561	0,698	0,820	0,926	1	$\psi = 0,2$
$\dot V/\dot V_{100}$	0	0,026	0,052	0,09	0,15	0,25	0,36	0,49	0,64	0,82	1	$\psi = 0,6$

Übung 6.3.2–1

Tabelle 6.3.2–1 ergänzen in der Reihenfolge von oben nach unten:
Schieber/Band/Förderschnecke/Rotor des Zuteilers
$P - T_t/P - T_1, T_1 </P - T_1, T_1 \ll / \approx P_0$

Übung 6.4.2–1

Es gilt Gl. (6.4.2–3). Für die Endlage „Hub 0" gilt: $H = 0$, $p_L = 0,2$ bar und damit

$$c_F = \frac{p_L \cdot A_M}{0,25 \cdot H_{100}} = \frac{0,2 \cdot 10^5 \text{ N} \cdot 0,144 \text{ m}^2}{\text{m}^2 \cdot 0,25 \cdot 100 \text{ mm}} = 115,2 \text{ N/mm}.$$

Der Hub ergibt sich dann aus

$$H = \frac{p_L \cdot A_M}{c_F} - 0,25 \cdot H_{100} = p_L \cdot 125 - 25 \text{ mm}, \ [p_L] = \text{bar}$$

P_L	(0)	0,2	0,4	0,6	0,8	1,0	(1,4)	bar
H	(0)	0	25	50	75	100	(100)	mm
$/F/$	(2,88)	0	0	0	0	0	(5,76)	kN (Kraftüberschuß)

Lernzielorientierter Test zu den Kapiteln 6.0 bis 6.4

1. Stellantrieb: zur Steuer- oder Regeleinrichtung
   Stellglied: zur Steuer- oder Regelstrecke
   Zubehör

2. Stellantrieb: Bereitstellung der Stellenergie (Stellkraft, Stellweg)
   Stellglied: Beeinflussung der Steuer- oder Regelgröße (meist über Eingriff in Stoff- und Energieströme)

3. Die Techniker der zu automatisierenden Einrichtungen legen die Daten der Anlagen, die Verfahren und die Maschinen und Anlagenteile fest, durch die auch die Auswahl der Stelleinrichtungen und auch deren Berechnung bestimmt wird. Dabei können günstige aber auch ungünstige Festlegungen getroffen worden sein, die die Lösung der Aufgabenstellung stark beeinflussen (Abstimmung in mehreren Phasen).

4. Heizungsregelung (Stellglied: Heizungsarmatur, ggf. Pumpe, Stellantrieb: (Thermostat)antrieb, Membranantrieb, ggf. Pumpenmotor)
Temperaturregelung im Kühlschrank (Aussetzbetrieb), an Warmwasserbereitern, Reglerbügeleisen

5. Durchflußbegrenzung durch Verdampfung und kritische Geschwindigkeit; erhöhte Reibung durch Viskosität. Verdampfung durch Unterschreitung des Dampfbildungsdrucks (Siedeverhalten des Mediums) durch zu hohe Temperatur.

6. Bezogen auf Automatisierungsaufgabe sind wichtig: Widerstandszahl, K_v-Wert, A_v-Wert, Reynolds-Zahl.

7. Zur Anpassung an verschiedene Druckverhältnisse erforderlich, da die Kennliniengrundformen sich im Betriebszustand in Betriebskennlinien verändern.

8. Zusammenhang durch veränderliche Druckdifferenz an der Stellarmatur gegeben (RLK – DK). Charakterisierbar durch relativen Druckabfall Gln. (6.3.1–18, 6.3.1–20).

9. Linear nur dann, wenn Durchflußregelung. Wenn Durchfluß nichtlinear mit Steuer- oder Regelgröße verbunden, dann entgegengesetzt nichtlinear. (Sonst kein konstanter Übertragungsfaktor).

10. Bei „manipulierbaren" Kennlinien stehen mehrere Formen zur Auswahl, bei „natürlichen" müssen die gewünschten Kennlinien im Stellantrieb erzeugt werden.

11. Kopplung nachgeschalteter Anlagen; energetischer Vorteil nicht überall gegeben; Kosten hoch; statische Stellkennlinie nicht überal günstig (z. B. Δp_{stat} zu groß!), Rückströmgefahr.

12. Bereitstellung der Stellenergie, der erforderlichen Stellkräfte, der Bewegungsform, des Stellweges zu jedem Stellsignal mit ausreichender Stellgenauigkeit; Erfüllung sicherheitstechnischer Forderungen.

13. Kein Übertragungsglied erforderlich, keine weitere Hilfsenergieversorgung erforderlich.

14. pneumatische, elektrische hydraulische

15. Erkennen und nutzen der Zuordnung des Stellweges zum Stellsignal, bei experimentellen Erprobungen erkennen des Abweichens vom normalen Betrieb (z. B. durch Reibung).

16. Bestimmende Größe, da Stellkraft dem Kraftbedarf des Stellglieds entsprechen muß; wird von der Stellgliedseite aus ermittelt und der Auswahl zugrundegelegt.

17. Erhöhung der Federkraft (in Verbindung mit der Zuordnung zum Stellsignal); Erhöhung des Stelldrucks.

18. Grundlegende Fragestellung, da einige Bauarten von Stellantrieben das selbsttätige Fahren in die „gefahrlose Endlage" ermöglichen, andere bestenfalls in der augenblicklichen Stellung verharren oder sogar blockiert werden müssen.

19. Es kommen nur solche Antriebe in Frage, deren Stellung nicht primär von den verlangten Stellkräften bestimmt wird (verwendbar: elektrische und vor allem hydraulische Stellantriebe).

20. Stellkräfte können vergrößert werden, da Stelldruck größer als dem Stellsignal entsprechend gemacht werden kann (steifere Federn einsetzen). Kennlinie durch Verwendung einer Kurvenscheibe veränderbar. Stellgeschwindigkeit vergrößerbar, falls zu klein.

21. Beispiel: elektrischer Stellantrieb

    Vorteile: hohe Stellgenauigkeit, falls erforderlich
    steife Kennlinie (belastungsunabhängige Stellung)
    überall verfügbare Hilfsenergie
    große Stellwege möglich
    große Entfernungen überbrückbar
    auch große Stellkräfte erzeugbar durch entsprechende Übersetzung
    drehende Bewegung einfach erzielbar

    Nachteile: relativ geringe Stellgeschwindigkeit
    Ex-Schutz nicht ohne zusätzlichen Aufwand
    Keine gefahrlose Endlage, bestenfalls verharrend, Stillstand meist nur mit Bremse
    relativ hoher Kostenaufwand

Übung 7.1–1

Da der Ablauf der Greiferbewegungen fest ist und nur durch einen mechanischen Eingriff verändert werden kann, handelt es sich um ein Einlegegerät.

Bei der Entscheidung, ob Einlegegeräte oder Industrieroboter eingesetzt werden sollten, müssen die Investitionskosten dem Aufwand bei der Umrüstung auf andere Drehteile gegenübergestellt werden. Im allgemeinen kann man sagen, daß die einfacheren Einlegegeräte dort Verwendung finden sollten, wo nur sehr selten (oder nie) Veränderungen im Bewegungsablauf notwendig sind. Industrieroboter sind dagegen wegen ihrer hohen Flexibilität besonders für die Kleinserienfertigung (geringe Stückzahlen und damit häufiger Wechsel der Werkstückformen und -größen) geeignet.

Übung 7.1–2

Regelstrecke ≙ kinematisches System und Greifer (bzw. Werkzeug)
Meßeinrichtung ≙ Wegmeßsystem
Regler ≙ Steuerung
Stelleinrichtung ≙ Antriebssysteme
Regelgröße ≙ Greiferposition

Die Führungsgröße kann entweder von der Steuerung aus dem Handhabungsprogramm abgerufen oder (bei hochentwickelten Industrieroboter-Typen) entsprechend bestimmter Daten aus der Industrieroboter-Umgebung über Sensoren an die Steuerung geleitet werden. Aus dem Wert der Führungsgröße und dem vom Wegmeßsystem übermittelten Wert der Regelgröße bildet dann die Steuerung die Regelabweichung.

Übung 7.1–3

Bild 7.1–3 a) ist ein Spezialgreifer, der für Glasrohre Verwendung finden kann

Bild 7.1–3 b) c) ist eine Ausführung, die wegen der zwei Haftelemente besonders für großflächige Objekte geeignet ist. Für ferromagnetische Werkstoffe bietet sich die Ausführung mit Elektromagneten, für andere (z. B. auch Papierbogen vom Stapel) die mit Saugnäpfen an.

Bild 7.1–3 d) ist ein Greifer, der (ähnlich einem Tortenheber) unter schwer zugängliche Objekte geschoben werden kann. Die bewegliche Backe dient dann der Festhaltung.

Übung 7.1–4

a) Industrieroboter mit quaderförmigem Arbeitsraum (Bild 7.1–5a):
drei Gelenke, Freiheitsgrad drei, drei Schubgelenke

b) Industrieroboter mit zylinderförmigem Arbeitsraum (Bild 7.1–5b):
   zwei Gelenke, Freiheitsgrad drei, ein kombiniertes Dreh-Schub-Gelenk, ein Schubgelenk
c) Industrieroboter mit kugelförmigem Arbeitsraum (Bild 7.1–5c):
   drei Gelenke, Freiheitsgrad drei, drei Drehgelenke

Übung 7.1–5

Punkt-zu-Punkt-Steuerungen werden vorwiegend bei Beschickungsrobotern und auch bei Montagerobotern eingesetzt. Unter den technologischen Robotern ist es im wesentlichen nur das Punktschweißen, das eine PTP-Steuerung verlangt.

Die meisten technologischen Aufgaben, wie z. B. Lichtbogenschweißen, Farbspritzen, Gußputzen, Entgraten, Schleifen, Polieren u. a., bedingen dagegen die Bewegung entlang definierter Bahnen, also CP- (oder auch MP-) Steuerungen.

Lernzielorientierter Test zu Kapitel 7.1

1. Richtige Aussagen sind: a) und c).
2. Die Begriffe werden den Wortgruppen 1. bis 7. folgendermaßen richtig zugeordnet:
   1. Werkzeug
   2. Wegmeßsystem
   3. Antriebe
   4. Greifer
   5. kinematisches System
   6. Sensoren
   7. Steuerung
3. Die einzusetzenden Begriffe lauten in der richtigen Reihenfolge:
   Werkstücke
   technologische
   zweiten oder dritten
   Punkt-zu-Punkt-Steuerung
   Freiheitsgrad

Übung 7.2–1

$x = [(l_2 + l_3 \cdot \cos\beta_2) \cdot \cos\beta_1 - l_3 \cdot \sin\beta_1 \cdot \sin\beta_2] \cdot \cos\alpha$
$y = [(l_2 + l_3 \cdot \cos\beta_2) \cdot \cos\beta_1 - l_3 \cdot \sin\beta_1 \cdot \sin\beta_2] \cdot \sin\alpha$
Da $\cos\beta_1 = \sin\beta_2 = 0$ folgt: $x = 0$
$\phantom{Da \cos\beta_1 = \sin\beta_2 = 0 \text{ folgt: }} y = 0$
$z = l_1 + (l_2 + l_3 \cdot \cos\beta_2) \cdot \sin\beta_1 + l_3 \cdot \cos\beta_1 \cdot \sin\beta_2$
Da $\cos\beta_1 = \sin\beta_2 = 0$ und $\cos\beta_2 = \sin\beta_1 = 1$ folgt:
$z = l_1 + l_2 + l_3 = 2$ m

Die Greiferposition ist demnach (0; 0; 2 m).

Dieses Ergebnis läßt sich auch leicht anhand Bild 7.2–3 überprüfen: Die vorgegebenen Winkelstellungen der Bewegungsachsen entsprechen der senkrechten Haltung aller drei Industrieroboter-Glieder. Damit ist der Schwenkwinkel α für die Greiferstellung ohne Bedeutung, die x- und y-Koordinate ist gleich Null, und z ergibt sich aus der Addition aller drei Gliedlängen.

Übung 7.2–2

Den Koordinaten von P_1 und P_2 entsprechen folgende Achsstellungen:

P_1: $\quad \alpha = \arctan 0 = 0$ $\qquad\qquad P_2$: $\quad \alpha = \arctan \dfrac{y}{x} = 60°$

$\ s_1 = z = 0{,}8$ m $\qquad\qquad\ s_1 = z = 0{,}6$ m

$\ s_2 = \sqrt{x^2 + 0} = x = 0{,}2$ m $\qquad\ s_2 = \sqrt{x^2 + y^2} = 0{,}2$ m

Das heißt: Die Schwenkachse muß von 0° auf 60° (also um +60°), die vertikale Achse von 0,8 m auf 0,6 m (also um −0,2 m) und die horizontale Achse überhaupt nicht (also um 0 m) bewegt werden.

Lernzielorientierter Test zu Kapitel 7.2

1. „Dynamische" ersetzen durch „kinematische"
2. „zwei" ersetzen durch „drei"
3. „möglich" ersetzen durch „nötig"
4. – „Greiferposition im raumfesten Koordinatensystem aus den gegebenen Antriebskoordinaten" ersetzen durch „Antriebskoordinaten aus der Greiferposition im raumfesten Koordinatensystem"
   – „Schubgelenke" ersetzen durch „Drehgelenke"
5. „x-Koordinate" ersetzen durch „z-Koordinate"
6. „Trägheitsmomente" ersetzen durch „Drehmomente"
7. „Kinematik" ersetzen durch „Dynamik"
8. „Greifkraft" ersetzen durch „Massen und Trägheitsmomente"

Übung 7.3–1

– Industrieroboter der zweiten Generation: Rückmeldungen an die Ebene der Leistungsverstärker (z. B. zur Korrektur der Position des Handhabungsobjektes) oder an die Ebene der Bewegungssteuerung (z. B. zur Realisierung einer qualitativ neuen Bewegungsbahn bei Auftauchen eines Hindernisses).
– Industrieroboter der dritten Generation: Rückmeldungen an die Ablaufsteuerung (zur selbständigen Bewegungs- und Aktionsplanung).

Übung 7.3–2

Zeitoptimale Regler sind sinnvollerweise bei PTP-Steuerungen einzusetzen. Bei der Realisierung von bestimmten Bewegungsbahnen (CP oder auch MP) ist oft die Geschwindigkeit, mit der die Bahn durchfahren werden muß, technologisch bedingt und liegt damit fest.

Lernzielorientierter Test zu Kapitel 7.3

Bei richtiger Lösung der Aufgaben müßten Sie die Kreuze wie folgt gesetzt haben:

1. ⊗   2. ○   3. ○
   ○   ⊗   ⊗
   ⊗

Zusammenstellung wichtiger Normen

Steuerungs- und Regelungstechnik – allgemeine Begriffe und Regelungstechnik

DIN 19226	Regelungs- und Steuerungstechnik – Begriffe
DIN 19221	Formelzeichen der Regelungs- und Steuerungstechnik
DIN 19225	Benennung und Einteilung von Reglern
VDI/VDE 3694	Lastenheft/Pflichtenheft für den Einsatz von Automatisierungssystemen
DIN IEC 65A (Sec) 130	Ermittlung der Systemeigenschaften zum Zweck der Eignungsbeurteilung

Binäre Steuerungen

DIN 19237	Steuerungstechnik – Begriffe
DIN 19239	Speicherprogrammierbare Steuerungen – Programmierung
DIN 40719	Schaltungsunterlagen
	insbes. Teil 3 Regeln für Stromlaufpläne der Elektrotechnik
	Teil 6 Regeln für Funktionspläne nach IEC 848 modifiziert
	Teil 11 Zeitablaufdiagramme, Schaltfolgediagramme
DIN 44300	Informationsverarbeitung – Begriffe

Meßtechnik

DIN 1319	Grundbegriffe der Meßtechnik
DIN 1301	Einheiten, Einheitennamen, Einheitenzeichen
DIN 43780	Elektrische Meßgeräte
DIN 55302	Häufigkeitsverteilung, Mittelwert und Streuung
DIN 43710	Elektrische Thermometer, Thermospannungen und Werkstoffe der Thermopaare
DIN 43760	Grundwerte der Meßwiderstände für Widerstandsthermometer
VDI/VDE 2600	Metrologie,
	insbes. Blatt 2 Grundbegriffe
	Blatt 3 Gerätetechnische Begriffe
	Blatt 4 Begriffe zur Beschreibung der Eigenschaften von Meßeinrichtungen
VDI/VDE 2620	Fortpflanzung von Fehlergrenzen bei Messungen

Sachwortverzeichnis

integrale Übertragungskonstante **92**, 117
invertiertes Ventil 307
Invertierung **79**, 84
Istwert 35

Kalibrierung 58
kanonisch disjunktive Normalform 167
kanonisch konjunktive Normalform 167
Karnaugh-Tafel 213
Karnaugh-Verfahren 171
Kaskadenregelung 151, 340
Kavitation 266
Kennlinie, statische 56
–, Neigung 275
kinematisches Modell 333
kinematisches System 321, 327
Kodierung, der Zustände 228
–, 1 aus n 228
–, speicherminimale 228
Kolbenstellantrieb 301
kombinatorisches Verhalten 161
Konfigurieren 123
konjunktive Normalform 167
Kontaktplan **174**, 216
Koordinatentransformation, direkte 335
–, indirekte 335
Kopplung der Bewegungsachsen 337
Kopplung in Mehrgrößenregelungen 153
Kupplungen 296

Linearisierung **76**, 78, 114, 132
Linearität **76**, 78, 114, 132, 257
Logikplan **174**, 218, 232

Manipulatoren 319
Master-Slave-Prinzip 182
Mealy-Automat 161
Mechanisierung 13
Mehrgrößenregelung 153
Mehrpunktregelung 139
Mehrpunktregler 139
Mehrpunktsignal 26
Membrankraft 305
Membranstellantrieb 301
Meßbereich 57
Meßfehler 65
Meßgrößenaufnehmer 51
Meßsignal 50
Meßwandler 51
Modelle, dynamische 336
–, kinematische 333
Montageroboter 327
Moore-Automat 161
Multipunktsteuerung 329

Nachstellzeit 119
Neigung der Kennlinie 275
Normal 50

Normalform, disjunktive 167
–, kanonisch disjunktive 167
–, kanonisch konjunktive 167
–, konjunktive 167

Oppelt 128
optimale Steuerung 155
Optimierung 19, 127

P-(Proportional-)Verhalten 90
P-Regler **108**, 112, 121, 122, 125, 128, 129
Parallelschaltung 27
PD-Regler **114**, 121, 122
Petri-Netz 195
PI-Regler **119**, 121, 122, 128, 129
PID-Regler **120**, 121, 122, 128, 129
pneumatische Hilfsenergie 38, 39
Programmablaufgraph **194**, 211, 227
Programmablaufplan 194
Programmsteuerung 160
Proportionalbereich 108
proportionale Übertragungskonstante 90
Prozeßablaufplan **197**, 205, 222
Punkt-zu-Punkt-Steuerung 329

Regelabweichung 32, 35, 84, 104
–, bleibende 107, **110**, 112, 115, 118, 142
Regelbarkeit 101, **125**
Regelbarkeitsindex 101, **125**
Regeldifferenz 32, 35
Regeleinrichtung 15, 35, 74, 82
Regelfaktor 110
Regelgröße 31, **32**, 35, 73, 80, 84
Regelkreis 31, **32**, 33, 35, 73ff, 157
Regeln 29, 30, **32**, 35, 73ff
Regelstrecke **15**, 35, 74, 82, 84, 86ff, 245
Regelung 29, 30, 32, 35, 73ff
–, adaptive 154, 342
– mit Hilfsregelgröße 151
– mit Hilfsstellgröße 152
– mit Störgrößenaufschaltung 149
Regelungsverfahren mit Entkopplung 341
Regler 35, 82, 104, 121
Reglereinstellung 128, 129
Reihenschaltung **27**, 30, 74, 97, 98, 101
Reynolds-Zahl 271
Richtungsventile 238
Roboter, technologische 327
Rohrleitungsgeometriefaktor 270
Rohrleitungskennlinie 278
Rückführschaltung **27**, 121, 142, 146
Rückführung **27**, 121, 142, 146
Rückkopplungsstruktur **120**, 148
Rücksetzfunktion 230

Schaltbelegungstabelle **186**, 208
Schaltfolgetabelle **189**, 225
Schaltfunktion **166**, 210
Schaltspanne 140

Schließkräfte 307
Schrittregler 146
Self-tuning-Regler 154
Sensoren 322, 325
sequentielles Verhalten 161
Setzfunktion 229
Sicherheitsanforderung 299
Signal **25**, 35
–, analoges 26
–, binäres **26**
Signalflußplan **27**, 35, 75, 80, 84
Signalparameter 26
Sollwert **32**, 35
Speicheransteuerfunktion 229
Speicherglied 179
speicherminimale Kodierung 228
Sprungantwort 86, 87
Stabilität **123**, 126, 130
Stabilitätsgrenze **123**, 130
statische Kennlinie **16**, 76, 90, 92, 108, 112, 132, 140
statisches Verhalten **16**, 86, 115, 249
Stellantrieb 245, 254, **298**
–, elektrischer 311
–, hydraulischer 309
–, integral wirkender 309
Stellbefehlsspeicherkodierung 228
Stellbereich 108, 257
Stelleingriff 245
Stelleinrichtung 245
Stellen 15, 29, 30, **32**, 35, 36, 73, 80, 84, 112
Stellgenauigkeit 299
Stellgeschwindigkeit 299
Stellglied 245
–, elektrisches 293
Stellgröße 246
Stellhähne 285
Stellkennlinie 249
Stellmotor 313
Stellsignal 254
Stelltransformator 292
Stellungsregler 314
Stellventil 263, **283**
Stellverhältnis 273
Stellwiderstand 292
Stellzeit 299, **308**
Steuereinrichtung **15**, 35
Steuerkette 29, **30**, 33, 35, 157
Steuern 29, **30**, 35
Steuerstrecke **15**, 35, 82, 84, 86ff, 245
Steuerung 29, **30**, 35, 322, 328, 329
–, getaktete 159
–, optimale 155
Steuerziel 24
Störangriffspunkt **83**, 129, 130
Störgröße **31**, 35, 74, 80, 83, 84, 112, 129
Störgrößenaufschaltung, Regelung mit 149
Störverhalten 105
Strecke **15**, 35, 82, 84, 86ff

Stromlaufplan 174
Struktur 18, 19
Strukturinstabilität **118**, 121, 126
Strukturumschaltung 148
System, kinematisches 321, 327

Tastperiode 135, 136
technologische Roboter 327
Thyristor-Stellglied 293
Toleranz 275
Totzeit **99**, 103, 125
Totzeitverhalten **99**, 103, 125
Transistor-Stellglied 293
Trigger 179

Übergangsfunktion 86, **88**
Übertragungsfaktor **57**, **77**, 79, 81, 90, 92, 108, 117
Übertragungsglied 298
Übertragungskonstante **77**, 79, 81, 90, 92, 108, 117
–, integrale **92**, 117
–, proportionale 90

Ventil 237
–, invertiertes 307
Ventildurchflußkoeffizient 269
Verhalten, dynamisches 17, **86**, 104
–, kombinatorisches 161
–, sequentielles 161
–, statisches 249
Verzögerung 17, **95**, 97, 105, 122, 125
Verzögerungsverhalten 17, **95**, 97, 105, 122, 125
Verzugszeit 101
Vorhalt 114
Vorhaltzeit 114
Vorregelung 150
Vorwiderstand 292

Wahrheitstabellen 164
Wegeventil 239
Wegmeßsystem 322, 325
Widerstandszahl ζ 264

Zählglied 183
Zeitglied 183
Zeitkonstante **95**, 96, 103, 125, 128, 129
Zeitplanregelung 24
Zeitplansteuerung 24
Zeitprozentwert 89
Ziegler/Nichols 128
Zustand, Kodierung 228
Zweigrößenregelung 153
Zweilaufregelung 145
Zweipunktregelung 26, **140**, 144
Zweipunktsignal 26, **140**, 144